中国轻工业"十四五"规划教材
国家级一流本科课程配套教材

印刷机原理与结构

武吉梅　武秋敏　主　编
邵明月　唐嘉辉　副主编

中国轻工业出版社

图书在版编目（CIP）数据

印刷机原理与结构/武吉梅，武秋敏主编；邵明月，唐嘉辉副主编. --北京：中国轻工业出版社，2025.3.
ISBN 978-7-5184-5431-0

Ⅰ.TS803

中国国家版本馆 CIP 数据核字第 2025A1D016 号

责任编辑：杜宇芳　　责任终审：腾炎福
文字编辑：武代群　　责任校对：吴大朋　　封面设计：锋尚设计
策划编辑：杜宇芳　　版式设计：致诚图文　　责任监印：张京华

出版发行：中国轻工业出版社（北京鲁谷东街5号，邮编：100040）
印　　刷：三河市万龙印装有限公司
经　　销：各地新华书店
版　　次：2025年3月第1版第1次印刷
开　　本：787×1092　1/16　印张：22.5
字　　数：600千字
书　　号：ISBN 978-7-5184-5431-0　定价：79.80元
邮购电话：010-85119873
发行电话：010-85119832　010-85119912
网　　址：http://www.chlip.com.cn
Email：club@chlip.com.cn
版权所有　侵权必究
如发现图书残缺请与我社邮购联系调换
221133J1X101ZBW

编写人员名单

主　　编　武吉梅　武秋敏
副主编　　邵明月　唐嘉辉
参　　编　马利娥　薛志成　罗运辉　陈一军
　　　　　陈允春　冷彩凤　武淑琴
主　　审　周世生

前　言

近年来，印刷行业新技术新工艺不断涌现，印刷包装设备制造、印刷工艺技术快速发展，我国的印刷装备技术也取得了长足的进步，数字化印刷技术发展更加繁荣，印刷设备精度和印刷质量已接近欧美等发达国家水平。我国的印刷机械制造行业承担着为传统印刷业和现代印刷电子制备业提供智能化装备的使命，担负着书刊出版、新闻出版、包装装潢、商业印刷、办公印刷、金融票证的印刷以及太阳能光伏电池的印刷制备等印刷机械结构设计、工作原理及结构优化的任务。

自 1975 年以来，西安理工大学印刷包装与数字媒体学院开设的"印刷机原理与结构"课程，作为印刷工程本科专业一门重要的专业基础课程授课至今，历时 40 多年的建设和沉淀，课程内容不断更新及完善，多年来一直是印刷工程专业本科生的一门核心课程。该课程 2009 年被评为国家精品课程，2016 年获批国家精品资源共享课，2019 年被评为线上线下混合式国家级一流本科课程，2021 年被评为线上国家级一流本科课程。因此，为配合国家级一流课程"印刷机原理与结构"的本科教学，负责人武吉梅教授带领团队主讲教师，特编写本教材，在对印刷机原理与结构文字讲述的基础上，结合视频与动画，展现设备关键结构和工作原理，有助于读者对复杂结构的理解和掌握。本教材作为国家级一流本科课程配套教材、中国轻工业"十四五"规划教材，可供印刷工程和包装工程等轻工类相关专业的本科生学习使用，也可作为印刷设备设计制造的工程技术人员的专业参考书籍。

本书力求反映近年来在印刷设备结构开发方面取得的技术进展，同时兼顾我国印刷工业实际情况，对一些传统工艺方法也作了介绍。本书涉及的专业范围广泛，涵盖了平版印刷机、凹版印刷机、柔版印刷机、丝网印刷机、卷筒纸印刷机以及数字印刷机的结构和工作原理以及主要设备的电器控制等内容。本书重点剖析了印刷机的原理与结构，还涉及了一些主要的故障排除与调节等内容。本书力求紧扣时代发展需求，理论与工程实践并重，深入浅出、图文并茂，结合视频动画，增加可读性和可理解性。本书由武吉梅教授、武秋敏教授级高级工程师担任主编，邵明月、唐嘉辉担任副主编，马利娥、薛志成、罗运辉、陈一军、陈允春、冷彩凤、武淑琴担任参编，周世生教授担任主审。

本书内容共分为十章：第一章为绪论；第二章为胶印印刷及印刷机；第三章为单张纸胶印机的典型结构及案例；第四章为卷筒纸胶印机原理与结构；第五章为柔版印刷机原理与结构；第六章为凹版印刷机原理与结构；第七章为凸版印刷机原理与结构；第八章为丝网印刷机原理与结构；第九章为数字印刷机原理与结构；第十章为印刷机械自动控制系统。

由于编者水平所限，书中难免有错误和不妥之处，恳请读者批评指正。

武吉梅
2024.8

目 录

第一章 绪论 ……………………………………………………………………………… 1
第一节 印刷概述 …………………………………………………………………… 1
一、印刷基本概念 ……………………………………………………………… 1
二、印刷技术的发明及发展 …………………………………………………… 2
第二节 印刷生产过程 ……………………………………………………………… 4
一、印前处理 …………………………………………………………………… 4
二、印刷工序 …………………………………………………………………… 8
三、印后加工 …………………………………………………………………… 13
第三节 影响印品质量的因素 ……………………………………………………… 17
一、印刷品质量评价 …………………………………………………………… 17
二、影响印刷品质量的主要因素 ……………………………………………… 18
第四节 印刷发展趋势 ……………………………………………………………… 20
一、传统印刷发展趋势 ………………………………………………………… 20
二、数字印刷发展趋势 ………………………………………………………… 21
第五节 绿色印刷及其设备 ………………………………………………………… 22
一、绿色印刷战略概述 ………………………………………………………… 22
二、《环境标志产品技术要求 印刷 第一部分：平版印刷》中印刷设备相关内容 … 23
三、绿色印刷设备的实施 ……………………………………………………… 23
四、绿色印刷设备的能耗 ……………………………………………………… 25

第二章 胶印印刷及印刷机 ……………………………………………………………… 30
第一节 胶印机的分类 ……………………………………………………………… 30
一、按纸张类型划分 …………………………………………………………… 30
二、按纸张幅面划分 …………………………………………………………… 31
三、按印刷色数划分 …………………………………………………………… 32
四、按印刷面数划分 …………………………………………………………… 34
第二节 单张纸胶印机的整体结构 ………………………………………………… 35
第三节 胶印机的组成及特点 ……………………………………………………… 37
一、胶印机的组成 ……………………………………………………………… 37
二、胶印机的特点 ……………………………………………………………… 38

第三章 单张纸胶印机的典型结构及案例 ……………………………………………… 40
第一节 印刷部件 …………………………………………………………………… 40
一、印刷单元 …………………………………………………………………… 40
二、输墨部件 …………………………………………………………………… 53
三、润湿部件 …………………………………………………………………… 64
第二节 输纸部件 …………………………………………………………………… 70
一、输纸部件类型 ……………………………………………………………… 70

1

二、纸张分离机构 ··· 73
　　三、纸张输送装置 ··· 83
　　四、供纸系统 ··· 85
第三节　定位部件 ··· 86
　　一、纸张的定位 ··· 86
　　二、前规定位部分 ··· 87
　　三、侧规定位部分 ··· 91
第四节　递纸及传纸部件 ··· 94
　　一、纸张交接机构概述 ··· 94
　　二、定心摆动式递纸机构 ··· 97
　　三、偏心摆动式递纸机构 ··· 99
　　四、旋转式递纸机构 ··· 101
　　五、印刷机组间的传纸及纸张翻转机构 ··· 103
第五节　收纸部件 ··· 105
　　一、收纸滚筒 ··· 105
　　二、收纸传送装置 ··· 106
　　三、理纸机构 ··· 107
　　四、收纸台升降机构 ··· 108

第四章　卷筒纸胶印机原理与结构 ··· 110
第一节　卷筒纸胶印机概述 ··· 110
　　一、卷筒纸胶印机的特点 ··· 110
　　二、卷筒纸胶印机的分类 ··· 111
　　三、卷筒纸胶印机的组成和作用 ··· 115
第二节　卷筒纸胶印机输纸部件 ··· 117
　　一、卷筒纸胶印机纸卷安装方式 ··· 118
　　二、纸卷升降机构及纸卷轴向位置调整机构 ··· 118
　　三、自动接纸系统 ··· 121
第三节　纸带张力控制 ··· 125
　　一、纸卷制动装置 ··· 125
　　二、纸带张力自动控制系统 ··· 127
　　三、纸带减振装置 ··· 127
　　四、送纸辊机构 ··· 128
　　五、调整辊机构 ··· 129
第四节　纸带引导部件 ··· 130
　　一、纸带运动的路线和导纸辊 ··· 130
　　二、纸带转向装置 ··· 130
　　三、自动穿纸装置 ··· 131

第五章　柔版印刷机原理与结构 ··· 133
第一节　柔版印刷机概述 ··· 133
　　一、柔版印刷机的组成 ··· 133
　　二、柔版印刷机的分类 ··· 134
第二节　卫星式柔版印刷机原理与结构 ··· 135

一、卫星式柔版印刷机的放卷装置及控制 …… 135
　　二、卫星式柔版印刷机印刷部件 …… 139
　　三、卫星式柔版印刷机的输墨系统 …… 148
　　四、卫星式柔版印刷机干燥系统 …… 152
　　五、卫星式柔版印刷机收卷及张力控制 …… 157
　第三节　机组式柔版印刷机原理与结构 …… 169
　　一、基本构成 …… 169
　　二、机组式柔版印刷机放卷部分 …… 170
　　三、机组式柔版印刷机纠偏控制部分 …… 171
　　四、机组式柔版印刷机印刷部分 …… 171
　　五、烘干系统 …… 173
　　六、机组式柔版印刷机涂布机组 …… 173
　　七、机组式柔版印刷机模切部分 …… 174
　　八、机组式柔版印刷机覆膜装置 …… 175
　　九、机组式柔版印刷机收料复卷部分 …… 175
　第四节　层叠式柔版印刷机原理与结构 …… 176
　　一、层叠式柔版印刷机结构 …… 176
　　二、层叠式柔版印刷机的特点 …… 177
　第五节　柔版印刷压力自动检测与压力预测系统 …… 178
　　一、图文信息特征提取 …… 178
　　二、数据预处理 …… 179
　　三、卷积神经网络 …… 179
　　四、预测模型 …… 180
　　五、基于RFID技术的压力数据传输与存储 …… 180

第六章　凹版印刷机原理与结构 …… 181
　第一节　凹版印刷机概述 …… 181
　　一、凹版印刷机的发展历程 …… 181
　　二、凹版印刷机的分类 …… 186
　　三、凹版印刷机的组成 …… 187
　　四、机组式卷筒纸凹版印刷机 …… 190
　第二节　凹版印刷机印刷部件 …… 190
　　一、凹版印刷机输墨机构 …… 192
　　二、油墨刮刀装置 …… 195
　　三、凹版印刷机压印系统 …… 197
　　四、凹版印刷机印版滚筒及调版机构 …… 199
　第三节　凹版印刷机收放卷部件 …… 201
　　一、放卷装置 …… 202
　　二、收卷装置 …… 203
　　三、纠偏装置 …… 204
　　四、牵引单元 …… 204
　　五、不停机自动接料与裁切装置 …… 208
　第四节　凹版印刷机色组干燥系统 …… 212

　　一、凹版印刷机干燥系统结构 ·· 212
　　二、凹版印刷油墨的干燥机理 ·· 215
　　三、影响油墨干燥的因素 ·· 215
　　四、冷却辊 ·· 216

第七章　凸版印刷机原理与结构 ·· 218
第一节　凸版印刷机概述 ·· 218
第二节　凸版印刷机整体结构 ··· 219
　　一、平压平型凸版印刷机 ·· 219
　　二、圆压平型凸版印刷机 ·· 219
　　三、圆压圆型凸版印刷机 ·· 224

第八章　丝网印刷机原理与结构 ·· 227
第一节　丝网印刷及丝网印刷机 ·· 227
第二节　丝网印刷机的分类及构成 ··· 228
　　一、按照承印物形状进行分类 ·· 228
　　二、按照自动化程度进行分类 ·· 229
　　三、按照不同网版形式进行分类 ··· 233
　　四、特殊丝网印刷机及其结构 ·· 236
第三节　丝网印刷机的刮墨刀 ··· 238
　　一、刮墨刀的种类及功能 ·· 238
　　二、刮板的尺寸和形状 ··· 239

第九章　数字印刷机原理与结构 ·· 242
第一节　数字印刷概述 ·· 242
　　一、数字印刷的定义 ·· 242
　　二、数字印刷的分类及其特点 ·· 243
　　三、数字印刷的应用 ·· 244
第二节　静电照相数字印刷机的原理与结构 ·································· 246
　　一、静电照相数字印刷概述 ··· 247
　　二、静电照相的主要工作步骤 ·· 247
　　三、静电照相材料——光导体及墨粉 ······································· 249
　　四、充电装置及其工作原理 ··· 255
　　五、曝光装置及其工作原理 ··· 257
　　六、显影装置及其工作原理 ··· 263
　　七、转移装置及其工作原理 ··· 269
　　八、熔化定影装置及其工作原理 ··· 274
　　九、清理装置及其工作原理 ··· 279
第三节　喷墨数字印刷机的原理与结构 ·· 279
　　一、喷墨印刷概述 ··· 279
　　二、Sweet 连续喷墨 ·· 286
　　三、热喷墨 ·· 294
　　四、压电喷墨 ··· 302

第十章　印刷机械自动控制系统 ·· 313
第一节　输纸过程自动控制 ·· 313

一、单张纸输纸控制结构与原理 …………………………………………………… 313
　　二、卷筒纸印刷机纸带张力控制系统 ……………………………………………… 318
第二节　多色印刷自动控制 …………………………………………………………… 323
　　一、主机驱动电路 …………………………………………………………………… 323
　　二、控制电路原理与操作 …………………………………………………………… 325
第三节　印刷机自动控制系统 ………………………………………………………… 331
　　一、墨量和套准控制装置（CPC1） ………………………………………………… 332
　　二、印刷质量控制装置（CPC2） …………………………………………………… 333
　　三、印版图像阅读装置（CPC3） …………………………………………………… 333
　　四、套准控制装置（CPC4） ………………………………………………………… 334
　　五、数据管理系统（CPC5） ………………………………………………………… 335
　　六、自动检测与控制系统（CP-Tronic） …………………………………………… 335
第四节　计算机集成印刷系统 ………………………………………………………… 335
　　一、数字化工作流程 ………………………………………………………………… 335
　　二、基于 CIP3/CIP4 的油墨预置 …………………………………………………… 338
　　三、计算机集成印刷系统 …………………………………………………………… 341

参考文献 ……………………………………………………………………………………… 345

第一章 绪 论

第一节 印 刷 概 述

印刷术是我国古代四大发明之一，现代印刷技术是毕昇发明活字印刷术的传承与发展。印刷品是传播科学文化知识的信息载体，它使人们信息交流更加方便，知识和文化的传播更加快捷有效。随着现代印刷技术的发展，印刷工业已经成为人们生活中不可缺少的部分，它既是知识产业，又是国家科技发展产业，是国家国民经济和政治生活中的重要部分。近年来，印刷工业产值在国民经济中占有越来越重要的地位。

一、印刷基本概念

（一）印刷的定义

按照 GB/T 9851.1—2008 规定，印刷（printing）是指"印刷是使用模拟或数字的图像载体将呈色剂/色料（如油墨）转移到承印物上的复制过程"。即印刷是通过一定的印刷技术将原稿上的信息转印到承印物上。按照印刷复制的方式，印刷可分为传统印刷和数字印刷两大类。

传统印刷（traditional printing）是指根据图文原稿的信息，以直接或间接的方法制作印版（printing plate），把印版安装在印刷机上，涂以黏附性油墨，在机器压力作用下，使得印版上的油墨转移到承印物上，再经过印后装订整饰，得到大量与印刷原稿图案相同的印刷品。由于印版制作需要大量工作和时间，传统印刷方式适用于大批量印刷。

数字印刷（digital printing）也称直接印刷，是指将原稿上的图文信息经数字化采集转化为数字文件，该数字文件直接控制和驱动数字印刷设备，使油墨在承印物上着色。整个印刷过程没有传统的印版，也没有印刷压力。这种采用数字信息代替传统的模拟信息，将数字图文信息直接转移到承印物上的印刷技术，称为数字印刷技术。数字印刷方式可分为喷墨印刷方式和静电照相印刷复制方式等。

传统印刷的工艺流程一般为：原稿数字化—拼版—打样—制版—安装印版—印刷。数字印刷的流程则简化为：原稿数字化—拼版—印刷。可见，数字印刷具有生产流程简化、设备较传统印刷机占地面积少、短版订单响应速度快以及可实现印刷品可变数据印刷等特点。数字印刷方式的发展给印刷模式带来了巨大的变革。

（二）印刷要素

传统印刷具备五大要素：原稿（original）、印版（printing plate）、承印物（substrate）、印刷油墨（printing ink）和印刷机械（printing machinery）。

① 原稿是制版和印刷复制的基本图样，可分为反射原稿和透射原稿两类。反射原稿是以不透明材料为图文信息载体的原稿，如彩色照片、油画、国画、手稿等；透射原稿是以透明材料为图文信息载体的原稿，如彩色反转片、彩色正片、彩色负片、黑白正片、黑

白负片等。印刷过程中必须尽量再现原稿形貌,保持原稿的风格和艺术性。

② 印版是将原稿的图像或文字,通过物理或化学的方法,转移到金属板表面形成印刷的图文部分和非印刷的空白部分,这种金属板即印版,印刷时非图文部分不着墨,图文部分着墨。在印刷压力作用下,使着墨的图文转移到承印物上。

③ 承印物一般指被印刷的纸张,塑料薄膜、金属、木材、玻璃等都可作为承印材料。

④ 印刷油墨是承印物获取印版图文的着色剂,也是重要的印刷材料。印刷时将油墨均匀地涂布在墨辊上,然后再传递给印版,进行着墨。

⑤ 印刷机械是印刷加工的机器,它的主要作用是将油墨均匀地涂布在印版上,在印刷压力的作用下,将印版图文墨迹转移到承印物上。

(三) 印刷方式

如前所述,印刷方式可分为数字印刷和传统印刷。传统印刷方式按印版版面图文部分与空白部分的相对位置分为凸版印刷(relief printing)、平版印刷(planographic printing)、凹版印刷(recess printing)和孔版印刷(permeographic printing)四大类,这也是国内外印刷行业的主要印刷方式。使用特殊油墨和特殊承印物进行印刷,称为特种印刷方式。特种印刷是一个不断发展的概念,随着印刷范围的扩大和推广,以前的特种印刷可能发展为现在的常规印刷。

二、印刷技术的发明及发展

(一) 印刷技术的发明

古代,我们的祖先为了相互交流,产生了语言;为了记住长时间发生的事,创造了结绳记事,如图1-1所示。为了能够远距离交流信息,创造了刻木记事等,我们的祖先还创造了能够使得信息交流更方便的工具——文字。

活字印刷术是人类历史上最伟大的发明之一,是中国对世界文化的重大贡献。顾名思义,印刷术的"印"字,本身就含有印章和印刷两种意思;"刷"字,是拓碑施墨这道工序的名称。从印刷术的命名中已经透露出它与印章、拓碑的关系,印章和拓碑是活字印刷术的两个渊源。

图1-1 结绳记事

为了免除从石刻上抄录经书的繁复劳动,在公元4世纪前后,人们发明了拓碑的方法。拓碑的方法很简单,把一张坚韧的薄纸浸湿后敷在石碑上,再蒙上一张吸水的厚纸,用毛刷轻敲,直到纸张陷入碑上刻字的凹穴时为止,然后揭去外面的厚纸,用拓包(用布包裹棉花制成),蘸着墨汁,均匀地往薄纸上刷拍,待薄纸干燥后揭下来,便是白字黑底的搨本。这种拓碑的方法,与雕版印刷(图1-2)的原理相同,所不同的是,碑帖的文字是内凹的阴文,而雕版印刷的文字是外凸的阳文。石碑上的文字是阴文正写。拓碑提供了一种从阴文正字取得正写文字的复制技术。

唐朝初期，中国人发明了雕版印刷术，用梨木或枣木作为版材，用刀把图文刻出来，然后在版面上涂上墨，将纸张覆盖在着墨的印版上，再用刷子在纸上施加压力刷拭，完成图文的转印。这一时期的雕版印刷有一个明显的缺陷，若需复制新的图文信息，就要重新雕刻一块木版，而木版的雕刻是很费时费力的，而这一问题的解决方案最

图1-2 雕版印刷

早也是出现在我国。宋代，毕昇发明了胶泥活字印刷。活字由单个字符组成，可以任意组合印刷出相关图文信息，用完拆开后又可以重复使用。随着雕版技术和活字印刷的发展，14世纪中后期，出现朱墨两色套印的《金刚经》，这被公认为是最早的彩色雕版印刷。彩色雕版印刷，即将同一版面的内容，按色彩要求雕刻成几块同样大小的印版，各用一色，逐次加印在同一张纸上，颜色从最初的两色发展到后来的五色和七色。

（二）印刷技术的发展

北宋庆历年间（1041—1048年），毕昇发明的胶泥活字标志着活字印刷术的诞生。他是世界上第一个活字印刷术的发明人，比谷登堡的铅活字印刷术早约400年。元代王祯成功创制木活字，又发明了转轮排字。这一时期，印刷工业的规模都不大，印刷厂多为手工业性质。

到14世纪，德国人谷登堡总结了前人的经验和当时的印刷技术成果，发展出了铅、锑、锡合金活字，使文字印刷的成本大幅降低，印刷质量和速度大幅提高，为世界印刷史作出了突出的贡献。1845年，英国人制成了由重铬酸盐与明胶组成的感光液，从而实现了用照相的方法制作铜锌版，这是印刷历史上又一重要发展。由于将摄影的图像引入印刷，人类对现实内容的复制又向前迈进一大步，尤其是对于历史资料的记录来说，意义重大。

1845年，德国制造出第一台快速印刷机，从此开启了印刷技术的机械化发展。1860年，美国生产出第一批轮转印刷机，德国相继生产了双色快速印刷机、报纸用轮转印刷机等。1900年，美国制造出了6色轮转印刷机。从1845年起，大约经过一个世纪，各工业发达国家相继完成了印刷工业的机械化。

从20世纪50年代开始，印刷技术不断地应用电子技术、激光技术、信息科学及高分子化学等新兴科学技术所取得的成果，进入了现代化的发展阶段。20世纪70年代，随着感光树脂凸版、PS版的普及应用，世界印刷迈入了向多色、高速发展的进程。20世纪80年代，随着电子分色扫描机和整页拼版系统的推广应用，彩色图像的印刷复制逐渐走向数据化和规范化，而汉字信息处理激光照排工艺的不断完善，使文字排版技术产生了根本性的变革。20世纪90年代，彩色桌面出版系统的研发成功，标志着计算机信息技术全面进入印刷领域。

21世纪，随着电子技术与图像处理技术的推广应用，印刷机越来越智能，开机生产操作变得越来越简单，印刷技术朝数字化、网络化、智能化、全球化方向发展。全美印刷出版及纸品加工技术供应商协会主席雷吉斯·J·戴尔蒙塔格，在题为《步入新世纪的印

刷业》的演讲中表示："我们已经花了几年的时间，创立将印刷与全球通信系统流程结合所需的行业特定方法。目前，北美的图形传输业已完成了向数字化工艺的转换。我们看到一些几年前还是样机甚至只是概念的数字化系统正被市场认可，发展的结果是当今的印刷管理者提高了寻找新技术价值的能力，而不仅仅是新技术本身。"

当代信息技术、网络技术、数字技术和自动化技术等高新技术的迅猛发展，不仅从根本上强有力地改造、拓宽和发展了印刷技术，同时也深刻地改变了传统的印刷业，强有力地推动了印刷业的前进和拓宽了整个印刷业的发展领域，甚至深刻地改变了传统经营管理的方式和理念。

随着全数字式工作流程逐步推广应用，各种数字印刷设备和技术将广泛使用。工艺流程数字化和一体化，已成为当今世界印刷技术的中心主题，也是当今印刷技术发展的重要趋势。

第二节 印刷生产过程

一个完整的印刷生产过程，按照生产顺序可分为三个工序，分别为：印前处理（prepress）、印刷（press）和印后加工（postpress）。

一、印前处理

印前处理是指从收到客户提供的原稿到制作成印版的工序阶段。随着印刷技术的发展，印前处理的具体内容也在不断改变，现代数字化印刷的印前处理主要包含图文页面内容的数字化采集制作（原稿编辑）、单个页面中各项内容的组合排列（排版）、单个页面在印版范围内的合理位置安排（拼大版）以及针对制版机的页面栅格化（Raster Image Processor, RIP）。印前处理流程如图1-3所示，虚线框内的工序过程为印前处理工序。

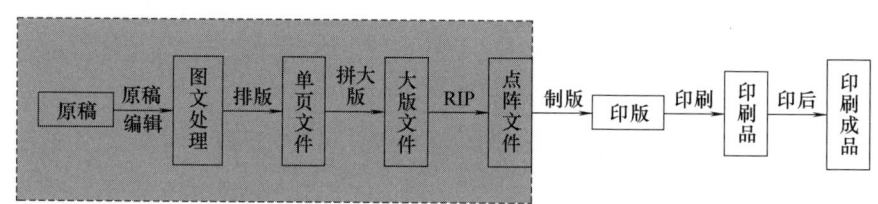

图1-3 印前处理流程

印前处理是整个印刷流程中非常重要的一部分，从接到客户的原稿素材和对印刷品最终的质量要求开始，印刷企业首先需要根据客户要求对原稿进行编辑，包括对图像、文字和图形的处理。然后将单个页面中的图文按照合理的顺序和位置进行摆放，即拼版。在完成单个页面的拼版之后，将所有的单个页面根据印刷机的属性分配到一个大版文件中，即排大版。由于印刷过程是将连续调的图文转换为半色调进行印刷的，需要对所有的图文进行栅格化处理，使其转换为二值点阵信息后再进行印刷输出。印前工序可以决定印版上的网点和二值点阵的精度，良好的印前处理是生产高质量印版、提供高清晰印品质量的保证。

印前处理分为传统印前处理与数字印前处理。是否使用胶片进行印前处理是判定两种技术的根本依据。为了构成页面或印张，使用单个胶片进行传统的手工、机械式拼版，属于传统印前处理的范畴。数字印前处理是指采用数字式整版胶片曝光系统进行拼版的工艺技术，它描述了数字图像处理、计算机直接制片、计算机直接制版等工艺方法。

（一）传统印前处理

传统印前处理主要包括文字信息处理、图像信息处理、拼大版、印版制作以及打样等工序。

文字信息处理，也称文字排版，是根据文字原稿及对印刷品的要求，确定适当的字体、字号、行距、字距、版式等，并利用文字信息处理系统对文字原稿进行版面设计和排版。多数情况下，文字在成像阶段均被视为图形处理，但在印前处理阶段因为涉及文字编码而有不同的处理方式。现代文字信息处理技术从铅字排版开始，经历了由照材排版并逐步发展到计算机排版技术，使印品质量有了极大的提高。

图像信息处理是将原稿图像信息转换成可印刷的印版图像的处理过程。图片可以是黑白或彩色线条图形（图1-4），也可以是黑白或彩色连续调图像。在彩色图像中，图像的层次和颜色通常用阶调来描述。图像的阶调是指图像明暗或颜色深浅变化的视觉表现，即一个亮度均匀面积的光学表现。在图像复制技术中，阶调是用来描述一种颜色区别于另一种颜色的特征，也指颜色的种类和明暗程度。对于灰度图像，它只有灰度等级而没有颜色的变化，因此，其阶调是指图像从最亮到最暗之间的亮度变化。

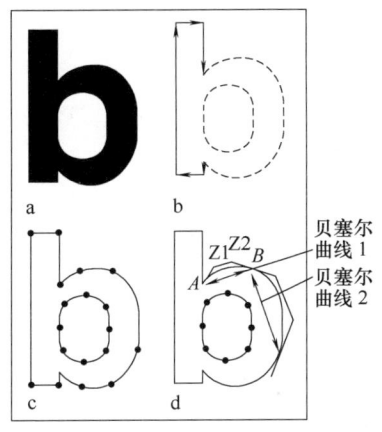

图1-4 线条图形

拼大版是将拼好版的单个页面拼组成印刷机能够使用的印版版式。传统的拼大版方式有两种：手工拼大版和利用组版软件进行折手。手工拼大版是对输出的单页文件的胶片进行手工拼版，胶片拼成大版后再进行制版印刷，折手工作大多是由人工操作完成的，它存在着对位不准确、生产效率低下、工人劳动强度大等弊病。利用组版软件折手是做好单页文件后，新建一个大版的文件，然后将单页文件中的内容复制到大版文件上，旋转定位后输出PS。它与传统的手工拼大版类似，只不过是将手工对胶片的拼大版转移到前端的电脑制作上，并没有实质上的改变。这种方式虽然直接在电脑上进行，但是存在生产效率低、容易出错、劳动强度大等问题。

根据印刷方式的不同，对应的印版的制作方式也不同。

1. 凸版制版方法

凸版的特点是印版上的图文部分远高于印版上的非图文部分，如图1-5所示。凸版制版的方法有多种，可由照相底片晒在金属版材上，经腐蚀获得凸版印版；由照相底片在感光性树脂上晒制成凸版印版；用电子雕刻机雕刻制成凸版印版；对已制成的凸版，用浇铸等方法复制凸版印版。在使用中可以根据实际要求，

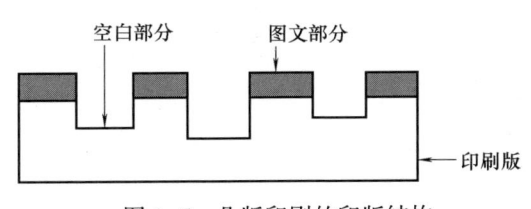

图1-5 凸版印刷的印版结构

选择制版方法。

柔性版印刷也是凸版印刷的一种，它采用柔性凸版，是目前凸版使用最多的印刷方式。柔性版印刷具有独特的灵活性、经济性。该技术绿色环保，符合食品包装印刷品的卫生标准，因此，柔性版印刷工艺在国内外发展较快。柔性版制版的工艺流程为：原稿→电子分色或照相→正阴图→背曝光→主曝光→显影冲洗→干燥→后处理→后曝光→贴版，柔性版印刷方式自成体系，有其自身的独特之处，属于绿色印刷的范畴。

2. 平版制版方法

平版印刷采用平版印版，印版印刷部分和空白部分几乎在同一平面上，如图1-6所示。其印版结构与凸版印刷、凹版印刷的印版有很大不同。平版印刷的原理是，印版的空白部分具有良好的亲水性能，吸水后能排斥油墨，而印刷部分具有亲油性能，能排斥水而吸附油墨，据此实现图文与空白部分的区分。现今采用的平版印刷，主要是采用将印版上的图文先转印到橡皮布的滚筒上，再由橡皮布转印到纸张（承印物）上的间接印刷方法，这种平版印刷方式称为胶印。

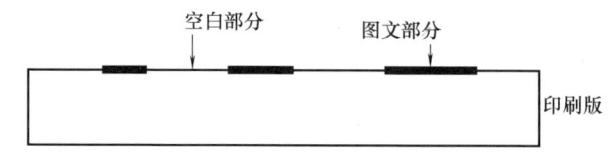

图1-6 平版印刷印版结构

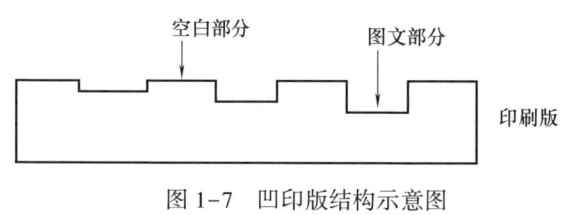

图1-7 凹印版结构示意图

3. 凹版制版方法

凹印版上图文部分低于空白部分，空白部分处于较高的平面上，如图1-7所示。从制版工艺角度，可将凹版分为腐蚀凹版和雕刻凹版两大类。

腐蚀凹版包括影写版、加网凹版和道尔金加网凹版三种，如图1-8所示。

(a) 影写版　　　(b) 加网凹版　　　(c) 道尔金加网凹版

图1-8 三种类型的腐蚀凹版

雕刻凹版又分为手工雕刻凹版、机械雕刻凹版、电子雕刻凹版和激光雕刻凹版四种。

手工雕刻凹版是用刻刀在铜版上雕刻图文而制成印版，可直接刻出凹下的线条，也可以在铜版上先涂一层抗蚀膜，划刻抗蚀膜露出铜版表面，再进行化学腐蚀制成印版［图1-9（a）］。机械雕刻凹版是利用彩纹雕刻机、浮雕刻机、平行线刻版机以及缩放刻版机等直接在铜版上雕刻图文，或划刻铜表面的抗蚀层再腐蚀制成凹印版。电子雕刻凹版是利用光电原理，以照相底片为原稿，计算机直接输出原稿的页面信息，通过电子电路控制雕刻机，在铜印版滚筒表面直接雕刻出面积和深度同时发生变化的倒锥形网孔，制成凹印版［图1-9（b）］。激光雕刻凹版是在铜辊上先涂覆黑色基漆层，用激光烧蚀网穴区域，使网穴处的铜层裸露出来，非网穴处由漆层保护抗蚀，经过腐蚀后可获得凹下的网

(a) 手工雕刻

(b) 电子雕刻

图 1-9　雕刻凹版

穴，形成凹印版。

4. 孔版制版方法

孔版印刷的印版的图文部分为洞孔，油墨通过洞孔转移到承印物表面，如图 1-10 所示。孔版印刷使用的印版包括誊写版和丝网版两大类。誊写版是在特制的蜡纸上，用铁笔刻划出文字图画，或用打字机打字等方式制成印版。用誊写版印刷，俗称"油印"，它是 1886 年由爱迪生发明的，曾经是最常用的办公用文件的复制方法。丝网印版版面呈网状，由漏空图文的膜层、丝网、网框组成。近年来，丝网印刷有较大的发展，广泛用于印染、标牌、线路板印刷、彩画以及地图等的印刷复制。

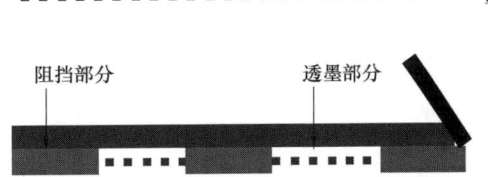

图 1-10　孔版印刷的印版示意图

在传统印前处理中，典型的样张制作及打样包括长条校样、蓝图校样、彩色打样和机械打样等工序。根据各工序在整个印前处理工艺中的位置，打样作为一份技术文件，用于质量检查、质量监控，客户与印刷单位之间的协议文件、正式批量印刷的依据标准以及作为后续再次印刷任务的参照基础。

（二）数字印前处理

数字印刷的印前处理省略了印版的制作过程或利用计算机直接制版，从而节省了大量的时间和成本。前者将印前信息利用计算机处理后，直接通过数字印刷机进行印刷输出；后者是将印前系统中编辑的数字化页面直接转移到印版的制版技术。图 1-11 所示为 CTP（Computer to plate）直接制版机。一般来说，计算机直接制版系统由 CTP 设备和 CTP 版材组成，两者配套使用。从广义上讲，计算机直接制版系统还包括数字工作流程和数字打样，这样才能形成一个完整的 CTP 系统。

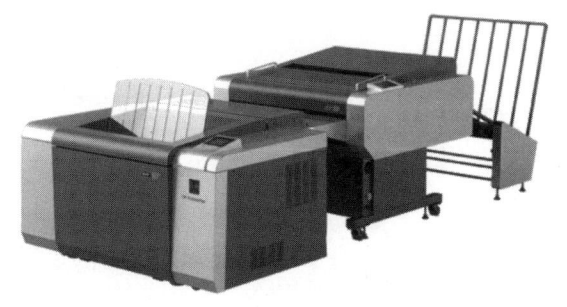

图 1-11　CTP 直接制版机

计算机直接制版技术的优点在于，在工艺方面省去了胶片曝光冲洗、修版、晒版等环节；在材料方面省去了感光胶片；在设备方面省去了胶片曝光冲洗和晒版设备。此外，缩短了印刷周期，减少了环境污染，提高了印刷质量，改善了操作环境。

数字打样也称数码打样，是以数字印前处理得到的数据文件为依据，直接以数字方式输出到打印机上得到彩色样张的方法，如图1-12所示。数字打样技术是用彩色打印机模拟印刷打样颜色的技术，它不是用油墨在正式印刷的纸张上印样张，而是用色料和其他颜料在合成材料载体上打印彩色样张。数字打样可以使用彩色激光打印机、彩色喷墨打印机、彩色热升华打印机或热蜡打印机等。由于数字打样使用的呈色剂和纸张与印刷机不同，彩色打印机的色域与传统印刷打样的色域也不完全一样，因此，必须利用数字打样控制软件把颜色校正到印刷色域。印前系统输出的数字图文信息，首先要进入数字打样控制软件，根据印刷机和打印机的ICC（International Color Consortium）特征文件，进行色彩管理，将颜色数据转换，再由打印机输出样张，模拟出实际印刷效果。图1-13所示为典型的数字打样系统的构成。

图1-12　数字打样

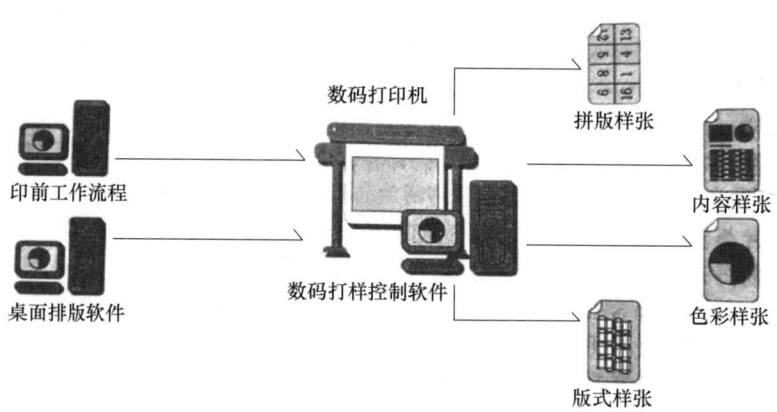

图1-13　数字打样系统的构成

二、印刷工序

原稿经印前工序处理后，就可以进入印刷工序了。所谓印刷，就是通过印刷设备将印刷油墨从印版转移到承印物上，在承印物上形成印刷图文的过程。印刷工序涉及印刷设备、印刷承印材料、印刷油墨、印刷方式等内容。

（一）印刷设备

印刷机主要结构包括输纸部分、输水部分（胶印机独有）、输墨部分、印刷部分、收纸部分、动力传动系统、定位部件、控制系统等。常用印刷机的分类方法较多。有印版的传统印刷机常见的分类方法如下：

（1）按承印材料幅面，可分为全张印刷机、对开印刷机、四开印刷机及八开印刷机等。

（2）按印刷机承印材料的形式，可分为单张纸印刷机和卷筒纸印刷机。

（3）按印刷色数，可分为单色印刷机、双色印刷机和多色印刷机。

（4）按印刷面数，可分为单面印刷机和双面印刷机。

（5）按印版结构，可分为凸版印刷机、平版印刷机、凹版印刷机、孔版印刷机以及多种版组合的组合印刷机。

（6）按压印形式，可分为平压平型印刷机、圆压平型印刷机和圆压圆型印刷机三类，这是由于印刷机施加压力的形式不同。

① 平压平型印刷机。平压平型印刷机的压印板和印版均为平板，把印版装在版台上，由着墨辊给印版上墨，然后将承印材料铺在印版上，再由压印板施压完成印刷。由于是两平面接触施压，故印刷总压力大，印刷速度慢，适用于四开以下幅面的印刷，如活字版、铜锌版打样机、圆盘型印刷机等，都属于平压平型印刷机。

② 圆压平型印刷机。圆压平型印刷机的压印机构为圆形滚筒，称为压印滚筒，印版版台为平面。印版由着墨辊上墨，在压印滚筒下方往复移动，压印滚筒带着承印物边旋转、边与印版接触加压印刷。压印滚筒旋转的表面线速度与印版版台平移的速度相等。由于采用圆压平方式，压印机构施加的压力较平压平印刷压力小，印刷速度较快，幅面较大，印刷质量较好。例如，多年来应用的胶印打样机即属于圆压平的压印方式。

③ 圆压圆型印刷机。圆压圆型印刷机又称为轮转机，其压印机构和印版均为圆柱形滚筒，分别称为压印滚筒和印版滚筒。两滚筒连续旋转对滚，做纯滚动运动，线接触完成印刷过程，故所需要的总的印刷压力小，滚筒高速旋转平稳，生产效率高，适用于高速多色印刷。

（二）印刷承印材料

印刷承印材料的种类繁多，有纸张、塑料、金属、陶瓷、纺织品、木材、玻璃、皮革等。纸张是中国古代四大发明之一，它是由东汉蔡伦在民间造纸术基础上加以改进而成的。印刷纸张包括新闻纸、凸版印刷纸、胶版印刷纸、铜版纸、凹版印刷纸、字典纸、地图纸以及其他不同的纸张。这些纸张通常都是由植物纤维原料经过制浆、抄纸等加工制成的由植物纤维、胶料、填料、色料等组成。

（1）新闻纸主要用于印刷报纸、低档期刊、短期书籍。新闻纸不施胶，纸质松软，弹塑性较好，吸墨性较强，有一定的机械强度，不透明性好。因新闻纸木质素和杂质含量高，易发黄变脆。

（2）凸版印刷纸主要用于书刊、杂志印刷。凸版印刷纸不施胶或轻微施胶，特性类似于新闻纸，吸墨均匀，平滑度、白度、抗水性等优于新闻纸，但吸墨性不如新闻纸。

（3）胶版印刷纸主要用于彩色画报、海报、宣传画、商标等。胶版印刷纸表面平滑，质地紧密，伸缩性小，抗水性强，吸墨性不太高，印品有光泽。

（4）铜版纸主要用于各种精美彩色印刷品、高档彩色画报、画册等。铜版纸是在原纸上涂布涂料，然后经超级压光制成，其特点是白度高、平滑度高、光泽度好、表面强度较高，但吸墨性较差。

（5）凹版印刷纸适用于彩色凹版印刷，如彩色画报等。凹版印刷纸的特点是平滑度高、抗水性好、白度高、纸张强度较高。

（三）印刷油墨

（1）油墨是印刷中用来呈色的物质，通常由色料、连结料、填料和助剂等组成。

① 色料是油墨中的显色物质，通常包括颜料和染料。颜料包括无机颜料和有机颜料。无机颜料由络合物、金属氧化物、无机盐或单质元素等组成；有机颜料是有色的有机化合物，有天然和人工之分，它们不溶于水、油和有机溶剂。染料也是有机化合物，它溶于水。当染料染色于不溶性载体硫酸钡、氢氧化铝、铝钡白等，使用沉淀剂使其固着于载体上，即可形成不溶的有色淀性颜料，作为制造印刷油墨的主要材料。

② 连结料是油墨的主要组分，由少量的天然树脂、合成树脂、纤维素衍生物等溶于干性植物油或溶剂中制得。它能将色料均匀分散，并使油墨具有一定的黏性、流动性和转移性能。在油墨转印至承印物上后，连结料干燥成膜将色料固着在印品表面，形成墨膜。因此，它对油墨的流变性、附着性、成膜性具有重要作用，并且会影响油墨的色泽和酸值。

③ 油墨中采用的填料主要有碳酸钙、硫酸钡、氢氧化铝、铝钡白和硅酸铝等。填料是白色透明、半透明或不透明的粉末。在油墨中使用填料主要是为了调节油墨的性质，如流动性和稠度等，也可减少颜料用量，降低生产成本。

④ 助剂是油墨的辅助成分，主要用来调节油墨的印刷适性。助剂主要含有干燥剂、稀释剂、撤黏剂、冲淡剂、抗氧化剂等，可根据生产要求在油墨中添加不同的助剂，使油墨性能满足实际生产需要。

（2）油墨分类方式多种多样。

① 按印刷方式，可将油墨分为凸版印刷油墨、平版印刷油墨、凹版印刷油墨、孔版印刷油墨和特种印刷油墨。

② 按干燥机理，可将油墨分为渗透干燥型油墨、挥发干燥型油墨、氧化结膜型油墨、热固化型油墨、光固化型油墨和冷却固化型油墨。

③ 按干燥方法，可将油墨分为自然干燥型油墨、热风干燥型油墨、红外线干燥型油墨、紫外线干燥型油墨和冷却干燥型油墨。

④ 按制造油墨的原料，可将油墨分为干油型油墨、树脂油型油墨、有机溶剂型油墨、水性油墨、石蜡型油墨和乙二醇型油墨等。

⑤ 按油墨特性，可将油墨分为磁性油墨、光变油墨、香味油墨、发泡油墨、防伪油墨、耐光油墨、耐热油墨、耐酸油墨、耐摩擦油墨、耐溶剂油墨等。

⑥ 按承印材料不同，可将油墨分为印刷纸张油墨、印刷金属油墨、印刷塑料油墨、印刷玻璃油墨等。

⑦ 按油墨的用途，可将油墨分为书刊印刷油墨、新闻印刷油墨和包装印刷油墨等。

（3）油墨的印刷适性通常指油墨的着色力、覆盖力、黏度、屈服值、触变性、流动性及细度等。

① 着色力表示油墨着色能力的强度，它取决于色料对光的选择性反射、油墨中色料的含量及分散度。若油墨的着色力强，则印刷过程对油墨的需求量少，综合印刷性能好。

② 覆盖力指油墨遮盖底色的能力，它取决于色料的不透明度、填料的多少及填料的

不透明度。遮盖力的大小会影响多色印刷的色序。

③ 黏度是度量流体黏性的物理量。黏度的大小取决于连结料的黏度、颜料和助剂用量及分散度等。黏度直接决定油墨的流动性，影响印刷时油墨的转移。黏度过大，易致掉粉、拉毛；反之，则油墨易乳化、起脏。

④ 屈服值是指流体开始流动时所需要的最小剪切应力。它取决于连结料的性质和油墨的结构。屈服值过大，油墨流动性差，不易打开；反之，则网点起晕，不清晰。

⑤ 触变性是指油墨受到外力时由稠变稀，静置一段时间后又恢复到原有稠度的性能。触变现象是体系结构的破坏和形成之间的一种等温可逆过程。触变性取决于油墨内部分子间的结构形式和结构稳定性，以及色料粒子的含量和润湿状态。触变性的存在使油墨在输墨系统中受力后，提高其流动性和延展性，便于油墨转移到承印物。当转移完成后，由于外力消失，油墨流动性和延展性降低，形成固着良好的印迹。但触变性不宜过大，否则不利于墨辊传墨。

⑥ 流动性是指油墨在自身重力或外力作用下，像液体一样流动的性质。它与油墨黏度、屈服值和触变性有关，对油墨印刷时的传墨、匀墨、转移等性能有一定影响。

⑦ 细度是指色料、填料在连结料中的分散度。油墨的细度与印品质量有密切关系。细度高的油墨适于印刷高线数、高精密的印刷品。油墨颗粒粗大易引起印刷故障，影响套印精度。

(四) 印刷方式

1. 平版印刷

平版印刷是指采用图文部分和空白部分几乎处于同一平面上的印版进行印刷的工艺技术，如图1-14所示。平印版有石版、珂罗版、蛋白版、平凹版、多层金属版、预涂感光版（PS版）以及CTP版等平版印刷形式。现今的平版印刷主要使用预涂感光版（PS版）或CTP版进行平版胶印。

平版胶印是平版印刷中的主要方式，它是一种利用橡皮滚筒实现图文转移的间接印刷方式。平版胶印是利用水油互斥的原理，将印版上涂布的油墨先转印到橡皮滚筒的橡皮布上，然后再转印至承印物上，形成印迹，印刷过程中还需使用润版液。由于采用轮转印刷方式，

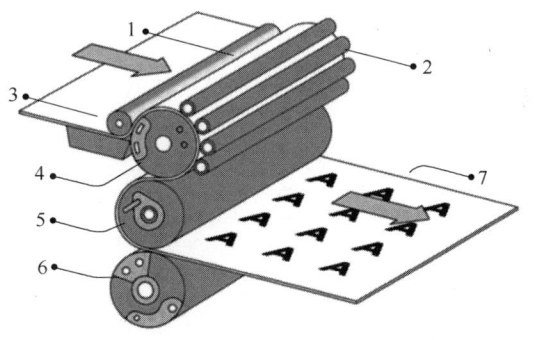

1—润版液；2—油墨滚筒；3—润版液滚筒；4—印版滚筒；5—橡皮滚筒；6—压力滚筒；7—纸张

图 1-14　平版印刷

印版空白部分和图文部分同时受压，所以胶印机印刷时所需要的滚筒间的印刷压力较小，印刷速度快。目前主要使用胶印机进行平版印刷。胶印机可分为单张纸胶印机和卷筒纸胶印机。单张纸胶印机主要由输纸、定位、输水、输墨、印刷及收纸等部件构成，卷筒纸胶印机主要由放卷、纠偏、输水、输墨、干燥、印刷、收卷、分切等部件构成。

2. 凹版印刷

图1-15所示为凹版印刷原理。凹版印刷使用的印版，图文部分是下凹的，印刷空白

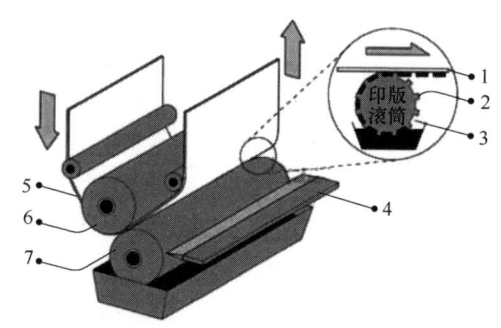

1,5—承印物；2—非印刷部分；3—图文部分；
4—刮刀；6—压力滚筒；7—印版滚筒

图 1-15 凹版印刷原理

部分在同一平面上。印版滚筒着墨并和压印滚筒对滚，通过刮墨刀刮去印版上空白部分的油墨，承印物纸张或者薄膜从两滚筒之间穿过，在印刷压力作用下，将印版凹穴中的油墨转移到承印物上，完成印刷过程。因为这种印刷方式没有经过橡皮滚筒转印，所以称为直接印刷方式。凹版印刷采用的是金属滚筒印版，印版耐印力高，滚筒间的印刷压力大，墨层厚实，印品层次丰富、色彩鲜艳、质感强，适于进行长版活件的印刷。目前，凹版印刷是高档包装印刷的主要印刷方式。

由于凹版印刷机采用圆压圆型的印刷方式，因而又称为轮转凹印机。凹版印刷机按其供料方式可分为单张纸凹印机和卷筒纸凹印机，可进行单色或多色印刷。单张纸凹印机主要包括输墨部分和印刷部分。卷筒纸凹印机包括开卷部分、输墨部分、干燥部分、收卷部分和附属装置。

3. 凸版印刷

图 1-16 所示为凸版印刷原理。凸版印刷所使用的印版图文部分凸起，空白部分凹下。凸版印刷是传统四大印刷工艺之一。它历史最久，在长期发展过程中不断得到改进。唐代初年我国发明了雕版印刷技术，就是把文字或图像雕刻在木板上，剔除非图文部分使图文凸出，然后涂墨，覆纸印刷，这是最原始的凸印方法。现存有年代可查的最早的印刷物《金刚般若波罗蜜经》，就是雕版印刷相当成熟的印品。

4. 柔版印刷

柔版印刷在原理上属于柔性凸版印刷，是目前使用最广泛的凸版印刷方式，因此常把柔版印刷单列为一种新的印刷方式。柔版印刷使用柔性印

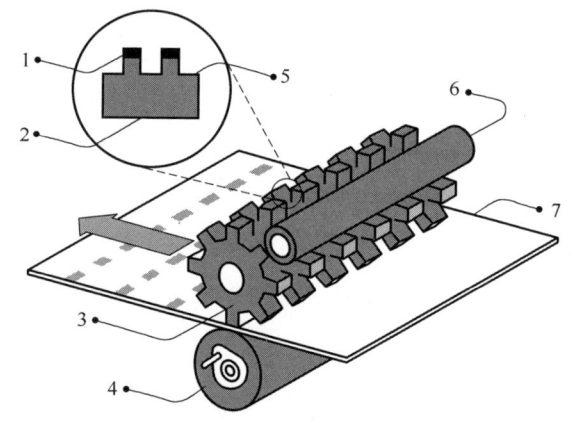

1—图文部分；2—金属板、合成树脂凸版；3—印版滚筒；
4—压力滚筒；5—非图文部分；6—墨辊；7—纸张

图 1-16 凸版印刷原理

版，通过网纹辊传递油墨。柔版印刷早年由于采用含有苯胺染料的油墨被称为苯胺印刷。由于当时所用油墨具有一定的毒性，手工雕刻橡皮版使印刷质量无法进一步提高，且当时苯胺印刷主要用于印制食品包装袋，因此其应用范围受到了很大的限制，发展缓慢。传统印刷方式都以印版方式命名，而苯胺印刷独以油墨命名，加之后来不再使用苯胺染料，故根据其印版具有挠曲性，1952 年改名为柔版印刷。

柔版印刷兼有凸印、胶印和凹印三者的特点。在印版结构上，柔性版图文部分高于空白部分，具有凸版印刷的特点；在印刷方式上，由于柔版具有高弹性，类似于胶印中的橡皮布，因而，又具有胶印的特点；在输墨机构上，柔版印刷的网纹辊传墨方式与凹印相

似，输墨结构简单，又具有凹印的特点，如图1-17所示。此外，柔性版印刷制版周期短，制版设备简单。承印材料广泛，印刷速度快，效率高。在设备允许的条件下可进行连线烫金、模切、复合等多种形式的后加工。有的柔版印刷机还具有丝印、凹印和胶印单元，成为综合加工设备，生产方式灵活性高。柔版印刷可采用无污染、干燥快的水性墨进行印刷，绿色环保，广泛用于包装装潢领域产品的印刷。随着新型柔性版材的应用和柔印技术的改进，柔版印刷质量会进一步提高，柔版印刷将得到更广泛地应用。

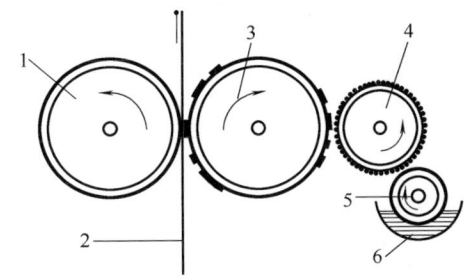

1—压印滚筒；2—承印物；3—印版滚筒；
4—网纹辊；5—墨斗辊；6—墨斗

图1-17 柔性版印刷原理

5. 孔版印刷

孔版印刷是指采用滤过性印版进行印刷的工艺技术。印版的印刷部分由筛孔一样的孔洞组成，可以透过油墨，在承印物上形成图文，印版非图文部分的筛孔被硬化的感光图层封堵，不能透过油墨，因此不能在承印物上产生图文，孔版印刷原理如图1-18所示。孔版印刷是通过刮墨刀刮墨，油墨经图文印版网孔，直接漏印到承印物表面，形成印刷品的一种印刷方式，因此属于直接印刷方式。孔版印刷的范围十分广泛，通常包括纸张、纸板、瓦楞纸、塑料、纺织品、金属材料、玻璃、建筑材料、印制电路板等。孔版印刷既可在平面承印物上印刷，也可在各种规则或不规则的曲面上印刷。孔版印刷的印版有誊写版、镂空版和丝网版等多种形式。目前，孔版印刷中应用最广泛的是丝网印刷。丝网印刷的印刷工艺如图1-19所示。

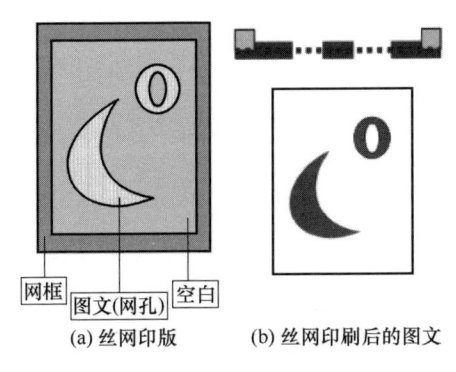

图1-18 孔版印刷原理

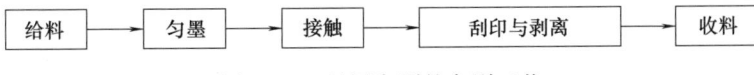

图1-19 丝网印刷的印刷工艺

三、印后加工

印后加工是对印刷品进行后续加工处理，以满足所需的形状、使用性能以及方便产品分发等。印刷品是集艺术、技术和科学于一体的产品，人们对印刷品的要求随着时代和技术的发展在不断提高。印后加工能够将印刷出来的产品根据不同的要求，采用合理的方法完善所需形态和使用性能。印后加工使得印刷品有更好的质量、更高的档次，增加了印刷品的价值。

印后加工主要对印刷品进行表面整饰、装订、成型加工以及其他功能性加工处理。

（一）表面整饰

在书籍封皮或其他印刷品上，进行上光、覆膜、烫箔、压凹凸、压痕、模切或其他的装饰加工处理，叫作表面整饰。印刷品表面的整饰，可以提高印刷品的光泽度、耐热性、耐光性、耐水性、耐磨性等各种性能，改善印刷品的外观和使用性能。表面整饰加工不仅提高了印刷品的艺术效果，而且具有保护印刷品的作用。

1. 上光

上光是在印刷品表面喷涂或印刷一层无色透明涂料，经流平、干燥（压光）后在印刷品表面形成薄而均匀的透明光亮层。透明光亮层干燥后起到保护及增加印刷品表面光泽的作用。一般书籍封面、插图、挂历、商标、装潢等印刷品的表面都要进行上光处理。图1-20所示为局部上光后的印刷品。上光的方法和种类如图1-21所示。

图1-20 局部上光后的印刷品

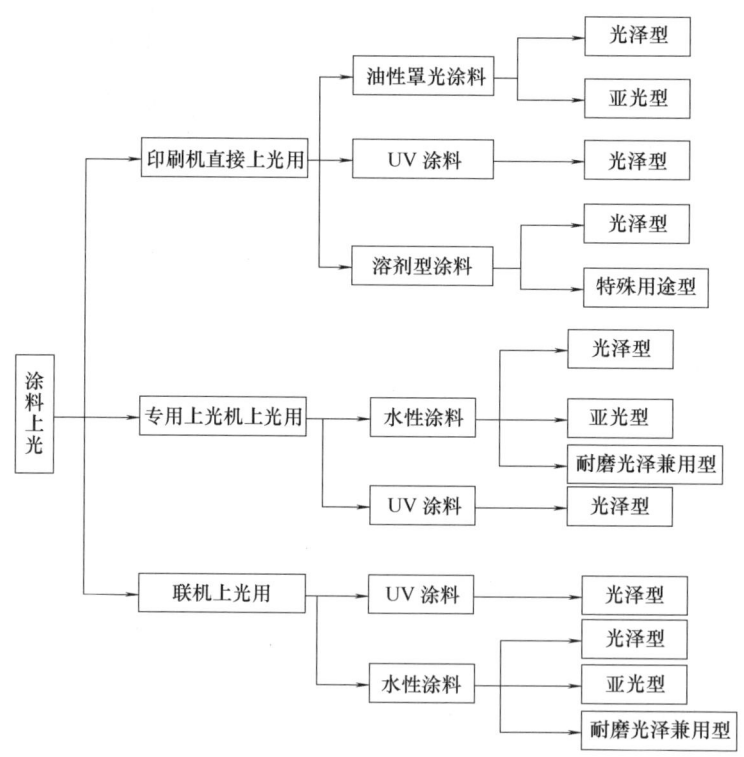

图1-21 上光的方法和种类

2. 覆膜

将聚丙烯等塑料薄膜，覆盖于印刷品表面，并采用黏合剂经加热、加压使之黏合在一起的加工过程，称为覆膜，其作用是对印刷品进行保护和美化。图1-22所示为覆膜后的

图 1-22 覆膜后的印刷品

印刷品。

3. 烫印

将金属箔或颜料箔通过加热加压转移到印刷品或其他物品表面上的加工工艺，称为烫箔，俗称烫金或烫银，其目的是增进装饰效果，如图 1-23 所示。烫印机的结构如图 1-24 所示。

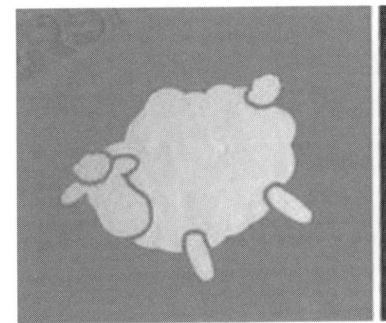  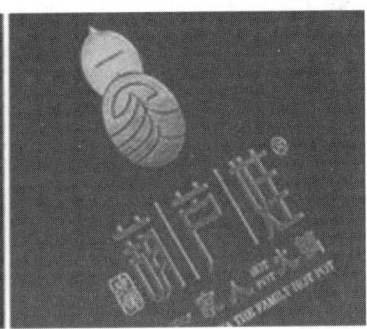

图 1-23 烫印后的印刷品

4. 模切

印刷品的模压加工是指以阴阳模具为基础，通过机械给以一定的压力，将印刷品加工成所要求的形状或在其表面产生某种特殊效果的技术。图 1-25 所示为模切后的产品。按照其在加工中所使用的模具及最终加工效果不同，一般可分为凹凸压印和模切压痕两种工艺技术。图 1-26 所示为模切盒的成型工艺结构，图 1-27 所示为模切的工艺流程。

（二）装订

将印好的书页、书帖加工成册，或把单据、票据等整理配套订成册本等印后加工，统称为装订。书刊的装订包括订联和装帧两大工序。订联就是将书页订成本，是对书芯的加工，装帧是对书籍封面的加工。书籍本

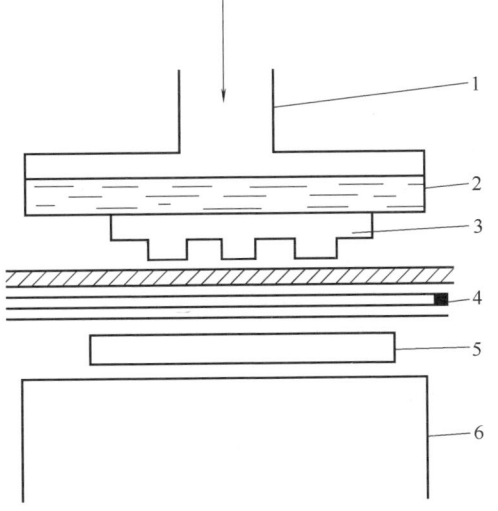

1—压印机构；2—加热板；3—烫印版；
4—电化铝箔；5—承印物；6—底台

图 1-24 烫印机的结构

印刷机原理与结构

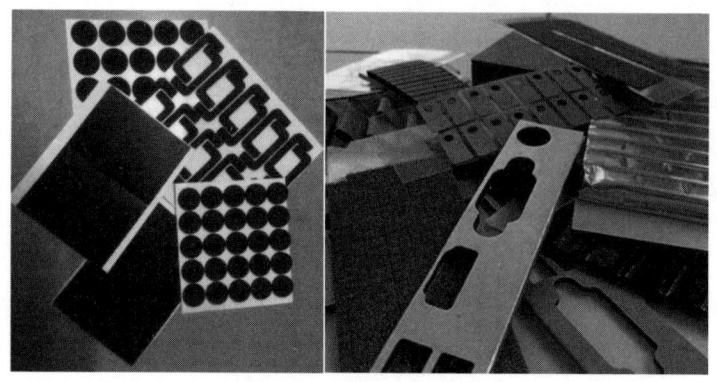

图 1-25　模切后的产品

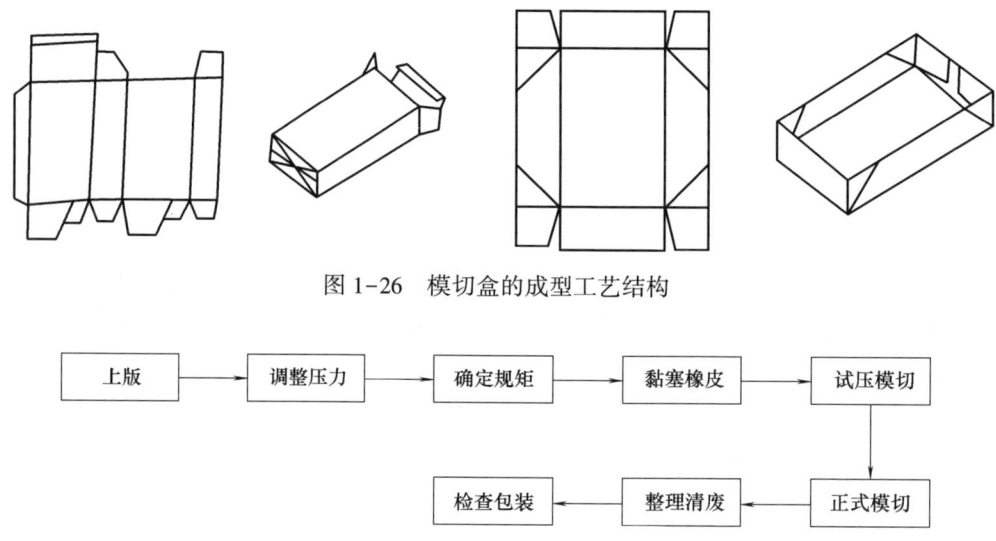

图 1-26　模切盒的成型工艺结构

图 1-27　模切的工艺流程

册的装订加工是一本（或一部）书制作过程的最后一道工序，也是书籍的包装装帧工序，这道工序的加工效果，关系到印品的优劣和书的整体效果。

装订方法主要有平装、精装、骑马订、线装和特装等。平装是应用最广泛的装订方法，主要工序包括折页、配页、订书、包封面、裁切等。无线胶订生产效率高，质量好，是平装书最常用的书籍装订工艺；精装主要用于词典、经典书籍等需要长时间使用和保存的书籍，其主要采用锁线和胶黏两种方法装订，精装工序多，生产速度较慢，装帧效果精美；骑马订主要用于页码数小于 100 的杂志、宣传资料等，其工艺简单，生产速度快；线装主要用于古籍的出版，其生产过程以手工为主，效率低，装帧效果古香古色；特装适用于有收藏价值的书籍，生产工艺复杂，生产材料昂贵，以手工生产为主。图 1-28 所示为骑马订和铁丝平订示意图。

（三）成型加工

成型加工主要用于制作纸容器和其他包装容器，成型加工包括模切压痕、制盒、制袋、制箱、制杯、制罐等加工过程。模切是用模具将印刷品切成所需形状的工艺，压痕是

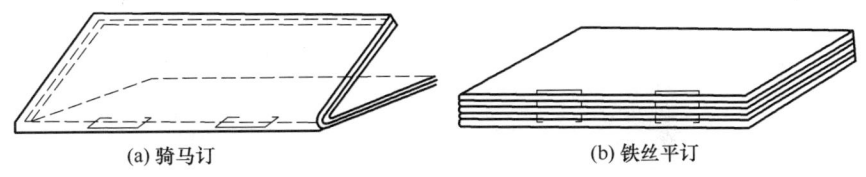

图 1-28　骑马订和铁丝平订示意图

用模具在印刷品上压出横线的工艺,一件完整的产品往往既需要模切,又需要压痕,模切和压痕工艺并不冲突,所以在很多场合都是把模切和压痕合并在一起,用模切压痕机一次完成。

第三节　影响印品质量的因素

一、印刷品质量评价

为了得到高质量的印刷品,对产品进行有效的管理和质量检测是印刷品制备中的重要环节。随着时代和技术的发展,人们的审美和对产品的要求不断变化,印刷质量的评价内容和评价标准也不断改变。从印刷技术的角度考虑,所谓印刷品的外观特性是一个比较广义的概念,不同类型的印刷产品具有不同的内涵,以文字或数字为主的印刷品,主要要求准确性、易读性、墨色一致等;以图像为主的印刷品,则主要要求阶调层次色彩、套印、网点、K 值等。这些外观特性的综合效果,反映了印刷品的综合质量。在印刷质量评判中,各种外观特性可以作为综合质量评价的依据,也可以作为印刷品质量管理的根本内容和要求。

(一) 印刷品质量的评价方法

印刷品质量的评价方法主要有主观评价法、客观评价法和综合评价法三种。

1. 主观评价法

主观评价是凭借个人经验对产品进行视觉上的观察对比,如颜色深浅、网点的光洁饱满程度、层次是否丰富、版面是否干净等,通常带有主观性。主观评价法常用的有目视评价法和定性指标评价法。

(1) 目视评价法是指在相同的评价环境条件下,由多个评价者观察原稿和印刷品,再以个人的经验情绪及爱好为依据,对各个印刷品按优、良、中、差分等级,并统计各分级的频度,获得一致好评者为优、良,反之为差。

(2) 定性指标评价法是指按一定的定性指标,列出每个指标对质量影响的重要因素,由多个评定人评分,总分高者质量为优,低者为差。

印刷品的主观评价因人而异,不容易得出统一的结论,且常因地点、周围环境的不同,特别是观察复制品(与原稿对比)的照明条件不同时,产生视觉差异。利用这种没有数据作为依据的定性指标来评价印刷品质量,其结果受评价者自身因素的影响较大,不能准确客观地反映出印刷品的质量状况。现阶段,鉴定印刷质量的方法仍然多以主观评价为主,但应把主观评价因素加以客观解释,使其科学化,更有利于印刷质量的控制。

2. 客观评价法

客观评价是利用某些检测方法对印刷品的各个质量特性进行检测，其本质上是用恰当的物理量或者质量特性参数，对图像质量进行量化描述，为有效控制和管理印刷质量提供依据。印刷品质量评价的主要内容包括阶调、层次再现、色彩再现、清晰度等，可使用密度计、分光光度计、控制条、图像处理手段等测量出这些质量参数的具体数值。

3. 综合评价法

印刷品质量的评价，受到很多主观因素、客观因素的影响，做到公正地判断质量的优劣并不是件容易的事情。综合评价是以客观评价的质量参数数值为基础，与主观评价的各种因素相对照，以得到共同的评价标准。印刷质量的综合评价方法具有如下三个特点：

（1）确定产品主观评价印象的一致性，这是综合评价法的基础。

（2）根据客观评价的手段，对产品质量性能参数指标进行测量。

（3）将测试数据通过计算统计，得出印刷质量的综合评分。

（二）印刷品质量的评价内容

印刷品质量的评价内容主要包括：阶调再现、颜色再现、图像清晰度、印刷的不均匀性、印刷重复率五个方面。

（1）阶调再现：相对原稿的阶调再现。对于图像的明暗阶调变化的传递特性，用阶调复制曲线表示。

（2）颜色再现：相对原稿的颜色再现。对于分光组成的传达特性，用密度计测量或CIE（Commission Internationale de l'Eclairage）测色系统的X、Y、Z表示。

（3）图像清晰度：图像轮廓的明了性或细微层次、质感的能见度。图像清晰度的测量通常基于梯度方法，通过计算图像中像素点的灰度差或梯度来评估图像的清晰度。

（4）印刷的不均匀性：图像在复制过程中出现的颗粒或印刷品出现的墨杠、墨斑、墨膜不均匀以及纸张故障所引起的画面不均匀的现象，它要用测微密度计等仪器测量图像的光学密度进行评价。

（5）印刷重复率：印刷机重复印刷同一图案或文字的准确性和一致性，即保持印刷品质量稳定的程度。在生产中通过测量套准误差、色差等控制参数进行计算统计。

上述五个方面是印刷品质量管理的重点，无论是主观评价还是客观评价，都以此为主要内容。在主观评价时，这些评价内容只有性质状态的区别，没有定量的数据关系；而在客观评价时，是用恰当的物理量来作定量分析，将主观评价与数据相结合得出综合结论。

二、影响印刷品质量的主要因素

影响印刷品质量的因素较多，常见的有网点增大、印刷反差、网点变形、叠印、墨层厚度、纸张平滑度、印刷速度、印版磨损程度等。在印刷生产过程中，为了保证印刷质量的稳定性，操作者必须对印品进行抽样检测，并对出现的质量变化采取相应的调节和控制措施。图1-29所示为影响印品质量的因素分析。

影响印刷品质量的主要因素有：

1. 设备的机械特性及印品的尺寸规格因素

印刷、裁切、订书、模切、上胶或装订等印刷及印后加工设备的精确度，以及印品的尺寸和形状、图像位置等，都会影响印刷品质量。

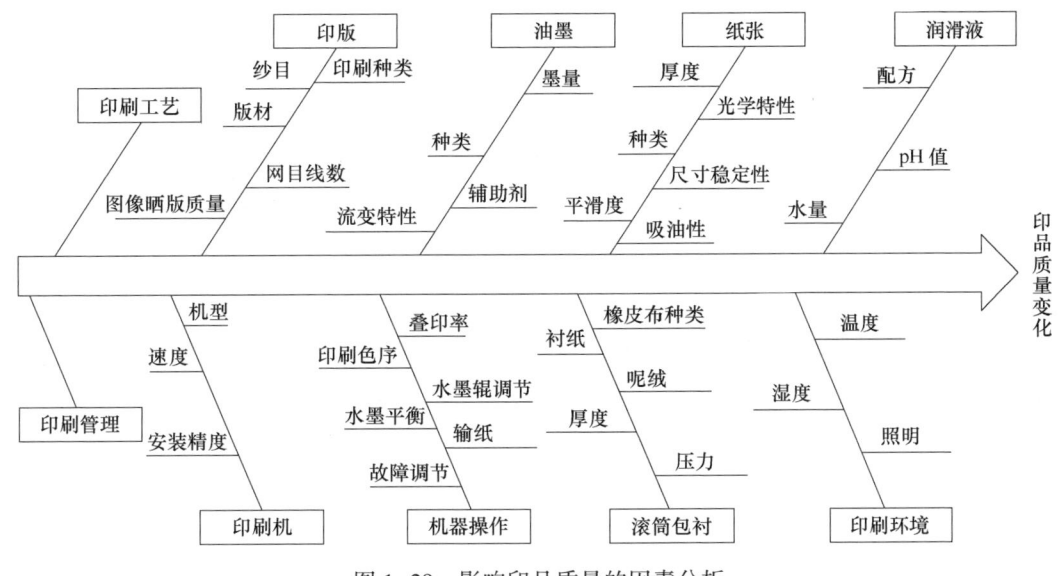

图 1-29 影响印品质量的因素分析

2. 文字因素

最佳文字质量的定义是非常明确的,它必须没有下列各种物理缺陷:堆墨、字符破损、白点、边缘不清或者脏点。文字笔画密度应该很高,笔画与字面宽度应该同设计人员绘制的原始字体相一致。

实际上,文字笔画密度受到能够印刷出来的墨层厚度的限制。在涂料纸上,黑墨的最大密度约为 1.80;而在非涂料纸上,黑墨的最大密度约为 1.50。字体笔画与字面宽度也受到墨层厚度的影响,墨层越厚,产生的变形就会越大。

3. 图像因素

黑白图像的质量特征与彩色图像的质量特征相似。图像质量的基本特征可以分为以下几种:阶调与色彩再现、图像分辨率、斑点与故障图形以及表面特性。

阶调与色彩再现,指画面的阶调平衡与色彩外观。对于黑白照片和黑白复制品来说,通常用密度值来表示阶调再现的程度。对于彩色复制品来说,色相、饱和度与明度值更具有实际意义。上述数值可利用色差计来测量。

最佳复制中的图像分辨率问题包括分辨率与清晰度两个方面。在印刷行业中,分辨率主要依靠网线数来决定。但是,网线数又受到承印材料与印刷方法的制约。影响清晰度的重要因素之一是阶调边缘上的反差,也就是较暗阶调与较亮阶调接合部的反差。

斑点是指图像中出现的随机变化的像素点,可能是由于传感器噪声、电子干扰或图像压缩等原因造成的。斑点通常降低了图像的清晰度和视觉效果。

故障图形是指在图像中出现的非自然的结构或模式,这可能是由于图像处理算法的缺陷、图像传输错误或显示设备的故障造成的。例如,摩尔纹、压缩伪影、镜头光斑等都属于故障图形。

表面特性包括平滑度、光泽度和纹理。平滑度通常指的是图像表面的均匀性和连续性程度,它与纹理粗糙度相对。对光泽度的要求需依据原稿性质与印刷图像的最终用途而定。一般使用高光泽的纸张复制照片原稿,效果较佳。纹理是指图像中重复出现的局部模式或结构，它描述了图像中区域的表面特征或外观。纹理是图像的一个重要属性，可以提供关于场景物体表面特性的重要视觉信息。平滑度与表面质感相关，但更侧重于表面整体的平整性，没有明显的凹凸不平。

第四节 印刷发展趋势

印刷与人们的生活密切相关。21世纪以来，我国印刷产业迅猛发展。目前，柔性印刷、凸版印刷、平版印刷、凹版印刷、丝网印刷等传统印刷技术仍是我国印刷产业的重要组成部分。数字印刷是与传统印刷的概念迥然不同的现代印刷技术，它不用胶片，不经过分色制版，省略了拼版、修版、装版定位、调墨、润版等工艺过程，不存在水墨平衡问题，从而大大简化了印刷工艺，实现了短版、快速、实用、精美、经济的印刷。此外，数字印刷的本质特征是能够实现可变数据印刷，这是传统印刷方式所不能比拟的。数字印刷是印刷发展的主要趋势。

近年来，国家出台了一系列相关政策，在《中共中央国务院关于加快经济社会发展全面绿色转型的意见》中，提出"加快数字化发展，建设数字中国，推动绿色发展，促进人与自然和谐共生"等，对中国印刷行业的发展起到了重要的推动作用。"绿色化、数字化、智能化、融合化"发展成为现代印刷技术与印刷装备发展的主要方向。

一、传统印刷发展趋势

第一，追求更快的印刷速度、更高的自动化程度、更简单的操作、更方便的调整与设置，更注重环保，仍是印刷机制造商不变的初衷。他们通过机构优化、结构改进、增强自动控制功能、开发和使用环保耗材等各种手段，力图使现代印刷机在提高印刷品质量、降低废品率、缩短辅助时间、降低劳动强度、加强环境保护等方面取得更大的进步。

第二，从单一印刷机制造拓展到印刷系统的集成开发。印刷机制造商正在从单一印刷设备生产发展到开发完成印刷解决方案的一体化设备。过去，印前、印刷、印后有着严格的划分，印刷机制造商需要完成的只是生产单一的印刷机。随着数字化、网络化的发展及印刷市场对印刷解决方案的需求，印前处理、印刷与印后加工设备已开始有机地结合到一起，形成可以完成印刷解决方案的印刷系统。为提高印品的附加值而采用的联机上光，则是印刷与印后相结合的典型集成系统之一。

第三，扬长避短，走联合开发的道路。随着印刷解决方案的提出，印刷机制造商必然面临对印前、印刷和印后整体系统的开发与联合。随着印刷微电子信息技术、网络技术、激光技术、材料科学前沿技术的发展，印刷机制造商凭借自己的力量已经难以达到对这些技术的全面掌握，更何况还受到独立开发的时间和成本限制。因此，印刷系统的配置与开发已不再仅仅局限于印刷机制造商自身。与印前、印后设备制造商联手，走强强联合的道路是未来的发展方向。此外，印刷方式的组合也是印刷机发展的一种趋势。例如，在标签的生产过程中，如果标签的正反面需要单独印刷，为了得到较好的性能和价格比，正面用丝网印刷，反面用柔版印刷将是最佳选择。目前，德国海德堡公司已开发出了这种组合式的印刷系统。

在国际印刷市场，近年来胶印印刷明显由单张纸胶印机向轮转印刷机倾斜，小型中速轮转机已占大多数，一万印以下的印件往往都在轮转机上印刷，这意味着胶印轮转印刷已开始从原来以大批量印制为主的守势向小批量生产范围扩展。双面四色和五色印件成为轮转机的业务范围，从而扩大了轮转机市场。

第四，印刷机向多色化方向发展。具有现代化设计特征的表现方法使多色机的需求量大增。多色印刷机的发展，更能满足人们的个性化需求。

二、数字印刷发展趋势

数字印刷是 20 世纪末发展起来的全新印刷技术。根据其成像印刷的原理，数字印刷机主要分为静电照相数字印刷机和喷墨数字印刷机两大类。

静电照相数字印刷机是主要基于静电效应和光导效应进行印刷复制的。印刷时，首先通过充电装置对光导鼓（或光导带）进行充电。在其表面形成均匀一致、电位足够高、极性正确的电荷层后，以 RIP 后的原稿信息作为控制信号，控制曝光光源，对光导鼓（或光导带）表面进行曝光，形成与原稿图文一致的静电潜像。在目前的静电照相数字印刷机中，最常用的光源有激光光源和发光二极管光源两大类。曝光结束，进入显影过程。显影过程与胶片摄影类似，是从潜像转换到视觉可见图像的过程。曝光后电荷的电位不再均匀，受光脉冲作用的电荷电位升高或降低。墨粉颗粒吸附到静电潜像的特定区域，形成与页面图文内容对应的墨粉像。显影过程仅完成了墨粉颗粒从显影装置到光导鼓（或光导带）表面的迁移。这种迁移结果是临时性的，必须再次转移到纸张，才能产生最终的印品。与传统印刷不同，墨粉颗粒转移到纸张后尚未与纸张牢固地结合在一起，还"浮"在纸张表面，还需对墨粉进行熔化定影处理。根据采用的熔化方式不同，有的系统没有定影过程，如滚筒熔化系统，它的定影与熔化几乎同时完成。熔化过程结束后，光导材料表面还残留着未转移到纸张的墨粉颗粒以及残留电荷，需要清理装置对其进行清理，这样就完成了一张印品的印刷复制工作。

喷墨印刷是当前两大主流数字印刷技术之一。喷墨印刷是一种非撞击的"点阵"打印技术。墨滴从打印头喷嘴中喷射而出，根据控制条件飞行到记录介质表面，且在规定的位置形成印刷图像。喷墨印刷是严格意义上的非接触复制工艺，成像结果直接在承印材料表面完成，无须借助任何中间载体，因而不存在中间转印过程。喷墨印刷技术可实现非常高的分辨率，并且可以直接在除水和空气以外的柔性、刚性以及平面和非平面的所有材质上成像，不受承印材料的限制，能够满足所有高档应用的要求，这些特点和优势是其他印刷技术无可比拟的。随着喷墨技术的不断革新，喷墨技术不仅可应用于作为办公与家庭彩色输出系统以及数字彩色打样、数字印刷、大幅面数字喷绘等方面，如果将喷墨印刷中的墨水换成特殊液体，如聚合物、导电性金属液体或生物液体等，将会引起相关的不同领域的重大变革及应用，如在电子产品生产或高密度线路板制作技术已趋于成熟。最新的科技成果表明，喷墨技术在显微注射、平板显示和生物技术领域都得到广泛的应用。

数字印刷过去一直围绕"个性化定制"主题开拓市场。如今，数字印刷从质量和效率上已经完全能够适应印刷品的小批量定制需求。相对于真正的智能工厂，数字印刷在印刷和印前环节已经有了一定基础，但印后、仓储、物流等其他环节还是建设短板，特别是数字印后的短板较严重。数字印刷的智能化建设尚有很大的提升空间。数字印刷不用制版，没有废液，没有废气排放，在所有印刷生产方式中最绿色环保，其个性化、智能化、绿色化让数字印刷在印刷产业中逐渐成为重要的印刷方式。

第五节　绿色印刷及其设备

一、绿色印刷战略概述

绿色印刷指采用环保性版材和承印及辅助材料、印制工艺符合环保及节能减排要求、印刷品废弃后易于回收再生的印刷方式。

绿色印刷既包括环保印刷材料与辅料的使用、节材节能与环保的印刷与制作工艺过程，又包括印刷品在流通销售以及使用过程中的安全性、印刷品的回收处理及可循环利用。

绿色印刷产业链指印刷设计、图文处理与制版、印刷制作原辅材料、印刷工艺及设备、印后加工工艺及设备，以及印刷品废弃物回收与再利用等整个过程都应体现先进科技水平和可持续发展理念。绿色印刷是印刷及相关行业实现节能减排与低碳经济的重要手段。通过绿色印刷的实施，可使包括材料、加工、应用和消费在内的整个供应链系统实现良性循环。

绿色印刷强调对印前、印刷和印后加工整个过程的评价与环境行为的控制，即在印刷品设计、原材料选择、印刷与制作、印品使用与回收等整个生命周期均应符合环保要求。

实施绿色印刷是新闻出版总署深入贯彻落实科学发展观的具体体现，是为印刷业发展制定的国家战略，是推动印刷业转型升级的重大举措。自2010年年初启动实施绿色印刷战略以来，特别是新闻出版总署、环境保护部于2010年9月签署《实施绿色印刷战略合作协议》以来，我国绿色印刷发展的大幕正式揭开。2011年10月，新闻出版总署、环境保护部共同发布了《关于实施绿色印刷的公告》（以下简称"《公告》"），对我国实施绿色印刷作出了全面部署和安排。中国印刷技术协会、环境保护部环境发展中心及业界相关部门和企业按照《公告》提出的时间表和路线图，开展了大量加快绿色印刷发展的工作，参与绿色印刷标准的编制和验证，加大了绿色印刷宣传和标准宣贯、培训力度，积极推进绿色印刷环境标志产品认证，促进了我国印刷企业发展方式的转变。目前，绿色印刷在行业中已形成广泛共识，"绿色、创意、和谐"的印刷业发展理念已在广大印刷企业中牢固树立。

为有效推动绿色印刷战略的实施，环境保护部于2011年3月发布了我国首个绿色印刷标准《环境标志产品技术要求　印刷　第一部分：平版印刷》（HJ 2503—2011），明确了绿色印刷的工作内容和技术要求。截至2023年年底，环境保护部发布了《环境标志产品技术要求　印刷　第一部分：平版印刷》（HJ 2503—2011）、《环境标志产品技术要求　印刷　第二部分：商业票据印刷》（HJ 2530—2012）、《环境标志产品技术要求　印刷　第三部分：凹版印刷》（HJ 2530—2014）等印刷行业的主要产品标准，以及《印刷工业大气污染物排放标准》（GB 41616—2022）、《印刷工业污染防治可行技术指南》（HJ 1089—2020）等污染物排放及防治标准。已基本覆盖印刷行业的主要产品范围。

本节以《环境标志产品技术要求　印刷　第一部分：平版印刷》（HJ 2503—2011）为例，仅对标准中与印刷设备相关的内容进行介绍。

二、《环境标志产品技术要求　印刷　第一部分：平版印刷》中印刷设备相关内容

《环境标志产品技术要求　印刷　第一部分：平版印刷》（HJ 2503—2011）的技术内容分为两大部分，第一部分为强制性要求，其中包括油墨、纸张亮（白）度、上光油、胶黏剂、喷粉等原辅材料的环境要求以及印刷产品的环境要求。印刷产品的环境要求主要针对锑（Sb）、砷（As）、钡（Ba）、铅（Pb）、镉（Cd）、铬（Cr）、汞（Hg）和硒（Se）八大元素和十六种VOCs；第二部分为环境选择性要求，主要涉及原辅材料和生产过程的环境要求。原辅材料的要求主要涉及可持续森林认证的纸张、纸张的荧光增白剂要求、水基上光油的环境要求、无醇润湿液等7项要求。生产过程的环境要求根据印前、印刷和印后三个过程针对资源节约、能耗降低、回收利用等三个部分实施考核。第一部分强制性要求必须全部满足，第二部分环境选择性要求必须达到60分以上，才可判定符合平版印刷环境标志标准中技术内容的要求。

标准的第二部分环境选择性要求中，具体针对印刷设备部分的内容主要涉及以下两个方面：一是资源节约方面，采用墨色预调和水/墨快速调节装置、静电喷粉器、喷粉收集装置、中央供墨系统、自动洗胶布装置等；二是节能方面，采用中央真空泵系统，建立实施印刷机能耗考核制度。

本节主要讨论现代印刷企业针对上述两个方面实施的印刷设备改造和措施。

三、绿色印刷设备的实施

实施绿色印刷的范围包括印刷的生产设备、原辅材料、生产过程以及出版物、包装装潢等印刷品，涉及印刷产品生产的全过程。可以说，绿色印刷始于原材料选择，历经生产、使用，终止于回收，在整个印刷生命周期里都要"绿"，都要与环境相协调。对于印刷设备的绿色化，主要体现在以下两个方面：

（一）印刷机集中供气系统

通常情况下，印刷企业会利用大量的风泵、真空泵、组合式风泵（兼具吹风和吸风两种功能）来辅助生产，但使用过程中，这些独立风机存在车间噪声大、产生热量多、能耗高等缺点。将大量的独立风机改造成大容量风泵，安装在集中供气设备房间内，集中向印刷设备、装订设备供气，能够很好地避免以上缺点。这样做不仅可以降低能耗，还能将热量从车间内部转移至车间外部，供气更加稳定，维修费用也更低。集中供气系统具备一定的优势，能够满足大容量风泵的使用要求。集中供气系统具有如下特点：

（1）供气压力稳定。

（2）集中供气设备维护成本较低。低压风泵进气口的过滤器为可重复利用的金属过滤器，只需定期清洁即可，基本不需要维护，但如果采用纸质过滤器，则需要定期更换，因此建议采用金属过滤器，可有效降低使用成本。真空泵只需定期更换油过滤器、油封，补充润滑油即可。

（3）车间噪声小，员工工作环境更舒适，满意度更高，工作效率也相应提高，实现了企业对员工环保、健康、安全的承诺。

图1-30所示为广州印钞有限公司采用的集中供气及智能控制系统，它采用德国贝克

技术，全变频、高效无油的双螺杆真空泵和低压风机为生产打造了可靠的真空系统和低压无油的动力压缩空气系统。同时，专门针对此项目设计的集中式供气系统中央 CPU 能通过测量整个系统的参数，进行智能化控制，可瞬间调整机组运行状态，保证系统输出流量紧贴车间机器的需求流量，整个系统压力变化稳定，始终在设定范围内波动，整套高效集中供气系统和真空系统的运行，保证了工厂的自动化高效生产。图 1-31 所示为海南华森实业有限公司的集中供气系统。

 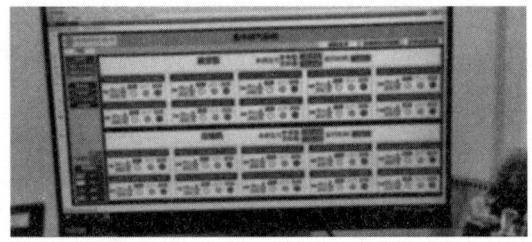

图 1-30　广州印钞有限公司采用的集中供气及智能控制系统

图 1-31　海南华森实业有限公司的集中供气系统

（二）印刷机集中供墨系统

在印刷过程中，对油墨的控制是获得高质量印刷品不可缺少的一个环节。在印刷过程中如果墨盒里油墨过少将会导致断墨，势必会影响印刷品质量，重新开机进行的一系列准备工作也会带来时间、油墨和纸张等浪费，所以对墨斗中油墨最小量的监测是十分必要的。如果油墨过多会使油墨氧化结皮，油墨过少会影响印品质量。

长期以来，许多印刷机的供墨一直采用人工加墨，油墨长时间储存在开放的墨斗中。油墨是复杂的化学混合物，其成分随溶剂（水或油）、固化过程（吸收、挥发、氧化聚合等）和印刷工序而有所不同。因此，油墨涉及的一个最大问题就是环境污染问题。在这种情况下，新型供墨系统应运而生，其中中央管道供墨系统从经济和环保两个角度出发，在技术上做出了重大改进。因此，选用集中自动供墨装置是大中型印刷厂必然的发展趋势。

集中供墨系统是一种全新的供墨方法，它采用中央管道对油墨进行远距离传送，实现对每台印刷设备定量供墨，集中供墨系统能自动控制墨斗中的墨量，改变了传统的供墨装置的工作方式，可安全、稳定、可靠、自动、定量地进行供墨，同时可减轻操作人员的工作强度。集中供墨系统主要由泵站、管路系统及加墨系统三部分组成。泵站使用高性能的墨泵将油墨从墨桶或墨罐中泵出传送至印刷机各个色组的墨斗中去。泵站整个系统都是密封的,在墨桶泵上装有自动关闭系统,防止空气进入,并提示工作人员是否需要更换墨桶。管路系统是一个封闭的高压管路系统,将油墨定量准确地输送至各个色组的墨斗中。管路系统安装有高精度的油墨计量装置,可实现油墨的在线测量、显示等。加墨系统安装在墨斗上方,不同厂商提供的加墨系统有所差别,但其作用都是自动向墨斗中定量地添加油墨,以保证印刷过程的连续、稳定进行。图 1-32 所示为集中供墨系统的墨泵,图 1-33 所示为集中供墨系统中的末端装置。

图 1-32　集中供墨系统的墨泵

图 1-33　集中供墨系统中的末端装置

集中供墨系统采用符合油墨性质和流动特点的输送方案,配合多种定量式标准包装,配有电子自动称重、墨位自动检测和安全可靠的报警装置,能够大幅降低印刷生产成本,减少环境污染,应用范围较广,在报业印刷、商业轮转印刷、包装印刷、出版印刷等领域已经得到了普及应用。目前,在国内供应集中供墨技术设备的厂商主要有德国泰创(Technotrans)公司、美国固瑞特公司、大阳(苏州)智能装备科技有限公司、石家庄金泰福特机电有限公司、沈阳市北方通用印刷机械厂、美国西屋电气公司等,这些厂家都有从墨泵到管路的全套产品。目前可以选用的集中供墨引进方式主要有引进设备时同时引进供墨系统、油墨厂为用户订购供墨系统和用户自行订购三种方式,目前很多用户的系统是由油墨厂替用户订购安装的,国外以前也以这种方式为主,现在国外已经有很多印刷厂开始直接订购供墨系统。

四、绿色印刷设备的能耗

随着经济的快速发展和技术的不断创新,印刷行业在我国的发展也越来越迅速。然而,印刷行业的高能耗和高污染已成为制约其可持续发展的重要因素。因此,减少能源消耗，实现节能减排已成为印刷行业发展的必然趋势。实施绿色印刷的一项重要内容是建立实施印刷机能耗考核制度。

(一) 印刷设备能效评价

能效是能源使用效率的简称，即能源服务的产出量与能源使用量（或投入量）的比值。节能是一个相对的概念，它是把产品对用户的需求程度和产品预期达到的目的相比较。节能，即在达到相同的目的和满足相等需求的条件下，尽量将能源消耗量降至最低。对印刷企业来说，需要印刷机在满足正常生产的前提下，特别是在提供优质印刷和加工的前提下做到节能和环保。

节能的评判标准是生产单位合格产品的实际能耗。废品率控制是节能的关键。德国机械设备制造业联合会（VDMA）的印刷和纸张技术协会（Printing and Paper Technology Association），与德国印刷机械制造商（海德堡、高宝、曼罗兰）合作，制定了单张纸胶印机标准化能耗测量的准则。该准则的制定为印刷企业能耗的测量提供了标准化依据，有利于印刷企业节能的有效实施。

(二) 印刷设备节能主要途径

(1) 印刷尺寸。印刷每页的能耗随印刷机幅面的增加而减少。印刷工艺设计时，应合理安排印刷幅面以减少每页印刷品的能耗。

(2) 数字化工作流程。采用标准的 JDF 格式进行数字化印件管理，能有效提高效率，缩短印刷准备时间，减少出错概率，少出废品，减少了生产期间的停机时间。

(3) 工艺可靠性和稳定性。印刷设备与印刷工艺的可靠性和稳定性将提高生产效率，减少浪费和停机时间。

(4) 直接电机驱动（无轴驱动技术）。使用普通直流电机，需要驱动齿轮、皮带、链轮等，导致效率降低。直接驱动可以减少 20%~50% 的电力成本。直接驱动冷却系统可以回收电机的热排放，用于外围设备的冷却。

(5) 自动化操作。优化后的自动化启动顺序可降低浪费率，在较短时间内即可得到合格的印品。

(6) 印刷品质量在线检测与控制。印刷品在线检测技术是在印刷过程中借助联机的检测仪器对印刷品进行在线检测，并实时将信息通过反馈回路输送到中央控台，从而自动调节相应的印刷机部件，实现对印刷品质量的在线控制，自动实现检测印品。印刷品质量在线检测与控制提高了生产效率，可以长时间连续检测，不会因为疲劳造成误检。同时，在出现质量缺陷时，操作者可以根据现场中的实时报告，及时对工作中出现的问题进行解决，减少废品率。管理者也可以依据检测结果的分析报告，对生产过程进行跟踪，提升管理效益。

(7) 胶辊的正确选择。胶辊的正确选择可以减少热量聚集并节能。劣质胶辊会增加能量消耗并降低品质。

(8) 单张纸胶印机技术的提升。单张纸胶印机技术的改进能够提高工艺稳定性和减少废品率。比如，集成润湿冷却、油墨单元温度控制等。

(三) 印刷设备降耗

绿色印刷除了要求印刷行业不断改进印刷工艺，在印刷材料方面选用对环境更加友好的油墨、版材外，还对胶印机提出了新的要求。

（1）环保在印刷耗材使用上的体现。一方面要尽量减少耗材的使用。例如，德国曼罗兰公司经过优化设计的喷粉装置与其他喷粉装置相比，喷粉效率大幅提高，而喷粉的使用量却大幅降低，在保护车间生产环境的同时降低了生产成本；另一方面，要在资源的循环利用上综合考虑。例如，德国曼罗兰公司的清洗系统通过清洗剂的循环使用，提高了清洗效果，减少了清洗剂的使用量；墨辊冷却装置中的冷却水可以循环使用，其中的热量可以用于印刷品的干燥等；润湿液循环技术集成了润湿液的冷却、过滤以及各种成分的自动检测与补充技术等。

（2）绿色胶印机的高效化生产。现代胶印机为满足包装印刷的需求，在实现多色印刷的同时，还实现了 UV 印刷、联机上光、多重干燥等，使胶印机的效率得以提高。一台胶印机在单位时间内完成的生产任务越多，产量越大，其单位时间或单位印量所消耗的资源就越少，也就越环保。

（3）通过技术措施降低废品率，也是提高胶印机生产效率的有效途径。曼罗兰公司胶印机的各种高品质检测工具大幅降低了废品率，降低了生产成本。例如，联线自动供墨导控装置、联线质量检测装置、联线分拣装置、联线监控系统等，使胶印机始终处于最佳工作状态。

（4）胶印机在技术创新的过程中，必须不断满足绿色环保要求。例如，德国曼罗兰公司将传统的胶质水斗辊改为陶瓷水斗辊，并对传统润版装置的水辊排列方式进行了改进，可以实现无醇印刷。通过对橡胶辊的优化改进，提升了润版液的传递效率，从而提高了生产效率。

(四) 提升印刷设备效率

1. 提高机器的综合效率

切纸机是印刷厂必不可少的印后设备，从开料到印刷完毕后成品裁切都需要切纸机的参与。如果开料裁切不准，不仅会影响印刷质量，也会影响到折页等后道工序，从而产生废品。印刷品采用的纸张和油墨等，在制造过程中不可避免地会产生污染。若裁切时产生废品，不仅造成前面所有工序的浪费，更加重了污染。所以，提高切纸机的安全性、裁切精度、工作效率，降低废品率，就会降低纸张、油墨等材料能源的消耗，同时，可以减少调试辅助时间，提高机器的综合效率。

2. 提高一次走纸功效

德国高宝公司的大幅面印刷机在印刷行业占据龙头地位，该公司提出了节能减排的三种可行途径：

第一，提高设备使用效率。这是容易被忽略的一点，因为设备的更换需要较高的成本。而这恰恰是最为重要的，因为设备的性能提高了，生产效率相应提高，每单位的能耗减少，生产相同的产品需要更短的时间，不仅能够实现节能减排的目标，还可以降低成本。

第二，胶印联机作业，也是一个很有效的办法。目前德国高宝公司有联机印刷模切、联机印刷打孔、联机印刷冷烫设备等，将一系列的工序进行整合，省略了工序转换过程，达到良好的节能减排目标。

第三，无水胶印。这是从材料角度进行环保和节能减排的举措。10 年前，德国高宝公司就已开始提倡这一技术，并取得了良好的效果，为同行树立了榜样。虽然无水印版、无水油墨单价较高，但省去了传统胶印技术需要的一些材料，如酒精等综合评估，比传统的胶印印刷方式更为经济，而且达到了节能减排的效果。

3. 高效干燥系统

干燥系统是凹版印刷设备主要的能源消耗单元和有机污染物的主要产生及排放源之一。凹版印刷机干燥系统效能是整机设备性能评价指标的核心要素。目前，国内绝大多数的印刷机生产商和用户都是根据实践经验来确定干燥系统的运行工艺参数，并没有坚实的理论依据，这使得实际供风量远大于实际需求量。此外，干燥系统的进风和排风阀门也多为手动粗略调节，大量可循环使用的热废气被排放到空气中，不仅造成能源浪费，热废气中的甲苯等有毒致癌物质被排放到大气中，对生态环境也造成了一定污染。

目前，国内专门针对凹版印刷设备干燥系统工作机理的研究较少，究其原因在于热风的干燥机理比较复杂，需要理论研究与设备试验相结合。而印刷设备干燥系统的试验数据多为各生产企业掌握的数据，共享性较差，也限制了其研究进展。这使得国内大部分凹版印刷设备生产厂家在设计干燥系统时，对关键参数的确定基本依据经验进行设定，如热风循环系统结构包括干燥箱结构、干燥箱喷嘴结构及其热传递特性、供热管道结构、辅助热能设备结构的关键参数，干燥系统热容量包括初期升温热容量、热风循环热容量、干燥系统热风流等，因此还有很大的研究空间。

高温热风干燥系统是许多印刷生产过程的必要环节，循环的热风可进行二次回收利用。最有效的热量回收应该在温度最高时进行。从运行过程中回收的热量也可以应用到其他需要的地方。

（五）印刷装备的再制造

当前，资源短缺、能源匮乏、环境负荷加重已成为制约全球经济发展的瓶颈，同时大量废旧机电产品正成为全世界增长最快的废弃物，造成了严重的现代垃圾污染、资源浪费和安全隐患。因而再制造产业也随之受到了全社会越来越广泛的关注，被称为"蓬勃向上的朝阳产业"。

绿色印刷是印刷业及相关产业发展的首要目标，印刷设备绿色化是必要的物质条件。绿色印刷是一个系统工程，涉及印刷设备、器材和各种原辅材料，印刷企业生产环境和技术工艺。大量老旧印刷设备达不到绿色环保要求，而处于微利的印刷企业将所有设备更新为绿色装备的困难较大。老旧印刷装备的绿色化是实现绿色印刷的迫切问题和现实选择。

在印刷设备的升级换代方面，传统印刷业应该避免设备浪费，既要考虑资源利用问题，也要考虑企业的成本投入。需要增加投入时可以在原有设备的基础上进行绿色升级，而不是将原有机器全部废弃，这也同样避免了设备因升级换代而造成的资源浪费问题。目前印刷行业 50%以上仍采用胶印方式，各种类型的多色胶印机保有量在 5 万台以上。经再制造技术改造的印刷设备能充分利用废旧产品的可利用剩余价值，生产成本要比新产品低 50%左右，质量、性能却与新产品接近。因此，对现有在用设备进行更新改造，既可以提升印刷设备的能效水平，也可以提升企业的绿色印刷能力，特别是资金相对短缺的中小型印刷企业。

德国、英国等国家有专门从事印刷装备的再制造企业，这些企业拥有完善的检测和加工设备，将再制造后的印刷装备的技术状态和外观质量严格地划分 4 个等级。经过再制造后的印刷装备的技术状态和外观质量均可达到 1~2 级水平。在国内，天津长荣印刷设备股份有限公司于 2011 年启动了印刷装备再制造基地建设项目，项目建设针对印刷装备的再制造，在节省以金属为代表的原材料、节能减排、挖掘资源最大可利用价值上，取得了良好的收益，符合国家大力倡导的节能减排、低碳经济的发展趋势。

第二章 胶印印刷及印刷机

胶印机分为单张纸胶印机和卷筒纸胶印机两种。在各种印刷设备中,单张纸胶印机的机械结构最为复杂,印刷精度最高。单张纸胶印机的主要组成部分有印刷部分、输纸部分、输水部件、输墨部分、定位部件、收纸部件、动力传动部件以及控制系统等。卷筒纸胶印机没有定位部件,承印物是连续展开并张紧输送的料膜料带。它主要由不停机更换纸卷机构、烘干机构、张力控制系统及纠偏装置组成。卷筒纸胶印机的印刷套印精度低于单张纸胶印机的套印精度,但卷筒纸胶印机印刷速度快,生产效率高。

本章视频
扫码观看

第一节 胶印机的分类

一、按纸张类型划分

按所使用的纸张类型的不同,胶印机可分为单张纸胶印机与卷筒纸胶印机两大类。

(一) 单张纸胶印机

图 2-1 所示为单张纸胶印机结构示意图。它以一定规格的单张纸为承印物,印刷时纸张由给纸部分的纸叠,一张一张地分离送出,并在进入压印区前完成定位、交接,然后进入橡皮滚筒 4 和压印滚筒 3 之间进行压印。完成压印后被收纸部分 6 接走并放在收纸台 7 上。

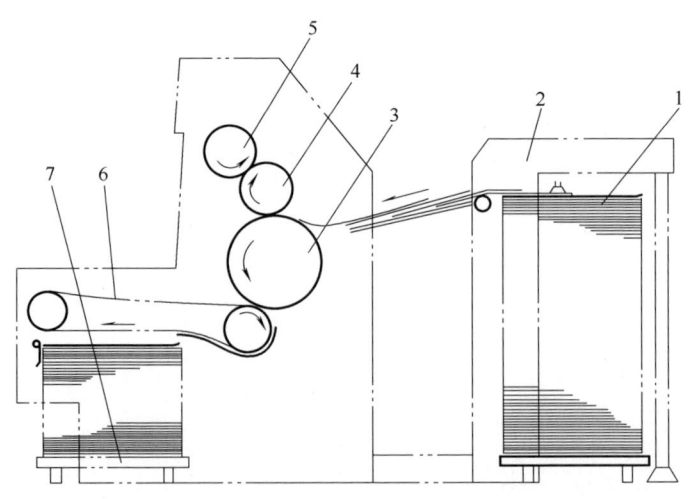

1—单张纸;2—给纸部分;3—压印滚筒;4—橡皮滚筒;5—印版滚筒;6—收纸部分;7—收纸台
图 2-1 单张纸胶印机结构示意图

单张纸胶印机纸张的传递、定位、交接限制了整机速度的提高。目前,最先进的单张纸胶印机,其滚筒的最高速度为18000~20000r/h。与卷筒纸胶印机相比,单张纸胶印机套印精度高,工艺适应性强,并且结构紧凑、占地面积小。这些优点使得单张纸胶印机成为现代印刷业中应用最为广泛的设备之一。

(二) 卷筒纸胶印机

图2-2所示为卷筒纸胶印机结构。它以一定规格的卷筒纸为承印物,印刷时纸张由纸卷1引出后,从两个对滚的橡皮滚筒2间通过而完成压印,再经干燥、折页等处理后直接输出散帖。

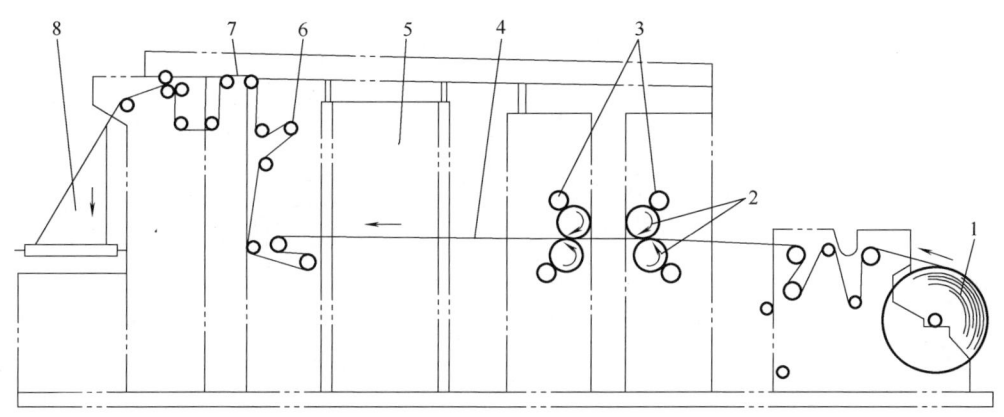

1—纸卷;2—橡皮滚筒;3—印版滚筒;4—纸带;5—干燥器;6—走纸部分;7—套准部分;8—折页、收纸部分

图2-2 卷筒纸胶印机结构

因卷筒纸胶印机的承印物是一条连续的纸带,所以纸张的输送、定位等减少了很多麻烦,并可较容易地实现双面、多色、多纸卷以及多纸路印刷。另外,由于纸带连续匀速走纸,避免了单张纸输纸机构的往复运动,因此卷筒纸胶印机的工作速度极高,目前印刷滚筒的转速已突破40000r/h,远远高于单张纸胶印机的印刷速度。

由于卷筒纸的品质对套印精度影响较大,通常卷筒纸胶印机多用于书刊、报纸及宣传品的印刷。

二、按纸张幅面划分

按机器能够印刷的最大纸张幅面,印刷机可分为全张纸胶印机、对开胶印机、四开胶印机和八开胶印机等。

单张纸的幅面与开数如图2-3所示。

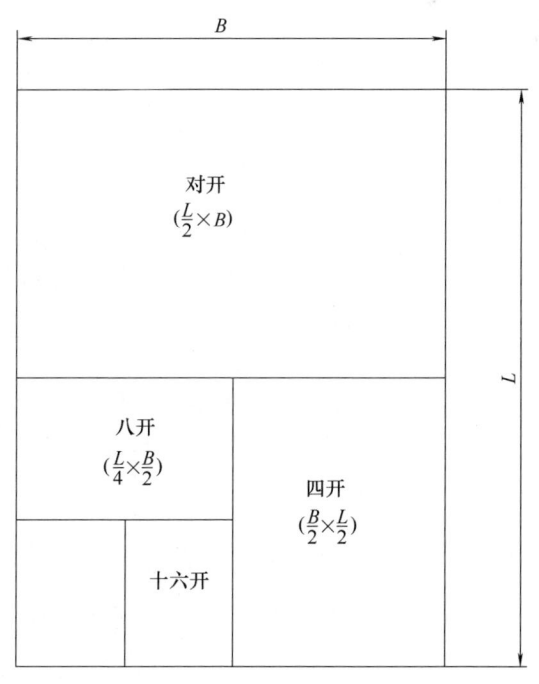

图2-3 单张纸的幅面与开数

图中 B 与 L 分别为全张纸宽边与长边的边长，单位为 mm。由图 2-3 可知，对一全张纸每对折后便可得到相应的纸张开数。因此，全张、对开、四开等胶印机即是以此为依据划分的。而卷筒纸胶印机的划分，也是按照上述方法进行的。

我国常见的印刷用纸有四种通用规格（纸张宽度 B×长度 L），分别是 880mm×1230mm、850mm×1168mm、787mm×1092mm、781mm×1092mm。不同品种纸张的规格如表 2-1 所示。

表 2-1　　　　　　　　　不同品种纸张的规格　　　　　　　　　单位：mm

纸张品种	$B×L$				用途
	880×1230	850×1168	787×1092	781×1092	
新闻纸			●	●	报纸、书刊、杂志等
凸版纸	●	●	●		书籍、文献、杂志
胶版纸	●	●	●		书刊、封面、插图、图片、双面印刷用
单面胶版纸	●		●		彩色宣传画、烟盒、商标、单面印刷用
胶印印刷涂布纸			●		美术图片、插图、画报、画册、商标
铜版纸	●		●		精美画册、插图、年历、封面、商标
白卡纸	●				名片、封皮及包装装潢印刷用
书皮纸	●		●		书籍、杂志、册簿等封面
字典纸	●	●	●		字典、袖珍手册等工具

注：●表示可提供常用规格。

包装印刷的迅速发展，使纸张的规格越来越丰富，胶印机的规格也相应地增多，如大全张、小全张胶印机，大对开、小对开胶印机等，在包装印刷中都发挥了较好的作用。

三、按印刷色数划分

按照机器在一个工作节拍中可完成的印刷色数，印刷机可分为单色胶印机、双色胶印机和多色胶印机。

（一）单色胶印机

在一个工作节拍中只能完成一色印刷的胶印机叫作单色胶印机。单色胶印机的结构示意图如图 2-4 所示。单色胶印机只有一个印刷色组。单张纸经分离、输送、前规与侧规定位后，递纸牙从前规处取纸。一般取纸速度为 0。递纸牙取纸后，将纸张交给压印滚筒咬纸牙。递纸牙与压印滚筒等速交接。然后，两牙共同控制纸张一段时间（通常为 3mm 弧长的间隔），完成交接。纸张在压印滚筒咬纸牙的带动下，在压印滚筒与橡皮滚筒之间通过，完成印刷。最后，印刷完的纸张通过收纸传送链条传送，整齐地堆放在收纸台上，完成一色印刷过程。

若需在单色胶印机上印刷彩色印品，实现多色套印，则需要印刷多次。在此过程中只需更换不同颜色的油墨即可。其他部件如定位部件，不能改变位置，以保证套印精度。与多色胶印机相比，单色胶印机只有一个印刷机组，无机组间的传送机构，结构较简单。

（二）双色胶印机

图 2-5 所示为双色胶印机。双色胶印机在一个工作循环中，印品表面同时印刷两种

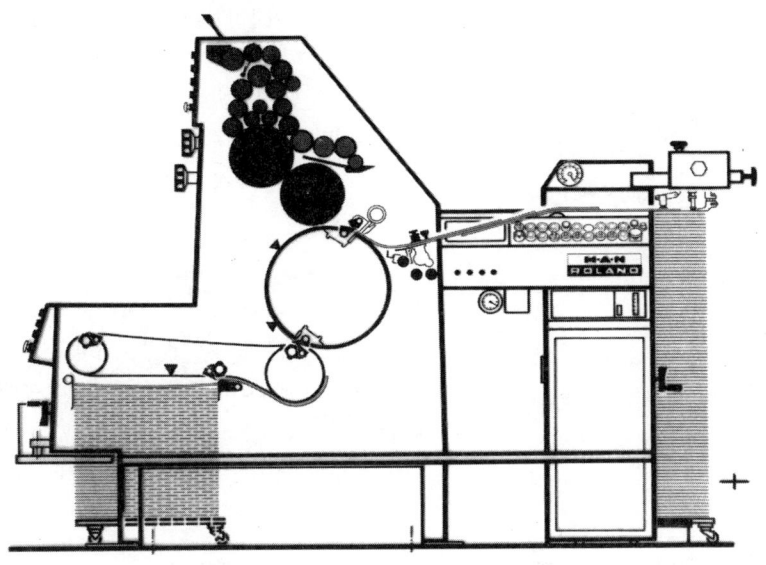

图 2-4 单色胶印机

颜色，完成一张印品的印刷，这两种颜色是在两个色组上分别印刷的，并进行了套印。双色胶印机的工作效率比单色胶印机高，但结构上多了一个印刷色组，常常有机组间的传送机构，因此结构较为复杂。

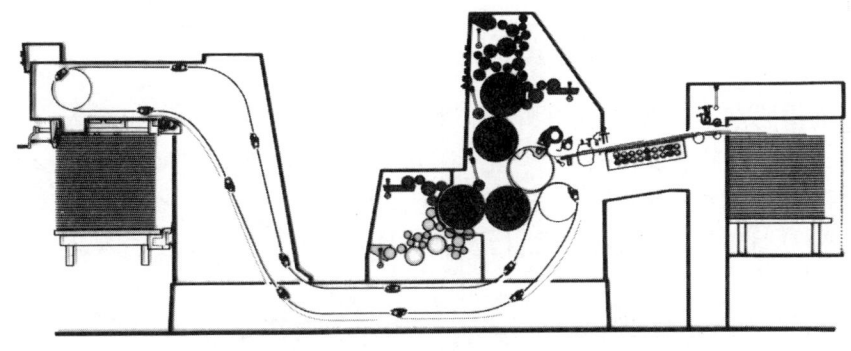

图 2-5 双色胶印机

由图 2-5 可知，双色胶印机上有两套供墨机构、两个橡皮滚筒先后与压印滚筒对滚，共用一个压印滚筒。压印滚筒为倍径滚筒，旋转一周，完成两色印刷。

（三）多色胶印机

在一个工作循环中，能完成两色以上印刷的印刷机称为多色胶印机。目前，多色胶印机多为四色机，但也有五色、六色甚至八色等。多色胶印机通常又分为卫星式多色胶印机和机组式多色胶印机。卫星式多色胶印机具有一个大压印滚筒，有多组供墨及润湿机构。图 2-6 所示为卫星式四色胶印机，共用一个大压印滚筒，有 4 组供墨及润湿机构，压印滚筒旋转一周，可完成四色印刷。

机组式四色胶印机有四个印刷机组，每个机组结构相同，都类同于单色胶印机印刷色组结构。总的来说，机组式四色胶印机结构简单，印刷效率高，但占地面积较大。目前国内外的四色胶印机大多采用机组式结构，如图 2-7 所示。

多色胶印机的工作效率比单色胶印机和双色胶印机的效率都高，但结构上有多个印刷色组，必须配备有机组间的传送机构，因此结构最为复杂。

四、按印刷面数划分

按印刷面数，胶印机可分为单面印胶印机和双面印胶印机两种。我们通常所指的胶印机一般为单面印胶印机。双面印胶印机主要有带翻转机构的胶印机以及 B-B 型胶印机两种类型。

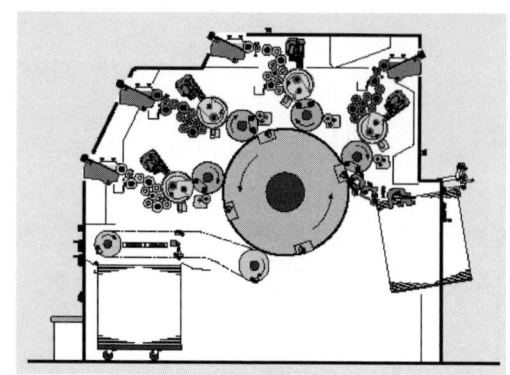

图 2-6 卫星式四色胶印机
（海德堡 QM DI 46-4 型）

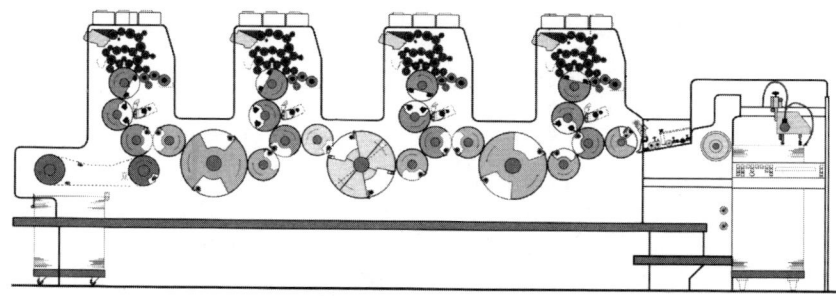

图 2-7 机组式四色胶印机

带翻转机构的双面印胶印机是指，纸张经过印刷单元时，先印刷纸张的一个面，然后采用翻转机构将纸张翻转一次，再印刷纸张的第二个面。图 2-8 所示为双面印胶印机的翻转机构及其翻转原理。

图 2-8（a）为纸张由压印滚筒 1 叼住纸张，按箭头方向旋转，与橡皮滚筒（未示出）对滚，完成纸张的第一面印刷（图中 S 面）。随着滚筒的旋转，翻转滚筒（按其箭头所示方向）的吸嘴 2 吸住纸张的尾部，然后活动叼页钳叼牙张开，咬住该纸张的尾部并迅速闭牙，如图 2-8（b）所示。滚筒继续转动，翻滚筒叼牙叼住纸张转动一定角度后，遇到压印滚筒 5 的咬牙，将纸尾交给压印滚筒 5，如图 2-8（c）所示。压印滚筒 5 咬住纸张继续旋转，此时待印刷面已经翻转出来，原印刷过的表面已面对压印滚筒表面。压印滚筒 5 再与橡皮滚筒（未示出）对滚，即可完成第二面印刷（图中 W 面）。

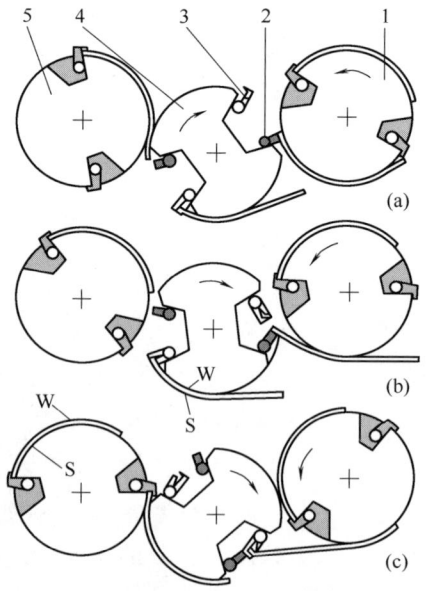

1，5—压印滚筒；2—吸嘴；
3—叼纸牙；4—翻转滚筒
图 2-8 双面印胶印机的翻转机构及其翻转原理

B-B型双面胶印机滚筒排列如图2-9所示。在B-B型双面胶印机中，无压印滚筒，是两个橡皮滚筒相互滚压，互为压印滚筒。其中的一个橡皮滚筒上设置有咬纸牙排，咬住纸张旋转，当纸张从两橡皮滚筒之间通过时，完成双面印刷。这种进行双面印的机器结构比较简单，但对带咬牙排的橡皮布要求较高，需要专用橡胶材料制作。

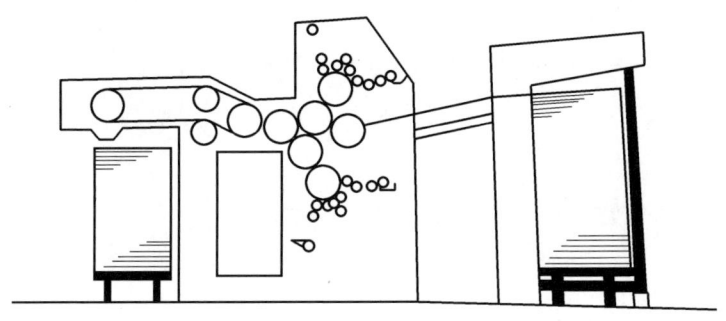

图2-9　B-B型双面胶印机滚筒排列

第二节　单张纸胶印机的整体结构

图2-10所示为机组式单张纸胶印机的整体结构。印刷时，输纸部件将单张纸从纸堆分离，在输纸台板上传输，经前规、侧规定位后，由递纸机构将纸张交接给印刷部件的压印滚筒咬纸牙排。滚筒旋转，咬住的纸张从压印滚筒与橡皮滚筒之间被挤压通过，完成一色印刷。机组式印刷机的多个色组按直线方式依次排列，纸张依次经过多个色组，完成多色套印，形成最终印刷品。最后，收纸滚筒将已印刷完成的印张从压印滚筒上取走，通过收纸传送链条传送到收纸台，闯齐、堆叠成垛。

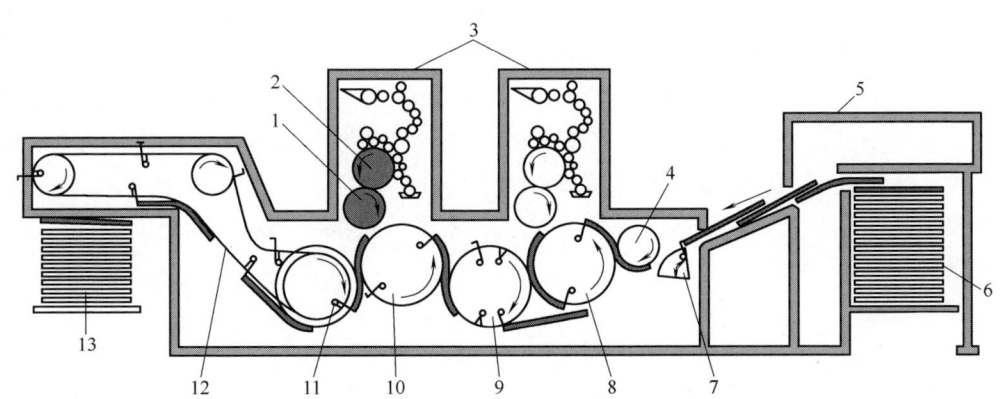

1—橡皮滚筒；2—印版滚筒；3—印刷机组；4—具有叼纸牙的输纸滚筒；5—输纸装置；6—纸堆；7—摆动叼纸牙装置；8—压印滚筒；9—传送滚筒（也作纸张翻转滚筒）；10—压印滚筒；11—叼牙排；12—取纸链条；13—收纸纸堆

图2-10　机组式单张纸胶印机的整体结构

图2-11所示为机组式五滚筒四色印刷机结构，这是德国曼罗兰公司的典型机型。该印刷机由两个机组构成，每一机组中有两个印刷色组，每个色组中有各自的印版滚筒、橡皮滚筒，但两色组共用一个压印滚筒，因此每一机组由五滚筒构成。该类型印刷机的另一

特点是，两个机组之间采用链传动。为保证套印精度，在纸张交接时需采用专门的定位装置再次进行定位。

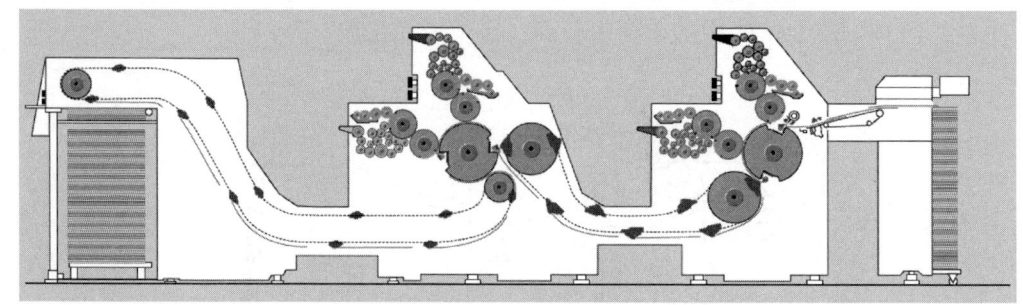

图 2-11 机组式五滚筒四色印刷机结构

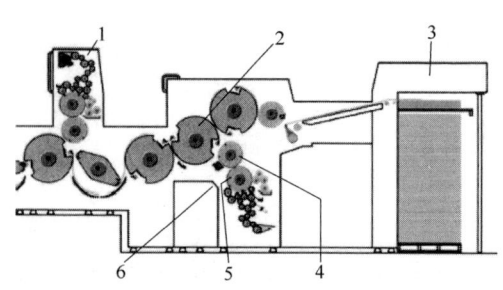

1—印刷色组 1；2—压印滚筒；3—输纸台；
4—橡皮滚筒；5—印版滚筒；6—印刷色组 2
图 2-12 机组式双面胶印机结构

图 2-12 为机组式双面胶印机结构。它是德国曼罗兰公司的一款双面印胶印机机型。它通过偶数个传纸滚筒进行纸张交接，可实现双面印刷。印刷色组 1 和印刷色组 2 的供墨方向不同，印刷色组 1 从上往下供墨，印刷色组 2 则是从下往上供墨，这是两个色组输墨系统的结构差别。

图 2-6 所示为海德堡 QM DI 46-4 型卫星式四色胶印机。与机组式四色印刷机不同，它的四个色组围绕在一个大的压印滚筒周围，在印刷过程中，减少了纸张交接的次数，所以套印精度更高。但由于两个色组间距离较短，易出现印品蹭脏问题。同时，由于采用卫星式的排列，机器的占地面积较小。

图 2-13 所示为商业卷筒纸印刷机结构。卷筒纸胶印机采用连续不断展开的纸带进行印刷，主要由给纸装置、印刷装置、干燥装置、分切、折页等装置组成。卷筒纸胶印机印刷速度快、生产效率高，特别适合印刷发行量大、时间性强的印品，比如报纸等。此外，卷筒纸胶印机印刷装置结构简单、运行平稳，省略了单张纸印刷机中的定位装置和递纸机构。印刷相关步骤见视频 2-1~视频 2-3。

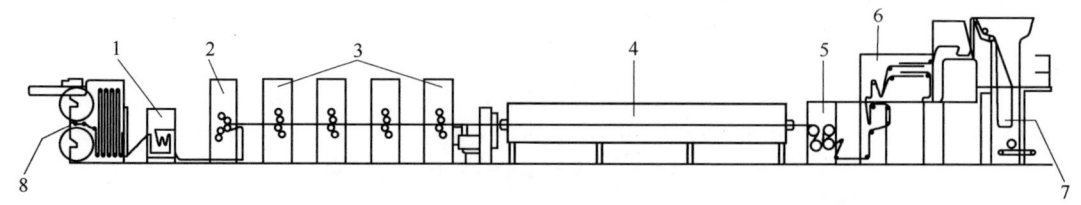

1—给纸装置；2—印刷机组；3—橡皮布对橡皮布的印刷机组；4—干燥装置；5—冷却辊；
6—上部结构（卷筒纸分切）；7—折页机；8—双卷筒支架（卷筒纸自动接纸装置）
图 2-13 商业卷筒纸印刷机结构

第三节　胶印机的组成及特点

一、胶印机的组成

单张纸胶印机通常由动力传动、输纸、定位、传纸、印刷、输墨、润湿、收纸及控制系统等九部分组成，如图 2-14 所示（动力传动和控制系统未在图中标出）。印刷时，首先由自动输纸部件（给纸机或给纸部件），将输纸台上的纸张一张张分开，然后通过送纸辊和点纸轮接触摩擦，在输纸台板上向前传送，将纸张输送到规矩部件，通过前规和侧规进行两个垂直方向的定位。定位完成后，再由递纸牙将纸张传给压印滚筒咬纸压排。牙排叼着纸，经过橡皮滚筒和压印滚筒之间，通过两滚筒之间的印刷压力挤压，再将橡皮滚筒表面的印刷图文转印到承印材料上，完成印刷。印刷完成后的纸张，由压印滚筒交给收纸滚筒，经链条传送，再经过理纸机构，将印品收齐，整齐堆放在收纸台上，即完成印刷工作。根据上述印刷过程可知，各型号单张纸胶印机的几大组成部分基本相同。单色机只有一组输水、输墨系统，只有一次压印印刷过程。而多色机一般有多个印刷机组，多组输水、输墨系统以及多次压印套色印刷过程。胶印机整体结构见视频 2-4。

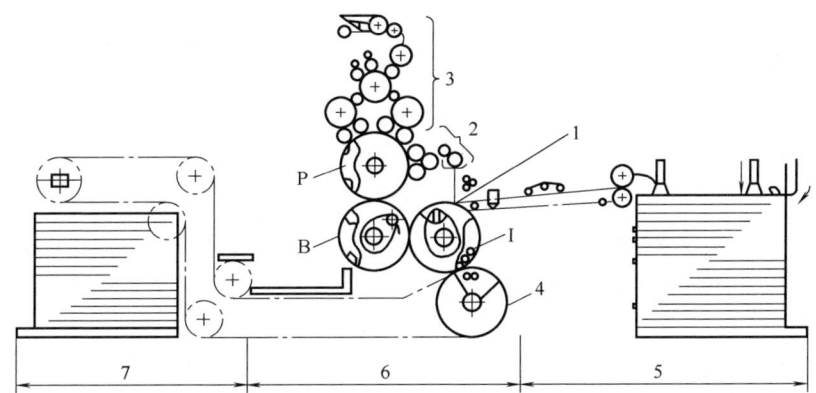

1—定位部分；2—润湿部分；3—输墨部分；4—收纸滚筒；5—输纸部分；6—印刷部分；7—收纸部分

图 2-14　单张纸胶印机结构

（一）传动部件

传动部件通常包括电动机、传动机构和执行机构三部分。电动机的输出功率和扭矩提供动力分配轴传递到各个执行机构上。由各个执行机构实现印刷机的具体运动，如纸张的分离与传输、滚筒的高速转动、输墨系统串墨辊的转动和轴向窜动、递纸牙机构的往复摆动以及收纸链条的运动等。

（二）输纸部件

单张纸胶印机的给纸部件主要由输纸台、纸张分离头（飞达）、输纸台板和输送辊轮等组成。纸张的输送过程是：输纸台→飞达分离→输纸辊轮、传送带→定位部件。给纸动作见视频 2-5。

（三）定位部件

为保证图文印刷版位正确及套印准确，单张纸胶印机在纸张输送过程中需进行前后方向和侧向的定位。在单张纸胶印机上要设有定位部件，包括前规和侧规两个定位部件。

（四）传纸部件

单张纸胶印机的传纸部件主要包括递纸机构和多色组印刷所需要的传纸滚筒，主要完成纸张在印刷机各色组间的交接与传送。

（五）印刷部件

印刷部件是印刷机的核心部分。单张纸胶印机的印刷部件主要包括印版滚筒、橡皮滚筒和压印滚筒。此外，印刷部件还有滚筒的离合压机构及调压机构。定位后的纸张，由递纸机构叼纸并加速传递，然后等速交接给压印滚筒，压印滚筒的咬纸牙排叼着纸张，纸张裹在滚筒表面，随滚筒转动，在压印滚筒与橡皮滚筒的接触滚压下，将橡皮滚筒表面的油墨图文转印到纸张上，完成印刷过程。递纸动作和滚筒传动见视频 2-6 和视频 2-7。

（六）输墨部件

输墨部件主要由供墨、匀墨、着墨三部分组成，其主要作用是为印刷部件提供均匀的油墨。墨的离合机构保证适时停墨或着墨。墨辊的数量、排列形式及各墨辊直径，对输墨系统性能皆有影响。输墨装置见视频 2-8。

（七）润湿部件

润湿部件主要由供水、匀水、着水三部分组成，保证均匀地将水液涂布在印版表面。这是胶印机特有的部件。

（八）收纸部件

单张纸胶印机的收纸部件主要包括收纸滚筒、收纸链条、收纸台等。印刷完成后，由收纸部件将纸张整齐、平稳地传递、堆放到收纸台上。收纸动作见视频 2-9。

（九）控制系统

胶印机的控制系统主要用于监控和控制胶印机的运行状态和生产过程，如中央管理系统、色彩管理系统、水墨平衡系统等。

二、胶印机的特点

（1）胶印机属于全自动印刷机，工作中每一部件严格按照印刷节拍进行工作。一个环节出了问题，会影响整机的生产率。

（2）胶印机结构复杂，体积庞大，包括给纸机构、输墨机构、输水机构、滚筒离合压机构、递纸牙机构、纸张传送机构、收纸机构等，其机件形状复杂，机构运动形式多样。

（3）印品质量要求高。印刷的承印物主要为纸张。纸张在不同温度、湿度条件下会发生变形，而印刷质量标准要求，纸张在多色印刷时，套印精度高，一般套印误差小于 0.01mm。

（4）保证套印精度的关键是纸张的定位和多次交接的准确性。因此，对印刷机上的定位机构、纸张交接机构精度要求较高，前规定位时间、侧规定位时间、纸张交接时间的调节十分严格。

（5）印刷工作是靠滚筒间的接触压力实现的，因此，对滚筒的加工精度、几何精度、表面粗糙度等要求极高。为保证沿滚筒轴线方向压力均匀分布，对滚筒间的平行度要求极高。支承滚筒的墙板孔也是墙板加工的关键部件。为保证左右两块支承墙壁中相对两孔的同轴度要求，需要在数控机床或加工中心对墙板上的滚筒孔面进行合板加工。通常要求装配后左右墙板上压印滚筒安装孔的同轴度小于 0.02mm。

（6）印刷品的质量不仅取决于机器本身，还与印刷过程中的诸多因素相关。如油墨的质量、油墨传递的均匀程度、润湿液配置的情况、水墨平衡的调节、印刷纸张的质量等。所以，印刷机受其他条件影响很大。

本章内容补充视频见视频 2-10 和视频 2-11。

第三章 单张纸胶印机的典型结构及案例

第一节 印刷部件

本章视频
扫码观看

单张纸胶印机的印刷部件是直接实现和完成图像转移的职能部件，它是印刷机的主要组成部分，是胶印机的核心部件。因此，印刷单元的结构、离合压及压力调节以及印刷机是否处于良好的工作状态，是印刷高质量印品的关键。

一、印刷单元

单张纸胶印机的印刷单元由印版滚筒、橡皮滚筒、压印滚筒以及相关辅助装置组成。在三大滚筒上，还安装有印版的装卡机构、橡皮布夹紧机构、叼纸牙排机构、滚筒间的离合压机构以及压力调节机构等。

（一）滚筒的排列方式

根据不同的使用要求，单张纸胶印机的印刷滚筒有不同的滚筒排列结构。胶印机滚筒常见的排列形式有卫星式和机组式两种。

卫星式胶印机滚筒排列结构是各个色组共用一个大的压印滚筒，各印刷色组的橡皮滚筒、印版滚筒及其输墨系统依次排列在压印滚筒的周围。合压印刷时，所有的橡皮滚筒都与压印滚筒接触，在一定的接触压力下将橡皮滚筒的图文油墨转移到包裹在压印滚筒表面的印张上，完成多色印刷过程。压印滚筒转一周，完成一个周期的多色套印过程。

机组式多色胶印机，每一个印刷色组的滚筒均由印版滚筒、橡皮滚筒、压印滚筒组成，有滚筒的离合压及调压机构以及各自的一套输墨系统。经过输纸、定位、递纸到第一印刷色组进行一色印刷，纸张经过一个色组就完成一个颜色的印刷，各色组之间由传递机构完成纸张由上一色组到下一色组的精准传递。在机组式多色胶印机中，通过几个色组的套印，完成彩色印刷。通常，机组式胶印机有二色、四色、五色、六色、八色甚至更多色等。在机组式多色胶印机中，每一个机组印刷一色，各机组的结构基本相同，结构简单。滚筒压印过程、恒力机构及离合压过程见视频3-1~视频3-3。

1. 单面印胶印机的滚筒排列

（1）卫星式胶印机的滚筒排列。图3-1所示为卫星式四色胶印机滚筒排列示意图。四个色组共用一个压印滚筒，纸张经过一次交接，压印滚筒转一周，完成四色印刷过程。由于印刷过程中纸张基本没有交接，所以套印精度高。缺点是机构比较庞大。

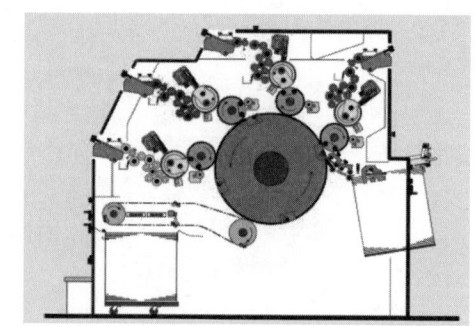

图3-1 卫星式四色胶印机滚筒排列示意图

(2) 机组式胶印机的滚筒排列。图 3-2 所示为机组式五色胶印机滚筒排列示意图。通过五个色组的套印，完成多色印品的印刷过程。色组与色组之间由传纸滚筒进行纸张的传递。机组式多色胶印机结构简单，因为交接次数多，会影响套印精度，但高端印刷机的印刷精度和套印精度都很高，应用也十分广泛。

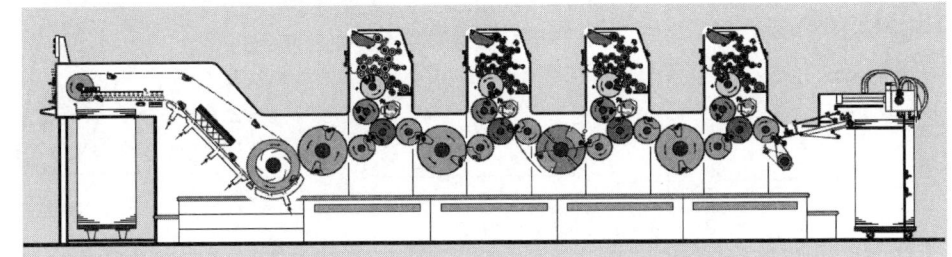

图 3-2 机组式五色胶印机滚筒排列示意

2. 双面印胶印机的滚筒排列

双面印刷是指对纸张正反两面都进行印刷的方式。对每一面来说，可以是单色印刷，也可以是多色印刷。

(1) B-B 型双面印胶印机的滚筒排列（图 3-3）。B-B 型双面印胶印机为四滚筒结构的胶印机，即由两个印版滚筒和两个橡皮滚筒构成印刷部件，无压印滚筒。在其中一个橡皮滚筒上装有咬纸牙排，咬住纸张旋转。两个橡皮滚筒接触对滚，互为压印滚筒，纸张从中间通过，即在对滚中将橡皮滚筒上的图文油墨转印到裹附在橡皮滚筒表面的印张上，完成双面印刷。这种印刷机对装有咬纸牙排的橡皮滚筒的橡皮布要求较高。

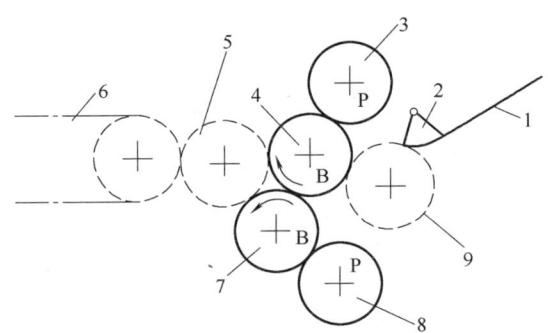

1—输纸台板；2—递纸牙；3，8—印版滚筒；
4，7—橡皮滚筒；5，9—传纸滚筒；6—收纸链条

图 3-3 B-B 型双面胶印机滚筒排列示意图

(2) 机组式可翻转双面印胶印机的滚筒排列。机组式胶印机加上纸张翻转机构，即可进行双面印刷。图 3-4 所示为曼兰机组式可翻转双面胶印机的纸张翻转过程。其中，纸张的 W 面为待印面，S 面为已印面。

① 传送链条咬纸牙叼住 S 面已印刷完成的纸张前口向前传送，咬纸牙与滚筒 A 相遇时，落入滚筒 A 的空当部分 [图 3-4（a）]；

② 滚筒 A 继续旋转，且滚筒内部吸气，使纸张贴着滚筒 A 表面前行。与滚筒 B 对滚（叼纸牙碰不到滚筒 B 的表面），链条继续运行，纸张尾部到达 A、B 滚筒相接触点附近 [图 3-4（b）]；

③ 滚筒 B 的吸嘴开始吸气（气量较大），将纸尾从滚筒 A 上剥离下来，为 A、B 两个滚筒的纸张交接做准备 [图 3-4（c）]；

④ 滚筒 B 的咬纸牙开牙，咬住纸尾，然后迅速闭牙，并沿箭头方向继续旋转 [图 3-4（d）]；

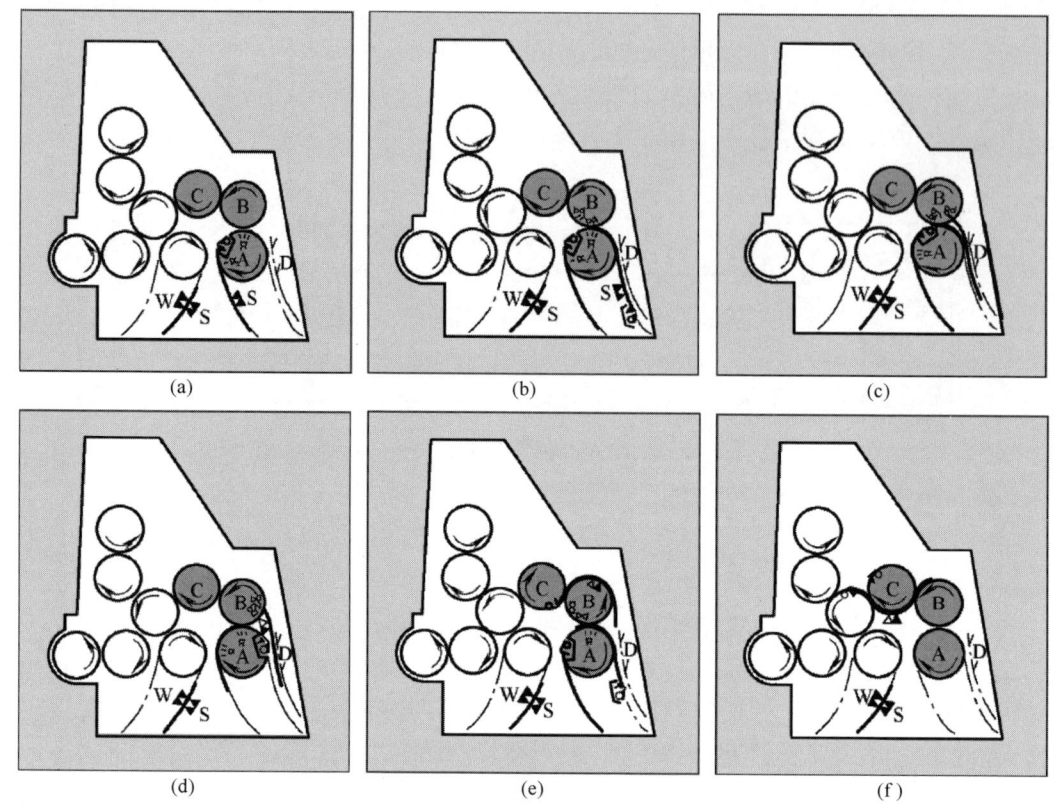

图3-4 曼兰机组式可翻转双面胶印机的纸张翻转过程

⑤ 滚筒 B 转过一定弧度后,其咬纸牙与滚筒 C 的咬纸牙相遇,随即与滚筒 C 交接纸张,滚筒 B 上的咬纸牙将所咬住的纸尾交给滚筒 C [图3-4（e）];

⑥ 滚筒 C 继续转动,其咬纸牙遇到压印滚筒的咬纸牙时,又将纸张交给压印滚筒。压印滚筒咬纸牙带着纸张旋转。此时,纸张的待印面 W 已露在表面,而已印面 S 与压印滚筒表面相对。压印滚筒再与橡皮滚筒对滚,从而完成纸张的第二面印刷 [图3-4（f）]。

由于纸张完全由滚筒传递,因而传送噪声小、纸张运行平稳,且套印准确。纸张翻转时由吸气机构吸住纸张的拖梢,将纸张拉平,以保证套印效果。

（二）滚筒部件及结构

单张纸胶印机的滚筒部件主要包括印版滚筒、橡皮滚筒和压印滚筒。印刷滚筒由轴颈、滚枕和滚筒体构成,如图3-5所示。

轴颈是滚筒的支承部分,对两端轴颈的同轴度要求较高。它是保证滚筒正确滚动印刷的基本条件。

滚枕又称肩铁,是滚筒两端用于确定滚筒间间隙的凸起铁环,亦是调节滚筒中心距和确定包衬厚度的基准。现代平版胶印机的滚筒两端都有尺寸十分精确、加工十分精密的滚枕。

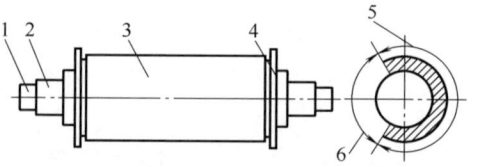

1—轴头; 2—轴颈; 3—滚筒体; 4—滚枕;
5—筒体有效周长; 6—空当长度

图3-5 滚筒部件及构成

滚枕分为接触滚枕和不接触滚枕两种类型。

接触滚枕的滚筒安装方式又称走肩铁，是指在滚筒合压印刷过程中，印版滚筒与橡皮滚筒两端的滚枕始终处于接触状态，如海德堡、曼罗兰的胶印机都属于走肩铁结构。走肩铁结构的优点是滚枕以较轻压力接触且做纯滚动，滚筒齿轮在标准中心距的啮合位置，因此滚筒运转平稳，振动小，工作状态良好。通常这种走肩铁方式只在印版滚筒和橡皮滚筒间采用。接触滚枕要求滚筒的中心距固定不变，因此对滚筒的加工精度要求更高。

不接触滚枕的滚筒安装方式又称不走肩铁，是指滚筒在合压印刷过程中，两滚筒的滚枕不相接触，即在印刷过程中，对滚的滚筒两端始终处于不走肩铁状态，如国产 J2108 胶印机就属于不走肩铁的滚筒结构形式。这类不走肩铁结构中，滚枕的作用是测量滚枕的间隙。通过测量滚筒两端的滚枕间隙，可推算两滚筒的中心距和齿侧间隙，还可用来确定滚筒包衬的尺寸。

滚筒的筒体是直接转印印刷图文的工作部位。筒体由有效印刷面积部分和空当（即缺口）部分组成。有效实体表面面积用于转印图文，空当部分主要用于安装咬纸牙、橡皮布张紧机构、印版装夹及调节机构等。滚筒空当部分对应的圆心角称为滚筒空当角。用于滚筒滚压实现印刷图文转移，所对应的筒体表面称为印刷可利用表面，通常用滚筒的利用系数 K 来表示，即

$$K=(360°-\alpha)/360° \tag{3-1}$$

式中　K——滚筒利用系数；

　　　α——滚筒空当角。

滚筒筒体与滚枕外圆有一距离 h，称为滚筒的下凹量，三种滚筒的下凹量不等。利用下凹量可计算滚筒的包衬厚度。

1. 印版滚筒

印版滚筒的筒体表面上装有印版。在印刷过程中，印版滚筒的筒体表面与橡皮滚筒表面接触，在一定的压力下做纯滚动，将印版上的油墨图文转印到橡皮滚筒的橡皮布上。

印版滚筒选用优质灰铁铸造而成。不同类型的机器对应的印版滚筒的结构也不尽相同。通常滚筒体是空心的，其外径实体印刷表面加工得十分光滑而精确。滚筒的空当部分，用于装印版版夹及夹紧机构。在滚筒体表面左右两端的边缘区，有大约 30mm 宽的圆周连续圆柱凸台（中间没有空当部分），此凸台就是印版滚筒的滚枕。

印版滚筒的主要作用是：

（1）筒体表面包裹支承印版，通过版夹机构把印版牢固地装夹在滚筒上。

（2）工作中印版首先与着水辊接触，接受水分，使整个版面得到润湿，印版再与着墨辊相接触，使版面上的图文区获得油墨。

（3）在印版滚筒与橡皮滚筒的转动接触过程中，印版滚筒把版面上的图文油墨转移到橡皮滚筒的橡皮布表面。

（4）通过齿轮传动，把动力传给输墨、输水系统。

印版滚筒的筒体两端装有传动齿轮。橡皮滚筒齿轮与印版滚筒齿轮啮合，带动印版滚筒转动。印版滚筒上的另一齿轮带动串墨辊转动，将动力引向输墨部分。印版滚筒表面比滚枕低下的差值称为筒体的下凹量。印版滚筒筒体的下凹量一般为 0.5mm 左右。印版滚筒齿轮上设有长孔，用于调节印版滚筒与橡皮滚筒在圆周方向的相对位置。另外，在印版

滚筒的轴端还装有控制串墨辊轴向窜动和水辊离合的凸轮。

图3-6所示为印版滚筒结构。印版滚筒的筒体直径介于压印滚筒和橡皮滚筒筒体直径之间。就不包衬的滚筒体来说，压印滚筒直径最大，印版滚筒次之，橡皮滚筒筒体直径最小。固定在印版滚筒筒体表面的印版，印刷过程中空白部分先获得水分后，再与墨辊接触，图文部分接受油墨，最后又与橡皮滚筒接触，将印版上的墨迹转印到橡皮布表面。其空当部分设有装版夹和版位调节机构。周向印版调节螺钉2（四个）用于调节印版的周向位置，周向印版调节螺钉2可将印版拉紧在滚筒表面；轴向调节印版螺钉4（四个）用于调节印版的轴向位置；配合周向印版调节螺钉2和轴向调节印版螺钉4，可用于版面的斜向位置调节，常称为斜拉版。

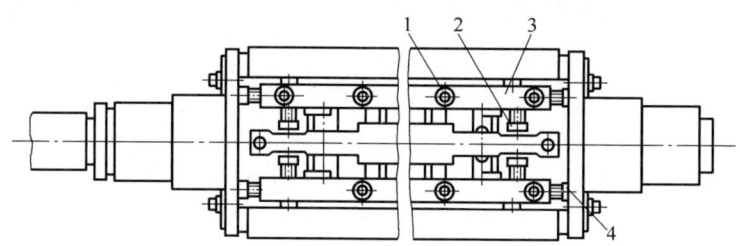

1—紧固螺钉；2—周向印版调节螺钉；3—版夹；4—轴向调节印版螺钉

图3-6　印版滚筒结构

印版夹版机构包括固定式印版夹版机构和快速印版夹版机构两种。

（1）固定式印版夹版机构（图3-7）。将印版3插入上版夹1和下版夹4之间，然后紧固螺钉2，可把印版夹紧在上下版夹之间。卸版时，松开螺钉2，压缩弹簧5将上版夹1撑起，印版3被上版夹1和下版夹4松开，拆卸印版。

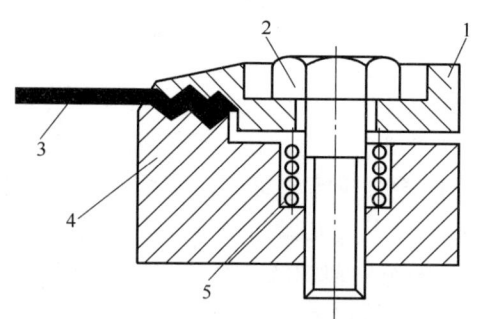

1—上版夹；2—螺钉；3—印版；
4—下版夹；5—压缩弹簧

图3-7　固定式印版夹版机构

（2）快速印版夹版机构（图3-8）。在图3-8（a）中，转动夹紧块2和3，可将印版卡紧在上、下版夹之间。如果印版厚度发生变化，松开螺钉4，插入版后转动夹紧块2和3，使其处于卡紧状态。拧动螺钉1，使印版夹紧，最后拧紧螺钉4。国产JS2101型对开双面胶印机就采用这种夹版机构。图3-8（b）为国产J2204型胶印机的快速夹版机构，装夹印版时用拨辊转动夹紧块2和3到图示位置，可将印版卡紧在上、下版夹之间。如果印版厚度发生变化，可通过螺钉1调节。

调节印版位置的方法有三种：拉版机构、借滚筒机构及调版机构。

（1）拉版机构。用周向和轴向调节螺钉对印版进行周向、轴向及斜向调节。松开一边的螺钉，旋紧对面螺钉，即可改变印版位置。印版位置的调节量可在"前后"刻度（周向位置）和"左右"刻度（轴向位置）上读出。拉版机构调节精度低，调节量较小。

（2）借滚筒机构。印版滚筒轴端齿轮与轮毂是分体式，齿轮上开有4个弧形长孔。

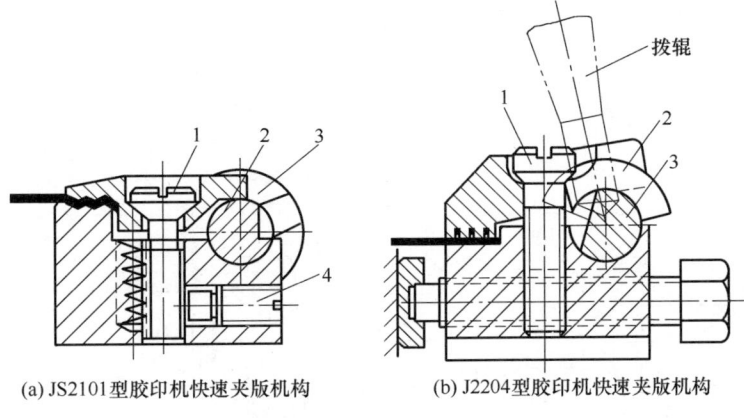

(a) JS2101型胶印机快速夹版机构　　(b) J2204型胶印机快速夹版机构

1—螺钉；2，3—夹紧块；4—螺钉
图 3-8　快速印版夹版机构

轮毂上对应有 4 个螺钉，轮毂与印版滚筒轴固联在一起，齿轮靠 4 个螺钉通过长孔和轮毂固联在一起。松开螺钉，转动印版滚筒，印版滚筒轴端齿轮和其他印刷滚筒轴端齿轮啮合，不能自由转动，印版随滚筒转过一定角度，改变了印版与橡皮滚筒表面的相对位置，也就是改变了图文在印张中的相对位置。位置确定好后，再旋紧紧固螺钉，把印版滚筒轮毂和滚筒齿轮固接在一起，即可滚筒齿轮啮合传动，进行正常的印刷。借滚筒一般用于单色机和多色机的第一色组的调节。

借滚筒机构是印版位置在圆周方向上的粗调，调节范围较大，一般可达 30~50mm。该调节方法应用的场合主要是由于制版不当或其他原因，图文周向位置偏差较大，拉版机构根本无法调节时，才可采用借滚筒机构对印版位置进行调节。借滚筒调节方法一般不轻易使用。

（3）调版机构。调版机构用于微量和精准调节印版的周向和轴向位置。调版机构的作用是使印版的图文准确地转印到纸张上，实现多色快速及高精度套印。在多色胶印机的第二色及其后面色组中均设置了调版机构，目的是后一色的印刷套印位置要严格追随前一色的印刷位置，以实现精准套印。印版位置调节的实质是改变印版与待印纸张的相对位置。它的调整精度较高，调整范围小，属于微量调节。一般情况下，周向最大调节量为 ±1mm，轴向最大调节量为 ±3mm。单色胶印机上没有调版机构。

印版滚筒轴向位置调节机构设在机器操作侧，如图 3-9 所示。

印版滚筒轴向位置的调节原理：推拉调表 2 与小齿轮 7 固定在一起，小齿轮 7 与大齿轮 8 啮合，大齿轮 8 转动。大齿轮 8 的左端有外螺纹结构。外螺纹与固定在机架上的铜螺母 17 旋合，因为铜螺母 17 固定不动，因此大齿轮 8 在转动的同时必然因为螺纹旋合产生轴向运动。大齿轮 8 的轴向运动通过其内孔的凸肩结构、两个止推轴承 24、紧固螺母 5 拉动加长轴头 23 一起轴向运动。加长轴头 23 通过螺栓 6 与印版滚筒端轴固结在一起。这样就通过一对齿轮啮合、一对螺纹旋合结构实现了对印版滚筒的轴向调节。小齿轮 7 和大齿轮 8 的啮合间隙可通过偏心套筒 13 调节。

印版滚筒周向位置调节机构设在机器传动侧，如图 3-10 所示。

印版滚筒周向位置的调节原理如下：调节表 1 与齿轮轴 45 固定在一起，齿轮轴 45 上

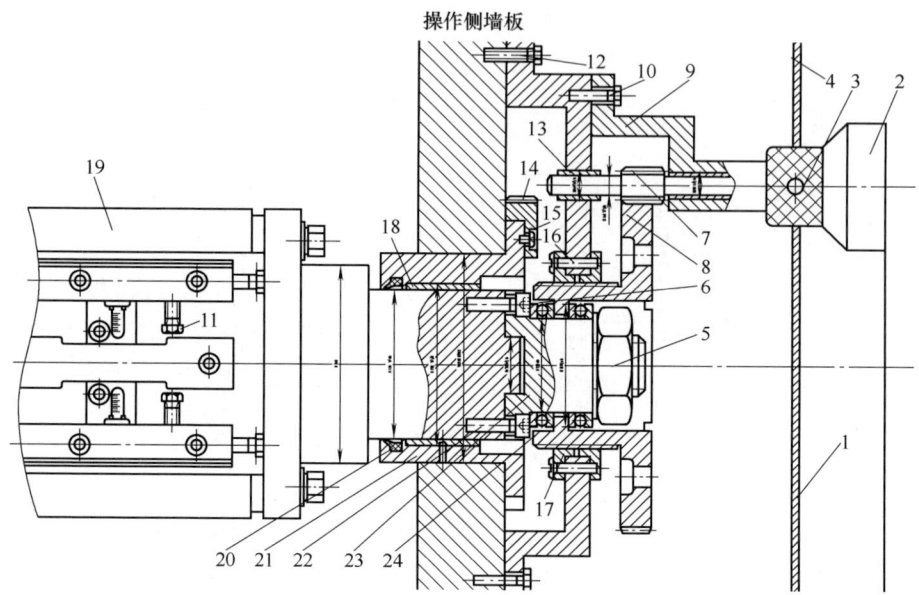

1—下端盖；2—推拉调节表；3—拨销；4—上端盖；5，17—螺母；6，10，11，12—螺栓；7—小齿轮；8—大齿轮；9—支架；13，18—套筒；14—扇形齿轮；15，16，22—螺钉；19—印版滚筒；20—密封圈；21—偏心套；23—轴头；24—止推轴承

图 3-9 印版滚筒轴向位置调节机构

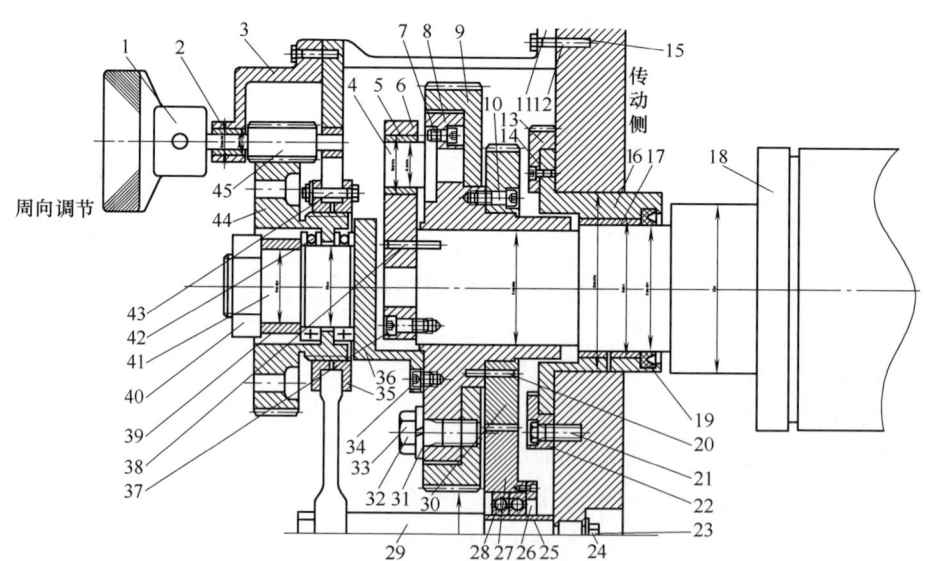

1—调节表；2，16—偏心套筒；3—支架；4—拨销；5，17，25，39—套筒；6—连接板；7，10，14，21，34，37—螺钉；8—轮毂；9—斜齿轮；11—支承架；12，32，33，43—螺栓；13—扇形齿轮；15—机架；18—印版滚筒；19—密封圈；20—销；22—盖板；23，35，40—螺母；24，31—垫圈；26—端盖；27—匀墨齿轮；28，42—轴承；29—轴；30，44—齿轮；36—轴承座；38—圆锥销；41—接轴；45—齿轮轴

图 3-10 印版滚筒周向位置调节机构

的小齿轮与大齿轮 44 啮合，大齿轮 44 转动。带动大齿轮 44 的右端有外螺纹结构。外螺纹与固定在机架上的铜螺母 35 旋合，铜螺母 35 固定在机架上，因此大齿轮 44 在转动的同时必然因为螺纹旋合产生轴向移动。大齿轮 44 的轴向移动通过其内孔的凸肩结构、两个推力轴承、紧固螺母 41，带动轴承座 36 一起移动。轴承座 36 通过螺钉 34 与印版滚筒上的斜齿轮 9 固结在一起，由此实现了印版滚筒斜齿轮的轴向移动。因为滚筒齿轮为斜齿轮，在和另一个斜齿轮啮合中轴向移动时，必然带动滚筒同步产生一周向的转角，这就是印版滚筒的周向调节原理。

2. 橡皮滚筒

橡皮滚筒的结构如图 3-11 所示。橡皮滚筒的主要功能是传递图文。橡皮滚筒先与印版滚筒在一定压力下对滚，将印版上的图文转印到橡皮滚筒，然后橡皮滚筒再与压印滚筒对滚，将橡皮布表面的图文转印到纸张上。橡皮滚筒的筒体由铸铁铸造而成，结构与印版滚筒相似。

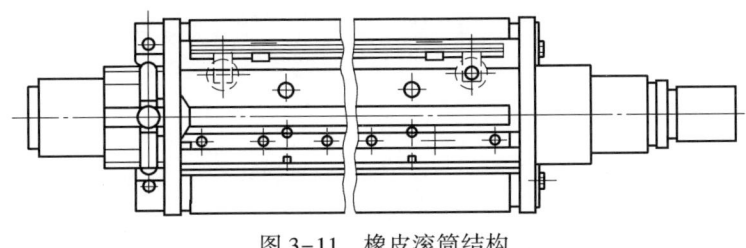

图 3-11　橡皮滚筒结构

橡皮滚筒的筒体直径小于印版滚筒的筒体直径。橡皮滚筒筒体的表面上，先包衬有衬垫，衬垫外面又包裹具有弹性的橡皮布。橡皮滚筒的空当装有橡皮布张紧轴，通过棘轮棘爪机构或蜗轮蜗杆机构把橡皮布拉紧。

橡皮滚筒的筒体一端装有传动齿轮，带动印版滚筒转动。为了安装橡皮布与衬垫，橡皮滚筒的筒体也有下凹量，一般为 2~3.5mm。在滚筒齿轮上设有长孔，用以调节橡皮滚筒与印版滚筒及橡皮滚筒与压印滚筒在圆周方向的相对位置。橡皮滚筒的空当部分装有夹紧橡皮布的张紧机构。橡皮布的位置一端固定，另一端装在可以张紧的轴上。张紧轴采用棘轮棘爪或蜗轮蜗杆机构进行张紧。

图 3-12（a）、图 3-12（b）分别为单面胶印机橡皮布装夹装置和橡皮布张紧装置机构。在图 3-12（a）中，夹版 1 和 2 上有齿，通过紧固螺钉 12 将橡皮布咬紧；张紧轴 5 上有凹槽和卡版 13，用于固定夹板。装橡皮布时，先推开卡板 13，使铁夹板 1 的凸出阶台面嵌入张紧轴 5 的凹槽，并把压铁板压向张紧轴 5 的配合表面，卡板 4 在压缩弹簧 6 的作用下，钩住夹板 1。卸橡皮布时，先推开卡板 13，取出夹板即可。在橡皮滚筒的咬口部位还设有衬垫夹紧装置，衬垫靠簧片 7 和夹板 8 夹紧。装衬垫时，推开压缩弹簧片放入衬垫后，压簧片自动靠弹簧力压紧。

橡皮滚筒右肩铁的外端面装有橡皮布张紧机构，如图 3-12（b）所示，张紧轴 5 上装有蜗轮 9，它与蜗杆 10 相啮合。转动蜗杆 10，带动轴 5，可张紧或松开橡皮布。虽然蜗轮蜗杆机构有自锁功能，但为防止因振动造成的橡皮布松动，设有锁紧螺钉 11。橡皮布张紧后，利用螺钉 11 可将蜗杆 10 锁住。

在双面胶印机上，两对滚的橡皮滚筒中，有一个橡皮滚筒上还要安装咬纸牙排。在这个橡皮滚筒的空当上除装有夹版、张紧机构外,还装有一套咬牙机构,其作用相当于压印滚筒的咬牙机构,印刷过程中咬住纸张,使纸张在两橡皮滚筒旋转对滚中印刷上图文。

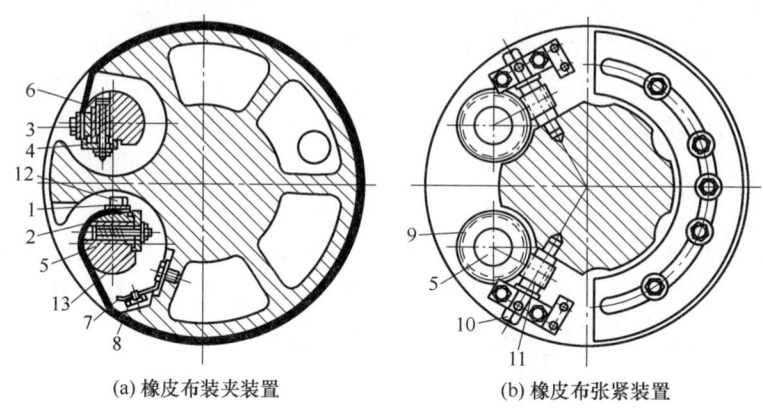

(a) 橡皮布装夹装置　　　　(b) 橡皮布张紧装置

1, 2, 8—夹版；3, 4, 13—卡板；5—张紧轴；6—压缩弹簧；7—簧片；9—蜗轮；10—蜗杆；11, 12—螺钉

图 3-12　单面胶印机橡皮布装夹及张紧机构

3. 压印滚筒

压印滚筒的作用是叼住待印纸张,与橡皮滚筒对滚,在一定印刷压力下,使橡皮布上的图文墨迹转印到纸张上。

大部分胶印机都设有压印滚筒（但以 B-B 型滚筒排列的胶印机没有独立的压印滚筒）。设有压印滚筒的胶印机,压印滚筒总是叼着纸张,滚筒表面紧贴纸张与橡皮滚筒接触滚动完成图文转移。然后把压印完毕的印张交给收纸滚筒的收纸链条,将印张传送到收纸台,堆叠收齐。

压印滚筒的结构与印版滚筒和橡皮滚筒相似,也是由铸铁铸造而成的圆柱体。其不同点是：

（1）加工直径不同。压印滚筒筒体的直径在三大滚筒中直径是最大的,因为压印滚筒的包衬就是表面仅有的一张待印纸张。

（2）压印滚筒空当装有咬纸机构以及调节咬纸牙力量和位置的调节机构。

（3）压印滚筒通过滚筒齿轮把动力传送到橡皮滚筒、印版滚筒以及其他的运动部件。

压印滚筒的筒体直径与滚筒齿轮的分度圆直径相等,且筒体表面直径大于滚枕直径,也就是滚筒体表面到滚枕圆表面的距离为凸量而不再是下凹量。压印滚筒是整台印刷机的基准,在现代印刷机上压印滚筒的位置是确定的、不可调节的。因此,压印滚筒的精度要求极高,包括形状、位置公差、表面粗糙度等。另外,筒体表面应具有良好的耐磨性和耐腐蚀性,而且对滚筒齿轮及轴套配合的精度也有极高的要求。

如图 3-13 所示为国产单张纸胶印机压印滚筒的典型机构。滚筒两端轴承无偏心摆动,故将轴承 5 固定在墙板上；滚筒的轴向定位依靠端面的推力轴承 3。旋紧螺母 1 可将推力轴承 3 适当压紧,使滚筒不能在轴向窜动,然后紧固螺钉 2。润滑油从进油口 4 经油孔进入轴颈和轴承之间,油封 6 的作用是防止漏油。

压印滚筒咬纸牙的结构如图 3-14 所示。牙片 2 通过螺钉 4 和 6 紧固在牙座 3 上,牙

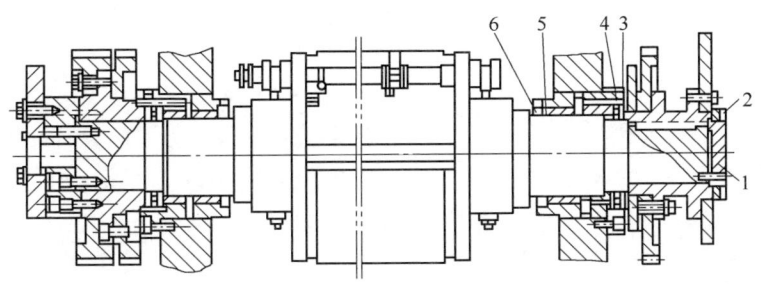

1—螺母；2—螺钉；3—推力轴承；4—进油口；5—轴承；6—油封

图3-13 压印滚筒结构

座活套在咬牙轴 1 上。当卡箍 9 被牙轴带动作顺时针方向转动时，卡箍 9 通过压缩弹簧 8 和调节螺钉 7 的作用，使牙座 3 及牙片 2 靠向牙垫 11，此时咬纸牙处于咬纸状态。咬纸力的大小可通过调节螺钉 7 改变压缩弹簧 8 的压力来调节。当卡箍逆时针转动时，卡箍 9 的小平面将顶住螺钉 4 的端面，而将牙座 3、牙片 2 抬起，即咬牙放纸。改变螺钉 4 与卡箍 9 的间隙，可调节咬纸牙抬起时间的早晚。各咬纸牙的间隙应调节一致，以防咬纸牙张闭先后不一。牙片 2 的螺孔为圆弧长孔，松开螺钉 4 和 6 可调节牙片 2 的前后位置。

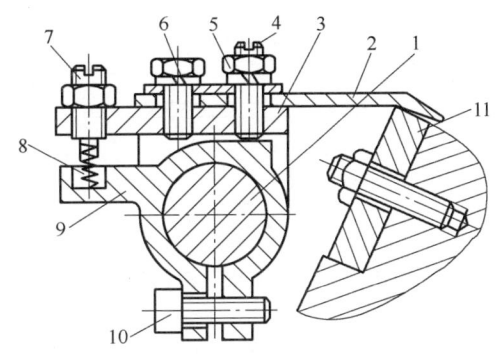

1—咬牙轴；2—牙片；3—牙座；4，6，7—调节螺钉；5—螺母；8—压缩弹簧；9—卡箍；10—螺钉；11—牙垫

图3-14 压印滚筒咬纸牙的结构

由于弹簧在运动中易抖动，稳定性差，影响了咬纸牙咬纸力的稳定性，从而影响套印精度。为了克服这一缺点，现代胶印机常采用凸轮控制咬纸牙的张闭。根据凸轮控制咬纸牙张开还是闭合的情况，开闭牙分为高点闭牙和低点闭牙两种。高点闭牙是指咬纸牙轴摆杆的滚子与凸轮高点部分接触时，咬纸牙闭合咬住纸张，高点闭牙对凸轮要求较高，当其处于高点时，咬纸牙必须处于闭合状态，且咬纸力要适当。而低点闭牙则是指牙轴摆杆上的滚子在凸轮的高点部分移动时，咬纸牙处于张开状态，滚子进入凸轮低点部分后，咬纸牙闭合。低点闭牙时的闭牙力是机构中的弹簧恢复力。由于弹簧的结构特点，闭牙直至闭紧为止，所以对凸轮要求相对较低。大多数胶印机采用的都是凸轮低点闭牙，即靠弹簧闭牙。利用凸轮控制咬纸牙的开闭，冲击小，动作平稳，牙排上咬纸力较均匀，调节方法简单可靠。

4. 传纸滚筒

传纸滚筒是指在印刷过程中起色组间传送、交接纸张作用的滚筒。传纸滚筒和压印滚筒的结构相似，传纸滚筒上也安装有咬纸牙排，咬纸牙的结构及调节方法和压印滚筒的咬纸牙结构及调节方法相同。在多色印刷中，压印滚筒和传纸滚筒的直径往往大于印版滚筒和橡皮滚筒的直径。如海德堡 Speedmaster CD 型四色胶印机和三菱 DAIYA3F-4 型四色胶印机的压印滚筒和传纸滚筒的直径是印版滚筒和橡皮滚筒直径的 2 倍，称为双倍径滚筒，其转速为印版滚筒转速的 1/2。纸张在双倍径滚筒上传递印刷,纸张弯曲变形小,也有利于纸张的平稳传递。双倍径传纸滚筒适合高速印刷的场合。

图 3-15 所示为机组式多色胶印机三滚筒传纸系统示意图。所谓三滚筒传纸系统,是指一个色组完成印刷的印张,通过 3 个传纸滚筒的依次交接后,交给下一色组的压印滚筒。图 3-15 中,1 为双倍径传纸滚筒,2 为单倍径传纸滚筒,压印滚筒也是单倍径滚筒。在双倍直径传纸滚筒上,有两排咬纸牙分布传纸滚筒 180°的圆周。

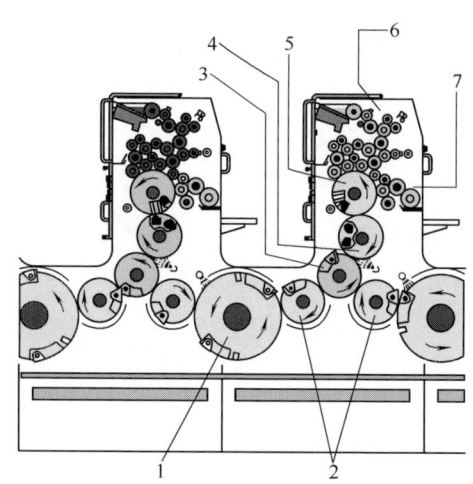

1—双倍径传纸滚筒;2—单倍径传纸滚筒;
3—压印滚筒;4—橡皮滚筒;5—印版滚筒;
6—输墨系统;7—润湿系统
图 3-15 机组式多色胶印机三滚筒传纸系统

(三) 滚筒离合压机构

在印刷过程中,橡皮滚筒须与印版滚筒、压印滚筒在一定的压力下接触对滚,从而完成图文转移。三滚筒的接触状态称为滚筒的合压状态。

按离合压的时间,滚筒离合压可分为同时离合压和顺序离合压两种形式。

(1) 同时离合压指,在离合压时,橡皮滚筒与印版滚筒、橡皮滚筒与压印滚筒同时进行离合。

(2) 顺序离合压指,合压时橡皮滚筒与印版滚筒先合压,然后再与压印滚筒合压;离压时橡皮滚筒与压印滚筒先离压,然后再与印版滚筒离压。

按离合压机构及原理,离合压方式又可分为偏心套式离合压、三点悬浮式离合压以及气压传动式离合压三种。目前,应用最广泛的是偏心套式离合压和三点悬浮式离合压。

1. 偏心套式离合压方式

偏心套式离合压的方式又可分为四种:滚筒轴承离合方式、利用橡皮滚筒和印版滚筒上的单偏心套实现调压和离合压的方式、利用三滚筒上的单偏心套实现调压和离合压的方式以及单偏心套和双偏心套组合调压和离合压方式。

(1) 滚筒轴承离合方式。手续纸胶印机橡皮滚筒采用单偏心轴套,该轴套安装在橡皮滚筒上。三滚筒可作水平和垂直方向的调节,以改变它们的中心距。滚筒的离合由橡皮滚筒轴端的偏心套实现。这种调节方法的缺点是调节费时间,精度差;优点是制造简单。由于制造技术的提高,当代胶印机的轴套和墙板孔的加工精度都能达到较高的要求,因此现代滚筒中心距的调节和滚筒离合都用偏心套完成。

(2) 利用橡皮滚筒和印版滚筒上的单偏心套实现调压和离合压的方式。PZ4880 胶印机即采用上述单偏心套结构进行离合压。如图 3-16 所示,压印滚筒轴承套是直套,没有偏心,压印滚筒轴线固定不动。橡皮滚筒轴端有一偏心套,其作用是实现滚筒离合压以及调节橡皮滚筒与压印滚筒的中心距。印版滚筒也装有一个偏心套,其作用是调节印版滚筒与橡皮滚筒的中心距,即调节印版滚筒和橡皮滚筒之间的压力。

(3) 利用三滚筒上的单偏心套实现调压和离合压的方式。如图 3-17 所示,三个滚筒上均有一个偏心套。采用这种结构的有瑞士彩色金属和美国奥立斯四色胶印机。这种结构

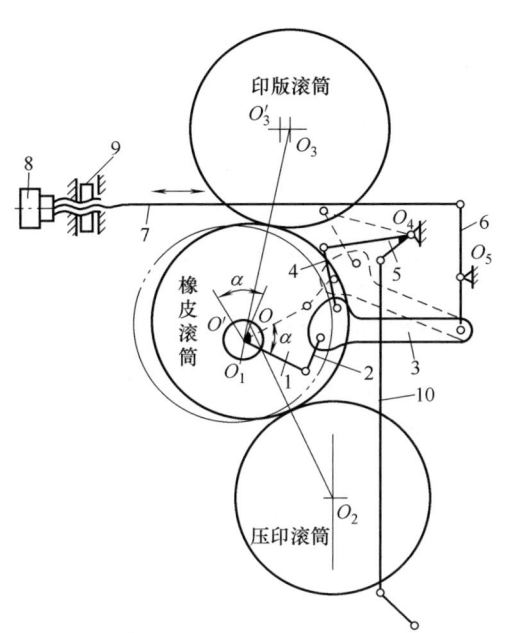
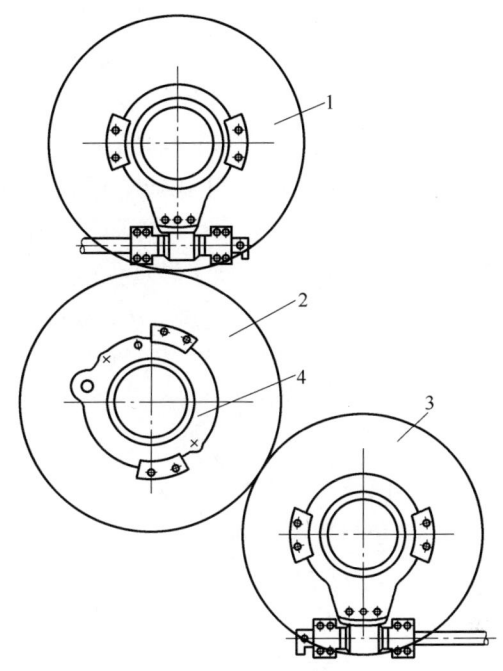

1—偏心套；2，4—连杆；3，5，6—摆杆；
7—拉杆；8—调节表；9—螺母；10—连杆

图 3-16　PZ4880-01 型胶印机离合压机构原理图

1—印版滚筒；2—橡皮滚筒；3—压
印滚筒；4—离合偏心套

图 3-17　单偏心套滚筒离合压机构

以橡皮滚筒为基准，分别利用印版滚筒和压印滚筒上的偏心套来调整它们之间的压力。美国奥立斯四色胶印机压印滚筒偏心套的偏心距为 6.25mm，印版滚筒的偏心距为 4.5mm。橡皮滚筒上也有偏心套，它不起调节中心距的作用，只是通过移动橡皮滚筒轴互起滚筒离合作用。

由于印版滚筒和压印滚筒偏心套上分别安装有蜗轮齿块，偏心套下方装有蜗杆，通过蜗轮蜗杆机构，使偏心套转动，调节该滚筒与橡皮滚筒的中心距。这种结构的缺点是压印滚筒中心在调节时有变动，这种变动会进一步影响纸张的交接，因此这种调节压印滚筒中心的方法较少采用。

（4）单偏心套和双偏心套组合调压和离合压方式。J2108 型胶印机采用的就是这种调压和离合压机构。如图 3-18 所示，压印滚筒 6 的轴套是直套，轴心是不可调节的。橡皮滚筒 5 上装有两个偏心套，外偏心套用

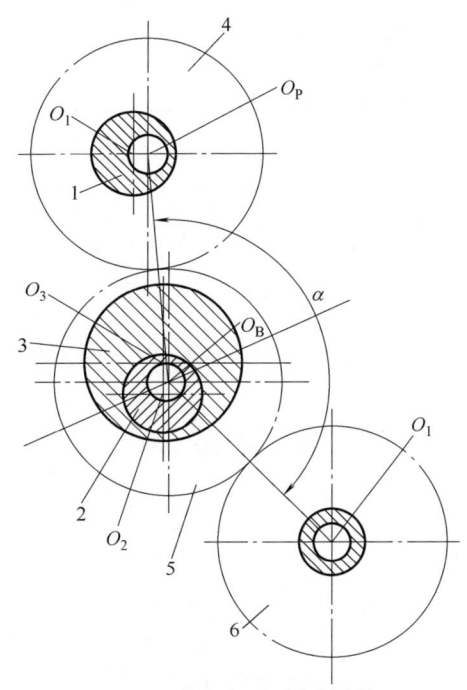

1，2，3—偏心套；4—印版滚筒；
5—橡皮滚筒；6—压印滚筒

图 3-18　单偏心套和双偏心套组合调压及离合压

于调节橡皮滚筒与压印滚筒的中心距，内偏心套用于滚筒离合压。印版滚筒4的偏心套用于调节印版滚筒和橡皮滚筒中心距。偏心套又常叫作偏心轴承。

如图3-18所示，印版滚筒两端的轴颈装在偏心套1内孔中，偏心套的外圆与墙板孔配合，即偏心套的外圆圆心与墙板孔心同心（O_1），偏心套的内圆圆心与印版滚筒中心同心（O_P）。偏心套的作用是调节印版滚筒与橡皮布滚筒的中心距，因此对偏心套的排列位置要求是：偏心套中心O_1与印版滚筒轴心O_P的连线应垂直于中心线O_PO_B（O_B为橡皮滚筒中心），使偏心套的微量转动能较多地改变印版滚筒与橡皮布滚筒的中心距。

工作过程是印版滚筒轴心O_P以偏心套中心O_1为中心，以偏心套中心O_1与印版滚筒轴心O_P的连线O_1O_P为半径转动，从而改变了印版滚筒与橡皮滚筒之间的距离。

2. 三点悬浮式离合压方式

三点悬浮式离合压是指不采用偏心套，橡皮滚筒轴的两端各有三个支承点支承的离合压方式，因此三点悬浮式又叫三点支承式。其结构原理见图3-19。采用三点支承后，印版滚筒轴套与压印滚筒轴套通用，印版滚筒与压印滚筒轴套都是直套。这样，原来三种不同的偏心套变成了直套，有利于提高印刷精度。

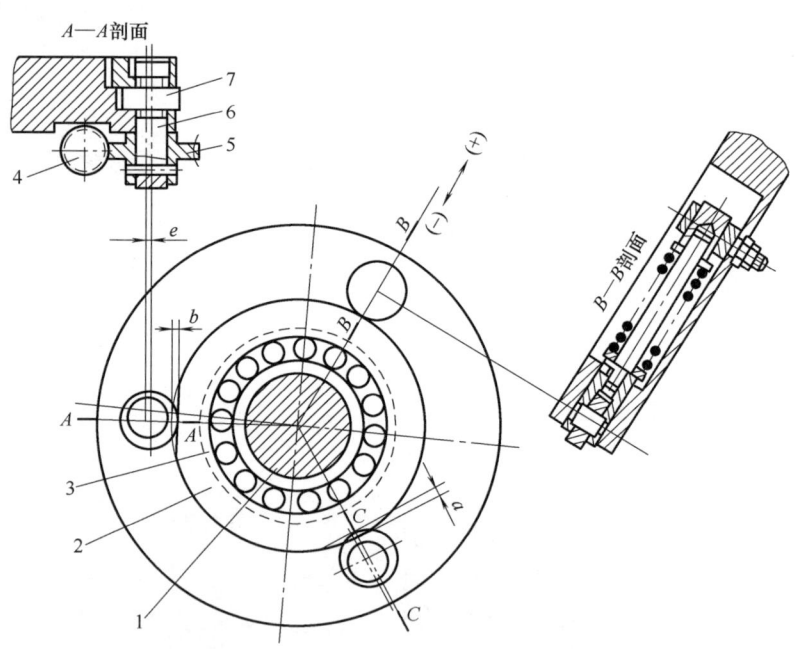

1—滚筒轴；2—钢套；3—墙板孔；4—蜗杆；5—蜗轮；6—偏心轴；7—滚轮

图3-19 三点悬浮式离合压机构原理图

如图3-19所示，滚筒轴1安装在滚动轴承中。滚筒轴承又安装在钢套2中，钢套2由三个滚轮支承。三个滚轮处在A—A、B—B、C—C的位置。钢套2的外圆不完整，即在A—A与C—C处的滚轮附近的钢套表面低于圆周表面。A—A与C—C两处滚轮的轴心固定不动，B—B处的滚轮由弹簧压向钢套。钢套受离合压机构的拉杆驱动而转动。图示位置钢套在A—A和C—C两处由两个低下的平面与相应的滚轮接触，滚筒处于离压状态。当钢套顺时针方向转动时，它上面两个低下的平面在相应的滚轮上滑过，而它的外圆圆周表面与 A—A 及 C—C 处的滚轮接触。这时 B—B 处的滚轮压缩弹簧向（+）方向运动，滚筒也向（+）方向运动，实现合压。从合压位置开始，逆时针转动钢套，钢套就回到图示位置，滚筒进入离压状态。由于滚筒轴承完全由三个滚轮支承，故墙板孔 3 不与任何零件接触，只为装配提供空间。

A—A 与 C—C 处的滚轮 7 装在偏心轴 6 上，转动蜗杆 4，通过蜗轮 5 使偏心轴转动，从而改变滚轮的轴心位置，以此调节滚筒间的压力。

三点悬浮式离合压结构在调压时，各蜗杆的调节量要配合适当，以保证滚筒之间的平行度。这种结构的缺点是安装和调节困难，抗震性较差。

3. 气压传动式离合压方式

图 3-20 所示为现代胶印机的气压传动式离合压机构工作原理。在气缸 1 两端分别装有气管 11 和 12。合压时，压缩空气从气管 11 进入气缸，气管 12 连通大气，活塞杆 2 被推出，摆杆 3 绕轴 4 中心顺时针转动（并通过轴 4 把运动传递到传动面的离合压机构），在连杆 5 带动下橡皮滚筒偏心套 6 转动，通过固定在偏心套 6 上的扇形齿轮 7 与固定在上橡皮布滚筒的偏心套 9 上的扇形齿轮 8 的啮合，使偏心套 9 一起转动。当摆杆 3 转到轴 4 中心与连杆 5 转动中心的连线上时，摆杆 3 靠住定位螺钉 10，上、下两个橡皮滚筒同时进入合压位置。离压时，压缩空气从气管 12 进入气缸，气管 11 通大气，则活塞杆缩进气缸，带动机构反向运动，使上、下两个橡皮滚筒同时回到离压位置，这时摆杆 3 应靠住定位螺钉 10。

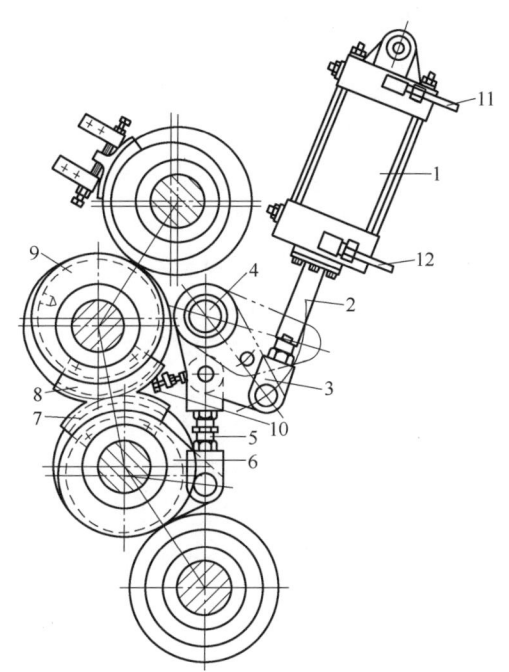

1—气缸；2—活塞杆；3—摆杆；4—轴；
5—连杆；6，9—偏心套；7，8—扇形齿轮；
10—定位螺钉；11，12—气管

图 3-20 气压传动式离合压机构工作原理

由于气压传动式离合压机构动作平稳、准确，结构简单，所以现代单张纸平版印刷机的离合压机构多采用气压传动式离合压机构。

二、输墨部件

传统的平版印刷是利用水、油不相溶的原理完成油墨转移的。其工艺过程的实质是借助印刷压力将涂布在印版上的油墨转移到承印物上。作为传递油墨和涂布油墨的装置是印刷机必不可少的组成部分，其性能的优劣直接影响着印品质量。

印刷油墨的性能首先要满足印刷方式的需要，其次油墨转印到纸张或其他材料上并经过后续工序及使用过程中的各种折叠、摩擦、光照等后，仍要保持原有的图像及色彩。

印刷油墨的主要性能包括流动性能（如黏度、黏性、黏弹性、屈服值、触变性等）、光学性能（如颜色、光泽度等）以及转印到各种印刷材料上的耐抗性能（如耐晒、耐酸碱溶剂、耐化学药品、耐摩擦、按搓揉等)。

油墨的传输分为给墨行程、分配行程和转移行程。油墨转移行程是印刷过程中的基本行程，也是印刷过程中的最后行程。在印刷的瞬间，印版或橡皮布上的油墨分裂成两部分。一部分油墨残留在印版或橡皮布上，另一部分油墨附着在纸张或其他承印物表面，经固化、干燥而固结，这样便完成了油墨转移的全部过程。

印版上的油墨与纸张接触的瞬间，在印刷压力的作用下，部分油墨转移到纸张表面。从微观上分析，由于纸张表面凹凸不平，所以在印刷过程中印版上的油墨与纸张不会均匀接触。因此，从印版上转移到纸张上的墨量，首先与纸张的接触面积有关。其次，在一定接触面积内，又与油墨从印版转移到纸张的转移率有关。

(一) 输墨系统的作用及组成

1. 输墨系统的作用

输墨系统的作用是为印刷系统提供充分打匀的油墨，以便将油墨通过印刷滚筒对滚转移到纸张上，从而形成高质量的印品。为了使墨辊在印刷过程中，把油墨均匀适量地传递到印版表面，须设置输墨装置将墨斗辊输出的条状油墨从周向和轴向两个方向迅速打匀，使传到印版的油墨有较高的均匀性。为了最终在印品上获得均匀一致的墨层，供墨部分的供墨量、着墨部分的着墨压力等应有调节机构进行调节。与印刷机构合压与离压的两种状态相对应，着墨辊应有自动起落机构，以实现合压时给墨，离压时离墨。

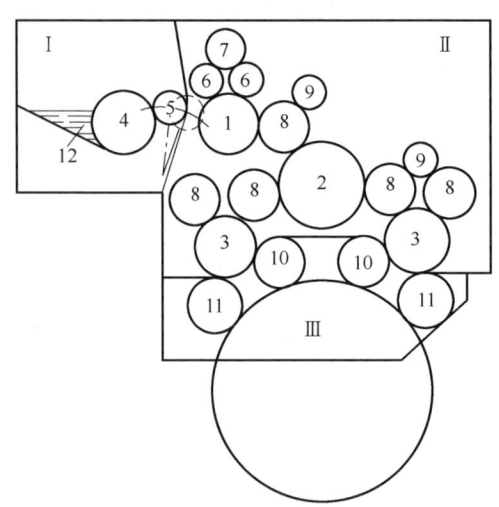

1，2，3—串墨辊；4—墨斗辊；5—传墨辊；6，8—匀墨辊；7，9—重辊；10，11—着墨辊；12—墨斗
图 3-21 输墨系统的组成

2. 输墨系统的组成

输墨系统由供墨部分、匀墨部分和着墨部分组成。

(1) 供墨部分 (图 3-21 Ⅰ区)。供墨部分包括墨斗辊 4、墨斗 12 和传墨辊 5。供墨部分的主要作用是储存油墨和将油墨传给匀墨部分。

墨斗辊 4 间歇或连续转动，传墨辊 5 往复摆动，将条状的墨层传给高速旋转的串墨辊 1。经匀墨部分，迅速把条状墨层打匀。给墨量大小根据印版图文的分布进行调节：调节传墨辊的摆动角度和其与墨斗辊接触的时间，实现供墨量大小的整体调节；调节墨斗螺钉改变墨刀和墨斗辊的缝隙，从而改变沿轴向不同墨区的墨层厚度，实现墨量大小的局部调节。

(2) 匀墨部分 (图 3-21 Ⅱ区)。匀墨部分包括匀墨辊、重辊和串墨辊，其作用是将油墨拉薄、打匀，以达到工艺上所要求的墨层厚度，然后将油墨传给着墨辊。上串墨辊 1、匀墨辊 6 和重辊 7 的作用是迅速把条状墨层初步打匀。中串墨辊 2、匀墨辊 8、重辊 9 的作用是进一步将墨层打匀。此外还有存储油墨的作用。下串墨辊 3、匀墨辊 8、重辊 9 是最后一级匀墨，最后将打匀后的油墨传递给着墨辊。

(3) 着墨部分 (图 3-21 Ⅲ区)。着墨部分由四根着墨辊 10、11 组成，其作用是将匀墨辊已经打匀的墨层向印版传递。着墨辊的线速度等于印版滚筒表面的线速度。着墨辊直接与印版接触，虽然着墨辊是弹性体，但其精度要求较高。

正常印刷时，输墨系统工作在稳定状态，供墨部分供给的墨量等于印品消耗的墨量。

（二）供墨部分

供墨部分的作用是完成对匀墨部分的供墨，把墨斗内油墨定时、定量均匀地传递给匀墨部分。供墨量的大小应该能根据印版图文的分布状况进行调节。通常，通过调节墨斗螺丝和墨斗辊的转角来控制供墨量的大小。其中，墨斗调节螺丝用来调整轴向上对应墨区局部供墨量的大小，而墨斗辊的转角用来调节轴向整体供墨量的大小。

墨斗辊的间歇转动和传墨辊的摆动须互相配合，由墨斗辊将墨斗的油墨间歇、不断地传递给传墨辊。根据胶印机工作的要求，墨斗辊和传墨辊的工作周期应该相同。当墨斗辊开始转动时，应使传墨辊与墨斗辊开始接触或尚未接触。当墨斗辊停止转动时，应使传墨辊与墨斗辊刚脱离接触或已脱离接触，具体时间及调节应以胶印机的运动循环图为依据。

1. 墨斗结构与供墨量调节方法

（1）墨斗结构

墨斗是储存油墨的装置，由墨斗座、墨斗刀片、墨斗辊和调节螺钉等组成。图 3-22 所示为 J2106 型胶印机墨斗结构。墨斗刀片 2 通过固定螺钉 5 固定在墨斗座 10 上，松开固定螺钉 5 可以把刀片拆下。调节螺杆 3 使刀片和墨斗辊良好接触。刀片磨损后，可作微量调节，以保证刀片和墨斗辊的配合关系。墨斗座 10 可绕固定在墙板上的销轴 9 转动，弹簧 8 可以平衡墨斗重心对销轴 9 产生的力矩，使转动墨斗省力。清洗墨斗时，可扳动手柄 4，把墨斗固定螺钉 7 松开，使墨斗从图示工作位置逆时针转动，墨斗刀片脱开墨斗辊。清洗完毕后，把墨斗座 10 顺时针转动。墙板上有一限位靠刹螺钉，保证刀片回至原工作位置，用固定手柄 4 扳紧固定螺钉 7，墨斗被固定。沿着刀刃方向有一排调节螺钉 6，可调节刀片和墨斗辊之间的间隙，改变供墨层的厚度。

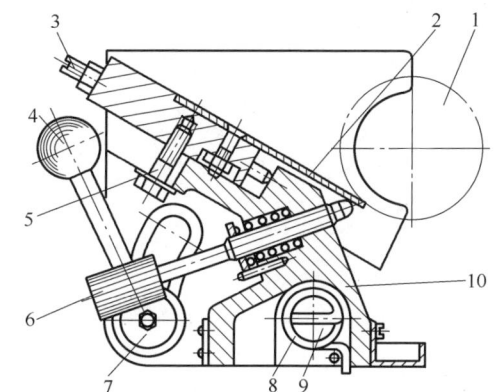

1—墨斗辊；2—墨斗刀片；3—螺杆；4—手柄；5，7—固定螺钉；6—调节螺钉；8—弹簧；9—销轴；10—墨斗座

图 3-22 J2106 型胶印机墨斗结构

（2）墨斗供墨量调节方法

① 改变墨斗刀片和墨斗辊的间隙，可局部调节供墨量。调节螺钉压紧墨斗刀片，减小刀片和墨斗辊的间隙，使墨斗辊表面的墨层厚度变薄，输墨部件就获得较少的墨量；反之，增加刀片和墨斗辊之间的间隙，则供墨量增大。

② 改变墨斗辊转角，可整体调节供墨量，此类调节属于宏观较大墨量的调节。通过控制手柄，改变棘爪对棘轮的作用齿数，可改变墨斗辊一次转动的角度，从而改变了传墨辊同墨斗辊接触的弧长。墨斗辊转角大，传墨辊从墨斗辊上获得的油墨较多，即供墨量大。

在供墨量相同的条件下，可以用大刀片间隙，小墨斗辊转角，以厚而窄的较集中的墨层向匀墨部分供墨，也可用刀片间隙小，墨斗辊转角大，以薄而宽的分散的墨层向输墨部分供墨。显然，薄而宽的墨层要比厚而窄的墨层更易打匀，所以生产中常采用墨斗辊转角较大供墨方式。但墨斗间隙过小，易造成油墨中的墨皮、纸毛等杂物阻塞出墨通道，导致供墨不畅通。

墨斗间隙调节供墨量大小，还须考虑油墨的黏度，黏度大，油墨流动性差，墨斗间隙应调大；黏度小、流动性好的油墨则应把间隙调小，且墨斗辊转动角度大些。若停机时间较长，为避免油墨从刀片间隙内流出，必须把油墨取出。另外，印版图文的分布也影响供墨量的调节，应根据图文的轴向分布把墨斗刀片间隙开大或关小。

③ 墨斗辊与传墨辊的驱动与调节机构。墨斗辊有间歇旋转和连续旋转两种形式，间歇旋转的墨斗辊由棘轮机构或单向离合器驱动，改变间歇旋转角度或改变转动速度，可实现供墨量的整体调节。图 3-23 所示为墨斗辊单向轮结构，它实际上是一个单向超越离合器。这个离合器安装在墨斗辊的轴端，操作者可用手转动墨斗辊。连续旋转的墨斗辊可由匀墨组传给动力或由单独电机驱动。改变墨斗辊旋转速度可宏观调节供墨量。

传墨辊在墨斗辊和串墨辊之间作往复摆动以传递油墨，其摆动由凸轮摆杆机构实现。该凸轮装在串墨辊轴端经减速机构减速，所以凸轮转速比串墨辊转速低得多。传墨辊的摆动也可由偏心轮、气动或液压系统驱动。

2. 间歇供墨机构

间歇供墨机构有机械控制式、电器控制式及气动控制式三种。下面对三种方式控制机构的工作原理分别进行阐述。

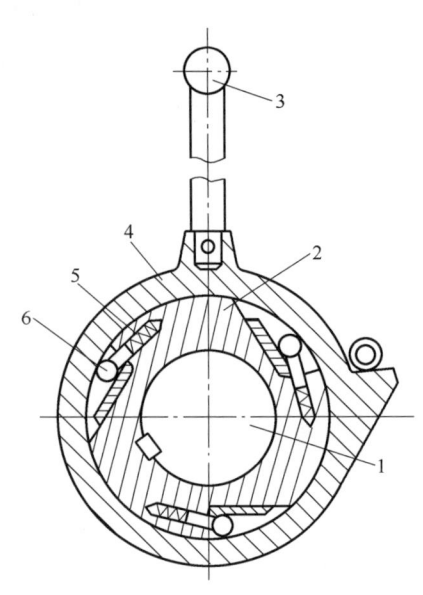

1—墨斗辊轴；2—单向超越离合器轴；
3—手柄；4—壳体；5—弹簧；6—滚珠
图 3-23 墨斗辊单向轮结构

（1）机械控制式供墨机构。图 3-24 所示为机械控制式供墨机构原理，图 3-25 所示为机械控制式供墨机构结构。串墨辊轴端的减速机构使轴端供墨凸轮减速到传墨辊摆动和墨斗辊间歇转动所需的转速。

墨斗辊的间歇转动是由棘轮机构实现的。曲柄 1 经连杆 2 带动摆杆 11 使棘爪 7 往复摆动，棘爪 7 推动与墨斗辊 5 的轴固连的棘轮 8 逆时针转动，从而使墨斗辊转动出墨。由于棘轮棘爪机构的单向转动特性，使棘爪逆时针转动时推动棘轮转动传墨，当棘爪顺时针旋转时，不能推动棘轮，从而实现了棘轮的单向间歇转动，周期供墨。墨斗辊的转角大小决定了出墨量大小，可以通过扇形护板 6 进行调节。由手柄 10 转动扇形护板，可改变棘爪的有效工作角度，从而改变棘轮的旋转角度或工作齿数，即改变了墨斗辊的转角。扇形护板 6 调节好后，用弹簧销 9 锁住固连在手柄 10 上的弧形齿条，以防扇形护板自行移动。

传墨辊的往复摆动是由凸轮 12 连续旋转带动的。当凸轮大面作用于滚子 B 时，经滚子 13 使摆杆 14 绕支点 B 顺时针摆动，摆动时碰到螺钉 18，螺钉 18 旋合在摆杆 15 上，所以经螺钉 18 可使摆杆 15 绕支点 B 顺时针摆动，传墨辊靠向第一串墨辊。其接触时间由凸

第三章 单张纸胶印机的典型结构及案例

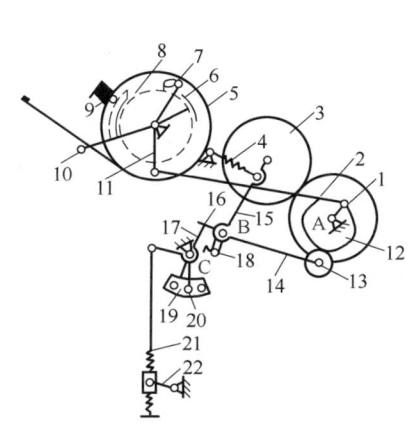

1—曲柄；2—连杆；3—传墨辊；4—弹簧；5—墨斗辊；6—扇形护板；7—棘爪；8—棘轮；9—弹簧销；10—手柄；11、14、15、16、22—摆杆；12—凸轮；13—滚子；17—控制杆；18—螺钉；19—扇形块；20—手柄插销；21—弹簧

图 3-24 机械控制式供墨机构原理

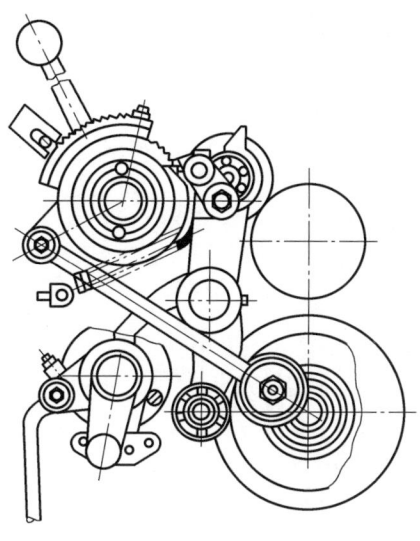

图 3-25 机械控制式供墨机构结构

轮大面圆弧所对应的中心角决定，而接触压力的大小可通过螺钉 18 调节。当凸轮大面转过之后，在弹簧 4 恢复力的作用下，传墨辊又逆时针摆动靠向墨斗辊。为保证传墨辊与墨斗辊的充分接触并保持一定工作压力，凸轮小面工作时，小面不与滚子接触，约有 2mm 间隙。摆回取墨的动作完全靠弹簧 4 拉动。

当手柄插销 20 插入图示中间通孔位置时，传墨辊的摆动和停止由离合压机构自动控制。由于摆杆 22 安装在压印滚筒轴端，它与离合压机构联动。当离压时，摆杆 22 向上摆动，扇形块 19 绕支点 C 顺时针摆动，控制杆 17 阻止摆杆 16 向下摆动，摆杆 16 与 14 为一体，因而阻止了凸轮小面与滚子 13 接触，传墨辊停止取墨。当合压时，摆杆 22 下摆，扇形块 19 逆时针摆回，控制杆 17 脱开摆杆 16，传墨辊摆向墨斗辊取墨。

当把手柄插销 20 插入左边通孔时，无论滚筒合压还是离压，控制杆 17 都阻止摆杆 16 摆动，传墨辊停止摆动。

当手柄插销 20 插入右边的盲孔时，控制杆 17 远离摆杆 16，不能阻止摆杆 16 摆动，此时即便离压，传墨辊仍然传墨。印刷开机或换色时，必须先把油墨打匀，然后再合压印刷。合压时，由于扇形块 19 逆时针摆动，手柄插销 20 自动滑出右侧盲孔落入中间通孔，使机器进入自动控制状态，开始正常印刷。

（2）电器控制式供墨机构。图 3-26 所示为电器控制式供墨机构工作原理。与机械控制机构相比，本机构中控制块 2 的动作不再由摆杆机构驱动，而是改由电磁铁 3 直接驱动。合压印刷时电磁铁 3 得电，迫使控制块 2 逆时针摆动，使控制块 2 上端与摆杆 1 脱开，传墨辊可正常传墨。离压时，电磁铁 3 失电，在弹簧恢复力作用下，控制块 2 摆回并

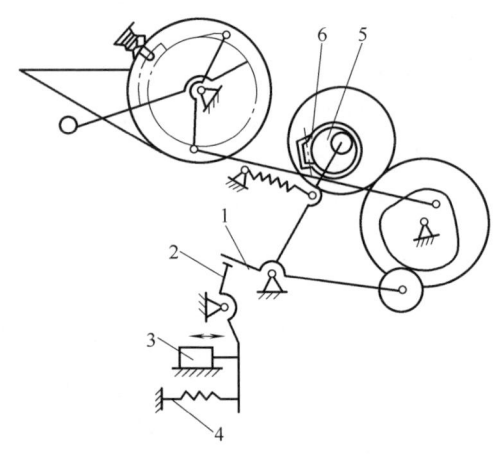

1—摆杆；2—控制块；3—电磁铁；
4—弹簧；5—偏心套；6—蜗杆
图3-26 电器控制供墨机构工作原理

顶住摆杆，从而阻止摆杆1逆时针摆动，传墨辊不能左摆与墨斗辊接触，停靠在串墨辊上，停止供墨。转动蜗杆6通过蜗轮改变偏心套5的位置，以调节传墨辊与上串墨辊之间的压力。

（3）气动控制式供墨机构。图3-27所示为气动控制式传墨机构工作原理。墨斗辊出墨采用自动调节的无级出墨机构，如图3-27所示，墨斗辊的间歇转动是由安装于圆柱凸轮端面的曲柄2、连杆3、摆杆4、支架5和摆杆6、7驱动的。在墨斗辊轴上安装有单向离合器，墨斗辊逆时针摆动时出墨。墨斗辊的出墨量由电机22控制。通过电机22和齿轮23、27带动螺杆28转动，使摆杆6上的螺母上下移动；当螺母向上移动时，增大墨斗辊的摆动角度，即增加出墨量，反之将减小出墨量。

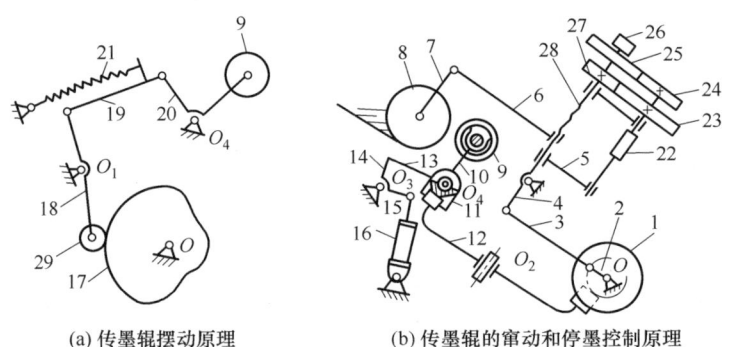

(a) 传墨辊摆动原理　　(b) 传墨辊的窜动和停墨控制原理

1，17—凸轮；2—曲柄；3，19—连杆；4，6，7，12，13，15，18，20—摆杆；5—支架；8—墨斗辊；
9—传墨辊；10—拨叉；11—槽块；14—推杆；16—气缸；21—弹簧；22—电机；
23，24，25，27—齿轮；26—电位计；28—螺杆；29—滚子
图3-27 气动控制式供墨机构工作原理

图3-27（a）为传墨辊摆动原理。轴O是由橡皮滚筒齿轮经齿轮传动减速后带动转动的。该轴上装有带动串墨辊窜动的曲柄2和驱动传墨辊9摆动的凸轮17。当凸轮17大面作用于传墨辊9时，通过摆杆18、连杆19、摆杆20使传墨辊9顺时针摆动，将墨传给匀墨部分。当凸轮17小面作用于传墨辊9时，在弹簧21的拉力作用下，传墨辊9绕O_1逆时针摆向墨斗辊8，并与墨斗辊接触取墨。

为确保在弹簧21的作用下传墨辊9与墨斗辊8充分接触，当传墨辊29处在凸轮17低面时不与凸轮接触，它们之间约有2mm间隙。

图3-27（b）为传墨辊的窜动和停墨控制原理。在此种机构中，传墨辊既做往复摆动，又做轴向窜动。在机器的操作面，O轴上安装有圆柱凸轮1及驱动墨斗辊间歇转动的

曲柄2。随着轴O的不断转动，圆柱凸轮1带动摆杆12上的滚子轴向移动，从而使摆杆12绕轴O_2摆动。同时由摆杆12另一端的滚子拨动槽块11沿轴O_4移动。在槽块11上固联有拨叉10，由它拨动传墨辊9轴向移动，完成传墨辊的串墨运动。

传墨辊停止传墨是由气缸控制的。当气缸一侧排气时，气缸16的活塞杆下降，带动摆杆15绕O_3顺时针转动，使推杆14顶起摆杆13。由于摆杆13与槽块11固连在一起，从而拨动槽块13连同摆杆13转动一个角度，迫使传墨辊与墨斗辊脱开。传墨辊不再摆动传墨。

正常印刷时，气路给气缸供气，气缸16的活塞上升，推动摆杆15绕O_3轴逆时针摆动，推杆14左摆，与摆杆13脱离。此时，传墨辊9由凸轮17驱动做往复摆动传墨。

3. 连续旋转式供墨机构

连续旋转式供墨机构以连续不断的形式向输墨装置输送定量油墨，常用的方法有借助螺旋线沟槽辊传墨和采用弹性螺旋线辊传墨两种。

（1）借助螺旋线沟槽辊传墨。如图3-28（a）所示，墨斗辊3与弹性辊2之间加一金属辊1，金属辊1相对于墨斗辊3留有间隙Δ，金属辊匀速旋转；其表面按螺旋线切割有沟槽，沟深0.2~0.4mm。墨斗辊也匀速旋转。通过改变刮墨刀和墨斗辊的缝隙a来调节自墨斗输出的油墨层厚度δ。如果$\delta>\Delta$，则部分油墨经金属辊1螺旋面带给弹性辊2；如果$\delta<\Delta$，则停止供墨。

（2）采用弹性螺旋线辊传墨。如图3-28（b）所示，螺旋线沟槽一边带棱A，一边为半径R的曲面楔形槽B。采用这样的弹性辊与墨斗辊接触、传递油墨的同时，会将油墨自沟槽中挤出，并有部分返回墨斗辊，挤出油墨的多少取决于在接触区内的速度差。传墨的最佳状态是弹性辊的速度等于印刷速度v_p的0.83倍，而墨斗辊的表面速度v_g自0无级调速到$0.065v_p$。

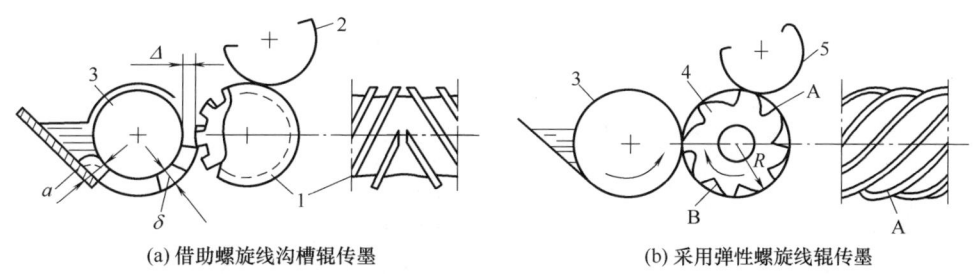

(a) 借助螺旋线沟槽辊传墨　　　　　(b) 采用弹性螺旋线辊传墨

1，5—金属辊；2，4—弹性辊；3—墨斗辊；A—棱；B—楔形槽；R—半径

图3-28　连续供墨装置

（三）匀墨部分

匀墨部分的作用是打匀油墨及输送油墨，主要由串墨辊完成。工作中要求相邻接触墨辊间有较好的接触。为满足这一要求，胶印机上的墨辊排列都是软质墨辊和硬质墨辊相间设置。

1. 串墨辊结构

为维修拆装方便，大部分胶印机的串墨辊都制成三节式结构。如图3-29所示，串墨辊主要由辊体、两端的轴头及为传动而具有的减速机构等几部分组成。两端的轴头2、4

用螺钉5和辊体3固定在一起。松开螺钉1、5，可使轴头与辊体分离，此时可卸下辊体3。

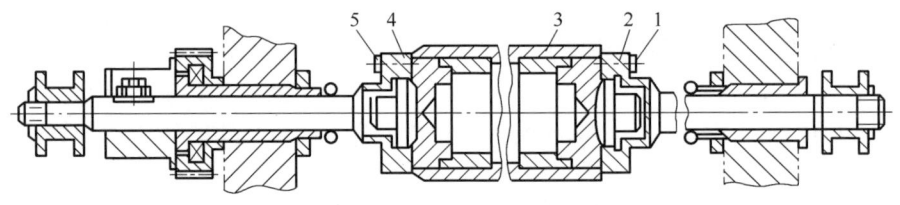

1，5—螺钉；2，4—轴头；3—辊体
图3-29 串墨辊结构

上串墨辊的轴头上装有一减速轮系，减速轮系的放大如图3-30所示。上串墨辊轴1通过键连接带动偏心轴套6转动，偏心轴套6的外圆上滑套着齿轮3，齿轮3受十字挡环2的限制，只能绕上串墨辊轴1公转，不能自转。齿轮4和齿轮3啮合，齿轮4通过螺钉与凸轮5、曲柄7固联，其转动中心与串墨辊同心。在与齿轮3的啮合中齿轮4获得一定的转速。因为传墨辊摆动凸轮5、传动墨斗辊间歇转动的曲柄7及齿轮4固结，所以上串墨辊转动时通过轴头减速机构减速，带动摆动凸轮5旋转，从而通过凸轮连杆机构实现了传墨辊的摆动和墨斗辊的间歇转动。

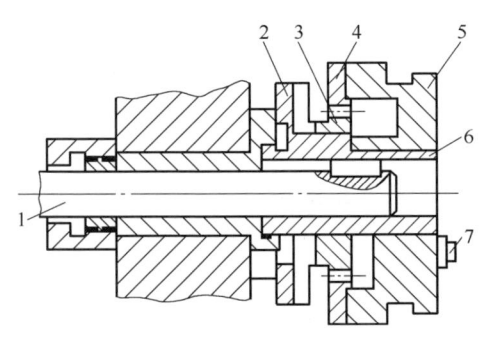

1—上串墨辊轴；2—十字挡环；3，4—齿轮；5—凸轮；6—偏心轴套；7—曲柄
图3-30 上串墨辊轴端减速装置

2. 串墨机构

串墨机构的作用是实现串墨辊的轴向窜动，从而将油墨在轴线方向打匀。

串墨辊的传动装置有机械式、液压式和气动式三种。常用的机械式串墨机构有曲柄连杆式、槽凸轮式、凸轮连杆式和蜗轮蜗杆式等。下面介绍曲柄连杆式和蜗轮蜗杆式两种机构。

（1）曲柄连杆串墨机构。图3-31所示为典型胶印机所采用的曲柄连杆串墨机构。固定在印版滚筒轴端的齿轮16和齿轮19，带有滑槽的圆盘与齿轮19固定在一起，其上有一可调偏心距的曲柄18，经连杆17、摆杆15带动中串墨辊做轴向运动。其轴端的槽轮通过摆杆4传动下串墨辊3做轴向窜动，其运动方向与串墨辊5运动方向相反。经摆杆8使上串墨辊7做轴向窜动，又经摆杆11使下串墨辊9做轴向窜动；再经摆杆12使串水辊13做轴向窜动。曲柄18每转1周，各串墨辊窜动一次。串墨辊窜动量的大小可通过曲柄18上的螺钉进行调节，通常窜动量为0~25mm。

（2）蜗轮蜗杆串墨机构。图3-32所示为蜗轮蜗杆串墨机构。蜗杆从印版滚筒经齿轮传动得到动力而旋转，并传动相啮合的蜗轮1。在蜗轮1端面有T形槽，槽内装有T形块3。通过调节螺钉2改变T形块3在槽内的位置，即改变曲柄4的中心与蜗轮之间的偏心距。当曲柄4绕蜗轮1轴心转动时，经连杆6拉动中串墨辊7做轴向运动，其移动量为0

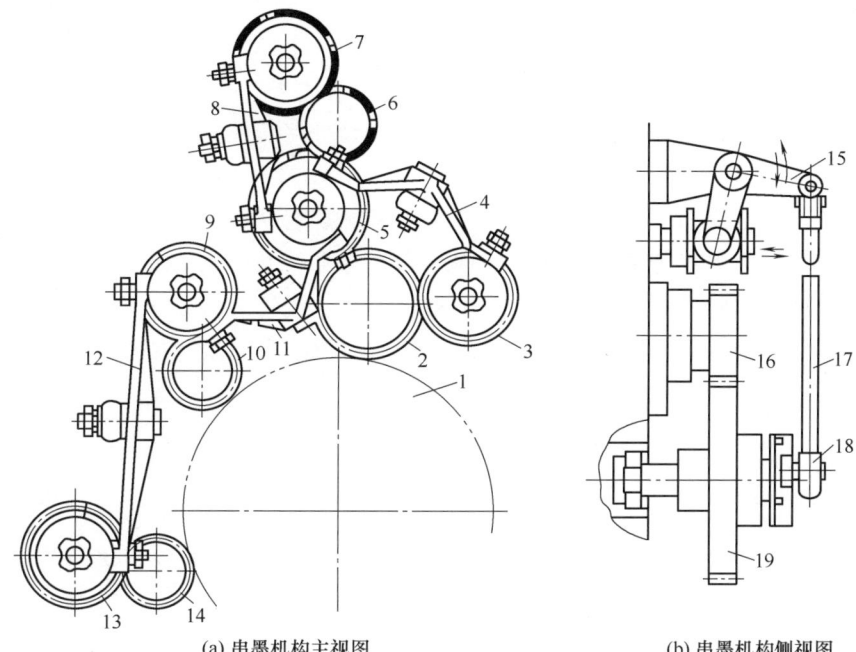

(a) 串墨机构主视图　　　　　　　　(b) 串墨机构侧视图

1—印版滚筒；2—着墨辊；3，5，7，9—串墨辊；4，8，11，12，15—摆杆；6—匀墨辊；
10，14—着水辊；13—串水辊；16，19—齿轮；17—连杆；18—曲柄

图 3-31　曲柄连杆串墨机构

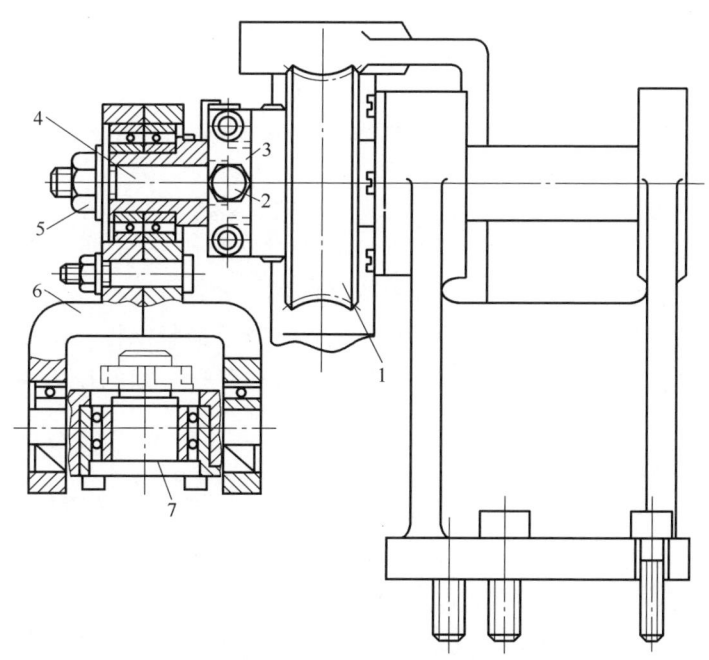

1—蜗轮；2—螺钉；3—T形块；4—曲柄；5—螺母；6—连杆；7—中串墨辊

图 3-32　蜗轮蜗杆串墨机构

~40mm。在中串墨辊 7 做动面的轴头上也有槽轮，经滚子和杠杆带动上串墨辊以及两个下串墨辊做轴向运动。螺母 5 用来锁紧 T 形块 3。

（四）着墨部分

着墨部分的主要作用是将经供墨部分、匀墨部分打匀的油墨向印版传递。

1. 着墨辊及其压力调节机构

着墨辊在印版滚筒和下串墨辊之间依靠两者接触摩擦力带动旋转，向印版涂布油墨。为了使着墨辊将下串墨辊传来的油墨均匀地涂布在印版表面，并减少对印版的过量磨损，着墨辊与串墨辊和印版之间必须有适当的压力。为此，输墨装置必须有压力调节机构。调节时，须先调节着墨辊与串墨辊之间的压力，然后再调节着墨辊与印版之间的压力。

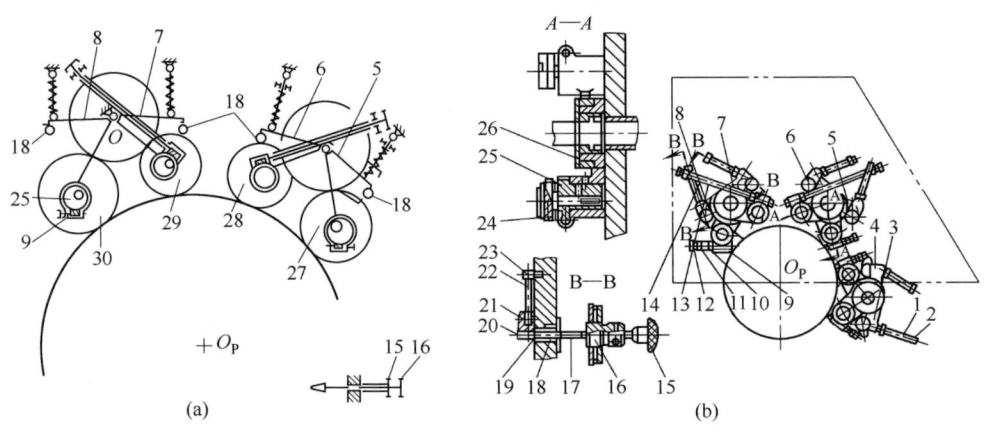

1—压缩弹簧；2—伸簧杆；3，4，5，6，7，8—摆杆；9，13—蜗杆；10，14，19—套；11，12—螺母；15—手柄；16—调节手柄；17—管套；18—调节杆；20—锥头；21—挡轴；22—簧杆；23—支轴；24—锁套；25—蜗轮；26—挡圈；27，28，29，30—着墨辊

图 3-33　着墨辊与串墨辊压力调节机构原理图

图 3-33 所示为着墨辊与串墨辊压力调节原理图。着墨辊与串墨辊之间的压力调节是通过蜗轮蜗杆机构实现的。当手柄转动时，蜗杆 9 带动蜗轮 25 转动。蜗轮 25 偏心安装在着墨辊轴端（该偏心距为 4mm），从而使着墨辊绕偏心转动，以此达到改变着墨辊与串墨辊之间压力的目的。螺母 11 的作用是在压力调节完毕后锁紧蜗杆。由于各着墨辊绕相应的摆杆 5、6、7、8 的中心摆动，所以调节着墨辊与串墨辊之间的压力时，不会影响着墨辊与印版的压力。

2. 着墨辊的起落及其调节机构

在印刷过程中，当输纸出现故障或需要停止印刷时，着墨辊必须与印版脱开，停止供墨，避免印版图文上墨层增厚。当合压进行印刷时，着墨辊与印版滚筒接触给墨。因此，着墨辊必须具有与滚筒离合压相配合的起落机构。

（1）J2205 型胶印机着墨辊的起落机构。图 3-34 所示为 J2205 型胶印机着墨辊的起落机构。在滚筒离合压轴上，有摆杆 13 与连杆 14 相铰接。滚筒离压时，连杆 14 上升使摆杆 13 顺时针转动。摆杆 13 的轴孔内有键槽，与滑动键 12 相对应［图 3-34（b）］。滑动键 12 带动套筒 11 转动，从而带动凸轮 15 转动，经滚子 16，使杠杆 17 绕轴承 18 逆时针转动，四个螺钉 19 同时上移，将 4 根着墨辊抬离印版，停止着墨。

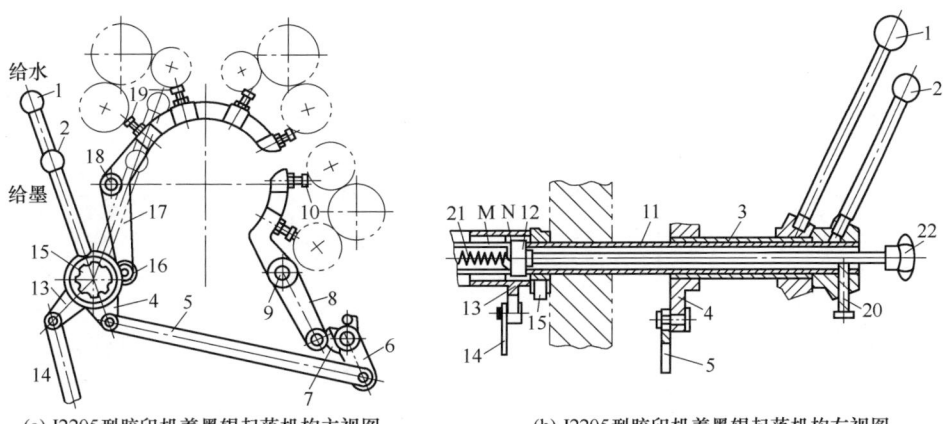

(a) J2205 型胶印机着墨辊起落机构主视图　　(b) J2205 型胶印机着墨辊起落机构左视图

1，2—手柄；3，11—套筒；4，6，13—摆杆；5，14—连杆；7—凸块；8，17—杠杆；9，18—轴承；
10，19，20—螺钉；12—滑动键；15—凸轮；16—滚子；21—弹簧；22—推杆手柄

图 3-34　J2205 型胶印机着墨辊的起落机构

着墨辊的起落机构除能随滚筒离合压自动起落外，还应由人工操作着墨辊的起落。当推动滑键槽右端的推杆手柄 22，使滑动键 12 左移至"M"位置时，此时不论滚筒是否离压或合压，都可以自由操作手柄 2，经套筒 11 转动凸轮 15，控制着墨辊起落。在这种情况下，假如旋转手柄下方的锁紧螺钉 20 锁住推杆，那么滚筒合压后推杆就会自动退出，滑动键恢复至正常自动工作位置"N"。

（2）PZ4880 型胶印机着墨辊的起落机构。图 3-35 所示为 PZ4880 型胶印机着墨辊的起落机构。将给墨手柄 2 移至双点划线位置，使横杆 15 绕轴 9 顺时针转一定角度，推动座架 16 上移，四个螺钉 13 同时上升，将 4 根着墨辊顶起脱开印版。座架 16 上有长孔，经两螺钉 17 导向，使四个螺钉 13 的升降距离相同，着墨辊起落平稳。

（五）典型的胶印机输墨系统

1. Speedmaster XL 105 输墨系统

图 3-36 所示为海德堡 Speedmaster XL 105 输墨系统，它采用 Hycolor 输墨和输水系统，可实现可变的输墨系统配置（标准输墨装置、短墨路装置）和自动化调节。在该系统中，墨斗辊恒温，由操纵台和墨斗辊传动装置控制其温度。传墨辊节拍（摆动冲程）可根据印刷作业调节为 1/3 或 1/9，每个输墨装置都可通过 Prinect CP2000 Center 单独配置。

2. BEIREN 300A 输墨系统

图 3-37 所示为 BEIREN 300A 输墨系统。它采用倍径滚筒及七点钟排列形式，保证印刷完成后交接。所有滚筒轴颈都采用精密的滚动轴承支承。滚筒间的离合压采用气动形式采用气动离合压，可靠性高。墨斗辊无级调速，其转速能自动跟踪主机速度，使给墨量得到自动补偿；相位串墨可实现串墨辊换向位置及串墨量的调整；版墨辊轴向窜动装置有利于消除"鬼影"；靠版墨辊离合气动控制。

印刷机原理与结构

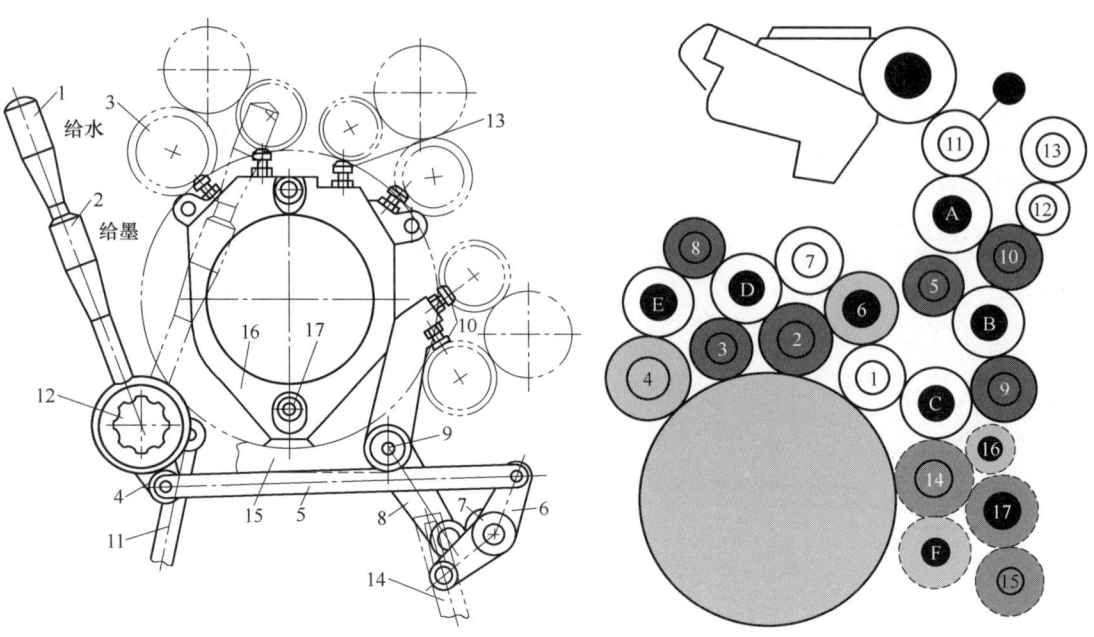

1—给水手柄；2—给墨手柄；3—着墨辊；4,6,7—摆杆；5—连杆；8—离水杆；9—轴；10,13,17—螺钉；11,14—拉杆；12—推杆手柄；15—横杆；16—座架

图 3-35 PZ4880 型胶印机着墨辊的起落机构

1,2,3,4—着墨辊；A,B,C,D,E—串墨辊；5,6,7,8,9,10,12—匀墨辊；11—传墨辊；13—重辊

图 3-36 Speedmaster XL 105 输墨系统

输墨部件补充视频见视频 3-4。

三、润湿部件

胶印是利用油水相斥的原理进行印刷。在印刷过程中，水墨平衡是印刷合格印品的关键。只有理解并掌握胶印水墨平衡的基本理论，并结合实际，适时地调节水墨的供给量，才能印出高质量的印品。

胶印中的润湿指的是印版上的空白部分与润版液亲合的过程。

润版液又称水斗溶液，俗称药水，由清水、无机酸、无机酸盐、胶体等物质组成。在润版液中加入电解质，使印版表面不断发生化学反应，补足损耗的无机盐层。利用剩余酸液可清洗印版表面，去除印版空白部分

图 3-37 BEIREN 300A 输墨系统

的油腻、脏墨。

润版液可分为润版原液和润版稀释液两种。润版原液是以水作溶剂，将所需的各种溶质溶解在溶剂中，其溶液浓度较大、酸性较强，是印刷中的待用药液。润版稀释液是在水斗（槽）中将润版原液按比例加入定量的水，溶液被稀释，以便为印版提供润湿的溶液。

64

胶印机上使用的润版液一般都是以预先配制的原液（或粉剂）加水稀释后制成的。润版原液的配方很多，性能、效果和应用范围也有所区别。按溶液的颜色，可分为红色原液和白色原液两种；按原液的物质形态，可分为液体和固体粉末两种；按润版液的表面活性大小，可分为电解质润版液、酒精润版液和非离子表面活性剂润版液三种。

（一）润湿装置的作用及组成

1. 润湿装置的作用

由于胶印是利用油和水互相排斥的原理完成油墨转移的，所以在胶印机上装有润版装置，以向印版涂布润版液，将版面空白部分保护起来，使之不沾油墨。印刷过程中须严格控制润版液的用量，保持良好的水墨平衡，以获得高质量的印刷品。水量不足，会产生脏版现象；水量过多，不仅会增加纸张伸缩，影响套准，而且还会加剧油墨的乳化。在保证印品质量的前提下，应尽可能减少润版液用量。胶印机的润湿装置在印刷过程中应稳定、均匀地向印版涂布适量的润版液，且润版液膜厚度可以方便地进行调节。

2. 润湿装置的组成

如图3-38所示，润湿装置通常由供水部分（Ⅰ）、匀水部分（Ⅱ）和着水部分（Ⅲ）三部分组成。供水部分由水斗1、水斗辊2组成；匀水部分由传水辊3、串水辊4组成；着水部分由若干根着水辊5组成。水斗的作用是储存和供给润湿印版所需的润版液。水斗一般采用化学性能稳定，不易被胶印药水腐蚀的铜合金材料制成。水斗辊的作用是从水斗内输出润版液；传水辊的作用是将润版液传递给串水辊；串水辊的作用是把由传水辊传出的水膜拉薄；着水辊的作用是将润版液涂布到印版上。

在印刷过程中，印版总是先着水后着墨。供水部分将水斗内的润版液定量地传给传水辊。传水辊将润版液传出，经串水辊将水膜打

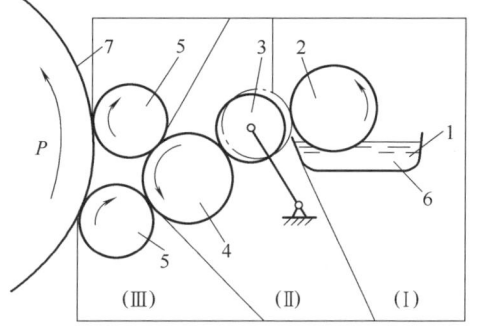

1—水斗；2—水斗辊；3—传水辊；4—串水辊；5—着水辊；6—润版液；7—印版

图3-38 传水辊间歇式供水润湿装置

匀，然后由着水辊将其均匀地涂布到印版上，这就是润版液传递的一般过程。

（二）常见润湿装置

按向印版涂布润版液的方式，润湿装置可分为接触式润湿和非接触式润湿两种形式。

1. 接触式润湿装置

接触式润湿装置是靠相邻辊之间直接接触传递润版液到印版的润湿方式。如图3-38所示。润版液的传递路线为：水斗辊2→传水辊3→串水辊4→着水辊5→印版7。水辊在传水过程中是通过辊子直接接触将润版液传递到印版上的。接触式润湿装置按其供给润版液的方式不同，又可分为间歇式供水润湿装置和连续式供水润湿装置两种。

（1）间歇式供水润湿装置。间歇式供水润湿装置又分为传水辊间歇式供水润湿装置和水斗辊间歇式供水润湿装置两种。

① 传水辊间歇式供水润湿装置。如图3-38所示。水斗辊2在水斗1中做匀速旋转运动，传水辊3在水斗辊2和串水辊4之间往复摆动，将水斗辊表面的润版液（润版液1）

间歇地传给串水辊,经串水辊4在周向及轴向将水膜打匀后,传给着水辊5,再由着水辊5将水传给印版7表面。可通过改变传水辊与水斗辊的接触时间调节给水量的大小。

在工作时,串水辊做两个方向的运动:周向高速旋转和沿轴线方向往复窜动。串水辊周向的表面线速度与印版滚筒表面线速度相等。着水辊本身无动力,靠与印版表面摩擦转动。

传水辊和着水辊上包有绒布。由于织物包层毛细孔吸附性好,因此增加了水分容量和润版的稳定性。

② 水斗辊间歇式供水润湿装置如图3-39所示。在这种装置上,水斗辊由棘轮棘爪机构实现间歇转动即间歇供水。经匀水辊3、着水辊4将润版液传给印版5。

(2) 连续式供水润湿装置。在这类装置中,润版液被连续地传送到印版上。这类装置应用较多,以下介绍几种典型的接触连续式润湿装置。

① 毛刷水斗辊润湿装置如图3-40所示。毛刷辊1由直流调速电机带动,通过刮板2将毛刷上的水分弹到匀水辊3上,经串水辊4和着水辊5将润版液传向印版6。通过调节刮板2的位置及毛刷辊

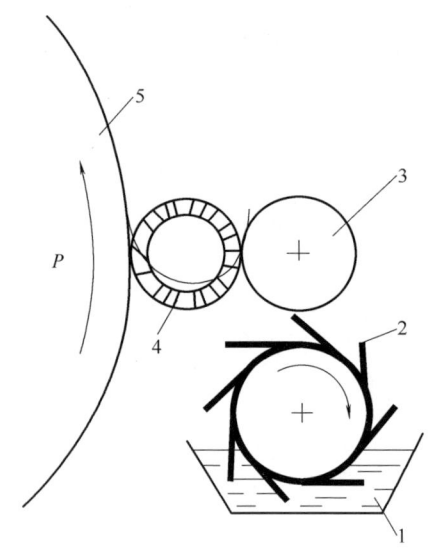

1—水头;2—水斗辊叶轮;3—匀水辊;4—着水辊;5—印版
图3-39 水斗辊间歇式供水润湿装置

1的转速可控制供水量。此装置的特点是匀水辊不与毛刷辊接触。其优点是版面的纸毛及乳化油墨不会进入水斗而脏污润版液。

② 计量辊调节式润湿装置如图3-41和图3-42所示。图3-41所示装置由水斗辊1、计量辊2、传水辊3、串水辊4、着水辊5组成。水斗辊与着水辊之间,经互相接触的水辊传递水量。通过改变水斗辊转速和调节计量辊与水斗辊的间隙来控制水量。该装置可方便地调节水量,并能实现版面水量的精确控制。秋山HA系列胶印机上所采用的润湿装置与图3-42所示装置一致。在图3-41和图3-42中,水斗辊均由直流调速电机驱动。计量辊的作用是调节水

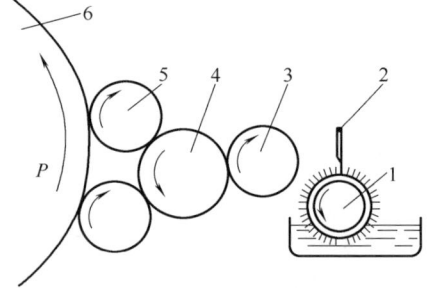

1—毛刷辊;2—刮板;3—匀水辊;4—串水辊;5—着水辊;6—印版
图3-40 毛刷水斗辊润湿装置

膜厚度。着水辊表面速度与印版滚筒表面速度相等。图3-42中,水斗辊1和串水辊3在切点处的速度方向相反,速差较大,依靠速差使水膜拉薄。匀水辊5起匀水作用。

③ 达格伦式润湿装置。如图3-43所示。该装置中水斗辊1直接与第一着墨辊3接触,由第一着墨辊3在着墨的同时向印版涂布润版液。水斗辊1镀铬,由专用无级调速电机单独传动,其表面速度小于着墨辊的表面速度,利用速差使水斗辊1与控制辊2及第一着墨辊3产生相对滑动,从而形成均匀的润版液膜。控制水辊2的作用是调节水斗辊1向第一着墨辊3的供水量,第一着墨辊3上的多余水量又经水斗辊1返回水斗。当停止供水

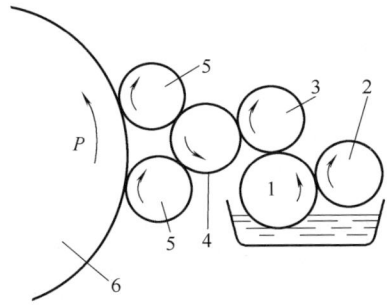

1—水斗辊；2—计量辊；3—传水辊；
4—串水辊；5—着水辊；6—印版

图 3-41　计量辊调节式润湿装置（1）

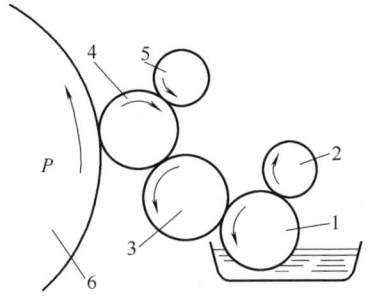

1—水斗辊；2—计量辊；3—串水辊；
4—着水辊；5—匀水辊；6—印版

图 3-42　计量辊调节式润湿装置（2）

时，水斗辊 1 下移与第一着墨辊 3 脱开，第一着墨辊 3 从串墨辊 4 上获得油墨。印刷机上若采用达格伦式润湿装置，则在印刷前需进行预润湿，首先使水斗辊 1 与第一着墨辊 3 接触，然后向着墨辊供水，待水墨平衡后第一着墨辊 3 靠向印版，润湿装置开始正常工作。

达格伦式润湿装置所用的润版液为酒精溶液润版液。其特点是：无专门的着水辊，属于典型的水墨齐下装置，结构简单；无单独的着水辊与印版接触，减少了对印版的磨损。

④ 旋转水斗辊直接供水润湿装置如图 3-44 所示。水斗辊 1 直接与着水辊 4 接触，将润版液传给印版 6。改变控制水辊 3 与水斗辊 1 的压力可以调节润版液的用量。

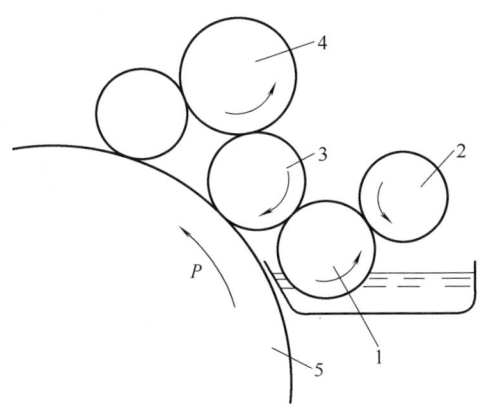

1—水斗辊；2—控制水辊；3—第一着墨辊；4—串墨辊；5—印版

图 3-43　达格伦式润湿装置

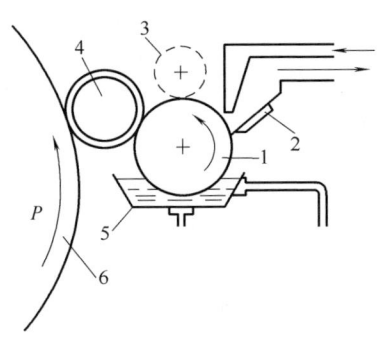

1—水斗辊；2—刮刀；3—控制水辊；
4—着水辊；5—墨斗；6—印版

图 3-44　旋转水斗辊直接供水润湿装置

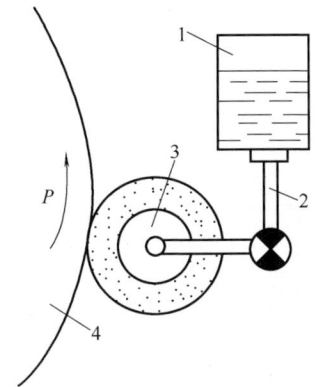

1—容器；2—管道；3—着水辊；4—印版

图 3-45　微孔着水辊润版装置

⑤ 微孔着水辊润版装置如图 3-45 所示。该装置的特点是着水辊 3 上有许多微型小孔，以便于渗水。润版液由容器 1 经管道 2 输送到微孔着水辊 3，由着水辊 3 上的微孔实现对印版的润湿。

⑥ 气流喷雾式润湿装置。图 3-46 为海德堡 Speedmaster 印刷机所采用的气流喷雾式润湿装置。水斗辊 1 由直流电机单独驱动，多孔圆柱网筒 3 上套有细网编织的外套并由水斗辊 1 利用摩擦带动旋转。通过相对转动，水斗辊 1 将水传给网筒 3。压缩空气室 4 开有一排喷口，传给网筒 3 的水成雾状喷射到匀水辊 5 上，再经串水辊 7、着水辊 6 传向印版 8。调节喷射角度以及刮刀 2 与水斗辊 1 的间隙，可控制润湿系统沿水斗辊轴向各区段的给水量。这种装置的供水部分和着水部分不直接接触，润版液不会倒流，也不会有油墨倒流回水斗。改变水斗辊的转速可调节润湿系统的给水量。

⑦ 三合一润湿系统。三菱 F 系列单张纸胶印机所采用的润湿装置是一种三合一润湿系统，如图 3-47 所示。该装置由水斗辊 1、传水辊 2、着水辊 3 和桥式辊 4 等组成。通过改变桥式辊 4 和传墨辊 5 的位置可实现三种工作模式的转换。根据印版上图文部分与空白部分的比例关系，可选择较合适的模式，从而向印版供给不同量的润版液。每个机组的润湿装置，可以在操纵台上进行预调，也可在不停机情况下进行调节。这种可选模式的润湿系统，既有利于达到最佳的水墨平衡，也有利于印刷密度和网点的再现。

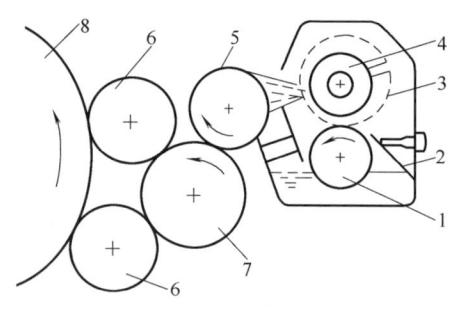

1—水斗辊；2—刮刀；3—网筒；4—压缩空气室；
5—匀水辊；6—着水辊；7—串水辊；8—印版

图 3-46 气流喷雾式润湿装置

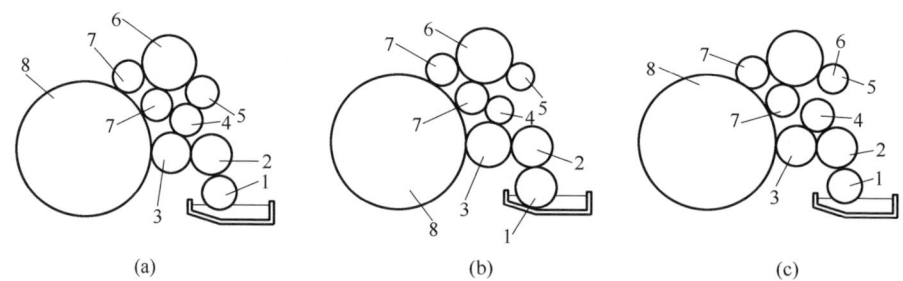

1—水斗辊；2—传水辊；3—着水辊；4—桥式辊；5—传墨辊；6—串墨辊；7—着墨辊；8—印版

图 3-47 三菱三合一润湿系统

⑧ 酒精润湿装置的润版液主要成分是经稀释的酒精，目前在国外应用比较广泛。因为酒精能减少水的表面张力，因此，在实际印刷中润版液的用量大幅减少。少量的润版液在印版上形成一层很薄的润湿膜，这层薄薄的水膜具有较好的润湿作用。据统计，采用酒精润湿可使印版上的水分减少 50% 左右。水分越少，转移到印张上的水分就越少，纸张不易受潮变形，有利于提高印品质量。酒精润湿有如下优点：

a. 墨色鲜艳。因为版面水分小，减少了油墨的乳化，从而获得光亮鲜艳的墨色。

b. 有利于套准。由于版面水分小，酒精挥发快，这样经橡皮滚筒传到纸张上的水分少，因而减少了纸张的变形，保证了套印的精度。

c. 容易实现水墨平衡。由于印刷时所需水量少，所以印刷过程中就可以在最短的时间内达到水墨平衡。酒精润湿对于高速印刷机印制短版活意义更大。

酒精润湿系统的水斗辊由直流电机单独驱动，其着水辊和计量辊的离合，一般采用气动缸或油压缸来实现，并配有专用的气泵。

除达格伦式酒精润湿装置外，图3-48所示的海德堡连续润湿装置（如Speedmaster XL 105）也是典型的酒精润湿装置。水斗辊1直接由电机驱动，计量辊2由水斗辊1的轴端齿轮传动并与其同速转动。水斗辊1和计量辊2之间所形成的润湿膜的厚度由无级调速控制。串水辊4由印版滚筒带动而旋转。着水辊3依靠与印版滚筒间的摩擦力旋转，其表面线速度与印版滚筒表面线速度一致。由于着水辊3的转速比计量辊2快，两者接触时润湿膜拉长变薄，通过着水辊给印版着水。

图3-48（a）所示为该润湿装置的非工作位置。此时计量辊2和着水辊3脱开，着水辊3、着墨辊6均与印版脱开，即水与墨都与印版8脱离。此时供水、供墨均未开始。图3-48（b）所示为该润湿装置的预润湿位置，此时计量辊2与着水辊3接触传水，中间辊5与着墨辊6接触，并开始预润湿印版和着墨辊，使润湿薄膜通过着水辊3进入印版8，并经中间辊5使水在着墨辊上达到平衡。图3-48（c）所示为该润湿装置在印刷过程中，各种辊所处的位置。着水辊3和着墨辊6都与印版8接触，进行输水、输墨。由于已经过预润湿阶段，所以水、墨能在印版上很快达到平衡状态，开始正常的印刷过程。

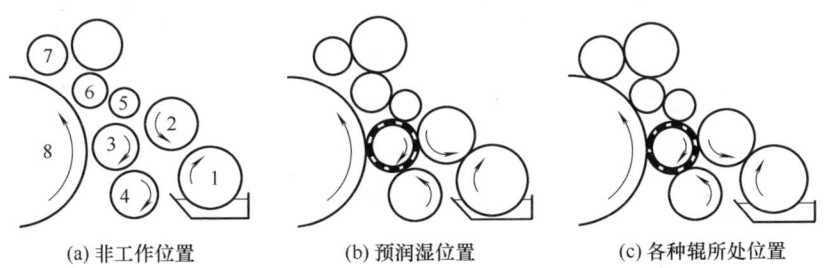

(a) 非工作位置　　　　(b) 预润湿位置　　　　(c) 各种辊所处位置

1—水斗辊；2—计量辊；3—着水辊；4—串水辊；5—中间辊；6，7—着墨辊；8—印版

图3-48　海德堡连续润湿装置

该润湿装置的状态及各种辊间位置的变换实现了程序自动控制，它的动作与纸张的输送、印刷、空转、停机等过程相配合，并实现了同步控制。

2. 非接触式润湿装置

非接触式润湿装置没有着水辊、匀水辊和串水辊，是通过喷射等方法使润版液喷洒附着到印版表面。常用的非接触式润湿装置有：在电场中用喷雾装置喷射的润湿装置、自滚筒内部冷却，自外部吹湿润空气使水分凝聚到印版表面的润湿装置、喷嘴润湿装置和空气调节润湿装置等。下面仅介绍喷嘴润湿装置与空气调节润湿装置。

(1) 喷嘴润湿装置。图3-49所示为喷嘴润湿装置。喷嘴喷射出来的气流将纱网中的水分直接吹到印版表面，从而对印版进行润湿。如图3-49（a）所示，垂直网屏2浸在水槽3中并上下移动，吹气喷嘴吹以压缩空气，将网屏网眼上的水滴吹成雾状喷到印版1上。如图3-49（b）所示，带网的水斗辊6连续旋转，从水箱5中把水带起，在网辊轴内

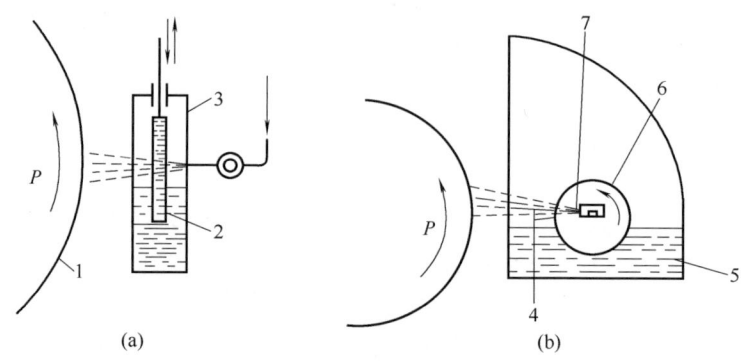

1—印版；2—网屏；3—水槽；4—调节板；5—水箱；6—水斗辊；7—喷嘴

图 3-49　喷嘴润湿装置

有喷嘴 7，把水喷向印版表面。水量的大小由调节板 4 控制。

（2）空气调节润湿装置。图 3-50 所示为空气调节润湿装置。该装置中，水斗辊 1 与印版滚筒表面留有 0.1～0.5mm 的间隙，水斗辊 1 连续旋转，将较多的润版液传给印版表面。吹风口 2 向印版喷射气流，将版面上多余的润版液吹掉。多余的润版液经吸气口 3 和斜板 4 返回液槽。给水量的大小可通过改变空气的压力来控制。

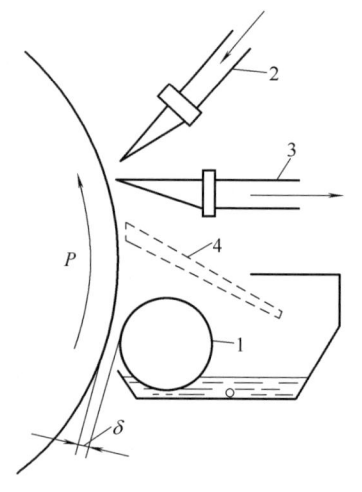

1—水斗辊；2—吹风口；
3—吸气口；4—斜板

图 3-50　空气调节润湿装置

第二节　输纸部件

一、输纸部件类型

单张纸胶印机必须配备输纸部件，才能实现全自动作业。因此，输纸部件是现代单张纸印刷机上不可缺少的部件，在一些装订机械（如折页机、上封机）中也被广泛应用，只是在结构上有所不同。

输纸部件的作用是将机器一端按照工艺要求堆放的纸张一张张分离后，以预定的生产节拍将其准确、平稳地输送给印刷部件，以实现机器的连续印刷作业。

输纸部件的性能直接影响整机的印刷质量和生产效率，随着印刷质量和印刷速度的不断提高，要求输纸部件的结构与性能不断地改善。当代印刷机的印刷速度已经突破 1.5 万张/h，正向着 2 万张/h 的高速度发展。这就要求输纸部件的性能与之适应，若输纸部件的速度、工作稳定性等达不到应有的要求，会影响印刷机整体性能的发挥。

输纸部件的作用是自动、平稳、准确、有序地将纸张输送给印刷部件。输纸部件的性能直接影响印刷机的效率。因此，根据印刷工艺的要求，输纸部件的工作过程应满足下列要求：

（1）对印纸张进行连续、准确、可靠地分离并输送到定位部件。

（2）准确地对纸张进行前后和左右两个方向的定位。

（3）在输送过程中不损坏纸张，不蹭脏印刷过的图文。

（4）纸堆高度能自动调整，确保纸张分离工作的正常进行。

（5）输纸台有足够的容量，工作时不用频繁更换纸堆，提高生产率。

（6）防止歪张及双张进入机器。

（7）在机器运转过程中，能补充或更换纸堆，保证机器连续工作。

输纸部件在印刷机和折页机上承担着分离和输送纸张的任务。

根据纸张分离的方法不同，输纸部件分为摩擦式输纸部件和气动式输纸部件。

1. 摩擦式输纸部件

摩擦式输纸部件依靠摩擦力的作用将纸张进行分离。图3-51为其工作原理。

印张成阶梯形送到输纸台7上，当第一张纸3到达耙纸轮4下面时，匀速转动的耙纸轮4摆下，依靠摩擦力的作用进行分纸。由于摩擦力对表面第一张纸3作用力最大，因此它向前移动的距离大于后面的第二、三、四张纸，从而与第二张纸分离，并被送纸辊1和送纸压轮2输送到输纸台7上。在送走之前，为了保持第一张与第二、三张的分离状态，耙纸轮4下降的同时，压纸脚5

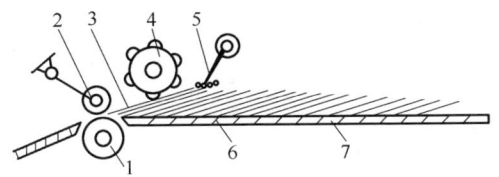

1—送纸辊；2—送纸压轮；3—第一张纸；4—耙纸轮；5—压纸脚；6—第二张纸；7—输纸台

图3-51 摩擦式输纸部件工作原理

也下降，压住第二张纸6，使其不再前移，以免出现双张。当第一张纸3即将被送走时，耙纸轮4和压纸脚5上升离开印张表面，待第二张纸6到达耙纸轮4下面时，此时第二张纸6处于第一张纸的位置。耙纸轮4和压纸脚5又摆下来压住第二张纸6下面的一张纸。压纸脚5又开始了新一轮的压纸分纸过程。

这种输纸部件结构简单，但缺点也较多。它在多色套印时，分离印张时容易将印迹擦模糊，弄污印张，输送磋动薄纸时，易擦破纸张，厚而光的纸因摩擦力小而不易分离。此外，它采用环包式上纸，工人劳动强度大，不适应高速印刷。因此，目前印刷机很少采用此类输纸机构。这种结构形式的输纸部件曾在ZY101折页机上采用。

2. 气动式输纸部件

气动式输纸部件利用气泵及吹嘴、吸嘴进行纸张的分离。它工作平稳、噪声小，纸张不易弄污。目前印刷机上所使用的输纸部件大部分采用气动式。气动式输纸部件一般由以下几部分组成：

（1）纸张的分离机构：又称分离头或分纸头，主要完成输纸工艺过程中的分纸、压纸、递纸三个动作。它由分纸吸嘴、压纸吹嘴和送纸吸嘴组成。

（2）纸张输送机构：它的任务是把分离头分离出来的纸张输送到前规处进行定位。该机构由送纸辊、输送带和输纸台等组成。

（3）纸台升降机构：使纸堆在工作时自动上升，以调整纸堆与输纸头的相对位置。

它有快速升降和间歇自动上升两种运动。纸台升降机构由传动装置、链条和纸台组成。

(4) 齐纸块机构：完成纸堆上纸张的齐平，使纸张按印刷要求堆放整齐。

(5) 纸张控制机构：如双张、空张、歪斜、折角控制等。

(6) 气泵和气路系统：为纸张分离机构的各吹嘴和吸嘴供气。

气动输纸部件把印张整齐地平放在纸台上，纸台可以自动上升以满足分离纸张的需要。由于上纸方便，操作者劳动强度低，分纸准确，自动化程度高。因此，气动输纸越来越广泛地应用于印刷机和折页机的输纸部分。

3. 气动输纸部件工作过程

图 3-52 所示为气动输纸部件分离纸张的过程简图。气动输纸部件工作过程如下：

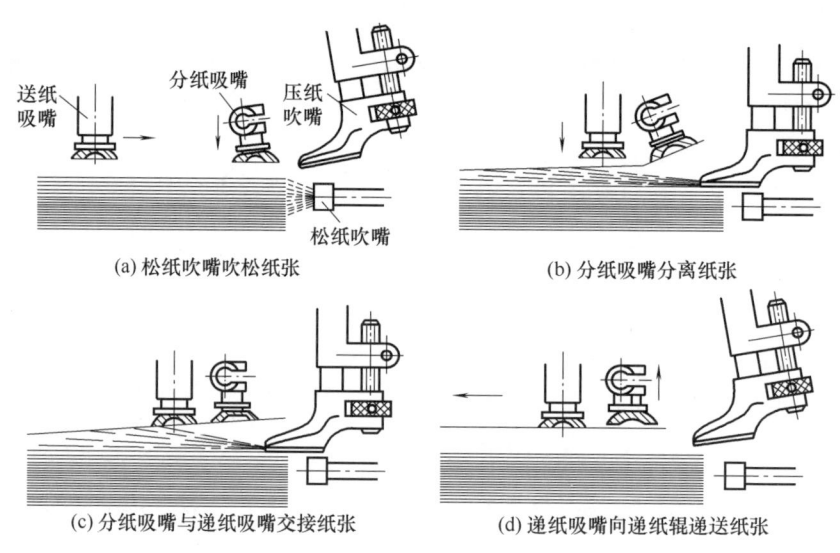

图 3-52 气动输纸部件分离纸张的过程简图

(1) 松纸吹嘴吹风，分纸吸嘴下落吸纸，送纸吸嘴后移，压纸吹嘴停止上抬。

(2) 松纸吹嘴停止吹风，分纸吸嘴吸住纸张上升（或同时摆动一个角度），压纸吹嘴下落并压纸吹风，送纸吸嘴下落准备吸纸。

(3) 压纸吹嘴继续吹风，送纸吸嘴吸住纸张，分纸吸嘴松掉纸张。

(4) 压纸吹嘴停止吹风，并开始上抬，送纸吸嘴抬起并前移送纸，此时前挡纸板开始让纸。

输纸部件中，松纸吹嘴、分纸吸嘴、压纸吹嘴、送纸吸嘴、齐纸板、送纸辊等在机器上的布置如图 3-53 所示。

压纸吹嘴设在输纸堆右侧中央的右上方，其作用是，当分纸吸嘴将最上面的一张纸吸

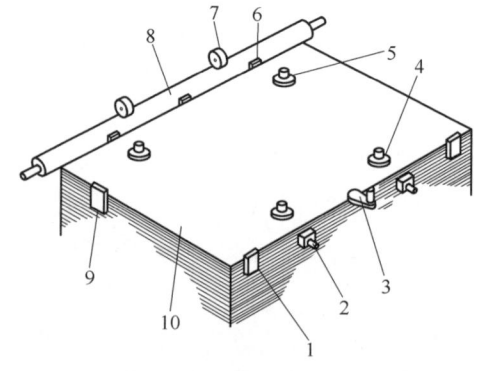

1—后挡纸板；2—松纸吹嘴；3—压纸吹嘴；
4—分纸吸嘴；5—送纸吸嘴；6—前挡纸板；
7—送纸压轮；8—送纸辊；9—侧挡纸板；10—纸堆

图 3-53 平台式气动输纸部件布置示意图

起后，压纸吹嘴从右上方插入，一方面将下面的纸张压住，另一方面接通吹气气路，将最上面的纸张吹起，以利于纸张的分离。同时，它还起到检测纸堆高度的作用，一旦纸堆高度过低便自动接通纸堆自动上升机构，使纸堆自动上升。

松纸吹嘴设在输纸堆右侧上部位置，前后各设一个，根据纸张的定量和印刷速度等因素调整其高低、前后和左右的位置。其作用是，将纸堆上部的纸张吹松，以便于纸张的正确分离。

分纸吸嘴一般设在输纸堆的右上方，前后各设一个。其作用是，将纸堆最上面的一张纸吸起，分离纸张。

送纸吸嘴设在纸堆左上方，前后各设一个。其作用是，将分纸吸嘴吸起的最上面一张纸接过来，并将其送往送纸辊处。

前挡纸板设在输纸堆左侧位置，一般设置三个。其作用是，当分纸吹嘴吹风时，为防止上面纸张向左侧移动，由前挡纸板将纸张挡住齐纸，一旦压纸吹嘴压住下面的纸张，前挡纸板在凸轮机构的控制下向左摆动让纸。

送纸辊与送纸压轮配合使用。由于送纸辊不停地旋转，当送纸吸嘴吸住纸张向左输送时，送纸压轮应抬起让纸，以便使纸张从送纸压轮下方通过，随即将接纸轮放下，靠送纸压轮与送纸辊的摩擦作用将纸张送往输纸台板。

二、纸张分离机构

纸张的分离机构又叫分离头或分纸器，主要完成分纸、压纸、送纸三个动作。它的作用是准确、及时地从纸堆中逐张分离出单张纸，并向前传递到送纸辊。其分离要求既不能出现双张、多张，也不能出现空张。

纸张分离机构主要由松纸吹嘴、压纸吹嘴、分纸吸嘴、送纸吸嘴、挡纸毛刷、前挡纸板、后挡纸板、侧挡纸板等部分组成。各部分机构按节拍动作，通过送纸吸嘴将纸张交给送纸辊，完成纸张的分离工作。

图 3-54 所示为输纸部件的分离头结构。分离头由支承轴 1、2 支承，支承轴一端安装在固定轴 I 的支架上，另一端通过升降调整机构与固定轴 II 相连。

如图 3-54 所示，分离头上装有分纸吸嘴 9、送纸吸嘴 10、压纸吹嘴 4、配气阀 3 和 5 以及其他附属机构。分离头中各吸嘴有序地配合动作都是在各自的凸轮连杆机构作用下实现的。

图 3-55 所示为输纸机构分离头的凸轮分配轴。该轴的动力由齿轮经万向联轴节从主机传动中获得，因而可与主机动作协调一致，同节拍工作。轴上装有分纸凸轮 5、送纸进退凸轮 6、送纸升降凸轮 2、压纸吹嘴凸轮 3、探纸凸轮 4 和两个旋转式配气阀 1、7。各凸轮分别控制相应机构的运动，使其相互协调、有序地完成分纸、吸纸和送纸工作。

控制凸轮越多，其相位关系越多，越不容易实现高速印刷。为了实现高速印刷，应尽量减少凸轮数目。国产输纸机构分离头通常有 8 个控制凸轮，改进后的则有 5 个凸轮。现代印刷机上的分离头有的甚至只配 3 个控制凸轮，这种较少凸轮的结构更有利于高速印刷。

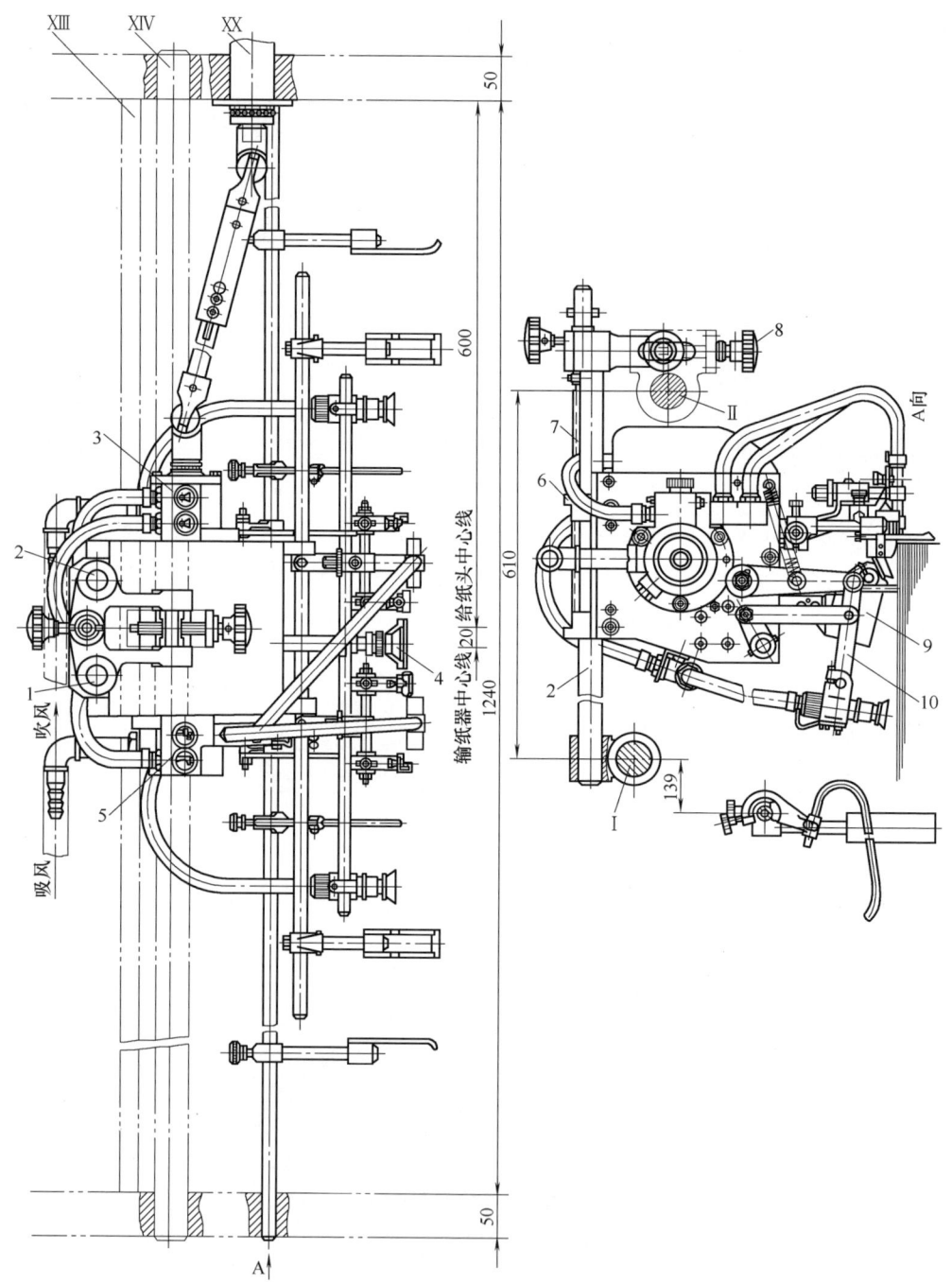

1，2—支承轴；3，5—配气阀；4—压纸吹嘴；6—螺母；7—丝杠；8—调节螺钉；9—分纸吸嘴；10—送纸吸嘴

图 3-54 输纸部件的分离头结构

(一) 松纸吹嘴

松纸吹嘴设在纸堆后缘，左右各一个。每个吹嘴上有几排小孔向纸张吹气，如图 3-56 所示。

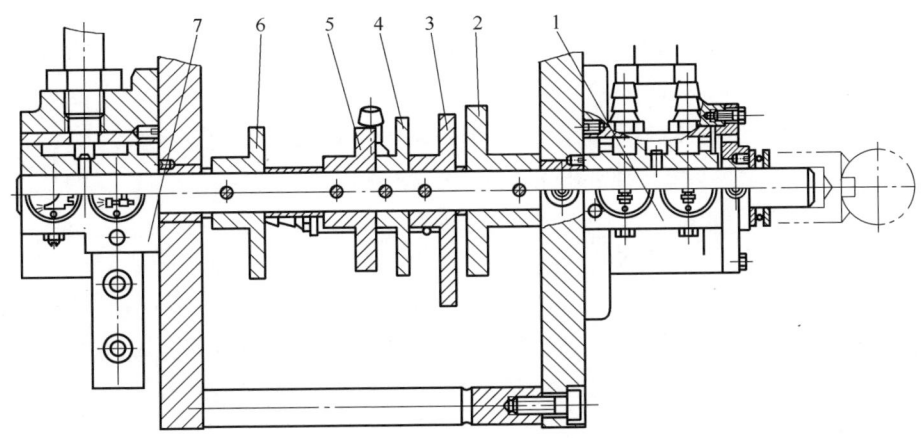

1,7—配气阀；2—送纸升降凸轮；3—压纸吹嘴凸轮；4—探纸凸轮；5—分纸凸轮；6—送纸进退凸轮

图 3-55 输纸部件分离头凸轮分配轴

松纸吹嘴的作用是使纸堆最上面的几张纸被吹松。每个小风口的吹风形如喇叭，因此各小风口在吹风过程中，喇叭形的风量相交，中间风力较大，两旁风力较小。风力集中的区域对着纸堆，确保纸张被吹松。而被吹松的纸张在向上进入小风力区域，使纸张不承受过大的风力，因而不易造成双张。一般要求将纸堆顶部 5~10 张纸吹松为宜。

图 3-57 所示为胶印机上采用的直管式松纸吹嘴的结构。该吹嘴吹风量集中，纸边松散效果较好，它的上下位置可通过螺母调节。

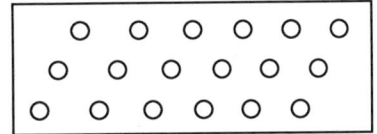

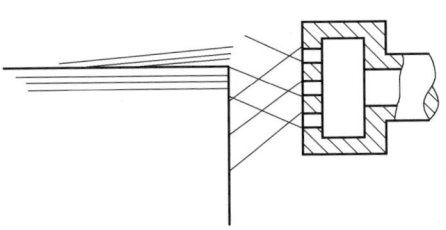

图 3-56 松纸吹嘴的构造及风形

为确保纸堆顶部有 5~10 张纸被吹松，除应调节好风量外，吹嘴吹气位置一般距纸堆后缘 6~10mm（图 3-58）。

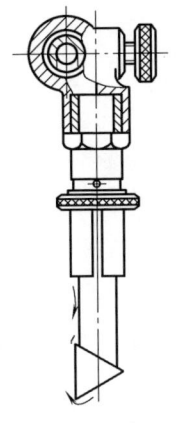

图 3-57 直管式分纸吹嘴

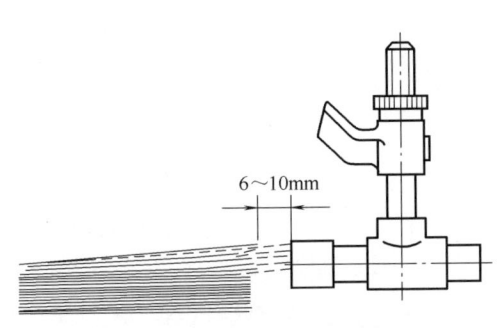

图 3-58 松纸吹嘴的位置调节

（二）分纸吸嘴

分纸吸嘴的作用是吸起纸堆最上面的一张纸，并交给送纸吸嘴。SZ201 型输纸部件的分纸吸嘴吸住纸张后翻转一定角度（约 25°），然后以较快的速度抬升一定高度将纸张交给送纸吸嘴。SZ206 型输纸部件的分纸吸嘴则采用上下快速提升运动形式。

图 3-59 所示为 SZ201 型输纸部件的分纸吸嘴机构简图。分纸凸轮 1、摆杆 2、导杆 4 及导槽 5 组成凸轮连杆机构，用于实现分纸吸嘴的升降运动。固定在导杆上的气缸 6、活塞杆 7、摆杆 8 和连杆 9 组成气动连杆机构，以实现分纸吸嘴的翻转运动。

分离头轴上的分纸凸轮 1 最大半径与摆杆 2 的滚子接触时，分纸吸嘴升至最高位置。最小半径与滚子接触时，则降到最低位置。当分纸吸嘴在最低位置吸住纸张后，活塞连同活塞杆克服压缩弹簧 12 的压力左移，带动连杆 9 及分纸吸嘴逆时针翻转一定角度。当停止吸纸时，分纸吸嘴在压缩弹簧 12 恢复力的作用下复位。

两个分纸吸嘴均布在分离头中心线两侧。在心轴 A 处装有弹簧支撑的压纸杆 10，其作用是防止被分纸吸嘴吸起的纸张产生皱拱。

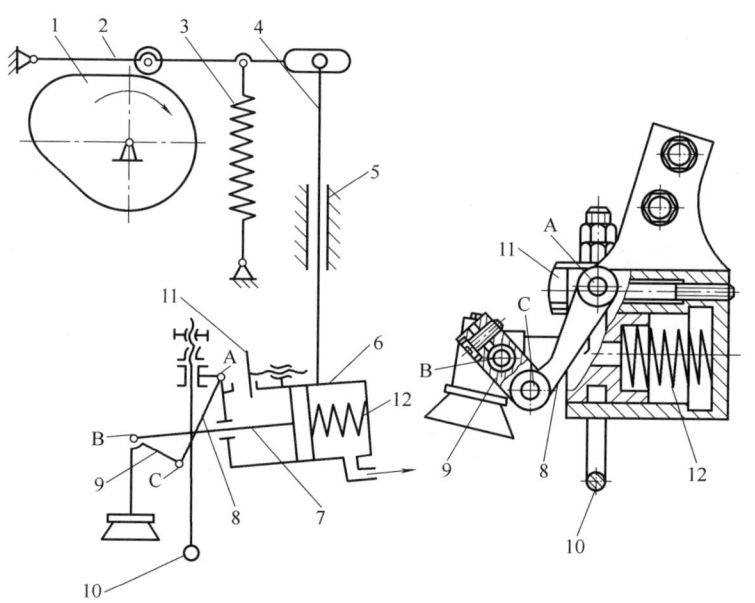

1—分纸凸轮；2—摆杆；3—弹簧；4—导杆；5—导槽；6—气缸；7—活塞杆；
8—摆杆；9—连杆；10—压纸杆；11—螺杆；12—压缩弹簧

图 3-59　SZ201 型输纸部件的分纸吸嘴机构简图

分纸吸嘴吸力大小可通过气路上的调节阀调节，也可通过调节分纸吸嘴距纸堆上表面的距离来调节。通常分离厚纸时，吸嘴距纸堆表面 2~3mm，分离薄纸时，吸嘴距纸堆表面 6~8mm。

分纸吸嘴除进行上下调节外，还需进行前后方向的调节。通常分离厚纸时，吸嘴距纸堆后边沿 4mm 左右，分离薄纸时，此距离为 7mm 左右。分纸吸嘴的前后调节是通过整体移动分离头来实现的。

图 3-60 为 SZ206 型输纸部件的分纸吸嘴机构简图。分纸吸嘴仅做上下运动，运动的总行程是两组机构运动结果的叠加。这两组机构分别是：由凸轮 1、摆杆 2、导杆 3、导

轨 4 组成的凸轮连杆机构；由活塞 5、气缸 6 组成的气动机构。

当凸轮 1 的小面与摆杆 2 上的滚子接触时，分纸吸嘴 8 降到最低位置。此时，吸嘴与气路接通。分纸吸嘴 8 吸住纸张后，气缸 6 内腔产生低压，在大气压的作用下，活塞 5 连同分纸吸嘴 8 克服弹簧 7 的压力迅速上升。随着凸轮 1 与摆杆 2 上的滚子接触点由小面转至大面，导杆 3 带动整个气动机构上升。这样，分纸吸嘴 8 的实际上升量应是活塞 5 的上升量与整个气动机构上升量的和。因此，分纸吸嘴吸起纸张，可与纸堆离开较大距离，以保证分离效果。当送纸吸嘴接过纸张后，分纸吸嘴 8 停止吸气，气缸 6 内腔的压力消失。在弹簧 7 的作用下，活塞 5 连同分纸吸嘴 8 一起被弹下。当凸轮 1、摆杆 2 上的滚子接触点由大面转向小面时，导杆 3 带动气动机构下降，直到吸嘴吸到纸张为止。至此，又开始了下一个工作循环。

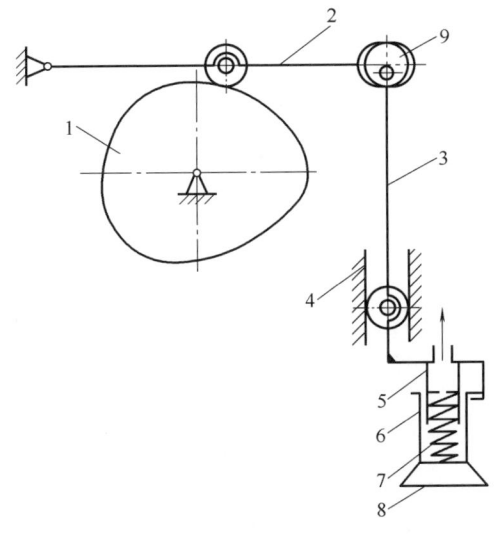

1—凸轮；2—摆杆；3—导杆；4—导轨；5—活塞；
6—气缸；7—弹簧；8—分纸吸嘴；9—偏心销轴

图 3-60　SZ206 型输纸部件的分纸吸嘴机构简图

图 3-60 中的 9 为偏心销轴，转动它可调节吸嘴的高度。

对称安装的两气缸体的位置稍向两侧偏斜，两分纸吸嘴的位置如图 3-61 所示。当分纸吸嘴吸纸上升时，两嘴间距扩大，可将凹凸不平的纸拉平，从而提高传送纸张的精度。这种分纸吸嘴结构简单，动作可靠，是一种比较理想的高速分纸吸嘴。

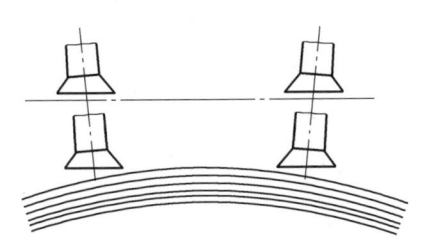

图 3-61　SZ206 型输纸部件
分纸吸嘴位置示意图

（三）压纸吹嘴

1. 压纸吹嘴的作用及要求

压纸吹嘴的作用在分纸吸嘴吸起纸张后立即下落插入被吸起的纸张下面，压住纸堆，并在其间吹风，使上面一张纸与纸堆完全分离，如图 3-62 所示。吹风时间应调节在压住纸堆后开始，过早吹风会吹乱纸张，其吹风量由调节阀进行调节。

为了避免压纸吹嘴在下落压纸过程中踩破被分离的纸张，要求压纸吹嘴接近纸堆表面时，基本垂直下落，在离开纸堆表面时，迅速后撤，其运动轨迹如图 3-62（a）所示。图 3-62（b）为压纸吹嘴的局部放大剖视图，图 3-62（c）为压纸吹嘴的工作原理。

压纸吹嘴除上述作用外，还利用它和纸堆相接触的特点，作为纸堆自动上升机构的探测器使用。通过探测及和微动开关联合控制升降机构，使纸堆保持在一定高度。纸堆高度调节要求是：

（1）根据前挡纸板的位置，使纸堆面（咬口部位）低于前挡纸板 5mm 左右。

（2）分纸吸嘴下落吸纸时，纸堆上面被吹松的纸和分纸吸嘴刚刚接触为宜，且不发

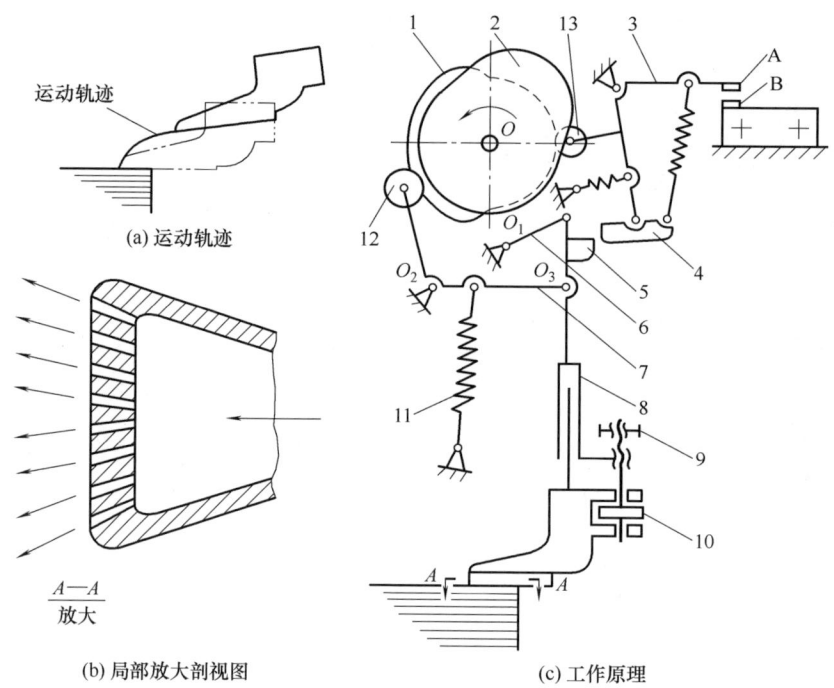

1、2—凸轮；3、6、7—摆杆；4—探块；5—挡块；8—连杆；9—螺钉；10—调节螺母；
11—弹簧；12、13—滚子；A—触头；B—微动开关

图 3-62 SZ201 型输纸机构的压纸吹嘴

生吸双张纸或吸不起纸的现象。

按前挡纸板位置要求调节纸堆高度时，是用插木楔或垫纸带的方法进行。按分纸吸嘴要求调节纸堆高度时，首先要看前挡纸板与纸堆的距离。如果距离合适，后边纸堆过低，则可用插木楔来增加纸堆高度；如果前边也较低，则可通过调短压纸吹嘴杆的长度来解决。

2. 压纸吹嘴的工作原理

（1）SZ201 型输纸部件压纸吹嘴的工作原理及调节 ［图 3-62（c）］。分离头轴上的凸轮 2、摆杆 6 和 7 构成的凸轮双摆杆组合机构实现压纸吹嘴的压纸动作。分离头轴上的凸轮 1、摆杆 3、探块 4 组成的凸轮摆杆机构与电路配合实现自动升纸的信号传递。

当压纸凸轮 2 按逆时针方向，由小面转到大面时，通过滚子 12 使双摆杆机构带动压纸吹嘴抬升让纸。开始时，摆杆 6、7 基本处于水平位置，使压纸吹嘴近似垂直上升。接着，由于摆杆 6 的作用，压纸吹嘴随摆杆 7 抬升的同时迅速后移让纸。当凸轮 2 由大面转到小面，作用于滚子 12 时，在弹簧 11 的作用下，压纸吹嘴下降压纸，伸入被分离的纸张和纸堆之间，并作近似垂直下降压住纸堆。为了使压纸吹嘴下降时充分与纸堆接触，当凸轮 2 小面对着滚子时，完全靠弹簧 11 的恢复力使压纸吹嘴压住纸堆，要求此时凸轮 2 小面与滚子 12 不接触，约有 2mm 间隙。

凸轮 1 与凸轮 2 同轴线，同步转动，其相位关系如图 3-62（c）所示。当凸轮 2 的小面作用于滚子 12 时，凸轮 1 的小面也与滚子 13 接触。即当压纸吹嘴下降到最低位置时，探块 4 和触头 A 也下降到最低位置。当纸堆上表面较高时，压纸吹嘴下降压纸的距离不

会很大。此时探块4下降时碰到挡块5（挡块5固定在连杆8上），因而不能继续下降。摆杆3上的触头A碰不到微动开关B，输纸工作继续进行，纸堆无上升动作。随着纸堆上表面纸张的不断消耗而变纸时，压纸吹嘴在弹簧11的作用下下降距离加大。当大到一定程度时，挡块5位置下移，探块4在弹簧11作用下，下落时碰不到挡块5，所以会继续下移，直至摆杆3上的触头A碰到微动开关B，停止下移。微动开关B接通纸台自动升降电路，纸台自动上升一段距离。当上升至挡块5挡住探块4，使探块4不能继续下降时，触头A与微动开关B分开，自动升纸堆停止。这就是压纸吹嘴控制纸堆自动上升的过程。压纸吹嘴杆的长度通过调节螺母10调节。

（2）SZ206型输纸部件压纸吹嘴的工作原理及调节。图3-63为SZ206型输纸部件压纸吹嘴机构简图。在该机构中，直接由摆杆4控制上下直动杆10接通微动开关。与图3-62相比，减少了一套凸轮连杆机构，结构得以简化，工作更平稳、可靠。

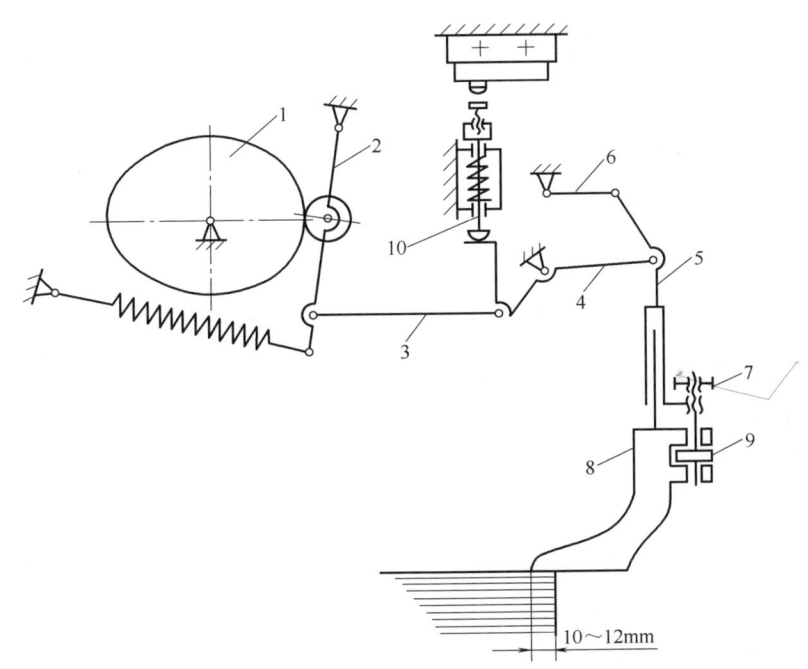

1—凸轮；2，4，6—摆杆；3，5—连杆；7—螺母；8—压纸吹嘴；9—调节螺母；10—直动杆

图3-63　SZ206型输纸部件压纸吹嘴机构简图

压纸吹嘴的左右位置是固定的，不能移动，而前后位置可以在允许范围内调节。从它的作用可知，它应有效地压住纸堆的后边缘，下插时又不会碰到被分纸吸嘴吸着上升的纸张。压纸吹嘴位置的标准如图3-64所示，以压住纸堆后缘15mm左右为适宜。

（四）送纸吸嘴

送纸吸嘴的作用是接过分纸吸嘴分离出来的纸张，送向输纸台板。因此，送纸吸嘴应做前后往复运动。

图3-65所示为送纸吸嘴运动轨迹。送纸吸嘴从a点吸取纸张，经b到c处停止吸气，将纸张交给送纸辊。然后沿cd轨迹返回，再到a处，开始下一个工作循环。

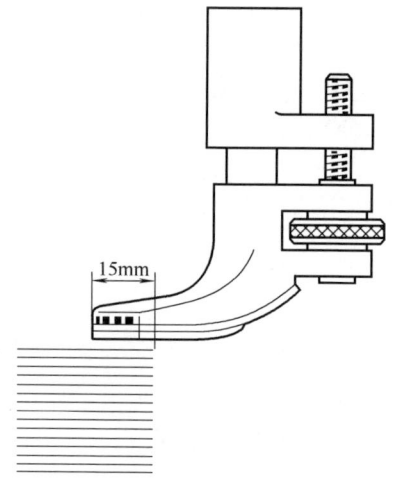

图 3-64　压纸吹嘴的标准位置

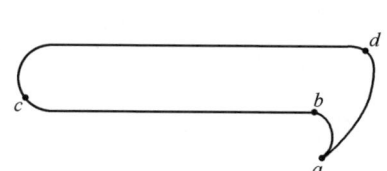

图 3-65　送纸吸嘴运动轨迹

1. SZ201 型输纸部件送纸吸嘴

图 3-66 是 SZ201 型输纸部件送纸吸嘴机构。凸轮 1、3，摆杆 2、4，连杆 7、8 共同组成凸轮连杆机构。该机构有前后和上下运动两个自由度：凸轮 1 控制送纸吸嘴 9 的前后运动；凸轮 3 控制其上下运动。摆杆 2 和连杆 7 分别与连杆 8 相铰接，最终使连杆 8 实现复合运动。

具体过程如下：

当凸轮 1 大面转向摆杆 2 上端的滚子 13 时，摆杆 2 下端左摆，使送纸吸嘴向左摆动，即在印刷机上向前送纸。与此同时，凸轮 3 小面作用于摆杆 4 的滚子 14，通过弹簧 12 使摆杆 6 右摆，连杆 7 斜向右下方运动，该运动又影响了连杆 8 的运动。至此，经过两套凸轮连杆机构合成了连杆 8 即送纸吸嘴 9 的复合运动，返回原理相同。

图 3-67 所示为送纸吸嘴结构。送纸吸嘴 1 与活塞连为一体，可在气缸 3 内腔上下滑动。吸住纸张后吸嘴随活塞向上移动，放下纸张后在弹簧 5 恢复力和自重的作用下下

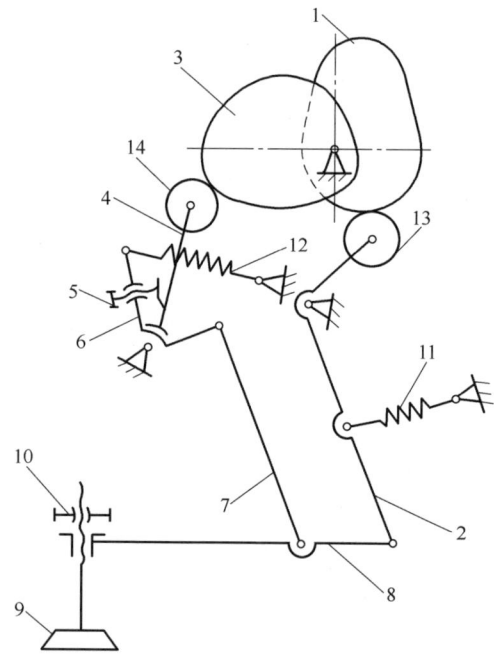

1，3—凸轮；2，4，6—摆杆；5，10—螺母；
7，8—连杆；9—送纸吸嘴；11，12—弹簧；13，14—滚子

图 3-66　SZ201 型输纸部件送纸吸嘴机构

落。送纸吸嘴的高度以返回时不触及纸张为标准。调节螺母 5，可整体改变吸嘴的起始高度。通过螺母 2，可对单个送纸吸嘴的高度进行调节。

2. SZ206 型输纸部件送纸吸嘴

SZ206 型输纸部件的送纸吸嘴采用的是偏心盘导轨机构。该机构主要由偏心盘 1、连

第三章 单张纸胶印机的典型结构及案例

杆 3、导轨组成。图 3-68 所示为 SZ206 型输纸部件送纸吸嘴机构简图。固定在分离头轴上的偏心盘 1 转动时，经摆杆 2、连杆 3，带动送纸吸嘴 5 沿导轨 10 前后运动，完成送纸动作。

图 3-69 所示为 SZ206 型输纸部件送纸吸嘴结构，通过活塞可实现吸嘴的上下运动。这是一种差动式气缸结构，具有动作灵活、速度快等特点。

（五）其他辅助装置

1. 前挡纸板

前挡纸板的作用是保持纸堆前缘整齐。前挡纸板的工作过程如图 3-70 所示。在送纸吸嘴向前送纸时，前挡纸板向前摆动，待送纸吸嘴吸着纸张通过后又摆回纸堆前缘，齐平纸堆。图 3-70（a）为前挡纸板齐纸，送纸吸嘴尚未向前送纸。图 3-70（b）是送纸吸嘴送纸时前挡纸板的工作位置。前挡纸板前摆，使送纸吸嘴传送的纸张顺利通过并向前传送。前挡纸板的这个运动是由凸轮机构控制的，如图 3-71 所示。经滚子 7、摆杆 3、连杆 4、摆杆 5 及拉簧 2，使前挡纸板 6 前后摆动。当凸轮 1 大面作用于滚子 7 时，摆杆 3 绕轴线下摆，通过连杆 4，使摆杆 5 连同轴绕 O_1 下摆，从而带动前挡纸板 6 绕 O_1 顺时针摆动，挡住纸张前缘。在凸轮 1 低面作用于滚子 7 时，前挡纸板 6 左摆让纸。从图中可见，凸轮 1 大面部分对应的弧长较长，说明前挡纸板挡住、齐平纸张时间长，而向前摆动时间较短。

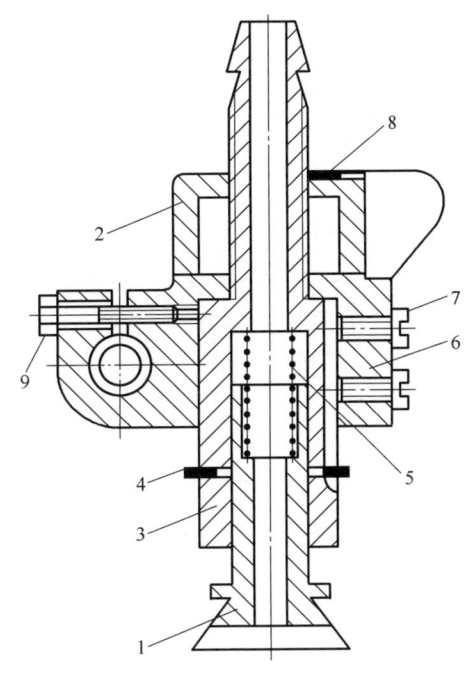

1—送纸吸嘴；2—螺母；3—气缸；4—垫片；5—弹簧；6—支架；7—螺钉；8—簧片；9—螺栓

图 3-67　SZ201 型输纸部件送纸吸嘴结构

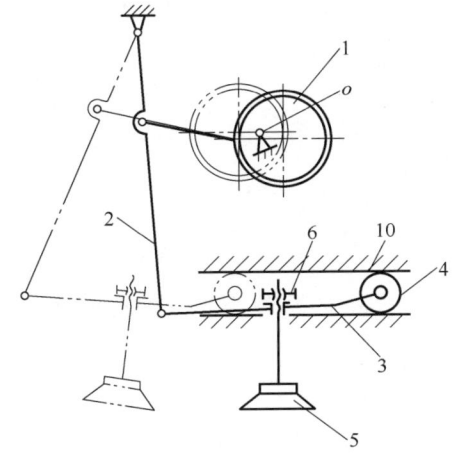

1—偏心盘；2—摆杆；3—连杆；4—滚子；5—送纸吸嘴；6—螺母；7—导轨

图 3-68　SZ206 型输纸部件送纸吸嘴机构

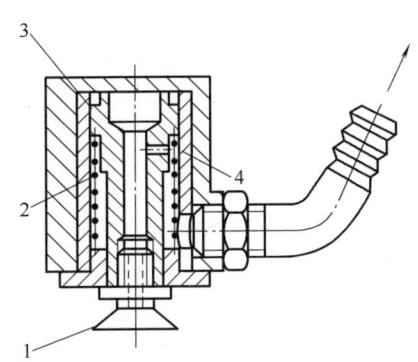

1—送纸吸嘴；2—弹簧；3—活塞；4—气缸

图 3-69　SZ206 型输纸部件送纸吸嘴结构

工作相位即摆动时刻的调节，是通过改变凸轮在轴上的相对位置来实现的。其正确工作顺序是：送纸吸嘴吸纸上升，前挡纸板开始向前摆动，即向送纸辊方向倾倒。只要纸的咬口经过其顶部，前挡纸板即可返回。前挡纸板返回后，松纸吹嘴便开始吹风。前挡纸板挡纸、送纸吸嘴、松纸吹嘴的吹风都必须按顺序有条不紊地进行。

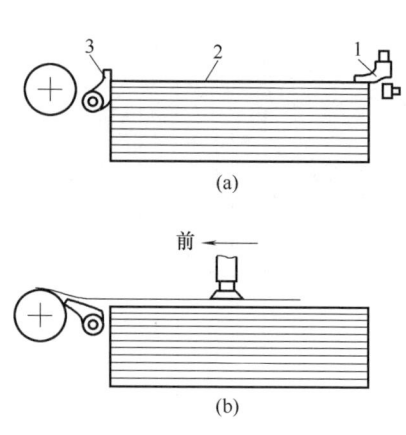

1—压纸吹嘴；2—纸堆；3—前挡纸板

图 3-70 前挡纸板的工作过程

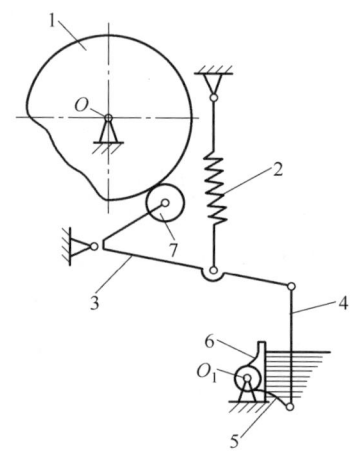

1—凸轮；2—拉簧；3、5—摆杆；4—连杆；
6—前挡纸板；7—滚子

图 3-71 前挡纸板的运动机构简图

2. 挡纸毛刷

如图 3-72 所示，斜挡纸毛刷的作用是协助分纸吹嘴工作，使被吹松的纸张保持在一定高度且不再与下面的纸张相贴合，使分纸吸嘴顺利地吸取纸张。斜挡纸毛刷在纸堆左右各安装一个，通常以能将 2~3 张纸搁在毛刷上为调节标准。

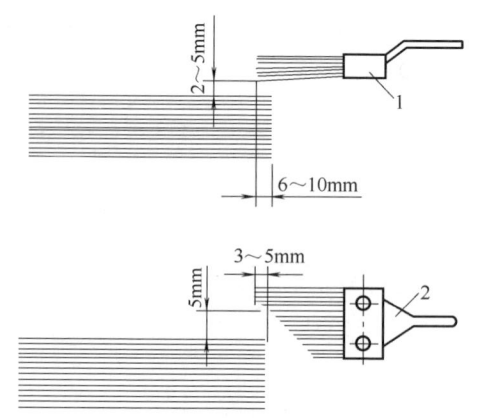

1—平挡纸毛刷；2—斜挡纸毛刷

图 3-72 挡纸毛刷位置的调节

平挡纸毛刷安装在压纸吹嘴的两侧，它的位置见图 3-72。它的作用是当分纸吸嘴吸住最上面一张纸上升时，挡住第二张以下的各张纸，以免吸嘴叼起双张或多张纸。

3. 后挡纸板

后挡纸板的作用是保证纸堆的前后位置正确，另外还起到压纸作用。

图 3-73 和图 3-74 是胶印机的两种后挡纸板结构图。后挡纸板 1 的位置应调节到与纸堆后边缘具有 1mm 的空隙为宜。如果纸堆前后位置不合适，挡纸板能起到推挡作用，以实现纸堆上部分纸的前后微量调节。

在图 3-73 中，压纸块 2 能对分纸过程起稳压作用，以减少出现双张、多张的弊病。压纸块的重量可以调节，压纸块 2 上钻有四个圆孔，可根据具体情况放置 1~4 个钢球，钢球全部放入，压块重量最大。图 3-74 中，由于压杆 2 上有撑簧 3，可以松开锁紧螺母 6 转调节螺钉 5，改变撑簧 3 的压缩量，从而调节

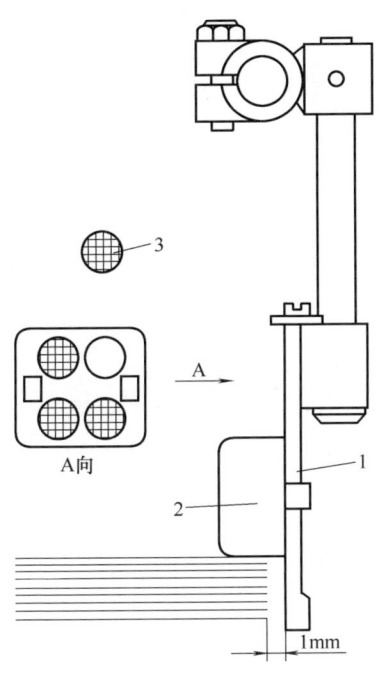
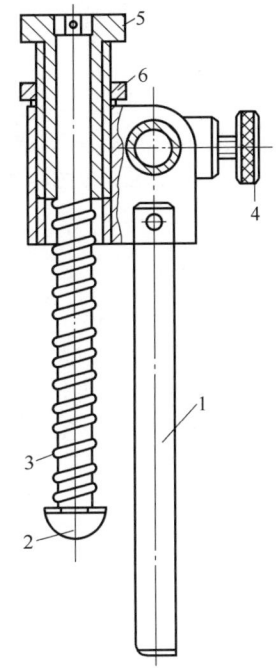

1—后挡纸板；2—压纸块；3—调节钢球

图 3-73　胶印机后挡纸板结构（1）

1—后挡纸板；2—压杆；3—撑簧；
4—紧固螺钉；5—螺钉；6—螺母

图 3-74　胶印机后挡纸板结构（2）

压杆 2 对纸张的压力。

4. 侧挡纸板

侧挡纸板的作用是使纸堆两侧保持整齐。它被固定在输纸架上，左右各一个，其位置可以根据纸张尺寸和纸堆位置加以调节。与后挡纸板的挡纸作用相似，侧挡纸板只能微量地校正与调节纸堆左右不齐的状况。侧挡纸板对纸堆起定位作用，它和纸堆的距离为 1mm 左右。

三、纸张输送装置

纸张由分纸机构逐张分离出纸堆后，在纸张输送装置的控制下平稳而准确地输送到前规及侧规处定位。目前常用的单张纸平板印刷机纸张的输送装置有传送带式纸张输送装置和真空吸气带式纸张输送装置两种形式。

1. 传送带式纸张输送装置

传送带式纸张输送装置一般由送纸压轮机构、输纸台装置、传送带传动机构等部分组成。图 3-75 所示为 SZ206 型传送带式纸张输送机构的主视图与俯视图。

在这种输送机构中，纸张是由分离头的送纸吸嘴送到送纸辊 1，再由送纸压轮 2 与送纸辊 1 对滚将纸张送到输纸台板上。在输纸台板输纸部件的配合控制下将纸张平稳地输送到定位部件进行定位。

2. 真空吸气带式纸张输送装置

真空吸气带式纸张输送装置由传送带、送纸压轮机构、输纸台、吸气室及传送带的传

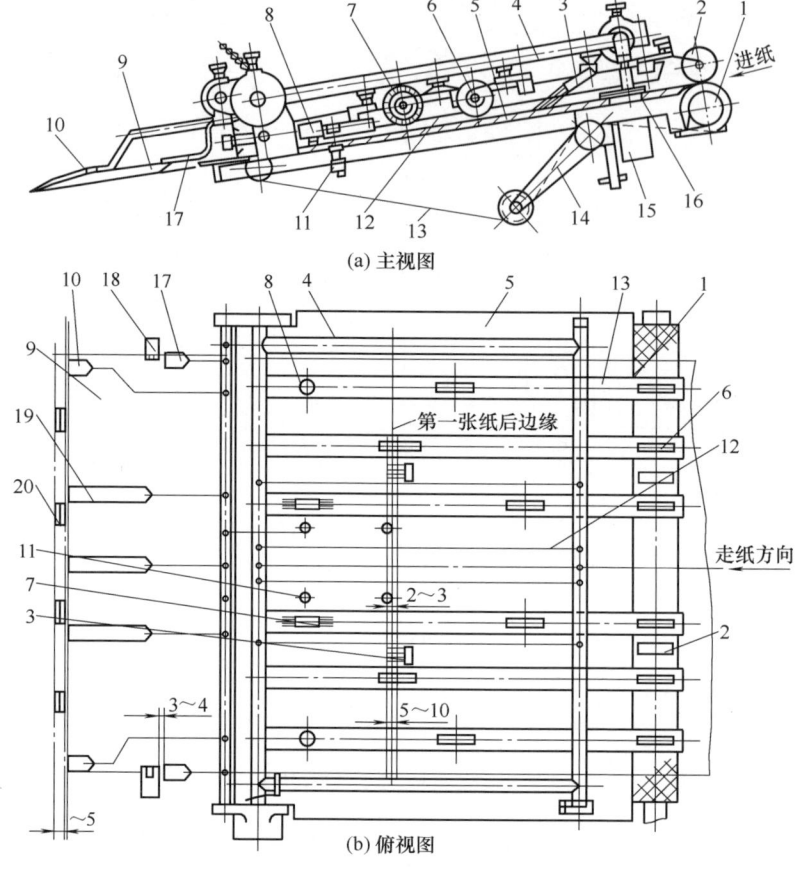

1—送纸辊；2—送纸压轮；3—压纸毛刷；4—压纸框架；5—输纸台；6—压纸滚轮；7—压纸毛刷滚轮；
8—压纸球；9—递纸牙台；10—压纸片；11—吸气嘴；12—杆；13—传送带；14—张紧臂；
15—阀体；16—卡板；17—侧规压纸片；18—侧规拉板；19—前压纸片；20—前规

图 3-75 SZ206 型传送带式纸张输送机构

动机构等部分组成。因吸气带式纸张输送装置靠吸力吸住纸张前行，所以其输纸台装置省去了压纸框架等构件，因而结构简单，传纸准确而平稳。为适应印刷机高速发展的要求，现代单张纸平板印刷机已开始采用真空吸气带式输纸机构。

图 3-76 所示为真空吸气带式输纸机构原理。纸张通过吸嘴 2 传送给送纸辊 3，送纸辊 3 与送纸压轮 4 对滚，依靠摩擦力使纸张继续前行至传送带 10。最后由传送带 10 继续向前传送，直至规矩部件进行定位。

图 3-77 所示为德国曼罗兰 700 型胶印机吸气带式输纸台平面示意图。该输送装置主要由驱动辊 1、输纸台 2、吸气带 3、传送带辊 4、侧规 6 及辅助吸气轮 7 等部件组成。

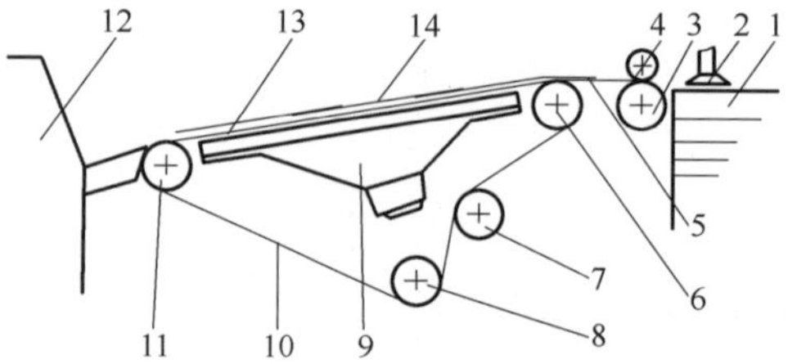

1—纸堆；2—吸嘴；3—送纸辊；6—驱动辊；
4—送纸压轮；5—过桥板；7，8—张紧轮；
9—吸气室；10—传送带；11—传送辊；
12—印刷色组；13—输纸台；14—纸张

图 3-76 真空吸气带式输纸机构原理

图3-78为曼罗兰700型胶印机吸气带式纸张输送结构。它包括吸气带两根，侧规及辅助吸气轮各两个。当从纸堆上分离出来的纸张由送纸辊2输送到输纸台上时，吸气室5、6吸气，将纸张吸到输送带7上，由输送带带着纸张到前规及侧规处定位。这种真空吸气带式输纸机构，简化了输纸台结构，操作与调节更为简单、方便。另外，为防止纸张产生静电，使纸张输送更加平稳、准确，吸气带式纸张输纸台机构的输纸台被做成鱼鳞式。图3-77中吹气口5、辅助吸气轮7，使纸张以更平稳的方式进入前规处定位。图3-78中吸气室5的吸气量为恒定值，而吸气室6的吸气量可调，以适应不同厚度纸张的印刷。

在真空吸气带式输纸装置中，吸气带的速度是变化的。在该装置中采用了变速机构。当纸张远离前规时为快速运行，在纸张靠近前规时为慢速运行，使纸张在慢速下与前规接触，减少纸张对前规的冲击及纸张的反弹，定位更加可靠、准确。

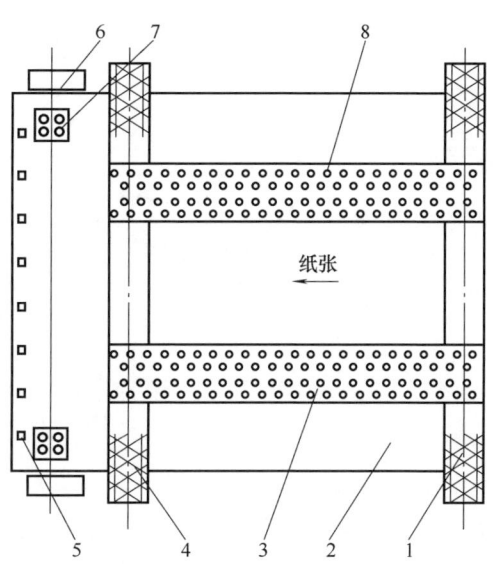

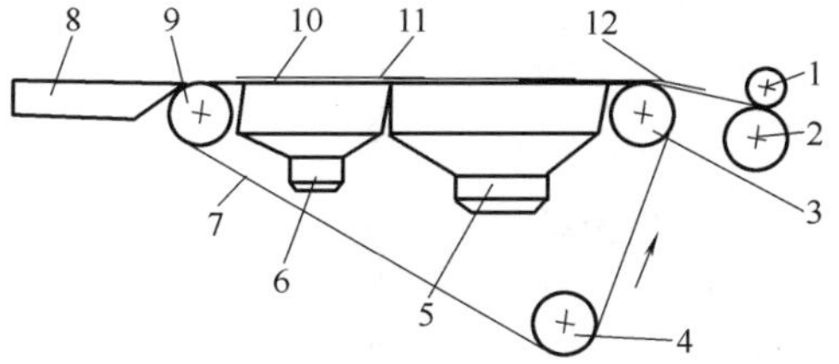

1—驱动辊；2—输纸台；3—吸气带；4—传送带辊；
5—吹气口；6—侧规；7—辅助吸气轮；8—吸气带孔

图3-77 曼罗兰700型胶印机吸气带式输纸台平面示意图

1—送纸压轮；2，3—送纸辊；4—张紧轮；5，6—吸气室；7—输送带；8—侧规板台；9—传送带辊；10—输纸台；11—纸张；12—过桥板

图3-78 曼罗兰700型胶印机吸气带式纸张输送结构

四、供 纸 系 统

高速印刷机在印刷过程中，输纸部件把纸一张一张地输送到印刷部件，输纸台上的纸输送完就要更换新的纸堆。为了减少机器的停顿时间，提高机器的效率，在输纸部件上设置有不停机续纸装置。海德堡XL105型印刷机采用的就是不停机续纸机构，如图3-79所示。

该装置是用独立的两个电机及两套传动装置分别控制主纸堆和副纸堆的运动。其工作过程如下：当主纸堆工作时，输纸部件正常输纸。这时副纸堆链条2带动插棍架4降到最低位置（图3-79（b）中4的位置即为最低位置）。图3-79中，当纸堆台5不断上升，升至副纸堆插棍架4上的一排孔与主纸堆台上的槽相对时，把插棍3穿过插棍架4的孔插入纸堆台5的槽中。此时，副纸堆装置开始工作，纸堆台5下降继续装纸。在SZ206型输纸部件上，插棍架上一排共有14个孔，对应于纸堆台上的14个槽，要插入了14根插棍。插棍3的末端均被架4的孔支承。副纸堆装置工作的过程是：启动副纸堆电机，电机带动副纸堆传动链条慢慢提升起插棍架4向上移动，14根插棍也一起升起。用插棍托起的经过印刷剩余的少量纸叠，常称为副纸堆。由副纸堆链条2自动向上输送纸张。此时纸堆台

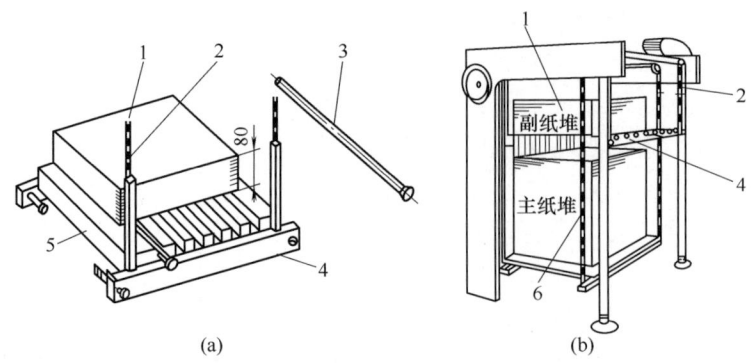

1—副纸堆；2—副纸堆链条；3—插棍；4—插棍架；5—纸堆台；6—主纸堆

图 3-79　不停机续纸机构

5 上的纸张已被插棍带走，主纸堆台上没有纸张。按动纸堆台下开关，使空的纸堆台下降至最低点（接近地面）装纸。装纸后，新的纸堆台带纸上升，升至插棍下，轻轻顶住插棍，停止上升。此时拔出 14 根插棍，使副纸堆台上的剩余纸张与纸堆台上的纸张放在一起，至此完成不停机续纸工作。供纸系统相关视频见视频 3-5 和视频 3-6。

第三节　定位部件

纸张由输纸装置输送到输纸台板靠近前规最前端时，必须经过定位才可以进入压印滚筒进行印刷。只有定位正确，所印图文的位置才能准确，从而才能保证张与张之间、色与色之间套印准确。因此，纸张的正确定位是印刷过程中的重要工艺环节。

完成纸张定位的部件称为规矩部件。按照工艺要求，规矩部件又分为前规矩部件和侧规矩部件两大类。

纸张的定位由专门的定位系统来完成。纸张定位系统包括输纸台板、前规矩部件和侧规矩部件等。输纸台板支承着纸张，确保其平展、正确地到达定位位置。在到达定位位置时，纸张实际上已完成了底面的定位，接下来按顺序完成前、侧两个纸边的定位。前纸边的定位由前规矩部件来完成，侧纸边的定位则由侧规矩部件来完成。

一、纸张的定位

纸张为柔性体，它的形状易变以及对环境温度和干湿度敏感，对其正确定位带来不少麻烦。为讨论方便，我们先假定被定位的纸张为一张薄板，且忽略环境温度及干湿度对它的影响。

由前面的讨论可知，实现纸张的完全定位，应按照图 3-80 所示的位置安排 6 个约束。由于定位平台 B 的定位面为一平面，纸张密贴在定位面上，相当于三个约束 1、2、3 的作用。它消除了纸张 A 的两个转动和一个移动；纸边 C 处放置两个约束 4 和 5，消除了一个转动和一个移动；纸边 D 处放置一个约束 6，消除了一个移动。如此，6 个自由度全部被消除，纸张

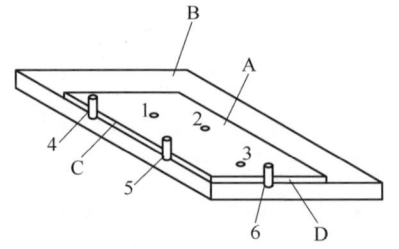

A—纸张；B—定位平台；C，D—纸边；
1，2，3，4，5，6—约束

图 3-80　纸张的完全定位

A 实现了完全定位。

纸张的正确定位和在传送过程中保持位置不变,是实现准确套印的关键,也是考察一台胶印机性能优劣的重要指标之一。这是因为纸张是在运动中完成定位和压印作业的,并且在多色印刷和多次套印中,纸张不可避免地要进行多次定位。而定位面的多次使用,又会造成定位误差的积累和扩大。为此,人们长期以来围绕印刷纸张的定位、传送和交接做了大量的研究和探索,以寻求更可靠的工艺方法和机构。

二、前规定位部分

(一) 前规矩的作用

前规矩也叫前规,它的作用主要是使纸张在前后方向上进行定位。前规定位与侧规定位相结合,实现纸张在前后方向和左右方向,即相互垂直的两个方向上进行准确定位。为此前规需要有与纸张前缘相触的定位面或定位板,作为定位的规矩面。通常沿着机器的宽度方向,有两个前规,对纸张进行前进方向的阻挡定位,两个前规面构成一条直线,保证纸张前口和压印滚筒表面的母线平行,递纸时纸张不会歪斜。另外,为使纸张在定位时不会飘起或弓曲,前规还有一个控制纸张高度方向的挡纸板,也称挡纸舌。纸张对高度方向的控制精度要求不高,以纸张在定位时不漂浮、不飘离输纸板即可,通常使挡纸舌的压纸板与输纸台板间的间隙为 3~4 张纸的厚度。

(二) 前规的分类及特点

前规机构按照在机器上的位置可分为两种:一种是在输纸台板上方,绕固定轴线下摆至输纸台板末端完成纸张前后方向定位的,称为上摆式前规;另一种是在输纸台板下方,绕固定轴线上摆至输纸台板末端完成纸张前后方向定位的,称为下摆式前规。

因上摆式前规在输纸台板上方,所以安装、调试、维修、调节都很方便。但上摆式前规下摆定位时,必须待前一张纸的纸尾离开输纸台板时才能动作。而后一张纸的前缘高速尾随前一张纸的纸尾,使得前规的定位时间受到了限制。若前一张纸未完全离开输纸台板前规就下摆定位,往往会使前规碰到前一张纸的纸尾而发生运动干涉,容易刮破纸张。

下摆式前规上摆定位时,不受前一张纸的位置限制,在前一张纸尚未离开输纸台板前,下摆式前规就可以上摆进行纸张定位。因此,与上摆式前规相比,纸张获得的定位时间长,在高速输纸时,可以获得较高的纸张定位精度。但因下摆式前规安装在输纸台板的下方,调整、维修不太方便。下摆式前规适合于高速印刷。

(三) 前规结构及工作原理

1. 上摆式前规的结构及工作原理

(1) 普通上摆式前规。图 3-81 所示为上摆式前规机构简图。由于前规体 14 同时控制纸张前后和高度两个方向的位置,所以这种前规又称为组合上摆式前规。

凸轮 1 的连续旋转使杆 2 往复摆动,通过滑动支点 4 使杆 5 上下运动。摆杆 6 和 17 固联在一起并活套在前规轴 13 上。摆杆 11 与前规轴 13 固联在一起。由于撑簧 9 的作用,摆杆 6 和 17、连杆 7、摆杆 11 和前规轴 13 一起绕前规轴 13 的中心摆动。前规体 14 通过螺钉 12 与前规轴 13 固联,杆 5 的上下运动就使前规挡纸板 10 绕前规轴 13 的中心摆动。

前规处于定位位置时,摆杆 6 与挡块 16 靠紧,以获得准确的定位位置。弹簧 3 的作用是在挡块起作用后,允许杆 2 在凸轮 1 的作用下向上运动一段距离,起到缓冲作用。若去掉此弹簧，当摆杆6靠上挡块16后，凸轮大面作用于滚子，使杆2有继续上摆的趋势时，会产生运动干涉，将杆5拉断。

图3-81中20为互锁摆杆。前规正常工作时，互锁摆杆20处于图中实线位置。当输纸出现故障时，互锁摆杆20左摆，顶住缓冲座21，使摆杆17下端不能下摆，即前规不能抬起让纸。挡住输纸过程有问题的纸张，使这些纸张不能进入印刷机的印刷部分。

调节螺母8可改变连杆7的工作长度，因而使前规轴13与摆杆6、17间产生相对角位移，整排前规就升高或降低。各个前规挡纸板10的高低可单独调节，调节的方法是松开螺钉12，前规挡纸板10在前规轴13上转动，从而实现单个前规的高低调节。

另外，前规挡纸板10的前后位置也能实现单独调节和整排调节。螺钉15用于单独调节挡纸板的前后位置。

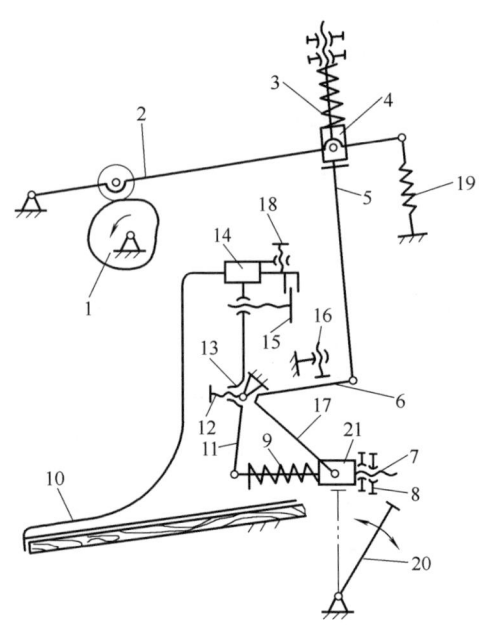

1—凸轮；2，5—杆；3，19—弹簧；4—滑动支点；
6，11，17—摆杆；7—连杆；8—螺母；9—撑簧；
10—前规挡纸板；12，15，18—螺钉；13—前规轴；
14—前规体；16—挡块；20—互锁摆杆；21—缓冲座

图3-81 上摆式前规

（2）带纸张减速的上摆式前规。目前，在高速印刷机中，由于纸张运行速度较高，纸张在前规处定位时易产生较大的冲击。为了减少这种冲击，在纸张到达前规前，应先对纸张减速。图3-82所示为带有缓速前挡规纸张减速装置的上摆式前规，工作原理为：凸轮1转动，通过滚子2带动摆杆3绕固定铰链摆动。当凸轮1由大面转向小面时，在弹簧5恢复力的作用下，摆杆3顺时针摆动，通过连杆4使前挡规7（相当于摆杆）与轴9一起顺时针摆动，前挡规7摆向输纸台板与快速传来的纸张相接触（此时纸张还未到达前规定位处）。挡纸的目的是使快速运动的纸张得以减速。然后，前挡规7反向慢速回摆，当摆至前规定位位置时，上摆式的前规板8绕O_1下摆至定位处，开始为纸张进行定位。前挡规7继续摆动一角度，远离输纸台板，为递纸牙传递纸张让开道路。

在此机构中，前挡规7与前规板8必须协调动作，二者有着严格的相位关系。该相位关系由印刷机运动循环图来确定。旋动螺母10，通过螺杆11使轴9绕O_1摆动，即改变了前规轴9的位置，从而实现了前规板的整体调节。

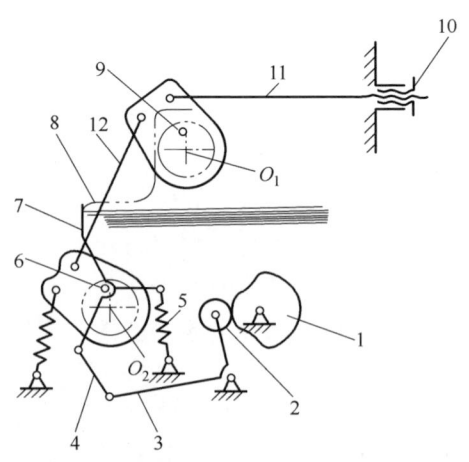

1—凸轮；2—滚子；3—摆杆；4，12—连杆；
5—弹簧；6—轴；7—前挡规；8—前规板；
9—前规轴；10—螺母；11—螺杆

图3-82 带有缓速前挡规纸张减速
装置的上摆式前规

当轴 9 绕 O_1 转动时，通过连杆 12，使轴 6 绕 O_2 转动一角度，从而改变了前挡规 7 的整体位置，实现了前挡规的整体调节。本机构采用联锁关系对前规板及前挡规进行调节，保证了它们的相位关系。

图 3-83 所示为缓速挡纸钩机构的工作过程。当印刷较大幅面的纸张时，为保证一定的前规定位时间，在机器上设置了吸嘴。图 3-83（a）所示为当前一张纸传送到压印滚筒时，后一张纸被吸嘴吸住。图 3-83（b）所示为纸张被引导至减速钩，并由减速钩预定位。图 3-83（c）所示为纸张随缓速钩减速移向前规，此时吸嘴释放纸张并返回。图 3-83（d）所示为纸张已移动到前规处（速度已为 0）并且在前规处定位。缓速钩装置可使纸张在向前规运动过程中，速度逐渐由高速降至 0。

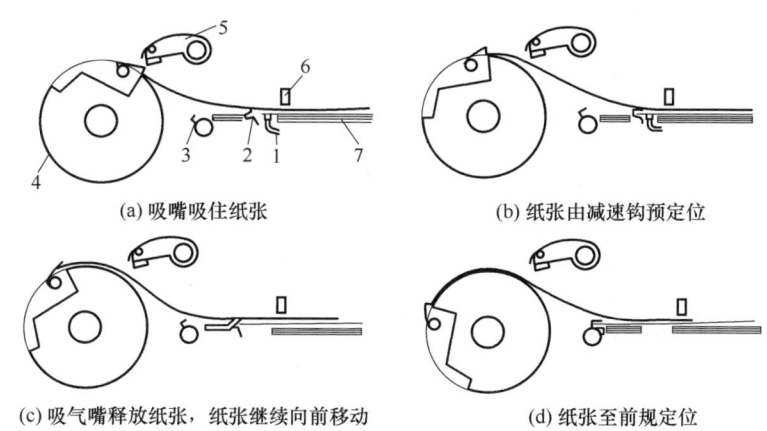

(a) 吸嘴吸住纸张　　　　　　　　(b) 纸张由减速钩预定位

(c) 吸气嘴释放纸张，纸张继续向前移动　　(d) 纸张至前规定位

1—吸嘴；2—减速钩；3—前规；4—压印滚筒；5—递纸牙；6—侧规；7—输纸台板

图 3-83　缓速挡纸钩机构的工作过程

纸张的缓速和预定位还可用静止不动的吸气孔来实现。图 3-84 所示为用吸气孔缓速与预定位机构。其中，箭头所示方向为吸气气流方向，旋动调节螺钉 1 可使下面的吸气孔 2 改变有效横截面积，从而改变上面吸气孔 3 对纸张的吸力。

2. 下摆式前规的结构及工作原理

（1）组合下摆式前规。图 3-85 所示为组合下摆式前规的机构简图。凸轮 1 匀速转动，通过滚子 2 带动摆杆 3 绕固定铰链 O 摆动。当凸轮 1 由小面转向大面时，摆杆 3 绕 O 点顺时针摆动，通过连杆 4 使摆杆 8 绕轴 9 逆时针摆动。因前规板 15 与摆杆 8 固联，所以前规板 15 也绕轴 9 逆时针摆动，从而使前规板 15 左摆让纸，离开定位纸张及输纸台板，保证递纸牙顺利将定好位的纸张叼走。此时，弹簧 6 被拉伸。

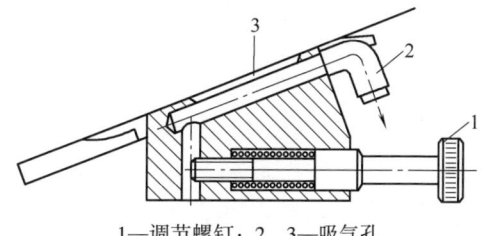

1—调节螺钉；2，3—吸气孔

图 3-84　吸气孔缓速与预定位结构

当凸轮 1 由大面转向小面时，摆杆 3 绕 O 点逆时针摆动，在弹簧 6 恢复力的作用下，前规板 15 绕轴 9 右摆，即摆向输纸台板，为纸张定位做好准备。挡块 14 起限位作用，即当前规定位时摆至碰到挡块 14 时停止摆动，使前规在定位时间内稳定在定位位置。为保证前规板 15 与挡块 14 充分接触，应使滚子 2 与凸轮 1 的小面留有一定的间隙，此间隙一

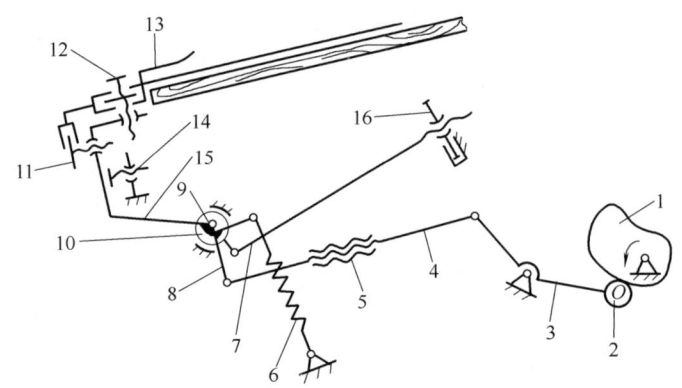

1—凸轮；2—滚子；3，8—摆杆；4—连杆；5，16—螺母；6—弹簧；7—螺杆；9—轴；
10—偏心套；11，12—螺钉；13—挡纸舌；14—挡块；15—前规板

图 3-85　组合下摆式前规机构简图

般为 2mm。螺母 5 用于调节滚子 2 与凸轮 1 之间的间隙。

前规板 15 除对纸张进行前后方向的定位外，还能限制纸张在输纸台板上在高度方向的位置，以防纸张前部弓曲而影响定位。在前规板 15 的上端固结着挡纸舌 13，当前规板 15 绕轴 9 摆向输纸台板定位时，挡纸舌 13 就对纸张进行上下位置的定位。挡纸舌 13 的下表面一般距离输纸台板约 3 张纸厚的距离。拧动螺钉 12，可调节挡纸舌 13 距离输纸台板的位置。

拧动螺母 16，通过螺杆 7 使偏心套 10 转动，从而改变了前规轴 9 的位置，这样就实现了整排前规的统一调节。拧动螺钉 11 用于单个前规前后位置的调节。

（2）可调下摆式前规。图 3-86 所示的下摆式前规，可在机器一侧墙板上进行微调。凸轮 1 通过滚子 9 驱动摆杆 2 绕固定在墙板上的轴 O 摆动，摆杆 2 又带动连杆 5 运动。连杆 5 的一端装着滚子 6，滚子 6 在导槽中运动。前规板 7 及挡纸舌 8 都固定在连杆 5 上。当凸轮 1 由大面转向小面时，摆杆 2 在弹簧 10 恢复力作用下，顺时针摆动碰到挡块 4 便不再摆动。旋动手轮 3，通过锥齿轮传动及丝杠的运动可改变挡块 4 的位置，以此实现对前规的微量调节。由于这种调节操作可在机器运转时进行，所以这种调节方式叫作在线可调方式。图中 V_f 表示纸张运动方向和速度，图中纸张正处于定位位置。

如果把手轮 3 换成一台小电机，只要设计适当的控制电路就可实现

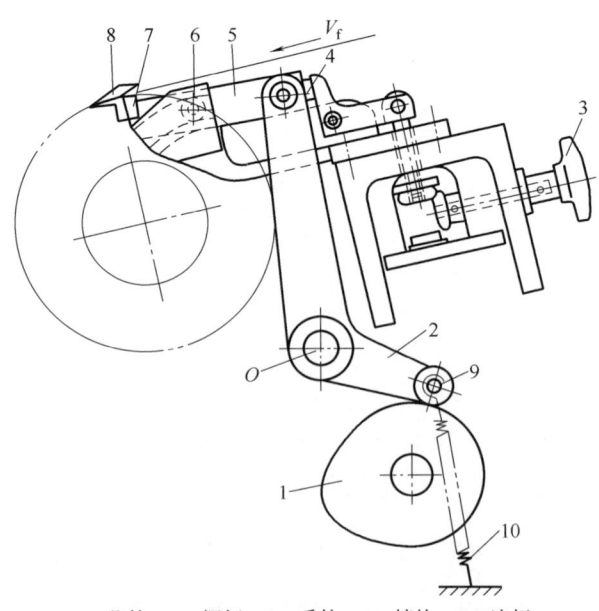

1—凸轮；2—摆杆；3—手轮；4—挡块；5—连杆；
6，9—滚子；7—前规板；8—挡纸舌；10—弹簧

图 3-86　可在运转中调节的前规

主控制台对前规的集中控制。为了保证下摆式前规返回时不碰坏纸张，有的印刷机上采用吹气机构，将纸张吹起，使纸张与前规上下有一段避让的距离。

（四）前规部件的调节

前规是对纸张前后方向进行定位的部件，在设计前规时应当对前规挡纸板前后位置的调节问题给予足够重视。前面介绍的前规挡纸板的调节是最简单的形式。目前单张纸印刷机通常利用以下三种方式调节前规：

① 各个前规单独调节到定位位置，此方法简单，缺点是调节时需停机。
② 从机器的一边进行调节，此方法可在机器运转中进行调节。
③ 从主控制台进行集中控制。

三、侧规定位部分

（一）侧规的作用

侧规的作用是对经过前规定位后的纸张进行侧向定位，侧向与前进方向垂直。

纸张的侧向定位，由一个侧规矩部件来完成。通常在输纸台板尾部的两侧各装有一个侧规矩。输纸、定位时，只有使用一个侧规，而另一个侧规不工作，它是用于纸张背面的印刷定位。

与纸张在前规定位不同，纸张在侧方向上没有运动。因此，纸张在进行侧向定位时，须使其在不破坏前纸边定位的前提下，在侧方向产生一个位移，使纸张侧边靠紧侧规定位面而完成侧向定位。这一位移一般由侧规对纸张的推动或拉动产生。

（二）侧规矩的分类

侧规矩有推规和拉规两大类。

推规是在远离纸张定位边的位置推动纸张，使纸张的定位边与侧规定位面密靠而完成定位的。这种侧规结构简单，但其推送纸张的方式仅适用于幅面较小或挺度较大的纸张。对于大幅面或较软的纸张，在推送时容易产生弓曲变形，因此不宜采用侧推规进行侧向定位。

目前应用较多的侧规矩，是在定位过程中朝定位面拉动纸张产生侧向位移的侧规矩，称为侧拉规。常见的侧拉规有旋转滚轮式侧拉规、拉板移动式侧拉规和气动式侧拉规等。

（三）侧规结构及工作原理

1. 旋转滚轮式侧拉规

图 3-87 所示为旋转滚轮式侧拉规。在旋转滚轮式侧拉规中，将往复摆动的扇形板改成连续旋转的滚轮。其优点是结构简单，避免了扇形板往复运动所引起的振动。但其拉纸速度为恒速，没有减速特性，在高速印刷时纸张对定位面的冲击力较大。

如图 3-87（c）所示，固定在驱动轴 17 上的凸轮 9 旋转时，迫使滚子 10 绕 O 点摆动，因而压纸轮 2 绕 O 点上下摆动。驱动轴 17 又通过齿轮 14、15，伞齿轮副 16 带动滚轮 1 连续旋转。当待侧向定位的纸张到达压纸轮 2 与滚轮 1 之间时，压纸轮 2 下摆压到滚轮 1 上，滚轮 1 与压纸轮 2 共同作用，把纸张拉向挡纸板定位。压纸轮 2 和滚轮 1 接触时间越长，拉纸距离越长。滚子 10 的轴为可调的偏心轴，利用此偏心轴可调整滚子与凸轮 9 之间的间隙。

2. 拉板移动式侧拉规

拉板移动式侧拉规俗称铁条式拉规，在旧式的印刷机中应用较多。由于纸张与铁条的

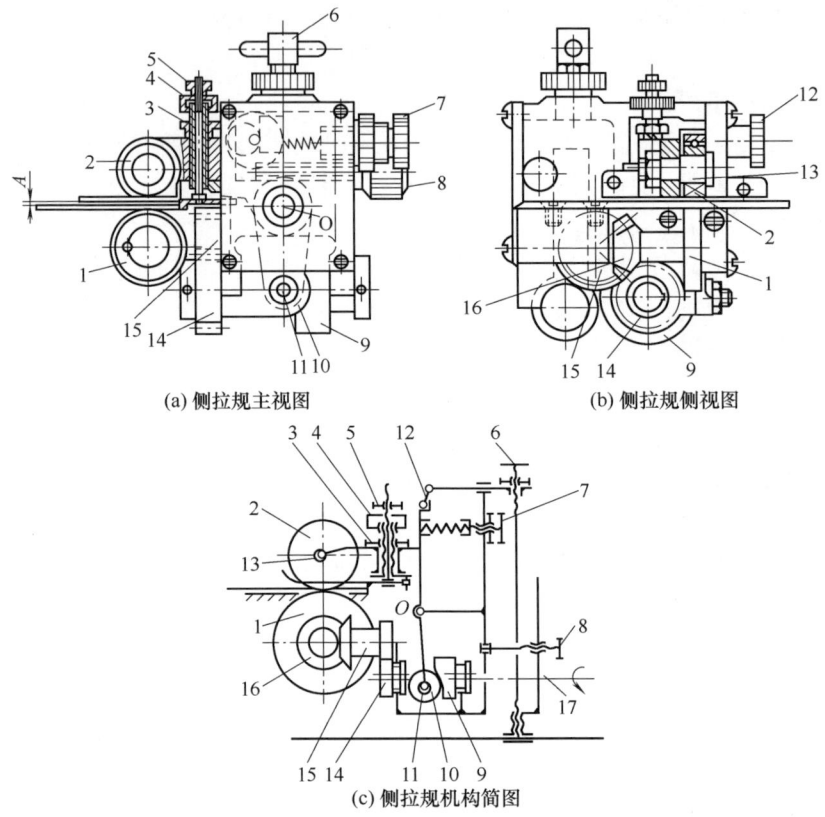

(a) 侧拉规主视图　　(b) 侧拉规侧视图

(c) 侧拉规机构简图

1—滚轮；2—压纸轮；3—紧固螺母；4—调节螺母；5—锁紧螺母；6—紧固螺钉；7，8—调节螺钉；9—凸轮；10—滚子；11，13—偏心轴；12—曲柄；14，15—齿轮；16—伞齿轮副；17—驱动轴

图 3-87　旋转滚轮式侧拉规

接触比较可靠，而且容易实现不停机调节，因此在现代高速印刷机上也广泛应用。图 3-88 为拉板移动式侧拉规的机构简图。

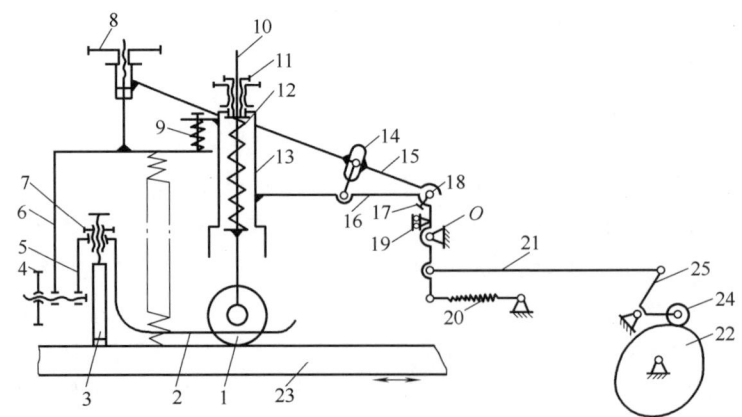

1—压纸轮；2—挡纸舌；3—定位挡纸板；4—调节螺母；5—支架；6—座架；7—差动螺钉；8—螺母；9—弹簧；10—挺杆；11—螺钉；12—压缩弹簧；13—套筒；14—槽；15，16，25—摆杆；17—紧固螺钉；18—铰链；19—限位螺钉；20—拉簧；21—拉杆；22—凸轮；23—拉纸铁条；24—滚子

图 3-88　拉板移动式侧拉规

92

压纸轮 1 和拉纸铁条 23 完成拉纸动作。拉纸铁条 23 的往复运动由凸轮 22 控制，压纸轮 1、定位挡纸板 3 及挡纸舌 2 均由凸轮 22 控制做上下摆动。压纸轮随摆杆 16 绕轴 O 摆动。它逆时针向下摆动时由限位螺钉 19 顶住摆杆 16（凸轮 22 与滚子间有一定间隙），因而获得确定的压纸位置。它对纸的压力由螺钉 11 调节。定位挡纸板 3 与挡纸舌 2 的座架 6 通过螺母 8 与摆杆 15 相连，摆杆 15 与摆杆 16 通过铰链 18 铰接，并且由于弹簧 9 与槽 14 及其中的销子的作用，摆杆 15 与 16 可以相对转动一定角度。拉规下落时定位挡纸板 3 与挡纸舌 2 先落至工作位置（摆杆 15 先停止下摆），而摆杆 16 继续下摆，弹簧 9 以及与槽 14 上部接触的销子便沿槽向下移动，直至压纸轮 1 与拉纸铁条 23 接触。拉规上抬时，压纸轮 1 先抬起，然后槽 14 的上部由销子顶住，摆杆 15 连同定位挡纸板 3 及挡纸舌 2 随即抬起。旋转螺母 8 可调节座架 6 的高度，从而调节定位挡纸板 3 与压纸轮 1 进入工作位置的时间差。差动螺钉 7 用于微调挡纸舌 2 的高度。

3. 气动式侧拉规

气动式侧拉规常见于近年制造的单张纸胶印机上。气动式侧拉规的结构如图 3-89 所示。气动式侧拉规由机械、气动两部组成。

如图 3-89（b）所示，侧规体 8 安装于侧规轴 Ⅰ 上。吸气板 3 装在吸气托板 2 上，吸气托板 2 是封闭的且与气泵相通。吸气托板 2 上有多个小孔，用于吸附纸张。凸轮轴 Ⅱ 带动凸轮 1 旋转，经滚子、摆杆推动吸气托板 2 左右移动。

纸张在前规处定位后，气阀打开，吸气板 3 上的负压气流吸住纸张，在凸轮 1 的作用下向左移动，使纸张靠在侧规定位板 4 上进行定位。侧规定位结束，递纸牙叼住纸张后气泵停止吸气，吸气板 3 放纸并随吸气托板 2 右移，返回并等待下一张纸的到来。

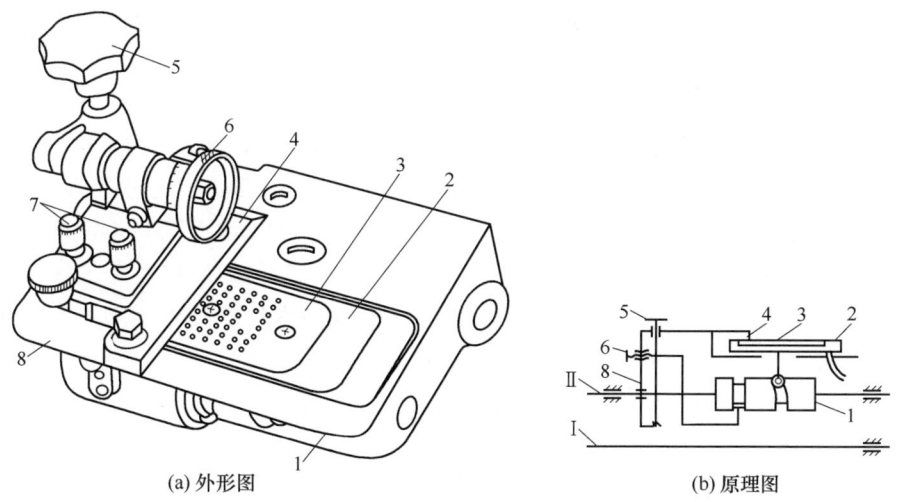

(a) 外形图　　(b) 原理图

1—凸轮；2—吸气托板；3—吸气板；4—侧规定位板；5，6—手轮；7—调节钮；8—侧规体

图 3-89　气动式侧拉规

气动侧拉规的优点如下：

① 对承印材料适应性强。不仅对普通纸，对较薄和较厚的纸张都具有较好的定位稳定性，对特殊的承印材料，如塑料薄膜、金属箔等也能较好地定位。

② 若采用下摆前规，重叠系数更大，纸张定位时间更长，侧规拉纸不受前张纸纸尾的影响。

③ 由于是吸气吸住纸张侧向拉动定位，无压纸轮压住纸张，所以不易损伤纸张。另外，若是多色套印，传统式侧拉规的压纸轮与印品表面接触，易蹭脏印品，而气动式侧拉规因没有压纸轮，所以侧向定位时不会蹭脏印品。

（四）侧规部件调节

侧规的调节一般包括下列内容：

① 侧规工作相位调节。通过改变侧规凸轮的周向位置，可改变侧规压纸辊的拉纸时刻。注意：这些调节均应以印刷机各部件的工作循环图为依据。

② 侧规定位时间长短的调节，依据印刷时纸张前定位和侧定位的稳定性而定。如前规定位稳定性好，则前规定位时间可适当缩短，侧定位时间相对加长；反之，如侧定位稳定性好，则可减少侧定位时间，使前规定位时间相对加长。

③ 侧规的上挡规工作表面与输纸台板面的间距通常为三张纸的厚度。

④ 侧规方向、位置的调节。理论上侧规定位面与前规定位面互相垂直，所以这两个定位面在结构上有严格的垂直度要求。

⑤ 侧规侧向位置的调节分为粗调和微调两种。粗调可采用整体移动侧规的方法，微调可通过拧动微调螺丝钉进行调节。

定位部件补充视频见视频 3~7 和视频 3-8。

第四节　递纸及传纸部件

单张纸胶印机进行印刷时，纸张先要经过纸张分离机构从纸堆中分离出来，然后由输送机构将纸张输送到输纸台板进行定位。定位后，由递纸牙在递纸牙台处叼住纸张，然后加速运动。当纸张加速至压印滚筒表面速度时，递纸牙将纸张交给压印滚筒。这是印刷过程中两机件对纸张进行的第一次交接。纸张交接时，要求递纸牙与压印滚筒咬纸牙共同控制纸张转过 3~5mm。印刷完成后，若是单色胶印机，需要压印滚筒咬纸牙把印张交给收纸滚筒。由此压印滚筒与收纸滚筒之间，又有一次纸张的交接。若是机组式多色胶印机，各机组间通过传纸滚筒进行传纸。压印滚筒与传纸滚筒之间、传纸滚筒与传纸滚筒之间也存在着纸张的交接问题。经过一系列纸张的交接，才完成纸张的多色或多面印刷。纸张的每次交接，都必须稳定、准确地完成。若其中一次交接出现故障，纸张的正常印刷就不能实现。

一、纸张交接机构概述

纸张到达输纸台板前经过前规和侧规定位后，静止地停在输纸台板前，等待着递纸牙咬取，然后递送给压印滚筒的咬纸牙。纸张从静止在输纸台板，到被加速至压印滚筒表面的旋转速度，由压印滚筒的咬纸牙排将纸张咬紧并带其旋转进行印刷，这个过程我们称为纸张的加速过程。实现纸张加速的机构称为纸张加速机构，俗称递纸机构。对纸张加速机构的主要要求有：

（1）在输纸台板上由规矩部件定好位的纸张，在纸张加速机构的递送过程中，不允许破坏纸张的定位精度，以保证套印的准确性。

（2）纸张加速机构在输纸台板上取纸和与压印滚筒交纸时应有一定的交接时间，以保证纸张传递的可靠性。同时要求纸张加速机构的运动应平稳，以满足纸张运行的平稳性要求。

（3）纸张加速机构应能保证印刷机的生产率，即不受压印滚筒空当角的限制。

纸张在输纸台板上经前规与侧规定位后，接着进行传纸运动，即把静止的纸张送入旋转的压印滚筒，由压印滚筒上的咬纸牙排将纸张咬紧进行印刷。

纸张的传递有三种基本方式：直接传纸、间接传纸和超越续纸。

（一）直接传纸与间接传纸

纸张在输纸台板上直接由压印滚筒上的咬纸牙排叼走的方式称为直接传纸方式。

纸张在输纸台板上先由递纸牙排叼走，再由递纸牙排交给压印滚筒咬纸牙排的方式称为间接传纸方式。间接传纸方式中，递纸牙通常做变速运动。递纸牙在输纸台板接纸时速度为0，叼住纸张后逐渐加速，直至加速到与传纸滚筒或压印滚筒表面线速度一致时，在与接受纸张的滚筒相对静止的状况下完成交接。为减少机械振动，提高传纸准确性，在满足递纸条件的前提下，递纸机构的运动轨迹应尽量平缓。

图3-90所示为直接传纸示意图。图（a）为前规定位完毕后上抬，压印滚筒上的咬纸牙叼住纸张（A位置），快速转动；图（b）为压印滚筒的B位置转至输纸台板附近，滚筒的空当部分靠近输纸台板。此时前规下摆，对纸张进行定位。AB弧转过所用的时间即为定位的最长时间。空当越大，纸张的定位时间越长。因此，为保证一定的定位时间，压印滚筒的空当往往设计得较大。这样，滚筒表面的利用率下降，利用系数减小，有时利用系数K会降至0.5左右。为保证印刷一定规格的纸张，只能增大滚筒的直径，因而机构庞大，占据空间大，不利于提高生产效率。

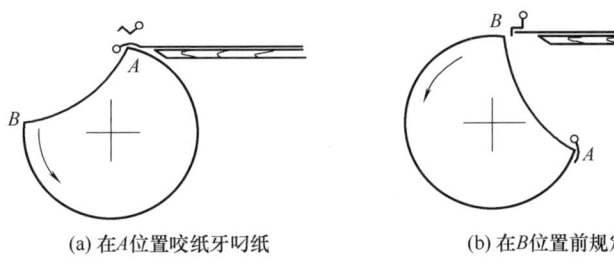

(a) 在A位置咬纸牙叼纸　　　(b) 在B位置前规定位

图3-90　直接传纸示意图

间接传纸时，纸张在前规定位时间与滚筒空当大小无关，滚筒空当的大小根据递纸牙摆动部件与滚筒交接纸张的需要来确定。因此，只要合理设计递纸牙机构，就可使滚筒空当尽量减小，从而提高滚筒表面的利用系数K。同时，由于滚筒表面利用系数的提高，可使压印滚筒直径尽量变小，所以采用间接传纸方式可使机构结构紧凑，占地面积小。

（二）超越续纸

近年来，印刷机的印刷速度不断提高，单张纸胶印机的印刷速度已达到1.8万~2万张/h。间接传纸方式传纸平稳，基本上能满足现代高速印刷的要求。但间接传纸方式纸张是在定位板上进行定位的。定位之后纸张需经过递纸牙取纸、递纸牙与压印滚筒交接两次纸张的转换传递过程。在此传递过程中，尽管严格地控制着纸张，但由于制造精度的限制以及振动等原因，在输纸台板规矩上定位好的纸张经过两次交接，传送至压印滚时必定会产生一定的误差，即在输纸台板上纸张的定位状态或多或少地会被破坏。从这个意义上讲，定位点离压印处越近，定位后纸张交接次数越少，越容易保证原定位精度。因此，在现代的一些高速印刷机上，将纸张最终定位点不再是放在输纸台板末端，而是放在压印滚筒上，即在压印滚筒上又设置了一个前规板。这个前规板除随压印滚筒转动，还随自身安装小轴转动，从而实现前规板对纸张的定位。

在这种机构中，纸张在输纸台板上先进行前规及侧规方向的定位（与通常意义上的前规、侧规定位一样），称为预定位，然后由吸气带吸住纸张加速输送至压印滚筒上的前规板处，进行第二次前规定位。这样在印刷前，纸张在前后方向被定位两次，且最后一次定位点放在了压印滚筒上。所以这种超越续纸方式定位精度高，有利于高速印刷。

为了将纸张推至压印滚筒上的前规处进行定位，纸张在向压印滚筒传递时的速度略大于压印滚筒的表面速度，因而这种传纸方式称为超越续纸方式。

超越续纸有真空带式超越续纸、吸气辊式超越续纸及摩擦辊式超越续纸三种形式。

1. 真空带式超越续纸

图 3-91 所示为真空带式超越续纸机构的工作原理。

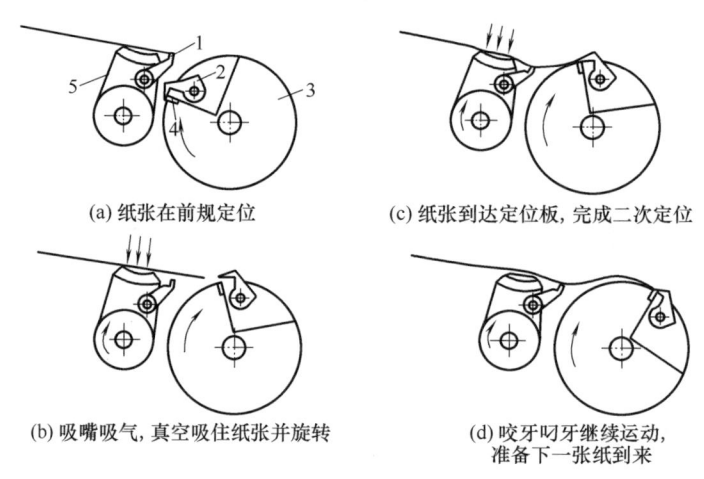

(a) 纸张在前规定位　　　　　(c) 纸张到达定位板，完成二次定位

(b) 吸嘴吸气，真空吸住纸张并旋转　　(d) 咬牙叼牙继续运动，准备下一张纸到来

1—前规；2—咬纸牙；3—压印滚筒；4—压印滚筒定位板；5—真空带

图 3-91　真空带式超越续纸机构的工作原理

其基本工作过程如下：

（1）纸张首先到达前规 1 进行预定位，然后侧规下落进行定位（图中未画出侧规），此时真空带 5 中的吸气装置不吸气，如图 3-91（a）所示。

（2）预定位完成后，吸嘴开始吸气，将纸张吸附在真空带上，前规定位板下摆让纸，真空带 5 吸住纸张并按图示方向作旋转。吸气带的线速度大于压印滚筒的线速度，所以真空带吸住纸张加速向前传送，如图 3-91（b）所示。

（3）纸张以大于滚筒表面的速度到达滚筒的定位板 4，完成第二次定位，如图 3-91（c）所示。

（4）压印滚筒 3 上的咬纸牙 2 叼住纸张继续转动，此时吸气换成吹风，在输纸台与纸张之间形成气垫，使纸张快速向前传送。真空带反转，前规定位板上抬位于定位位置，准备下一张纸的到来，如图 3-91（d）所示。

真空带式超越续纸机构的调节简单、方便，通常只需调节真空度和吹风压力。此外，真空带式超越续纸装置位于输纸台板的下方,通过吸纸续纸,不易蹭脏印品。

2. 吸气辊式超越续纸

图3-92所示为吸气辊式超越续纸机构的工作原理。吸气辊式超越续纸机构主要由两部分组成,一部分是动力传动和变速机构,另一部分是真空工作时间控制和吸纸力调节机构。

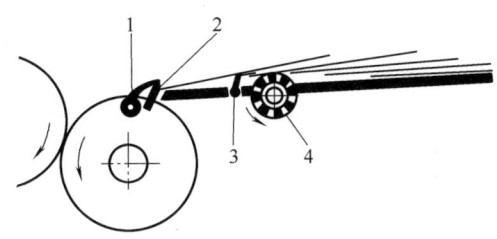

1—咬纸牙;2—前规板;3—前规;4—吸气辊

图3-92 吸气辊式超越续纸机构的工作原理

该机构中,纸张在输纸台板上仍然先经过前规及侧规的第一次定位,然后吸气辊变速转动送纸。当输送纸张时,吸气辊速度由0迅速增加,快速将纸张传向压印滚筒前规板,进行第二次前后方向的定位。此后压印滚筒咬纸牙咬住纸张,进行印刷。压印滚筒咬纸牙咬住纸张后,吸气辊降速转动,最后停止转动,等待下一张纸的到来。吸气辊的变速间歇转动,通常是利用共轭盘形凸轮机构实现的。

在吸气辊上,对应于送纸的表面上有吸气孔,用以吸住纸张进行前送;对应于不需送纸的表面,没有气孔。当没有气孔的表面转到输纸台板上时,不能吸纸。

3. 摩擦辊式超越续纸

如图3-93所示为摩擦辊式超越续纸机构的工作原理。摩擦辊式超越递纸机构主要由上递纸滚轮5、下递纸滚轮3、上挡板8以及前规板9等组成。

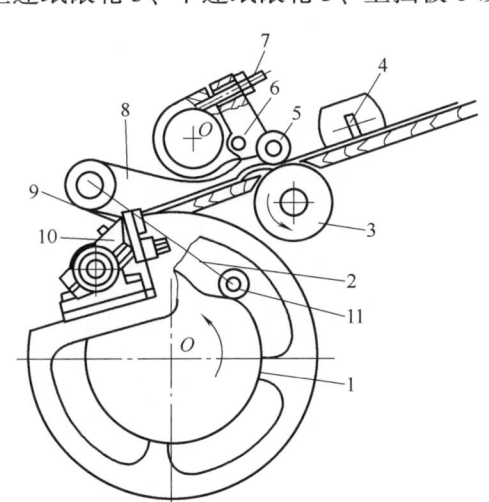

1—凸轮;2,6,10—摆杆;3—下递纸滚轮;4—侧规;5—上递纸滚轮;7—调节螺钉;8—上挡板;9—前规板;11—滚子

图3-93 摩擦辊式超越续纸机构的工作原理

在这种摩擦辊式超越续纸机构中,纸张首先在输纸台板上通过前规和侧规(未示出)进行第一次定位(预定位)后,上递纸滚轮5绕摆动中心摆下,与下递纸滚轮3在一定压力下对滚(下递纸滚轮作间歇转动),利用两者之间的摩擦力将纸张快速(速度大于压印滚筒表面速度)送往压印滚筒上的前规板9进行定位。定位完成后,压印滚筒咬纸牙叼住纸张进行印刷。

上递纸滚轮5的摆动及下递纸滚轮3的转动,分别由压印滚筒轴上的凸轮1通过相应的机构带动。

二、定心摆动式递纸机构

(一)定心摆动式递纸机构工作原理

定心摆动式递纸机构是递纸机构中结构及运动最为简单的一种。图3-94所示为典型的定心摆动式递纸机构原理,图3-95为其结构图。

摆动式递纸牙排4围绕一个固定的轴心O_g做往复摆动,递纸牙的运动轨迹是一段圆弧,工作行程和返回行程都是这段圆弧,只是方向相反。

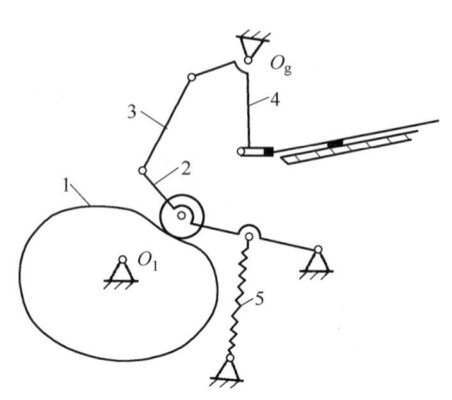
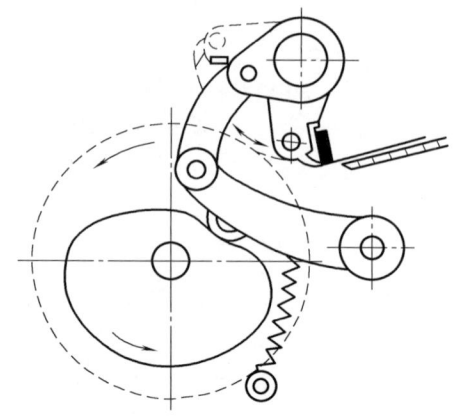

1—凸轮；2—摆杆；3—连杆；4—递纸牙排；5—弹簧
图 3-94 定心摆动式递纸机构原理

图 3-95 定心摆动式递纸机构结构

如图 3-94 所示，安装在压印滚筒轴端的凸轮 1 驱动摆杆 2 和连杆 3，带动递纸牙排 4 绕 O_g 往复摆动。当递纸牙返回输纸台板前时，必须与压印滚筒空当相遇，否则，递纸牙会碰到滚筒的外圆表面。

（二）典型定心摆动式递纸机构

图 3-96 所示为定心下摆式固定头递纸牙机构。递纸牙臂 5 由装在辅助滚筒上的凸轮 2 和 3 控制，绕固定铰链摆动。凸轮 4 通过杠杆机构控制牙片 8 的张闭。正常传纸时，销子 7 在连杆 6 的水平槽内；当离压时，轴 O 顺时针方向转动，拉动连杆 6 绕 A 点逆时针方向转动，销子 7 即落入垂直槽中，在弹簧 9 拉力作用下牙片 8 张开不叼纸。

图 3-97 所示为定心上摆式活动头递纸牙机构。装在压印滚筒上的凸轮 8 控制递纸牙杠杆 1 的摆动。凸轮 6 通过杠杆 7、带槽的连杆 5 及销轴 A 使凸轮 13 摆动，凸轮 13 又通过杠杆控制递纸牙片的张闭。弹簧 9、11 和 12 的作用是消除杠杆系统中的间隙。牙座 2 可绕销轴 B 摆动（B 是牙片 4 的摆动中心），故此种递纸牙为活动头递纸牙。牙座 2 绕 B 的摆动（牙头活动）依靠固定凸轮 3 来实现，张牙与闭牙动作是牙座 2 和牙片绕 B 综合摆动的结果。递纸牙张闭与离压的联锁运动是通过拉杆 10 来实现的。拉杆 10 克服弹簧 9 的压力向左运动时，使连杆 5 上槽中的销子处于其垂直部分，连接销 A 使凸轮 13 顺时针转动，牙片 4 便逆时针转动较大角度，因此在输纸台板前不叼纸。

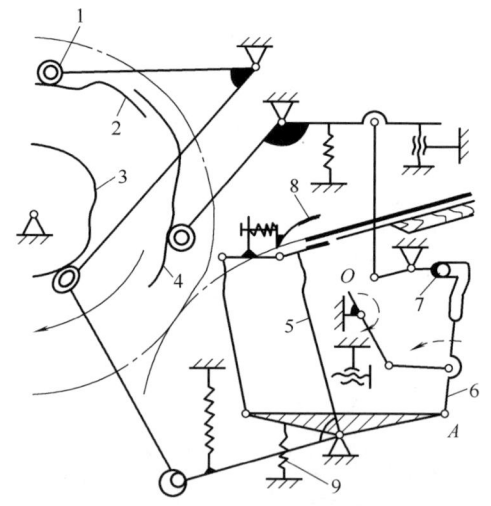

1—滚子；2，3，4—凸轮；5—递纸牙臂；
6—连杆；7—销子；8—牙片；9—弹簧
图 3-96 定心下摆式固定头递纸牙机构

图 3-98 所示为活动头递纸牙中牙头平移的一种。活动牙片 6 和牙座 7 分别由固定在

压印滚筒 5 上的凸轮 3、4 控制。递纸牙摆动臂 9 由凸轮 2 控制，凸轮 1 的作用是使弹簧以一定的压力（即保持一定的压缩量）压向连杆 11 而使凸轮 2 与其上的从动滚子得到力封闭。牙座 7 的高低位置用螺钉 8 来调节。拉杆 10 上升就可压迫牙片 6 张开较大角度而不叼纸，从而实现联锁控制。

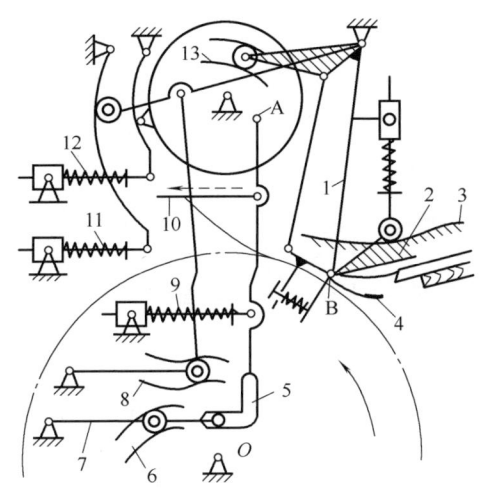

1，7—杠杆；2—牙座；3，13—凸轮；4—牙片；5—连杆；
6，8—凸轮；9，11，12—弹簧；10—拉杆；A，B—销轴

图 3-97 定心上摆式活动头递纸牙机构

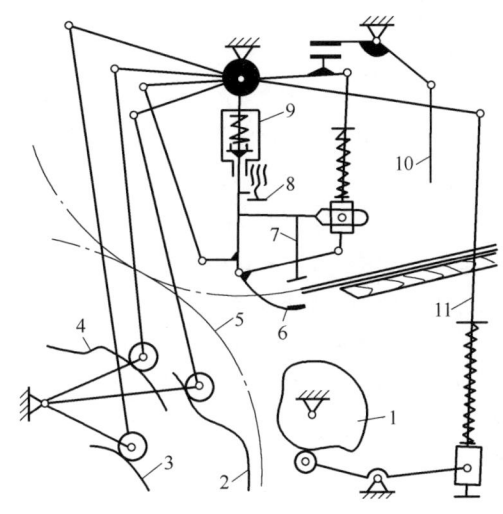

1，2，3，4—凸轮；5—压印滚筒；6—牙片；7—牙座；
8—螺钉；9—摆动臂；10—拉杆；11—连杆

图 3-98 活动头递纸牙机构

三、偏心摆动式递纸机构

（一）偏心摆动式递纸机构工作原理

图 3-99 所示为偏心摆动式递纸牙。递纸牙的摆动中心 O_1 绕固定中心 O 旋转，由于偏心作用，递纸牙的运动轨迹好似水滴形，故递纸牙返回输纸台板取纸时不会与压印滚筒表面接触，这样，递纸牙返回行程的时间可减少 20% 左右。

当递纸牙返回至输纸台板前端时，其摆动速度为 0，递纸牙闭牙咬纸，这时，OO_1 连线与输纸台板垂直。

当递纸牙咬住纸张向左摆动与压印滚筒咬纸牙相遇时，递纸牙的摆动速度与压印滚筒表面线速度相等，这时，OPO_2 呈一直线，在 P 点交接纸张，从 $b \rightarrow c$ 点，递纸牙线速度与压印滚筒的表面线速度值相等。二者从 b 点开始交接，至 c 点结束。即到了 c 点，递纸牙

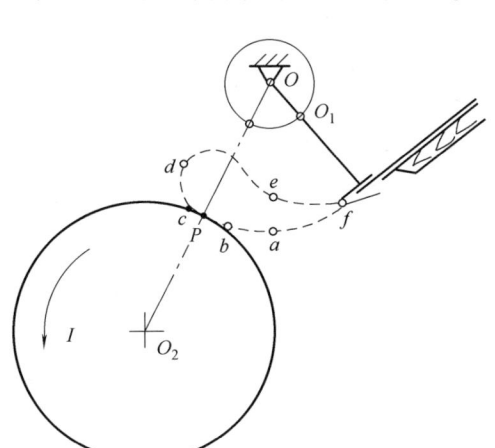

图 3-99 偏心摆动式递纸牙

完全将纸张交给压印滚筒咬纸牙。所以称转过 bc 弧长所用的时间为纸张交接时间，bc 一般为 3mm 左右。

递纸牙运动轨迹各段的速度变化由凸轮控制，其速度特点为：

① 递纸牙摆至输纸台板前端 f 点，其摆动速度为零，这时，闭牙咬纸，然后在 fa 段匀速摆动。

② 递纸牙摆至 ab 段，递纸牙做加速运动。

③ 在 bc 段，递纸牙做匀速摆动，其摆动速度与压印滚筒表面线速度相等，在此段范围内完成纸张交接。

④ 在 cd 段，递纸牙减速向上摆动，摆至极限位置。

⑤ 在 de 段，递纸牙加速返回。

⑥ 在 ef 段，递纸牙减速至 f 点，摆动速度为 0。

至此，递纸牙在凸轮控制下，完成一次工作循环。

（二）典型偏心摆动式递纸机构

常见的偏心摆动式递纸机构有偏心旋转式递纸牙机构和偏心摆动式递纸牙机构。

1. 偏心旋转式递纸牙

图 3-100 所示为偏心旋转式递纸牙原理，图 3-101 所示为偏心旋转式递纸牙结构。递纸牙 6 绕运动轴心 O_g 摆动，而运动轴心 O_g 又绕一固定的轴线 O_1 做圆周旋转运动。旋转的偏心轴与压印滚筒的转速相等，旋转方向相反。

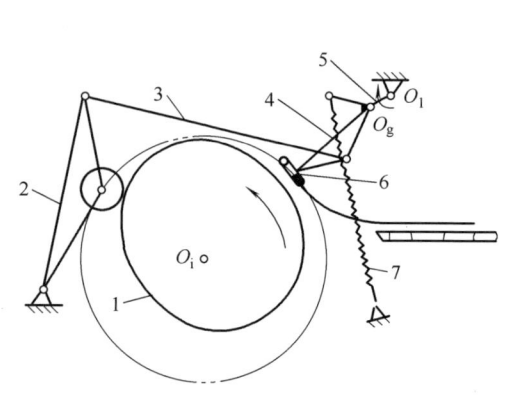

1—凸轮；2—摆杆；3，4—连杆；
5—曲柄；6—递纸牙；7—拉簧
图 3-100 偏心旋转式递纸牙原理

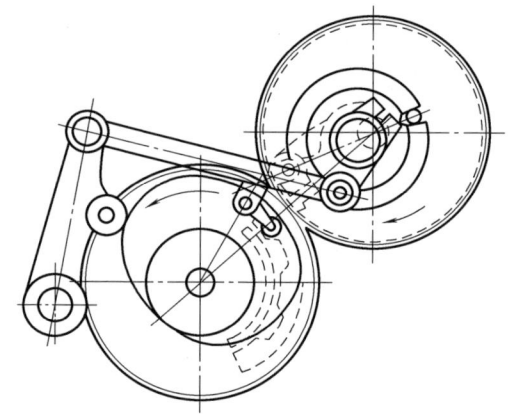

图 3-101 偏心旋转式递纸牙结构

这种递纸牙机构将纸张传递给压印滚筒后，递纸牙摆动中心提高，返回输纸台板时，不会碰撞压印滚筒表面。由图 3-100 可知，摆杆 2、连杆 3 和 4 及曲柄 5 组成一个五杆机构。分别由凸轮 1 和曲柄 5 输入动力，使递纸牙 6 完成递纸运动。由凸轮驱动使递纸牙完成取纸和递纸的摆动运动，曲柄转动使递纸牙完成上下运动。

目前这种类型的递纸机构广泛应用于国产对开平版印刷机。

2. 偏心摆动式递纸牙

在偏心摆动式递纸牙机构中，偏心轴的运动为间歇摆动，如图 3-102 所示。间歇摆动的偏心轴在递纸牙工作行程（递纸行程）中不摆动（停歇），在递纸牙空行程中摆动，以达到提高递纸牙返回轨迹的目的，偏心轴每分钟间歇摆动的次数等于压印滚筒的转数。

由图 3-102 可知，安装在压印滚筒轴端的凸轮 2，随压印滚筒不断旋转，驱动滚子 4，使摆杆 3 上下往复摆动，从而带动连杆 7、摆杆 11，使递纸牙 13 完成从输纸台板前取纸和向压印滚筒递纸。完成递纸后，由凸轮 1 曲面高点驱动滚子 16 使推杆 6 摆动，摆杆 5 使扇形齿轮 8 带动与之相啮合的扇形齿轮 9 逆时针转动一个角度，从而使与偏心轴相连的摆杆 10 带动递纸牙向上提升，使递纸牙返回时，离开压印滚筒表面，避免递纸牙与压印滚筒表面接触。

四、旋转式递纸机构

摆动式或偏心摆动式递纸机构，因其摆动的惯量较大，速度提高时容易产生冲击与振动，因而不适宜高速印刷。目前，随着印刷速度的提高，越来越多的胶印机已采用旋

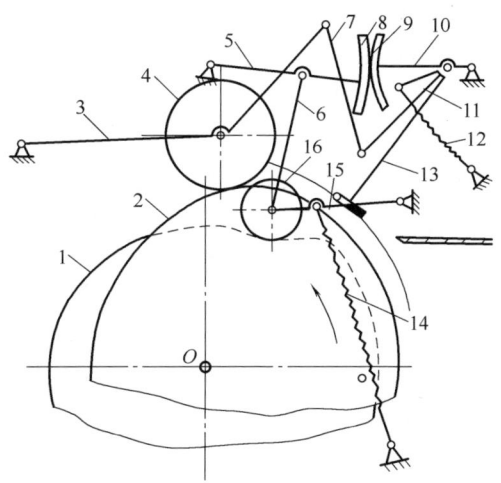

1，2—凸轮；3，5，10，11，15—摆杆；
4，16—滚子；6—推杆；7—连杆；
8，9—扇形齿轮；12，14—拉簧；13—递纸牙
图 3-102　偏心摆动式递纸牙

转式递纸机构进行纸张传递。这种机构运动平稳，无过大冲击，适合高速印刷。旋转式递纸机构是指由递纸滚筒代替摆动式递纸牙，在输纸台板前端接取纸张，然后将其传给压印滚筒的机构。

按递纸滚筒的运动形式不同，旋转式递纸机构主要有连续旋转式和间歇旋转式。

（一）连续旋转式递纸机构

连续旋转式递纸机构是递纸牙安装在递纸滚筒上并随递纸滚筒做连续转动运动。递纸牙又在旋转滚筒上做自身的摆动运动以实现递纸牙的开闭动作，如图 3-103 所示。

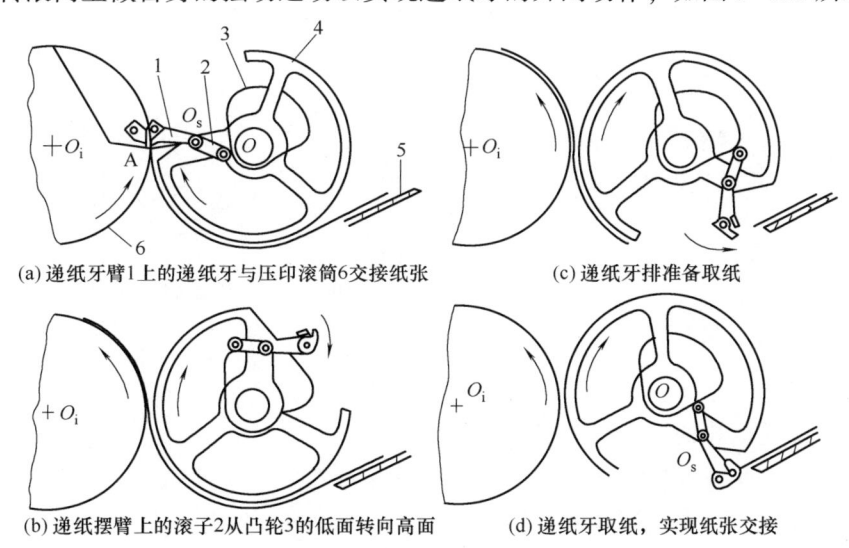

(a) 递纸牙臂1上的递纸牙与压印滚筒6交接纸张
(b) 递纸摆臂上的滚子2从凸轮3的低面转向高面
(c) 递纸牙排准备取纸
(d) 递纸牙取纸，实现纸张交接

1—递纸牙臂；2—滚子；3—凸轮；4—递纸滚筒；5—输纸台板；6—压印滚筒
图 3-103　连续旋转式递纸牙

由图 3-103 可知，递纸滚筒 4 与压印滚筒 6 的直径相等，故滚筒表面线速度大小相等，相切处速度方向一致。凸轮 3 固定在墙板上，在凸轮 3 与滚子 2 的作用下，递纸牙臂 1 绕递纸滚筒上的 O_s 轴摆动。因而递纸牙的运动为随递纸滚筒的转动与自身摆动的复合运动。

图 3-103（a）所示为递纸牙臂 1 尖端上的递纸牙与压印滚筒 6 处于交接纸张的时刻。此时递纸牙排摆臂 2 的滚子与凸轮 3 的等半径的圆弧接触，递纸牙不摆动，递纸牙的线速度等于递纸滚筒 4 的表面速度，此时，递纸牙的线速度也与压印滚筒表面速度相等。实现了递纸牙与压印滚筒在相对静止中交接纸张，以保证准确和稳定的交接。

图 3-103（b）所示，纸张交接后，在递纸滚筒 4 旋转的同时，递纸牙排摆臂 2 上的滚子从凸轮 3 的低面转向高面，使递纸牙臂 1 绕 O_s 轴顺着递纸滚筒旋转方向摆动。此时递纸牙的速度大于递纸滚筒的表面速度。

图 3-103（c）所示，递纸牙臂在凸轮 3 曲面高点的作用下，已超过在输纸台板前取纸的位置，摆至输纸台板的极限位置后，递纸牙臂排逆滚筒旋转方向摆动，摆向输纸台板前准备取纸。此时递纸牙的速度小于递纸滚筒的表面速度。

图 3-103（d）所示，滚子 2 上的滚子从凸轮 3 的高面转向低面，在输纸台板前规处取纸此时，递纸牙臂 1 绕 O_s 摆动，递纸牙的速度达到最大值，其旋转方向与递纸滚筒的旋转方向相反，此时递纸牙的综合绝对速度为 0，实现了递纸牙在绝对静止状态下叼住纸张。随后，递纸牙叼着纸张跟随递纸滚筒 4 旋转到与压印滚筒 6 的交接位置时再将纸张交给压印滚筒 6，实现纸张的交接。

（二）间歇旋转式递纸机构

间歇旋转式递纸机构中，递纸滚筒设在输纸台板的下方，且做间歇旋转。当递纸滚筒停止转动时，在静止状态下从输纸台板前端接取纸张。当其旋转并加速到与压印滚筒的表面线速度相等时，将纸张交给压印滚筒。间歇旋转式递纸机构采用了槽轮与齿轮传动相结合的机构，使递纸牙获得一定规律的间歇旋转运动，如图 3-104 所示。

由图 3-104 可知，压印滚筒 1 旋转，通过齿轮传动带动传纸滚筒 2 转动，传纸滚筒轴端齿 Z_2 与连续回转拨盘 9 轴端齿轮 Z_5 啮合，$Z_5 : Z_2 = 3 : 1$。回转拨盘 9 上装有三个圆销 10（各间隔 120°），连续回转拨盘 9 在旋转时，圆销 10 不断地进入和退出间歇转盘即槽轮转盘 8 的槽内，从而拨动槽轮转动一个角度。槽轮转盘 8 上有五个槽（间隔 72°），当拨销拨动槽轮时，从拨销进入槽和

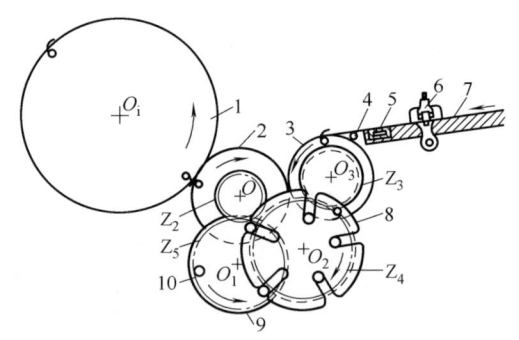

1—压印滚筒；2—传纸滚筒；3—递纸滚筒；4—下摆式前规；5—吸气孔；6—侧拉规；7—输纸台板；8—槽轮转盘；9—回转拨盘；10—圆销

图 3-104　间歇旋转式递纸牙

退出槽，槽轮转盘 8 转过 72°。此时由槽轮轴端齿轮 Z_4，带动递纸滚筒 3 轴端齿轮 Z_3 转动 1/2 周，$Z_3 : Z_4 = 2 : 5$。递纸滚筒 3 装有两排咬纸牙排，其中一排牙从输纸台板 7 前叼纸，然后经传纸滚筒 2 交给双倍直径的压印滚筒 1，完成递纸过程。该机构没有摆动运动，同时由于设计的五槽机构中，直槽边缘为圆弧，两拨销进入和退出槽轮圆弧段曲率中

心为 O_1，故同时进入和退出的两拨销锁住槽轮转盘 8。该机构递纸运动平稳，适用于高速印刷机。

在这种机构中，压印滚筒 1 转 1/2 周，传纸滚筒 2 转 1 周，连续回转拨盘 9 转 1/3 周，槽轮转盘 8 转 1/5 周，递纸滚筒 3 转 1/2 周。递纸滚筒 3 装有两排咬纸牙，转 1/2 周传一张纸，压印滚筒 1 转 1/2 周印一张印品。因此在一个工作循环时间内，槽轮转盘 8 转动角度为 72°。

采用槽轮机构原理设计的递纸机构，递纸滚筒转速小于压印滚筒转速，提高了运动的平稳性。另外，由于递纸滚筒仅单方向间歇转动，转动惯量小，能够满足套印精度的要求。

五、印刷机组间的传纸及纸张翻转机构

（一）印刷机组件的传纸

在多色印刷机上，色组与色组间需要传递纸张。即印品印完一色后，需通过传纸装置输送至下一色组继续印刷。为确保套印精度，必须保证色组间纸张传送的准确性和可靠性。

理想情况下，色组间的传纸应在全部图文印刷完毕后开始传纸。但这在设计上实现有一定困难。现代大多数印刷机在图文未印刷完毕就进行传纸，也可达到令人满意的效果。

色组间的传纸方式很多，传纸方式的选用与色数、压印滚筒直径、各滚筒尺寸关系、印刷面数等因素有关。

1. 公共压印滚筒

图 3-105 所示为采用公共压印滚筒进行两色印刷的传纸方式示意图。公共压印滚筒方式即在同一压印滚筒上连续印刷两色或多色，国产 J2201 型和 J2203 型胶印机均属此类型。由于公共压印滚筒的咬纸牙一次咬纸的情况下可进行两个色组的印刷，因此易保证套印精度，并且结构紧凑。但由于第一色压印与第二色压印相隔时间短，易发生串色现象。

采用公共压印滚筒形式的多色胶印机实际上就是卫星式印刷机。

2. 机组式印刷机的色组间传纸

对于每个印刷组印一色或每一压印滚筒印一色的机组式多色胶印机来说，机组间的传纸通常采用滚筒传纸和链条传纸两种方式。

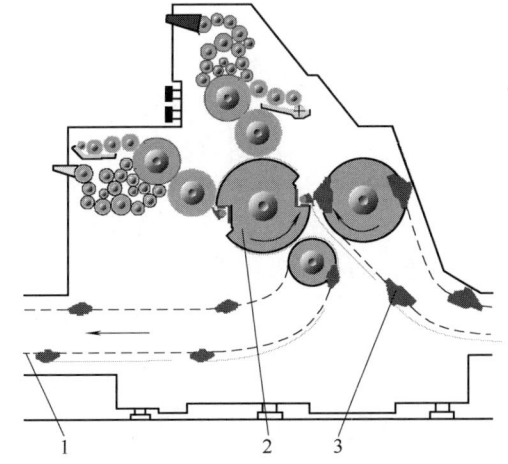

1—链条；2—双倍径压印滚筒；3—咬纸牙排
图 3-105 公共压印滚筒传纸方式

（1）滚筒传纸。图 3-106 所示为滚筒传纸的原理图，图 3-106（a）、图 3-106（b）、图 3-106（c）分别表示交接前、交接瞬间及交接后的情况。

由于采用齿轮传动来保证交接关系，故传纸精度高。但由于传动齿轮与压印滚筒齿轮

相啮合，所以传纸滚筒齿轮的加工精度要求较高。滚筒传纸方式一般根据滚筒的大小和运转方式划分为电滚筒传纸方式、三滚筒传纸方式和大直径滚筒传纸三种。

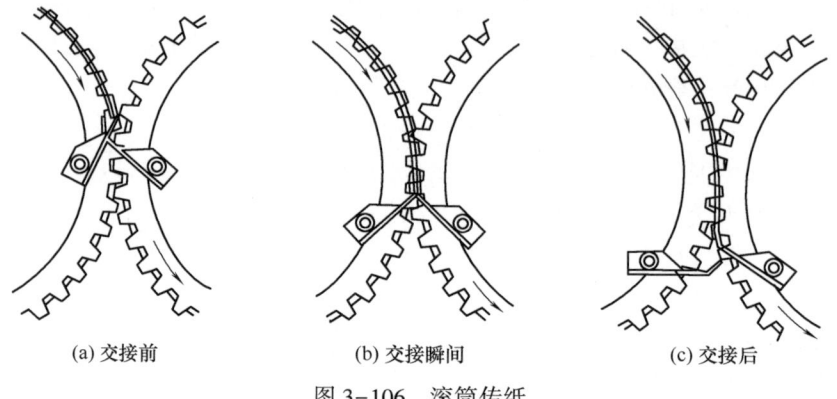

(a) 交接前　　　　　(b) 交接瞬间　　　　　(c) 交接后

图 3-106　滚筒传纸

（2）链条传纸。链条传纸适合于色组间距离较大的场合（图 3-107），其缺点是链条磨损后会伸长，难以保持较高的传动精度。

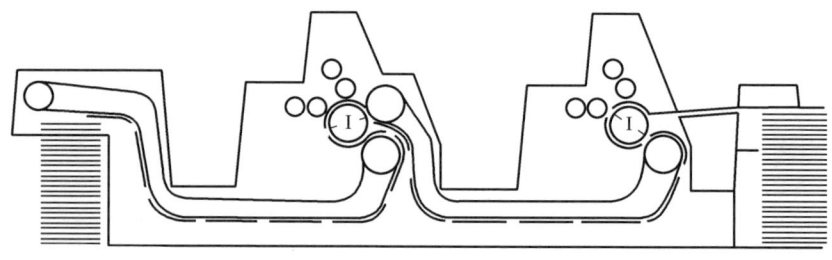

图 3-107　机组间的链条传纸

（二）纸张翻转机构

纸张翻转机构的作用是当纸张印刷第一面后，把它翻转过来以便在下一印刷机组印刷另一面。这种经过一个印刷过程就能对纸张两面进行印刷的胶印机称为双面印胶印机。图 3-108 所示为海德堡 M 系列单张纸胶印机所采用的可变换双面印刷的纸张翻转机构示意图。其中，图 3-108（a）为单面印刷情形，此时为三滚筒传纸。图 3-108（b）进行双面印刷时，翻转滚筒 3 的钳式叼纸牙（可摆动 180°）叼住纸张的尾缘，然后掉转方向将尾缘传送给下一个印刷机组。倍径储纸滚筒 2 上配有偏心旋转的吸嘴将纸张在轴向和周向拉

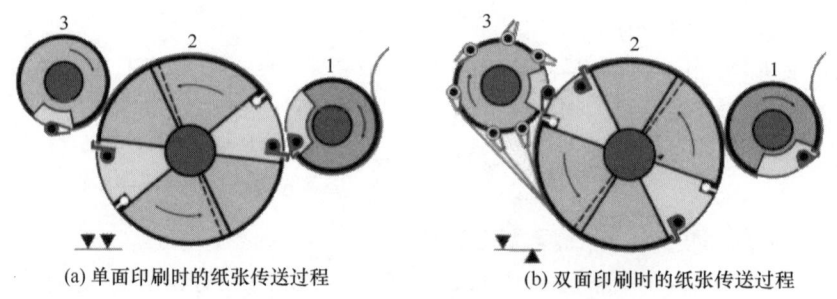

(a) 单面印刷时的纸张传送过程　　　(b) 双面印刷时的纸张传送过程

1—传纸滚筒；2—倍径储纸滚筒；3—翻转滚筒

图 3-108　可变双面印刷的纸张翻转机构示意图

紧，以便于翻转滚筒准确地将纸张咬紧。图3-108（b）中翻转滚筒3上示出了翻转叼牙在不同时刻所处的位置及状态。

对翻转机构的要求：保证在机器工作速度下，反面与正面能够套准；机构既可工作于单面印刷又可工作于双面印刷，而且从一种工作状态转换到另一种工作状态应当操作方便；不允许在翻转过程中弄脏已印表面或使印张褶皱等。

第五节 收纸部件

单张纸胶印机收纸装置的作用是把已印刷完成的印张从压印滚筒上取走，传送到收纸台，由理纸机构把印刷品闯齐，堆叠成垛。

收纸部件接过的印张是刚刚经压印完成油墨转移的印张。印刷表面的墨迹尚未干燥。因而，保护好印刷的图文并且将印张收集整齐成为收纸部件的主要任务。印刷机对收纸部件也有较高的要求。具体要求是：

① 能可靠准确地将印张输出并整齐地堆放在收纸台上，且不损伤纸张、不蹭脏图文、不沾脏印品。

② 收纸时印品的印刷面通常朝上，以便于操作者清楚地观察印品。

③ 收纸堆应堆放整齐，便于后工序检验、运输、裁切、折页等。

④ 印张纸边不撕口。

⑤ 为减少停机时间，应设有不停机更换收纸堆的装置，保证不停机操作。

⑥ 收纸装置要有较强的适应性，对各种不同厚度的纸都能收齐。

目前，常见的收纸方式有低台收纸和高台收纸两种。低台收纸方式，收纸台位于压印滚筒下方，其收纸堆高度一般不超过600mm。低台收纸的优点是占地面积小，机器结构简单，重量轻、造价低。低台收纸的缺点是因更换纸堆停机次数较多。该种收纸方式常见于四开胶印机上。高台收纸方式，收纸堆收纸高度一般可达900mm以上，便于安放晾纸架，看样取样方便，高台收纸装置较重，占地面积大。

以上两种收纸形式各有其优缺点。对于大型的胶印机如全张纸胶印机，不宜采用低台收纸方式。因为低台收纸时，机器高度增加，装版、装橡皮布和擦洗橡皮滚筒、擦版、调墨等都不方便。对开系列规格的胶印机，两种收纸方式均可采用。

单张纸印刷机的收纸部件是指印刷机上收集单张印张并将其整齐地堆积在收纸台上的部件，主要由收纸滚筒、收纸传送装置、理纸机构、收纸台及收纸台升降机构等组成。

一、收纸滚筒

收纸滚筒安装在压印滚筒的下方，收纸滚筒通过齿轮传动将电机的动力传给压印滚筒。由于两传动齿轮的齿数、模数、压力角等完全相同，所以两滚筒转速相同，旋转方向相反。在收纸滚筒的两端轴上装有链轮。收纸链排在链轮的带动下运动。链排运动的线速度等于压印滚筒的表面速度。压印滚筒Ⅰ叼着纸张印刷完成后，叼牙已转到压印滚筒的下方，与收纸链排上的一排咬牙相遇，在等速下完成纸张交接，将印张转交给收纸链排咬纸牙，如图3-109所示。此时链排咬纸牙处在收纸滚筒的表面，其两边链条链节与链轮啮合。随着收纸滚筒的不断旋转，通过链轮带动收纸链排向前传送，传至纸堆上方，链排叼

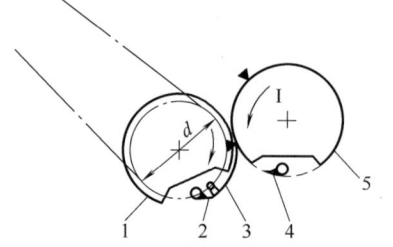

1—收纸滚筒；2—收纸咬纸牙；3—印张；
4—压印滚筒咬纸牙；5—压印滚筒

图3-109　印张的交接

牙碰到开牙凸块开牙放纸，将纸张收齐在纸堆上。

由于收纸滚筒的主要作用是带动收纸链条传送纸张，因此收纸滚筒两端的链轮是必需的。收纸牙排叼牙在收纸滚筒表面接过的是刚印完的印张，表面墨迹未干，且印刷面由于这种交接关系，又必定贴着收纸滚筒表面，容易蹭脏图文画面。如J2203A型、J2108A型胶印机收纸滚筒表面有9根滑杆，每根滑杆上安装有9个防蹭脏的橡胶托纸轮，既可以托住纸张，又起到了防蹭脏的作用。

二、收纸传送装置

目前，单张纸印刷机的收纸部分大多采用链条传送装置。

图3-110所示为J2108型胶印机的链条传送装置。两条套筒滚子链5装在主动链轮3和从动链轮7上，且布置在机器两侧。其上有12排咬牙排装在托架6上。当咬牙的牙垫转至与压印滚筒1表面A点相切位置时，咬牙在开牙凸轮块2作用下咬住纸张并带其运行。当运行到从动链轮7时，咬牙上的滚子4受到开牙凸轮块8的作用打开咬牙，将纸张放置在收纸台9上。每排咬牙都在A点接取纸张，在开牙凸轮块8处开牙放纸。在整个链条的运动路线上下都有导纸板10控制。通常从动链轮7的轴是可移动的，以便调整链轮的中心距。当链条磨损伸长后，改变从动链轮7的位置即可实现链条的拉紧。

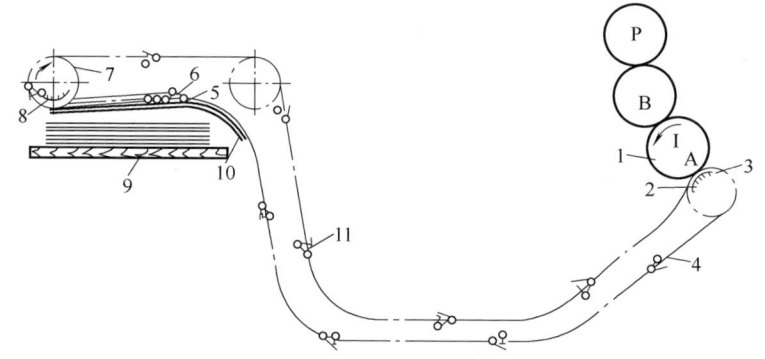

1—压印滚筒；2, 8—开牙凸轮块；3—主动链轮；4—滚子；5—套筒滚子链；6—托架；
7—从动链轮；9—收纸台；10—导纸板；11—咬纸牙排

图3-110　J2108型胶印机的链条传送装置

图3-111所示为海德堡速霸102-4型胶印机的链条传送装置。主动收纸链轮1从压印滚筒上接过纸张，经套筒滚子链2带动咬纸牙排3到从动链轮4开牙后将纸张放在收纸台5上。整个链条装有5排咬纸牙，链条上下也装有导轨板，导轨板对链排起支承与导向作用。

收纸链条的长度取决于机器的总体布局。在运行过程中只要能够满足印张的干燥、喷粉、平整及减速稳定收纸等条件，链条越短，机器越紧凑，效益越大。

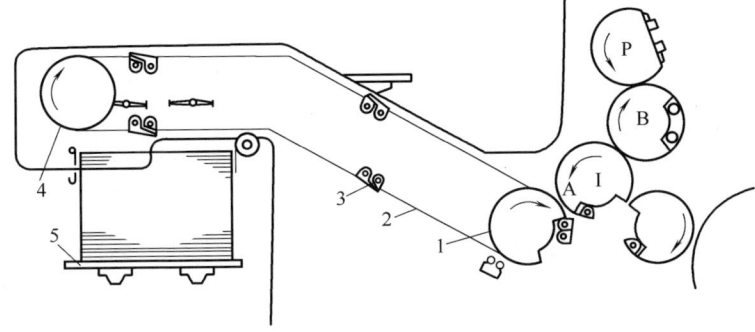

1—主动收纸链轮；2—套筒滚子链；3—咬纸牙排；4—从动链轮；5—收纸台

图 3-111　海德堡速霸 102-4 型胶印机的链条传送装置

三、理纸机构

理纸机构的作用是从收纸链排上接过纸张，并使纸张减速，放于收纸台上，将纸理齐。理纸机构包括纸张制动辊、风扇、理纸机构、平纸器和取样接纸五大部分。

印张通过收纸链条经制动辊减速后，纸张前缘到达前齐纸位置。此时，两边的侧齐纸机构向机器中心推进，把落在纸台上的印张闯齐，单张纸胶印机均设有理纸机构。由此可见，理纸机构是收纸的最后一道工序，收齐纸张。

图 3-112 所示为理纸机构示意图。理纸机构主要由两块侧理纸挡板、前理纸挡板、后理纸挡板以及相应的传动机构组成。

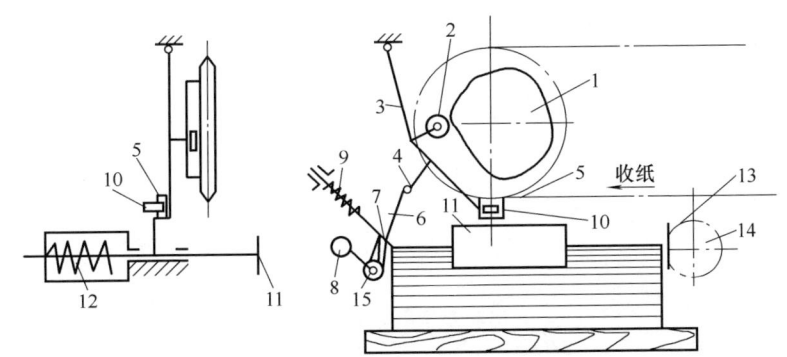

1—凸轮；2，10—滚子；3—摆杆；4—销子；5—斜面块；6—挡杆；7—前理纸挡板；8—手柄；
9—压缩弹簧；11—侧理纸挡板；12—撑簧；13—后理纸挡板；14—吸风轮；15—轴

图 3-112　理纸机构示意图

J2203A 型、J2108A 型胶印机采用的就是这种理纸机构。这种理纸机构的两个侧理纸挡板做往复运动，后理纸挡板固定不动，前理纸挡板做小量的前后摆动。该类机器的侧理纸挡板结构大致相同。

如图 3-112 所示，凸轮 1 在收纸链条、链轮的带动下转动。其转速和滚筒转速相等，滚筒转一周，印刷一张印品，理纸挡板运动一次。摆杆 3 上固定有销子 4 和斜面块 5。摆杆 3 在凸轮 1 的作用下做定轴线摆动。当凸轮 1 大面作用于滚子 2 时，销子 4 和挡杆 6 相接触，推动挡杆 6 摆动，从而使轴 15 摆动。因轴 15 与挡杆 6 及前理纸挡板均为紧固连接，所以前理纸挡板也随之摆动，向纸堆外倾倒。当凸轮小面作用于滚子 2 时，在压缩弹簧 9 的作用下，前理纸挡板返回齐纸。如此实现了前齐纸挡板的往复摆动。

机构中手柄 8 的作用是，当需要从收纸堆中取出部分印张进行随机检查时，可将手柄 8 下压，使前理纸挡纸板 7 外摆远离纸堆。取纸结束后，再使手柄 8 复位。

侧理纸挡板的往复运动过程是：当凸轮 1 大面作用于滚子 2 时，摆杆 3 上的斜面块 5 推动滚子 10，使侧理纸挡板 11 克服撑簧 12 的作用力离开纸堆，撑簧 12 被压缩。当凸轮 1 小面作用于滚子 2 时，在撑簧 12 恢复力的作用下，侧理纸挡板 11 被推动靠向纸堆。这就是侧理纸挡板的工作过程。侧理纸挡板的工作位置，可以根据纸张规格尺寸进行调节。

后理纸挡板 13 和吸风轮 14 轴向固定，因此没有轴线方向的运动。根据纸张宽度，其前后位置可以调节。侧理纸挡板的运动与收纸咬纸牙的开牙时间有相位关系。当咬纸牙抵达收纸台上方并开牙放纸时，挡板应处于让纸位置。

四、收纸台升降机构

目前，大多数单张纸胶印机都能通过探测收纸堆高度，实现收纸台自动升降及纸堆自动控制。

收纸台升降机构有链条式和钢丝绳式两种。钢丝绳式升降机构通常在一些旧式机器上使用。因其结构上的不完善，现已很少使用。目前，胶印机上多采用链条传动的悬挂式升降机构。

图 3-113 所示为 J2203A 型、J2108A 型胶印机收纸台升降机构原理。收纸台升降包括收纸台自动下降、收纸台连续升降和收纸台手动升降三种形式。

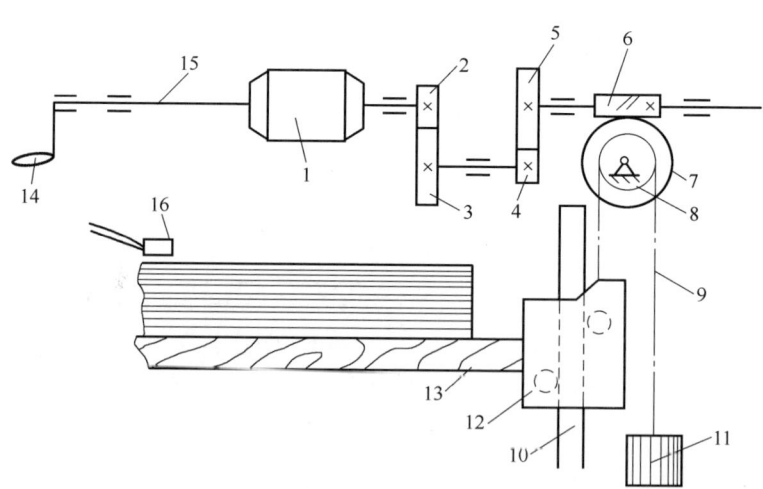

1—电机；2，3，4，5—齿轮；6—蜗杆；7—蜗轮；8—链轮；9—链条；10—导轨；
11—重物；12—滚珠轴承；13—收纸台；14—手柄；15—传动轴；16—压脚
图 3-113 J2203A 型、J2108A 型胶印机收纸台升降机构原理

（一）收纸台自动下降

收纸台的自动下降由侧齐纸板上的微动开关控制。收纸堆达到一定高度后，收纸堆最

上面部分的纸张接触到侧理纸挡板上的微动开关，接通继电器，使收纸台升降电机起动，纸堆下降。纸堆下降一段距离，离开微动开关后，开关复位，电机1停止转动。电机1转动时带动齿轮2、3、4、5旋转，继而使蜗杆6旋转，蜗杆6带动蜗轮7，因升降链轮轴与蜗轮轴同轴，通过链轮8使收纸升降链条9带动收纸升降悬臂即收纸台13下降。一般每次下降15~20mm。收纸台升降速度为1.822m/min。为了防止收纸台满载时因纸张的自重溜车，在电机轴上设有刹车机构。为了保证收纸台升降时的自锁功能，在收纸台升降机构传动系统中设计有一对单头蜗轮蜗杆机构。这样，无论收纸台上有多少张纸，收纸台都不会自动下降。

（二）收纸台连续升降

收纸台收满纸堆后应更换纸台，需将收纸台连续升到所需高度或连续降到地面。在收纸操纵机构上设计有点动升或点动降按钮。该机构工作时，收纸台就会产生连续升或连续降动作。点动和侧齐纸的微动开关线路相串联，通过二者的任一开关，均可使电机转动。

（三）收纸台手动升降

如图3-114所示为J2203A型、J2108A型胶印机收纸台升降机构结构图，在电机1的左端设有手柄14。摇动手柄14，可使传动轴15旋转，带动齿轮2、3、4、5旋转。在此机构中设计有机动、手动互锁机构，即机动时不能再手动，手动时机动必须断电。当手柄14插入孔中时，压动一微动开关，切断了收纸升降电机的电源，机动动作被限制。通过微动开关使机动、手动实现互锁。

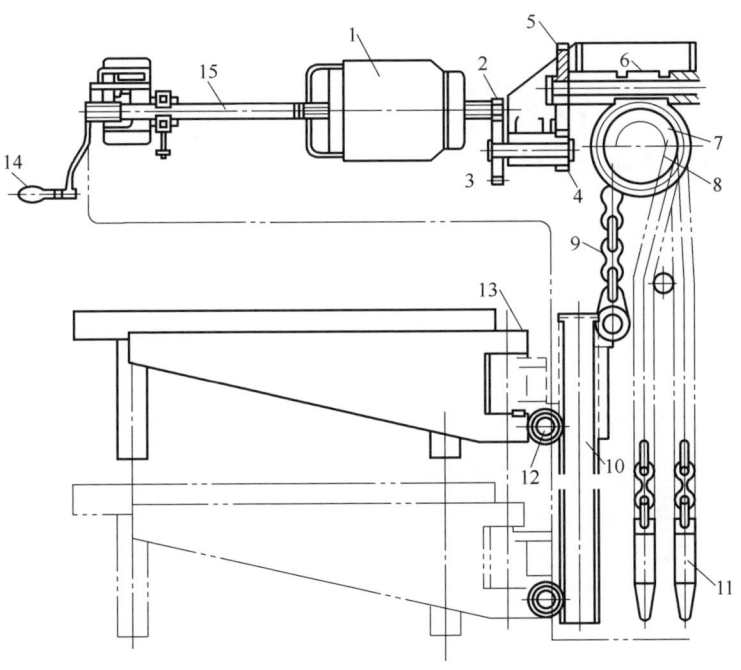

1—电机；2，3，4，5—齿轮；6—蜗杆；7—蜗轮；8—链轮；9—链条；10—导轨；
11—重物；12—滚珠轴承；13—收纸台；14—手柄；15—传动轴

图3-114　J2203A型、J2108A型胶印机收纸台升降机构结构图

收纸部件补充视频见视频3-9和视频3-10。

第四章 卷筒纸胶印机原理与结构

卷筒纸印刷机是指，承印材料是从卷筒纸纸卷上展开的连续纸带，在一定张紧力张紧的状态下向前输送，进入两滚筒接触的印刷副之间，在印刷压力下对滚，完成图文向纸张的印刷转移。根据印版的不同，卷筒纸印刷机又分为凸版印刷机、凹版印刷机、胶印机及柔性版印刷机等。

本章视频
扫码观看

第一节 卷筒纸胶印机概述

卷筒纸胶印机是以卷筒纸为承印材料进行印刷的胶印机。卷筒纸胶印机由放卷部件、张力牵引及控制部件、印刷部件以及折页、裁切部件等组成。印刷过程中，放卷部件源源不断地展开料带，料带被张紧向前传送，在运动中经过印刷滚筒相互滚压的印刷压力，完成油墨图文向料带表面的转移，然后进行折页、分切等工序，完成卷筒纸的印刷过程。卷筒纸胶印机的结构如图4-1所示。

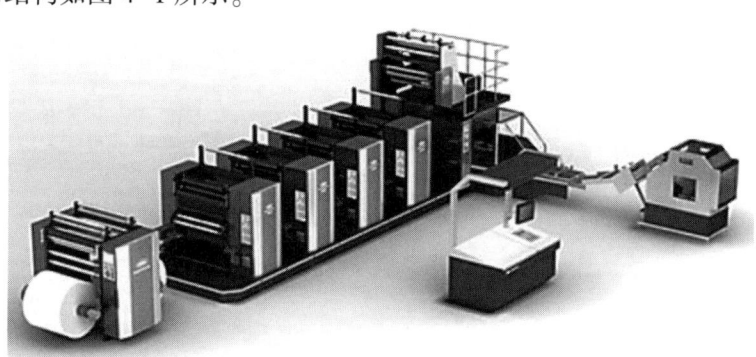

图4-1 卷筒纸胶印机

一、卷筒纸胶印机的特点

卷筒纸胶印机工作效率高，能一次完成卷筒料放卷、印刷、折页、裁切等多种工艺操作，适合于报纸、书刊、杂志、商业印刷品等印量较大的印刷。卷筒纸胶印机的特点如下：

（一）卷筒纸胶印机的优点

1. 生产效率高

生产效率高是卷筒纸胶印机的突出优点，特别是针对有严格时效要求、印量大的报纸印刷其更具优势。目前，新闻卷筒纸胶印机的印刷速度已经达到18万印/h，商业和书刊卷筒纸胶印机的印刷速度已经达到6万印/h。如果采用多纸路、多纸卷同时印刷，生产效率还可以成倍提高。

2. 经济效益好

卷筒纸胶印机具有良好的经济效益。新闻卷筒纸胶印机能够按照报纸的要求进行裁切、折页和配页，直接输出成品；书刊卷筒纸胶印机能够按照书刊的开本进行裁切和折页，输出书帖；商业卷筒纸胶印机能够裁单张或进行裁切、折页，按照印刷成品的要求形式进行输出。

3. 新技术采用较多

卷筒纸胶印机具有长纸路、高速度、多功能等特点，目前高质量的印品要求越来越迫切，促使许多新型技术应用于卷筒纸胶印机上。例如，为了提高印品质量、减少废品率，卷筒纸胶印机采用了无缝套筒的橡皮布、窄缝印版滚筒、墨色和套准遥控、无轴驱动等新技术和结构。为了满足印刷品的工艺要求和使用要求，卷筒纸胶印机还与裁单张机、压痕机、烫金机、模切机、订书机、打捆机等联机，输出单张纸，或输出装订的书册，或输出打捆的报纸等形式。卷筒纸胶印机还可以与柔印、凹印、网印、数字印刷结构等组合成综合印刷的印刷设备。

(二) 卷筒纸胶印机的缺点

1. 设备的灵活性不够

由于卷筒纸胶印机只能改变印刷尺寸的宽度，而不能改变裁切长度，再加上折页机构的开本一定，因而在印刷面积和开本上受到一定的限制。目前发展起来的卷筒纸裁单张纸机构，就是为了弥补这一缺陷而设计的。

2. 噪声较大

由于卷筒纸胶印机速度高，使得印刷滚筒的空档、折页装置的折刀与夹板等装置会在工作时产生噪声，造成较大的环境噪声污染，不利于操作者的身体健康。

3. 纸张浪费较大

纸张的缺陷、张力控制的偏差和工作中的失误等，都会造成印刷过程中的印刷故障甚至出现纸带断裂故障。因为卷筒纸胶印机的工作速度高，这些故障会造成较大的纸张浪费。

二、卷筒纸胶印机的分类

(一) 按印刷机的用途分类

按印刷机的用途，卷筒纸胶印机可分为报纸卷筒纸胶印机、书刊卷筒纸胶印机和商业卷筒纸胶印机三类。

1. 报纸卷筒纸胶印机

该设备主要印刷新闻纸，采用冷固型油墨，无烘干装置。报纸卷筒纸胶印机具有印刷速度高、机型大（单幅或双幅纸张宽度）、常用 B-B 型印刷单元、可进行八开折页等特点。随着彩报印刷的增多，塔式印刷机组已成为主要类型。

2. 书刊卷筒纸胶印机

书刊卷筒纸胶印机以印刷胶版纸为主，采用冷固型快干油墨，无烘干和冷却装置。书刊卷筒纸胶印机的印刷质量高于报纸卷筒纸胶印机，印刷精度不及商业卷筒纸胶印机。该设备结构较简单，还配备综合折页机，输出的是书帖。

3. 商业卷筒纸胶印机

商业卷筒纸胶印机如图 4-2 所示，主要印刷薄铜版纸，采用热固型油墨，配备烘干和冷却装置，具备较精准的张力控制系统。主要印刷彩色期刊杂志、商业广告、画报、商品目录、挂历和包装用品等。

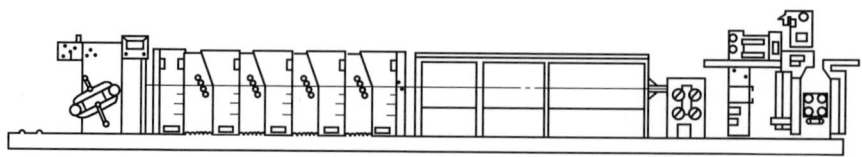

图 4-2 商业印刷用的卷筒纸胶印机

（二）按印刷滚筒排列方式分类

按印刷滚筒排列方式，卷筒纸胶印机可分为 B-B 型卷筒纸胶印机、卫星式卷筒纸胶印机。

1. B-B 型卷筒纸胶印机

B-B 型卷筒纸胶印机没有压印滚筒，纸带从两个橡皮滚筒之间通过，直接完成双面印刷。按照走纸方向，B-B 型卷筒纸胶印机又分为水平走纸的 B-B 型［图 4-3（a）］和垂直走纸的 B-B 型［图 4-3（b）］。通常，报纸印刷机以垂直走纸的 B-B 型为主，商业印刷机以水平走纸的 B-B 型为主。

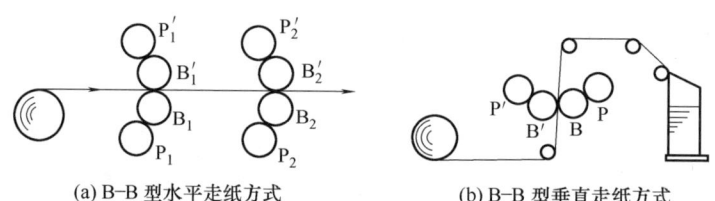

(a) B-B 型水平走纸方式　　　(b) B-B 型垂直走纸方式

图 4-3　B-B 型滚筒排列的卷筒纸胶印机

图 4-4（a）为德国海德堡 M-600 型卷筒纸印刷机的印刷单元排列，它采用的是水平

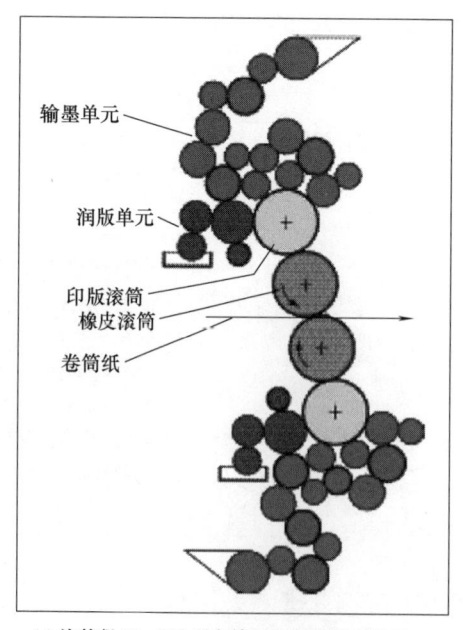

(a) 海德堡 M-600 型卷筒纸印刷机印刷单元

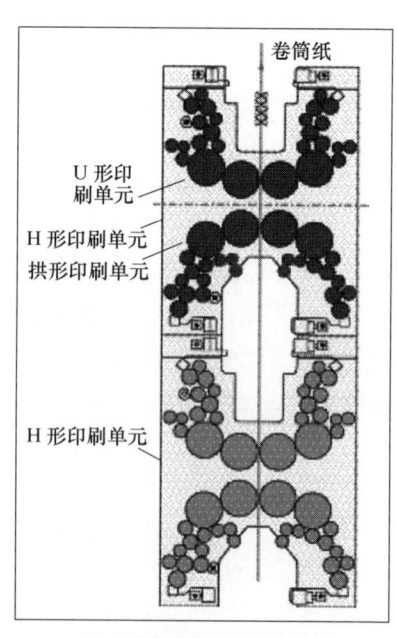

(b) 上海高斯双 H 型印刷单元

图 4-4　印刷单元示意图

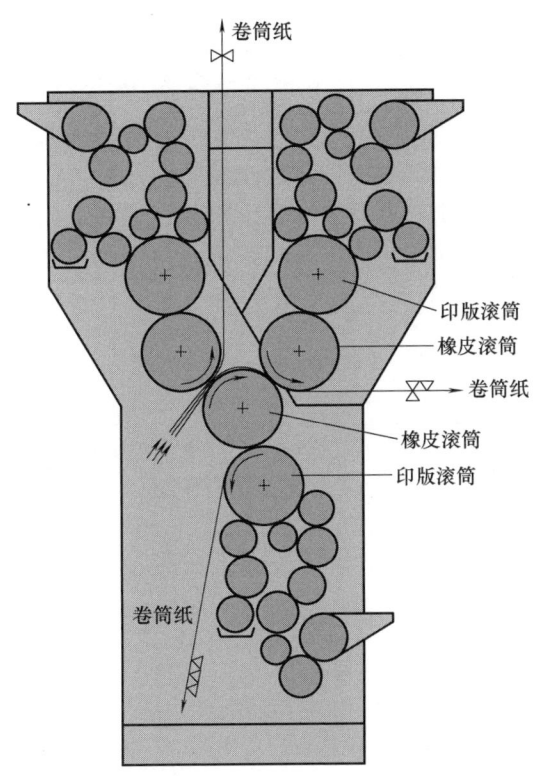

图 4-5 Y 型印刷单元（高宝）

走纸的滚筒排列方式。

垂直走纸的 B-B 型印刷单元，滚筒为左右横向排列，上下结构类似"H"型，故又称 H 型印刷单元；也有上下两层"H"结构层叠排列布置的，称为双 H 型印刷单元。图 4-4（b）为上海高斯印刷机械有限公司的双 H 型印刷单元结构。

将 B-B 型印刷装置进行组合，可形成更为复杂的印刷机组。图 4-5 所示为德国高宝公司的印刷单元组合，其印刷滚筒排列方式可进行一面单色、一面双色印刷，主要应用于报纸印刷。因其结构形状像"Y"型，通常在印刷行业上又称为 Y 型排列的印刷单元。

将两组垂直走纸的 B-B 型印刷色组进行上下结构组合，组成 H 型印刷机组。两个 H 型印刷机组上下组合，成为 2H 的塔式印刷单元，可以完成一次走纸，双面四色印刷。图 4-6 所示为 2H 塔式印刷结构的报业卷筒纸胶印机。目前，这种形式的印刷机广泛应用于彩色报纸的印刷。

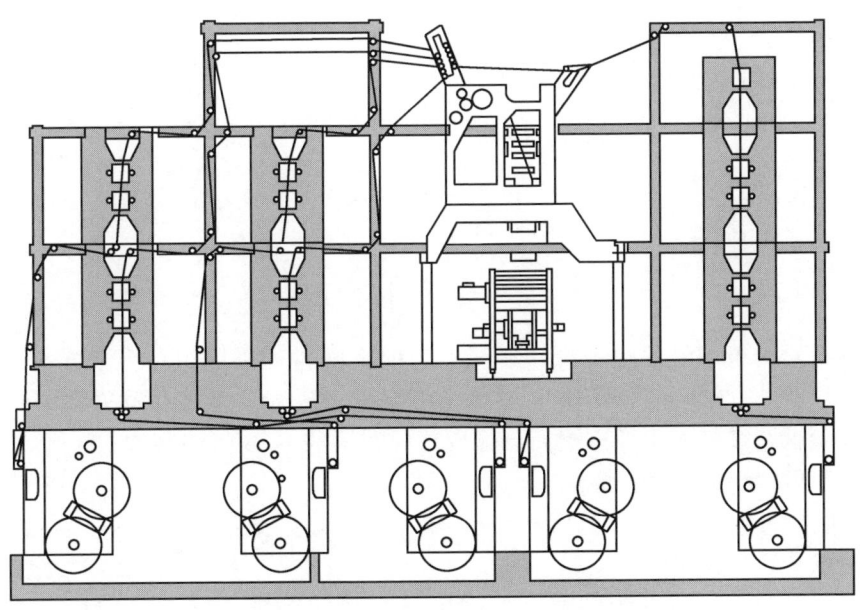

图 4-6 2H 塔式印刷结构的报业卷筒纸胶印机

2. 卫星式卷筒纸胶印机

卫星式卷筒纸胶印机，是基于其印刷单元滚筒的排列形式而得名的。通常卫星式印刷机有一个公共的压印滚筒,印刷单元的其他部件就如卫星般围绕着这个公共的压印滚筒排列,如图4-7所示。也就是说,卫星式卷筒纸胶印机是将两个或四个三滚筒胶印色组组合到一起,共用一个压印滚筒进行印刷。其中,如图4-7(a)所示的结构,纸带包裹在压印滚筒上转一周,完成四色印刷。图4-7(b)所示为双卫星式滚筒排列结构,纸带包裹在右侧的压印滚筒上转一周,完成四色印刷,然后纸带又传输到左侧印刷色组,包裹在左侧的压印滚筒上转一周,又完成另一面的四色印刷,也就是纸带依次经过这两个公共的压印滚筒,会完成纸带的正反面四色印刷。卫星式印刷机,印刷时纸带张力容易控制,且没有纸张的交接,因此套印精度高,图4-8所示为单面四色和双面四色卫星式的滚筒排列结构。

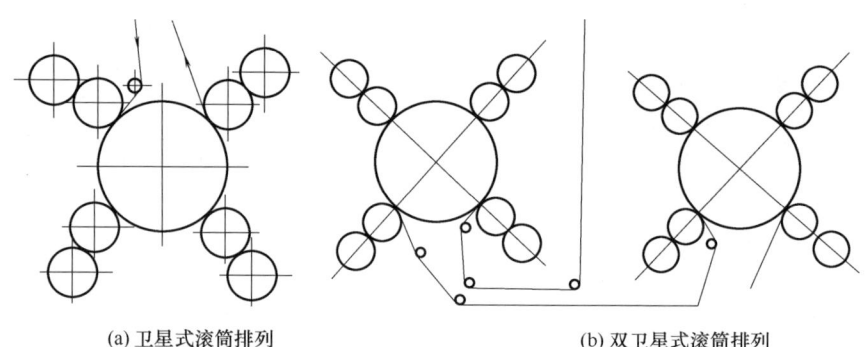

(a) 卫星式滚筒排列　　　　　　　(b) 双卫星式滚筒排列

图4-7　卫星式印刷机

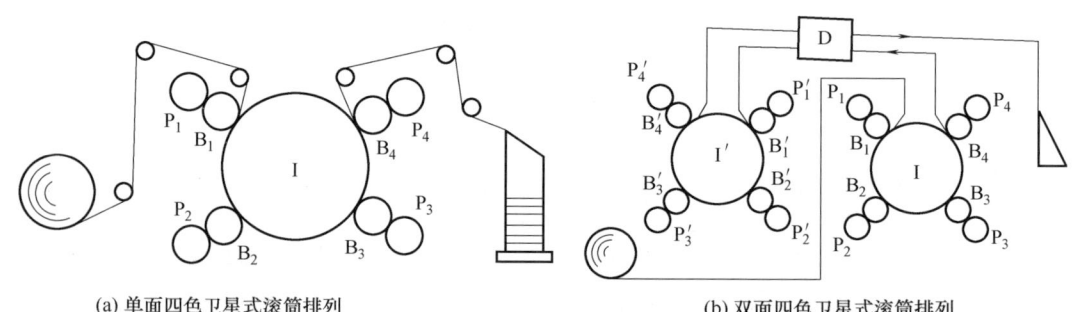

(a) 单面四色卫星式滚筒排列　　　　　　　(b) 双面四色卫星式滚筒排列

图4-8　卫星式滚筒排列结构

图4-9所示为德国曼罗兰报纸印刷机,它的滚筒排列采用组合卫星式结构,可以对一个卷筒纸分别进行单面四色印刷(虚线走纸路线,属于卫星式印刷方式)或双面双色印刷(实线走纸路线,属于橡皮滚筒与橡皮滚筒对滚的B-B型印刷方式)。

(三) 按印刷纸带宽度分类

按照印刷纸带的宽度,可将卷筒纸胶印机分为单幅宽卷筒纸胶印机、半幅宽卷筒纸胶印机和双幅宽卷筒纸胶印机三类。

通常用"幅"来描述纸带的宽度,将标准幅宽的纸带(国内常用标准纸幅宽度为787mm、880mm、890mm)称为单幅宽,印刷单幅宽度纸带的卷筒纸胶印机称为单幅宽卷筒纸胶印机;印刷单幅一半宽度纸带的胶印机称为半幅宽卷筒纸胶印机;印刷两倍标准宽度纸带的印刷机,称为双幅宽卷筒纸胶刷机。

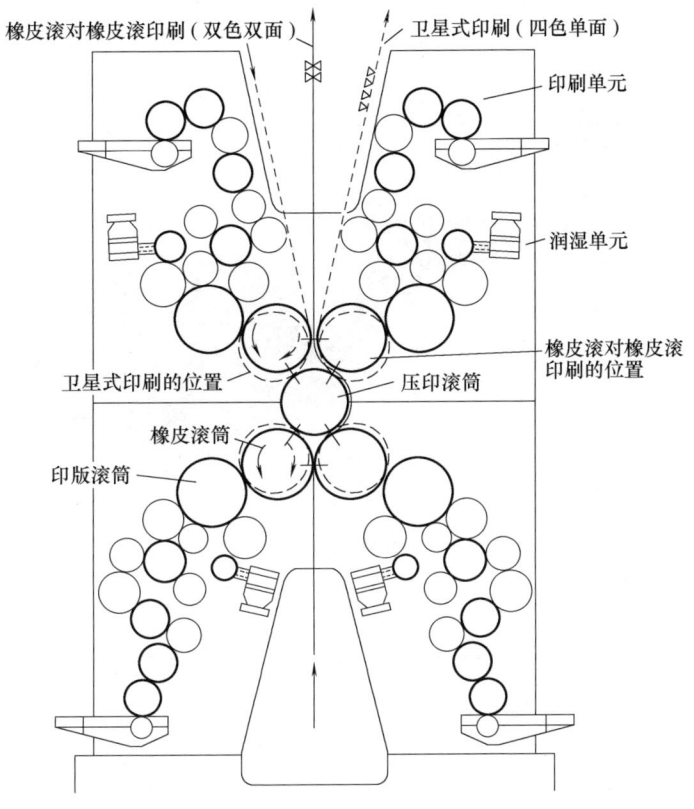

图 4-9 曼罗兰公司的报业印刷组合卫星式结构

双幅宽卷筒纸胶印机常用的纸带宽度有 1575mm、1562mm 和 1760mm，主要应用于新闻卷筒纸印刷。

单幅宽卷筒纸胶印机常用的纸带宽度为 880mm 或 890mm，常用于新闻卷筒纸印刷和书报两用印刷。

半幅宽卷筒纸胶印机常用的纸带宽度为 394mm、440mm 和 445mm，常用于新闻卷筒纸印刷、书报两用印刷以及商业卷筒纸印刷。目前这种窄幅的印刷设备应用已越来越少。

（四）按裁切长度分类

卷筒纸胶印机印刷完成后，如果需要裁切成单张，其裁切长度不能改变，它与印刷机的裁切滚筒直径相关。国内常用的裁切长度有 546mm、620mm 和 630mm。国际常用的裁切长度有 533mm、560mm、578mm、598mm 和 630mm。

三、卷筒纸胶印机的组成和作用

卷筒纸胶印机由放卷装置、送纸装置、印刷装置、输墨输水装置、烘干装置、冷却装置、上光/加硅油/加湿装置、折页装置以及其他附加装置组成，如图 4-10 所示。

（1）放卷装置。放卷装置又称给纸机，可作为一个独立的模块与印刷主机连接。给纸机用来完成卷筒纸胶印机纸卷的固定、调整、换纸卷以及接纸等工作，主要由纸卷架、自动接纸器以及放卷张力控制系统（一级张力系统）等组成。

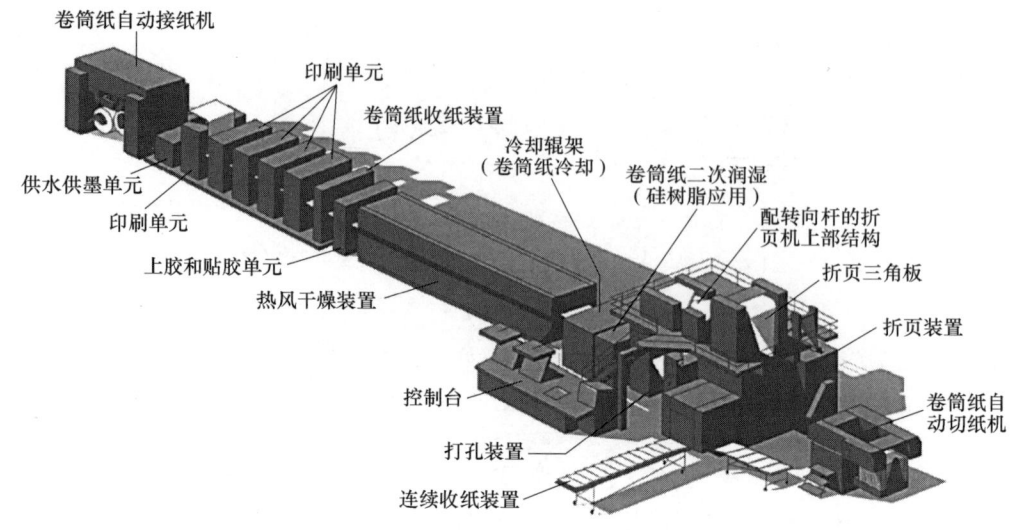

图 4-10　卷筒纸胶印机的组成

（2）送纸装置。送纸装置是给纸机放卷后的牵引辊和到第一印刷机组之间的结构，主要用于控制纸卷打开后传输的张力和纸带的引导运动。送纸装置主要包括二级张力控制和导纸装置。

（3）印刷装置。印刷装置由一个或多个印刷机组组成，用来完成纸带的多色印刷。根据纸带不同的走纸路线，可实现不同面数和不同色数的印刷。印刷装置主要由印刷滚筒（印版滚筒、橡皮滚筒或印版滚筒、橡皮滚筒及压印滚筒组成）、离合压及调压机构、套准调节机构等组成。

（4）输墨输水装置。输墨输水装置也是卷筒纸胶印机的重要组成部分，用来完成油墨和水的定量供应及匀墨匀水功能。

与单张纸胶印机相比，卷筒纸胶印机的印刷速度更快，因此其输墨输水装置在结构上有一定的特殊性，但输墨输水部分的基本组成与单张纸胶印机相同。输墨装置主要由供墨、匀墨和着墨三部分组成，输水装置主要由供水、匀水和着水三部分组成。

（5）烘干装置。烘干装置是商业卷筒纸胶印机的特有装置。商业卷筒纸胶印机采用热固型油墨，需要采用干燥装置进行印品表面的油墨干燥，以避免蹭脏和沾脏。商业卷筒纸胶印机使用的烘干方式主要有热风干燥、电热干燥和火焰干燥等。

（6）冷却装置。卷筒纸胶印机需对印张表面油墨进行热风烘干，防止印品蹭脏和沾脏，但纸张被加热后容易变干变脆。为了改善和恢复纸张的原有特性，在热风烘干后，设置冷却装置，对烘干受热的纸张快速降温冷却。印张的快速冷却通常采用循环水冷却辊进行。

（7）上光/加硅油/加湿装置。上光/加硅油的目的是提高印品表面的光泽度，恢复纸张弹性，保护和装饰印刷品。有些卷筒纸胶印机将上光装置改成加湿装置，以增加纸张的含水量，从而恢复纸张特性，减少静电等。

（8）折页装置。在卷筒纸胶印机上印刷报纸、书本的书页以及商业印刷品等，在印刷后还需进行裁切、折页等工艺操作。折页装置主要由纵切、纵折、横切、横折和输出机构组成，能够将纸带进行各种裁切和折页，输出裁断后折叠的报纸等印品。

（9）其他装置。其他装置包括穿纸装置、裁切单张装置、报纸堆积机及打捆机等。其中，穿纸装置是为了降低操作者的劳动强度、提高穿纸效率和穿纸质量而设置的自动穿纸机构；裁切单张装置或称裁单张机，是用来将印刷后的纸带按照印刷品的规格裁切成单张纸；报纸堆积机安装在报纸输送装置上，用于报纸的计数、码齐、堆积；打捆机用于对按数量堆叠好的报纸、书帖等进行捆扎。

卷筒纸胶印机更多原理与特点知识见视频4-1与视频4-2。

第二节　卷筒纸胶印机输纸部件

卷筒纸胶印机输纸部件的作用是，根据印刷机组的张力要求，将卷筒料纸卷平稳而准确地展开并张紧向前传输，进入印刷机组进行印刷。卷筒纸胶印机的输纸部件又称放卷部件，主要由支承卷筒纸料卷的支架、纸卷卡紧、纸卷升降以及纸卷轴向位置调节等组成。

卷筒纸胶印机纸卷支架按纸卷数可分为单纸卷支架、双纸卷支架和三纸卷支架三种。

1. 单纸卷支架

在放卷输纸装置中，支架上只能安装一个纸卷，这种纸卷支架称为单纸卷支架，如图4-11所示。这种支架的放料卷，当印刷过程消耗完纸卷上的料带时，必须停机才能更换新纸卷。即，每用完一个纸卷便要停机一次，设备生产效率低。由于设备多次启动和停止，易引起断纸故障，从而造成纸张浪费，同时影响生产效率。单纸卷支架结构一般配置在低速印刷机上。

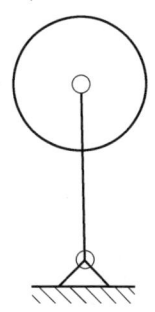

图4-11　单纸卷支架

2. 双纸卷支架

在放卷输纸装置中，支架上可以同时安装两个纸卷，这种纸卷支架称为双纸卷支架。这种输纸装置可采用旋转机构进行新旧料卷换接，如图4-12所示。双纸卷支架结构的作用是，当上面一个纸卷用完以后，可不停机自动接纸，待纸接好以后，第二个纸卷转到工作位置使用，旧纸卷安装部分旋转到待用位置，再上一个新纸卷待用。双纸卷纸架新旧纸卷的换卷过程不用停机，机器生产效率得到提高。

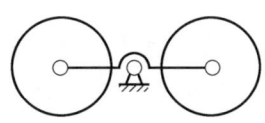

图4-12　双纸卷支架

3. 三纸卷支架

在放卷输纸装置中，支架上可以同时安装三个纸卷，这种纸卷支架称为三纸卷支架。如图4-13所示。工作时，三纸卷支架中的一个纸卷处于工作位置，即放卷位置，进行放卷输纸，另外两个纸卷处于储备和等待使用状态。这种三纸卷结构多用于高速新闻卷筒纸的印刷机上，可实现纸卷的频繁更换，生产效率高。当第一个纸卷即将用完时进行自动接纸。接纸时，第一纸卷的料带自动黏接到第二纸卷上，并切断第一纸卷的料带，然后支架带领三个纸卷轴旋转一定角度，此时，第二纸卷轴及其上的纸卷到达工作位置并开始放卷放料，第一个支架转到待用位置，准备安装新纸卷备用。

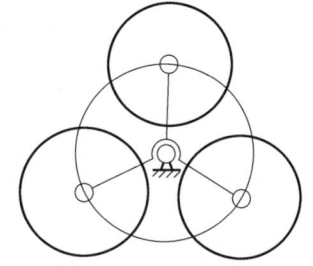

图4-13　三纸卷支架

一、卷筒纸胶印机纸卷安装方式

在卷筒纸胶印机上,纸卷的安装方式有有芯轴安装和无芯轴安装两种。

(一) 有芯轴安装方式

图 4-14 所示的纸卷采用的是有芯轴安装方式。纸卷 1 由芯轴 3 支承,芯轴 3 是一根钢制长轴,其上有两个夹紧纸卷用的锥头 2,锥头 2 用锁紧套 8 紧固在芯轴 3 上。转动手轮 7 使锥头 2 轴向移动,从而夹紧纸卷。纸卷夹紧后,纸卷和芯轴通过轴承 4 一起安装到纸卷架 6 上。纸卷的轴向移动,通过转动手轮 5,带动螺杆转动,通过螺母移动带动纸卷架 6 产生轴向位移,完成纸卷的轴向调节。

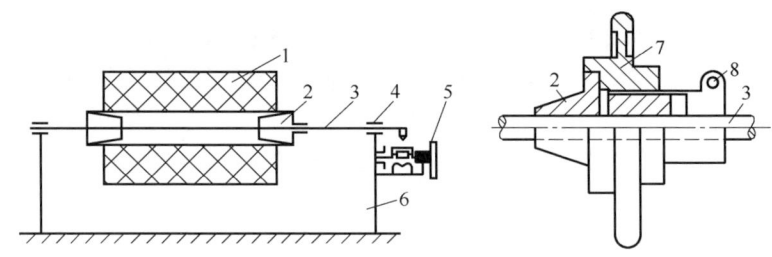

1—纸卷;2—锥头;3—芯轴;4—轴承;5—手轮;6—纸卷架;7—手轮;8—锁紧套

图 4-14 有芯轴纸卷的安装结构

在德国海德堡 M-600 商业印刷卷筒纸胶印机上,纸卷的安装采用了气胀式的有芯轴安装方式,纸卷的轴向移动,利用电机通过减速机构带动进行调节。

(二) 无芯轴安装方式

无芯轴安装结构,顾名思义,就是纸卷安装不需要穿纸芯轴。图 4-15 所示为纸卷采用无芯轴安装的原理图。这种纸卷安装没有穿纸芯轴,而是用梅花顶尖顶住纸卷中心孔卡紧固定的。纸卷卡紧采用电动方式。顶尖 15 与磁粉制动器 17 相连,顶尖 15 本身不能轴向移动。安装纸卷时,先将顶尖 16 退回到一定位置,然后让纸卷置于两顶尖之间,将纸卷的芯部对准顶尖 15、16,启动电机 19,通过蜗杆 20、蜗轮 21 使丝杠 22 转动,螺套 23 移动,带动顶尖 16 左移,将纸卷自动夹紧。限位块 24 与微动开关 25 配合,用以限制移动顶尖 16 的最大位移量。

无芯轴纸卷卡紧方式安装速度快,纸卷卡紧牢固可靠,卡紧力恒定,是现代卷筒纸胶印机广泛采用的一种安装方式。

二、纸卷升降机构及纸卷轴向位置调整机构

在印刷过程中,放料纸卷会随着印刷过程的进行,连续不断地展开输送和消耗料带,纸卷直径逐渐变小,直到料带消耗殆尽,更换新的纸卷。为实现不停机更换纸卷,并保证更换的纸卷能准确地安装在印刷机输纸架上,实现正常放卷印刷,除了安装好纸卷的支承和卡紧机构,还需要设置纸卷的升降机构和纸卷轴向位置调整机构。

纸卷的升降机构有手动、气动及电动升降三种,其中气动升降机构和电动升降机构较为普遍,故本节重点讲述这两种纸卷升降机构。

第四章 卷筒纸胶印机原理与结构

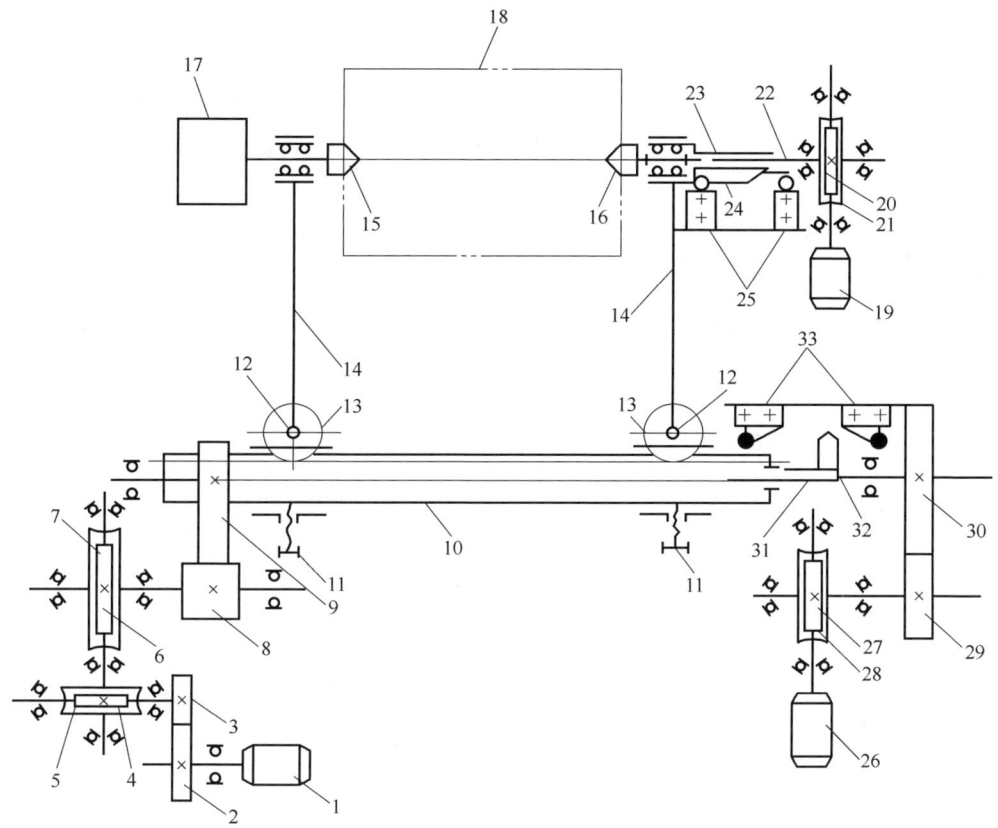

1—电机；2，3—齿轮；4—蜗杆；5—蜗轮；6—蜗杆；7—蜗轮；8—齿轮；9—扇形齿轮；10—轴；
11—螺钉；12—轴；13—小齿轮轴；14—支臂；15，16—顶尖；17—磁粉制动器；18—纸卷；
19—电机；20—蜗杆；21—蜗轮；22—丝杠；23—螺套；24—限位块；25—微动开关；
26—电机；27—蜗杆；28—蜗轮；29，30—齿轮；31—丝杠；32—限位块；33—限位开关

图 4-15 无芯轴纸卷的安装结构

（一）纸卷气动升降机构

气动升降机构是通过气缸的活塞杆推动上纸摆臂，将纸卷提升到工作位置或降落到更换纸卷的固定位置。图 4-16 所示为纸卷气动升降机构。

纸卷气动升降机构主要由气缸、活塞杆、摆杆和上纸摆臂、锁套及磁粉制动器等组成。

纸卷升降时，气缸中的气压推动活塞杆 5 伸出，带动摆杆 6 摆动，上纸摆臂 7 和摆杆 6 固结在一起共同摆动。上纸摆臂 7 最前端通过拨叉拨动纸卷轴一起摆动，使其到达工作位置或到达换纸位置。

纸卷需要更换时，将升降旋钮置于"降"位，由电磁阀对气路进行控制，使压缩空气进入气缸一端，推动活塞杆右移，摆杆 6 和上纸摆臂 7 顺时针转动，纸卷 8 和穿纸轴 3 摆动降落到换纸位置。再按"纸卷升"按钮，电磁阀将气路进行转换，使压缩空气进入气缸另一端，推动活塞杆左移，使摆杆 6 和上纸摆臂 7 逆时针转动，将纸卷摆动提升至工作位置。穿纸轴 3 的轴承座分成 A、B 上下两部分。A 部分固定在给纸机墙板上，B 部分

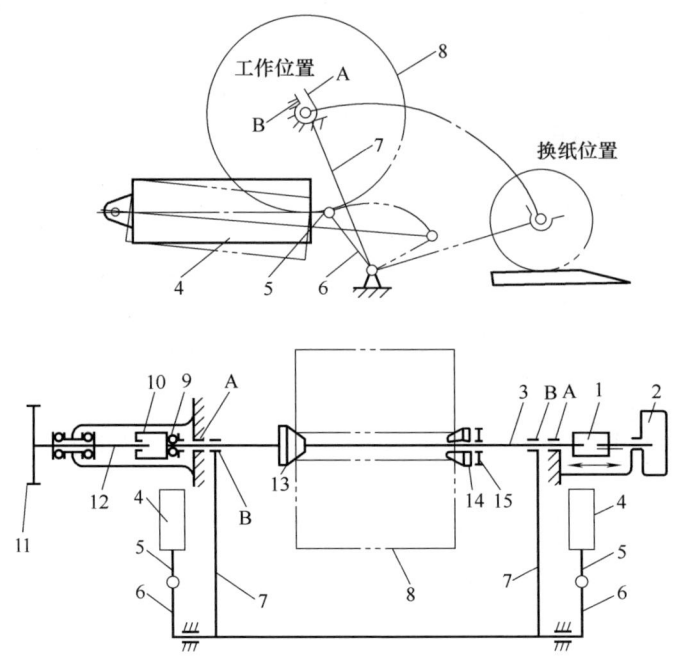

1—锁套；2—磁粉制动器；3—穿纸轴；4—气缸；5—活塞杆；6—摆杆；7—上纸摆臂；8—纸卷；
9—轴承；10—调节座；11—手轮；12—丝杠；13，14—顶尖；15—螺母

图 4-16 纸卷气动升降机构

固定在上纸摆臂 7 上。当纸卷升至工作位置时，A、B 合在一起，构成一个完整的轴承支承座。

纸卷上升时还应注意，穿纸轴 3 上的轴承 9，在纸卷将要到达支承座 A 处时，要使纸卷慢慢地上升，转动手轮 11，使轴承 9 进入调节座 10 的凹槽内，否则将撞坏轴承 9 或其他零件，造成机械故障。

正常工作时，锁套 1 应右移，使其压住固定在机架上的微动开关，切断纸卷升降电路。同时，使穿纸轴 3 和磁粉制动器 2 相连，将制动器的制动力矩传给穿纸轴 3。

纸卷需要准确无误地安装在给纸机的机架上，如果位置不对，尤其是轴向位置出现位置误差，必然会引起输纸料带的左右偏移等故障，因此必须及时进行调整。纸卷的轴向调整分为轴向粗调和轴向微调两种。轴向粗调时松开梅花顶尖 13、14，使纸卷在穿纸轴上移动，位置调好以后再进行固定。一般情况下，只要纸卷宽度不变，梅花顶尖 13 的位置已调好，纸卷上好后，基本不需要调整梅花顶尖的位置。轴向微调时，转动手轮 11，使丝杠 12 转动，带有螺母结构的调节座 10 通过螺杆机构被带动产生左右移动。调节座 10 又带动轴承 9，使穿纸轴 3 及料卷产生轴向移动，实现放料纸卷的轴向调节。

（二）纸卷电动升降机构

图 4-17 所示为纸卷电动升降机构。纸卷电动升降机构是通过电机经过多级减速实现纸卷升降的。其工作过程是，电机 1 转动，通过齿轮 2、3，蜗轮 5、7 蜗杆 4、6，传动齿轮 8，带动扇形齿轮 9 摆动，扇形齿轮 9 带动轴 10 一起转动。两个上纸摆臂 11 都固定在轴 10 上，因此，轴 10 的转动带动了上纸摆臂 11 的往复摆动，完成纸卷 12 的升降动作。

电动升降机构纸卷的轴向调整也有粗调和微调两种方式。在纸卷宽度规格变化（如纸宽由787mm变为880mm）时采用粗调，可通过改变上纸摆臂11与轴10的相对位置实现。在纸卷宽度规格不变的情况下，若要调整纸卷与印版的轴向相对位置，则采用微调方式，即通过调整机构调节轴10的轴向位置。

轴向位置粗调机构如图4-18所示。轴2上镶有齿条6，与齿轮轴4上的齿轮7相啮合，套5由螺钉固定在上纸摆臂1上。齿轮7活套在套5和上纸摆臂1的孔中。调节时，先松开螺钉3，转动齿轮轴4，上纸摆臂1便随齿轮轴4在图4-15中轴10上移动，从而改变两个上纸摆臂1的间距。调整完成后，再重新拧紧螺钉3紧固。

纸卷的轴向位置微调如图4-15所示。电机26经一对蜗杆27、蜗轮28减速，带动齿轮

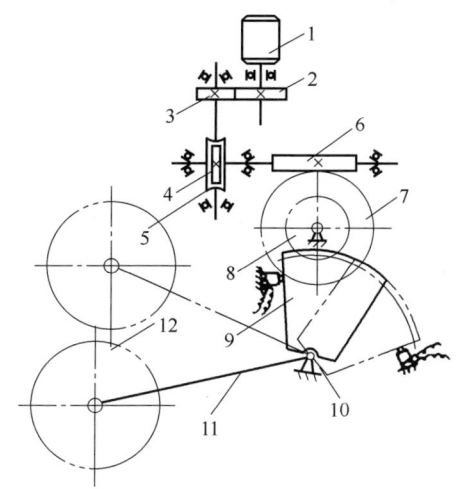

1—电机；2，3—齿轮；4，6—蜗杆；5，7—蜗轮；8—齿轮；9—扇形齿轮；10—轴；11—上纸摆臂；12—纸卷

图4-17　纸卷电动升降机构

29。齿轮29与齿轮30啮合使丝杠31转动。丝杠31与轴10上的螺母结构旋合，使轴10产生微量移动。轴10就是和纸卷固定在一起的，这就微量调节了纸卷的轴向位置。限位块32与限位开关33相配合，控制轴10移动时的极限位置。

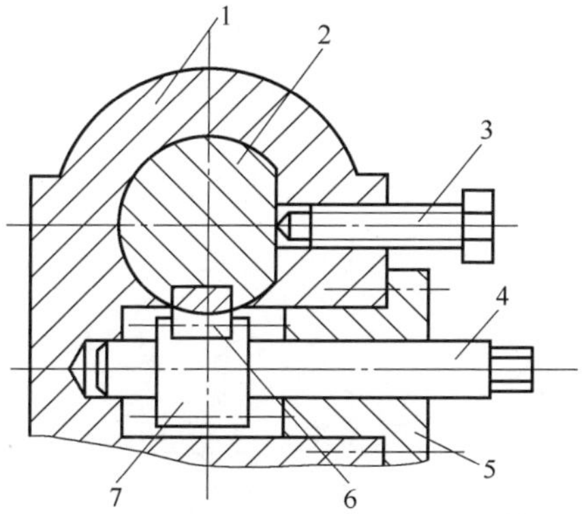

三、自动接纸系统

为提高设备的工作效率，减少停机时间，以及降低停机和开机环节的纸带损失，现代卷筒纸胶印机上都设有自动接纸系统，通常在印刷过程中进行自动接纸，一纸卷用完后设置有不停机更换纸卷装置，实现在不停机的状态下进行纸卷的更换。

自动接纸有零速自动接纸和高速自动接纸两种方式。它们均能在不停机的状态下，在印

1—上纸摆臂；2—轴；3—螺钉；4—齿轮轴；5—套；6—齿条；7—齿轮

图4-18　纸卷轴向位置粗调机构

刷过程中完成纸卷的自动更换。

（一）零速自动接纸方式

零速自动接纸系统的主要功能是，将即将用完的旧纸卷的纸带，按要求准确无误地粘贴在新纸卷上，然后快速将旧纸卷纸带切断，完成印刷料带与新纸卷的接纸工作。

零速自动接纸方式是指，在接纸的瞬间，接纸部分纸带的速度等于零。也就是说，在接纸的时刻，用于接纸的纸带和被接的新纸卷纸带速度均为零，处于绝对静止状态，而印刷机还没有停机甚至不降速运转，进行正常印刷。保证和实现零速接纸的关键是，在卷筒

纸胶印机上设计安装储纸机构，储纸机构储存一定量的纸带，供接纸时刻机器继续印刷使用。

零速自动接纸系统由若干可以大距离移动的浮动导纸辊和固定导纸辊组成。两种导纸辊间隔排列，通过浮动导纸辊的上下移动拉动纸带上下移动及折叠，形成一定量的"储存料带"，等零速待接纸时，供应机器正常印刷使用。该系列导纸辊组成的纸带储存机构，称为储纸机构。储纸机构是零速自动接纸系统必须配备的机构，否则实现不了零速接纸。

零速自动接纸系统有多种类型，如巴特尔接纸系统、康泰接纸系统和英克接纸系统，虽然这几种自动接纸系统结构有所不同，但自动接纸的原理基本相同。图4-19所示为巴特尔零速自动接纸系统，该设备多应用在卷筒纸商业胶印机中。其工作过程如下：

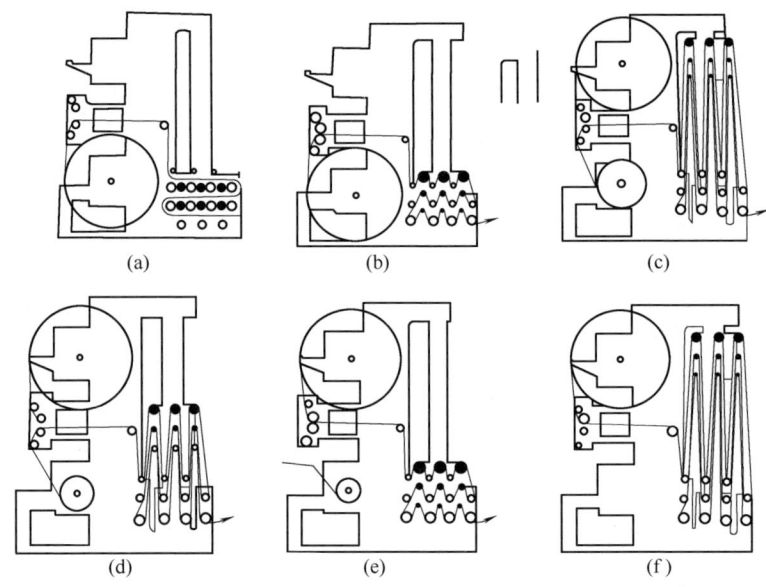

图4-19 巴特尔零速自动接纸系统

（1）如图4-19（a）所示，所有浮动辊全部下降处于最低位置，不储存纸带。浮动辊（图中涂黑的辊）和固定过纸辊（图中未涂黑的辊）形成两排，纸带穿过各辊，此时储纸机构没有储存纸带。

（2）如图4-19（b）所示，浮动辊在压缩空气的作用下，向上运动，储纸系统开始储纸。放卷纸带的线速度比印刷部件处纸带的运动速度高。这种速度的设置是为了纸带除供给印刷部件正常的印刷用纸外，还有一部分纸被储存在储纸系统。储纸纸量的大小取决于浮动辊的数量和浮动辊向上移动的距离。

（3）如图4-19（c）所示，浮动辊到达最高位置，储纸量达到最大值。在浮动辊即将到达最高位置时，纸卷制动控制机构自动地在纸卷轴上施加一个制动力，降低纸卷转速，最后使纸卷供出纸带的线速度和印刷部件的线速度相等，这时浮动辊也正好到达最高点。此后纸卷正常向印刷部件供纸，纸带的张力为印刷所要求的张力。放卷直径随着印刷过程不断减小，当减小到规定的较小直径时，监测装置发出信号，新纸卷准备开始接纸。

（4）如图4-19（d）所示，新纸卷已经做好接纸准备，当纸卷直径继续减小到接纸的最小直径时，监测装置发出信号，此时这个最小的纸卷（也称旧纸卷）制动器给纸卷轴施加制动力，使纸卷平移，且停止转动，立刻与新纸卷在零速下完成接纸。

接纸期间浮动辊缓慢下降，储纸系统不断释放输出纸带，供正常印刷用纸使用，即接纸过程中的印刷用纸由储纸系统供给，印刷速度保持不变。通常，当储纸系统中的储纸量即将用尽时，自动接纸便可完成，新连接上的纸卷（称为新纸卷）给印刷部件供纸。

（5）如图4-19（e）所示，自动接纸完成后，旧纸卷纸带被切断。新纸卷很快被加速到其纸带的线速度比印刷线速度高的状态。一方面供印刷部件印刷用纸，另一方面通过在浮动辊上的缠绕，给储纸系统储存纸带。

（6）如图4-19（f）所示，新纸卷被自动接纸，并在储存系统储存纸带后，浮动辊又开始上升，返回到最高位置，旧纸卷完全被新纸卷取代。取下旧纸卷芯，准备再在上面安装一个新纸卷，准备下一循环的换纸卷动作。

图4-20所示为康泰自动接纸系统。德国海德堡M-600型卷筒纸胶印机上采用的是康泰自动接纸系统。其整个操作过程（旧纸卷停止转动、黏接、切断、新纸卷加速转动）是在达到预定的某一剩余纸卷直径时全自动进行的。康泰自动接纸系统的工作过程与巴特尔自动接纸系统基本相同。图4-20（a）为储纸浮动辊上升并开始储纸的情况，相当于图4-19（b）的情形。图4-20（b）为正常供纸的情形，此时新纸卷准备接纸，相当于图4-19（c）的情形。图4-20（c）为接纸的情况，在接纸过程中，浮动辊已降到最低点，自动接纸同时完成。旧纸卷纸带被切断，新纸卷开始供纸。而图4-20（d）为接好纸以后浮动辊又开始上升储纸的过程。

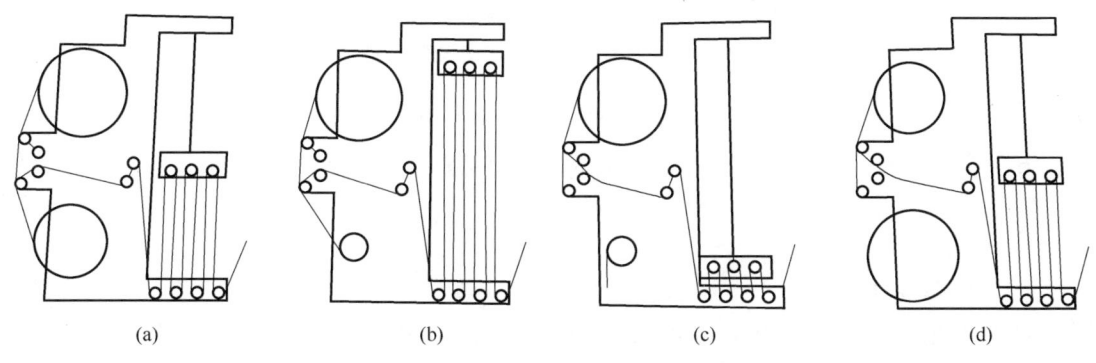

图4-20 康泰自动接纸系统

巴特尔自动接纸系统和康泰自动接纸系统的不同之处，主要是浮动辊的设计结构。巴特尔自动接纸系统中浮动辊为上下三排布置，而康泰自动接纸系统中浮动辊是一排布置。因它们的排列结构不同，储纸量也不同。从结构来看，康泰自动接纸系统结构更简单，但其穿纸路线不如巴特尔自动接纸系统方便。

（二）高速自动接纸方式

高速自动接纸系统的主要功能是，将即将用完的旧纸卷的纸带准确无误地粘贴在新纸卷上。

高速自动接纸方式是指，新旧纸卷的纸带处在高速运动状态下，当二者速度相等时进行接纸。此时需要新纸卷在外力的作用下加速转动，当纸带加速到与旧纸卷纸带速度相同时，机器不停机，进行快速自动接纸。也有的高速自动接纸方式，接纸前印刷部件首先降速，新纸卷加速到与旧纸卷纸带速度相等时，在机器降低的速度下完成接纸，但仍属于高速自动接纸方式的范畴。因为是在高速下接纸，所以这种接纸系统不需要储纸装置。没有储纸装置是高速自动接纸与零速自动接纸在结构上的主要区别。高速自动接纸方式，多用于新闻印刷或书刊印刷的卷筒纸胶印机上。

虽然高速自动接纸结构多样，但其自动接纸的原理基本相同。接纸前，先在待用新纸卷的纸带头部贴好双面胶纸，当正在使用的旧纸卷直径到达换卷尺寸要求时，加速待用新纸卷，当新纸卷的表面线速度与旧纸卷线速度一致时，压纸辊摆动，推动旧纸带与待用新纸卷接触，当新纸卷上的胶纸转动到压纸辊处，由于压纸辊与新纸卷压力的作用，旧纸带和新料卷的纸带通过双面胶黏接在一起，新纸卷进入工作状态。与此同时，裁纸刀将原来使用的旧纸卷纸带切断，而后压纸辊和裁纸刀复位，完成接纸的过程。

图 4-21 为三纸卷高速自动接纸过程示意图。其接纸过程如下：

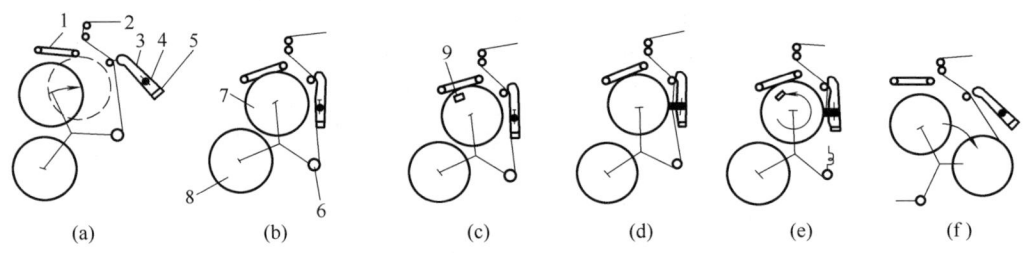

1—加速皮带；2—正在印刷的纸带；3—接纸臂；4—压纸辊；5—切刀；
6—正在使用的旧纸卷；7，8—待用新纸卷；9—标签测定光电管

图 4-21 三纸卷高速自动接纸系统

（1）正在使用的旧纸卷 6 向印刷部件正常供纸，纸带 2 的线速度就是印刷速度。当纸卷 6 的直径变小，通常纸卷直径约 160mm 时，就需要更换新纸卷。此时，监测装置发出第一个接纸信号（如果要降速自动接纸，在发出第一个接纸信号后，机器便自动降速），如图 4-21（a）所示。

（2）监测装置发出第一个接纸信号，转臂自动转动一个角度，使新纸卷 7 转到接纸位置（纸卷 8 也跟随转动）。新纸卷 7 的位置由光电系统控制。新纸卷位置定位以后，加速皮带落在新纸卷外表面，开始给新纸卷加速。同时，接纸臂 3 摆动到接纸位置，如图 4-21（b）所示。

（3）新纸卷被皮带加速，直到新纸卷的表面线速度达到与印刷纸带的工作速度一致时，方可进行接纸。在新纸卷加速过程中，旧纸带继续向印刷部件供纸。如图 4-21（c）所示。

（4）当旧纸卷用到规定直径（通常直径约为 120mm）时，监测装置发出第二个自动接纸信号，此时标签测定光电管接通。在光电管和标签重合时，接纸臂上的压纸辊 4 立即靠向新纸卷 7 进行自动接纸。如图 4-21（d）所示。

（5）新纸卷带带接纸后，再转过一定角度，裁刀下摆冲击，将旧纸卷纸带切断。如图 4-21（e）所示。

（6）自动接纸完成以后，加速皮带 1 收起并停止运动，接纸臂 3 复位。新纸卷 7 转动到正常供纸位置，接替了旧纸卷 6 继续供纸印刷，而旧纸卷 6 转到上纸位置，准备安装新

的纸卷，完成接纸工作循环。如图 4-21 (f) 所示。

(三) 零速自动接纸和高速自动接纸的特点

零速自动接纸和高速自动接纸的特点如下：

(1) 零速自动接纸时，因纸卷是在静止状态下完成接纸过程，故接纸可靠性高，接纸质量好。

(2) 零速自动接纸系统配有储纸系统，纸带在这种系统中的储纸达几十米。这相当于在纸张印刷前，进行了纸张内应力消除预处理，改善了纸张的印刷适性。同时也使纸带的温度、湿度更接近于车间的温度、湿度，有利于多色套印，保证印刷质量，适合于印刷质量要求高的商业印刷。

(3) 这两种自动接纸系统都能用于高速卷筒纸胶印机，但相对而言，高速自动接纸系统更适用于报业书刊用的高速卷筒纸胶印机上；零速自动接纸系统更适用于商业用卷筒纸印刷机，如在海德堡 M-600 型卷筒纸轮转胶印机上应用的就是零速自动接纸系统。

(4) 零速自动接纸系统主要是增加了储纸装置，结构较为简单；而高速自动接纸系统，新纸卷在接纸时需要加速，并严格要求与印刷速度相等时进行接纸，因此结构较复杂，控制系统要求也较高。

(5) 高速自动接纸在加速新纸卷时，采用加速皮带或加速轮，通过与纸带接触摩擦进行加速，因而容易将新纸卷纸带蹭脏甚至蹭破，影响印刷质量；零速自动接纸，因为不需要加速纸卷，不存在对纸带的接触摩擦，因而不会出现蹭脏纸带的输纸故障。

卷筒纸胶印机更多相关知识见视频 4-3~视频 4-5。

第三节　纸带张力控制

卷筒纸轮转印刷机在印刷过程中，纸带必须被张紧，在张力作用下进行印刷。为了保证印刷过程中多色套印准确和印刷质量稳定，纸带的张力必须保持恒定，因此需要纸带张力控制系统。卷筒纸胶印机纸带的张力或称拉力，是由在放卷、牵引运动过程中，料带运动的速度差产生的。印刷过程中张力太小，会使纸带向前滑动，纸带产生皱褶、套印不准等问题；张力过大，会造成纸带拉伸变形，从而出现印迹不光洁，甚至产生纸带断裂等印刷故障。张力不稳定的纸带还会发生传输不稳定和料带变形，以致料带出现皱褶、印品产生重影、套印不准等故障。

纸带进入印刷部件时的纸带张力，是由料带进入和穿出印刷区间的速度差产生并控制的，而引起张力波动的因素很多，例如，卷筒纸卷的形状误差，会影响纸带放卷张力的恒定；纸卷在理论上应该是圆柱体，它的旋转轴线与其几何轴线重合，但由于纸带绕卷不均匀、纸带质量不均匀、纸卷的形状与理想的形状有差异，质量分布上也容易形成偏心。偏心纸卷在放卷过程中，就会使纸带传输中张力产生周期性波动。为使纸带张力恒定，满足正常印刷要求，在印刷机的不同部位都设置有张力控制机构。张力控制机构通过纸卷制动装置、纸带减振装置和相应调节机构等，控制和保持纸带张力的恒定。

一、纸卷制动装置

前面已经叙述，恒定的印刷张力是保证卷筒纸胶印机印刷质量的关键。对纸卷施加一定的制动力，是产生放卷张力的一种方式。纸卷制动装置应具备下列功能：

（1）打开纸卷阶段（包括启动后和刹车前），纸带张力应稳定在给定的张力值。

（2）在机器启动、升速、降速和刹车时，制动装置应能及时调整制动力，防止因纸带张力突变而出现断纸或纸卷无阻力的放卷问题。

（3）在整个纸卷打开印刷过程中，制动力应能及时调整。

按照施加制动力的方法，纸卷制动分为圆周制动和轴制动两种方式。制动力作用在纸卷外圆柱表面的制动方式，称为圆周制动方式。制动力矩施加在与纸卷芯部相固连的轴上的制动方式，称为轴制动方式。

（一）圆周制动方式

图4-22是圆周制动方式原理图。

图4-22（a）所示为采用运动的制动带进行制动的圆周制动方式。该制动方式中，制动带由带轮带动运动，制动带和料卷接触点处的线速度方向一致，但制动带的线速度低于料卷接触点的线速度，依靠这个速度差对放卷形成阻力制动。

图4-22（b）所示为采用固定不动的制动带进行制动的圆周制动方式。该制动方式中，制动带一端固定，另一端通过滑轮拴吊一个质量块进行制动。这个结构中，制动带与料卷形成一个较大包角，从而使制动带对料卷形成较大的压力和摩擦力，对料卷进行制动。

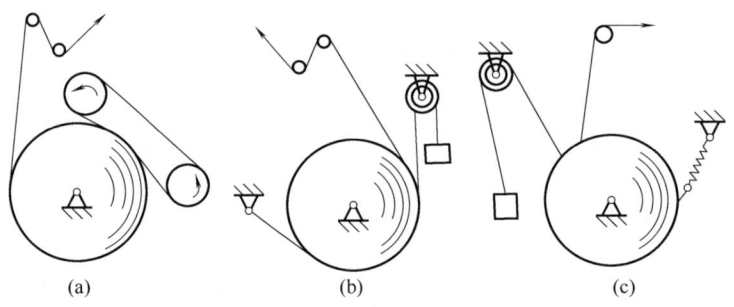

图4-22 圆周制动方式

图4-22（c）所示为通过制动带运动进行制动的圆周制动方式。其制动原理是，在运动带和料卷接触位置，二者的运动方向相同，但速度值不同，运动带的线速度低于料卷的旋转线速度，从而形成料卷的旋转阻力即制动力。在这种利用运动带速度和纸卷速度差进行制动的方式中，制动带由单独电机驱动，或由印刷滚筒通过齿轮驱动。通过改变制动带的速度和制动带与纸卷的压力，以及制动带与纸卷的包角等，来调整制动力的大小。一般制动带的线速度比纸卷的运动速度低2%~5%。由于速差较小，此方式不容易弄脏或损坏纸面，也不会产生静电。通过制动带运动产生制动的圆周制动方式，目前被广泛地应用于自动接纸系统，尤其在高速自动接纸中应用较多。

图4-22（b）和图4-22（c）所示均为制动带固定的圆周制动方式。其制动原理：制动带不动，制动带直接与纸卷外表面包敷接触，施加一定的摩擦力，形成放卷阻力或制动力。这种制动方式结构简单，但因为是静止的制动带包敷在速度较高的纸卷表面，常会弄脏和损坏纸面，也会使纸带表面产生静电。该固定制动带制动方式一般应用在小型低速印刷机上。而图4-22（c）所示的一端采用弹簧悬挂的固定制动带，可较好地稳定偏心纸卷

展开时的张力波动，使放卷过程中张力更加平稳。

（二）轴制动方式

图 4-23 所示为纸卷放卷的轴制动方式。轴制动的原理：在纸卷轴上加载制动的阻力矩进行放卷制动。轴制动方式可采用在纸卷芯部轴端设置制动块，也可采用设置气动制动器和磁粉制动器来实现。商业用卷筒纸胶印机大都采用磁粉制动器进行轴制动。磁粉制动器的结构及工作原理详见第十章第一节相关内容。

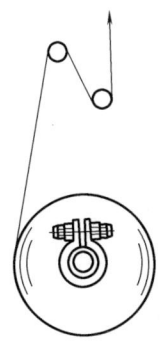

图 4-23 轴制动方式

轴制动方式的优点是制动件不与卷筒纸纸面直接接触，因而不会损坏纸面，也不会产生静电，结构比较紧凑。其缺点是，该结构不能有效地控制偏心纸卷产生的惯性力，特别是在大纸卷放卷时更为明显。轴制动方式的制动力矩需要随纸卷直径的减小而调整，否则不能保持纸带张力的恒定。

二、纸带张力自动控制系统

在印刷过程中，纸卷安装的偏心、纸卷直径、印刷速度、纸带表面材质分布的均匀性等，都会引起纸带张力的波动。为了保证纸带张力恒定，必须使纸卷制动力能够根据纸带张力波动的情况进行即时调整。为此，现代卷筒纸胶印机上都设置有张力自动控制系统。张力自动控制系统的控制原理详见第十章第一节。

三、纸带减振装置

为了达到张力稳定，减小因机器振动、机器突然加速和骤停、纸卷不圆或其他暂时性的原因而引起张力过大或过小的冲击，在卷筒纸胶印机放卷的张力控制系统中，还设置有纸带减振装置。

卷筒纸胶印机由于前面所述的因素而引起纸带的振动，这种振动和纸带张力的变化不可能用制动器完全消除，为了减缓和消除纸带振动及保持走纸张力的稳定，在卷筒纸胶印机输纸系统中一般都设置减振装置，减振装置主要包括浮动辊机构和阻尼机构。

（一）浮动辊机构

卷筒纸胶印机浮动辊机构设置在机器走纸张力第一次校正的位置。图 4-24 所示为浮动辊结构图。

浮动辊机构主要由浮动辊 3（又称导纸辊）、轴承座 6、弹簧 3、导向轴 4、调节螺母 1 等部件组成。浮动辊由轴承支承，并能自由转动。弹簧 3 的压力可通过调节螺母 1 预先调节好。当纸带张力改变时，浮动辊和活动轴承座 6 上下移动，从而减缓振动。因为在印刷过程中使用

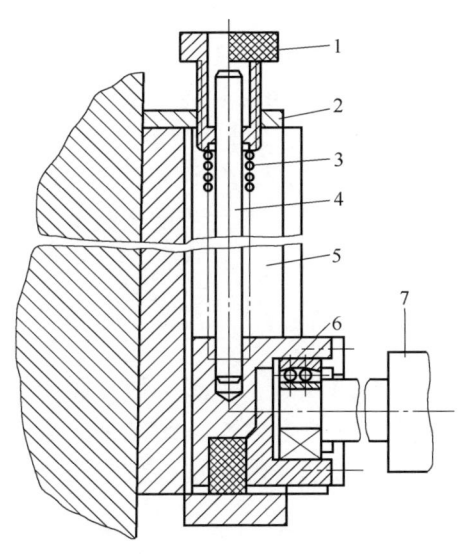

1—调节螺母；2—固定板；3—弹簧；4—导向轴；
5—滑板；6—轴承座；7—浮动辊

图 4-24 浮动辊结构

的纸张不同,张力大小也不一样,这就要求能调节弹簧3的大小。调节螺母1可改变弹簧3的预压力,从而达到改变弹簧力大小的目的。弹簧3的选用,主要根据常用纸带所需要的张力大小而定。如果纸带张力变化太大,用一种弹簧满足不了要求时,可准备几种不同规格的弹簧选用。

这种浮动辊机构除了由纸卷形状不规则引起的纸带张力变化得到减缓,同时也不至于因强行控制张力变化而断纸。另外,浮动辊还可消除因纸带松紧边引起的纸带跑偏问题。当纸带两边松紧不一致时,浮动辊两端的弹簧受力不同,压缩量各异,使过纸辊与水平线呈一定倾斜角,松边纸带路线变的稍长些,从而防止纸带跑偏。

(二) 阻尼机构

卷筒纸胶印机走纸张力在得到浮动辊的第一次校正后,减缓了由于纸卷形状不规则而引起的走纸张力变化,但当纸卷大小及印刷速度改变时,纸带张力也会发生明显的变化。同时,印刷速度越高,张力变化也越大。为进一步控制走纸张力,故在张力自动控制系统中又设置了阻尼机构。其目的是对由速度的急剧变化所产生的走纸张力的急剧交化施加一个阻尼,使这种突然情况下的张力变化转变为缓慢的、连续性的变化,以稳定走纸张力。图4-25所示为阻尼机构结构示意图。

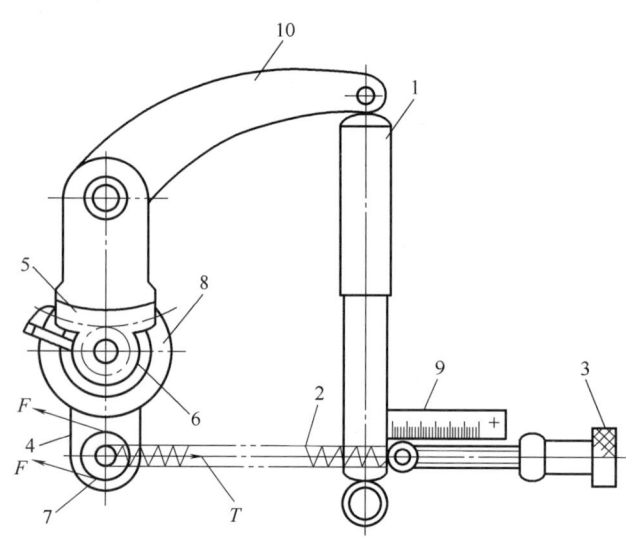

1—阻尼筒;2—调整簧;3—调节螺母;4—摆杆;5—扇形齿轮;
6—小齿轮;7—张力感应辊;8—传感器;9—标尺;10—阻尼臂
图4-25 阻尼机构结构

阻尼机构由阻尼筒1、张力感应辊7、调整簧2、调节螺母3、摆杆4、扇形齿轮5、小齿轮6和传感器8等组成。

作用在张力感应辊7上的纸带张力F与调整簧2的拉力T相平衡。调整簧2的拉力可由调节螺母3来调节,其数值可从标尺9上得知。当纸卷大小发生变化或印刷速度产生变化时,因纸带张力的变化会改变它的平衡而使张力感应辊7摆动,通过摆杆4和扇形齿轮5,使小齿轮6转动,带动传感器8改变一个偏转角度,从而改变传感器输出电压信号的大小。

由于机械振动等会造成张力F的瞬时变化,这使张力感应辊7出现跳动,使传感器输出信号不稳定,造成制动力矩也不稳定,其结果使纸带张力F大小急剧变化,造成张力感应辊的跳动加剧。这时阻尼筒1可吸收张力瞬时的变化,从而阻止感应辊的跳动,起到缓冲和阻尼的作用。

四、送纸辊机构

送纸辊又称纸带驱动辊或续纸辊,它是动力驱动辊,能强制驱动纸带,精确地控制进入印刷装置的纸带张力。送纸辊通常安装在印刷装置的前端。送纸辊机构如图 4-26 所示。

主动的硬质送纸钢辊 1、2 与一个被动的软质压辊 3 组成送纸辊组机构。纸带由压辊 3 压在钢辊 2 上。压辊 3 和钢辊 2 之间须有合适的压力，通过两辊间形成的摩擦力进行送纸，故钢辊 1、2 称为送纸辊。要求接触辊的两端压力保持一致。在操作面墙板端压辊 3 的摆臂 4 和轴 5 固定，这一端的压力通过定位螺钉 6 调节，定位螺钉 6 在压辊 3 轴的两端各有一套。在传动面墙板端压辊 3 的摆臂 4 和轴 5 是活套的，上下两个调节螺钉 7，分别顶住摆臂 4 筋板，调节螺钉 7 便能调节压辊 3 和送纸钢辊 2 之间的压力。

压辊 3 可以抬起，以便穿纸。抬起的动作由摆动式气缸 8 完成。当摆动式气缸活塞移动时，带动摆臂 9 摆动，通过轴 5、摆臂 4 使压辊 3 起落。

钢辊 1、2 的转动通过变速箱获得动力，钢辊的表面速度可进行无级调节。为保证进入印刷部件的纸带张力保持稳定，要求送纸辊的线速度略低于印刷滚筒的线速度。

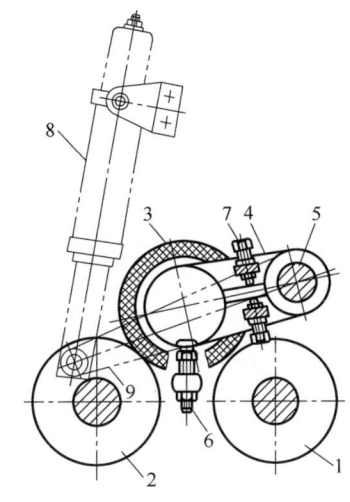

1，2—送纸钢辊；3—压辊；4，9—摆臂；5—轴；6—定位螺钉；7—调节螺钉；8—气缸

图 4-26 送纸辊机构

五、调整辊机构

当放纸的纸卷出现大小头或一边松一边紧时，就会导致纸带两边的长度不等，即出现纸带跑偏问题。为解决这一问题，卷筒纸胶印机上通常配备调整辊。将调整辊调节至与其他导纸辊不平行的位置，可达到纠正纸带跑偏的目的。调整辊的结构如图 4-27 所示。

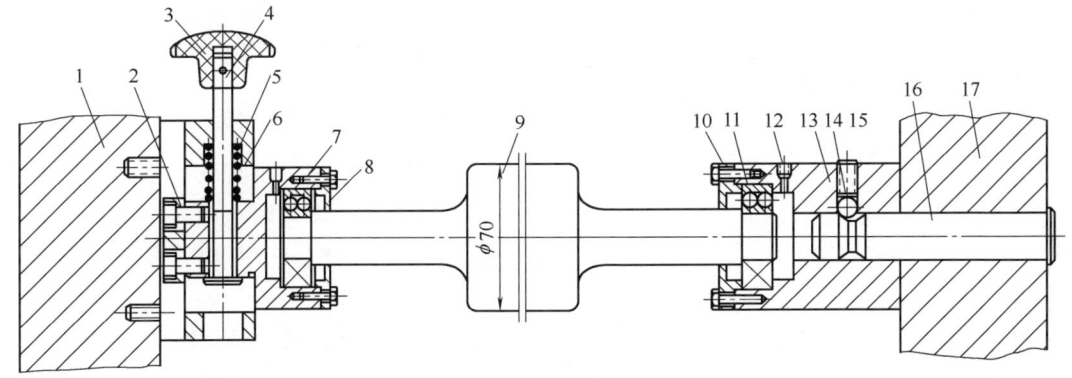

1，17—墙板；2—板；3—手柄；4—调节螺杆；5—压缩弹簧；6—滑座；7—滑块；8，10—压盖；9—辊；11—轴承；12—油标；13—辊座；14—钢球；15—顶丝；16—小轴

图 4-27 调整辊

辊 9 固定于辊座 13 和滑块 7 上，辊座 13 通过小轴 16 固定在墙板上。滑块 7 可以在滑座 6 上前后移动，达到辊 9 与其他辊不平行的目的。转动手柄 3，调节螺杆 4 可以转动，从而带动滑块 7 前后移动。压缩弹簧 5 用来保证滑块 7 与滑座 6 的相对位置调整好

129

之后不会产生相对位移，从而保证调整辊与其他过纸辊相对位置不变，保证纸带的稳定传输。

第四节　纸带引导部件

纸带引导部件也称导纸部件，它的作用是根据卷筒纸胶印机印刷、收纸和折页等操作的要求，引导和操纵运动着的纸带，精确控制纸带传输路线和纠偏。纸带引导部件的具体作用如下：

（1）传输过程中，使纸带转向。

（2）传输过程中，使纸带相对于印刷装置产生高低方向的纵向位移。

（3）传输过程中，对纸带横向位置（左右位置）进行纠偏控制，保证纸带中线与机器中线重合。

一、纸带运动的路线和导纸辊

纸带运动的路线取决于机器的类型，机器类型不同，纸带运动的路线也有所不同。一般来说，纸带运动的路线主要取决于机器的印刷与折页工艺的安排、滚筒排列及输纸、折页装置的布局等。应当注意的是，在凸印和胶印机中，可以不用专门的干燥系统来使印品的油墨干燥，印刷装置之间的纸带路线比较短，纸带路线基本上取决于机器的结构布局。而在凹印机中，为了使色组间的印张能够干燥，需要特意加长纸带路线。

导纸辊（又称过纸辊、方向辊）的作用主要是支承纸带并控制纸带传输路线。印刷装置间的导纸辊布局还决定了印刷装置间的纸带长度。此外，导纸辊的布局还影响纸带的张力。

导纸辊1被支承在传动侧墙板和操作侧墙板之间，导纸辊1通过轴承，安装在墙板2上的支承轴3上，如图4-28所示。为了避免安装时辊子歪斜，也为了使纸带拉力沿纸带宽度方向分布均匀，轴承往往安装在偏心轴套上。这样，在装配时可以调整偏心轴套的圆周位置。直径在40mm以上的导纸辊一般做成空心筒形以减轻重量。

导纸辊一般无主动力，依靠与纸带的摩擦而转动。当纸带对辊子的包角较大时（超过120°），为了减少摩擦，有时也采用强制驱动的导纸辊。

导纸辊的转速较高。一般纸速为8.25m/s时，直径为40mm的导纸辊转速约为4000r/min。因此，高速印刷机上的导纸辊需要进行动平衡处理。

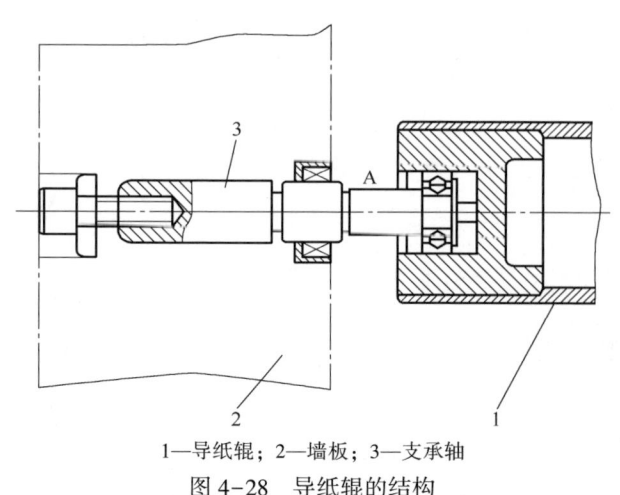

1—导纸辊；2—墙板；3—支承轴

图4-28　导纸辊的结构

二、纸带转向装置

纸带转向的作用有：一是改变

纸带前进的方向；二是使纸带在自身平面内产生横向位移，通常为了把纵向切开的纸带的一半，铺到另一半的上面，以满足折页工序的需要；三是翻转纸带，以进行双面印刷。图4-29（a）所示为用一根转向棒改变纸带的运动方向，同时使纸带也能够进行翻转的例子。图示的纸带运动方向改变了90°，也可以根据需要按照其他角度改变纸带的运动方向。图4-29（c）为纵切后的纸带由一组（四根）转向棒使之改变运动方向，并彼此对齐，又叠在一起进入折页装置的典型例子。图4-29（b）中，纸带L_1、L_2处于同一水平面内，经过两根转向棒两次调整运动方向后，纸带L_1、L_2同方向运动，且L_1位于L_2的上方，即两纸带重叠在一起。这两条重叠的纸带可同时送入折页装置等进行后序加工。图4-29（d）所示为用三根转向棒使纸带翻面的情形。从第一印刷装置出来的纸带经过转向棒1（与纸带平面平行，且与印刷滚筒轴线成45°）转向，变为与原行进方向成直角的运动状态，纸带翻转一次。转向棒3（与纸带平面平行，且与印刷滚筒轴线垂直）使纸带在运动中又翻转一次。通过转向棒2（与纸带平面平行，且与转向棒1相垂直），纸带的运动方向又改变了90°，纸带又翻转一次，且回到原方向上，进入第二印刷装置进行印刷。经过这三次翻转，纸带在第二色组进行印刷时，实际上是进行了反面印刷。

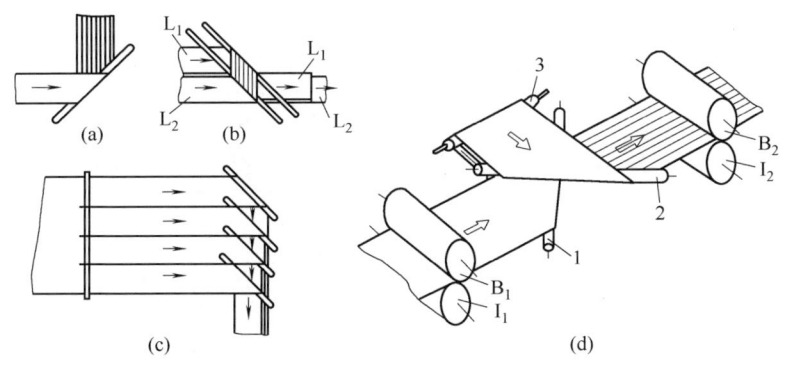

图4-29 纸带转向装置

三、自动穿纸装置

在卷筒纸胶印机中，纸带所经历的路径较长。如果人工穿纸，不但速度慢，费时费力，而且很不安全。因此，现代的卷筒纸印刷机都设有自动穿纸装置。

自动穿纸装置的形式有多种。其中以链条式和线带式自动穿纸装置用的较多。

图4-30所示为链条式自动穿纸装置。该装置由电机4、牵引链条1、牵引钩3、塑料链条导轨2、链轮7以及被穿纸带6组成。

在穿纸装置中，每隔一定距离便安装一台气动电机和链轮，这个距离略短于链条长度。链条由各链轮依次带动而前进。

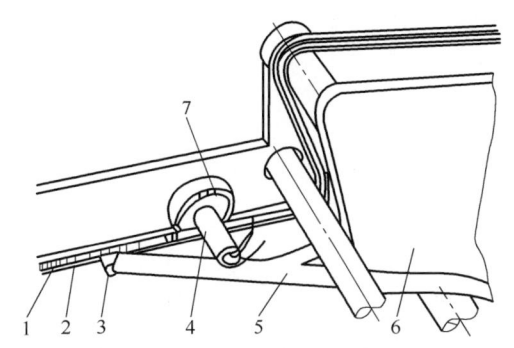

1—牵引链条；2—导轨；3—牵引钩；
4—电机；5—胶带；6—纸带；7—链轮

图4-30 链条式自动穿纸装置

每个链轮旁边有一个喷嘴,喷嘴中有气流通过。当链条的第一个链节通过喷嘴时,气路中的压力发生变化,气动电机转动,从而带动链轮使链条向前运动,直至它的前端到达下一个电机。纸带 6 的端头从纸卷支架被牵引送至折页三角板。穿纸动作完成后,链轮倒转,链条沿原路返回至纸卷支架处。

这种装置要求将纸带的端头裁成 30°左右的结构,并在纸带边缘粘贴胶带 5。胶带 5 通过牵引钩由链条带动穿纸。为了满足按不同纸带路线穿纸的需要,该装置设有转辙器 8。人工扳动或靠气动切换转辙器 8 的位置,就可改变链条的走向,也就是选择链条所行走的轨迹。图 4-31 中为设置转辙器的链条式自动穿纸装置。

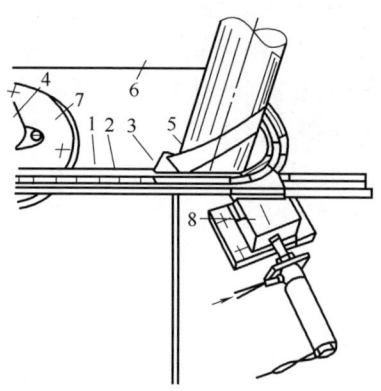

1—链条;2—导轨;3—牵引钩;4—电机;5—胶带;6—纸带;7—链轮;8—转辙器

图 4-31　设置转辙器的链条式自动穿纸装置

第五章 柔版印刷机原理与结构

第一节 柔版印刷机概述

本章视频
扫码观看

柔版印刷是采用柔性橡皮印版及快干油墨，用网纹辊进行传墨的短墨路凸版印刷方式。柔性印版的图文部分突起，网纹辊传墨，结合一根墨辊或刮墨刀控制墨量。柔版印刷采用水性油墨和 UV 油墨，解决了多年来胶印、凹印方式中油墨含有有害溶剂的问题，因此，柔版印刷符合绿色环保印刷的理念，又称为绿色印刷，在食品、饮料、药品以及包装装潢印刷领域有着广泛的应用。随着印前工艺数字化和印刷设备性能的不断改善，柔版印刷的印品质量、生产效率与胶印和凹印方式相接近。

柔版印刷最初使用苯胺染料作为印刷油墨，因此也被称为苯胺印刷。1952 年 10 月，美国第 14 届包装研讨会提议并正式将苯胺印刷更名为柔版印刷（Flexography）。1890 年，第一台柔版印刷机于英国利物浦问世。近年来，柔版印刷印前工艺的数字化和印刷设备的不断完善，以及柔版油墨的绿色化水平不断提高，使得柔版印刷在未来印刷行业的发展具有广阔的前景。

一、柔版印刷机的组成

柔版印刷机主要由放卷部分、印刷部分、干燥部分、复卷部分和纠偏部分组成。图 5-1 所示为一台典型的卫星式柔版印刷机，图 5-2 是卫星式柔版印刷机的总体结构图。

放卷部分是柔版印刷机的输纸或输料部分，其作用是使卷筒料卷开卷，料带被均匀张紧展开，在牵引辊牵引机构提供的牵引力作用下向前输送，进入印刷部分。

印刷部分是柔版印刷机的核心部分，每一个色机组均由墨槽、墨斗辊、供墨辊、印版滚筒和压印滚筒等部件组成，各色组之间有热风色间干燥装置，对刚印刷的色组油墨图文进行即刻快速干燥，以便进行下一色印刷，避免在多色印刷时出现蹭脏、套印不准等故障。

图 5-1 卫星式柔性版印刷机

最后的干燥是在集中干燥部分，它是在复卷之前，将承印物上的油墨进行集中彻底干燥的装置。若干燥不充分，在收卷时未干的油墨会粘脏印品，造成印刷故障并影响印品质量。集中干燥箱长度从十几米到几十米不等，料带穿过时，像过天桥一样（图 5-2），故

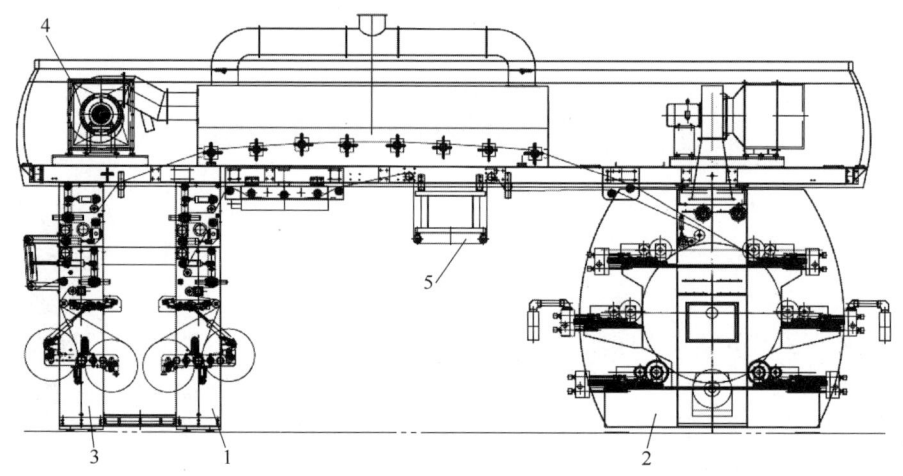

1—放卷部分；2—印刷部分；3—收料部分；4—天桥集中干燥部分；5—纠偏装置

图 5-2　卫星式柔版印刷机总体结构

又称为天桥集中干燥部分。

收料部分是将柔版印刷机上印刷完成的连续料带，收卷成整齐的大料卷。

纠偏装置的作用是，在印刷过程中随时检查料带的左右偏移量，并即时根据该偏移量拉动调节料膜产生微小左右位移，使料带在印刷和收卷时，始终保持其中线位置不变，不致使料带走偏而影响左右方向（也称横向）的套印精度。纠偏装置一般设置在放卷部分、印刷前端和复卷前端，以保证印刷套印质量和收放卷整齐度，保证不出现收卷"菜心"等收卷故障。

二、柔版印刷机的分类

根据印刷机组的排列方式，柔版印刷机分为卫星式、层叠式和机组式三类。根据印刷承印物幅面的宽度，柔版印刷机分为窄幅柔版印刷机和宽幅柔版印刷机。通常，印刷幅宽大于 600mm 的柔版印刷机，称为宽幅柔版印刷机；幅宽小于 600mm 的柔版印刷机，称为窄幅柔版印刷机。

图 5-3 所示为卫星式柔版印刷机。它由放卷部分、印刷部分、复卷部分、干燥部分等组成。卫星式柔版印刷机采用共用压印滚筒方式，各个印刷单元围绕在一个共同的压印滚筒周围，这个压印滚筒又称中心压印滚筒。承印料膜包裹在压印滚筒上，随压印滚筒转动，转动过程中完成多色印刷。这种卫星式柔版印刷机，印刷速度快、套准精度高，适用于印刷产品图案相对固定、批量较大、套印精度要求高的较薄的承印材料。在卫星式柔版印刷机中，由于各印刷单元距离较短，油墨干燥时间短，各印刷单元之间必须配有

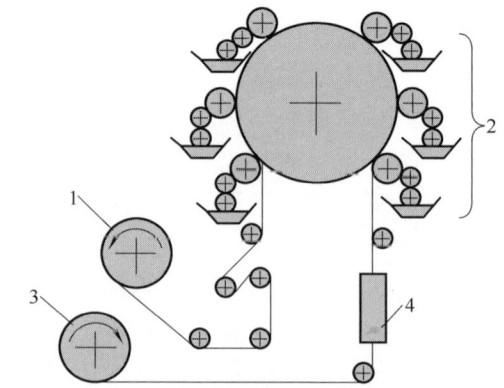

1—放卷部分；2—印刷部分；3—复卷部分；4—干燥部分

图 5-3　卫星式柔版印刷机

第五章 柔版印刷机原理与结构

专用的色间热风烘干装置对印品进行色间烘干,否则多色印刷的印品很容易产生蹭脏的印刷故障。

图 5-4 所示为层叠式柔版印刷机。其结构特点是独立的印刷部件上下层叠放置,顺序排列在印刷机主墙板的一侧或两侧。层叠式柔版印刷机又称堆积式柔版印刷机。每个印刷单元由安装在主墙板上的齿轮带动运动。层叠式柔版印刷机的印刷纸路可以改变,也可一次印刷正、反两面。各印刷色组结构相近或相似,便于调整、维修和更换。其缺点是多色印刷时的套印精度较低。

图 5-5 所示为机组式柔版印刷机。各印刷机色组结构相对独立,通过共用动力轴或电子轴,驱动印刷单元工作,并保持各色组单元的同步。各色组均由印版滚筒、压印滚筒、网纹传墨辊、墨斗辊和墨斗组成。通过导向辊改变传纸路线,还可进行双面印刷。机组式柔版印刷机结构简单,可根据需要灵活方便地增加印后加工单元,进行联机生产,适宜短版活印刷。缺点是机组式柔版印刷机占地面积较大。

有关柔版印刷机的更多内容见视频 5-1~视频 5-9。

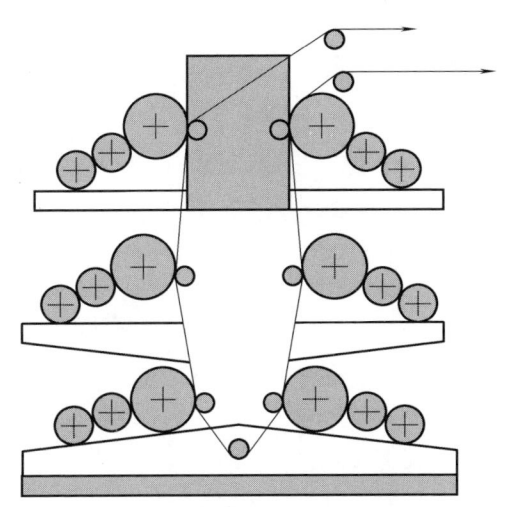

图 5-4 层叠式柔版印刷机

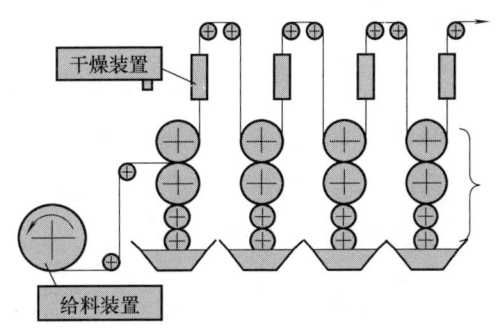

图 5-5 机组式柔版印刷机

第二节 卫星式柔版印刷机原理与结构

一、卫星式柔版印刷机的放卷装置及控制

卫星式柔版印刷机工作时,成卷的承印材料先由放料单元展开,再被稳定、连续地送入印刷单元。放料单元和张力控制系统配合工作,能够在承印材料到达印刷单元之前,控制其速度、张力和横向位置。卫星式柔版印刷机结构见视频 5-10。

(一)放卷装置的组成

卫星式柔版印刷机放卷装置主要由收料架、气胀轴、卡盘、纠偏机构组成。图 5-6 所示为卫星式柔版印刷机不停机续纸放卷装置。其中,气胀轴 1、2 通过卡盘固定在收料架上,电机 3、4 分别驱动气胀轴 1、2 转动,电机 5 驱动收料架的翻转运动。

实现不停机换卷的过程为:两个料卷的纸芯分别装在气胀轴 1、2 上。当气胀轴充气后,料卷纸芯被卡紧,固定在气胀轴上。固定在气胀轴上的料卷位于十字翻转架上。电机 3、4 通过一组齿轮传动,驱动气胀轴 1 或 2 转动,进行料卷放料。当气胀轴 1 上的料卷

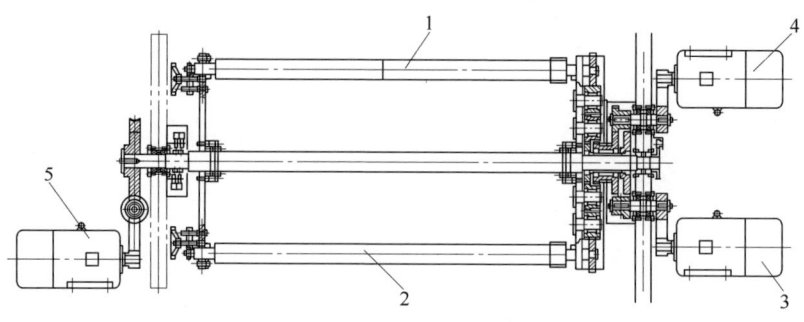

1，2—气胀轴；3，4—电机；5—收料架转动电机

图 5-6 卫星式柔版印刷机放卷装置结构

（该料卷为工作工位料卷）被接近放完时，十字翻转架电机 5 驱动十字翻转架转动 180°，气胀轴 2（储备工位料卷）转到工作工位，继续进行开卷放料，如此往复循环，实现不停机放卷。图 5-7 为图 5-6 所示的放卷装置的侧视图。

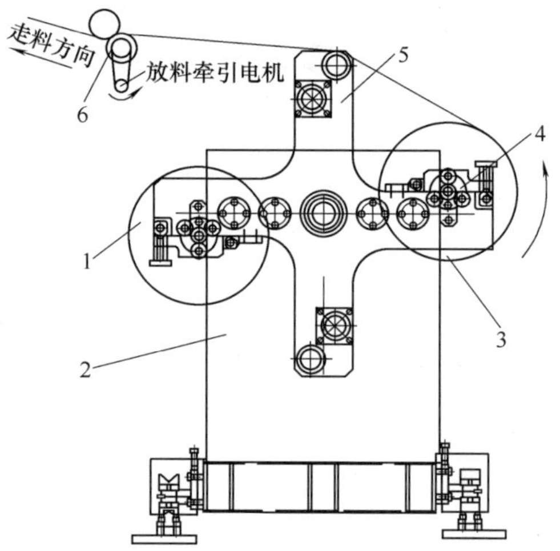

（二）放卷机构的分类

按照放卷料轴的数量，放卷机构可分为单轴放卷机构和多轴放卷机构。附带电机的放卷机构又可分为积极式附带电机放卷机构和逆转式附带电机驱动放卷机构。

1. 单轴及多轴放卷机构

（1）单轴放卷机构。单轴放卷机构如图 5-8 所示，放卷机构中只有一个料卷参与放卷工作，该卷轴上设置有制动器。由于放卷张力等于制动扭矩除以放卷半径，所以随着卷径变小，只要减少相应的制动扭矩，即可获得恒定的张力。

1—工作工位料卷；2—墙板；3—储备卷；
4—气胀轴；5—十字翻转架；6—放料牵引辊

图 5-7 放卷装置结构侧视图

进给辊又称驱动辊，是驱动材料进给的辊子，一般由变速电机驱动。没有动力驱动承印材料、仅改变料膜传输方向的辊子称为导向辊。

（2）多轴放卷机构。图 5-9 所示为多轴放卷机构。该放卷机构中，可以同时有两个

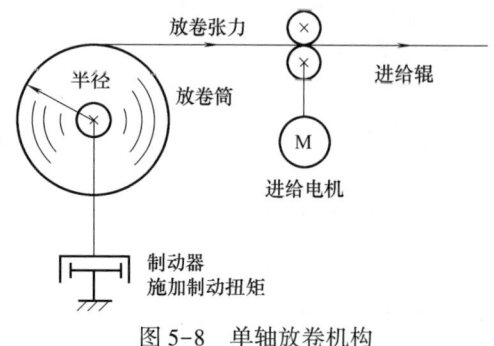

图 5-8 单轴放卷机构

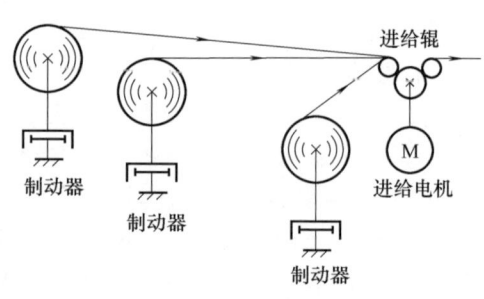

图 5-9 多轴放卷机构

及两个以上（本图为三个）的料卷参与放卷工作。在图 5-9 中，对所有张力进行控制时，要求各制动器的扭矩应保持均匀。

传输料膜的材料厚度、宽度和强度等参数，会影响料膜的张力。因此，料膜张力需要根据料膜的性能参数进行变更调整。此外，由于生产中的料卷卷径时刻发生变化，制动器必须适应较大范围内的扭矩相应的调整。

2. 附带电机的放卷机构

附带电机的放卷机构可分为积极式附带电机放卷机构和逆转式附带电机驱动放卷机构。

（1）积极式附带电机放卷机构

积极式附带电机放卷机构如图 5-10 所示，该机构用电机驱动放卷筒进行主动放卷。应用场合为：

① 卷筒较重时。

② 使用自动换纸卷装置，需要驱动并加速备用滚筒的转速，与使用中的卷筒放卷速度一致时进行换卷操作。

③ 放卷筒在放卷过程中机械阻力较大时。

④ 料卷启动时，卷筒加速中惯性力较大，需要进行主动放卷，以修正机械损耗，进行惯性补偿。

（2）逆转式附带电机驱动放卷机构。逆转式附带电机驱动放卷机构如图 5-11 所示。工作中电机给料卷施加反向驱动力。在以下情况下，需要使用能使卷架逆转驱动的电机：

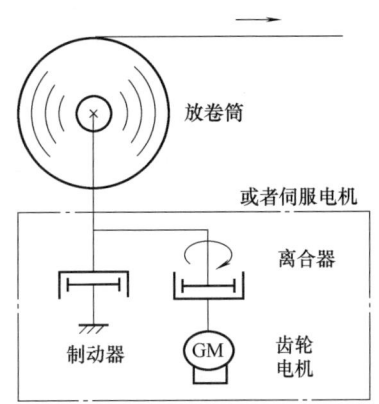

图 5-10　积极式附带电机放卷机构

① 使用卷返机可以进行可逆性收卷和放卷：若收卷侧电机运转，则放卷侧的电机停止工作。

② 一般的放卷结构中，为防止纸卷筒停止时材料松弛，有时也需要电机驱动料卷进行低速逆向转动。

③ 对磁粉制动器而言，如果滑动转速过低，由于磨合运转以及施加扭矩有一定的时间，有时也需要施加 5~15r/min 的逆转驱动。

（三）自动续纸装置

自动续纸装置分不停机自动续纸装置和零速自动续纸装置两种。

1. 不停机自动续纸装置

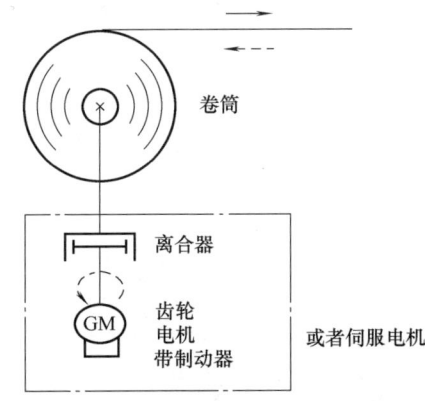

图 5-11　逆转式附带电机驱动放卷机构

图 5-12 所示为不停机自动续纸装置。它是在不停止机械运转的情况下接换料卷的续纸装置。在回旋臂上设置有 2~3 根放卷筒轴，可同时安装 2~3 个纸卷。不停机自动续纸装置按照以下步骤进行换卷续纸：

① 首先在新轴的新料卷外周表面粘贴双面胶带。

② 旋转支架，将新轴移动至放卷材料表面附近。

③ 对新轴（带着新的纸卷）进行预驱动加速，直到新轴纸卷表面线速度和印刷纸带的线速度相等；

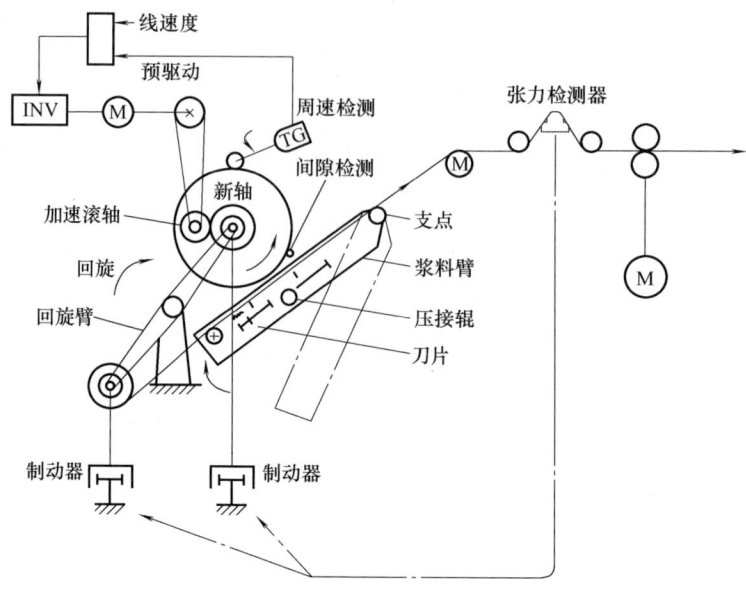

图 5-12 不停机自动续纸装置

④ 使用压辊将印刷传输的料带压到新轴纸卷表面的双面胶上,将新料卷和旧料卷正在印刷的料带黏接在一起。

⑤ 启动断带装置,由切刀切断旧纸带。

压辊装置和断带装置采用气缸驱动动作。放卷张力采用气电式张力测量和调节装置确保张力恒定。放卷制动器和预驱动机构,有的设置安装在回旋臂上,也有的设置安装在静止架上。

2. 零速自动续纸装置

图 5-13 所示为零速自动续纸装置。该结构在回旋臂上设置有 2~3 根料卷轴,可以同时安装 2~3 个纸卷。零速自动续纸装置必须有料带的储存器或称储纸架。零速自动续纸装置按照以下步骤进行续纸:

① 旋转支架,使准备的新纸卷滚筒移动至放卷材料的下方。

② 对储能器的制动辊进行制动,停止放卷。然后,下降储能器的升降辊,继续给纸,

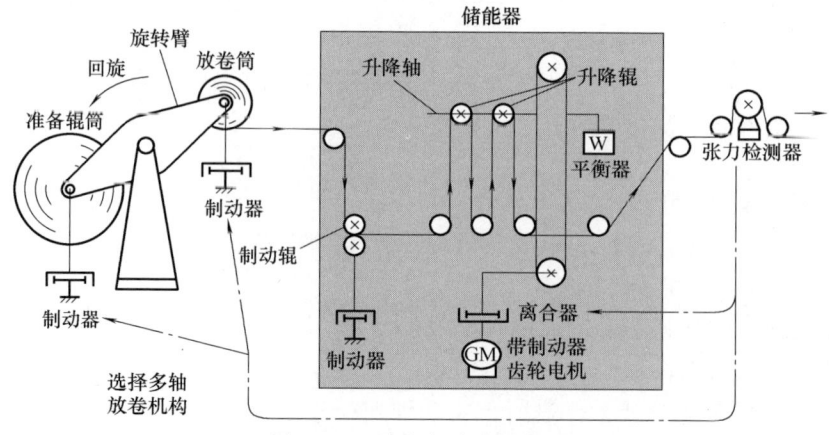

图 5-13 零速自动续纸装置

供应印刷过程用纸。此间需控制升降辊上升用的离合器扭矩，以保持恒定张力。

③ 接料，通过气缸活塞伸出，将新旧卷筒的料带黏合在一起，然后通过气缸活塞带动切刀，将旧纸卷纸带切断。切断旧纸带后，解除制动辊的制动状态，新纸卷开始供纸，升降辊上升进行下一轮的储纸过程。通过控制放卷制动器的扭矩以保持恒定的张力。放卷制动器机构和预驱动机构等也有设置在回旋臂上和设置在静止架上两种结构形式。

（四）纸带纠偏装置

纸带放卷传输过程中，易发生横向偏移，使纸张定位不准确，影响印品质量。因此，需要在纸带传输过程中对纸带的偏移进行纠正。图 5-14 所示为纸带的纠偏装置。

放料纠偏通常采用液压纠偏机构，由检驱轮与油泵组成动力输出装置，逻辑阀和油缸组成执行机构，然后与纠偏托辊架连接。其工作原理为：当传感器检测到料带走偏时，会给纠偏执行装置发射偏移

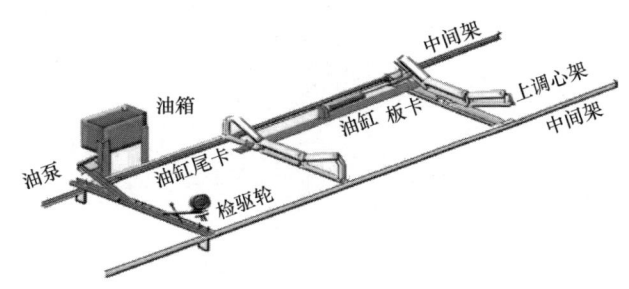

图 5-14　纸带纠偏装置

信号，调节料带的位置。当料带运行偏左时，启动左动力输出装置，执行机根据逻辑阀判断纠偏位置，产生方向推力，把料带推向中间一面。当料带运行偏右时同理动作。

二、卫星式柔版印刷机印刷部件

印刷部件是卫星式柔版印刷机的核心部件，印刷部件的结构性能直接影响印品质量。通常根据需要，选择不同直径的印版版辊，可实现不同重复长度图文的印刷。

卫星式柔版印刷机的各色印刷单元顺序排列在中心压印滚筒的周围，料带经过一组印刷单元就实现一个色序的图文信息向料膜的转移过程。料带绕覆在中心压印滚筒上，依次经过各印刷单元，完成料带的多色套印印刷。

在卫星式柔版印刷机上，承印材料依靠静摩擦力在中心压印滚筒表面紧密贴附，承印材料与压印滚筒之间没有相对滑动，料带不易延伸变形。因此，可对较薄的、伸缩性大的薄膜类承印材料进行印刷，尤其适合印刷大面积色块（实地）的薄膜产品及高精细印制。总之，卫星式柔版印刷机的最大优点是印刷速度高、套印准确、印刷精度高。

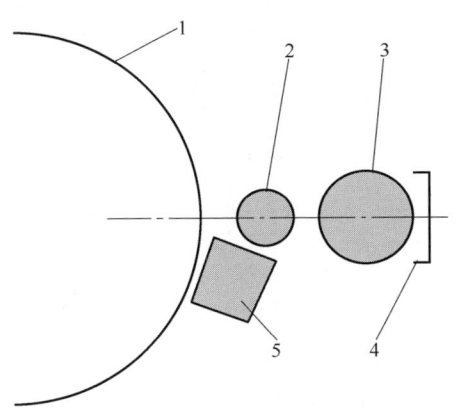

1—中心压印滚筒；2—印版滚筒；
3—网纹辊；4—墨槽；5—干燥装置

图 5-15　卫星式柔版印刷机滚筒排列方式

（一）印刷部件的组成及动力传动

1. 印刷部件的组成

卫星式柔版印刷机的印刷部件主要由中心压印滚筒、网纹辊、印版版辊、刮墨刀装置以及干燥装置等组成。

卫星式柔版印刷机各色组的滚筒排列方式如图 5-15 所示。印刷过程中，墨槽 4 中的油墨

经过网纹辊3，准确定量地传给印版滚筒2。连续运动的料膜经过印版滚筒2和中心压印滚筒1的表面滚压，完成一色印刷过程。进入下一色印刷前，通过干燥装置5对料膜表面的印刷墨迹进行干燥，以避免进入下一色印刷时，前一色油墨未干燥产生混色、糊版等印刷故障。相邻印刷色组之间的干燥热风温度通常为70℃左右，中心滚筒表面温度通常设定为30℃，中心滚筒体内由连续不断的循环冷却水进行降温。

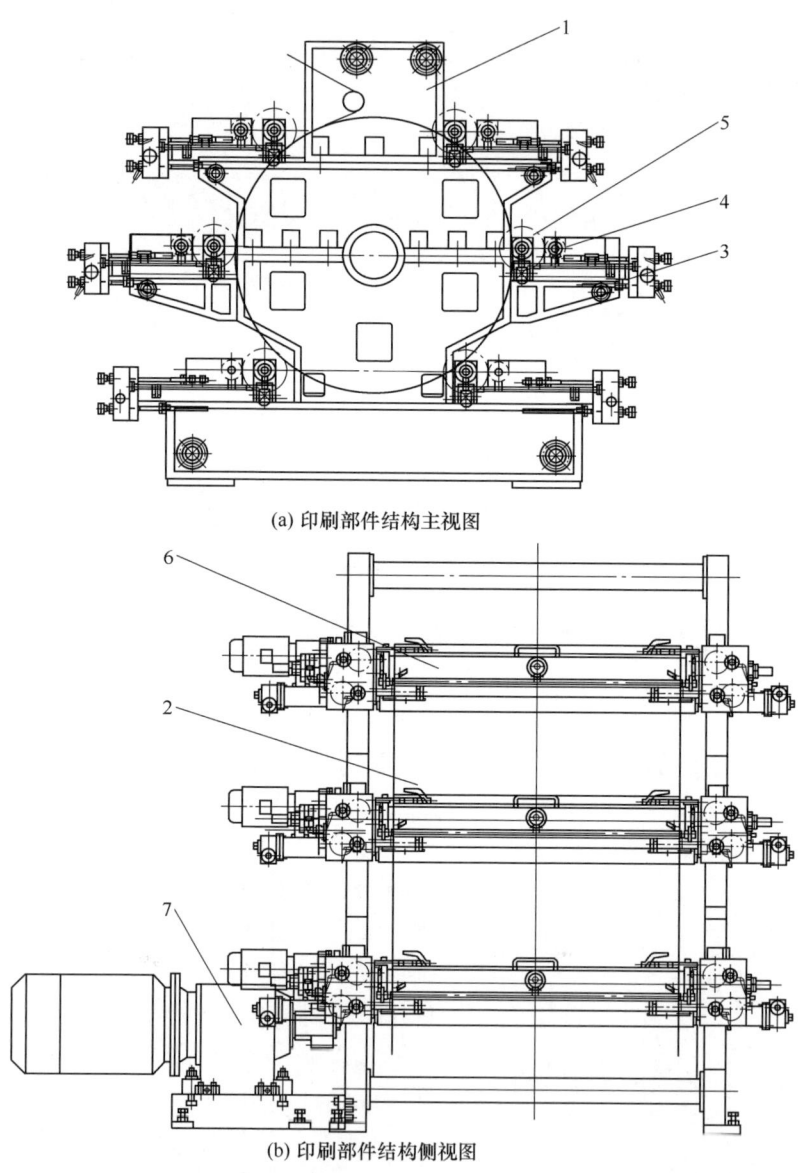

(a) 印刷部件结构主视图

(b) 印刷部件结构侧视图

1—印刷部件机架；2—中心压印滚筒；3—移动机构；4—网纹辊装置；
5—版辊装置；6—封闭刮墨刀装置；7—主传动部分

图 5-16　六色卫星式柔版印刷机印刷部件结构视图

六色卫星式柔版印刷机印刷部件的结构如图 5-16 所示。其中，图 5-16（a）为印刷部件结构主视图，图 5-16（b）为印刷部件结构侧视图。在印刷部件机架 1 上安装着中心压印滚筒 2，6 个印刷色组的版辊装置均安装在移动机构 3 上。移动机构 3 安装在印刷部件机架 1 上，沿水平导轨可以移动，这一动作由伺服电机带动，以实现各色组印版版辊和中心压印滚筒的合压与离压。正常印刷时，印版版辊和中心压印滚筒合压；停止印刷时或出现印刷故障时，印版版辊和中心压印滚筒要及时离压。料膜从牵引辊进入第一色组印刷后，经过烘干装置干燥，然后进入第二色印刷，再干燥，直至完成六色印刷。

中心压印滚筒为双层结构钢件，其偏心误差控制在 0.008~0.012mm，并经过动、静平衡处理，其表面有一个镀铬保护层，铬层的厚度为 0.3mm 左右。中心压印滚筒还配有水循环及温度自动控制系统，其作用是保持压印滚筒外表面的温度恒定，防止滚筒受热膨胀。温度自动控制系统保证压印滚筒外表面温度保持在一个设定值上。

网纹辊的作用是将墨斗中的油墨准确定量地提供给印版版辊。网纹辊和印版版辊之间也有印刷时合压、停止印刷时离压的关系。印刷合压时的顺序是，印版版辊和中心压印滚筒接触合压，然后网纹辊和印版版辊合压。离压时的顺序是，网纹辊和印版版辊离压，然后印版版辊和中心压印滚筒离压。合压与离压的顺序正好相反。

2. 印刷部件的动力传动

卫星式柔版印刷机印刷部件的动力传动分为机械传动和无轴传动两种。机械传动是主电机通过齿轮传动，带动中心压印滚筒、印版版辊以及网纹辊的传动。无轴传动指中心压印滚筒、印版版辊以及网纹辊分别由各自的伺服电机带动，不需要齿轮传动。无轴传动方式的工作精度不受机械传动精度的影响，传动精度更高。

（1）机械传动方式。印刷部件的机械传动系统如图 5-17 所示。主电机 1 通过齿轮与中心滚筒齿轮 2 啮合，将动力传给中心滚筒 7，带动中心滚筒 7 转动。中心滚筒齿轮 2 与版辊齿轮 3 啮合，带动版辊转动。版辊齿轮 3 又与网纹辊齿轮 4 啮合，带动网纹辊 5 转动。西安航天华阳机电装备有限公司生产的"B 盛"系列 YRJ-1200 卫星式柔版印刷机设备上，采用的就是这种机械传动系统。

（2）无轴传动方式。印刷部件无轴传动系统如图 5-18 所示。主电机 2 为伺服电机，主电机 2 通过联轴器直接驱动中心压印滚筒 1 转动。与机械传动方式相比，由伺服电机直接驱动的无轴传动方式控制精度更高。

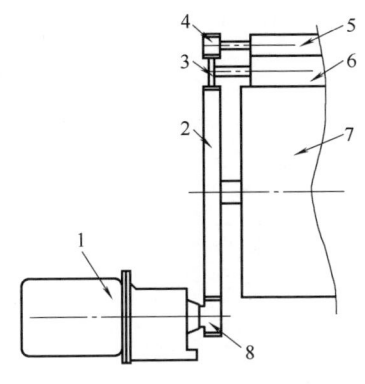

1—主电机；2—中心滚筒齿轮；3—版辊齿轮；
4—网纹辊齿轮；5—网纹辊；6—版辊；
7—中心滚筒；8—主电机齿轮

图 5-17 印刷部件机械传动系统

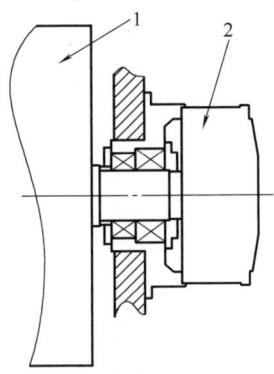

1—中心压印滚筒；2—主电机

图 5-18 印刷部件无轴传动系统

（二）中心压印滚筒的结构及温度控制

中心压印滚筒是卫星式柔版印刷机的关键部件，滚筒轴是柔版印刷机控制的基准。它必须精准、稳定地安装在滚筒两端的墙板上。因此，对支承中心压印滚筒墙板的强度和刚度要求很高，通常采用高强度低应力的、经过二次时效处理的合金铸铁作为墙板材料。各印刷单元的支承支架也都采用高强度低应力的合金铸铁，且铸铁底座可方便进行水平调节。

在卫星式柔版印刷机上，印完一色，进入下一色印刷之前，必须要经过色组间的干燥装置，通过热风吹嘴对刚印刷完的印品进行吹热风干燥，然后继续进行下一色的印刷。对六色卫星式柔版印刷机而言，就设有5个色组间的干燥箱及干燥吹嘴。这些吹嘴吹出的热风在对印刷品料膜进行干燥的同时，也加热了中心压印滚筒的表面。过热的中心压印滚筒表面会受热膨胀，从而影响套印精度。因此，中心压印滚筒通常会配有冷却水循环系统以对滚筒进行降温及温度控制。

1. 中心压印滚筒的结构

中心压印滚筒结构如图5-19所示。压印滚筒的直径较大，一般为1500~2500mm。滚筒表面有一层镀镍保护层，镍层的厚度约为0.3mm，最外层镀铬处理，以提高滚筒的耐印力。中心压印滚筒两端由双列圆柱滚子轴承支承，中心压印滚筒的偏心误差控制在0.008~0.012mm。在筒体内壁设有冷却水循环冷却系统。

2. 中心压印滚筒温度控制系统

中心压印滚筒温度控制系统如图5-20所示。中心压印滚筒的内壁循环槽及管路充满循环冷却水，在冷水机压缩泵的动力驱动下，滚筒芯轴5两端分别是冷却液的进水孔6、出水孔9，冷却液从冷水机12流入冷水进水管11，冷水进水管11和进水孔6相通，再经冷水管3、8流入水冷层入口端，冷水在水冷层中按螺旋线轨迹流动，实现对滚筒体及外表面的冷却。随着冷却的进行，冷水由进水孔6到达出水孔9时，温度有较大的上升，通常出口处水温可达到30℃。滚筒夹层中温度较高的水，经过热水管4、7及出水孔9流入热水出水管10，进而被压至冷水机中进行冷却。冷却后的凉水再次被压入滚筒夹层中。如此循环，保证滚筒温度保持在预设值。通常，为保证滚筒和管路系统的寿命，循环冷却水常添加防腐液。要求滚筒体轴向温差在±2°范围内。

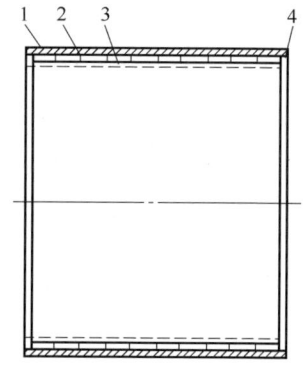

1—滚筒体外筒壁；2—冷却液螺旋体空腔流道；3—滚筒体内筒壁；4—安装筒体堵头用台阶孔

图5-19 中心压印滚筒结构

图5-21为双壁结构压印滚筒的另一种恒温控制系统。在进水口（左端）和出水口（右端）各有一个温度计，用于测量进水和出水的温度。根据出水口的温度，对出口流出的水进行加温或降温处理，以实现压印滚筒的恒温控制。泵6的作用是把从出水口流进水箱7的水抽到加热器4或者冷却器5中，根据设定的温度进行冷却或加热。

（三）印刷单元的离合压及压力调节、移动装置及套准装置

1. 卫星式柔版印刷单元离合压装置

卫星式柔版印刷方式中的离合压，包括中心压印滚筒和各印版版辊之间的离压及合压

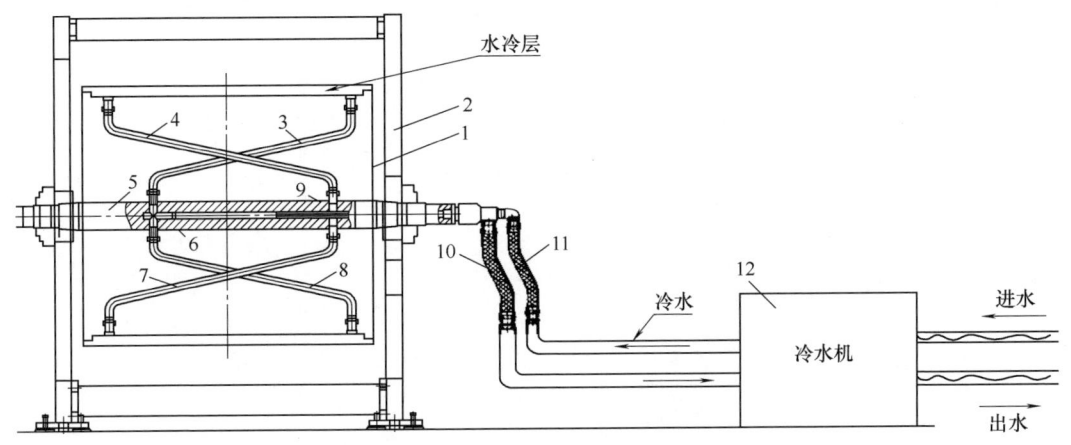

1—中心压印滚筒；2—墙板；3，8—冷水管；4，7—热水管；5—滚筒芯轴；6—进水孔；
9—出水孔；10—热水出水管；11—冷水进水管；12—冷水机

图 5-20　中心压印滚筒温度控制系统

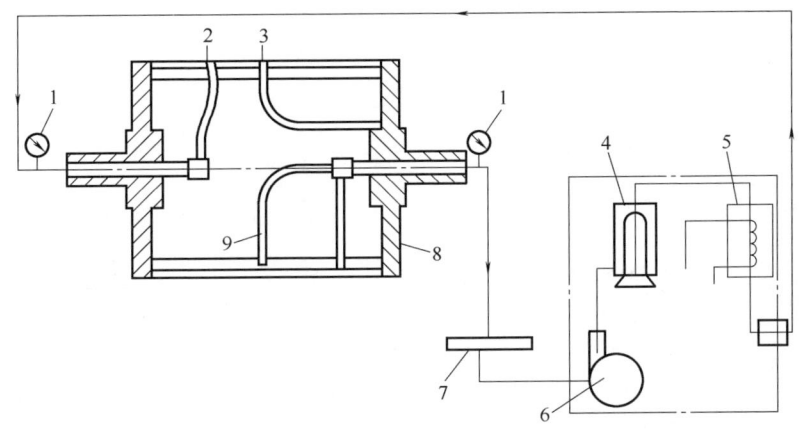

1—温度计；2—进水口；3—排气口；4—加热器；5—冷却器；6—泵；
7—水箱；8—压印滚筒；9—出水口

图 5-21　双壁结构压印滚筒恒温控制系统

两种状态；印版版辊和网纹辊之间的离压及合压两种状态。常见的离合压装置有机械式离合压装置、液压式离合压装置及气动式离合压装置。

（1）机械式离合压装置。机械式离合压装置多采用螺杆式驱动装置，如图 5-22 所示。

如图 5-22 所示，电机 1 带动同步带轮 2 转动，通过同步带 3 将动力传给上面的同步带轮 4。同步带轮 4 带动丝杠 5 转动，从而推动与丝杠旋合的丝母移动。印刷版辊固定在丝母上，随丝母一起沿箭头方向产生位移，实现与左边的中心压印滚筒（图中未示出）接触合压。右侧的电机 12 带动同步带轮 11 转动，利用丝杠 8 推动网纹辊 7 沿箭头方向移动。即此时印刷版辊和网纹辊同时向左移动，促使网纹辊和印刷版辊接触，进入合压状态。如果两个电机同时反向旋转,则印刷版辊和网纹辊远离中心压印滚筒,各滚筒进入离压状态。

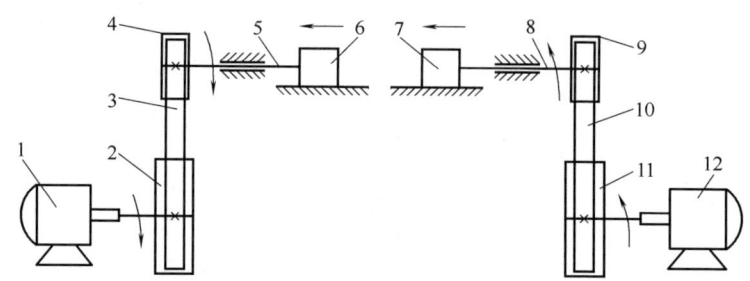

1,12—电机;2,4,9,11—同步带轮;3,10—同步带;5,8—丝杠;6—印刷版辊;7—网纹辊

图 5-22 机械式离合压装置

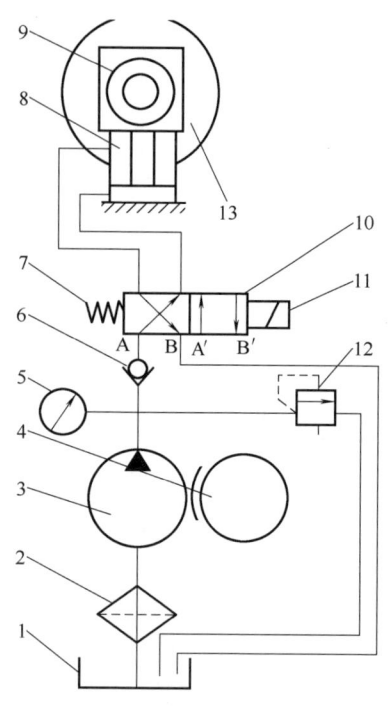

1—油箱;2—滤油器;3—油泵;4—电动机;5—压力表;6—单向阀;7—弹簧;8—液压缸;9—印版版辊轴承座;10—二位四通电磁换向阀;11—电磁铁;12—溢流阀;13—印版版辊

图 5-23 液压式离合压装置

（2）液压式离合压装置。液压式离合压装置如图 5-23 所示。通过压力油推动液压缸动作,实现版辊与中心压印滚筒合压或离压。图 5-23 中,电动机 4 驱动油泵 3 工作,将液压油从油箱 1 吸入,经滤油器 2、单向阀 6、二位四通电磁换向阀 10,将高压油输入液压缸 8 内活塞的下部油腔中。在液压油压力的推动下,活塞上移,推动印版版辊轴承座 9 上移,带动印版版辊 13 上移,实现印版版辊 13 和压印滚筒（图中未画出）的合压。当需要印版版辊离合压状态改变时,可以使电磁铁 11 断电,在弹簧 7 的作用下,准四通电磁换向阀 10 移位,这时液压油输入液压缸内活塞上部,活塞下移,从而使印版版辊 13 位置下移。

液压传动离合压装置适应载荷范围大,故在大型宽幅柔版印刷机上得到广泛应用。液压传动的特点是操作控制方便,易于集中控制,平衡性好,易于吸收冲击力。缺点是油液一旦泄漏,会污染环境。

（3）气动式离合压装置。由于气压传动以空气作介质,费用低、维护简单、操作控制方便、空气介质清洁、管路不易堵塞、使用安全,因此气动式离合压装置也得到了广泛应用。但气动式离合压装置的工作介质是压缩空气,与液压油相比,工作压力较低,适用于中小压力的传动。目前,气动式离合压装置多用于窄幅柔性版印刷机的滚筒离合机构中。

2. 卫星式柔性版印刷单元压力调节装置

印刷单元的压力调节是通过印刷单元的移动装置实现的,如图 5-24 所示。通过移动装置对印版版辊的水平移动，改变印版版辊 2 与中心压印滚筒 1 的中心距，从而实现印版版辊与中心压印滚筒之间的压力调节；通过移动装置对网纹辊 3 的水平移动，实现网纹辊与印版版辊的压力调节。

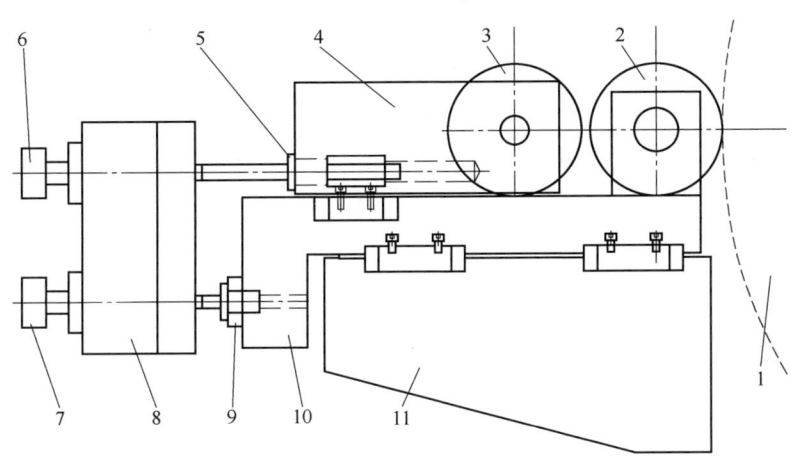

1—中心压印滚筒；2—印版版辊；3—网纹辊；4—网纹辊底座；5，9—丝母；
6，7—螺杆；8—齿轮箱支承架；10—移动底座；11—机架

图 5-24　印刷单元移动装置

印刷单元移动调节分为粗调和微调两个阶段。粗调阶段，可采用手动或电机带动移动底座 10，沿导轨快速运动到中心压印滚筒附近，完成粗调工作，然后进入微调阶段。微调时，手动微调各滚筒间的中心距，以调整合适的印刷压力。印刷单元移动装置的微调可以完成网纹辊的单独水平移动以及印版版辊和网纹辊的同步水平移动。具体过程如下：

（1）网纹辊 3 的单独水平移动。由图 5-24 可知，网纹辊 3 支承在传动面和操作面两侧的网纹辊底座 4 上，底座 4 与丝母 5 固联在一起。螺杆 6 支承在齿轮箱支承架 8 上。拧动螺杆 6，与网纹辊底座 4 的螺纹旋合，螺杆 6 只有转动，不能轴向移动（齿轮箱支承架 8 和墙板固联不动），而丝母 5 则只有水平左右移动，没有转动。丝母 5 的移动带动了网纹辊底座 4 同步移动，从而带动网纹辊 3 水平移动。

（2）印版版辊和网纹辊的同步水平移动。由图 5-24 可知，网纹辊底座 4 安装在移动底座 10 上，可由螺杆 6 带动移动，也可以跟随移动底座 10 一起移动。螺杆 7 与丝母 9 固联在一起。螺杆 7 支承在齿轮箱支承架 8 上。拧动螺杆 7，与移动底座 10 螺纹旋合。同理螺杆 7 只有转动，没有位移，而丝母 9 则只有水平左右移动，没有转动。丝母 9 的水平移动带动了移动底座 10 同步移动，从而带动网纹辊 3 和印版版辊 2 一起水平移动。

卫星式柔版印刷机压力调节的原理如图 5-25 所示。由图可知，伺服电机 3 通过调压带轮 2 带动滚珠丝杠 4 微量转动，推动版辊移动座 5 沿导轨移动，从而改变印刷版辊与中心压印滚筒的中心距，即改变和调节了印刷版辊与中心压印滚筒之间的印刷压力。同样道理，伺服电机 9 通过调压带轮 2 带动滚珠丝杠 4 微量转动，推动网纹辊移动座 6 沿导轨移动，从而改变网纹辊 8 与印刷版辊 7 之间的中心距，即改变和调节了网纹辊与印刷版辊之间的印刷压力。四根滚珠丝杠分别控制印刷版辊、操作侧及传动侧的移动座，网纹辊与印刷版辊两端可同时微动调压，也可在单独一侧进行微动调压操作，并可以快速进行滚筒离

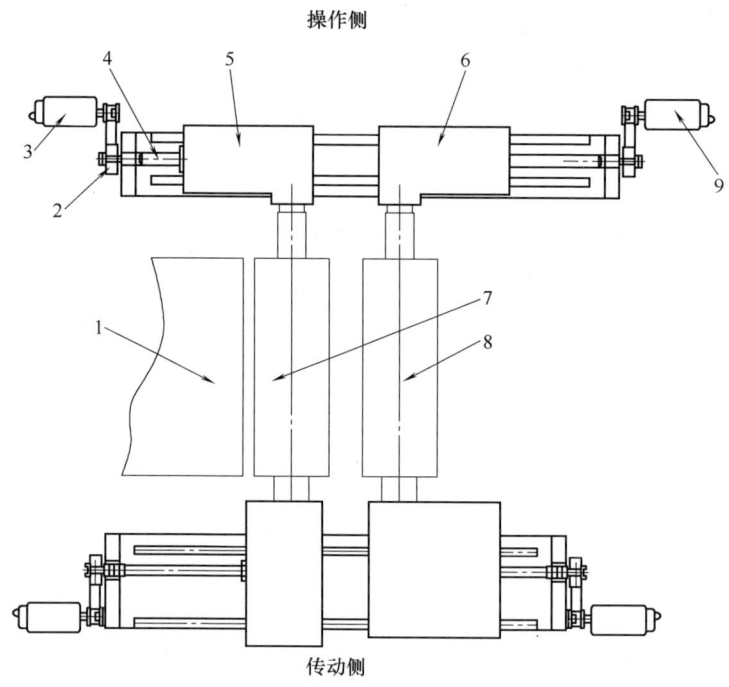

1—中心滚筒；2—调压带轮；3、9—伺服电机；4—滚珠丝杠；
5—版辊移动座；6—网纹辊移动座；7—印刷版辊；8—网纹辊

图 5-25 印刷离合压及压力调节

合压以及印刷版辊离压后退至换版位置。

由于柔版印刷使用速干型油墨，当印版版辊与中心压印滚筒离压时，输墨系统不能停止工作，否则网纹辊上的油墨层就会固化。因此，印刷滚筒一旦离压，输墨系统应继续处于工作状态。柔版印刷机离合压驱动有机械式、液压式和气动式三种，一般都配有微调印刷压力的装置。

3. 套准装置

在多色印刷时，印品上各个颜色的套印精度是衡量印刷质量的重要标志之一。目前，柔版印刷机大多以卷筒纸轮转机为主，而且承印物多是容易变形的塑料薄膜类材料，因此，要求有精密的套准装置。套准包括轴向套准和周向套准。轴向套准指沿印版版辊轴线的方向进行套准及调节；周向套准指沿着印版版辊旋转的方向进行的套准及调节。调节的方法有两种：一种是通过调整各色印版滚筒的位置，使各印版滚筒的相互位置对应正确；另一种是调整机组之间承印物材料的张力和长度。

（1）轴向套准机构。轴向套准机构，通常是通过轴向移动印版滚筒，实现横向套准。在柔版印刷机上，印版滚筒轴颈安装在滑动轴承中，如果采用直齿轮传动，可直接轴向移动印版滚筒及齿轮。如果采用斜齿轮传动，轴向移动印版滚筒时，斜齿轮可相对滚筒轴颈滑动，在轴向套准调节时不影响滚筒的传动及周向位置。

（2）周向套准机构。周向套准调节方式较多，现主要介绍斜齿轮调节机构和差动齿轮调节机构。

① 斜齿轮调节机构。这是柔版印刷机上最普遍使用的纵向套准机构,其基本原理是:由于斜齿轮的轮齿和轴向有一个螺旋升角 β 存在,在啮合过程中斜齿轮各点不像直齿轮那样同时接触,而是逐点进入啮合,当一个斜齿轮相对其啮合齿轮轴向移动时,由于存在齿廓的螺旋升角 β,两齿轮必有相对的周向转动,而斜齿轮相对印版滚筒则没有周向移动。因此,当调节机构使印版滚筒斜齿轮周向移动时,带动印版滚筒,实现纵向套准的调节。斜齿轮调节的纵向套准范围与齿廓的螺旋升角、轴向位移量以及印版滚筒的直径等参数有关。即螺旋升角越大,调节范围越大。在螺旋升角确定以后,轴向位移范围越大,套准调节越大,校正量越大。同时,相对于同一轴向调节位移,若印版滚筒齿轮的转角相同,滚筒直径越大,纵向套准校正量也越大。一般柔版印刷机上斜齿轮纵向套准机构的调节范围为 $\pm(6\sim12)$ mm。

图 5-26 所示为一种机械传动式版辊周向套准结构。步进电机带动蜗杆 20 转动,通过蜗轮减速箱 10、螺杆 12 输出转动。螺杆 12 只有转动没有移动。螺杆 12 与螺套 19 旋合,螺套 19 则产生沿轴线方向的平移运动。螺套 19 通过螺钉 18 与连接套 13、拨杆 17 固接在一起。轴承座 7 插入拨杆 17 的凹槽中,也通过螺钉固联在一起。因此,螺套 19 的轴向位移会引起轴承座 7 的轴向位移。轴承座 7 的移动,带动了齿轮 5 的轴向移动。齿轮 5 是斜齿轮,与大中心压印滚筒轴端大斜齿轮啮合,因此,齿轮 5 在轴向移动的过程中必然产生带动版辊 1 的周向微量转动,从而实现了印版辊筒 1 的周向调节。

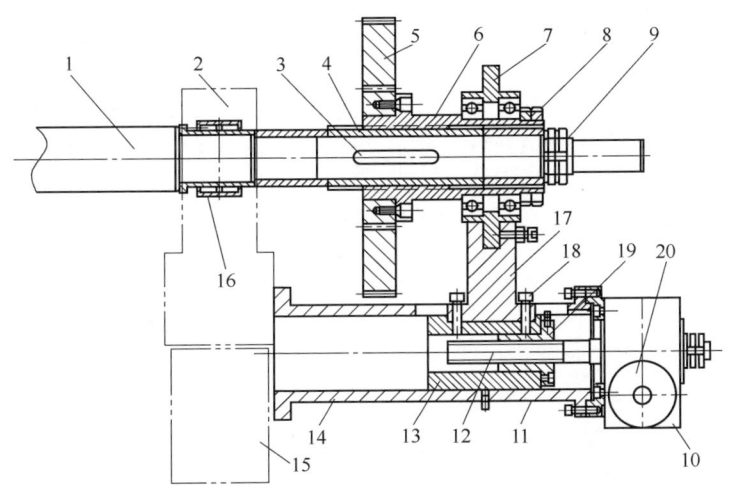

1—印刷版辊;2—机架;3—花键;4—套;5—齿轮;6—连接套;7—轴承座;8—锁紧螺母;
9—轴端挡圈;10—蜗轮减速箱;11—连接套;12—螺杆;13—连接套;14—套筒;
15—传动侧墙板;16—轴承座;17—拨杆;18—螺钉;19—螺套;20—蜗杆

图 5-26 机械传动式版辊周向套准结构

② 差动齿轮调节机构。差动齿轮调节机构的最大优点是调节范围不受限制,但结构比较复杂。其基本原理是:当需要纵向套准调节时,通过调节机构使齿轮绕印版滚筒的轴转动,使印版滚筒在主传动之外又附加了一个周向运动,附加运动可以与主传动方向相同或相反,即印版滚筒被周向调节,实现了纵向套准。

通常,老式柔版印刷机的印版滚筒及网纹辊的转动,是通过压印滚筒齿轮带动印版滚筒齿轮、印版滚筒齿轮带动网纹辊的齿轮转动的。印刷品的重复长度取决于印刷版辊和版辊齿轮，而齿轮受到节距和模数的限制。通常印刷品的重复周长与版辊齿轮的节距相同。而卫星式柔版印刷机无齿轮传动，印刷机组均采用伺服电机直接驱动，如图5-27所示。

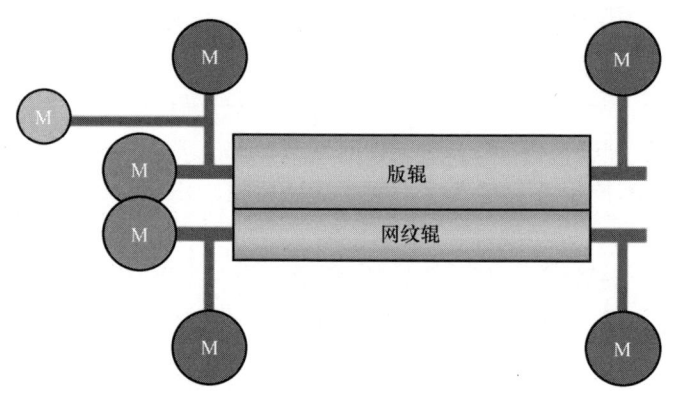

图5-27　印刷机组伺服电机分布

三、卫星式柔版印刷机的输墨系统

柔版印刷机输墨系统的作用是连续不断地、均匀地、定量地给印版滚筒表面提供印刷油墨。

（一）输墨系统的作用与组成

柔版印刷机输墨系统由墨斗、墨斗辊、网纹辊、刮刀以及墨量调节机构等部分组成。卫星式柔版印刷机的各输墨系统围绕在中心压印滚筒周围，为各个印刷色组供墨。

图5-28所示为一种典型的柔版印刷机输墨系统。墨斗1中的油墨，经墨斗辊2旋转传递给网纹辊4（油墨定量辊），刮刀3将网纹辊4表面多余的油墨刮掉，将适量的油墨传递给印版版辊5上的印版，印版版辊5与压印滚筒6进行压印，使油墨转移到承印料膜7上，从而完成一次印刷过程。

柔版印刷机输墨系统与凸版印刷机和胶印机输墨系统相比，省去了若干的串墨辊和匀墨辊，由一个网纹辊配一个刮墨刀或是一个网纹辊配一个计量辊，直接传墨给印版版辊，即可实现油墨的均匀、定量传递。因此，柔版印刷机输墨系统，采用的是短墨路系统，墨路结构简单，采用网纹辊供墨，能实现供墨量的精确控制。

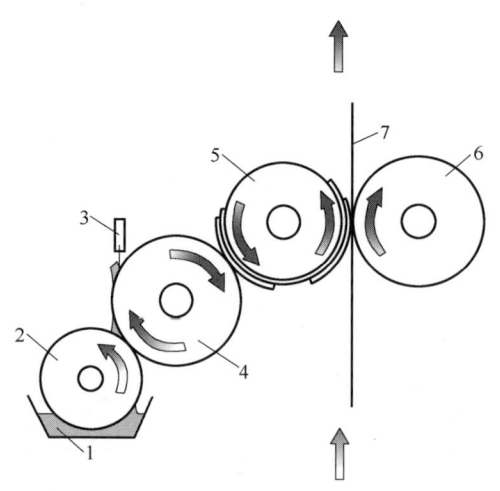

1—墨斗；2—墨斗辊；3—刮刀；4—网纹辊；
5—印版版辊；6—压印滚筒；7—承印料膜
图5-28　典型的柔版印刷机输墨系统

图5-29所示为卫星式柔版印刷机常用的输墨系统——腔式刮刀输墨系

统。该系统采用封闭式墨腔 1 供墨。墨腔由储墨容器、两把刮刀、密封条以及与之相连的输墨软管及墨泵等部分组成。印刷过程中，采用机械方式（或气动式、液压式）将腔式刮刀靠向陶瓷网纹辊 2，并施加一定的接触压力。油墨经墨口喷射到网纹辊表面并储存在墨室中，经反向刮刀刮墨后，在网纹辊表面形成均匀一致的墨膜向印版版辊传递，完成油墨到印版的传递过程。输墨管和回流管分别接到墨泵和储墨容器上，完成墨泵供墨及多余油墨的回收。

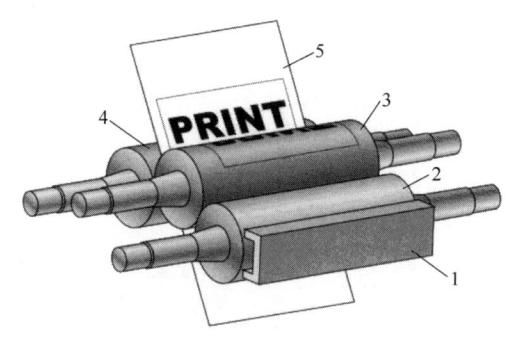

1—封闭式墨腔；2—网纹辊；3—印版滚筒；4—压印滚筒；5—承印物

图 5-29　腔式刮刀输墨系统

（二）墨量计量输墨系统

柔版印刷机的墨量计量输墨系统主要有双辊（墨斗辊-网纹辊）输墨系统、网纹辊-刮墨刀［正（反）向刮刀］输墨系统、综合式输墨系统和腔式刮刀（全封闭双刮刀）输墨系统四种结构。

1. 双辊（墨斗辊-网纹辊）输墨系统

双辊输墨系统是柔版印刷中最早使用的墨量计量输墨系统，它由一个墨斗辊和一个网纹传墨辊组成，故称为双辊输墨系统，如图 5-30 所示。墨斗辊 2 表面裹有一层橡皮或橡胶，其在墨斗内旋转，将油墨转移到网纹辊 3 上，并将多余的油墨从网纹辊表面刮掉；网纹辊表面刻有一定形状、大小和深浅的网穴，通过网穴将油墨均匀地转移到印版上，完成传墨的全过程。

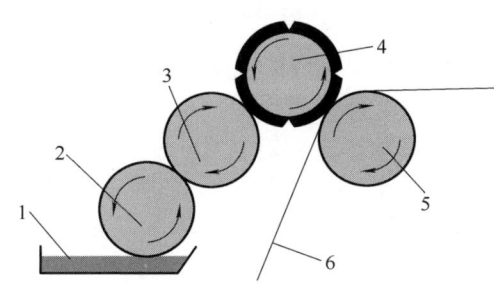

1—油墨；2—墨斗辊；3—网纹辊；4—印版版辊；5—压印滚筒；6—承印物

图 5-30　双辊输墨系统

双辊输墨系统的主要优点是，网纹辊与墨斗辊表面滚动摩擦，磨损较轻，使用寿命长，适用于低速柔版印刷机上。但在高速条件下，该输墨系统传墨的稳定性较差，常会出现传墨量过多的故障，且难以保证小墨量传递的均匀性，一般不能满足较高网线阶调的彩色印刷要求，该结构已逐渐被淘汰。

2. 网纹辊-刮墨刀输墨系统

（1）网纹辊-正向角度刮墨刀输墨系统。网纹辊-正向角度刮墨刀输墨系统是指，刮墨刀的刀刃指向网纹辊在刮墨刀压触点处的表面线速度方向，即刮墨刀的安装方向与网纹辊的旋转方向相同，刮墨刀直接安装在网纹辊上。一般采用在与网纹辊接点处切线成 45°~70°的角度，沿网纹辊的转动方向刮墨，如图 5-31 所示。

由图 5-31 可以看到，正向角度刮墨刀系统的余墨由刀内流出，由于液压的作用会使刮墨刀浮起，所以必须对刮墨刀施加压力，而施加的压力增加了网纹辊的磨损，减少了网纹辊的使用寿命。同时，压力的增加使得油墨中的异物、纸毛等传递至印版滚筒，造成版面擦伤从而影响印品质量。由此可见，在这种输墨系统中，刮墨刀的安装角度对传墨性能影响很大，在刮墨刀与网纹辊之间压力不变的情况下，安装角度越大，则传墨量越小。所以，这类系统必须配置压力和角度调节机构，以及刮墨刀的移动机构。刮墨刀的移动，可以防止油墨中的杂质堆积影响传墨的均匀，但机构变得复杂。

（2）网纹辊-反向角度刮墨刀输墨系统。网纹辊-反向角度刮墨刀输墨系统中，刮墨刀的刀刃指向与网纹辊在刮墨刀压触点处的表面线速度方向不同，即刮墨刀的安装方向与网纹辊的旋转方向相反，刮墨刀一般采用钝角刮墨，刀刃与网纹辊接点处切线成 140°~150°。如图 5-32 所示。

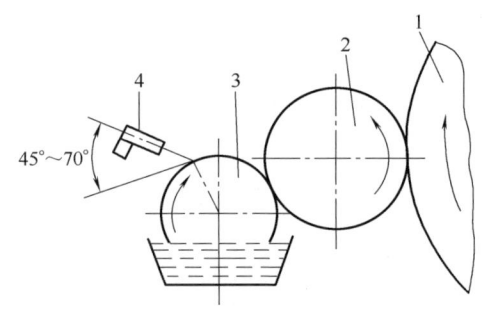

1—压印滚筒；2—印版滚筒；3—网纹辊；4—刮墨刀
图 5-31　正向角度刮墨刀系统

与正向角度刮墨系统相比，反向角度刮墨系统中余墨由刀外流去，网纹辊表面油墨对刮墨刀的压力使其有压向网纹传墨辊表面的趋势。因此，对刮墨刀施加很轻的压力就可将网纹辊表面的油墨刮去。由于刮墨刀与网纹辊之间的压力轻，磨损较小，所以准确地传递和控制印墨。

在机器运行过程中，刮墨刀的压力应保持在最低水平，以便始终如一地转移一层薄薄的墨膜。测试研究表明，反向角度刮墨刀的压力不应超过 0.279g/mm，当压

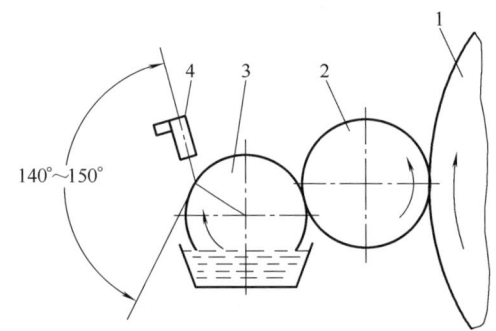

1—压印滚筒；2—印版滚筒；3—网纹辊；4—刮墨刀
图 5-32　反向角度刮墨刀系统

力达到 0.558g/mm 时，网纹辊网穴的磨损就很明显了。

为有效比较双辊式输墨系统和刮刀式输墨系统的输墨性能，分别进行印刷试验，测试出不同印刷速度下两种输墨系统的传墨量，得到印刷速度与传墨量的关系曲线，如图 5-33 所示。

根据曲线，可以发现如下规律：

对于双辊式输墨系统来说，当印刷速度小于 200m/min 时，印刷速度对传墨量的影响较小，印刷速度由 200m/min 提高至 400m/min 时，印刷速度对传墨量的影响很大。从图 5-33 中可以看出，印刷速度增加 1 倍，传墨量则增大至 3 倍左右，这说明印刷速度对传墨量的影响程度较大，此状态下输墨性能相对较差。

对于网纹辊-正向刮刀输墨系统，印刷速度的提高会对传墨量产生一定的影响，但不显著，尤其是印刷速度小于 500m/min 时，影响较小。其输墨性能较好。

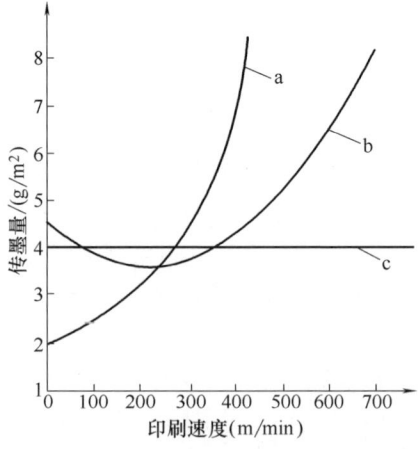

a—双辊式；b—正向刮刀型；c—反向刮刀型
图 5-33　印刷速度与传墨量的关系

对于网纹辊-反向刮刀输墨系统，无论印刷速度如何变化，其传墨量基本保持稳定。故其输墨性能最佳。

由以上分析可知，网纹辊-反向刮刀输墨系统，更能稳定而准确地传递系统所需油墨，能满足高质量印刷的要求。这种输墨系统主要用于高质量网目调印刷，网纹辊须选用高耐磨性的激光雕刻陶瓷网纹辊。

3. 综合式输墨系统

图 5-34 所示为综合式输墨系统（包含墨斗辊-网纹辊-刮墨刀）。在此系统中，由墨斗辊给网纹辊供墨，刮墨刀刮除网纹辊上多余的油墨。工作中墨斗辊 6 与网纹辊 4 表面不能直接接触，需至少保持 0.002in（1in = 2.54cm）的间隙。若墨斗辊和网纹辊的间隙小于规定的最低值，它们之间的润滑不足，会导致两辊的过度磨损。

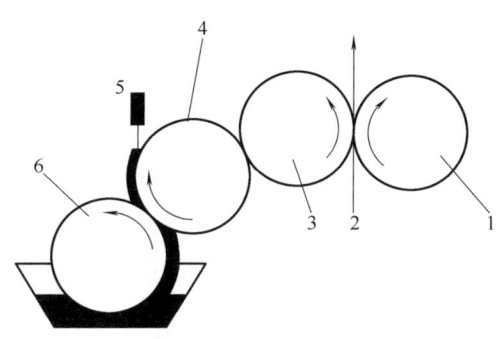

1—压印滚筒；2—承印物；3—印版滚筒；
4—网纹辊；5—刮墨刀；6—墨斗辊

图 5-34 综合式输墨系统

刮墨刀的安装方向会影响系统的传墨性能。正向刮墨刀会受到印刷速度的影响而改变其传墨量的大小，反向刮墨刀的传墨量基本不受印刷速度的影响。

综合式输墨系统的性能要优于双辊式和刮刀式输墨系统，更适用于大型和高速的柔版印刷机。

4. 腔式刮刀（全封闭双刮刀）输墨系统

腔式刮刀（全封闭双刮刀）输墨系统反向刮刀结构解决了柔版印刷机高速运转供墨量恒定的问题，然而，无论是反向刮刀结构、正向刮刀结构还是双辊式系统，都属于敞开式供墨机构，均由墨槽存储墨源。上墨辊带上的油墨经过一定的过程后，部分用于印刷，多余部分又返回墨槽。这样的结构形式使油墨经常性大面积直接暴露于空气中，对于溶剂性油墨会产生溶剂挥发到空气中，造成油墨特性变化和环境污染；对于水基油墨也会产生气泡，最终影响印刷质量。因此，现代柔版印刷机一般采用封闭式输墨系统。

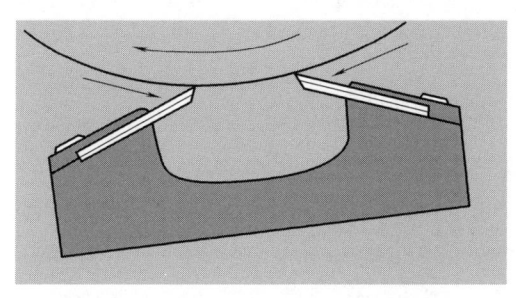

图 5-35 封闭式双刮刀腔式输墨系统

封闭式双刮刀腔式输墨系统示意如图 5-35 所示，其结构图如图 5-36 所示。它是近年欧洲开发的一种具有全新意义的输墨系统，在这种新型系统中，墨槽采用完全封闭的形式，油墨经墨泵及输墨管喷射到网纹辊 1 表面并储存在墨穴中，多余的油墨储存在墨腔 4 中。槽内配有两把刮刀 2，正向刮刀（图 5-36 中下方的刮墨刀）通常是塑料的，主要是将油墨封闭在墨腔中；反向刮刀（图 5-36 中上方的刮墨刀）一般为钢制的，是将多余的油墨从网纹辊上刮除后将墨穴中油墨传给印刷版辊。两个刀片的角度都经过了精确的调整，能够实现良好的刮墨性能。刮墨刀安装在墨腔上下侧面的刀架里，刀架的两端用软性材料——氟树脂挡墨块进行密封，紧贴安装在网纹辊的两侧。工作时刮墨刀和挡墨块紧贴网纹辊表面，起到刮墨和密封作用。这种侧封机构可以由弹簧控制，也可以由压力控制系统控制。输墨管与墨泵连接，通过墨泵将储墨容器中的油墨打入墨斗腔内。在宽幅柔印机上供墨系统中油墨可以被泵到多处。为防止出现轻微的渗墨、漏墨现象，在网纹辊的下方通常安装一接墨盘，用以接盛渗漏的油墨，如图5-37所示。

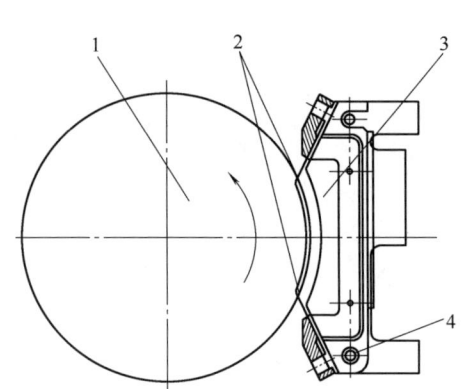

1—网纹辊；2—刮刀；3—氟树脂挡块；4—墨腔

图5-36　腔式刮刀系统结构

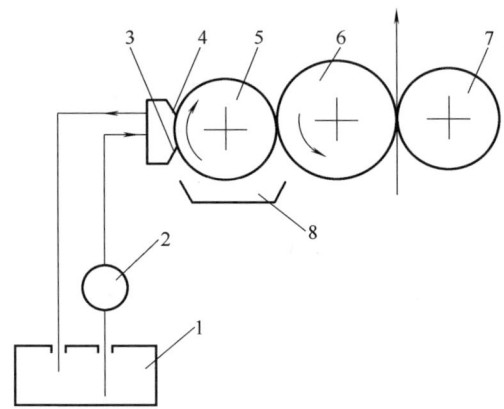

1—储墨容器；2—墨泵；3—密封刮刀；4—刮墨用反向刮刀；5—网纹辊；6—印版滚筒；7—压印滚筒；8—接墨盘

图5-37　封闭式双刮刀腔式输墨系统工作原理

封闭式双刮刀腔式输墨系统使油墨在一个较为封闭的墨腔里循环，可以有效地阻止油墨与空气接触而发生氧化，防止油墨起泡，避免了溶剂型油墨中溶剂的挥发造成环境污染问题。同时，根据流体力学的原理油墨和洗涤剂都处于流动状态，因而即使少量的油墨也可以循环，用少量的洗涤剂也可以清洗干净。对印刷速度的适应性好，无论印刷速度如何，油墨的转移量都是固定的，减少了高速运行时的飞墨现象，因此印刷质量稳定。该系统还可以进行自动清洗、快速更换网纹辊、与墨斗辊装置快速对接，以减少换墨时间和停机时间。

四、卫星式柔版印刷机干燥系统

近年来，国内卫星式柔版印刷机制造技术有了大幅度的改进，但印刷速度与国外先进设备仍有一定的差距。国产卫星式柔版印刷机的印刷速度通常为250m/min，少数设备的印刷速度可达300m/min。国外常见的印刷速度为300~450m/min，欧洲国家的先进设备最高速度可达500m/min。与国际相比，我国柔版印刷机印刷速度较低的原因，除机械精度和控制精度水平的局限外，干燥系统是制约印刷速度的主要因素。

另外，干燥部分是主要消耗能量的部件，通常占整机消耗能源的50%~60%。干燥部分不仅影响产品的质量和性能，而且显著影响生产成本和效率，对企业的生存和发展产生着重大影响。我国卫星式柔版印刷机产品的能耗远远超过了发达国家，因此，如何降低能耗是卫星式柔版印刷领域的重要课题。

（一）干燥/冷却系统的作用及组成

当热风由进风口进入后，具有一定流量、一定风压的热风在干燥箱内流动。随着干燥箱内导流板的引导，流体流向各个风嘴，并从风嘴以高速射流喷出，冲击接触承印材料表面，对材料表面的油墨图文进行干燥。冲击承印材料的热风流体在与承印材料接触碰撞后，形成贴壁射流，向料膜宽度方向的两边流动。而相邻的贴壁射流在流动中又会发生碰撞干涉，使油墨充分干燥。

油墨的干燥形式主要有聚合干燥、渗透干燥、挥发干燥以及综合干燥四种。柔版印刷的油墨以挥发干燥形式为主，但也存在渗透干燥、聚合干燥等。印刷机的工作速度主要取决于干燥系统的干燥效率。

图 5-38 所示为卫星式柔版印刷机干燥系统的典型结构。其干燥系统一般分为两级：一级是色间干燥装置，除了最后的印刷色组后面没有色间干燥装置外，其余的每个印刷色组之后都有独立的色间干燥装置，以达到进入下一色印刷之前，把刚刚印刷完成的印品图文油墨进行干燥的目的。另一级干燥装置设置在所有印刷过程完成之后，对印刷后印品的图文油墨进行最后一次集中干燥，它位于最后一个印刷色组之后，称为集中干燥装置。集中干燥的通道通常采用封闭结构，一般由 12~20 个喷嘴组成，喷嘴之间相隔的距离约为 350mm。

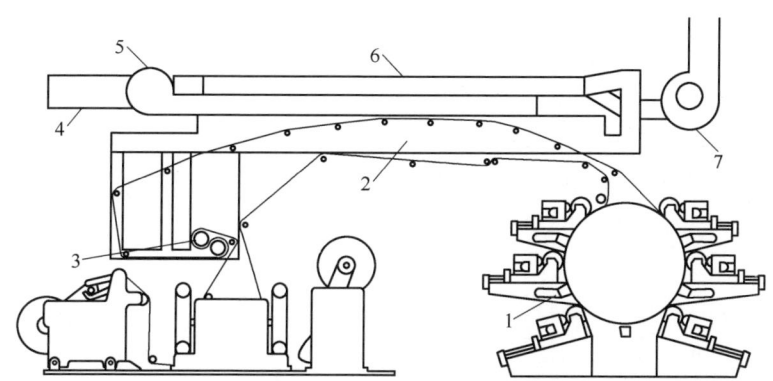

1—色间干燥装置；2—干燥通道；3—冷却辊；4—燃烧装置；5—送风机；6—互联通道；7—双联排风机

图 5-38 卫星式柔版印刷机干燥系统示意

印刷色组间的色间干燥装置以及集中干燥装置均采用双回路循环空气，以实现热风的循环利用，减少对新鲜空气的需求量，从而降低热源消耗。通常在干燥通道内，装有温度检测杆，当达到设定的温度后，就会通过气缸控制空气阀门开启和关闭，以保持干燥通道内的温度恒定。

干燥热源可采用蒸汽、电、热油及燃气四种。其中电热源使用最多。干燥系统控制方式有各色组分散控制方式和一体化控制方式两种，目前先进的机型多采用一体化控制方式并采用电子温控器进行温度调控。

卫星式柔版印刷机的中心压印滚筒表面包覆着印刷料带进行印刷。这种结构使得各印刷机色组间，承印材料的走料距离较小，自然干燥的时间极短，这就需要设置色间干燥装置，将油墨中的溶剂水分等去除掉，使得印品进入下一印刷色组之前，前色墨层尽可能完全固化，避免出现印品蹭脏现象。

主通道集中干燥系统多采用桥式集中干燥通道，干燥箱安装在机器顶部的横梁上，确保收卷前料膜有恒定的牵引力，彻底排除墨层中的溶剂水分，也避免复卷或堆叠时的蹭脏问题。

集中干燥系统电加热温度可达 80~100℃。根据用户需要，还可配置蒸汽加热系统。每个烘箱内都有独立的手动节气阀，控制进风量和排风量的大小。色组间干燥装置和集中干燥装置有各种不同的气流配送方案。通常，一台印刷机的集中干燥装置可能由一台送风机、一个燃烧装置和一台排风机组成。而色组间干燥装置则采用另一套气流配送系统，其色间干燥装置共用一台送风机和一台排风机（图5-39）。操作者可分别控制色组间干燥装置和集中干燥装置的气流温度、速度等。

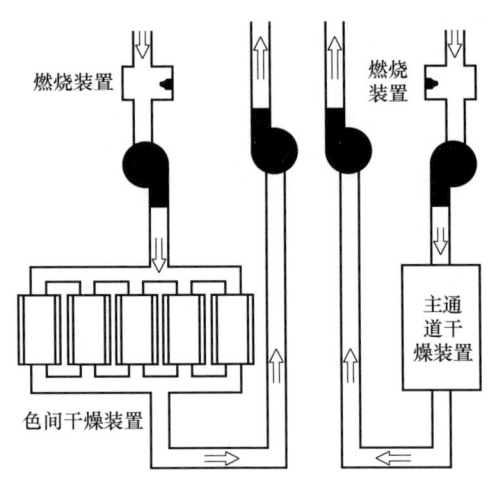

图 5-39　干燥装置气流配送方案

（二）干燥装置工作原理

1. 干燥方式

常用的干燥方式有热风干燥、红外线干燥、紫外线（UV）干燥等。热风干燥是利用电加热空气，通过管路将热风送入机器上的干燥箱，利用吹风喷嘴喷射高速热风在承印材料表面进行干燥，同时将含挥发溶剂的气体排走。该干燥方式具有加热快、排热快的特点。UV 干燥装置具有可移动性，当使用 UV 油墨印刷或上光时，可在任一机组后加装 UV 干燥装置，可随时进行拆卸，热风温度及喷气量均可调节。

2. 干燥装置

（1）干燥概述。色间干燥可使承印物上的油墨在进入下一个印刷单元前进行初步干燥。通常，每个色间干燥箱采用两个喷嘴送风。干燥箱安装在滑轨上，容易拆卸，几个干燥箱共用一个鼓风机提供热风。色间干燥装置的效率较高，同时色间干燥装置要求不能对印版上的油墨产生影响，避免油墨在印版上固化。因此，色间干燥装置多采用封闭的钢制干燥箱，保证干燥热风不从干燥箱中溢出，不影响印版滚筒的油墨状态。色间干燥箱安装在两色组之间侧面的滑杆上，可快速移开。印刷机组色间干燥装置的安装位置通常有两种，一种是安装在印刷机组的下面，可以节省机器空间，结构稳定可靠。另一种是安装在印刷机组的上方，热能向上传递，不会影响到印版等部件。

为了使热风能够按照设计要求进入排风装置，防止印刷过程中出现溢风问题，设计时要求色间烘箱的排风量大于送风量（排风风机的功率大于进风风机功率）以便形成负压。在印刷过程中热风的温度比较高，通常为85℃左右，若出现溢风现象，会使车间的温度升高，影响工作环境，严重时可能出现烫伤工作人员的情况，同时也会影响到印刷品的干燥质量，引起热风能耗的较大损失。

热风由色间烘箱出来后进入排风装置。为了节约能耗和降低印刷过程中对新鲜空气的需求，在排风管处设计了二次回风装置，一部分热风再次进入混风箱与新鲜空气混合后进行干燥。该部分的主要结构为一个排废三通管，其下端连着排风风机，中间通过管道与混风箱相连,上端排出废气。排废三通中装有排风挡板,通过排风挡板可以初步调节二次回风的风量。在排废三通与混风箱的连接管道中安装有风量调节器,用于调节二次回风的风量大小。

(2)干燥的原理。通常,每个色间干燥箱采用两个喷嘴送风。干燥箱安装在滑轨上,不锈钢的干燥箱共用一个鼓风机提供热风。

集中干燥采用桥式干燥通道,干燥通道连接印刷部分和冷却部分,采用钢制材料,内装铝制导向辊,最终干燥通道采用封闭结构,有多个调节位置,并有相应的自动温度控制。色间干燥箱的干燥长度为300~700mm,高速热风的速度为40~50m/s;集中干燥箱的干燥长度为4.5~6.5m,热风干燥速度比色间干燥略低。

印刷机热风干燥系统是一个完整的流体场,空气从进入系统到排出,整个干燥过程是在一个封闭的系统中完成的。通常,送风机从房顶或厂房内抽取空气,使之穿过加热装置,然后被送到承印物表面,如图5-40所示。油墨中易挥发的溶剂蒸发之后,随气流排出。气流可以排放到大气中,或者排放到一个净化装置中。气流被排出后,周围空气被抽进干燥装置。

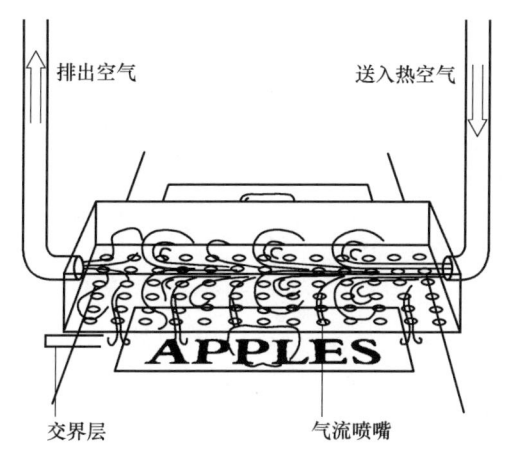

图5-40 印品干燥过程

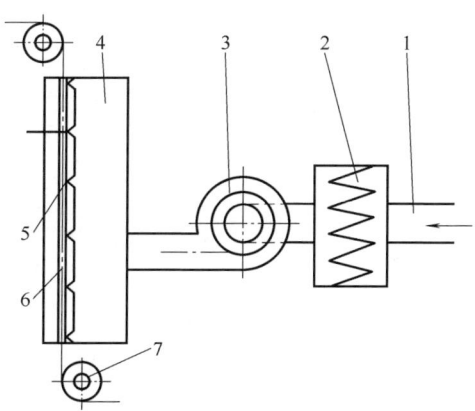

1—进风口;2—加热器;3—风机;4—风箱;
5—喷嘴;6—纸张;7—导向辊

图5-41 常见热风干燥系统原理

图5-41所示为热风干燥系统的组成原理图。其主要部件的作用是:

① 风机。用于提供热风能量,以克服管路各部件的流动阻力。烘箱处形成的高速热风动能也是从风机中获得的。目前,热风干燥系统通常采用离心式高压风机。

② 加热器。用于提供干燥印品油墨所必须的热量。在实际应用中根据用户的需求可以设计为电加热、蒸汽加热、油加热以及燃气加热等方式。在温度要求不高的情况下(120℃以下),一般选择蒸汽加热方式;对于温度要求稍高的,可以选择电加热方式;如果要求的温度更高,就要选择油加热等方式。

③ 风箱。用于对热风进行引导和分配,保证热风均匀有效地吹到承印物表面。热风不均匀会导致承印物两边受热不均匀,易发生变形从而影响套印精度。风箱的内部结构(如风箱进风口的结构和尺寸设计、吹风嘴形状的设计等)也非常重要,会对风速和风量

产生较大影响。

④ 加热管道。用于将热风从风机出口输送至风箱入口。良好的管道设计，会降低对热风的阻力，提高风机能量的利用，防止过多的能量消耗在管道上。

⑤ 排风系统。用于将干燥后带有溶剂蒸汽的废气排出，如不及时排出，会使风箱内溶剂分压太大，影响溶剂正常的蒸发汽化。

3. 集中干燥装置

图 5-42 为集中干燥系统结构图，它采用桥式干燥通道，安装在机器顶部的横梁上。

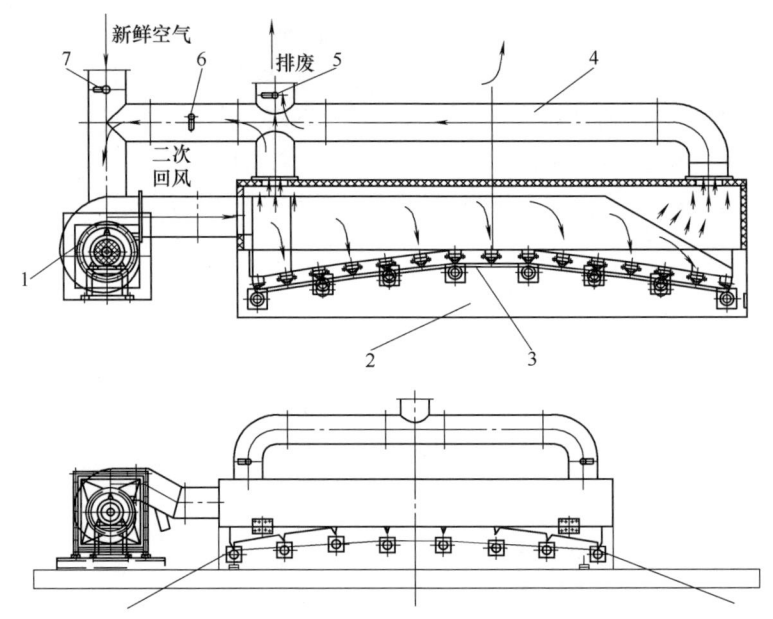

1—风机；2—烘箱；3—承印物；4—风管；5，6，7—风门手柄

图 5-42　集中干燥系统结构

烘箱内都有独立的手动节气阀，能控制进风量和排风量。

集中供热系统结构如图 5-43 所示，吹风机 4 将空气抽入到加热器 3 中进行加热，使抽入的空气变成热风，热风经进风道 2 传给吹风管 1，由吹风管的狭窄细长风嘴吹向运动着的料膜表面，对料膜表面的油墨进行干燥。吹过料膜后的热风在排风道 6 负压的作用下，被吸入排风道，然后从排风机 5 的排风口排出。

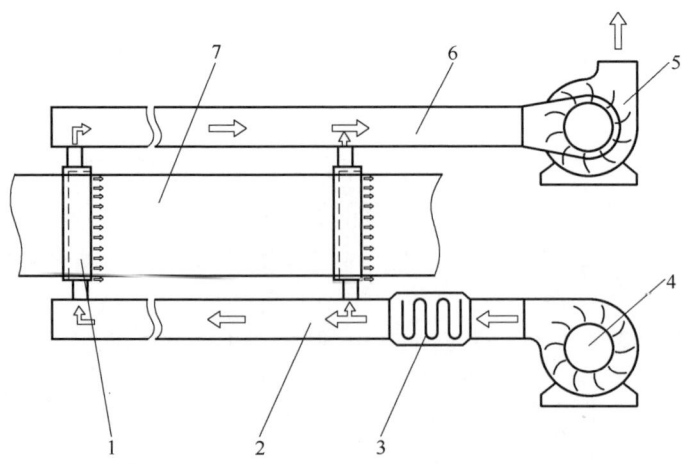

1—吹风管；2—进风道；3—加热器；4—吹风机；
5—排风机；6—排风道；7—承印物

图 5-43　集中供热系统结构

五、卫星式柔版印刷机收卷及张力控制

为了便于储存和后续加工，印刷完成后的连续料带需要进行稳定收卷。收卷机构通常会配有张力控制和调节装置，以保证收卷端面整齐、松紧均匀。目前，大部分柔版印刷机采用不停机接料方式，以减少换卷时间。

（一）收卷装置的原理与结构

图 5-44 所示为 YRJ1200 卫星式柔版印刷机的不停机收卷装置，主要包括张力检测调节机构、纠偏机构、裁刀机构、助推机构和收料翻转架。料带的收卷过程为：料膜 1 从集中烘干箱出来后经过导向辊 4 到达浮动辊 5，再经过牵引辊 16 及导向辊 7、8、9，卷绕在收卷气胀轴上，卷绕形成收料料卷 12。通过翻转架 13 和裁断装置 10 实现不停机换卷。收卷过程中不停机换卷的结构和原理，与放卷过程的不停机换卷结构和原理相同。

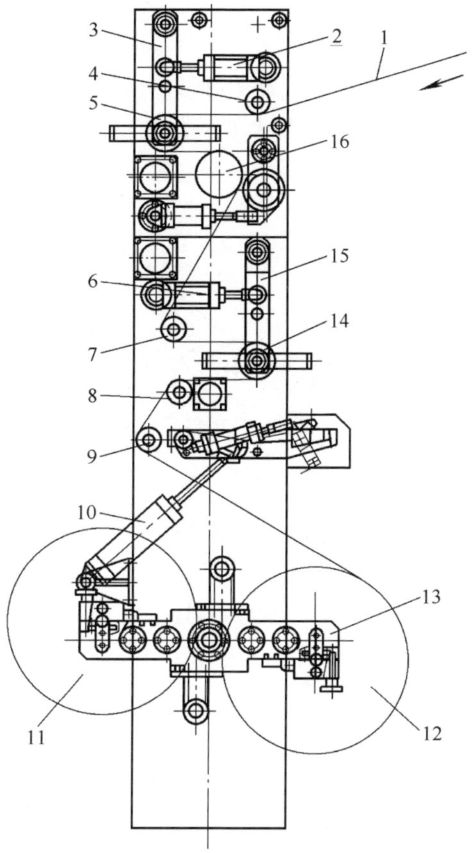

1—料膜；2，6—气缸；3，15—摆杆；4，7，8，9—导向辊；5，14—浮动辊；10—裁断装置；11，12—收料料卷；13—翻转架；16—牵引辊

图 5-44 YRJ1200 卫星式柔版印刷机不停机收卷装置

1. 收料十字翻转架

收料十字翻转架的结构如图 5-45 所示。它是柔版印刷机收卷部分的主要结构。其作用是将不断印刷完成的料膜或纸带均匀卷绕在收卷支架的气胀轴上，对料膜进行收卷。若料膜卷收卷到达限定的最大直径，则翻转电机带动翻转架 5 绕中心轴翻转 180°，将卷满的料卷 1 翻下，另一料卷气胀轴 4 旋转到上方。此时压辊摆动，将料膜前端粘贴在料卷气胀轴 4 上，同时裁刀将印刷料膜切断，完成自动换料动作。气胀轴电机经过一系列减速齿轮，带动气胀轴旋转，继续进行收卷工作。在收料复卷装置中，料卷气胀轴端装有小齿轮，其动力来自变频电机和传动齿轮。传动齿轮与料卷气胀轴端的小齿轮啮合，带动气胀轴转动，从而完成收卷工作。通过控制和调节变频电机的速度，可以使传动齿轮

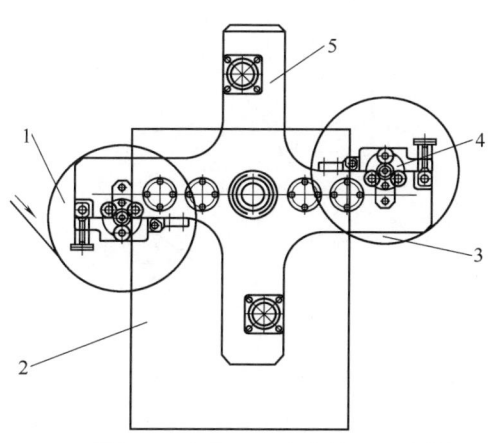

1，3—料卷；2—机架；4—气胀轴；5—翻转架

图 5-45 收料十字翻转架

减速或停转，以施加收料卷的阻尼制动力。

近年来，不少卫星式柔版印刷机都逐步采用了悬臂式收放卷结构，其主要特点是换卷速度快、耗用的人工劳动力较少。悬臂式机构的核心部件是气胀芯轴，芯轴的驱动侧固定在机架上，芯轴的操作侧在换卷时是悬空的，相较于穿芯式的气胀轴结构，便于安装和卸载料卷。

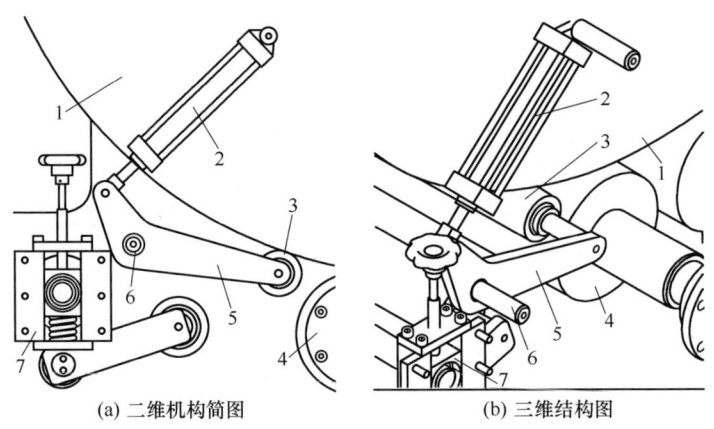

(a) 二维机构简图　　　　(b) 三维结构图

1—纸卷；2—气缸；3—助推辊；4—驱动辊；5—助推架；6—转轴；7—料膜纵向裁切调节装置

图 5-46　助推装置

2. 助推装置

图 5-46 所示为换卷助推装置，它可以使料卷在收卷结束后离开收料单元。由图可知，当纸卷 1 复卷完毕时，打开气缸 2，气缸 2 上的活塞杆伸出，推动助推架 5 绕转轴 6 摆动，使安装在助推架 5 上的助推辊 3 摆向纸卷，将纸卷推离收卷单元。在收卷单元旁边放置一个手推叉车，接住被推下的纸卷，将其运走。另外，还可以安装一个行吊，将纸卷吊走，此时，助推装置起稳定纸卷的作用。料膜纵向裁切调节装置 7 的作用是，通过拧动调节螺杆，改变压缩弹簧的压缩量，以调节上刀的位置，下刀的位置是固定的。

3. 裁废边装置

图 5-47 所示为收卷时的裁废边装置。它就是一个分切装置，主要由两个对滚的上刀 5 和底刀 6 构成。

裁废边装置适用于复卷的过程中需要裁切料边的场合。若收卷时不需要裁切废边，可调节裁废边装置上刀和底刀的轴向位置，使料带收卷时不再通过裁废边装置。

在裁废边装置中，纵向分切底刀 6 可沿着轴线移动，以适应不同的裁切位置。底刀 6

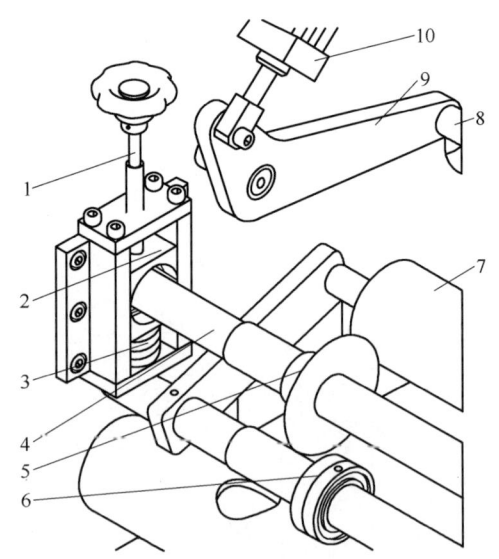

1—螺杆；2—可移动轴承座；3—压缩弹簧；4—纵向分切上刀安装轴；5—上刀；6—底刀；7—导向辊；8—重辊；9—摆动架；10—气缸

图 5-47　裁废边装置

用一个紧定螺钉固定在下刀安装轴上，周向随轴固定，轴线方向可以移动，根据印刷幅面的大小，调节所需裁废边的多少。在分切轴左右两边各有一个螺杆1，上刀轴两端各设置一个可移动轴承座2，轴承座下有一个压缩弹簧。转动螺杆1，带动可移动轴承座2上下移动，以调节上、下刀辊之间的中心距，调整上下刀的对剪位置。

（二）收卷装置分类

柔版印刷机种类多，结构各异，收卷方式也各有不同。根据收卷驱动形式，收卷方式可分为圆周驱动式和芯轴驱动式。高速自动接纸的柔版印刷机通常采用芯轴驱动收卷方式。

1. 圆周驱动式收卷

圆周驱动式收卷方式，又称表面驱动，是利用驱动辊与料卷表面的摩擦力来驱动料卷转动，进行收卷。常见的圆周驱动式又有单辊收卷装置和双辊收卷装置两种形式。

（1）单辊收卷装置。单辊收卷装置如图5-48所示。单辊收卷使用的是表面卷绕原理，使用一根卷绕驱动辊5驱动纸卷6转动，将纸带卷绕在纸卷芯轴上。驱动辊5由一个变速驱动装置驱动，根据纸卷6的直径大小变化驱动辊转速，保证收卷料膜以等线速度收卷，以此建立基本的张力模式。

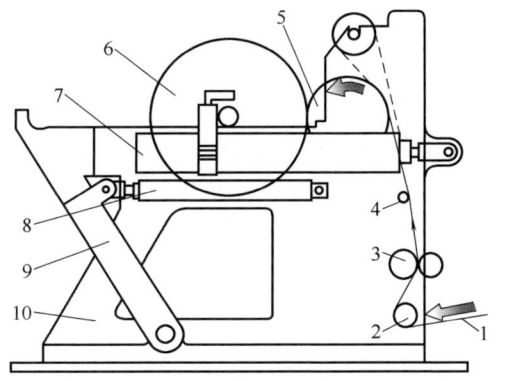

1—料膜；2—导向辊；3—纵向裁切刀；
4—展平辊；5—驱动辊；6—纸卷；
7，8—气缸；9—摆臂；10—机架

图5-48 单辊收卷装置

印刷完成后的料膜1经过烘干箱干燥及导向辊2后，在纵向裁切刀3处被左右圆刀对滚实现纵向裁切，然后经展平辊4展平，通过驱动辊5的表面后，最终卷绕在纸卷气胀轴上，实现卷绕收卷。驱动辊5始终压紧纸卷6的表面并转动，通过摩擦力驱动纸卷转动。随着收卷过程的进行，纸卷不断增大，气缸7推动纸卷轴沿水平方向向左移动。印刷后的纸卷卷绕时可以采用印刷图文表面朝里或朝外的卷绕方式，也就是说，驱动辊5的旋转方向可以根据印刷料膜卷绕方式的不同而改变成顺时针方向转动，这样纸卷6的旋转方向也相应改变。纸卷6收卷到极限尺寸后，气缸8的活塞伸出，推动摆臂9绕固定铰链左摆，使操作侧的纸卷在换卷时是悬空的，便于卸载料卷。料卷拆卸完毕后，推动摆臂9绕固定铰链右摆回位，继续进行收卷工作。

（2）双辊收卷装置。双辊收卷装置是一种最常用的表面收卷装置，如图5-49所示。它的两根驱动辊的半径相等，两根驱动辊的动力由

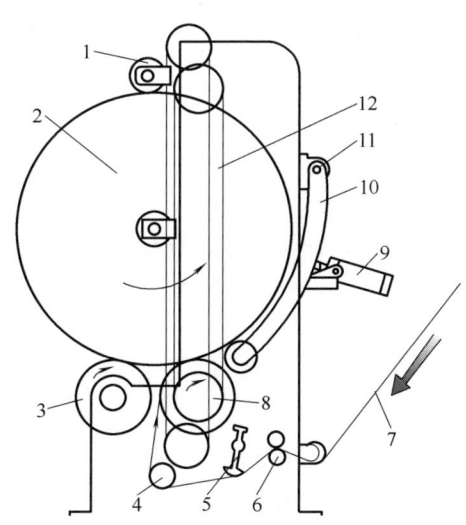

1—重辊；2—纸卷；3，8—驱动辊；4—导向辊；
5—纵向裁切装置；6—平整棒；7—料膜；9—气缸；
10—助推装置保持架；11—铰链；12—链条

图5-49 双辊收卷装置

一个变速驱动装置提供。因此，料卷在收卷过程中重心不会偏移，料卷收卷稳定。同时，可以通过调节驱动辊的驱动速度来调节收卷张力。为保证料卷收卷紧密，两根驱动辊的速度要稍有差别，但不能太大，速差过大会损坏纸张。另外，为了消除料带的纵向褶皱，驱动辊表面通常加工有正反螺旋线凹槽。

双辊收卷工作原理：使用两根卷绕驱动辊3、8驱动纸卷2转动，将纸带卷绕在纸卷芯轴上。驱动辊3、8由一个变速驱动装置驱动，保证收卷料膜以等线速度收卷及两个驱动辊的微小线速度差，从而保证收卷要求的紧度。印刷完成后的料膜7经过平整棒6进行料膜的平整整形后，由纵向裁切装置5实现纵向裁切，经导向辊4，沿箭头方向贴附在驱动辊8的表面，然后卷绕在纸卷气胀轴上形成纸卷2，完成卷绕收卷过程。驱动辊3、8始终压紧纸卷2表面并转动，两个驱动辊均通过摩擦力共同驱动纸卷沿箭头方向转动。随着收卷过程的进行，纸卷不断增大，链条12带动纸卷轴沿竖直方向向上移动，以保证足够的收卷空间以及纸卷2和驱动辊3、8间合适的压紧力。纸卷2收卷到极限尺寸后，推动助推装置中气缸9的活塞杆伸出，使助推装置保持架10绕固定铰链11摆动，将纸卷2推出，进行卸载料卷。重辊1在收卷过程中始终压紧纸卷表面，目的是将料卷层的空气挤出，使料卷卷紧，避免出现窜边（纸卷端面不齐）现象，通过改变重辊1与纸卷2之间的接触压力可以调整驱动辊3、8与纸卷2之间的压力，从而改变驱动纸卷摩擦力的大小，保证成卷紧度和纸卷两端面的平整。

印刷后的纸卷卷绕时可以采用印刷图文表面朝里或朝外的卷绕方式，也就是说，驱动辊3、8的旋转方向可以根据印刷料膜卷绕方式的不同而改变成逆时针方向转动，这样纸卷2的旋转方向也相应改变。此时，料膜或纸卷2就不再经过驱动辊8的表面，而是经过驱动辊3的表面后卷绕在纸卷2上。

2. 芯轴驱动式收卷

芯轴驱动收卷方式又称中心卷绕收卷，是指通过在收卷轴上施加驱动转矩进行料膜收卷的方法。目前，大多数柔版印刷机的收卷方式都是芯轴驱动方式。

如图5-50所示的芯轴驱动收卷装置中，料卷紧紧固定在芯轴上，一般由电机驱动，通过传动机构实现芯轴的旋转运动。中心卷绕装置分为有芯轴型和无芯轴型两种。

在柔版印刷机上，最常用的是有芯轴型的卷绕方式。芯轴驱动收卷方式常见的有停机换卷的、具有一根气胀芯轴的单纸卷（图5-50），不停机换卷的、具有两根气胀芯轴（图5-51）和具有三根气胀芯轴的双纸卷及三纸卷三种形式。

中心卷绕装置中的芯轴大多是气胀轴。它可以快速将料卷的芯筒固定在气胀轴上。气胀轴又分为机械式和气动式，机械式结构较复杂；气动式结构简单，使用更方便。另外，芯轴驱动收卷机构配有上卷臂，可以实现料卷的自动下落，方便料卷的运输。

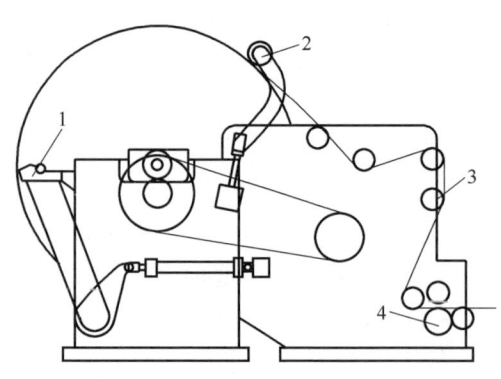

1—卸纸卷摆臂；2—重辊；3—扩展辊；4—纵裁装置
图 5-50 中心卷绕装置（单卷）

如图5-50所示，中心卷绕装置的纸卷轴安装在机架上。该轴的驱动方式很多，有电

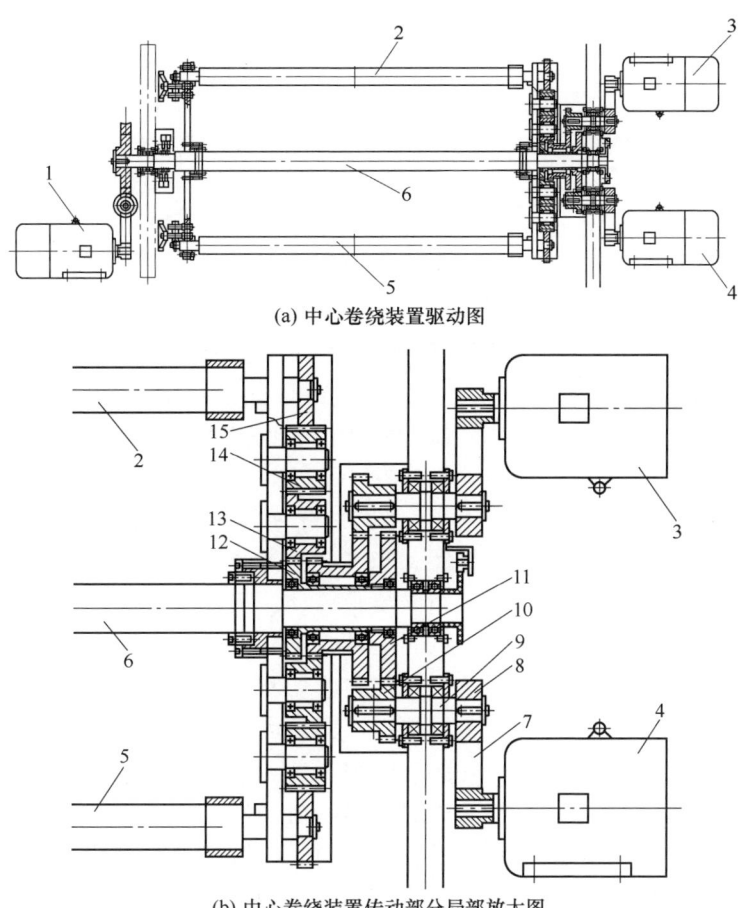

(a) 中心卷绕装置驱动图

(b) 中心卷绕装置传动部分局部放大图

1，3，4—电机；2，5—气胀轴；6—中心轴；7—同步带；8—同步带轮；9—轴；10，11，12，13，14，15—齿轮

图 5-51 中心卷绕装置

动机直接驱动的，通过机械如皮带轮、齿轮等进行动力传动的，也有通过液压马达或几种组合形式进行驱动的。

每种驱动形式都可以通过调整转动速度来改变纸卷的卷紧度。重辊的作用是通过给纸卷一个压紧力，使复卷过程中的空气从一层层的材料之间挤出，使之不会出现空气夹裹现象和窜边现象，卷绕形成一个紧密、均匀的纸卷。

图 5-51 所示为中心卷绕装置结构图。图 5-51（a）为适用于不停机换卷的、具有两根气胀芯轴的双纸卷收卷形式的驱动系统结构图。该收卷支架的驱动包括料卷气胀轴的动力驱动和十字翻转架的动力驱动两部分。电机 3 通过同步带以及一组齿轮，驱动气胀轴 5 转动；电机 4 通过同步带及另一组齿轮，驱动气胀轴 2 转动；电机 1 通过同步带以及蜗轮蜗杆，驱动十字翻转架的中心轴转动，使十字翻转架完成翻转动作，实现不停机自动换卷。

图 5-51（b）所示为中心卷绕装置传动部分局部放大图。电机 4 驱动气胀轴 2 的传动路线为：电机 4 通过同步带 7 带动同步带轮 8 转动，从而驱动轴 9 转动，轴 9 通过齿轮 10 与齿轮 11 啮合。齿轮 11 的左侧内孔壁有内齿轮结构，与双联齿轮 12 右侧的外齿轮啮合，

带动齿轮 12 转动。齿轮 12 的左端齿轮通过与齿轮 13、齿轮 14、齿轮 15 的依次啮合,实现气胀轴 2 的转动。同理,电机 3 驱动气胀轴 5 转动。

图 5-52 所示为中心卷绕装置动力传动图。驱动电机 8 经电机带轮 7、同步带 6、过渡带轮 5、同步带 9、气胀轴带轮 3 带动气胀轴 1 转动,从而实现中心卷绕收卷动作。张紧带轮 4 的作用是将同步带 9 进行张紧,以防止皮带永久变形松弛。在中心卷绕收卷装置上主要完成的工作有:气胀轴的转动实现料膜在纸芯上的复卷;圆盘的旋转实现收料工位的转换;由收料裁刀实现料膜的裁切和不停机自动换卷。

图 5-53 所示为中心卷绕装置气胀轴动力传动图。当气胀轴 1 位于收料工位时,电动机 7 通过一组同步带传动,驱动气胀料轴 1 转动,实现料膜在纸芯上的收卷。当收料料卷达到一定直径时,由裁刀将此料膜切断,同时电机 4 通过同步带传动、齿轮传动,驱动大圆盘齿轮旋转,使得左边的气胀轴到达收料工位。左边的气胀轴到达收料工位后,通过另一电动机和另一组同步带传动,驱动气胀轴转动,实现料膜在纸芯上的收卷(左边气胀轴料轴旋转驱动和右侧相同,图上未画出)。如此往复循环,实现不停机收料。

(三)收卷张力控制系统及收卷纠偏

收卷张力控制系统一般由牵引辊传动张力控制系统、卷绕张力控制系统以及 PLC、操作台等控制部分组成。其中,牵引辊传动张力控制系统由一对橡胶轧辊、变频器和变频电机等组成。牵引辊的线速度即机器工作速度,通常在操作面板上进行设定。卷绕张力控制系统由卷绕轴、变频器、变频电机、减速机等组成。表面驱动卷绕装置卷绕张力控制较为简单,而中心驱动卷绕装置卷绕张力控制较为复杂。

1. 收卷张力控制系统

(1)表面卷绕张力控制系统。表面卷绕张力控制系统的工作原理如图 5-54 所示。它使用两根直径相同的卷绕辊驱动料卷,驱动辊分别采用变频器 U2、U3 控制变频电机和减速机,通过调节密度电位器 R2,使两驱动辊表面产生速差,从而建立表面卷绕的基本张力控制模式。

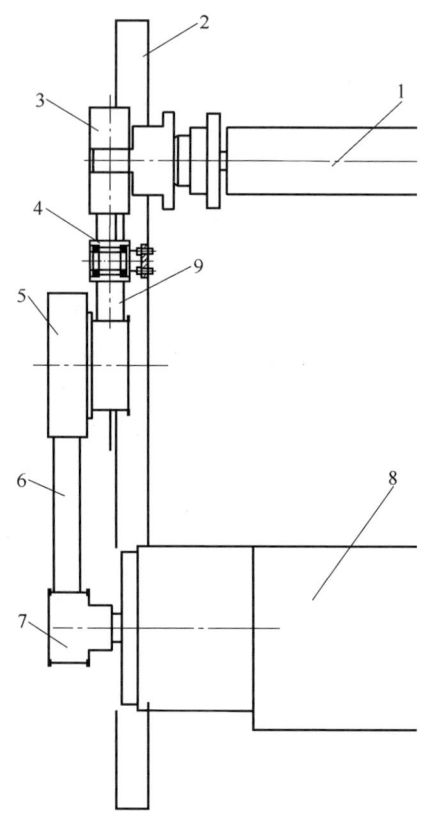

1—气胀轴;2—机架;3—气胀轴带轮;
4—张紧带轮;5—过渡带轮;6—同步带;
7—电机带轮;8—驱动电机;9—同步带

图 5-52 中心卷绕装置
动力传动图(双卷)

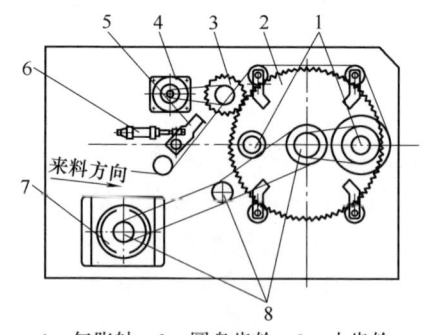

1—气胀轴;2—圆盘齿轮;3—小齿轮;
4—电机;5—裁刀;6—气缸;
7—电动机;8—同步带轮

图 5-53 中心卷绕装置气胀轴动力传动图

满足卷绕松紧程度，表面卷绕装置只能提供恒定张力控制模式。

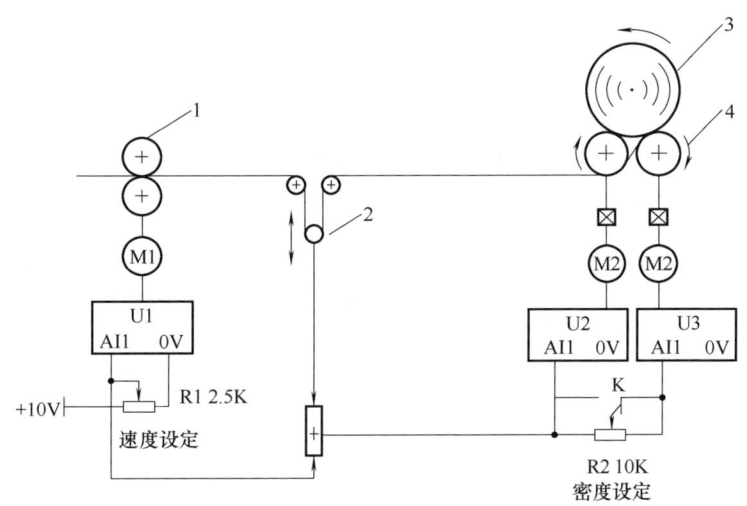

1—牵引辊；2—浮动辊；3—卷筒料；4—驱动辊
图 5-54　表面卷绕张力控制系统的工作原理

表面卷绕中，料卷表面与两驱动辊间的摩擦力大小与料卷卷筒的质量有关，而摩擦力的大小会影响卷筒打滑的程度。所以，当电动机转速恒定时，卷筒线速度不可能保持不变，特别是在驱动辊表面磨光后或者在卷绕起始部分，由于卷筒与驱动辊间的摩擦力相对较小会出现打滑，其张力不易控制，这样会出现卷筒芯轴卷材不密实。而随着卷筒直径增大，卷筒质量不断增加，卷筒与驱动辊间通常有较大的摩擦力，卷绕张力增大，就会将卷筒芯部卷材挤出，出现卷材端面收卷不齐的问题。为了得到均匀的卷绕张力，卷绕装置上常加配重辊，该辊紧贴在卷筒轴顶部，采用气动或液压方式给卷筒垂直施加作用力，通过对配重辊压力进行调节，可获得卷筒与驱动辊表面较理想的摩擦力，保证卷绕过程张力稳定，满足卷材密度和硬度要求，达到良好的收卷效果。

由于表面卷绕靠的是表面摩擦接触作用卷绕卷材，卷筒与驱动辊间必须具有足够的摩擦力，但这种摩擦力往往容易损伤料膜表面，因此，对那些害怕摩擦损伤表面的织物，就不宜采用表面卷绕方式，须采用中心卷绕方式进行收卷。

（2）中心卷绕张力控制系统。中心卷绕张力控制系统由变频器、控制电动机、控制传动卷绕轴等部分组成，通过控制加在卷绕轴上的旋转力完成卷绕过程。其控制系统原理如图 5-55 所示。

在图 5-55 中，牵引辊驱动机构采用速度闭环控制卷绕过程的线速度，卷绕轴采用张力闭环控制驱动卷绕机构按预设张力曲线工作，保证卷绕过程张力控制达到最佳效果。中心卷绕速度闭环中浮动辊位置检测采用非接触式可变电阻，信号检测准确可靠，该信号作为速度附加信号与主动给定速度叠加后送入牵引辊变频器 1 的 AIN 端，对牵引辊速度进行调节控制。张力传感器把检测到卷材的张力反馈到 PLC 的模拟量输入端，同时张力检测信号与变频器 1 的速度输出信号 AOUT 叠加后送入变频器 2 中进行 PID 调节，实现中心卷绕张力闭环控制。

中心卷绕张力控制方式有两种，即恒张力控制和锥度张力控制。图 5-56 为锥度张力

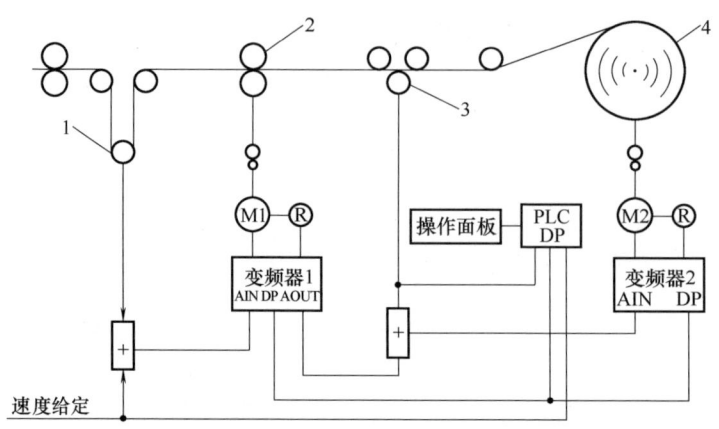

1—浮动辊；2—牵引辊；3—张力检测；4—卷绕轴

图 5-55　中心卷绕张力控制系统原理

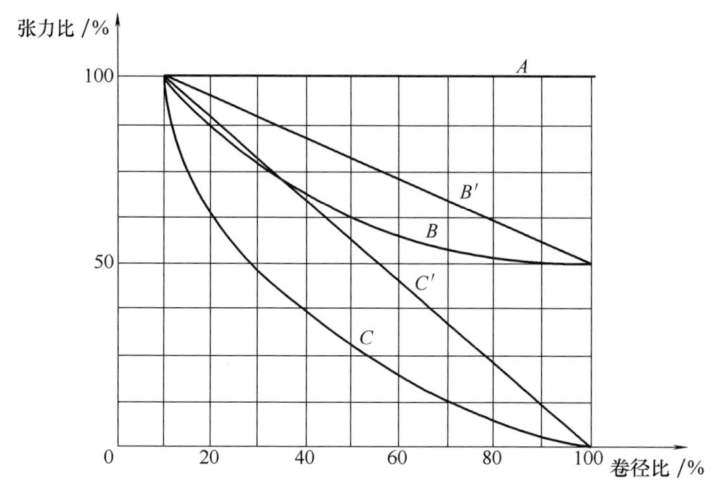

图 5-56　锥度张力控制曲线

控制曲线。从图中可以看出，张力设定为 80% 时，锥度系数 HW 为 100%，卷绕张力曲线为 A，卷绕过程中张力大小始终不变，即为恒张力控制。所以，从某种意义上讲，恒张力控制就是锥度张力控制的一种特殊情况。若锥度系数 HW 为 50%，则卷绕到最大直径时，张力下降 50%，理想卷绕曲线为 B'，实际卷绕曲线接近 B；若锥度系数 HW 为 0%，则卷绕到最大直径时，张力将降到 0（见曲线 C 和 C'）。

在恒张力卷绕过程中，当卷筒直径变化时，必须保证转速 n 与卷径 D 成反比，且电机转矩 M 的变化与料卷卷径 D 成正比，这样才能达到料卷里外紧度均匀。使用这种方式时，应注意卷绕结束时的转矩最大，要根据最大转矩和减速机的减速比来选择电动机的额定转矩。由于在卷绕过程中，卷筒的直径在不断变化，同时电动机传动机构及卷筒支承轴上的摩擦力矩 M_m，卷绕机构在加、减速过渡过程所需的动态力矩 M_d 及线速度 v 也在变化，这些变化都会引起张力波动，为了获得织物恒定的表面张力，电动机输出电磁转矩 M_D 除了保证卷绕力矩 $M_f = F \cdot R(t)$ 外，还需克服摩擦力矩 M_m、机械惯量等变化，也就是说在卷绕过程中需进行相应的动态转矩补偿、静态补偿及加速补偿等，以保证变频器控制电机转速和转矩能自动适应跟随变化。

锥度张力控制在卷绕过程中转矩 M 保持不变，随着卷径 D 的逐渐增大，卷绕角速度 ω 相应降低，卷材张力 F 相应减小，达到内紧外松的卷绕效果，这就是锥度张力控制原理。锥度张力控制方式实质上就是变频器的转矩控制模式，在卷绕驱动中，给定张力 F，线速度 V_{line} 恒定，卷绕轴转速 n 随着卷筒直径 D 的增大而降低，卷材张力相应地减小，转矩模式正好满足这个要求。在转矩控制模式中，给定的是转矩，根据设定张力 F 和卷材直径，可计算出变频器的转矩给定值：

$$M = F \times D_{min} / 2i \tag{5-1}$$

式中　M——变频器转矩给定值，N·m；

F——张力设定值，N；

D_{min}——最小卷径，mm；

i——机械传动比。

如果实际转矩低于给定转矩，则转速升高，否则，转速降低。

由于锥度张力控制的是电机转矩，而在卷绕爬行阶段（卷材穿引过程及卷绕起始阶段）材料是松弛的，卷轴上卷材张力很小，卷绕电机转矩几乎为零，如果电机仍处于转矩控制模式下，此时就要瞬间加速到最高转速，直到卷材绷紧，这时电机转速远远高于按当前线速度和卷径折算出来的理想速度，在绷紧瞬间必然对材料造成冲击，致使材料绷断。所以，爬行阶段必须对速度进行控制，也就是在卷绕电机理想转速基础上叠加一个较小的附加给定，同时对电机的输出转矩限幅。当材料松弛时，电机处于速度控制模式，运行速度比理想速度略高，材料被逐渐绷紧但不会产生瞬间冲击。待材料绷紧后，由于转矩限幅作用卷绕电机将无法达到给定速度，速度控制饱和退出，此时控制转矩限幅相当于电机的实际转矩。锥度张力卷绕控制中转矩基本恒定，所以不会损伤卷轴。

图 5-57 所示为中心卷绕张力控制系统框图，为了实现卷绕张力平稳控制，提高张力闭环控制系统的动态性能，控制系统中 PLC、变频器等必须具备当前卷径计算功能，动、静态摩擦补偿和惯量补偿功能及参数信号自适应能力等。能够根据当前卷径和线速度计算出卷绕变频器的设定值，以控制卷绕电机达到理想转速，从而实现渐减张力控制或基本恒张力控制。

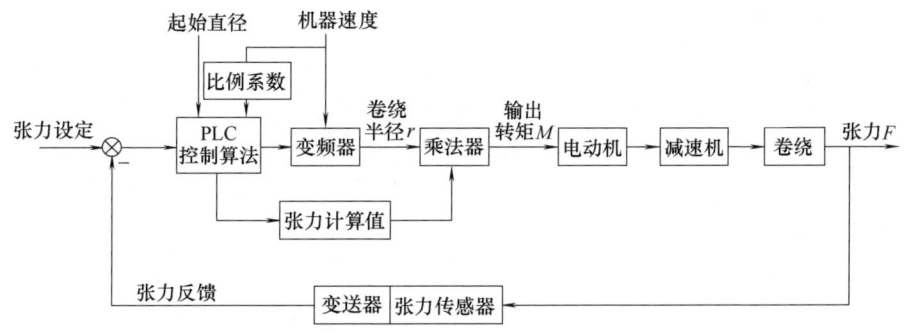

图 5-57　中心卷绕张力控制系统框图

2. 收卷纠偏系统

在柔版印刷机上有三个部位需要使用纠偏装置，分别是开卷部分、印刷机组前的中间传纸部分和收卷部分。在收卷部分进行纠偏，可以避免出现收卷位置偏离、窜边和卷绕不佳等。

收卷纠偏是指控制和矫正待收卷纸带的横向位置以保证收料整齐，纠偏方法介绍如下。

① 边缘纠偏。边缘纠偏是指传感器检测纸带的边缘，纠偏系统使该边缘保持在所需的横向位置上。

当需要纸带的边缘位置相对印刷机基准保持恒定，且要求传感器位置能够根据纸带宽度的变化进行重新定位的场合，通常都使用边缘定位方法。现在的柔版印刷机上大多采用边缘纠偏方法，如图 5-58 所示。它采用气压检测传感器对纸带边缘进行自动检测，系统提供的是与纸带位置相对应的气压信号。当需要在印刷机上进行高精度纵向裁切时，则使用光电检测的纠偏方法。

实际上，收卷纠偏装置（图 5-59）是一个跟踪控制系统。收卷时，传感器安装在收卷支架上，实时检测来自印刷机组的纸带边缘位置信息，将数据反馈给纠偏系统，通过移动调整纸卷支架位置，从而修正纸带位置实现纠偏。该系统并不是直接对纸带进行纠偏，而是对收卷芯轴进行微量轴向位移调整，使其能够跟随纸带的偏移进行收卷芯轴的移动，从而使纸带的边缘始终与收卷芯轴保持一个相对固定的横向位置关系，目的就是实现整齐收卷。

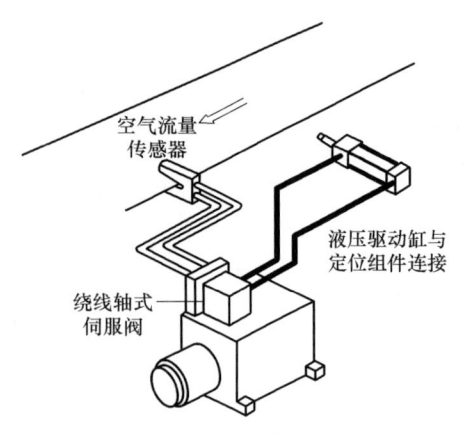

图 5-58 纸带边缘纠偏系统

图 5-59 所示为典型的收卷边缘纠偏装置。在活动传感器和收卷支架之间安装有一根固定的惰性辊，把纸带与纸卷支架的运动分隔开来，并为传感器探测点提供一个固定的纸带平面。选择收卷支架时应考虑的因素主要有纸带材料、最大的纸带厚度、最大张力、最大横向移动距离、最高线速度、最大纸卷质量、最大纸卷直径、纸卷架最大质量以及滑动轴承的摩擦因数等。

② 中心纠偏。中心纠偏是指以纸带中心为基准进行纠偏的方式。该系统设置两个传感器，对纸带的两个边缘均进行检测。纠偏系统把纸带的中心线保持在一个精确的位置上，并允许纸带的宽度有微量的变化。

当纸带的宽度在操作过程中发生变化，需要保持纸带的中心与印刷机相对位置不变时，可采用按纸带的中心进行纠偏的方法。

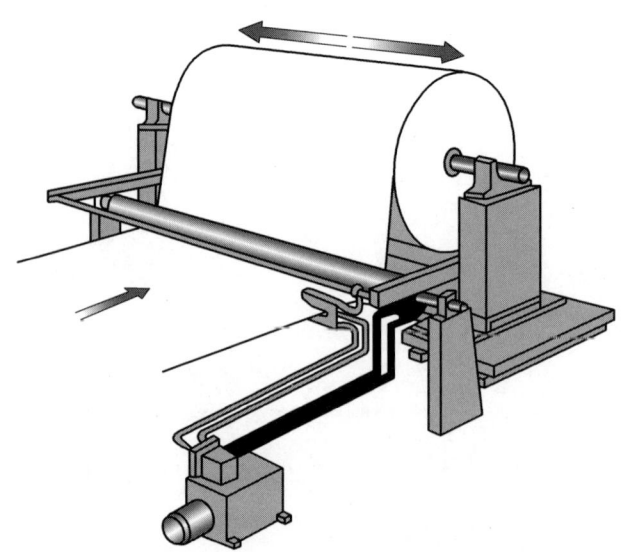

图 5-59 典型的收卷边缘纠偏装置

中心纠偏方法一般采用在纸带的两个边缘上各安装一个固定的传感器，使其能够实时监测纸带宽度边缘的变化，进行中心纠偏的自动调节。这两个传感器属于可移动式传感器。

与边缘纠偏的结构相比，以纸带中心为基准的中心纠偏系统结构较为复杂。但在一些必须利用以纸带中心为基准进行纠偏的场合，这种纠偏方式还是会起到重要作用。

③ 移动传感器以纸带中心为基准进行纠偏。当生产运行中纸带宽度有很大变化时，传感器本身不断地自动进行重新定位以便探测纸带的两个边缘，并把纸带的中心线保持在一个精确的位置上。

④ 通过直线或图标进行纠偏。传感器检测纸带上已印刷的直线、图标或某些可以辨别的特征，控制系统把已印刷的直线、图标或特征保持在精确的横向位置上，与纸带的边缘位置无关。

图 5-60 所示为不同方式的纸带控制系统。

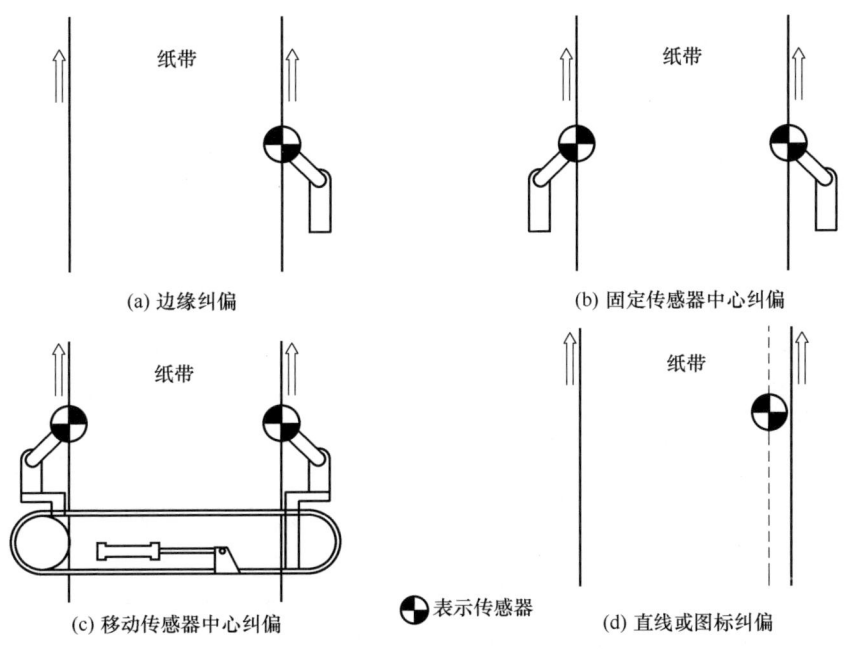

图 5-60　不同方式的纸带控制系统

3. 纠偏系统

对于收卷的纠偏装置来说，最常用的纠偏控制方式有手动控制和自动控制两类。手动控制就是利用纠偏系统，操作者对收卷装置进行手动定位调节。而在印刷过程中，通常把系统转换为自动纠偏。

纠偏控制系统有气动液压型、电动液压型、气动机械型和电动机械型四种基本类型。这几种类型的纠偏系统都使用传感器来监视纸带的位置，并将纸带的偏移量传递给伺服阀（液压系统），或传递给直流驱动电动机（机械系统）。该类控制系统均采用闭环的比例控制，其校正输出的调节与所检测到的误差成反比。图 5-61 所示为典型的纸带纠偏系统。

以液压型为例，它由传感器、控制器、液压驱动缸和纸带构成一个闭环控制回路。工作中，首先设定理论的纸边位置，实现传感器预定位，然后传感器接受纸带边缘的实际信

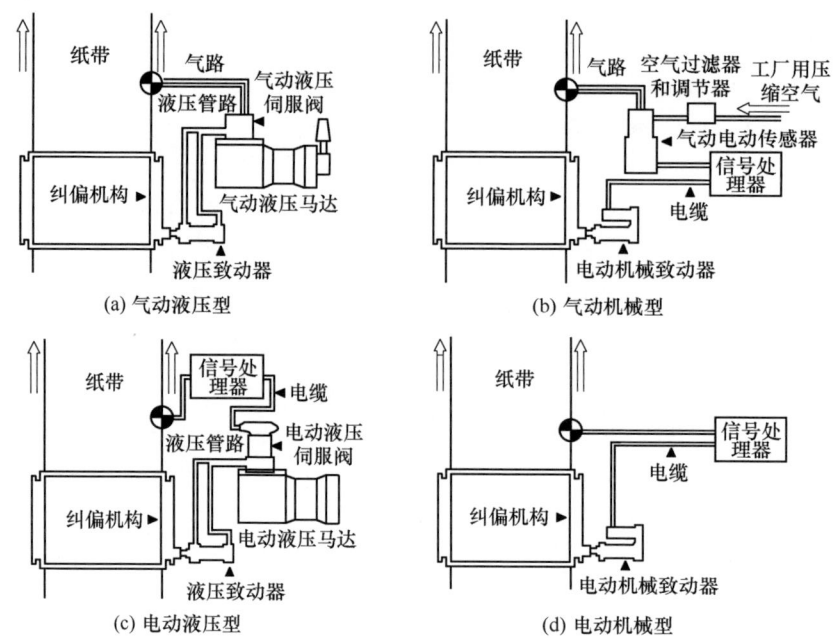

图 5-61 纸带自动纠偏系统

号，与理论值进行比对，将比对的出错信号发送到控制器中。由控制器转化为液压输出，发送给纠偏液压缸，推动活塞动作。活塞推动料卷轴连同收料支架一起横向移动，从而改变和调节收纸卷的轴向位移，达到纠偏的目的。

（1）液压型。液压型纠偏控制系统的控制原理是，传感器的信号直接传递给动力马达的伺服阀（气动液压系统）或信号处理器，然后信号处理器把信号发送给动力马达的伺服阀（电动液压系统）。通过伺服阀生成的动力马达的液压输出与纸带的横向误差成比例，它对纠偏机构进行定位，这样就把纸带移动到传感器中正确的横向位置上。此类控制系统适用于负荷较大、环境恶劣的场合。

（2）机械型。机械型纠偏控制系统的控制原理是，传感器（电动机械系统为电子传感器，气动机械系统为气动传感器）用来获取纸带的横向位置信息，将信号直接传递给信号处理器（电动机械系统），或首先由转换器把气压信号转换为电信号（气动机械系统）。然后，信号处理器把一个与传感器探测到的误差大小成比例的信号发送给电动机械制动器中的直流驱动电动机。制动器对纠偏机构进行定位，这样就把纸带移动到传感器中正确的横向位置上。此类控制系统主要应用于要求有高频率响应的场合或不便使用液压装置的场合。

印刷机常用的收卷纠偏系统由纠偏检测装置和纠偏执行装置组成。纠偏检测装置是一个超声波传感器或红外线传感器，具有自动检测材料边缘、系统自动补偿、幅宽检测范围等功能，可接单探头对边，双探头对中（图5-62）。纠偏执行装置由油缸、滑轨、轮子等组成。当传感器检测到料带走偏时，会给纠偏执行装置发射一个信号，控制油缸带动放料架向左或者向右移动，达到纠偏的目的。

其工作原理为：采用边缘纠偏原理，调整检测器处于正确位置。当料膜偏移时，检测

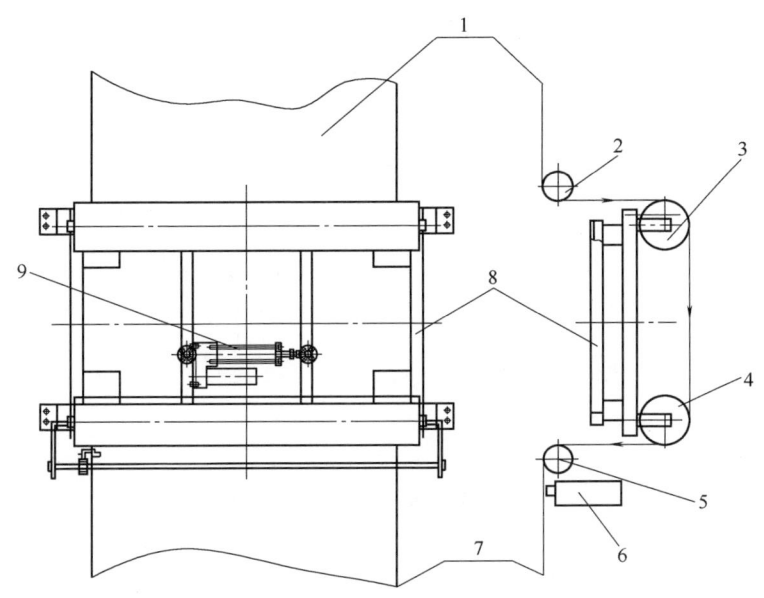

1—进料膜;2,5—导辊;3,4—纠偏辊;6—检测器;7—出料膜;8—机架;9—驱动器

图 5-62 纠偏检测装置

器可检测到料膜的偏移量,通过处理器计算后驱动驱动器。驱动器带动纠偏辊偏移一个角度,从而带动料膜向正确的方向移动,此动作不断重复循环,保证料膜横向的位置准确不会偏移。

第三节 机组式柔版印刷机原理与结构

机组式柔版印刷机(视频 5-11 和视频 5-12)的各印刷色组为水平排列,每一印刷色组印刷一种颜色。承印物沿水平方向传输,经过若干色组的印版滚筒与压印滚筒,依次完成各色套印,最终形成彩色印品。

一、基 本 构 成

机组式柔版印刷机的外观结构如图 5-63 所示。承印材料通常是卷筒料。在两机组之间安装有干燥装置、张力控制装置和承印材料的纠偏装置。机组式柔版印刷机的基本结构如图 5-64 所示。机组式柔版印刷机的每一印刷单元,都是由墨斗、墨斗辊、网纹传墨辊、刮墨刀和印刷滚筒等组成。

图 5-63 机组式柔版印刷机外观结构

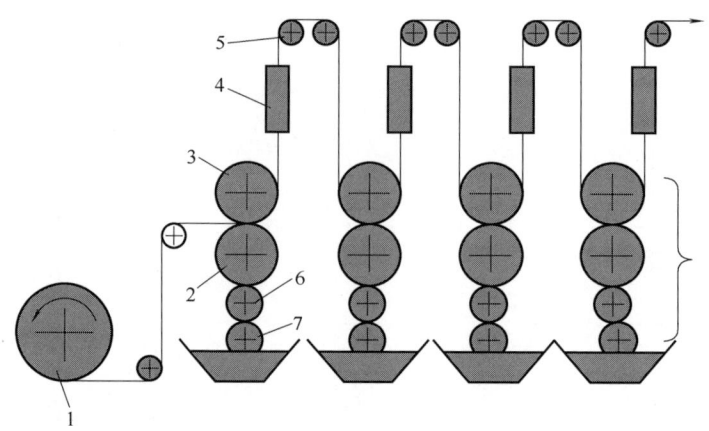

1—放料装置；2—印版滚筒；3—压印滚筒；4—干燥装置；5—导向辊；6—网纹传墨辊；7—墨斗辊

图 5-64　机组式柔性版印刷机基本结构

机组式柔版印刷机各印刷色组相互独立、结构简单，可通过变换承印物的传送路线实现双面印刷；还可设置料带张力、多色套准等控制系统，实现高速多色印刷，其缺点是占地面积较大。

机组式柔版印刷机的主要特点：
（1）适应各种规格幅面，工艺设计方便灵活。
（2）便于安装辅助设备，印刷后可以进行辅助性联合加工，如烫金、覆膜、打孔等。
（3）印刷装置水平排列，稳定性好。
（4）灵活运用导向辊，可以实现双面印刷。
（5）占地面积较大。

目前，机组式柔版印刷机的承印材料主要有纸张、铝箔、薄膜、纸板、瓦楞纸、不干胶商标以及报纸等，承印材料的适用范围广。

机组式柔版印刷机按印刷幅面，可分为宽幅柔版印刷机和窄幅柔版印刷机两大系列。承印物幅面宽度小于 600mm 的印刷机，称为窄幅柔版印刷机；承印物幅面宽度大于等于 600mm 的印刷机，称为宽幅柔版印刷机。窄幅柔版印刷机各印刷机组间距较小，便于多色套印，多用于印刷精度较高的票证、商标等的印刷；宽幅柔版印刷机适用于塑料薄膜的印刷。

二、机组式柔版印刷机放卷部分

机组式柔版印刷机放卷部分与卫星式柔版印刷机的放卷部分结构类似，主要包括：
（1）用于更换卷筒纸的卷筒纸架电动升降装置。
（2）卷筒纸芯轴气动锁紧装置。安装卷筒纸时，采用气胀式芯轴将卷筒纸锁紧。
（3）卷筒纸末端探测器。当卷筒纸快用完准备更换新卷筒纸时，由探测器进行检测，发出信号，自动换卷。
（4）张力控制器。对不同的承印材料进行最佳张力控制。
（5）张力补偿控制机构。检测装置检测纸卷直径，当卷筒纸直径减小时，可自动调节补偿纸带张力，使收卷处于稳定状态。

机组式柔版印刷机放卷部分的主要结构参见卫星式柔版印刷机相关内容。

三、机组式柔版印刷机纠偏控制部分

(一) 横向纠偏装置

当承印物从放卷部分输出，在进入印刷部分之前，或是印刷后进入印后加工之前，应使传输料带保持稳定的横向位置。为此，在相应位置处，设置有横向纠偏装置。当料带的横向位置发生偏移，超出规定误差范围时，纠偏装置即能自动进行纠偏。

横向纠偏装置主要包括横向误差检测和偏移误差调整两部分。

1. 横向误差检测

料带传输的横向误差检测一般采用光电传感器，利用光电转换原理对承印物的横向位置误差进行检测，检测原理如图 5-65 所示。

图 5-65 中，光源发出的光照在基准光电池上，产生基准电信号。光通过透镜形成平行光束照在承印物上。承印物对光束起遮蔽作用。当承印物的横向位置发生变化时，遮光量随即发生变化，于是，检测光电池接受的光量相应发生改变，产生检测电信号。该检测电信号与基准电信号对比，从而获得控制信号。如果承印物的横向位置误差没有超出规定范围，则不输出启动执行机构的调整信号；当检测到承印物的横向位置超出规定的范围，则输出检测信号，启动执行机构，对料带的横向位置进行纠偏。

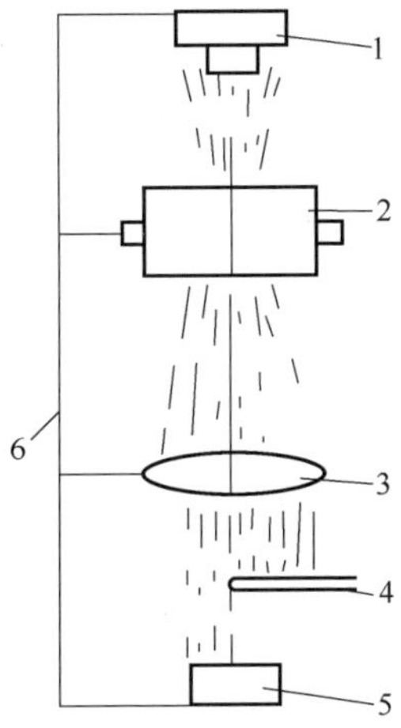

这种光电检测装置使用方便，检测精度较高。但是，该方法不能用于透光性较强的透明承印材料的检测。对于透明性承印材料的偏移检测，可采用红外线光电管进行检测。

1—基准光电池；2—光源；3—透镜；
4—承印物；5—检测光电池；6—框架

图 5-65 光电检测原理

2. 偏移误差调整部分

偏移误差调整部分的作用是，根据检测部分检测的料带偏移数据，启动步进电机、传动装置和纠偏辊支承板等结构，使纠偏辊的支承板摆动一定角度，改变料带的横向位置，进行料带纠偏。

(二) 进纸单元

可变速进纸单元的主要结构是带有驱动力的送纸辊，又称驱动辊，在进纸系统中是传送承印物的主动件，送纸辊和橡胶压纸辊之间夹着料带，两辊接触滚压，靠两辊的接触摩擦力，带动料带送入印刷部分。

送纸辊的表面需要有一定的粗糙度，以保证足够的摩擦力。橡胶压纸辊设在送纸辊的上方，并设有压力调整机构进行压力调整，以适应承印物不同厚度和材质的需求。

四、机组式柔版印刷机印刷部分

印刷部分是柔版印刷机的核心，主要由墨斗、墨斗辊、网纹传墨辊、刮墨刀和印刷滚筒等组成，如图 5-66 所示。通常采用激光雕刻陶瓷网纹辊和逆向刮刀配置。

(一) 输墨系统

1. 墨斗

现代柔版印刷一般采用溶剂型油墨或水性油墨，都属于低黏度液体油墨。为防止墨斗机件锈蚀，多选用不锈钢材料制作。墨斗采用密封式结构，以保持墨斗内油墨黏度的稳定性。

2. 墨斗辊

在钢辊表面包裹一层橡胶材料，就形成墨斗辊。墨斗辊在墨斗内转动，将油墨传给网纹辊，由网纹辊将油墨传递给印版。为提高网纹辊的传墨效果，墨斗辊与网纹辊在接触面上有一定的速差，通常，墨斗辊的表面线速度低于网纹辊的表面线速度。

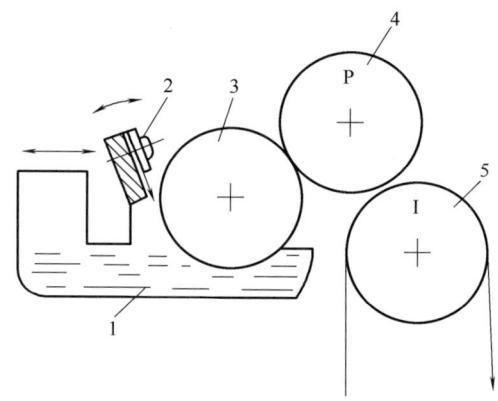

1—墨斗；2—反向刮刀；3—网纹辊；
4—印版滚筒；5—压印滚筒

图 5-66　印刷色组的组成

3. 网纹传墨辊

网纹传墨辊通常为陶瓷网纹辊。网纹辊和印版滚筒之间设有接触压力调整装置。停机时，网纹辊靠辅助电机带动，进行匀速转动，以防止网纹辊表面的墨层固化。

4. 刮墨刀

刮墨刀设在网纹辊的上方，和网纹辊接触，用于刮掉网纹辊上多余的油墨。当刮墨刀的刮墨方向与网纹辊的接触线速度逆向时，刮墨刀呈现"铲墨"状态，称此刮墨刀为反向刮墨刀。刮墨刀在刮墨过程中可沿网纹辊轴向微幅移动，以提高刮墨的均匀性。刮墨刀系统还设有刮刀角度调整及离合装置。停机后，刮墨刀应及时离开网纹辊。

5. 印刷滚筒

柔版印刷机的印刷滚筒主要由印版滚筒和压印滚筒组成，承印物在印版滚筒与压印滚筒之间通过，经过两滚筒的滚压，将图文油墨转移到承印材料上。经多个色组依次套印后，完成多色印刷，最后经过收料工序，完成印刷过程。

(二) 印刷机组

在机组式印刷机中，每一印刷色组的主要部件是印版滚筒、压印滚筒以及网纹传墨辊。在这个结构中需要控制印刷重复长度和印刷品的套准精度。

1. 印刷重复长度

印刷重复长度指柔版印刷机印版滚筒的周长。普通机组式柔版印刷机的印刷重复长度范围为 127~610mm。机组式柔版印刷机的印版滚筒直径会根据印品的尺寸大小进行更换。

2. 色组间的套准调节

由于机组式柔版印刷机的印刷长度可变，因此，印刷机色组之间没有严格、刚性的套准关系。通常机组式柔版印刷机具有粗调和精调两种套准方式。粗调套准方式应用较多，最常见的方法有，使印版滚筒的齿轮与压印滚筒的齿轮（主动齿轮）脱离并转动印版滚筒，进行周向调节，这一调整方法又称"借滚筒"；还有一种方法是，采用电机带动印版滚筒转动，这种方式常在自动预套准系统中使用。其原理是，利用套准系统的处理器，依据印刷重复长度，计算出每个色组印版滚筒所需的旋转角度或偏移量，从而确定精确的套准位置。

3. 自动套准系统

机组式柔版印刷机常用的自动套准系统有标记对标记检测系统和标记对脉冲检测系统两种。

标记对标记检测系统需要安装一个或多个光电传感器，用以检测和获取套准标记的位置；标记对脉冲检测系统以时间为基准，轴角编码器产生高频脉冲信号，用来精确测量主轴的旋转位置。每个印刷区域的传感器，用来检测印版滚筒上的套准标记，所测套准标记的时间将与脉冲信号相比较，用来确定和调整套印的准确性。

五、烘干系统

机组式柔版印刷机的烘干系统，与卫星式柔版印刷机的烘干系统相似，也包括相邻两色组之间的色间干燥装置和印刷完成后的集中干燥装置。干燥装置主要包括：红外线短波灯管，冷、热风吹送系统，空气抽吸系统等。也可采用 UV 干燥系统，利用紫外光照射 UV 油墨，使 UV 油墨固化，完成油墨干燥过程。此外，还可采用 UV 及红外线混合干燥系统，以满足使用 UV 油墨和其他性能油墨的需要。

机组式柔版印刷机干燥系统的主要结构以及干燥原理，参见卫星式柔版印刷机相关部分。

六、机组式柔版印刷机涂布机组

机组式柔版印刷机的最后色组，可以进行最后一色套印，也可以根据需求进行涂布、上光等操作。

作为涂布机组使用时，需将印版滚筒换成橡皮辊。由于涂料的黏性较大，不容易均匀转移到橡皮布上，因此，涂布时采取如图 5-67 所示的涂布传纸路线：网纹辊和橡皮辊仅起到传递纸张的作用，料带依次经过压印滚筒和橡皮辊，通过网纹辊和出胶辊滚压时，将出胶辊表面的涂料直接涂布到承印物表面。

若使用溶剂型涂料，涂料料斗内的涂料液体需要不断加热、升温，进行涂布。这时，料斗辊就不能使用胶辊，而应使用金属辊，涂布机组的构成如图 5-68 所示。

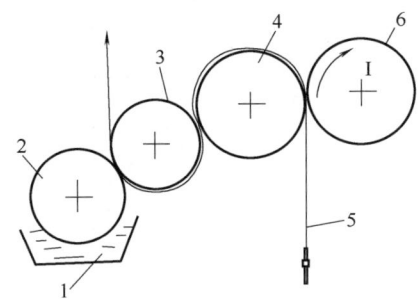

1—涂料斗；2—出胶辊；3—网纹辊；4—橡皮辊；5—承印料带；6—压印滚筒

图 5-67 涂布机组的构成

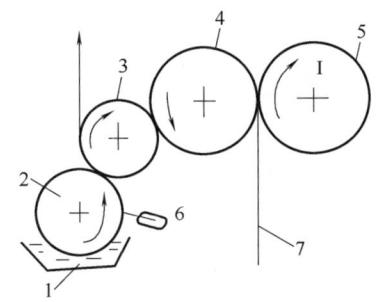

1—加热涂料斗；2—料斗辊（网纹辊）；3，4—橡胶辊；5—压印滚筒；6—正向刮刀；7—承印料带

图 5-68 加热涂料斗涂布机组

七、机组式柔版印刷机模切部分

（一）模切原理

在机组式柔版印刷机上，无论承印材料是纸板还是压敏材料，经多色印刷后，往往还要进行模切加工。下面介绍模切机组的基本构成及原理。

柔版印刷机的模切机组主要有两种模切形式，即平压平式模切和圆压圆式模切，以圆压圆滚筒式模切为主流。圆压圆滚筒式模切主要由模切滚筒和钢制砧滚筒构成，如图5-69所示。

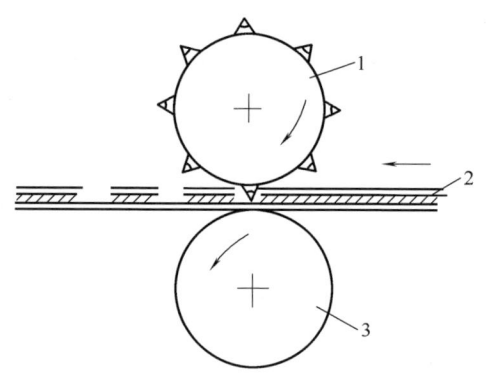

1—模切滚筒；2—承印材料；3—钢制砧滚筒
图 5-69 圆压圆滚筒式模切机组的构成

在模切滚筒表面，根据模切图文要求，安装有若干模切刀片或刀环。当承印材料2从模切滚筒1和钢制砧滚筒3之间通过时，由模切刀将连续料带切断或对多层料膜模切出所需形状，然后废料膜层被剥离下来，收卷在废料轴上，形成废料卷。

模切滚筒上的模切刀，按一定要求进行设计制造，并能精确地安装在模切滚筒上，以形成凸起的模切图形。模切时，为防止模切刀与钢制砧滚筒表面直接接触，在模切滚筒和钢制砧滚筒上设置滚枕结构，模切时滚枕处于接触状态。

模切时，为获得足够的模切压力，通常在模切滚筒上方设置加压滚筒。通过调整加压滚筒与模切滚筒的中心距，实现加压滚筒与模切滚筒表面间的压力调节，从而使料带在模切过程中获得足够的模切压力。另外，加压滚筒还可减少模切滚筒的径向跳动或振动。带有加压滚筒的模切部件结构如图5-70所示。

图5-70中，多层薄膜经过模切滚筒2、砧滚筒4模切后，形成的废料膜层被剥离辊8剥离下来，经过导向辊5，收卷在废料轴上，形成废料卷6。印刷模切完成的成品料带，沿箭头方向输出收卷或分切收集。

此外，在柔版印刷机上，除设有模切装置外，还常配置冲孔、打孔等装置。

（二）模切方式

圆压圆滚筒式模切有半切穿和全切穿两种模切方式。

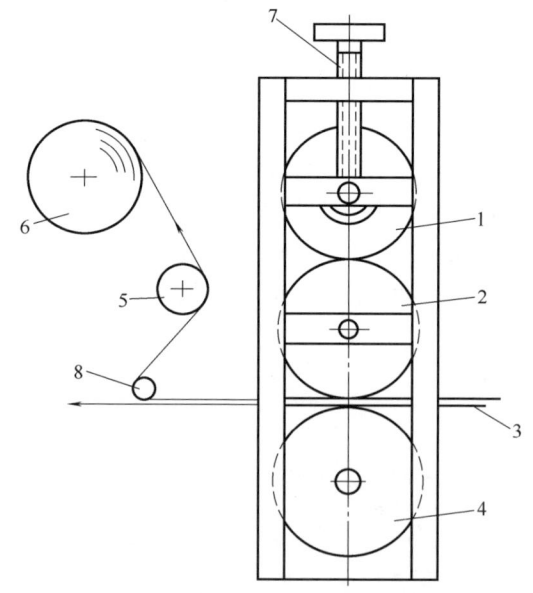

1—加压滚筒；2—模切滚筒；3—承印物；
4—砧滚筒；5—导向辊；6—废料复卷；
7—压力调节螺钉；8—剥离辊
图 5-70 带有加压滚筒的模切部件结构

半切穿模切方式是指，当承印物为多层层压材料时，切刀切到多层材料的某一层或几层，但没有切透，至少有一层材料还没有切到，比如切到衬纸停止，但又不损坏没有切入衬纸的情况。

全切穿模切方式又称钢对钢模切，即将具有较大厚度的多层纸带完全切透切断。

根据生产需求，可以在同一个模切刀版中，同时采用包含以上两种方式的组合刀版进行模切。

（三）废料收集

模切加工中会生成废料，需要把这些废料及时收集处理。如果加工的是压敏标签，废料中的一部分是表层材料和黏合剂。对于这类废料进行处理的方法是，首先将表层从材料上剥下来，缠绕在一个卷芯支架上。废料复卷部件使废料带与纸带的速度同步运动，期间保持一定的料带拉力。在复卷过程中，废料卷的直径不断增大，通过动力驱动和控制废料辊的转速，以保证施加在废料带上的拉力均匀。

折叠纸盒、封盖、模内标签及其他完全从纸带上模切下来产生的废料，其处理方法与压敏废料带的处理不同。这类产品的模切是在印刷机的裁单张位置上进行的，模切后的产品被送入输送带或堆积机中。如果废料为连续料带，通常将它在复卷装置上重新卷绕起来。当废品不能形成连续的废料带时，通常采用真空吸附的方式将废料吸走。

八、机组式柔版印刷机覆膜装置

某些印品在印刷完成后，往往还要在印品表面进行覆膜。覆膜不仅可以保护印品表面，还可以提高印品表面光泽，使印品具有图文颜色鲜艳、立体感强的特点，并且具有防水、防污、耐磨、耐拉的作用。将塑料薄膜涂上黏合剂，经加热、加压与纸印刷品黏合在一起形成产品的加工技术称为覆膜。

在机组式柔版印刷机上，可将模切滚筒用橡胶辊代替构成层压覆膜机组，把需要覆膜的印刷料带放卷，而被剥离的废料则由废料复卷部进行复卷收集。带有黏性的压敏材料与承印材料叠合在一起，送入层压覆膜机组进行覆膜。改造后的覆膜机组结构如图5-71所示。层压覆膜后，可直接进行收料复卷，也可继续进行模切、打孔、分切等加工，最后输出或复卷。

九、机组式柔版印刷机收料复卷部分

机组式柔版印刷机的收料复卷部分与卫星式柔版印刷机的收料复卷部分类似，主要有两种基本类型，即表面卷绕型和中心卷绕型。有些复卷装置把中心驱动和表面驱动组合在一起使用。

（一）表面卷挠装置

表面卷挠装置用一根做旋转运动的辊子的表面与要卷绕的纸卷摩擦接触，通过摩擦把旋转运动传递给纸卷，带动纸卷转动收卷。常用的表面

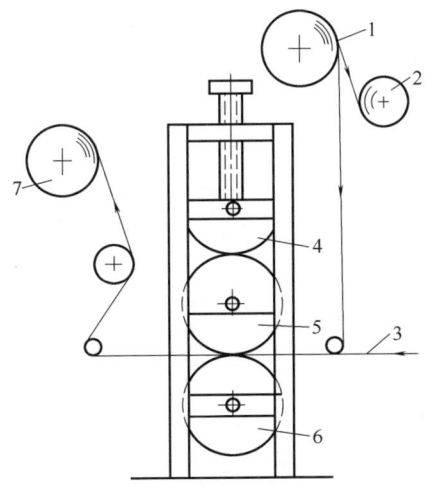

1—压敏纸卷；2—废料复卷；3—承印材料；
4—加压滚筒；5—橡胶辊；6—钢制
滚筒；7—收料复卷

图5-71 层压覆膜机组

卷挠装置有单辊复卷装置和双辊复卷装置两种。

1. 单辊复卷装置

单辊复卷装置使用一根卷绕辊与收卷辊接触，通过接触摩擦力来驱动收卷辊转动收卷。它由一个变速驱动辊复卷装置驱动，以此建立基本的张力模式。

印刷后的纸带，卷绕时可以使印刷图文表面朝里或朝外，这取决于穿纸的方法。

2. 双辊复卷装置

双辊复卷装置是最常用的一种表面复卷装置，采用两根直径相同的辊子的转动摩擦来驱动收卷料带的纸卷。双辊复卷装置的驱动，通常采用变速驱动装置，根据收卷直径的变化规律，建立基本的收卷张力模式，以保证收卷整齐。

表面复卷装置的主要优点是能够对不同克重及规格的纸张进行复卷，得到缠绕紧密、内应力较均匀的收料料卷。与中心卷绕复卷装置相比，表面复卷结构完成复卷所需的功率较小。

表面复卷装置工作时，复卷辊与料卷表面直接接触，通过摩擦力推动收料料卷转动进行复卷工作。因此，这种装置的收卷效果和效率易受印刷材料特性的影响。例如，印刷料带的表面不宜太光滑，以防摩擦推动力不够。印刷料带应具有一定的拉伸强度，印刷过程中料带需持续被张紧进行加工，不能产生较大的拉伸变形，否则影响套印精度（现代柔版印刷机的套印精度为±0.2mm）。

（二）中心卷绕装置

中心卷绕装置是通过纸卷轴的转动获得收卷的旋转动力。中心卷绕装置分为有芯轴型和无芯轴型，其中常用的是有芯轴型的中心卷绕装置。

有芯轴型的中心卷绕装置采用装在机架中的收卷转轴驱动，转轴的驱动方式有电动、机械、液压或组合驱动几种方式，传动转速可以调整以实时改变纸卷收卷的松紧度。有的收卷装置中还设置了重辊，其作用是协助复卷，减少收卷过程中夹裹在一层层的薄膜材料之间的空气，增加收卷的紧密度，提高收卷应力的均匀性，避免收卷出现"菜心"故障，完成整齐收卷。

收料复卷部的详细内容参见卫星式柔版印刷机相关内容。

第四节　层叠式柔版印刷机原理与结构

一、层叠式柔版印刷机结构

图 5-72 所示为层叠式柔版印刷机多色组排列结构。层叠式柔版印刷机的各个印刷机组相互独立，自成印刷单元，印刷机色组一般采用上、中、下排列布置，色组之间的距离可以调整，色组与色组之间的干燥装置设置空间大、灵活方便。

层叠式柔版印刷机也是由放卷部分、印刷部分、干燥部分、张力控制系统以及收卷部分组成。工作时，承印物料带在张紧的状态下进入各印刷单元的压印滚筒和印版滚筒之间，通过印版滚筒与压印滚筒对滚施压，在较小的印刷压力下完成油墨图文的转移。通常层叠式柔版印刷机可以印刷 1~8 色。

(一) 层叠式柔版印刷机放卷部分

将所需印刷的料卷，如纸带或 PET 薄膜等，在张力张紧作用下放卷展平，然后平整地输送至各印刷单元进行印刷。机器的放卷处装有摩擦制动机构和横向调节机构，以保持料卷放卷稳定展开，严格控制展开料带沿卷轴方向的左右漂移偏斜量，以保证料带的稳定传输，确保套印准确。

(二) 层叠式柔版印刷机印刷部分

层叠式柔版印刷机的印刷单元由压印辊、版辊、金属网纹辊、上墨辊及墨槽组成，并设有纵、横向套色调整装置以及正、反面印刷装置。传墨系统由墨槽、上墨辊、金属网纹辊组成，上墨辊压紧金属网纹辊，通过网纹辊传墨。可根据客户样张尺寸大小，选择不同周长的印刷版辊，以获取所需的印刷重复长度。

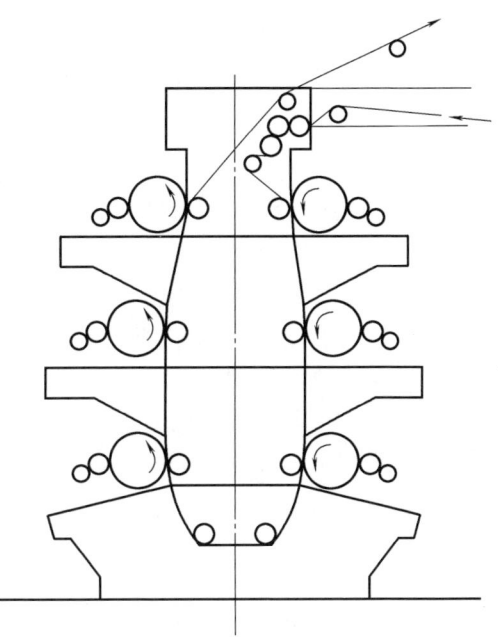

图 5-72　层叠式柔版印刷机多色组排列结构

网纹辊是层叠式柔版印刷机印刷部分的关键部件，它负责均匀地向印版传递适量油墨。网纹辊上的网目起储墨和传墨作用，不同的网纹线数和网目深度具有不同的传墨量。对于一般印品，网纹辊的网线和网穴相对较深，网纹辊的网线数为 200~250lpi。对于印刷层次、阶调要求高的印品，网线和网穴相对较浅，网线数在 300~600lpi，甚至更高。网纹辊上网纹角度的变化、网点形状的不同等，对印刷层次也有较大影响。

(三) 层叠式柔版印刷机干燥部分

层叠式柔版印刷机干燥部分的基本原理与机组式、卫星式柔版印刷机干燥部分的基本原理相同。各种柔版印刷机在收卷前和印刷过程中都通过各色组间的热风干燥装置、集中干燥系统、干燥后的料带冷却辊等结构，将印刷的油墨彻底干燥，然后再通过冷却辊对被热风系统加热的料带快速冷却降温，恢复料带基本性能，尽量保持料带不会拉伸变形，然后再进行收卷，以保证收卷质量。

(四) 层叠式柔版印刷机收卷部分

层叠式柔版印刷机的收卷部分都装有摩擦式张力控制系统，收卷结构和原理同机组式柔版印刷机收卷部分相同，在此不再赘述。

二、层叠式柔版印刷机的特点

层叠式柔版印刷机的特点如下：

(1) 层叠式柔版印刷机各印刷机组的印版滚筒调换、操作及安装方便。调换或安装印版滚筒时，不影响其他机组的组合位置，印刷适应性强。

(2) 层叠式柔版印刷机套印色数较多，承印物料带的串接方式可灵活改变，既可实现单面印刷，也可实现双面印刷。

（3）层叠式柔版印刷机可与裁切机、制袋机、上光机等联机使用，实现多工序的生产线联合加工。

（4）层叠式柔版印刷机各机组之间距离大，套印精度会受到一定影响，套印精度较低，通常用于精度要求不是特别高的印刷品的印刷。

第五节　柔版印刷压力自动检测与压力预测系统

柔版印刷是一种轻压力印刷，印刷压力远远小于胶印、凹版印刷，其压力大小通常为 $10\sim30N/cm^2$，压力的轻微变化都会对印品质量产生显著影响。若印刷压力过小，则油墨转移量不足，导致印品发虚，细小网点和线条丢失，甚至图文出现空白；若印刷压力过大，则印品网点扩大严重，且网点呈现中心颜色浅，四周颜色较深的现象，导致亮调图文丢失，暗调图文阶调合并，出现糊版等。因此，印刷压力的精确确定与控制对保证印品质量有十分重要的意义。

最佳印刷压力的确定方式有以下三种。一是应用最为广泛的开机预印方式，其流程为：先根据经验设置初始印刷压力开机印刷，人工检验印品质量，再根据印品质量调节印刷压力的大小，直至印出满足生产要求的印品。这种方式虽然可以满足工业生产要求，但造成了大量的人力、物力资源的浪费，且对工人的经验要求较高。二是 BOBST 公司研发了柔印压力自动预测系统，通过在贴版环节采集版面信息，经过计算机处理，即可直接获得合适的印刷压力。这种印刷压力预测系统，数据来源依赖于专用贴版机。三是张含笑等提出了一种基于卷积神经网络的柔印压力预测系统，使用感压胶片测量压力，以印版在初始合压位置的表面压力为输入，正常印刷状态下印版承压条上的压力为输出，建立了基于卷积神经网络的柔印压力预测模型。这种印刷压力预测系统，数据来源依赖于感压胶片和相关设备，数据测量过程的复杂度较高。

基于此，为了实现柔版印刷压力的预测，这里介绍一种基于图文信息的柔版印刷压力预测系统，通过对印刷原稿的分析，提取原稿的图文面积、图文分布和最大梯度值三种图文特征信息，建立基于图文特征信息和最佳印刷压力的预测模型，最后将预测的压力数据自动导入到相对应的印版滚筒的电子标签中，便于后续印刷。该系统能够实现最佳印刷压力的有效预测，通过射频识别（Radio Frequency Identification，RFID）技术实现了预测确定的印刷压力从计算机端至印版滚筒端的传输与存储，减少印刷压力预测系统依赖性高和价格度高的问题，对柔版印刷机的智能化发展有重要意义。

一、图文信息特征提取

提取的印刷原稿图文信息特征包括：图文面积、图文分布和最大梯度值。印刷压力与图文面积和图文分布息息相关，在相同压缩量下，图文面积大的印版，所需印刷压力小；图文面积小的印版，所需印刷压力大；且每个图文的印刷压力受周围图文的影响。因此，选择提取面积特征和图文分布特征。此外，为了增强图像的特征表达，还加入了图像的边缘信息，一方面图文的边缘承载更大的压力，另一方面边缘信息增强了文字特征的表达，当图像中存在边缘时，一定有较大的梯度值。相反，当图像中有比较平滑的部分时，灰度值的变化较小，则相应的梯度值也较小。

在特征提取之前，需要对不同大小的分色原稿进行标准化处理，将常用的分色原稿最大像素作为标准的分色原稿像素，对于尺寸较小的分色原稿通过在其右方和下方填补灰度值 255，从而得到大小相同的分色原稿。

图文分布体现为图像网格化，即将图像划分为一个个规则的网格以区分不同的区域，将网格划分为 28×28。图文面积的计算首先是对图像取反，然后进行二值化和图像取反处理，将得到的二值图像进行网格划分，对单个网格内的图像分别进行区域标记、区域统计和区域计算，最终得到面积矩阵。最大梯度值的计算通过常用的 Sobel 梯度算子来计算，经过横向梯度、纵向梯度和梯度模的计算得到梯度图像，然后将得到的梯度图像进行网格划分，计算区域的最大值，最终得到梯度矩阵，特征提取过程如图 5-73 所示。

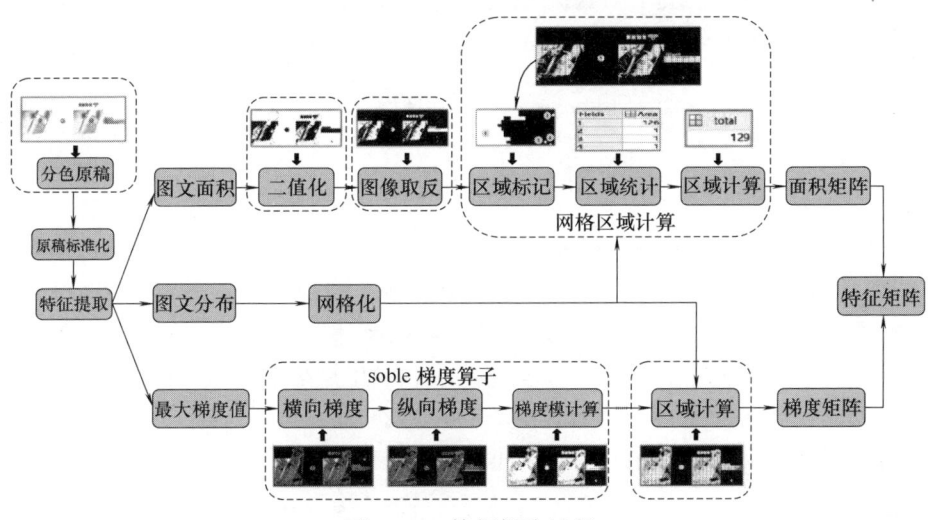

图 5-73　特征提取过程

二、数据预处理

提取的特征数据在模型训练之前，需将数据归一化至 [0，1]，其目的是更加快速便捷地处理数据。本书采用线性函数归一化的方法，将数据转换至 [0，1]，公式为：

$$X' = \frac{X - X_{\min}}{X_{\max} - X_{\min}} \tag{5-2}$$

式中　X——原始数据；

　　X'——归一化后数据；

　　$X_{\min}$——原始数据的最小值；

　　$X_{\max}$——原始数据的最大值。

三、卷积神经网络

为了建立图文特征信息和最佳印刷压力的预测模型，以图文特征信息为输入数据，相应的最佳印刷压力为输出数据，使用卷积神经网络（Convolutional Neural Networks，CNN）进行预测。

CNN 是一种特殊的多层感知器或前馈神经网络，具有局部连接、权值共享的特点，其中大量的神经元按照一定方式组织起来对视野中的交叠区域产生反应，在手写字符识别、目标定位与检测、图像分类、人脸验证等诸多方面获得了广泛的成功应用。标准的 CNN 一般由输入层、交替的卷积层和池化层、全连接层和输出层构成，如图 5-74 所示，每个平面表示一个特征图，其中所有神经元权值共享，但偏置可能不同。

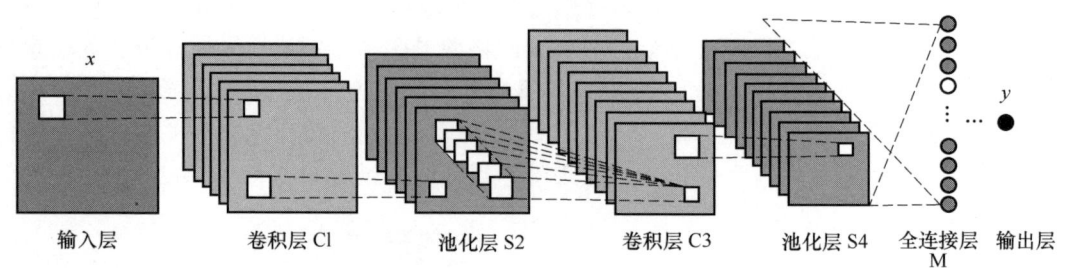

图 5-74　标准卷积神经网络

四、预测模型

以提取的特征矩阵作为 CNN 的输入数据，相应的最佳印刷压力作为 CNN 的输出数据，建立 CNN 预测模型。图 5-75 所示为 CNN 模型的流程图。首先将输入数据和输出数据组成的数据集划分为训练集和测试集，然后将训练集的数据输入到 CNN 结构中处理，经过归一化、交替的卷积层和池化层、全连接层和输出层处理，建立特征矩阵和最佳印刷压力值之间的非线性映射关系。最后将测试集的数据输入到训练好的 CNN 模型中，经过 CNN 模型计算便可以预测出最佳印刷压力值。

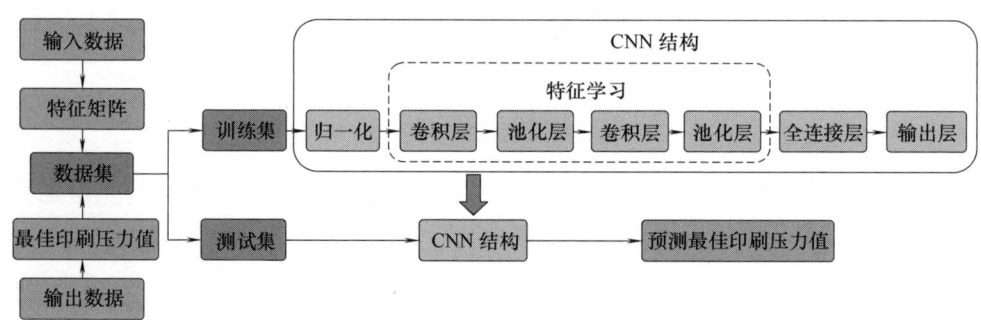

图 5-75　CNN 模型流程

五、基于 RFID 技术的压力数据传输与存储

计算机进行印刷压力预测后，需要将预测出的压力值存储到相应的印版滚筒上，便于上版印刷时数据的读取。采用 RFID 技术，选择合适的射频读写器，通过对读写器界面进行二次开发，将预测出的压力值导入到相应的读写卡中，省去数据手动写入环节，实现印版压力的传输与存储。

第六章 凹版印刷机原理与结构

第一节 凹版印刷机概述

本章视频
扫码观看

相较于印版版面，印版上的文字图像部分是凹陷的，并以凹陷部分墨穴的不同深度来表示原稿图像的浓淡层次，而印版上的空白部分和版面处在同一平面上，这种印版称为凹版印刷版。采用凹版印刷版进行印刷的方式称为凹版印刷，所用的设备称为凹版印刷机。

图 6-1 所示为凹版印刷的原理图。图 6-1（a）为印版滚筒直接在墨槽着墨的凹版印刷方式；图 6-1（b）为通过墨斗辊、网纹辊传墨给印版滚筒的凹版印刷方式。无论哪种凹版印刷方式，其基本原理都是使印版上凹陷下的图文部分充满油墨，然后用刮墨刀刮去附着在空白部分上的多余油墨，并进一步填充印版图文凹陷下的空穴部分的油墨。在图 6-1（a）中，印刷时，印版滚筒 5 直接在墨槽 4 中进行着墨，刮墨刀 3 刮去空白部分的多余油墨，承印物料带 2 从印版滚筒 5 和压印滚筒 1 之间通过，印版滚筒 5 和压印滚筒 1 在较大的印刷接触压力下做纯滚动，相互对滚碾压，将印版滚筒凹陷的墨穴中的油墨转移到承印物料带表面，完成凹版印刷过程。在图 6-1（b）中，墨斗辊 2 在墨槽 3 中进行着墨，墨斗辊 2 将油墨传递给网纹辊 9，网纹辊 9 又将油墨传递给印版滚筒 8。印版滚筒与压印滚筒滚压，完成凹版印刷过程。

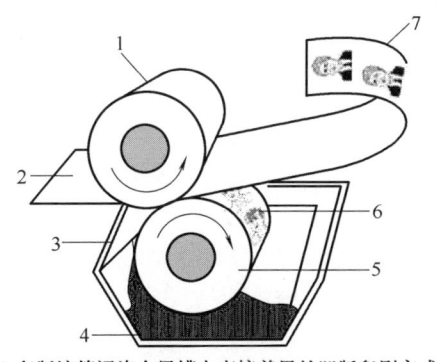
(a) 印版滚筒浸泡在墨槽中直接着墨的凹版印刷方式
1—压印滚筒；2—料带；3—刮墨刀；4—墨槽；
5—印版滚筒；6—印版；7—印刷图像

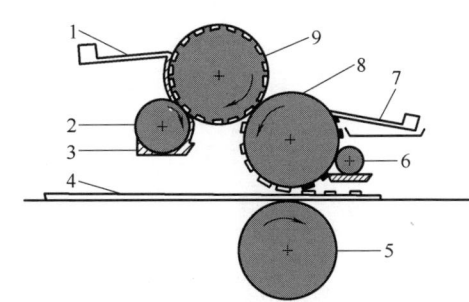
(b) 网纹辊传墨的凹版印刷方式
1，7—刮墨刀；2—墨斗辊；3—墨槽；4—料带；
5—压印滚筒；6—净版辊；8—印版滚筒；9—网纹辊

图 6-1 凹版印刷原理

一、凹版印刷机的发展历程

凹版印刷以承印材料广、印刷墨层厚实、色彩精美等特点，在包装印刷领域发挥着其他印刷方式无法替代的作用。近 30 年的不断改革和发展，我国中高档凹版印刷机制造业经历了从无到有、从小到大、从弱到强的快速发展过程。以陕西北人印刷机械有限责任公司为代表的国产现代智能凹版印刷设备，制造工艺成熟，具有足够的生产规模和生产能力，技术达到国际先进水平，有力地推动了我国凹版印刷设备制造业的发展。

（一）我国凹版印刷设备发展较晚，起点较低

20世纪70年代到80年代中期，我国生产的印刷设备主要是凸版印刷机和胶印机，凹版印刷机占比极少，且制造水平较低。当时的凹版印刷机机型仅限于低速（印刷速度<100m/min）的卫星式凹版印刷机，中高端凹版印刷机的生产几乎为空白。

20世纪80年代末期，随着国民经济的快速发展，人们的物质文化生活水平得到了较大的提高，市场对包装印刷品的需求量越来越大，对产品精美度的要求也越来越高，这些综合因素促进了国内包装印刷业的快速发展。在此背景下，国内包装印刷企业开始从日本和韩国等国家和地区，引进中高档凹版印刷设备。但是，进口凹版印刷设备价格昂贵、服务维修周期长，且关键技术受制于人，制约了我国包装印刷企业的发展。因此，国内一些具有凹版印刷机制造基础的企业，开始致力于凹版印刷机的研发和生产。到20世纪90年代，国产凹版印刷机制造水平得到快速提升，尤其是近20年，我国凹版印刷设备制造业步入了发展的快车道。

（二）紧抓机遇，快速发展

自21世纪以来，我国凹版印刷设备制造业得到迅速发展，设备功能不断完善，自动化程度和性价比不断提高，部分产品已接近国际水平，竞争优势日益明显。国产凹版印刷设备在稳步占领国内市场的同时，部分优秀企业的产品已进入国际市场，并呈现快速成长势头。例如，自2004年以来，我国凹版印刷机制造行业的龙头企业——陕西北人印刷机械有限公司，其出口交货值逐年成倍增长，2006年出口值占全年总产值的1/4，出口国家由东南亚的发展中国家逐步扩展到欧、美、日等发达地区及国家。近30年，我国国产凹版印刷机制造业的发展经历了如下几个阶段：

（1）1992—1997年，我国进入了可以生产自动或半自动中高速（印刷速度>120m/min）凹版印刷机的时代

1992年11月，具有多年印刷机械制造经验和雄厚技术实力的陕西印刷机器厂（陕西北人印刷机械有限公司的前身）以敏锐的技术判断力和市场洞察力，承担了国家"八五"计划印刷专项重大技改项目——引进日本FX-6型凹版印刷机制造技术。引进计划分为三步：第一步，零部件、电气元器件、标准件全部进口，由陕西印刷机器厂组装生产；第二步，少部分零部件由陕西印刷机器厂加工制造，大部分主要部件尤其是电气控制系统进口，自行装配调试；第三步，大部分机械零部件由陕西印刷机器厂制造，电气部分除套色、张力控制、导向辊外，全部在国内配套生产。虽然这样做促进了我国中高端凹版印刷机的快速发展。但是，由于进口部件价格高，生产装配出来的机器成本高，没有市场竞争力，更严重的问题是，机器的核心零部件和关键控制系统技术受制于人，无法实现自主知识产权。在这种情况下，为了实现中高端凹版印刷设备的国产化，陕西印刷机器厂与国内外有关事业单位、大专院校紧密合作，先后解决了印刷机张力控制系统、关键零部件的加工制造及辅助配套等一系列问题。1994年8月，陕西北人印刷机械有限公司在利用日本散件装配完成的凹版印刷机的基础上，经过不断地摸索与创新，于1997年生产出国内首台机组式凹版印刷机——AZJ601050H凹版印刷机，填补了国内机组式凹版印刷设备生产

的空白，这是国产印刷装备中高端凹版印刷机生产制造的里程碑事件。在此事件和技术的推动下，我国专业生产制造凹版印刷机的厂家的设计制造水平进一步提高，生产规模得到发展。这一阶段是我国凹版印刷机发展的真正起步期。图6-2所示为陕西北人生产的凹版印刷机，印刷速度为180m/min。

图6-2　陕西北人生产的凹版印刷机（印刷速度为180m/min）

（2）1997—2003年，印刷速度达300m/min的国产凹版印刷机诞生，我国进入了制造高速凹版印刷机的新阶段

"十五"期间，国内经济持续快速增长，促使国内包装市场需求旺盛，制版费用下降，制版周期缩短，凹版印刷日益显示出较强的竞争力。同时，国内各凹版印刷设备制造企业在设备印刷速度、稳定性、可靠性、经济性等方面下功夫，张力控制、导向辊生产、光电对版套色系统等凹版印刷机相关辅助配套产业也迅速跟进发展，尤其是印刷张力控制、套准控制、制版等配套产业相继国产化，使得国产凹版印刷机制造水平得到了迅速提高。陕西北人印刷机械有限公司、中山松德包装机械有限公司等一批骨干制造企业脱颖而出，凹版印刷设备工作速度从120~150m/min提高到200~250m/min，到2003年，机组式凹版印刷机的印刷速度达到了300m/min。在此阶段，国产凹版印刷设备的技术水平快速提升，不少设备可与进口凹版印刷机抗衡，并迅速取代了部分进口设备。日趋成熟的关键技术被迅速拓展到不同产品上，从而研发出多功能设备，如装饰纸凹版印刷机、双收双放、纸箱面纸预印等凹版印刷机相继开发成功。

在电子轴传动技术的研究应用上，与国外机器的差距也在不断缩小。1997年，世界上第一台电子轴传动凹版印刷机在意大利问世；2003年，陕西北人印刷机械有限公司、中山松德包装机械有限公司先后完成了300m/min的电子轴传动高速凹版印刷机的生产，其主要技术指标达到国外同类产品水平，且具有更高的性价比。其中，陕西北人印刷机械有限公司生产的无轴传动高速凹版印刷机出口沙特阿拉伯；中山松德包装机械有限公司生产的无轴传动高速凹版印刷机通过了国家包装产品检验中心的检测和广东省的项目验收。这一阶段是我国凹版印刷机制造业追赶国际先进水平的快速发展期，不但技术提升快，产品的品种也大大增加，很好地满足了国内市场快速增长的需求。图6-3所示为陕西北人双收卷双放卷的凹版印刷机，印刷速度为200m/min。

（3）2003—2006年，实现了国产凹版印刷机的全面升级换代，我国印刷设备融入了国际凹版印刷技术新潮流

随着国民安全、环保、节能意识的不断增强，我国软包装设备水平和客户层次不断提高，国产凹版印刷设备在国内市场替代进口设备的同时，迅速进入国际市场。国际的合作

图 6-3　陕西北人双收卷双放卷的凹版印刷机（印刷速度为 200m/min）

交流对凹版印刷机制造业提出了新的课题，"高效、节能、安全、环保、人性化"成为人们普遍关注的焦点。

围绕"高效、节能、安全、环保、人性化"等凹版印刷设备制造的共性技术要求，国内企业成功实施了一系列技术攻关项目，例如，围绕高效、快捷、人性化，实施高速凹版印刷机上版小车及供墨系统的研究，实现了上版、刮刀、供墨系统一体化设计。刮刀成功实现了三维位置显示，为重复订单的刮刀快速设定提供准确的位置。围绕节能、高效、环保要求，印刷制造企业实施热风系统噪声与残留溶剂控制的研究，对烘箱、热风循环结构进行了优化，成效显著，该科研成果已在现代凹版印刷机上广泛应用，使产品残留溶剂含量低于国家标准；围绕人性化方面的要求，印刷制造企业开发了印刷设备语音控制系统，以及人机界面远程控制软件，缩短了售后服务时间；围绕安全问题，开发了二氧化碳自动灭火装置等。此外，在产品的结构、标识等方面，也按照安全认证的要求进行了系统完善。陕西北人公司开发的 FR300 型无轴传动高速机组式凹版印刷机、DL1250 高速干法复合机，均具有国际先进技术水平。该设备基材适应范围广，自动化程度高；干燥系统采用二次节能利用系统，节约能源，降低成本；设备安全性高，通过了欧盟 CE 安全认证。

在这个阶段中，我国凹版印刷机制造技术逐渐步入成熟期。一方面，设计水平提升，可以满足客户更高层次的需求；另一方面，制造企业实施了大量技术改造，极大地提高了制造工艺和生产水平，使制造技术得到了快速发展。图 6-4 所示为陕西北人电子轴高速印刷机，印刷速度为 300m/min。

图 6-4　陕西北人电子轴高速印刷机（印刷速度为 300m/min）

（4）自 2006 年以来，以节能环保为突破口，国产凹版印刷机关键技术日趋成熟，逐步向国际市场进军

自 2006 年以来，以电子轴传动技术及节能环保等为代表的高水平科研成果得到了广泛应用，国产凹版印刷机的性能更优。为了强化和达到国家关于"绿色包装"的法规要求，以及满足越来越多的包装企业小订单的需求，许多跨国企业在华公司，也大量采购我国的凹版印刷机。在这个阶段，国产纸张类凹版印刷机日趋成熟，应用范围更加广泛，成为国内烟包印刷、无菌包印刷等领域的首选产品。

近年来，围绕积极推行"绿色包装"的计划与趋势，国家出台了一系列相关的法律法规和标准。在北京地区，五环以内已经不允许印刷机尾气直接排放；在其他地区，也做出了限排的规定。与此同时，随着市场需求的多样化，包装印刷市场的竞争进一步加剧，小订单生产将成为包装印刷企业生产经营的常态。印刷企业用户需要更加关注成本，努力降低生产过程中的损耗，以提高自身的市场竞争力。市场的变化对印刷设备的综合技术性能，尤其是在环保、节能、安全等功能性方面，提出了更高的要求。近年来，国内设备制造商积极推进技术进步，加速科研成果的产业化进程，最新研制成功的一系列新技术、新成果被大批量的应用在凹版印刷机上，形成了品种丰富、规格齐全的高新技术印刷设备。这标志着凹版印刷机进入了成熟的发展阶段。同时涌现出许多新亮点：

国际用户对印刷速度的需求普遍较高，印刷速度通常达到 300m/min 左右，有的甚至高达 400m/min。要实现这样的高速度印刷，需要大量的科研成果和新技术支撑。例如，高速的接换料、导向辊的高速转动、水冷辊的高速同步转动、版辊的防甩墨技术、传动系统的稳定性、干燥系统的干燥能力、薄型拉伸宽幅材料的走料等，都是需要解决的关键技术问题。目前，陕西北人印刷机械有限责任公司出口美国和马来西亚的 2200 宽幅 PE 高速凹版印刷机，印刷速度已达 400m/min，并成功交付用户使用（图 6-5）。这意味着国产凹版印刷机高速印刷的技术已经成熟，达到了国际上先进高速凹版印刷机的技术水平。

图 6-5　陕西北人 2200 宽幅 PE 高速凹版印刷机（印刷速度为 400m/min）

在这个阶段，国际用户对 EHS（环境、健康、安全）的要求也已经在国产凹版印刷机上得到了一定程度的普及，原来对速度和套印精度的追求，已经进一步上升为如何使印刷设备的运行对环境的影响降低或消除，对操作人员的健康和人身伤害降到最低。国外用户要求的 EHS FIRST（环境、健康、安全放首位）也逐渐被国内的中高端用户接受。

原来采用的高温大风量的干燥方式，已经被高效节能的干燥方式所替代。陕西北人印刷机械有限责任公司研制的基于 LEL 检测的循环干燥系统已经达到国际水平并被广泛应用。新型干燥系统的使用，不仅使整个系统节能 50% 以上，还使凹版印刷机的废气排放量减少了 45%。目前，欧美等国家的凹版印刷机废气是禁止直接排放的，需要进行燃烧和回收处理。从减排到禁排，这也是我国实施的政策。

近年来，电子轴传动的凹版印刷机被广泛应用。真正意义上的电子轴传动，需要更高精度的传动齿轮箱甚至直连驱动，实现更高的套印精度；需要高效率、低耗能的干燥系统；需要高效率无刀丝的刮刀；需要快速换单的袖套压辊、版车、油墨循环系统等。这是实现电子轴凹版印刷机高效、低能耗、绿色环保生产缺一不可的要素。

同时，国产凹版印刷机水平的快速提升，为烟标企业、奶业包装行业在整合与转型期中，对印刷设备的需求提供新的选择机会。陕西北人公司及中山松德公司等，在高性能烟标印刷的凹版印刷设备方面取得长足进步。它们将凹版印刷与横断、模切、压痕、打孔等包装技术完美结合，通过技术攻关完成了高档烟标印刷设备的国产化，改写了国产烟标行业清一色进口设备的历史。除此之外，陕西北人公司积极研发，打破国际无菌包装设备制造商的垄断，为奶业、果业包装商提供成套的印刷及辅机设备，增强了国内无菌包装生产企业在国际上的竞争力。图6-6所示为陕西北人生产的烟标高速凹版印刷机，印刷速度为250m/min。

图6-6　陕西北人生产的烟标高速凹版印刷机（印刷速度为250m/min）

自2006年以来，凹版印刷机技术飞速发展，由过去的结果控制发展到现在的过程控制，由过去的简单仿制发展到现在的具有完全自主产权的技术研发。目前，我国凹版印刷机已经从国内市场扩展到国际市场，国产凹版印刷机生产制造已经形成了一套完善的理论体系，从结构设计、制造工艺及系统控制，都拥有了自主知识产权。目前，国际跨国印刷包装集团越来越多的使用中国制造的印刷装备。

二、凹版印刷机的分类

凹版印刷机可以按使用用途、印刷色数、供料方式等多种方法进行分类。

（一）按用途分类

按用途分类，凹版印刷机分为书刊凹版印刷机、软包装凹版印刷机和硬包装凹版印刷机。

书刊凹版印刷机，主要用于书刊杂志印刷，如学生课本、漫画书刊等。该类书籍的色彩主要由色块组成，对颜色的套印准确性和阶调要求不高。

软包装凹版印刷机。软包装是指在充填或取出内装物后，容器形状可发生变化的包装形式。用纸、铝箔、纤维、塑料薄膜以及它们的复合物所制成的各种袋、盒、套、包封等，均属于软包装。软包装凹版印刷机是指印刷纸张、塑料薄膜等软性材质承印物的凹版印刷机，如用于牛奶包装的奶包，大都采用凹版印刷机进行印刷。

硬包装凹版印刷机。硬包装是指包装材料材质坚硬或质地坚牢，充填或取出包装内的物品后，容器形状基本不发生变化的包装形式。因为包装材料质地坚硬，所以能经受外力的冲击。现在的硬包装凹版印刷机主要印刷对象是金属薄板、硬质塑料表面，如易拉罐的铝合金材料表面印刷等。

（二）按印刷色数分类

按印刷色数分类，凹版印刷机分为单色凹版印刷机和多色凹版印刷机。单色凹版印刷机主要用于单一颜色的印刷，如一些包装纸箱、瓦楞纸印刷等。多色凹版印刷机主要用于彩色印刷，如色彩鲜艳的书籍、杂志等彩色画面的印刷。

（三）按供料方式分类

按照供料方式分类，凹版印刷机分为单张纸凹版印刷机和卷筒纸凹版印刷机。单张纸凹版印刷机印刷的承印物同单张纸胶印机类似，承印物为一张一张的单张纸，经过输纸、定位、递纸等部件，进入印刷单元，完成印刷。例如，用作易拉罐的铝皮，在进行印刷之前，就经过专门的裁切机器裁切成大小尺寸相同的单张铁皮材料，通过皮带输送到印刷机的印刷部件，完成印刷。图6-7所示为上海紫明ZMA90单张纸凹版印刷机。

卷筒纸凹版印刷机是应用最广泛的凹版印刷机，承印物除了卷筒纸，还有卷筒的塑料薄膜、卷筒的复合材料等。图6-8所示为一款卷筒纸凹版印刷机结构，它由收、放卷部件，印刷色组，张力控制系统，纠偏系统以及动力传动系统等组成。

图6-7 上海紫明ZMA90单张纸凹版印刷机　　图6-8 卷筒纸凹版印刷机结构

（四）按照印刷机组的排列方式分类

按照印刷机组的排列方式分类，凹版印刷机可分为机组式凹版印刷机和卫星式凹版印刷机。

机组式凹版印刷机使用较为普遍。设备的每个色组之间相互独立，有独立的供墨、印刷单元。承印物料带依次通过各色机组进行颜色套印，完成印刷过程。图6-9所示为陕西北人公司生产的机组式凹版印刷机。

卫星式凹版印刷机的各色组之间共用压印滚筒，各色组布置在压印滚筒的周围，其结构如图6-10所示。

图6-9 陕西北人公司生产的机组式凹版印刷机

除了以上四种分类方法，凹版印刷机按传动方式分类，可分为机械传动凹版印刷机和电子轴传动凹版印刷机；按照放卷和收卷结构的不同分类，可分为单放单收凹版印刷机和双放双收凹版印刷机；按照连线配置方式分类，可分为卷对卷凹版印刷机、卷对横切的凹版印刷机以及卷对模切的凹版印刷机等。

三、凹版印刷机的组成

单张纸凹版印刷机由输纸装置、输墨装置、印刷装置、收纸装置、干燥装置、传动装置及控制系统等组成，如图6-11所示。

（1）输纸装置。单张纸凹版印刷机与平版印刷机一样，由分纸机构、输送装置、定

图 6-10 卫星式凹版印刷机

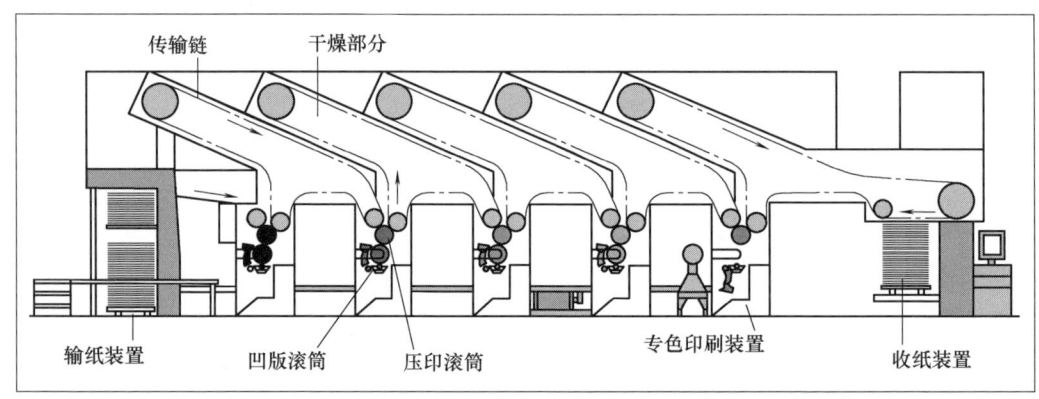

图 6-11 单张纸凹版印刷机（REMBRANDT 142，KBA）

位装置及递纸机构组成。纸张由分纸头分离，经过输纸板输送到前规、侧规定位后再由递纸牙咬纸递送给压印滚筒咬纸牙带后完成印刷。

卷筒纸凹版印刷机的输纸装置由卷料支承装置、自动接纸装置、张力控制及自动纠偏装置等组成。

（2）输墨装置。凹版印刷机的输墨装置由墨斗和刮墨刀组成。印刷时印刷滚筒或传墨辊浸入墨斗中，然后由刮墨刀刮去印版上空白部分的油墨，通过印版滚筒与压印滚筒的对滚，使图文部分的油墨转移到承印物上。

（3）印刷装置。凹版印刷机的印刷装置由印版滚筒、压印滚筒、离合压机构和调压机构组成。由于印版制作在印版滚筒表面，因此，只要印刷图文发生变化，就需要更换印版滚筒。由于压印滚筒与印版滚筒接触对滚完成印刷，故在压印滚筒的筒体上包覆橡皮布，以便产生合适的印刷压力。

（4）收纸装置。单张纸凹版印刷机的收纸装置主要由收纸传送、减速、防污平整、收纸台、齐纸机构、收纸台升降及副收纸台等组成。卷筒纸凹版印刷机的收纸装置主要由复卷装置（或裁切装置）、张力控制装置等组成。

(5) 干燥装置。凹版印刷所使用的油墨为液体的挥发干燥型油墨，因墨层较厚，油墨干燥速度慢，故在凹版印刷机上需配置相应的干燥装置。

单张纸凹版印刷机印刷完成的印品在收纸路线上经过热风箱、红外灯箱的干燥，同时在进入收纸台前可进行紫外线或红外线干燥。

在卷筒纸凹版印刷机中，对应的输纸装置和收纸装置变为卷筒料的收、放卷机构，以及与之配套的张力控制系统及裁切装置等，如图6-12所示。此外，高端卷筒纸凹版印刷机还配备有自动上卷/卸卷系统、印刷质量缺陷检测系统、油墨黏度控制系统、油墨色彩配给系统、全自动清洗系统、静电消除系统以及CO_2灭火系统等。

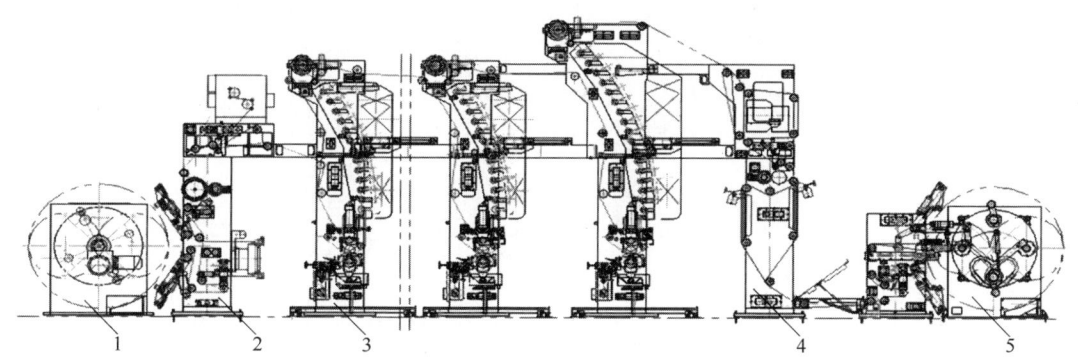

1—放卷装置；2—放卷牵引装置；3—印刷及干燥装置；4—收卷牵引装置；5—收卷装置

图6-12 机组式卷筒纸凹版印刷机的结构组成

机组式卷筒纸凹版印刷机（图6-12）的每个印刷单元都有一组加热干燥装置，并有热风循环利用辅助装置，在每个进风管道和排风管道上都有一个风量调节器，用于调节空气风量。

卫星式凹版印刷机的结构如图6-13所示。卫星式卷筒纸凹版印刷机的干燥系统分为

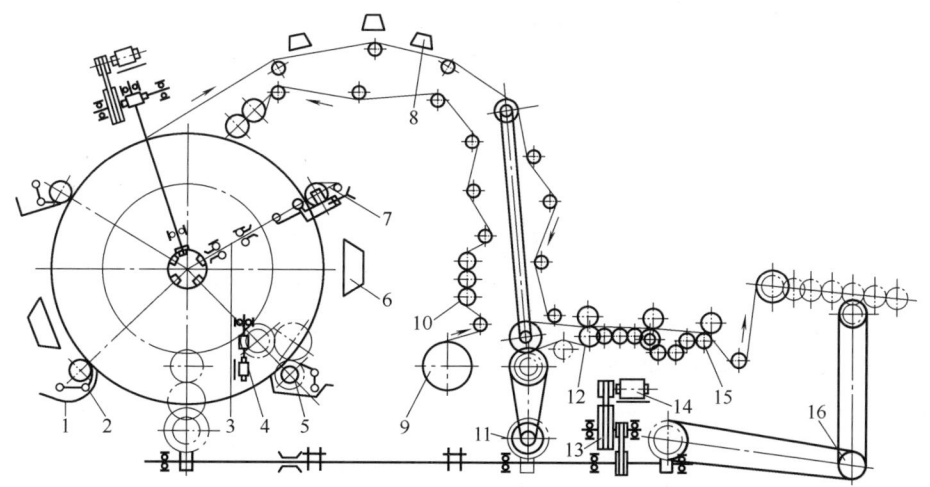

1—油墨容器；2—反刮刀部分；3—压版辊传动系统；4—版辊对花系统；5—印版滚筒；6，8—红外线干燥系统；7—正刮刀部分；9—卷筒纸；10—纸张张力系统；11—无级变速系统；12—同速滚筒；13—主轴传动系统；14—主机直流电机；15—滚刀部分；16—收纸传动系统

图6-13 卫星式凹版印刷机结构原理示意图

色间干燥和过桥集中干燥两部分。每一色组的印刷单元都配备有色间干燥装置，通常由一组远红外干燥和一个吹风喷嘴组成。多色印刷品经过色间干燥装置后，再进入过桥集中干燥装置，进行最后的干燥处理。

有关凹版印刷机更多的知识见视频6-1和视频6-2。

四、机组式卷筒纸凹版印刷机

机组式卷筒纸凹版印刷机是现代包装印刷中最常采用的一种凹版印刷机机型。该设备套色准确、操作方便，多用于高档包装印品的生产。其主要结构包括：放卷装置、放卷裁切装置、放卷牵引装置、印刷装置、干燥装置、收卷牵引装置、收卷裁切装置、收卷装置、主传动装置、走料系统、张力控制系统、光电套准系统、自动纠偏系统、气路系统、冷却系统以及供墨系统等，如图6-14所示。图6-15所示为机组式卷筒纸凹版印刷机的三维结构图。由于机组式卷筒纸凹版印刷机应用最为广泛，因此，本书就该机型进行重点论述。

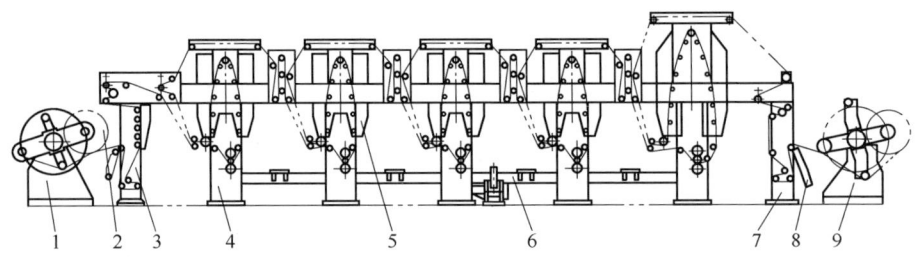

1—放卷装置；2—放卷裁切装置；3—放卷牵引装置；4—印刷装置；5—干燥装置；6—传动装置；
7—收卷牵引装置；8—收卷裁切装置；9—收卷装置

图6-14 机组式卷筒纸凹版印刷机

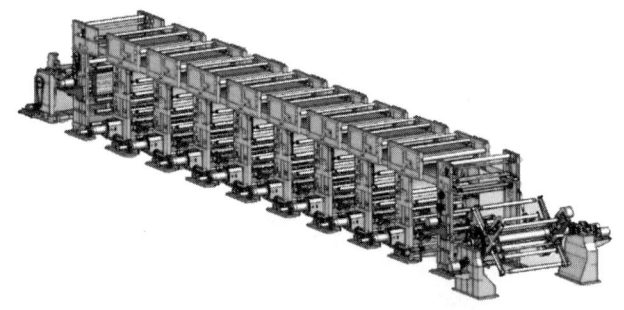

图6-15 机组式卷筒纸凹版印刷机的三维立体结构图

凹版印刷机的主传动系统由放卷传动、收卷传动、放卷牵引传动、收卷牵引传动和主传动组成，如图6-16所示。主电机6通过电机带轮7、传动带8和大带轮9将动力传递到主传动轴5，再通过圆锥齿轮将动力传向各印刷单元。因印刷单元间传递动力距离较长，卷筒纸凹版印刷机主传动轴多采用重量轻且抗扭强度高的特制空心轴结构。

第二节 凹版印刷机印刷部件

印刷部件是凹版印刷机的核心组成部分，设备的印刷速度及印品质量与印刷部件的性能有着直接关系。

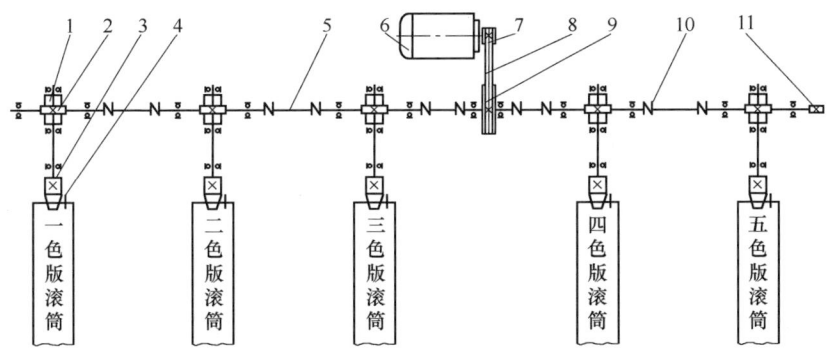

1，2—圆锥齿轮；3—滚筒轴；4—印版滚筒；5—主传动轴；6—主电机；7—电机带轮；
8—传动带；9—大带轮；10—联轴器；11—脉冲发生器

图 6-16 凹版印刷机的主传动系统

早期凹版印刷机的印刷部件多为层叠式结构，各个印刷单元叠放在一起，也没有配置干燥系统，所以印刷速度低，已被市场淘汰。目前，市场上的主流凹版印刷机为机组式凹版印刷机。凹版印刷机的印刷单元包括压印滚筒、印版滚筒、纵向套准机构、供墨机构、离合压装置、干燥箱、冷却辊等。图 6-17 所示为机组式凹版印刷机印刷单元的结构图。图 6-18 所示为机组式凹版印刷机印刷单元三维实体图。

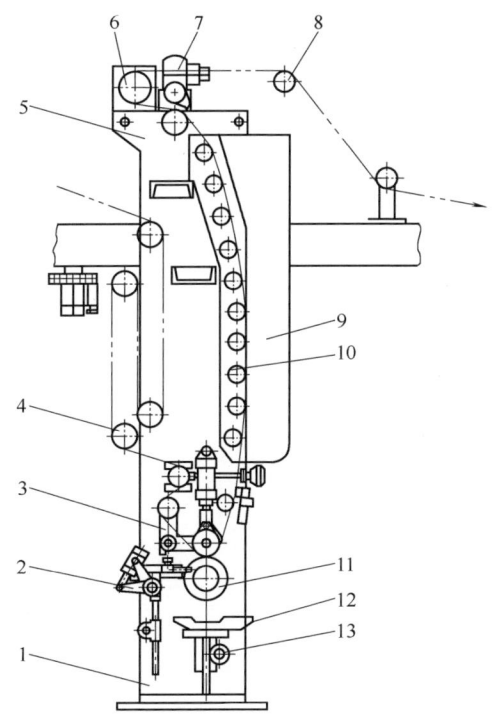

1—机架；2—刮墨刀；3—压印装置；4—调版机构；
5—墙板；6—冷却辊；7—冷风机；8，10—导向辊；
9—干燥箱；11—印版滚筒；12—供墨装置；
13—墨斗升降装置

图 6-17 机组式凹版印刷机印刷单元结构

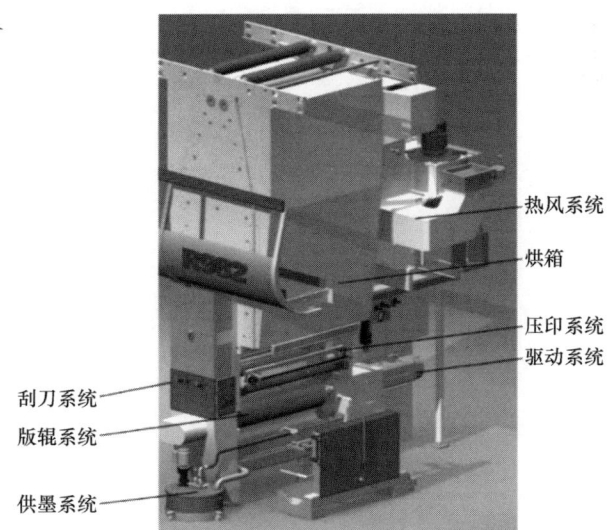

图 6-18 机组式凹版印刷机印刷单元三维实体图

如图 6-17 所示，印刷时，墨斗升降装置 13 带动供墨装置 12 上升，对印版滚筒 11 进行着墨，空白部分多余的油墨由刮墨刀 2 刮除。料膜进入机组后，经过压印装置 3 进行着墨印刷，然后进入干燥箱 9 进行油墨干燥。在导向辊 10 的作用下，料膜经冷却辊 6 进行冷却，然后进入下一印刷单元，继续进行下一色的印刷或进入收卷机构。

一、凹版印刷机输墨机构

凹版印刷机的输墨机构主要包括供墨机构和刮墨机构，两种机构共同作用实现对印刷版辊供墨，如图 6-19 所示。供墨方式分为直接供墨、间接供墨和喷淋式供墨三种。

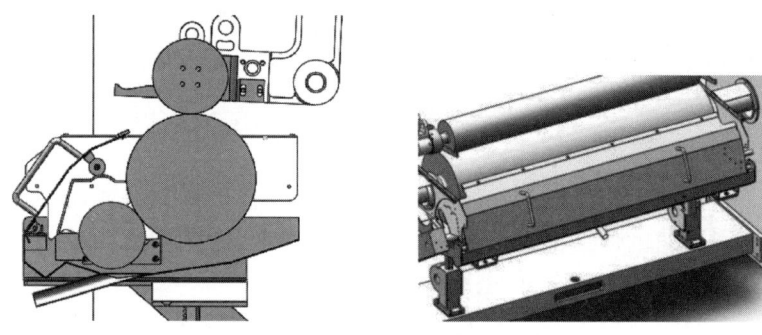

图 6-19　凹版印刷机输墨机构

（一）直接供墨方式

印版滚筒的 1/3 部分直接浸泡在墨斗中，印版滚筒在电动机的驱动下转动，墨斗中的油墨直接涂覆到印版滚筒表面，使凹下版面的图文部分充分填满油墨，通过刮墨刀刮除印版表面的多余油墨，这种供墨方式称为直接供墨方式，如图 6-20 所示。传统的凹版印刷机普遍采用直接供墨方式。当承印材料经过印版滚筒和压印滚筒之间时，在两滚筒印刷压力的作用下，印版凹下部分的油墨被挤压到承印材料表面，实现图文转移，完成凹版印刷过程。

（二）间接供墨方式

凹版印刷机间接供墨方式是指由墨斗辊给印版滚筒传墨。墨斗辊由橡皮布或牛皮胶辊制成。墨斗辊半浸在墨斗中旋转，其表面沾上的油墨转到上部位置时，与印版滚筒接触着墨，如图 6-21 所示。

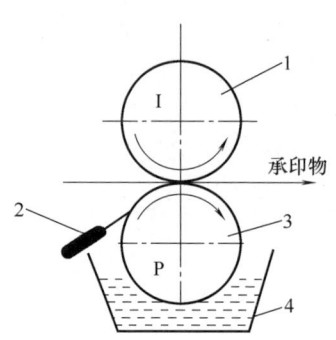

1—压印滚筒；2—刮墨刀；3—印版滚筒；4—墨斗

图 6-20　凹版印刷机直接供墨方式

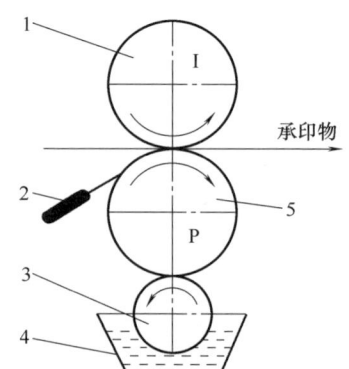

1—压印滚筒；2—刮墨刀；3—墨斗辊；4—墨斗；5—印版滚筒

图 6-21　凹版印刷机间接供墨方式

在间接传墨方式中,墨斗辊又称递墨辊,它是近年来高速凹版印刷机的常用配置。如图 6-22 所示为凹版印刷机墨斗辊给墨装置结构。墨斗辊为独立驱动并靠近印版滚筒。印版滚筒着墨过程中,调节其与墨斗辊的间隙(一般为轻压力接触),使之更有利于将油墨挤入版辊的网穴。与直接供墨方式相比,采用墨斗辊的间接供墨方式上墨,印刷效果更好。

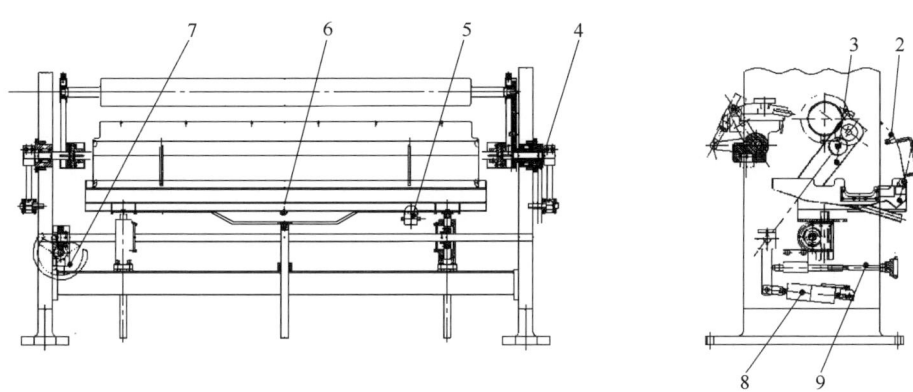

1—墨槽;2—挡墨板;3—墨斗辊装置;4—墨斗辊传动;5—墨槽回墨口;6—墨槽进墨口;7—墨槽升降装置;
8—递墨辊摆动装置;9—递墨辊调整装置
图 6-22　凹版印刷机墨斗辊给墨装置结构

工作时,墨斗辊 3 通过摆动装置 8 靠近印刷版辊,递墨辊调整装置 9 对墨斗辊和版辊的间隙进行调整。墨槽 1 置于墨槽升降装置 7 上,根据印版直径的不同,调整墨槽高度。上墨循环系统,通过管道接入墨槽回墨口 5 和墨槽进墨口 6,将油墨送至墨槽 1 中并进行循环。墨槽上安装有挡墨板 2,防止墨斗辊旋转时油墨飞溅。墨斗辊传动装置 4 用于对墨斗辊装置 3 进行驱动和调速。

(三) 喷淋式供墨方式

如图 6-23 所示,油墨储存在一个封闭的墨斗中,吸墨泵 4 把油墨从墨槽中吸起来,然后经过输墨管道,输送到喷墨嘴 1,喷墨嘴 1 把油墨喷淋到印版滚筒的表面,多余的油墨经过刮墨刀 3 刮除,重新流回墨槽中,这种供墨方式称为喷淋式供墨方式,它是现代高速凹版印刷机的主要供墨方式。

图 6-24 所示为直接供墨的墨斗升降机构。在直接供墨方式中,墨斗位置的调节由墨斗升降机构实现,以适应不同直径印刷版辊的需求。墨斗的升降由一对蜗轮副和一对齿轮齿条副的啮合实现。支承座 4 安装在撑挡 5 上,手轮 7 及蜗轮副 3 通过带座轴承固定在操作面墙板 6 上,转动手轮 7 使与蜗轮同轴的齿轮转动,齿轮通过安装在支承座 4 中的齿条推动墨斗 2 上升,能够方便地将墨斗调整到恰当位置。当盛满油墨的墨斗上升至一定高度时,印版滚筒浸泡在油墨之中,印版滚筒在不断的旋转中实现着墨和印刷。墨

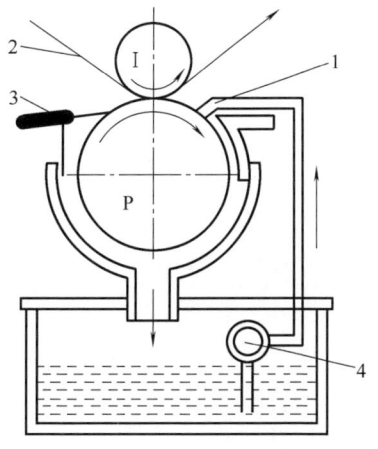

1—喷墨嘴;2—承印物料带;
3—刮墨刀;4—吸墨泵
图 6-23　喷淋式供墨装置

斗中的油墨通常由墨泵站供给，如图 6-25 所示。墨泵站主要由气动隔膜泵 3 和墨桶 4 组成。

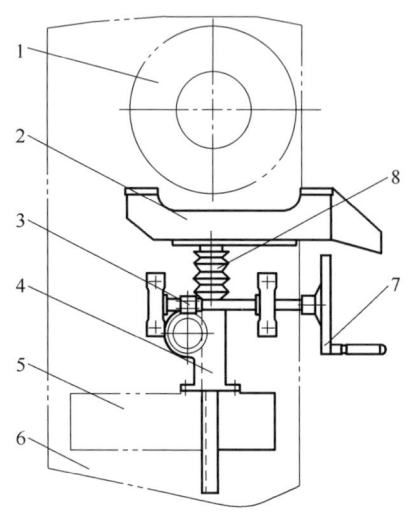

1—印版滚筒；2—墨斗；3—蜗轮副；4—支承座；
5—撑挡；6—墙板；7—手轮；8—防护套

图 6-24　直接供墨的墨斗升降机构

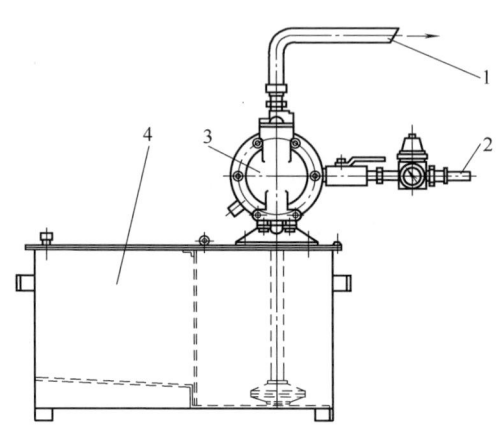

1—出墨管；2—进气管；3—气动
隔膜泵；4—墨桶

图 6-25　墨泵站

气泵利用压缩空气作为动力源，是一种气动式正向位移的自吸泵。气泵从墨桶 4 吸入油墨，然后油墨经由出墨管 1，喷淋到印版表面上墨，多余的油墨流回到墨斗中。

墨斗设计时应注意以下几点：

(1) 小存墨量：利于印刷打样和小批量产品的生产，节约油墨，减少有机溶剂的挥发，以免形成 VOC 气体。

(2) 循环畅通：油墨装盛在墨斗中，循环必须畅通，避免油墨表面凝固结皮，造成油墨刮刀故障，如形成刀丝缺陷。另外，油墨的供应也须稳定，印刷时不能产生颜色波动，形成色差。

(3) 墨斗封闭：墨斗的封闭设计符合国家环保要求，能有效地解决上墨区溶剂的挥发问题，减少车间气味，同时节约印刷过程中溶剂的用量。

图 6-26 所示为墨路循环系统，由油墨桶、供墨泵、供墨管路、回墨管路组成。供墨过程中油墨黏度的稳定是保证印刷品质的重要因素，因此，高速凹版印刷机的供墨系统一般都配置油墨黏度自动控制系统。

根据印刷工艺需求，首先设计容积合适的油墨桶，并盛入配好的油墨。供墨泵将油墨桶中的油墨通过供墨管路输送到墨斗中。墨斗中多余的油墨通过回墨管路回流至墨桶中循环利用。印刷过程中，墨斗、墨桶中的溶剂容易挥发。系统配置的黏度自动控制系统实时从墨桶中抽取油墨进行黏度检测，

图 6-26　墨路循环系统

当黏度超出许用值时,就提示给墨桶补充溶剂,以确保油墨黏度的稳定。

二、油墨刮刀装置

印刷版辊浸入墨槽中旋转,版辊图文部分和空白部分都沾满了油墨。油墨刮刀装置的作用是在压印前刮掉版辊表面上空白部分的油墨,也就是刮掉网穴周围多余的油墨,保留图文网穴中储存的油墨。油墨刮刀装置主要由刮刀升降装置、刮刀夹板、刮刀横窜动装置、刮刀角度调整装置组成,可满足不同直径版辊的刮墨需求。刮刀装置的主要结构如图6-27所示。

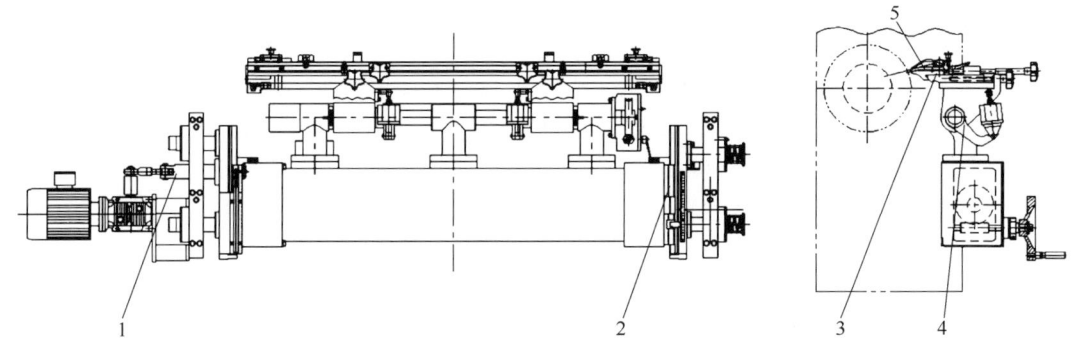

1—刮刀横窜动装置;2—刮刀升降装置;3—刮刀夹板;4—刮刀角度调整装置;5—刮墨刀片

图6-27 凹版印刷机刮刀装置结构

图6-27中,刮刀升降装置2的手轮可以调整刮刀装置整体上升或下降;刮刀角度调整装置4的手轮可以调整刮刀夹板转动,以调整刮刀的刮墨角度,也可通过气缸调整刮刀压力。刮刀夹板3可以装卸刮墨刀片5,以调整刮刀前后位置。刮刀横窜动装置1的电机可以控制刮刀在刮墨的过程中,整体沿版辊轴线有规律的窜动,避免印品出现"线丝"印刷故障以及防止刮刀产生局部磨损。

(一) 刮刀夹板结构

刮刀夹板的作用是装卡刮刀片,使刀片接触印版表面从而进行刮墨。刮墨中应保持刀片充分的刚性及弹性。常用的刮刀夹板由上下夹板、刮刀压板(或称背刀)和压紧螺钉等组成,如图6-28所示。通常,刀片厚度为0.1~0.5mm,刀片长度依据印版滚筒长度确定,通常为1000~1500mm,刀刃角度为18°~30°。

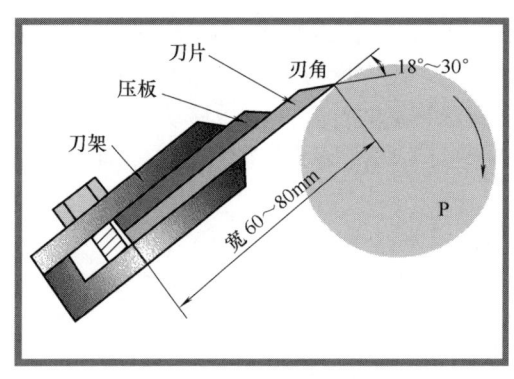

图6-28 刮刀夹板结构

随着高速印刷机的快速发展,"快换刀夹"结构被广泛应用。它无须人工拆卸压紧螺钉,通过杠杆原理,使上下夹板夹紧刀片。图6-29所示为快速更换刮刀结构,使用这种结构更换每组刮刀片的时间小于30s,完成十色机组式凹版印刷机刮刀片的更换仅需要5min,极大地节省了刀片更换的时间。

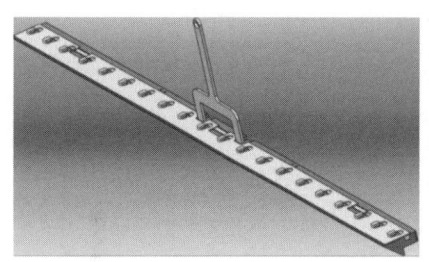 

图 6-29 刮刀快速更换刀夹结构

(二) 刮刀

刮刀的质量是影响刮墨效果的重要因素。在高速印刷机中，刮刀的精度、材质都会直接影响高速刮墨效果。刮刀的直线性偏差应小于 0.2mm/1000mm。刮刀的直线性越好，越有利于刀口与印版滚筒的磨合，印刷质量越好。

凹版印刷中普遍使用钢刮刀，它具有极高的韧性和耐磨性。版辊表面需要镀铬，镀铬层最佳硬度为 HV850。刮刀的硬度应适中，若刮刀硬度太高，会加速印版滚筒表面磨损，降低印版的耐印力；若刮刀硬度太低则刮墨效果差。

凹版印刷中使用的是硬颗粒颜料型油墨，如白墨、黑墨、绿墨、金银墨以及某些专色油墨，容易使刮刀及印版表面磨损，产生印品的"拉丝"故障。采用超硬涂层的"长寿命刮刀"，虽然可有效解决凹版印刷常见的"拉丝"问题，但是会降低印版的使用寿命。因此，在高速凹版印刷机上，尤其是使用水性油墨进行印刷时，通常采用陶瓷刮刀，同时适当提高版辊镀铬层硬度（可达到 HV900）从而使刮刀和版辊寿命都达到最高性价比的状态。

(三) 刮墨的调整

若刮刀的刮墨效果不好，会出现雾版、刮墨不净等问题。为实现理想的刮墨效果，应做好以下几点：

1. 刮刀与印版滚筒的相对位置

刮刀与版辊的接触角度会直接影响刮墨效果。刮刀接触角度 α 是指经过凹版滚筒刮墨线的切面与刮刀面之间的夹角。通常刮刀角度设定在 30°~70°，最佳角度为 60°~65°，使用中应按实际工况进行调整。如果要减小墨量、消除网点增大，使图文清晰，应选用较大的刮刀角度；如果要增加墨层厚度，提高印刷光泽，减少网点磨损，增加印版滚筒耐印力，在实际印刷时应选用较小的刮刀角度。通过刮刀装置的升降、前后移动以及角度三方位的调节，可以形成最佳的刮墨位置和角度。高端印刷机中配置有"三方位刮刀显示"功能，可自动或半自动调整最佳刮墨角度。

2. 刮刀口瑕疵检查与打磨

为防止刮刀刀片上的毛刺损伤版辊网穴，印刷前可用 60 号水磨砂纸涂机油润磨刮刀刀口，使之能与印版滚筒表面有良好的贴合效果。

3. 刮刀压力调节

刮刀在印版滚筒上的刮墨压力也是影响刮墨效果的关键因素。刮墨压力可通过调节刮刀压力气缸的空气压力实现，空气压力通过刮刀架上的杠杆传递到刮刀片。推荐的刮墨压力为 200~250N。过大的刮墨压力会使刮刀刀锋过度弯曲，导致实际刮刀角度变小，从而使刮刀与印版的接触面积增大，刮墨效果变差。最佳的调节状态是合理的刮刀角度与最小的刮刀压力的组合。

4. 刮刀横向窜动

刮刀与印版滚筒之间的刮墨摩擦，会使刮刀逐渐产生磨损。若刮刀轴向固定不动，印版滚筒上有网点的部分很快将刮刀磨成锯齿状。因此，常设计成让刮刀在刮墨的过程中，沿着印版滚筒轴线方向做微小往复运动，又叫刮刀横向窜动。这种横向窜动不断改变刮刀与滚筒的接触位置，使刮刀刀锋每个点尽可能处于相同的磨损状态，有利于保证刀锋始终保持平直，减少刮刀刀刃磨损，延长刮刀使用寿命。

刮刀横向窜动装置通常采用单独调速电机驱动偏心机构，推动刮刀往复窜动。该方式可调整刮刀移动行程，还可通过改变电机频率来改变往返运动速度，以适应不同印品的需求。在电子轴驱动机组中，采用独立的刮刀驱动可减少对电子轴驱动的干扰，有利于控制印刷套印精度。

三、凹版印刷机压印系统

（一）压印机构

凹版印刷机压印机构的作用是，通过背压辊等结构，为压印滚筒增加一定的负载压力，使压印滚筒和印版滚筒接触滚压印刷时，两滚筒之间能够产生足够的印刷压力，以实现图文油墨的充分转移。在凸版印刷、凹版印刷、平版印刷、丝网印刷四大印刷方式中，凹版印刷方式所需要的印刷压力是最大的。凹版印刷机的压印机构分为直压式压印机构和摆臂式压印机构两种。

1. 直压式压印机构

直压式压印机构指，背压辊在压印滚筒的上方，通过压印气缸给压印滚筒施加压力，方向径直向下，直接加载在压印滚筒上，能有效地对压印滚筒进行施压，图 6-30 所示为背压辊直压式压印机构，这种机构又称顶压式压印机构。

背压辊直压式压印机构主要包括印版滚筒、压印辊、背压辊、直线导轨、压印气缸、齿轮齿条等，通常应用在印刷压力要求大、幅面较宽的凹版印刷机上。为了保持同步，在传动侧和操作侧采用了齿轮和齿条机构进行传动。如果齿轮和齿条的侧隙调整不好，会影响两侧压印力的一致性，出现横向套印不准、两侧着色不一致、承印材料打皱等问题，从而影响印刷效果。

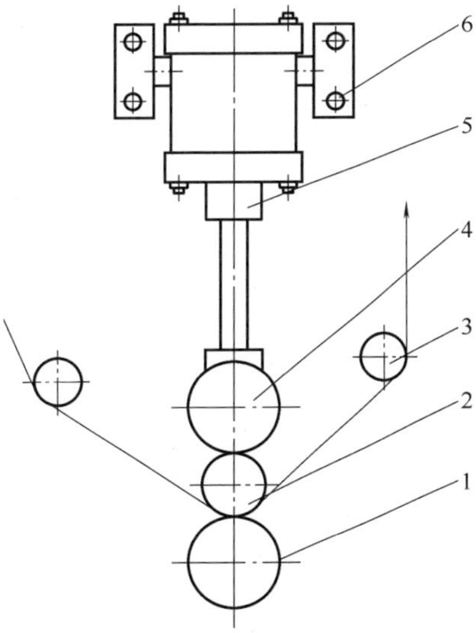

有关直压式压印机构更多知识见视频 6-3～视频 6-5。

2. 摆臂式压印机构

摆臂式压印机构的结构如图 6-31 所示，主要由摆臂、压印辊、印版滚筒以及压印气缸等组成。摆臂 2 的一端装有臂端导向辊 3；另一端装有压印胶辊 7。摆臂 2 整体围绕摆

1—印版滚筒；2—压印辊；3—导向辊；
4—背压辊；5—压印气缸；6—固定螺栓

图 6-30 背压辊直压式压印机构

臂芯轴1旋转，实现印版滚筒和压印辊的离合压功能。该压印机构在离合压时，料长变化较小，因此离压后再合压时，承印材料的拉伸较小，有利于套印。这种摆臂式压印机构，印刷重复长度与印版滚筒、压印胶辊的直径有关。

该压印机构的缺点是，由于印版滚筒直径可根据印品情况变化，因此，摆臂式压印机构中压辊与印版滚筒的压合接触点往往不在印版滚筒的中心线上。当压合点在印版滚筒中心线的左侧时，压印力在印版滚筒的切线方向会产生一个阻碍印版滚筒旋转的分力，因此需要较大的功率才能驱动印版滚筒旋转。而当压合点在印版滚筒中心线的右侧时，压印力在印版滚筒的切线方向产生的分力则可以促进印版滚筒旋转。这两种情况都可能使承印材料出现褶皱。

压印滚筒及其支承结构如图6-32所示。

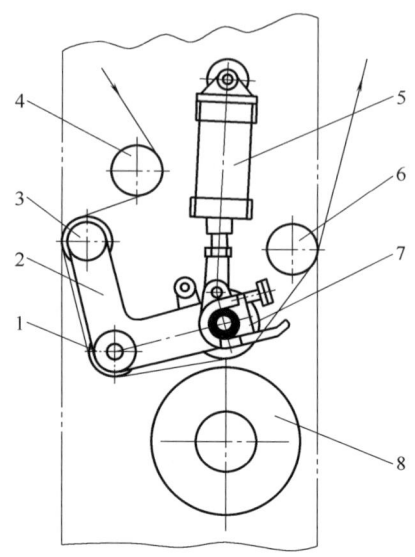

1—摆臂芯轴；2—摆臂；3—臂端导向辊；
4—导向辊；5—压印气缸；6—导向辊；
7—压印胶辊；8—印版滚筒

图6-31 摆臂式压印机构

（二）压印胶辊结构

压印胶辊主要有两种，一种是传统的有轴胶辊，另一种是袖套式胶辊。

有轴胶辊是以金属为芯轴，外覆橡胶经硫化而制成的胶辊，如图6-33所示。通常有芯轴胶辊的质量达50kg，需要人工拆卸及取出，更换较烦琐。

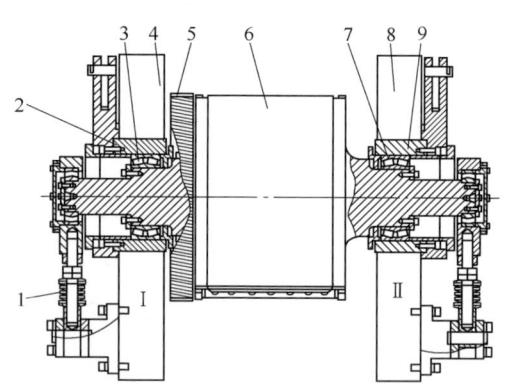

1—减振弹簧；2，9—偏心轴承套；3—调心轴承；
4，8—机架；5—传动齿轮；6—压印滚筒；7—调心轴承

图6-32 压印滚筒及其支承结构

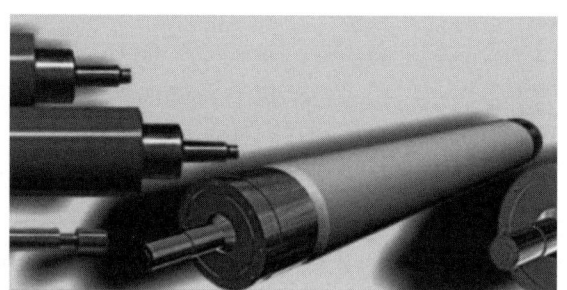

图6-33 有轴胶辊

袖套式胶辊是在金属弹性体的芯轴上，再套上一个橡胶套筒而构成的组合式胶辊结构，如图6-34所示。袖套式胶辊的橡胶套筒是可以单独拆卸的。袖套式橡胶套筒的拆卸采用气动装置，套筒的重量仅有6kg左右，很轻便，更换方便、速度快。图6-34（a）为袖套式胶辊的工作状态，图6-34（b）为袖套式胶辊橡胶套筒的拆卸状态。

如果印刷基材为塑料薄膜，压印辊（胶辊）一般采用丁腈橡胶，它具有优良的耐有机溶剂的特性，而且耐磨、耐老化、耐热性能较好，硬度选择为邵氏硬度70°左右。印刷

基材为纸张时,压印胶辊一般采用三元乙丙橡胶、聚氨酯橡胶或硅橡胶,具有耐高温、耐臭氧、化学惰性及不黏附性等特性,硬度选择为邵氏硬度85°左右。

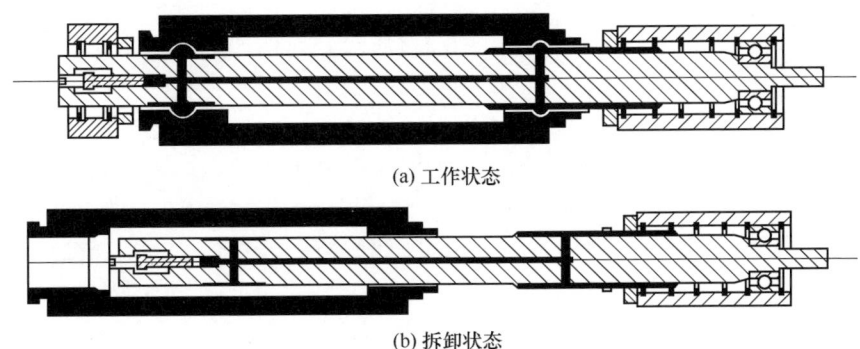

(a) 工作状态

(b) 拆卸状态

图 6-34 袖套式胶辊的不同状态

四、凹版印刷机印版滚筒及调版机构

(一) 凹版印刷机印版滚筒

印版滚筒是凹版印刷机的重要部件。印刷时,刮墨刀将印版滚筒空白部分的油墨刮掉,在印刷压力的作用下,将印版滚筒网穴内的油墨转移到承印物的表面。图文部分凹陷于空白部分之下,通常深度为 $5\sim70\mu m$。凹版版辊的网坑雕刻有激光雕刻法和电子雕刻法。表6-1所示为激光雕刻版与电子雕刻版的相关参数及比较,雕刻版的网点形状如图6-35所示。不同网点的形状和雕刻深度,对再现原稿的层次阶调有较大的影响。

表 6-1 两种凹版雕刻方法的相关参数及比较

相关参数	激光雕刻版	电子雕刻版
网线数	300~800lpi	120~300lpi
雕刻深度	$5\sim70\mu m$	$20\sim60\mu m$
网点形状	四边形、六边形、定制网点	四边形
耐印率	100万转以上	100万转以上

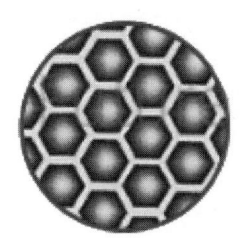 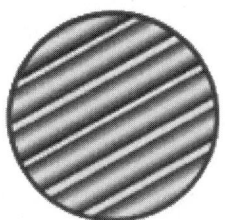  

图 6-35 凹版印刷机印版的网点形状

凹版印刷机版辊的结构如图6-36所示,其零件图如图6-37所示。它主要由基础钢辊、镀镍层、镀铜层和镀铬层组成。采用电镀工艺将镍、铜、铬镀层,依次电镀到钢辊表面。钢辊是滚筒的基体,通常采用20号或45号钢制成;镍层是结合层,能使铜层与钢辊

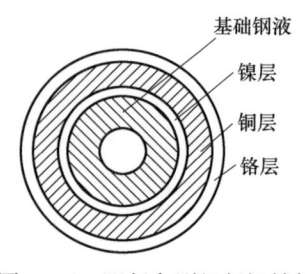

图 6-36 凹版印刷机版辊结构

牢固地结合在一起，不会在制版或印刷过程中脱落；铜层是滚筒中重要的镀层，所有的雕刻操作即制版过程，都是在铜层中进行的，是图文信息的导电记录部分；铬层是保护层，由于铜材质较软，而凹版印刷版辊在印刷过程中要经受不锈钢刮刀的刮磨，因此，在整个滚筒的表面镀一层金属铬，以提高滚筒表面的硬度，保证印版滚筒的耐磨性和耐印力。在凹版印刷中，若承印物为塑料薄膜，印版滚筒的直径一般为 120～300mm；若承印物为纸张，尤其是装饰纸的印刷，印版滚筒的直径一般为 20～500mm。

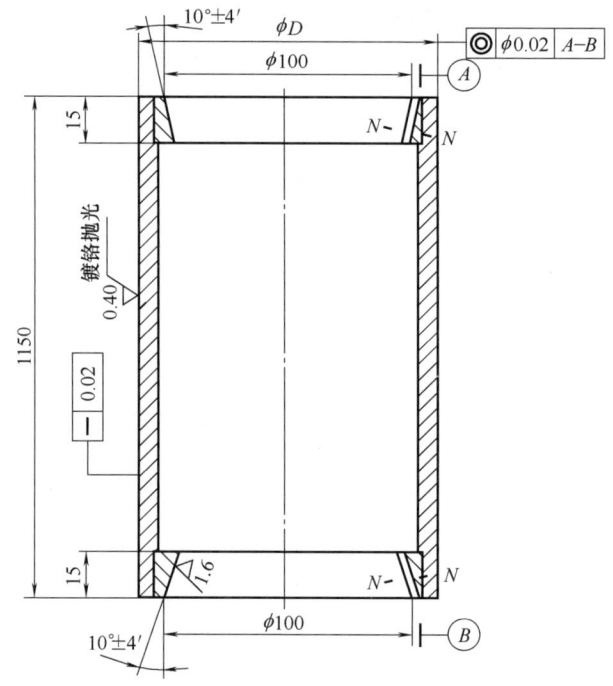

图 6-37 凹版印刷机版辊零件

（二）横向套色及版辊顶夹机构

印刷版辊上有两个锥头顶夹。其中，在印刷机操作侧的为横向套色及版辊顶夹机构。早期的凹版印刷机使用手动旋转进行顶夹，现代凹版印刷机的顶夹一般由永磁同步电机或伺服电机驱动。印刷图案幅宽的不同，印刷版辊的长度也不同。根据控制器输入的图案宽度指令，电机推动锥头到达相应的顶夹位置。印刷时，利用套色控制系统的检测传感器识别套印标记，依据套印偏差给出调整指令，由电机推动锥头进行移动，完成横向套色。

（三）版辊驱动及版辊顶夹机构

凹版印刷机传动侧有版辊驱动及版辊顶夹机构。早期的机械轴传动凹版印刷机，使用复杂的齿轮箱进行版辊驱动；现在的高端机型多使用无轴传动，部分装备使用伺服电机加高精度谐波减速机进行版辊驱动。版辊的顶夹由气缸推动，较好地解决了横向套色问题。

在高端凹版印刷机上，使用电机直驱版辊（图6-38），电机通过零侧隙的联轴节直接驱动顶版锥头实现对版辊的驱动，避免了各类齿轮间隙带来的传动误差。当机器高速运转或升速、降速时，不会因为齿轮间隙带来的传动误差导致印刷版辊的相位偏差，为印刷机套印误差的减小奠定了基础。

（四）调版机构

印版滚筒两端的调心轴承 2、6，安装在固定的轴承座上。从结构上，只允许滚筒进行周向旋转，不能进行滚筒的轴向和径向调节，其结构如图 6-39 所示。

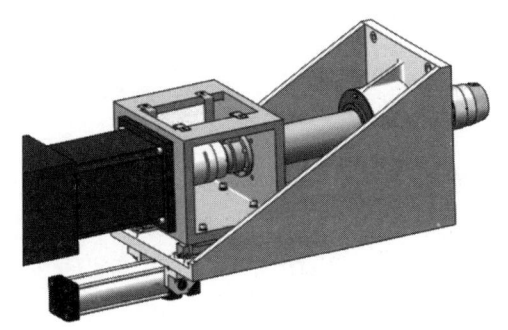

图 6-38　版辊驱动系统

图 6-40 所示为横向调版机构。横向调版机构的箱体 2 安装在墙板 7 上。转动手轮 1，带动滚珠丝杠 5 转动，从而使螺母 3 移动。螺母 3 推动滑套 4 在箱体 2 内滑动。锥顶轴 8 和滑套 4 通过轴承连接，滑套 4 移动时锥顶轴 8 也随之移动。锥顶轴 8 移动的行程通过导向键 9 处的标尺反映出来。手柄 6 用于锁紧手轮 1。

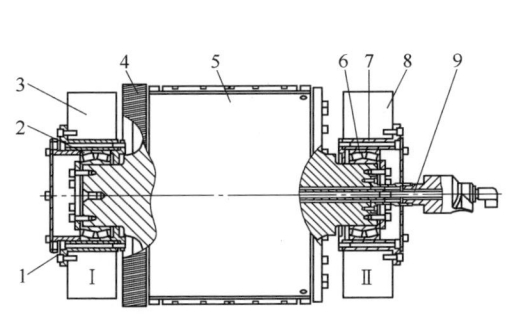

1，7—轴承套；2，6—调心轴承；3，8—机架；
4—传动齿轮；5—印版滚筒体；9—滚筒加热管

图 6-39　印版滚筒结构

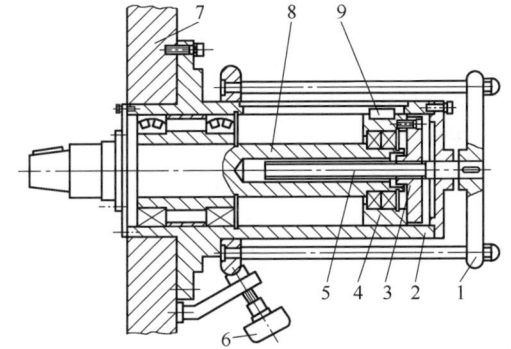

1—手轮；2—箱体；3—螺母；4—滑套；5—滚珠丝杠；
6—手柄；7—墙板；8—锥顶轴；9—导向键

图 6-40　横向调版机构

第三节　凹版印刷机收放卷部件

凹版印刷机放卷装置的工作原理是首先固定待放卷的料卷，然后在一定阻力或制动力的作用下，向印刷单元输送连续张紧的料膜。料膜的放卷张紧力与放卷时料卷的制动力有关。料卷固定在放卷架上，放料的料膜穿过凹版印刷机所有的机组，最后在收卷架上进行收卷。放卷机构的主要作用是，牵引卷材展开及张力调节。放卷机构通常由放卷轴、张力控制装置、轴向调节装置等组成。

凹版印刷机收卷部件的作用是将印刷的料带复卷收集，要求收卷后的料卷受力均匀以及料卷端面整齐，不出现"菜心"的收卷故障。收卷装置和放卷装置的作用不同，但其基本结构相似，例如，收卷机构主要有卷材牵引机构及张力调节机构，用于收卷卷料的牵引以及卷料的收卷张力控制。收卷机构通常也是由放卷轴、张力控制装置、轴向调节装置等组成。

凹版印刷中，承印材料以一定的速度和张力进入印刷单元印刷，套印精度高。在印刷过程中，印刷速度可调，但承印材料的张力通常保持恒定。随着印刷过程的推进，收放卷的卷材直径不断发生变化，从而导致转速的改变；或者由于卷材自身的偏心、质量分布不均匀等，也会导致料带运动状态的改变。这些复杂的因素构成了承印材料所受张力的扰动因素。为保持放、收卷张力的恒定，或者保证放、收卷张力按照一定的规律变化，凹版印刷机上均配备有放、收卷的张力控制系统。

有关凹版印刷机收卷部件的知识见视频 6-6～视频 6-7。

一、放卷装置

凹版印刷机放卷装置的种类较多，可以根据承印物特性、卷筒直径、重量、承印物张力、设备运行速度、成本等诸多因素，选择不同的放卷装置，如可视情况选择收卷回转架为单臂支架、双臂支架或三臂支架的放卷装置。

放卷装置主要由机架、放料料卷、放料牵引辊、摆辊、导向辊、裁切装置、纠偏装置以及回转支架等组成，如图 6-41 所示。

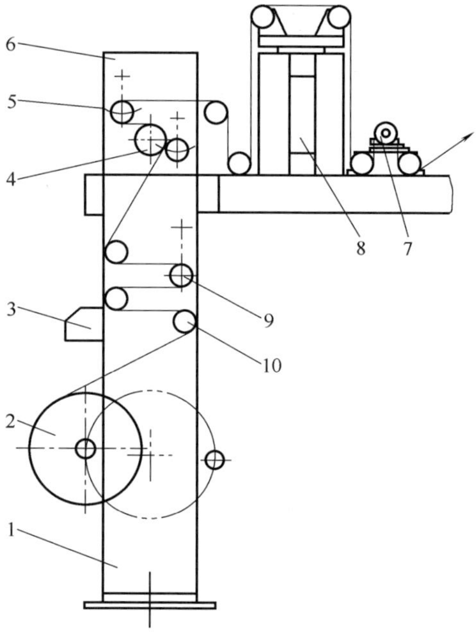

凹版印刷机放卷机构中均设有回转支架，用于料卷的装卸和自动换卷。根据安装料卷的数目不同，凹版印刷机放卷机构的回转支架分为单臂支架、双臂支架及三臂支架三种结构形式，如图 6-42 所示。

放卷装置按照放卷方式的不同可以分为单工位放卷装置和双工位放卷装置。

（一）单工位放卷装置

单工位放卷装置依次只能安装一个料卷，如图 6-43 所示。其中图 6-43（a）为放卷装置装卷完成后的状态，图 6-43（b）为放卷装置装卷准备状态。卷筒纸凹版印刷

1—机架；2—放料料卷；3—裁切装置；4—放料牵引辊；5，9—摆辊；6—墙板；7—张力传感器辊；8—纠偏装置；10—导向辊

图 6-41　凹版印刷机放卷装置

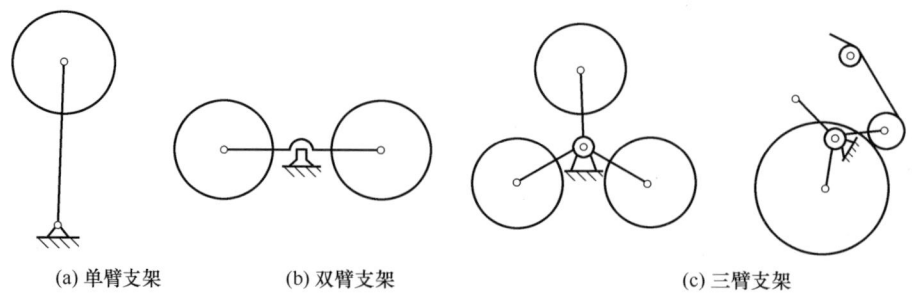

(a) 单臂支架　　(b) 双臂支架　　(c) 三臂支架

图 6-42　凹版印刷机收放卷的回转支架

机的料卷直径一般比较大（薄膜料卷直径一般为 650mm、800mm；纸张料卷直径一般为 1200mm、1600mm），料卷质量较重。现采用的放卷装置操作方便，但占地面积较大。

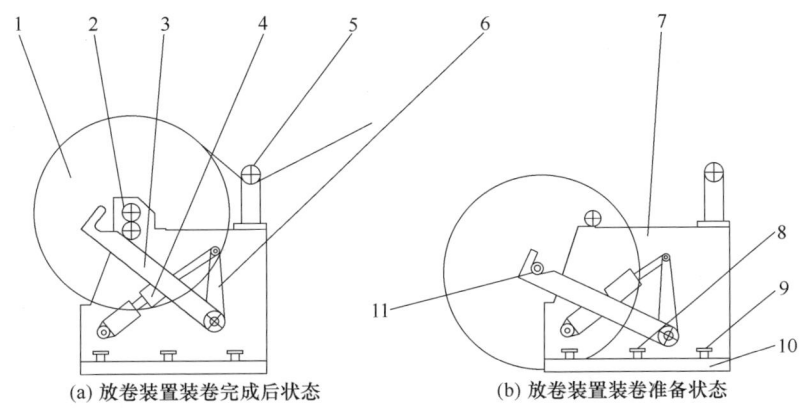

(a) 放卷装置装卷完成后状态　　(b) 放卷装置装卷准备状态

1—纸卷；2—压盖；3—装卸臂；4—气缸；5—导向辊；6—摆臂；7—机架；
8—膨胀螺钉组；9—调整螺栓；10—底座；11—气胀轴

图 6-43　单工位放卷装置

（二）双工位放卷装置

双工位放卷装置可同时安装两个料卷，一个料卷工作，另一个料卷储备，工作料卷用完后自动换卷，储备料卷进入工作状态。双工位放卷装置可分为塔式双工位放卷装置、圆盘式双工位放卷装置和悬臂式双工位放卷装置三种。无论哪一种双工位放卷装置，其在设备印刷时，只有一个放卷工位正常释放印刷卷材，另一个放卷工位用于做准备工作。旧卷放料结束时，新卷在接料单元完成印刷卷材的更替，整个机器和放卷单元持续不停机的工作印刷，以便提高生产效率。图 6-44 所示为圆盘式双工位放卷装置及其结构简图。通过转动圆盘，可实现新旧纸卷的切换。

 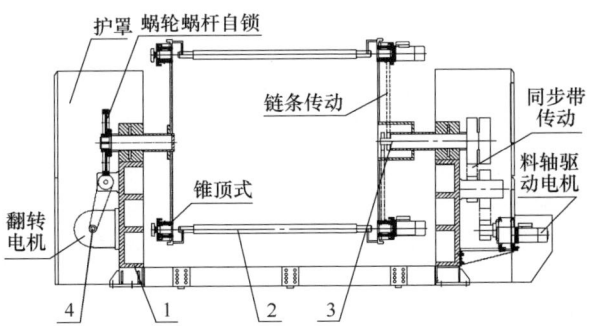

1—机架部；2—夹卷部；3—料轴驱动部；4—翻转架部
图 6-44　圆盘式双工位放卷装置及结构

二、收卷装置

收卷装置按照收卷方式的不同分为单工位收卷装置和双工位收卷装置。

（一）单工位收卷装置

单工位收卷装置只有一个收纸杆轴，料膜收完以后需要停机把纸卷卸下，才能重新进行收卷。因此，单工位收卷机构机器效率较低。现在普遍采用的是双工位收卷装置。

（二）双工位收卷装置

双工位收卷装置原理图和三维立体图如图 6-45 所示。回转臂驱动电机 1 通过皮带、带轮，带动回转臂转动，实现一个纸卷与另一个准备好的小卷轴进行换卷工作。小卷轴完成料带的接料以及与大卷的裁断，继续进行收卷工作。收卷压紧装置 5 在纸卷表面压紧，增加收卷阻力，使纸卷收卷更加紧密整齐。通过手动纠偏装置 2，可以对纸卷的轴向位移进行微量调节，以保证收卷的圆柱端面整齐，无凸出或凹陷现象。

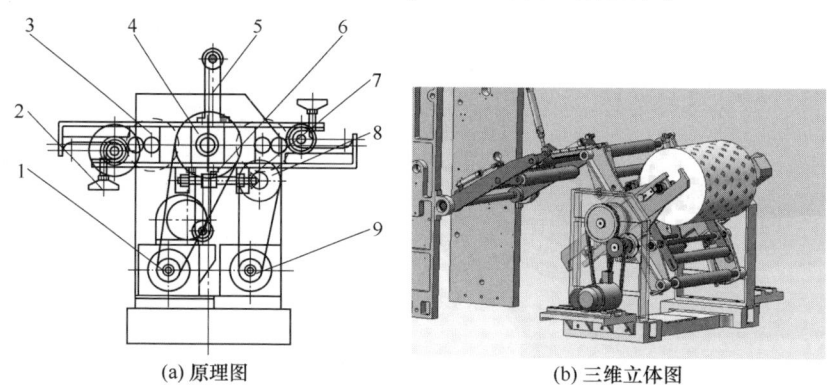

(a) 原理图　　　　　　　　　(b) 三维立体图

1—回转臂驱动电机；2—手动纠偏装置；3—操作面回转臂；4—带轮；5—收卷压紧装置；
6—蜗轮蜗杆副；7—锥齿轮副；8—带轮；9—电机

图 6-45　双工位收卷机构

三、纠偏装置

料膜在印刷后可能会发生横向走偏的情况，所以收卷机构中除了具有收卷功能，还设有纠偏功能的纠偏装置，以保证收卷整齐。纠偏装置的结构如图 6-46 所示。

在图 6-46 所示的纠偏装置结构中，料卷固定在气胀轴 5 上，气胀轴 5 在电机的驱动下转动实现料卷收卷。纠偏时，手动调节手轮 1，螺杆 4 会带动调节板 3 运动，调节板 3 的下端连接槽形凸轮。在凸轮的作用下带动气胀轴 5 左右运动，实现了横向纠偏。这种纠偏装置适用于小范围调节的纠偏，对于较大尺寸范围的偏差还要通过调节机器滚筒的位置来实现。

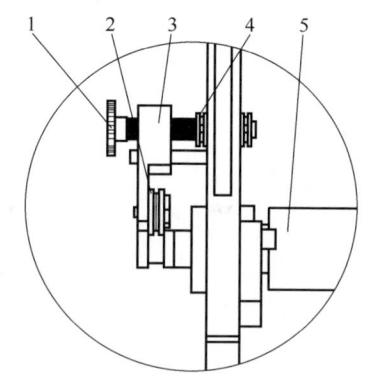

1—手轮；2—轴承；3—调节板；
4—螺杆；5—气胀轴

图 6-46　纠偏装置结构

四、牵引单元

卷筒纸凹版印刷机牵引单元包括放料牵引和收料牵引两类。放料牵引单元位于放卷装置与第一印刷单元之间，收料牵引单元位于最后一组印刷单元与收卷单元之间。牵引单元主要包括牵引部分及张力检测部分。张力检测部分检测料带在印刷过程中张力的变化，并实时反馈给牵引部分。牵引部分通过调节牵引辊速度，以保证各个单元间的张力稳定。牵引部分的张力检测十分重要。张力检测方式较多,凹版印刷机的制造企业依据具体机型及特色,开发了不同的张力检测系统。张力检测系统一般分为浮动辊张力检测、辊式张力传感检测及无重力自平衡传感式张力检测三种方式。

(一) 牵引单元

放料牵引单元主要由浮动辊、牵引辊、张力检测辊及牵引压辊组成,图6-47所示为放料牵引单元的结构简图。

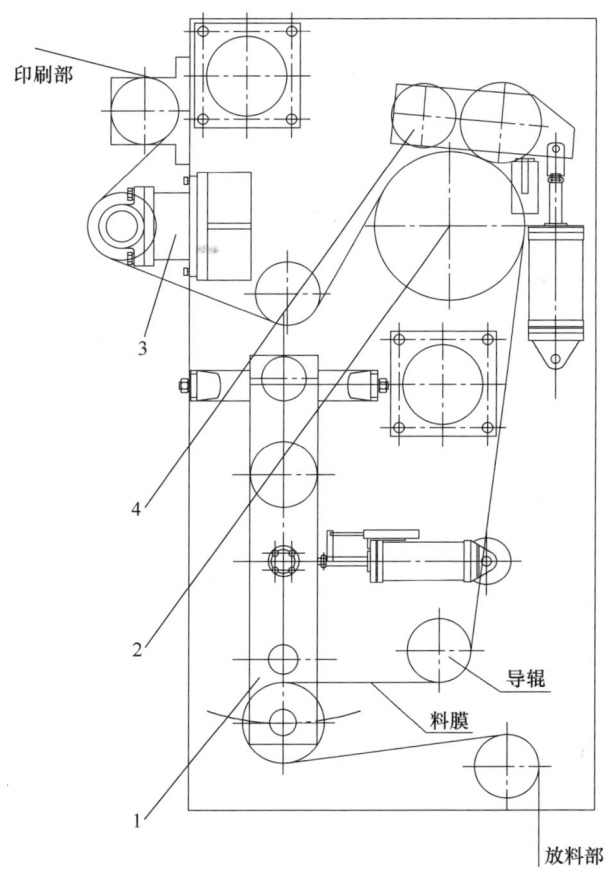

1—浮动辊;2—牵引辊;3—张力检测辊;4—牵引压辊
图6-47 放料牵引单元结构

牵引部分主要包括牵引压辊及牵引辊。牵引辊由电机驱动。牵引压辊为橡胶辊,它压在牵引辊上以保证料膜与牵引辊之间为静摩擦状态,以及隔断各单元间的张力。牵引压辊常见的有摆臂式压辊及直压式压辊两种。

通常在放料牵引辊中通入循环的热水或导热油,以加热印刷基材,使印刷基材更加平整,便于印刷套印。

收料牵引辊常通入冷水,用于对从热风干燥单元出来的高温料膜进行冷却定型,如图6-48所示。恒温牵引辊1为内外壁双层结构,可由水冷接头5通入冷却循环水,进行牵引辊表面的料带快速冷却,对料膜起到降温作用,以保证辊面恒温。牵引电机通过带轮4,带动牵引辊转动。

对卷筒纸凹版印刷机而言，如果张力过大，就可能拉断纸带承印物；如果张力过小，则料模可能出现褶皱和套印不准等问题。牵引装置的主要任务是控制纸卷的张力。图 6-49 为牵引装置的三维立体图。

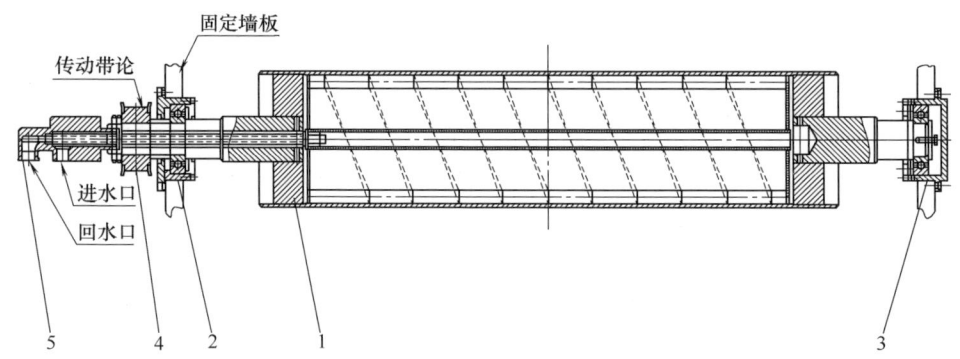

1—恒温牵引辊；2, 3—回转支承；4—传动带轮；5—水冷接头

图 6-48　恒温收卷的牵引辊结构（冷却辊）

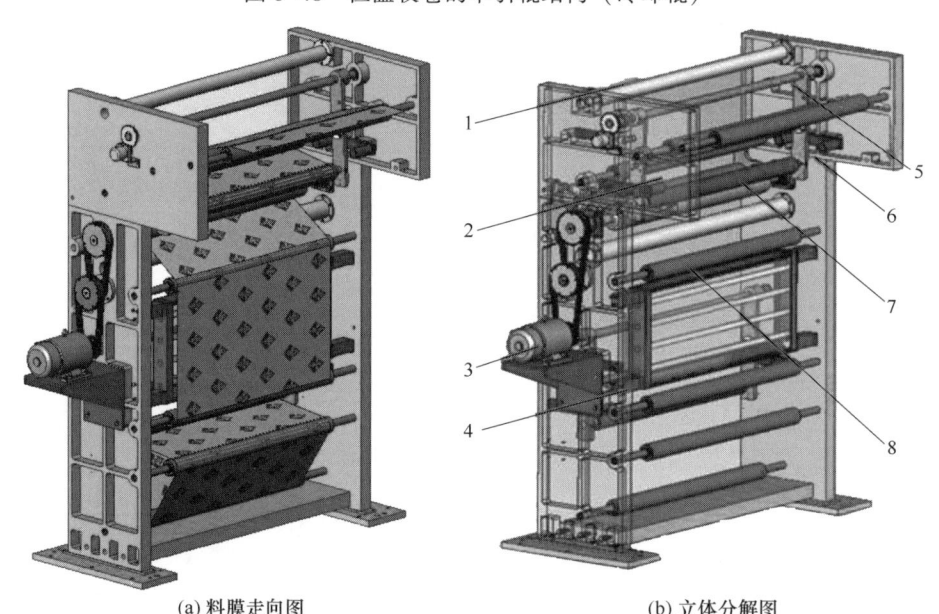

(a) 料膜走向图　　　　　　　　(b) 立体分解图

1—挡撑杆；2—机架；3—电机；4—灯箱；5—摆臂机构；6—限位挡板；7—牵引辊；8—导向辊组

图 6-49　牵引装置的三维立体图

由图 6-49（a）可以看出，料膜在牵引机构中经过导向辊组后进行多次转向。一组牵引杆通常由一个牵引钢辊和一个牵引胶辊组成，二者紧密接触，料膜从其中间穿过。在该装置中，电机 3 接受控制端指令，通过链条传动，带动牵引辊 7 转动。在牵引系统中，只有牵引辊是主动辊，其他的导向辊等都是从动件，靠摩擦力转动。牵引辊的转速可以控制穿过其表面的料膜的运动速度，这就是牵引的目的。灯箱 4 是印刷过程中的频闪光源，当料膜从其表面穿过，操作人员站在灯箱前可以清楚地检查印品质量。

（二）张力检测单元

在进行印刷时，若张力不足，印刷材料在褶皱状态下进入印刷，会出现印刷质量问题；若张力过大，印刷材料处于过度张紧状态，料带会产生变形、纵向褶皱，甚至会出现断裂。在印刷过程中，通常张力波动超过±5N，就会造成套印不准。因此需要实时检测料膜的张力变化，并对张力波动进行实时调整。

1. 浮动辊张力检测机构

浮动辊张力检测机构是凹版印刷机放卷单元常用的一种张力检测机构。这种机构对大范围的张力跳动有良好的吸收缓冲作用，能够减小放卷料卷的偏心以及速度变化对纸带张力产生的扰动影响。图6-50所示为浮动辊张力检测装置。

在料带放卷过程中，纸带张力由气压系统的精密调压阀设定，浮动辊的摆动由摩擦气缸推动执行。当料带的张力过大或者过小时，浮动辊在纸张拉力的作用下来回摆动。气压系统通过电磁阀控制进入气缸的进气量，进而控制气缸的推力及幅度，使浮动辊维持暂时的稳态平衡。此时，气缸推杆和直线位移传感器的推杆均会移动，产生一定的位移量。直线位移传感器将这个位移信号转化为电压信号，传递给张力控制系统，对纸带张力进行调节，由此实现了纸带张力控制。

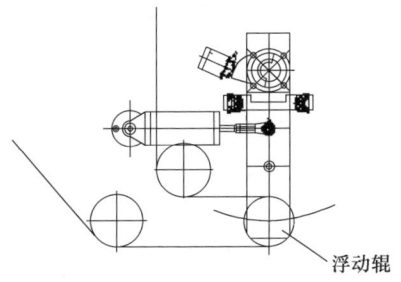

图 6-50 浮动辊张力检测装置

2. 辊式张力传感检测

采用张力传感检测辊对牵引单元与印刷单元之间的张力进行检测就是辊式张力传感检测方式，如图6-51所示。当料膜张力出现波动时，张力传感检测辊检测到张力波动信号，并将该信号反馈给张力控制器，由张力控制器将信号传给牵引电机，然后牵引电机调整自身速度实现张力的稳定控制。

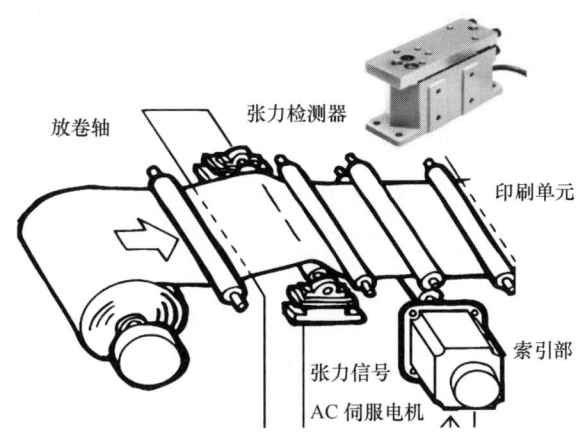

图 6-51 张力传感检测辊原理图

3. 无重力自平衡传感式张力检测

图6-52所示为无重力自平衡传感式张力检测方法。通过同步电机带动调整丝杠转动，安装在丝杠上的配重块左右移动，以调整摆辊的张力值。通过安装在另一侧的编码器，测量配重块的位置，以确定对应的张力值。因为消除了重力的影响，此装置对张力的检测精度较高，误差精度可达到1N。

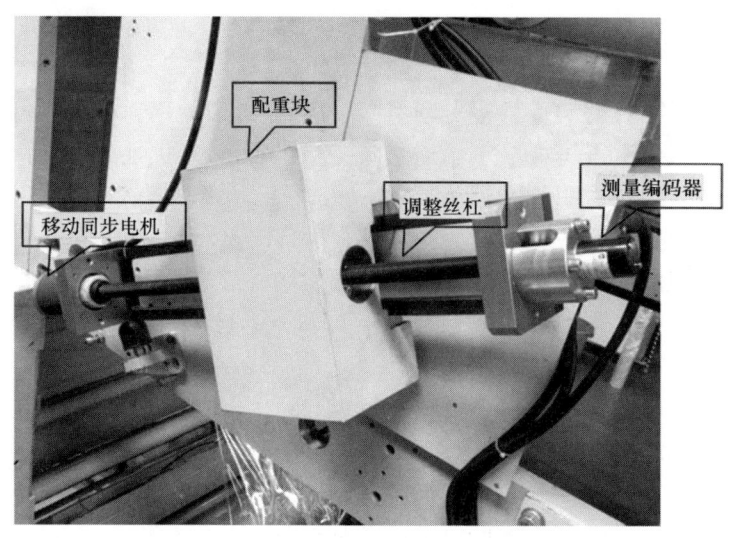

图 6-52　无重力自平衡传感式张力检测

五、不停机自动接料与裁切装置

为实现不停机接换料卷，凹版印刷机在换卷过程中，需要将旧料带与新料卷料带黏结到一起，然后通过裁切装置将旧料卷的料带切断，使新的料卷开始正常放卷工作。根据料卷换卷过程中机器速度是否改变，不停机换卷又分为不减速换卷和减速换卷两种形式。目前，多数凹版印刷机采用的是在机器速度保持不变的情况下进行换卷，即采用"不停机—不减速"的换卷方式。还有一些凹版印刷机，在换卷时先将机器速度降低到一定范围，在换卷完成后再恢复到正常的工作速度，即采用"不停机—减速"的换卷方式。后一种方式效率略低，但可简化系统结构，减少换卷过程对张力系统的要求和影响，并能保持较好的套准精度。

根据新旧料带之间的粘贴连接方式，不停机换卷料带拼接分为搭接式和对接式两种，如图 6-53 所示。

搭接式是指新料带和旧料带的接头有一定长度的叠加重叠，两者之间靠双面胶带黏接，如图 6-53（a）所示，此时接头处的料膜厚度为旧膜厚度+胶带厚度+新膜厚度。采用这种连接方式时，新旧料带接头处的厚度明显增加会影响印刷滚筒

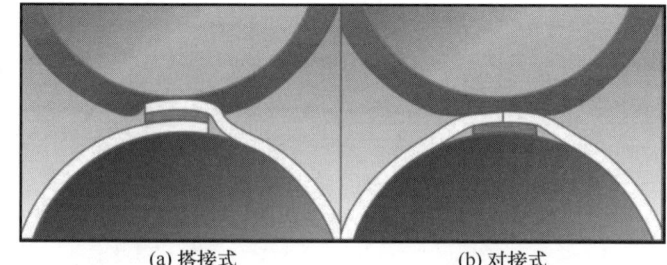

(a) 搭接式　　　　(b) 对接式

图 6-53　搭接与对接方式

的印刷压力，使机器产生冲击振动，甚至会损坏压印滚筒。因此，对于厚度较大的承印材料，如承印物为 $250g/m^2$ 的厚纸板，就不适合采用这种搭接式的纸带黏接接纸方式。搭接式接纸方式适合厚度较小、较薄的承印材料，它是薄膜、薄纸和薄卡纸承印材料进行印刷的最常见的料带连接方式。进行料带搭接时，要求印刷色组处于离压状态，以防止压伤印版。

料带连接方式中，若新旧料带没有重叠，采用"头对头"的胶带连接方式，称为对接式接料方式，如图 6-53（b）所示。这种连接方式，其接头处料膜厚度仅为料膜厚度+胶带厚度。这种接料方式的料带前沿须做严格控制，方可达到对接接近"零间隙"的要求，通常会出现 2~3mm 的间隙。采用对接式接料方式，接头处厚度没有明显变厚的问题，对印版的伤害较小，适用于无菌包装等一系列对接头厚度有较高要求的场合。

（一）高速自动接纸方式

高速自动换卷料带接料多采用摆臂式料带搭接及料带裁切方式，如图 6-54 所示。

高速自动料带换卷，又称等速飞接，它是将新料卷胶带准备好接头后，加速新料卷，当新料卷与旧料卷达到相同速度后，在切断旧料卷承印物的同时，通过胶带使旧纸带与新卷料带黏接，实现自动搭接。

这种高速自动黏接方式的优势是设备占地面积较小，但对设备同步等速控制和料卷材料的质量提出了更高的要求（如料卷为正圆不偏心或承印材料要求平整、均匀性好等）。高速自动接卷形式较多，常见的有摆臂式、直线式等。相应的切断料带用的裁刀形式也分为砍刀式和飞刀式两种。砍刀式裁刀一般使用锯齿刀片，垂直或者以一定角度扎入料膜进行裁切，适合大部分场合；飞刀式裁刀一般使用

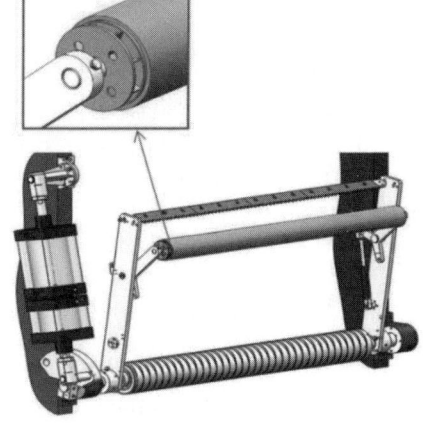

图 6-54　高速自动接料放卷单元

直线气缸或电机，刀片沿着印刷基材横向裁切，适合印刷基材较厚、锯齿刀不易砍断的场合。由于卷材需横向裁切，裁切速度受到一定的限制。图 6-55 所示为摆臂式搭接裁切装置。

图 6-55 中，当印刷卷材的直径小到规定的直径限度时，需要启动换卷装置。首先回转臂 2 转到上卷位置，即图示机架的左侧。在回转架上装好新料卷 3，并在料卷头部贴好双面胶带，做好接料准备。启动接料时，回转臂 2 顺时针转动，回转主轴上的凸轮作用于行程开关，裁切大臂 8 摆到接料位置，回转臂 2 继续旋转。当料卷边沿挡住裁切大臂 8 上的光电眼时，回转臂 2 停止旋转，新料卷 3 处于接料位置。然后，新料卷从静止状态开始加速运转，当新料卷 3 的表面线速度与承印物印刷料带的线速度相同时，接纸压辊 9 压下，新旧卷材黏接在一起。之后，切刀动作，切断旧的承印物印刷料带，新料卷开始放卷工作，此时裁切大臂收回，完成自动接料动作。

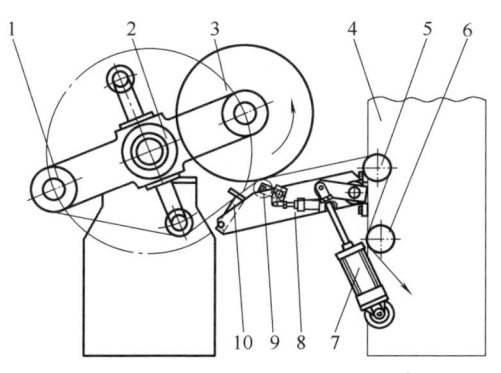

1—旧料卷；2—回转臂；3—新料卷；4—放卷牵引墙板；5，6—导向辊；7—气缸；8—裁切大臂；9—接纸压辊；10—裁切刀

图 6-55　摆臂式搭接裁切装置

（二）零速自动接纸方式

在零速自动接料方式中，必须有储料架结构。储料架的作用是，储蓄一定长度的料

膜，待换卷时进行供料以保持印刷过程的继续进行。需要换卷时，生产中的旧卷即将用完，旧卷会在静止状态下与新卷进行自动换卷动作，此时生产设备仍以全速生产，所消耗的料膜由储料架中储存的料膜提供，从而实现连续生产。该技术的优点是：对接的料膜因不重叠而使接头较薄，换卷时的张力波动小，对新卷的质量要求低，也不需要使新卷加速，是一种比较可靠的换卷方式；但这种接纸方式因为有储纸架，占地面积较大，结构更加复杂，并且设备价格昂贵。

零速自动接料装置通常包括接纸单元及储料架单元，如图6-56所示。其接料过程如下：正在放料的放料单元1处于工作状态，设备正常印刷，放料单元2为新上料卷，已经做好接料准备，接纸单元4胶带已经准备好，储料架6的活动架处于图示最左侧，储料准备就绪。在放料单元1的料卷放至系统设定的值后，系统开始接料，放料单元1停止放料，下闸纸辊3及上闸纸辊5夹紧料膜，储料架6的活动架在料膜张力的拉动下往右移动。与此同时，接纸单元4完成接纸动作。接纸完成后，下闸纸辊3及上闸纸辊5打开，放料单元2放料，储料架6完成放料，活动架左移开始储料，在此阶段，放料单元2释放的料膜包括正常印刷所需料膜及储料架6储料所需料膜。储料架6完成储料后，放料单元2恢复正常印刷速度放料，接料完成，放料单元1重新上新料卷，准备下一次接料。

零速自动接料的储料架分为横向储料架和纵向储料架两种。横向储料架可以放置在接料单元或印刷机的上方，图6-56所示即横向储料架。这种方式占地面积较小，但是由于承印物较重，横向拉紧的承印材料容易向下搭落。纵向储料架易克服承印材料重量的影响，可以存储更长的承印料带，以适合更高的印刷速度，缺点是占地面积较大。

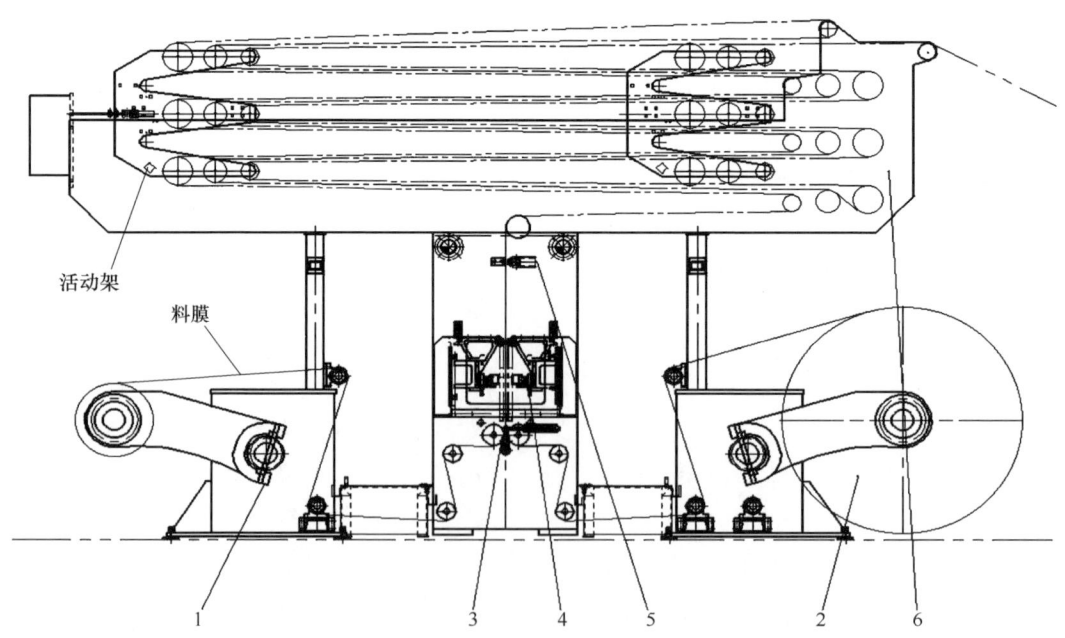

1，2—放料单元；3—下闸纸辊；4—接纸单元；5—上闸纸辊；6—储料架

图6-56 横向储料架

（三）胶带的接头方式

高速自动接料时，新旧卷很难做到100%等速，黏接瞬间胶带能否承受速度差带来的

张力变化是完成顺利接料的关键。胶带基材弹性、胶带黏性（胶黏剂的初黏性）的大小决定胶带是否能够承受瞬间增大的张力。

高速自动接料对胶带的质量要求明显高于零速自动接料，胶带接头的质量高低将直接影响换卷是否成功。目前，高速自动接料一般采用的胶带接头方式有两种，分别为采用普通封箱胶带作为接头胶带和采用双面胶带作为接头胶带。

图 6-57 所示为采用普通封箱胶带作为接头胶带的接头方式。接头时，胶带的胶水面朝上，小部分塞入承印物尾端，贴在尾端第一层薄膜的下方，再剪几个单面固定标签，贴在接头胶带上，以将其固定，防止新料卷尾端在料卷加速过程中被高速旋转形成的气流吹开。

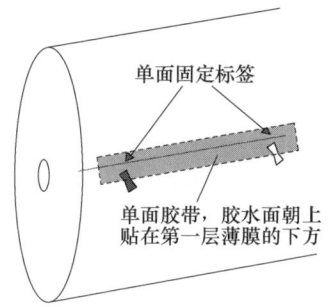

图 6-57　采用普通封箱胶带作为接头胶带

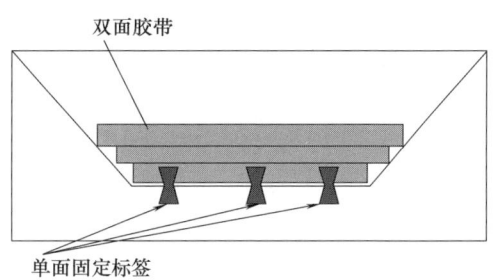

图 6-58　采用双面胶带作为接头胶带

图 6-58 所示为采用双面胶带作为接头胶带的接头方式。首先将多条单面固定标签贴在新卷料尾，再在承印物尾端贴上数条双面胶带（多条胶带可以增加黏接面积，从而提高接头成功率）。

无论是单面胶带还是双面胶带，其存在的一个普遍问题是，在低温环境下，胶带的胶水流动性下降，初黏性降低，会导致接头失败概率显著上升。

为顺利实现换卷，可在换卷时提前将速度下降一半，如从正常印刷的 300m/min 下降到 150m/min，换卷完成后再提速到正常速度。这种方法在实际中经常使用，但生产效率确有一定降低。此外，若对接过程中因张力过大而导致胶带绷断时，绷断的小胶带极易黏接在导辊、承印物、甚至中心压印滚筒上，引起严重的质量问题。为解决这个问题，德国 Tesa 公司推出了飞接胶带技术，如图 6-59 所示，胶带背面的可分裂设计胶条（图 6-60 中③）巧妙地解决了传统接头方式中小胶带难以接纸的问题。

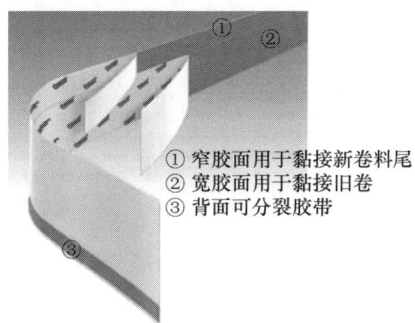
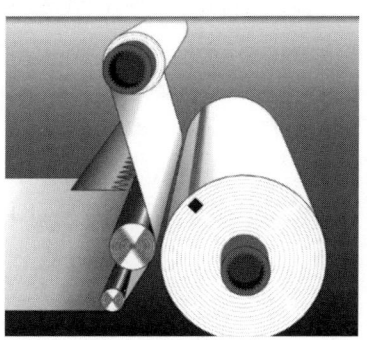

图 6-59　飞接胶带技术

使用飞接胶带时，提前准备好的新卷接头没有了传统接头方式的小胶带间的缝隙形成的空气入口，再高的运行速度也不会将接头提前吹开。Tesa公司曾在实验室将新卷加速到3km/min（相当于180km/h）的极限速度，接头依然完好无损。

在新卷和旧卷黏接后，胶带背面的可分离裂线轻松地一分为二，如图6-61所示。换卷时对印刷张力的波动比传统接头方式小很多，因此极大地减少了张力波动对套印的影响，从而降低了材料损耗。

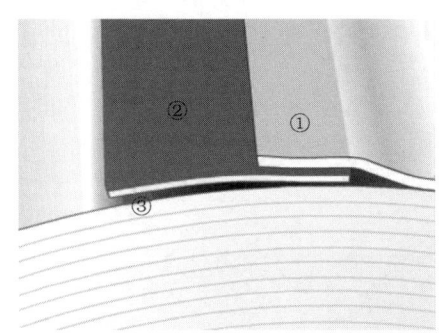

图6-60 飞接胶带接头示意图

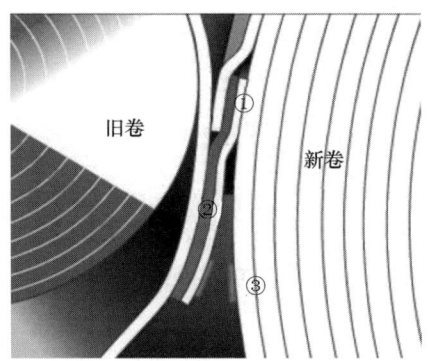

图6-61 飞接胶带接头打开示意图

美国3M公司也提出了类似的飞接胶带解决方案，其主要不同是胶带背面的可分离裂线增大至完全覆盖胶带背面，该设计的好处是通过增大黏接面积明显提高了可分离部位与新卷的黏接力。

此外，在飞接的过程中，为了保证裁刀的出刀时间，同时控制裁切印刷基材的尾巴长度，需要有相应的检测系统来检查胶带的位置，称为弧面检测。

第四节 凹版印刷机色组干燥系统

凹版印刷的特点是，印品色差小、满版实地印刷色泽鲜艳、印金效果好、可实现所得印品无接缝、承印材料适用范围广，特别适用于长版印刷等。现在机组式凹版印刷机印速已达到300m/min，凹版的凹入深度为$25\sim35\mu m$，最深可达$40\mu m$。凹版印刷工艺要求印刷油墨要具有良好的流动性，以便能迅速涂布在整个印版版面上。印刷一色完成后，印刷在承印物料膜上的墨膜厚度通常在$9\sim20\mu m$。此时要求印刷在承印物料膜上的油墨墨迹，能够迅速干燥结膜，牢固附着在承印材料的表面，形成图像。为达到油墨墨迹迅速干燥的要求以及凹版印刷机高速印刷的特点，凹版印刷机上通常设置有干燥系统，包括色组间的干燥系统和最后收卷前的集中干燥系统。这些干燥系统使承印物料膜的油墨墨迹中的溶剂彻底快速地挥发出来，并将生成的毒性废气排出。凹版印刷机干燥系统是整台设备最大的耗能装置，也是产生有害、有毒气体成分的主要装置，干燥系统的干燥效果、效率以及对有毒气体的处理情况决定了凹版印刷机的环保性能及能耗大小，直接影响印刷速度和印刷质量。

一、凹版印刷机干燥系统结构

为了保证印品干燥效果及印品质量，高速凹版印刷机干燥系统常采用低温热风、对流换热干燥模式进行印刷料膜的快速强迫干燥。对干燥系统的要求是，通过对热源的调控，实现热风干燥流场温度的严格控制。干燥热源主要有电、蒸汽、导热油、天然气等，需要根据不同的应用环境选择合适的热源。

目前，在凹版印刷机中应用最广泛的为热风对流干燥方式，如图 6-62 所示。这种热风对流干燥系统主要由加热装置（热交换器）、送风装置（进风风机）、干燥箱、排风装置（排风风机）以及循环管道（风道）等组成。加热装置的作用是把室温气体加热到印品干燥所需要的温度，提供持续、稳定的干燥热源；送风装置的作用是给加热之后的热风一定的速度，并输送到干燥箱中；干燥箱的作用是将具有一定温度、速度的热风通过箱体内的导流板等结构导流流动，最后通过若干条风嘴，喷射到印刷料膜的表面上，对刚印刷的料膜墨迹进行快速干燥；排风装置的作用是把干燥后挥发出来的有毒溶剂气体排出干燥箱，并根据排出气体的溶剂浓度实现废气的二次利用；循环管道的作用输送和排出干燥热风。

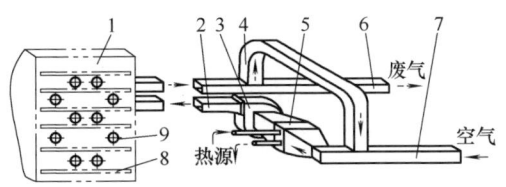

1—干燥箱；2，7—进风管；3—风机；4，9—回风管；5—换热器；6—抽风管；8—出风口

图 6-62 热风对流干燥装置

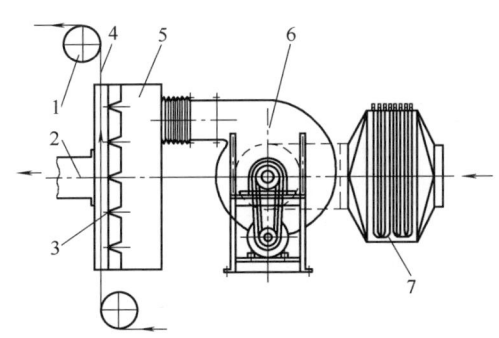

1—导纸辊；2—排风道；3—风嘴；4—承印材料；5—烘箱；6—风机；7—加热管

图 6-63 悬挂式热风干燥装置

图 6-63 所示为悬挂式热风干燥装置。干燥工作启动时，首先新鲜空气经由进风管、连接风管进入加热管 7。由加热管 7 将空气加热，通过风机 6 将加热的空气吹送到烘箱 5 中，然后风嘴 3 将加热后的空气吹送到承印材料 4 表面，对承印料膜进行干燥，最后含有高浓度溶剂的废气由排风道 2 排出。排出中，一部分热风直接排入大气，而另一部分热风再次回到进风管进行二次回收利用，与新鲜空气混合后再次进入换热器，达到节约能源的目的。

图 6-64 所示为干燥箱的三维整体模型，图 6-65 所示为固定干燥箱的背面吹风结构。

图 6-66 所示为悬浮式烘箱结构。20 世纪 70 年代，美国 ASI（Advance Systems Inc）

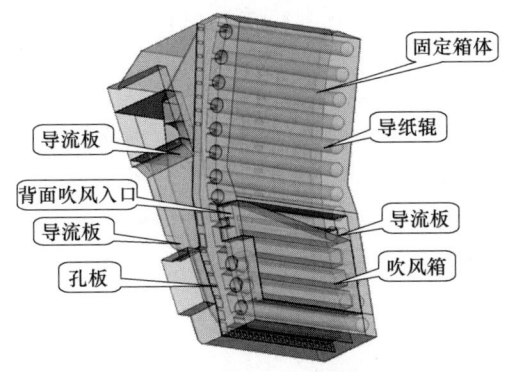

图 6-64 干燥箱的三维整体模型

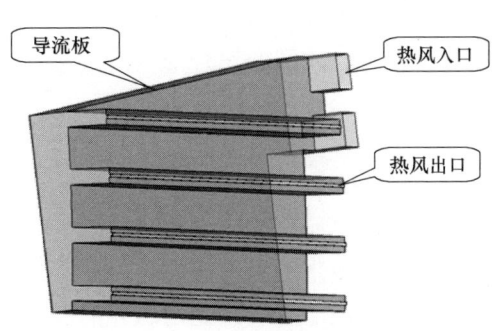

图 6-65 吹风箱的背面吹风结构

公司创始人 Roy Downhawn 提出了一种利用双面出风的干燥装置。在干燥箱内部，不需要导辊接触料带表面进行料膜支承，而是靠两面吹风形成的气流流场悬浮支承料带并传输料带，此干燥技术称为悬浮式干燥技术。截至20世纪80年代，欧美国家印刷业大力发展，更推动了悬浮干燥技术的发展。这种利用悬浮干燥技术进行干燥的烘箱称为悬浮式烘箱。与传统的干燥烘箱不同，悬浮式烘箱是一种双面出风的烘箱，因为烘箱内部无支承辊支承基材，基材自身的张力主要由烘箱外部的支承辊提供。在烘箱内部，热风会对基材张力产生一定的扰动。出风风嘴上下交错排列，风嘴产生的热风气流起到平衡、支承悬浮基材运动的作用。因为这种悬浮结构设计，基材在烘箱内的运动轨迹近似于正弦曲线。悬浮式烘箱的主要结构包括外箱、上下进风口、出风口、上下内风室、风嘴和匀风板。干燥时，上下进风口会与连接离心式高压风机的管道相连，将经过水蒸气加热的高温空气输送至上下风室内部。热风进入上下风室内部后，高温气流会与烘箱风室内部的壁面发生碰撞，使气流向碰撞面周围扩散。之后，热风经由匀风板上的孔状结构进入到风嘴内部，然后从风嘴上的狭缝部分喷射到需要干燥的基材表面，进行基材干燥。

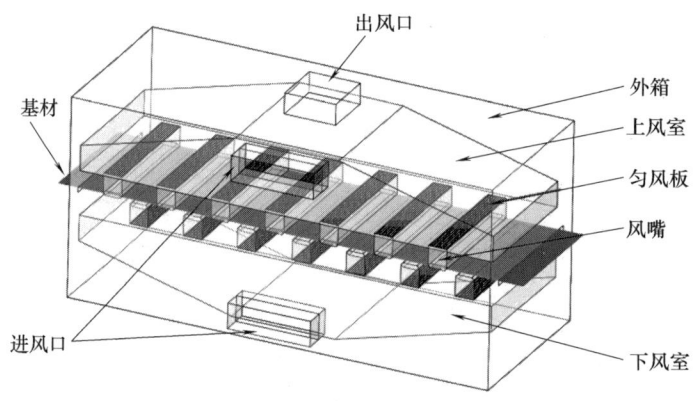

图 6-66　悬浮式烘箱结构示意图

在烘箱内部，热风经过与料带表面的换热后，由于热量交换，印刷料带内部的油墨水分及挥发性溶剂因温度的升高而蒸发。这部分蒸发的物质与热空气混合形成高温度、高湿度的废气。废气会沿着风嘴两侧向外扩散，最后由出风口排出。

悬浮式烘箱的风嘴结构，相较于传统烘干设备有其特殊性。图 6-67 所示为悬浮式烘箱风嘴的结构及干燥过程。从图中可以看出，每一个风嘴工作时都有匀风板配合其一起工作。匀风板的作用是对气流进行调整匀流，使气流在风嘴内腔尽可能均匀。风嘴底部向内侧回缩，通过与内胆的配合形成两条细长的狭缝，这两条狭缝就是风嘴的出风口。在压力的作用下，高速热风从两条狭缝出风口吹出，撞击到料膜基材表面后向撞击面两侧扩散形成两部分气流。一部分沿着基材向着风嘴外侧扩散，另一部分则在风嘴内侧堆积。

由于悬浮式烘箱内部未安装运输支承料带的导辊，料带要在烘箱内部保持平衡及稳定传输，靠的是基材两面风嘴出风形成的流场托扶，因此对两面出风形成的流场均匀性要求极高。有时候在制造悬浮式烘箱时，常常会在烘箱内设置较少数量的导辊，来辅助料带的传输。这样，理论上应该完全悬浮的料带，也会有几根导辊参与支承，但大部分料带在烘箱内还是处于悬浮状态，这种结构的干燥箱又称为半悬浮式干燥箱。有关凹版印刷机干燥

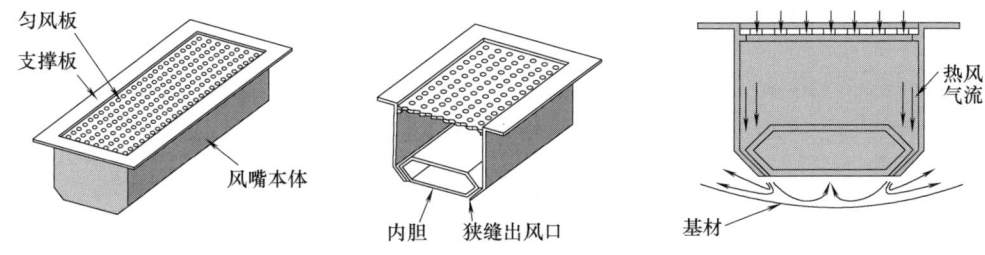

图 6-67 悬浮式烘箱风嘴结构及干燥过程

系统的更多内容见视频 6-8~视频 6-11。

二、凹版印刷油墨的干燥机理

凹版印刷工艺的印刷油墨主要由树脂、颜料和溶剂等成分组成。溶剂的主要成分为苯胺类化合物,具有一定的毒性。印刷之后需要在极短时间内完成对印刷品的强迫干燥,使油墨中的溶剂彻底挥发出来,由液态转变成气态排出,使印刷品表面的溶剂残留量得到有效控制。其中,溶剂的挥发需要消耗大量的热量,属于传热传质的物理化学过程。

油墨在烘箱内进行干燥时,高速热风直接冲击油墨表面,将热量传递到油墨中。在热风作用下,有机溶剂脱离树脂束缚挥发到空气中,热风将挥发物带走。在树脂之间的溶剂挥发之后,树脂分子又重新靠近而发生物理交联反应,随着溶剂的不断挥发,树脂逐渐由溶胶转变为凝胶状态,最终转变为固态,从而完成溶剂挥发,最终使油墨完全干燥。热风流程短且边界层薄,干燥消耗的热量相对较少,其干燥能力比传导干燥要高出几倍甚至一个数量级,而且干燥效果具有速度快并能够降低印品表面残留溶剂的效果。油墨干燥的模型如图 6-68 所示。

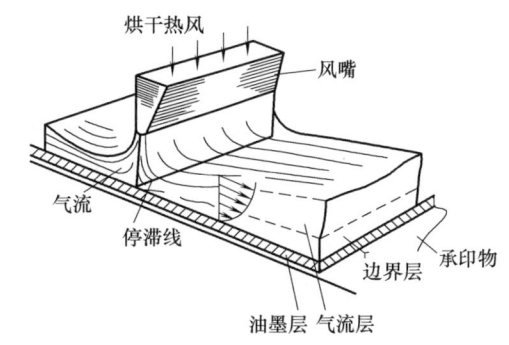

图 6-68 凹版印刷油墨干燥模型

三、影响油墨干燥的因素

由油墨干燥机理得出影响油墨干燥的因素主要包括溶剂的挥发速率、风速、温度等。温度愈高,干燥速度愈快,但是承印物在高温下的变形愈大,给印后加工带来的困难和废品也愈多。而风量愈大,干燥速度也愈快,达到较低温度下的快干,减小印刷变形的同时也降低了印刷能耗。特别是对水性油墨,水的汽化温度高达 100℃,加大风量是加快水分蒸发的主要办法。

(一) 溶剂挥发率

溶剂挥发率:每分钟内每平方厘米面积上溶剂挥发的质量(mg)。

$$E = K \frac{P_{25} \times M_r}{\rho_{25}} \tag{6-1}$$

式中 E——溶剂挥发率,%;

P_{25}——25℃溶剂的饱和蒸汽压，kPa；

ρ_{25}——25℃溶剂的密度，g/mL；

M_r——溶剂的相对分子质量；

K——常数，等于1.64。

（二）风速

印品表面快速流动的热风经过油墨表面时，已经从油墨当中挥发出来的溶剂会被热风带走，从而使局部空气中的溶剂浓度下降，进而促进油墨连接料中尚未挥发的溶剂增大挥发速度，从而达到完全干燥的目的。

（三）温度

温度对油墨干燥的影响实质上就是温度的升高增加了连接料中溶剂分子的运动，使其更加容易离开油墨表面。较高的温度虽然对油墨的干燥有利，但是高温可能会导致承印材料变形、油墨变色等，因此，应该在保证干燥效果的前提下尽量使用较小的温度。

四、冷 却 辊

机组式凹版印刷机工作过程中，需要采用冷却辊对经过烘箱干燥后具有较高表面温度的料膜进行冷却。凹版印刷机的冷却辊主要包括一端进冷却水另一端出水的冷却辊和内胆式冷却辊两种形式。最常用的是一端进冷却水另一端出水的冷却辊循环冷却模式；内胆式冷却辊主要应用在特殊用途的凹版印刷机上，如应用在印钞凹版印刷机和热淋膜机械设备上。

（一）一端进冷却水另一端出水的冷却辊

在普通的机组式凹版印刷机和淋膜机中，最普遍采用的是一端进冷却水另一端出水的循环冷却方式，如图6-69所示。冷却辊筒体两端焊接法兰盘和支架之间，通过轴承连接，其制造工艺简单、加工方便、密封效果较好。这种结构的冷却辊内部是一个大的腔体，从冷却辊的一端不断注入大量的冷却水，水流经较大的筒腔后通过另一端出水。但由于冷却辊内部含有大量的冷却水，会使冷却辊使用时整体质量

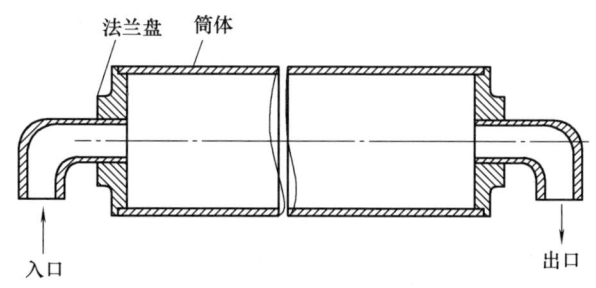

图6-69 一端进冷却水另一端出水的冷却辊冷却原理

较大，转动惯量较高，尤其在高速运转的情况下，筒体会产生较大的振动，使在升降速和启动的过程中因筒体与运动料膜的随动性较差，料膜与附着的筒体表面产生滑移，造成料膜划伤。由于机械结构的影响，料带和辊子无法形成较大的包角，料膜难以通过静摩擦力带动冷却辊同步转动。冷却水大量集中到冷却辊筒体的下端，使得冷却辊表面温度不均匀，影响印品的冷却效果。冷却水的不合理利用还会造成水能源的大量浪费。

（二）内胆式冷却辊

在国内外一些特殊用途的凹版印刷机、流延机和淋膜机上均采用内胆式冷却辊，其机械结构如图6-70所示。

内胆式冷却辊具有两个内腔，大腔被内胆分成两部分，内胆和外胆之间是一个具有狭

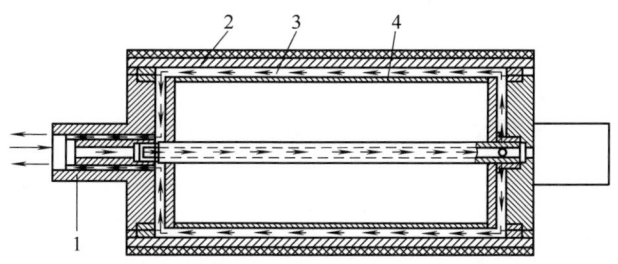

1—双回水式旋转轴头；2—外胆；3—冷却水；4—内胆壁
图 6-70　内胆式冷却辊工作原理简图

窄缝隙的胆腔。冷却辊通过一个双回水式旋转轴头连接，在旋转轴头的内通道进水通过管道流入冷却辊内外胆之间的空腔，冷却水循环一周后通过旋转轴头的外通道流出。内胆式冷却辊中具有如下优点：

（1）冷却水利用效率较高，可以节省大量的冷却水和制冷的能量。

（2）冷却辊在某一瞬时腔体内存有的水量较小，减小了腔体的整体重量即降低了旋转惯量，在增降速和开机过程中，冷却辊和主机之间具有较好的速度比，与主机随动性较好。

（3）冷却水通过内腔循环，使得冷却水在整个系统内具有较高的覆盖率，所以辊体表面的温度较为均匀。

内胆式冷却辊具有很好的制冷效果和较高的冷却水利用率，但冷却辊的生产加工较为复杂。内胆式冷却辊具有内胆和外胆，内外胆之间需要密封，这种类型的冷却辊内外胆之间、辊体和旋转轴头之间很难密封，有时会出现因冷却液泄漏而蹭脏印品的问题。

第七章　凸版印刷机原理与结构

第一节　凸版印刷机概述

本章视频
扫码观看

凸版印刷是使用凸版进行印刷的方式，简称凸印。凸版印刷机印版上的图文部分较空白部分突起，在压印滚筒与印版滚筒相互挤压的印刷压力作用下，将版面上的油墨转移到承印物表面，完成图文的印刷复制。

凸版印刷机分为平压平型凸版印刷机、圆压平型凸版印刷机以及圆压圆型凸版印刷机三类。

在平压平型凸版印刷机上，装有印版的版台和压印件均为平面形。工作时，印版与压印平板全面接触进行压印，机器所承受的总接触印刷压力较大，压印挤压的时间较长，如图7-1所示。这种印刷机要求印版和压印平板要平整度好，不能翘曲，且印刷幅面不宜太大。平压平型凸版印刷机适用于印刷商标、书刊封面、精细的彩色画片等较小幅面的印刷品的印刷。

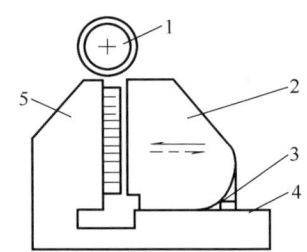

1—墨辊；2—压印板；3—弧形滑板；4—平面导轨；5—版台
图7-1　平压平型凸版印刷机工作原理

圆压平型凸版印刷机又称平台印刷机，它安装印版的版台为平面形，而压印件则为圆柱形压印滚筒，如图7-2所示。由图中可知，机器工作时，版台往复运动，压印滚筒间歇转动或停止。该类圆压平型凸版印刷机的印刷速度比平压平型凸版印刷机的速度要快，但仍受到一定限制，故产量不高。按照压印滚筒的运动形式，圆压平型凸版印刷机又分为一回转和二回转、停回转以及反复转动式。

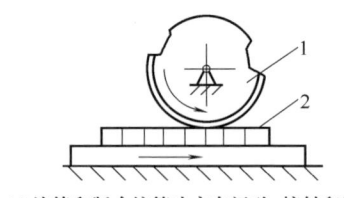
(a) 滚筒和版台按箭头方向运动，接触印刷

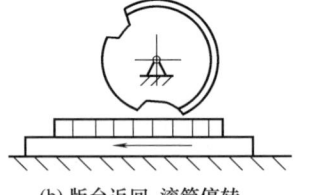
(b) 版台返回，滚筒停转

1—压印滚筒；2—版台
图7-2　圆压平型凸版印刷机工作原理

圆压圆型凸版印刷机又称轮转印刷机，它安装印版的版台和压印件均为圆柱形滚筒，如图7-3所示。机器工作时，压印滚筒的叼纸牙叼住纸张一起转动，转动中与印版滚筒接触滚压，完成印刷过程。压印滚筒和印版滚筒连续不断地飞速旋转，通常旋转一周完成一张印刷品的印刷，故转速越高，生产率越高。圆压圆型凸版印刷机主要印刷数量很大的报纸、书刊内文、杂志等。圆压圆型凸版印刷机又分为单张纸印刷机和卷筒纸印刷机。

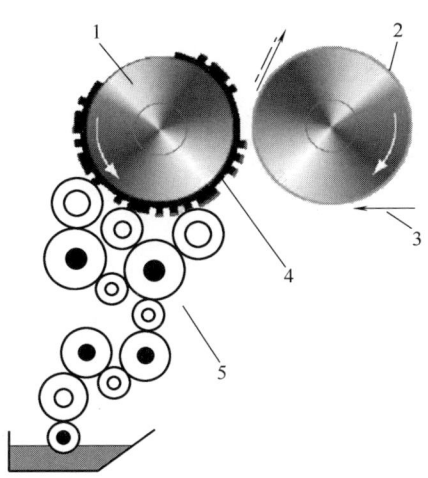

1—印版滚筒；2—压印滚筒；3—承印物；4—印版；5—供墨装置
图7-3 圆压圆型凸版印刷机工作原理

有关凸版印刷机的更多内容见视频7-1。

第二节 凸版印刷机整体结构

本节主要讲述平压平型凸版印刷机、圆压平型凸版印刷机以及圆压圆型凸版印刷机的结构及特点。

一、平压平型凸版印刷机

平压平型凸版印刷机的印版、压印件都是平板，二者在较大的压力下全面接触，进行印刷，这是最早出现的一种印刷机机型，其工作原理及结构如图7-4所示。该印刷方式是通过压印平板往复摆动完成图文油墨的转移，因为版面上图文部分的压印接触时间略有不等，压印时，印版下半部与压印板接触较早，而上半部接触较迟；压印板打开时，印版上半部与压印板离开较早，而下半部离开较迟。这就形成了压印的时间差，因为这个时间差的存在，印版与压印板之间的印刷接触时间不一致，会影响印刷质量。

现在常用的平压型印刷机结构如图7-5所示。图中，曲柄连杆机构通过增力机构完成压印过程，压印板2的开闭简单，印刷压力均匀，机器的制造精度较高。

墨色均匀的印刷品要求整个版面接触印刷，要有相同的印刷压力和压印时间，不能出现所谓的时间差。所以，这种铰链式印刷机一般只适用于印刷质量要求不高的文字版、简单的插图、表格及各类零散印刷品的印刷。目前，这种早期机型在我国中小型印刷企业还时有应用，但因为其接触时间不同、印刷质量较低、操作不够安全，该设备逐渐淘汰。

有关平压平型凸版印刷机的更多内容见视频7-2~视频7-4。

二、圆压平型凸版印刷机

圆压平型凸版印刷机是20世纪80年代的主要机型，目前已经不是主流机型了。圆压

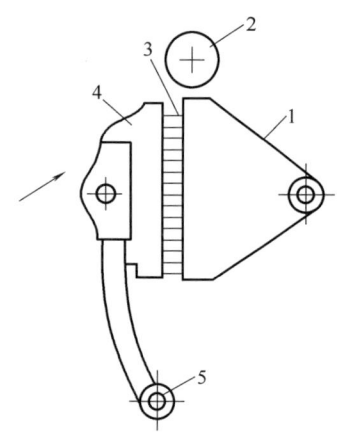

1—版台；2—墨辊；3—印版；4—平板；5—铰链

图 7-4 平压平型凸版印刷机

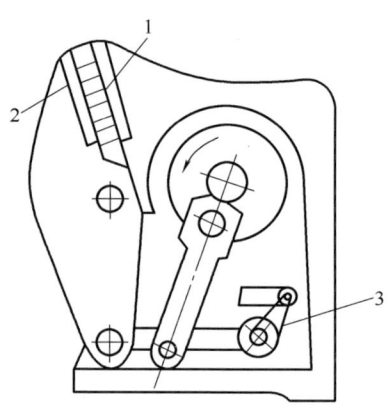

1—印版；2—压印板；3—增力机构

图 7-5 海德堡公司的平压平式印刷机

平型凸版印刷机主要有停回转印刷机、一回转印刷机、二回转印刷机、反转动式印刷机以及卷筒纸圆压平印刷机等机型。

（一）停回转印刷机

停回转印刷机的工作原理如图 7-6 所示。停回转印刷机的印版安装在版台上，做往复平移运动。在印刷行程时，版台从左向右移动，与滚筒表面包裹有纸张、并旋转着的压印滚筒接触滚压（版台与滚筒表面接触点线速度相等），将版台上的图文油墨转印到压印滚筒表面的纸张上，完成印刷过程。在一个印刷正行程，滚筒转动一圈；当版台返回行程时，版台从右向左移动，压印滚筒停止旋转，此时进行收纸、续纸和着墨。等下一个印刷行程开始，滚筒又继续转动，因为该机型的压印滚筒这种转一周，停一周的运动规律，故称为停回转印刷机。停回转印刷机结构最为简单、轻巧，操作简便，但版台的往复摆动和压印滚筒的间歇转动均为变速运动，限制了机器速度。

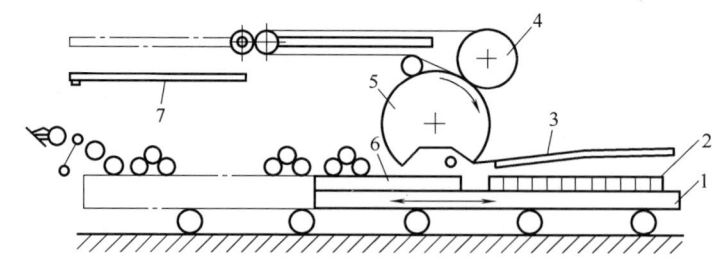

1—版台；2—印版；3—输纸板；4—收纸滚筒；5—压印滚筒；6—墨台；7—收纸台

图 7-6 停回转印刷机原理

停回转印刷机版台往复运动的传动机构形式有曲柄连杆机构和曲柄摇杆机构。

1. 曲柄连杆机构的版台往复运动

曲柄连杆机构的传动原理如图 7-7 所示。通过齿轮传动将运动传给曲柄轴，使曲柄按图示箭头方向旋转并带动连杆移动。连杆的另一端与往复齿轮 Z_C 的旋转轴相联，往复齿轮的下部与固定齿条 $Z_固$ 相啮合，它一面旋转一面左右移动。当曲柄转到两个极限位置时，往复齿轮则处于 L、S 两个死点位置，此时，往复齿轮改变旋转方向。显然，往复齿轮的平移距离等于 L、S 之间的长度。

另外，往复齿轮与版台下齿条 $Z_下$ 相啮合带动版台往复运动。因此，由往复齿轮的旋转与平移使版台移动的距离等于版台由往复齿轮回转所平移的长度与 Z_C 中心平移长度 LS 之和，即：

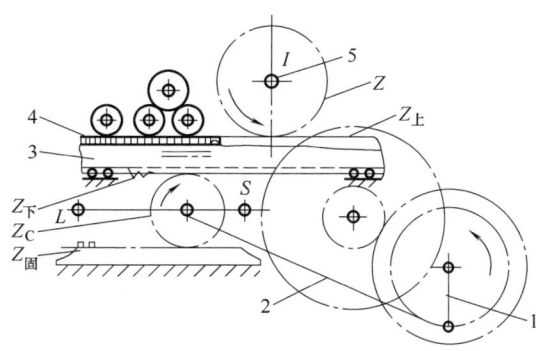

1—曲柄；2—连杆；3—版台；4—印版；5—压印滚筒

图 7-7 曲柄连杆机构传动原理

版台移动距离 = 2×LS

版台上部也装有上齿条 $Z_上$ 与压印滚筒齿轮 Z 相啮合，这样，压印滚筒的圆周长度等于版台的移动距离。在印刷行程时，压印滚筒旋转一周；在返回行程时，版台上齿条与滚筒非完整齿轮的轮齿脱开，压印滚筒则停止旋转。

2. 曲柄摇杆机构的版台往复运动

曲柄摇杆机构的传动原理如图 7-8 所示。曲柄通过连杆带动摇杆摆动，摇杆下端用短杆与机架相铰接作为摇杆的摆动支点，摇杆上端用铰链 A 与版台铰接。当曲柄按图示箭头方向旋转时，由杆系带动版台做往复运动。短杆的作用是保证版台能沿水平方向移动。这种传动形式一般用于对开停回转印刷机。

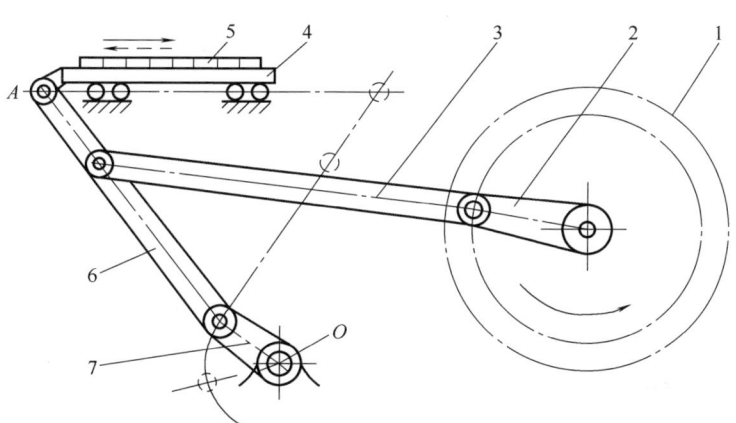

1—传动齿轮；2—曲柄；3—连杆；4—版台；5—印版；6—摇杆；7—短杆

图 7-8 曲柄摇杆机构传动原理

（二）一回转印刷机

一回转印刷机的结构及工作原理如图 7-9 所示。一回转印刷机的压印滚筒有效面积只有全周长的一半左右。印刷行程时，版台从左向右移动，压印滚筒按照箭头方向逆时针转动，版台与滚筒的大半径表面接触滚压（版台与滚筒表面接触点线速度相等），将版台上的图文油墨转印到压印滚筒表面的纸张上，完成印刷过程。也就是，在一个印刷正行程，滚筒转过的不是一周，而是半周。滚筒继续逆时针转动，对应的是印版的返回行程。当版台返回行程时，版台从右向左移动，此时因滚筒的小半径圆周表面与版台对应，滚筒

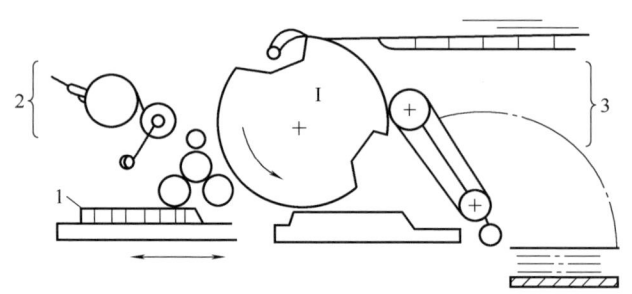

1—印版；2—给墨装置；3—给纸、收纸装置

图7-9 一回转印刷机结构及工作原理

的小半径表面正常转动，但不能与版台接触，不影响版台的返回。此时进行收纸、续纸和着墨。等下一个印刷行程开始，滚筒又继续下一周的转动。该机型的压印滚筒始终是等速转动的。版台往复运动一次，压印滚筒回转一周，完成一张印品的印刷，同时完成一个工作循环。通常一回转印刷机的压印滚筒直径较大。

德国海德堡印刷机械制造公司曾在初级一回转机的基础上，经重大改进制成普遍采用的新型一回转印刷机，其版台的结构和工作原理如图7-10所示。版台的往复运动采用双曲柄机构，可实现急回运动。同时，巧妙地采用等速化机构以得到较为理想的版台运动特性。版台往复运动一次的印刷和返回的时间比为63：37，保证了印刷过程的稳定和版台的快速返回，结构更加合理，提高了工作效率。

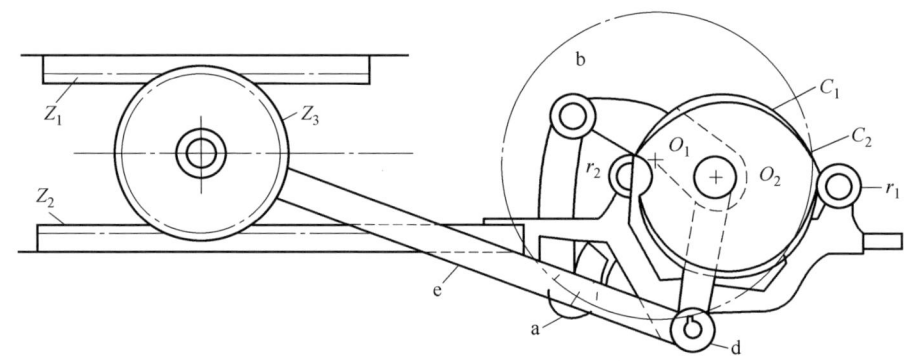

图7-10 德国海德堡一回转印刷机版台运动机构和工作原理

版台的急回运动是由双曲柄机构和曲柄连杆机构实现的。驱动双曲柄的轴（轴心为O_1）等速回转，通过双曲柄使双凸轮C_1、C_2的传动轴（轴心为O_2）得到变速，再由曲柄连杆机构驱动齿轮往复运动。最后由齿轮Z_3与上、下齿条（Z_1、Z_2）相啮合，使版台做往复运动。

（三）二回转印刷机

二回转印刷机版台的一个往复行程即一次工作循环，压印滚筒连续旋转两周。版台做返回行程时压印滚筒仍然继续旋转第二周，此时滚筒被抬高，不与版面接触。下一个循环到来时，版台从左向右移动，滚筒轴线又向下移动一个距离，此时滚筒表面与版台表面接触印刷。二回转印刷机的结构及工作原理如图7-11所示。版台1往复运动进行着墨和印刷，纸张从输纸台3交接给压印滚筒5的咬

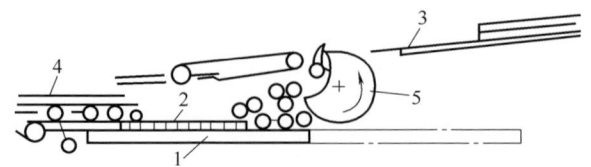

1—版台；2—印版；3—输纸台；4—收纸台；5—压印滚筒

图7-11 二回转印刷机结构及工作原理

纸牙排，压印滚筒与版台版面接触滚压，进行印刷。印刷后的印张再通过收纸部件到达收纸台4。版台的往复运动通过驱动齿轮分别与上、下齿条的啮合来实现。上、下齿条均与版台固联，驱动齿轮定轴等速单向转动，压印滚筒恒速转动。

这种结构的突出特点是，通过机构控制压印滚筒的轴心是上下移动的。印刷行程时，驱动齿轮与版台上的上齿条啮合，版台匀速前进，压印滚筒合压进行压印；而当压印完成后，压印滚筒上升离压，驱动齿轮与版台上的下齿条啮合，版台等速返回。显然，这种运动方式换向控制较为困难，控制机构较为复杂。

（四）反复转动式印刷机

反复转动式圆压平型印刷机结构如图7-12所示。印刷行程中，版台由左向右移动，压印滚筒下降，并做逆时针转动，版台与滚筒表面接触滚压（版台与滚筒表面接触点线速度相等），完成印刷；返回行程时，版台由右向左移动，压印滚筒上升，此时又做顺时针转动，版台与滚筒表面不接触，滚筒处于空转状态。也就是，在一个印刷正行程，版台移动，滚筒逆时针转动一周，在版台返回行程，滚筒又抬高轴线，并顺时针转动一周，故称为反复转动式印刷机。

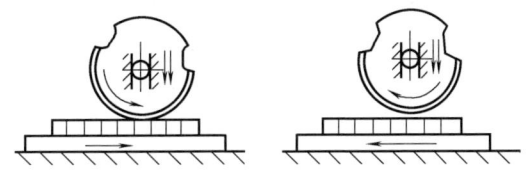

图7-12 反复转动式圆压平型印刷机结构

反复转动式圆压平型印刷机的结构特点也是压印滚筒的轴心是上下移动的，这一结构特点和二回转印刷机相同。

（五）卷筒纸圆压平型印刷机

卷筒纸圆压平型印刷机一般设有两组印刷装置来完成双面印刷，下面为第一印刷组，上面为第二印刷组。料膜先经浮动辊、导纸辊，进入下面的第一印刷组，进行正面两色印刷；再经过若干导向辊，进入上面的第二印刷组，进行反面两色印刷，然后进行折页和输出，其基本结构如图7-13所示。

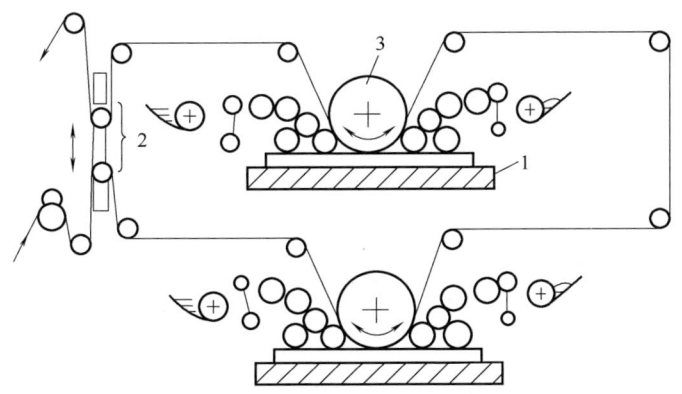

1—版台；2—摆动辊组；3—压印滚筒

图7-13 卷筒纸圆压平型印刷机结构

两组印版固定不动，压印滚筒3在各自的印版上左右滚动进行压印。墨斗位置不变，而匀墨装置分别随压印滚筒做左右移动，给印版着墨，并从墨斗中接取油墨。用速度调节辊调节纸带速度，使纸带进入印刷装置，然后由压印滚筒向左或向右旋转进行印刷；压印后输送纸张，纸张每次输送的距离等于印版的长度，至此完成一个工作循环。随即压印滚筒反方向移动和旋转，进行第二次压印。第二组印刷装置的作用是进行背面印刷。为了防止背面蹭脏，特在第二组压印滚筒的上方设有防止蹭脏装置。待双面印刷完后，印品纸带经平衡装置，由张紧辊拉紧，并送往折叠位置进行折页后输出。

这种机型在压印时须停止送纸，因此印刷效率低，仅适用于小批量印刷的场合。

三、圆压圆型凸版印刷机

圆压圆型凸版印刷机的工作原理是，印版和压印件均为圆柱形滚筒，二者在一定的印刷压力下接触对滚，将印版表面的油墨图文转移到压印滚筒表面的印张上，完成印刷过程。圆压圆型凸版印刷机又称轮转型凸版印刷机，它是凸版印刷机中最先进的一种机型。按所使用纸张形式不同，可分为平板纸轮转凸版印刷机（俗称单张纸凸版轮转印刷机）和卷筒纸凸版轮转印刷机。

通常，单张纸凸版轮转印刷机，滚筒转一周完成一张印品的印刷过程。而对于卷筒纸凸版轮转印刷机，当纸张幅宽为 787mm、滚筒直径为 350mm 时，滚筒转一周可完成两张印品的印刷；当纸张幅宽为 1575mm、滚筒直径为 350mm 时，滚筒转一周可完成四张印品的印刷。

（一）单张纸凸版轮转印刷机

单张纸凸版轮转印刷机从给纸、印刷到收纸等过程全部自动完成，常用于印刷数量较大的经典著作、科技书刊。20 世纪 80 年代，单张纸凸版轮转印刷机在大、中型印刷厂中得到了广泛应用。

如图 7-14 所示，该机结构分为输纸部件、印刷部件和收纸部件三部分。其外观及结构与单张纸平版胶印机有很多相似之处。输纸部件为独立部件，通过万向联轴节从印刷部件的主电机获得动力，为印刷部件连续地提供分离的单页纸；印刷结束后，由收纸部件完成收纸和理纸。这两部分的功能都具有相对独立性，其结构部件也基本与胶印机有较多的通用。

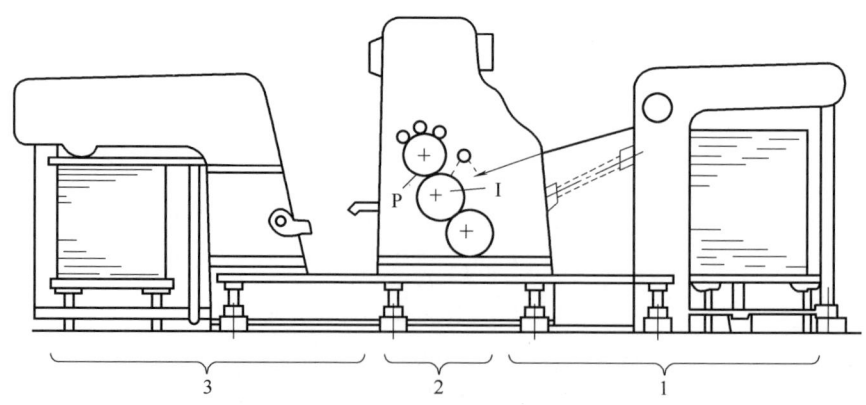

1—输纸部件；2—印刷部件；3—收纸部件

图 7-14　LP1101 型单张纸凸版轮转印刷机

在印刷部件中，印版滚筒的上方设有给墨装置，以不断地供给印版足够而均匀的油墨。输纸机输送至输纸板上的单张纸经过规矩定位后，由偏心上摆式递纸牙叼取，加速后传递给压印滚筒。压印滚筒与印版滚筒"合压"后旋转一周即可完成一张印品，印好的印张由压印滚筒叼纸牙传给收纸链条上的叼纸牙排，然后再由链条从机器的底部传到收纸台上。

为保证高速工作时的印刷质量，以及纸张的传递精度，尤其是三次纸张交接的准确性。因此，需要性能优良的规矩部件以及运动可靠的递纸牙部件。LP1101型单张纸凸版轮转印刷机采用偏心摆动式递纸牙机构，完成由输纸板→递纸牙→压印滚筒叼纸牙的两次交接任务。另外，滚筒之间的传动采用斜齿轮，一般都经过精加工，以保证机器传动的平稳性。为使滚筒接触处的线速度相等，保证滚筒在印刷时不产生滑移现象，各滚筒的外径（包括衬垫、印版和橡皮布的厚度）必须严格地与齿轮节圆直径相等。同时，每个滚筒均需保证轴向串动和径向跳动允许公差。

为保证一定的印刷压力，除在滚筒表面适当增加包衬外，两滚筒的中心距也可进行微量调节，以获得正确的印刷压力，保证字迹匀实。

LP1101型单张纸凸版轮转印刷机的输墨装置为连续供墨的墨辊式匀墨方式，墨辊的排列如图7-15所示。该机采用五根匀墨辊、三根串墨辊传递并碾匀油墨，采用三根着墨辊增强印版的着墨能力，着墨均匀，印刷质量较好。

（二）卷筒纸凸版轮转印刷机

卷筒纸凸版轮转印刷机所使用的承印材料是卷筒纸。该机的主要特点是印刷速度高，并且可同时进行双面、多色的大幅面印刷，但套印精度不及单张纸印刷机，多年来是印刷报纸、书刊等印品的主要设备。图7-16所示为双面印卷筒纸凸版印刷机的结构，20世纪80年代在我国曾得到广泛应用。目前单张纸印刷机的最高印刷速度已超过18000张/h，而卷筒纸印刷机速度达45000r/h，往往滚筒转一周能印刷4张报纸或8张报纸，可见卷筒纸印刷机的生产效率极高。

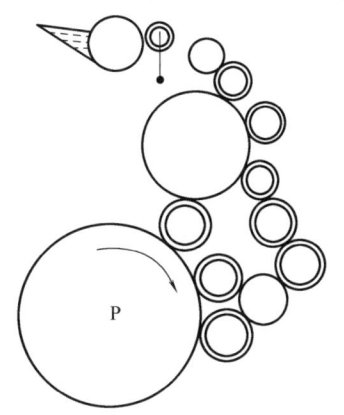

图7-15 输墨装置

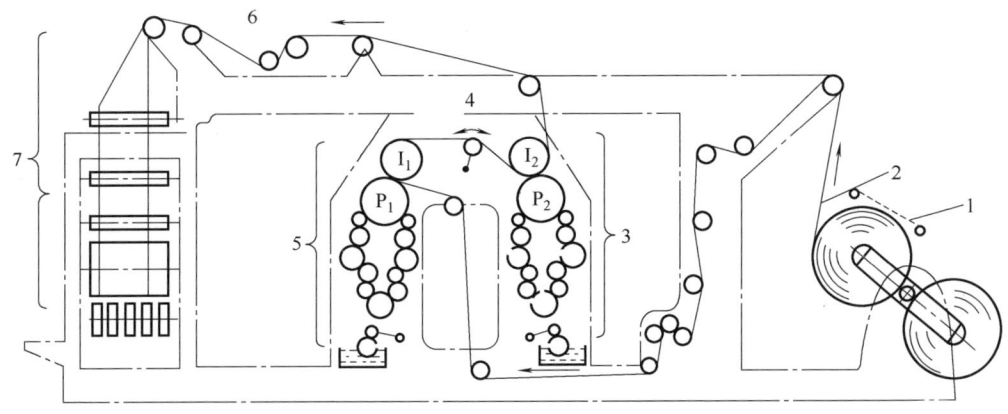

1—加速带；2—纸带；3，5—印刷装置；4，6—套准调整辊；7—折页部件

图7-16 双面印卷筒纸凸版印刷机的结构

按用途分类，卷筒纸凸版轮转印刷机可分为报版轮转印刷机和书版轮转印刷机两种。报版轮转印刷机使用报刊新闻卷筒纸进行印刷，它以高速低价为主要要求，对印刷质量要求较低，其压印滚筒的包衬较柔软，把版装在印版滚筒上直接印刷，而给纸、给墨、收纸等装置也能满足高速印刷的要求。

书版轮转印刷机主要用来印刷书籍、杂志等质量要求较高的印刷品，使用的卷筒纸的质量较高；压印滚筒采用硬性衬垫，这类印刷机的速度比报版轮转印刷机要低一些。

为提高生产效率，设备结构设计中常把卷筒纸给纸、印刷装置与折叠、裁切等装置进行优化组合，以满足不同的应用需要。

第八章 丝网印刷机原理与结构

第一节 丝网印刷及丝网印刷机

孔版印刷是指在平面的版材上挖割出孔穴，采用手工刻膜或光化学晒版的方法制成印版，图文部分的网孔可以透过油墨，非图文部分的网孔不透墨；通过刮压油墨，使油墨透过网版的开孔部分渗透到承印物上，形成印刷图文。非图文部分对应的印版网孔是被堵塞的，油墨不能漏至承印物，因此在承印物上不能产生图文。孔版印刷分为丝网印刷、誊印版印刷、镂空花版印刷和喷花版印刷四种类型，其中丝网印刷应用最为广泛。

本章视频
扫码观看

丝网印刷是将预先生产好的真丝网、合成纤维丝网或金属丝网绷紧、固定在网框上，采用手工刻膜或光化学晒版的方法制成印版，通过刮墨刀刮压油墨，使油墨透过丝网印版的开孔渗漏到承印物上，形成丝网印刷的图文。

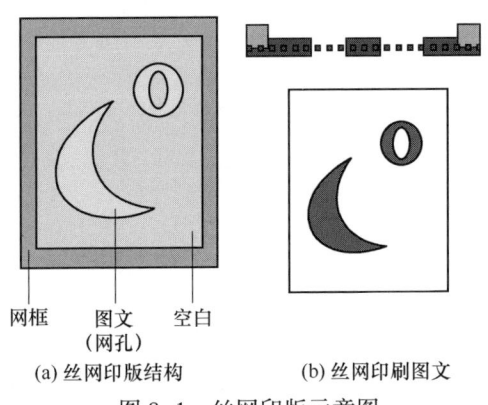

图8-1 丝网印版示意图

图8-1所示为丝网印刷所用的丝网印版以及对应的印刷品。其中图8-1 (a) 为丝网印版结构，丝网印版由网框和绷紧在网框上的丝网组成，印版的版面分为图文部分和空白部分。图8-1 (b) 为该丝网印版印刷的图文。

丝网印刷机的工作过程如图8-2所示。每一色印刷都有印版，印版下面有承印物。印刷时，印版和承印物贴在一起，刮墨刀5刮着黏性较大的油墨穿过整个版面，当红色油墨被刮着运动到红色网版的"a"字网孔时，红色油墨漏印在印版下面的承印物上，完成红色印刷。同理，在印完红色后的承印物上，继续在蓝色网版的位置，通过刮墨刀刮动蓝色油墨，通过"b"型网孔，蓝色油墨漏印在承印物料上，完成蓝色油墨图文的印刷。分色印版3和4完成了印版2的全部工作，至此完成了承印物的两色丝网印刷。

丝网印刷的特点：①版面柔软，依靠漏印，因此所需要的印刷压力极小，接近零压力。②印刷形成的墨层厚，覆盖力强。③油墨适用范围广。④印刷方式

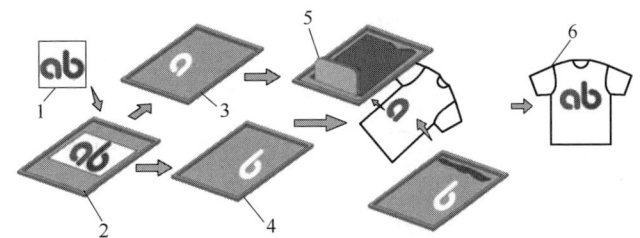

1—原稿；2—印版；3—红色印版；4—蓝色印版；5—刮墨刀；6—印品
图8-2 丝网印刷机印刷过程

灵活多样。

丝网印刷的承印物应用范围广泛，几乎不受承印物大小和形状的限制。

（1）印刷纸类印品：美术印刷，包括广告、画刊、日历、灯笼纸等及商标印刷；包装印刷，包括建材印刷和墙纸印刷等。

（2）印刷塑料产品：塑料软片印刷，包括乙烯玩具、书包、塑料袋以及塑料标盘、零件、仪器件的印刷。

（3）印刷木制品：印刷工艺品，包括漆器、木制工艺品、玩具等；还可进行体育用品、木板、天花板、路标、招牌、广告牌的印刷。

（4）印刷金属制品：包括对金属筒、金属器皿以及金属制品表面的印刷。

（5）印刷玻璃、陶瓷制品：包括对玻璃、镜子、玻璃板、杯子、瓶子、陶瓷器皿以及工艺品等的印刷。

（6）印刷标牌：包括对文字说明板、刻度盘以及成形物品表面的印刷。

（7）印刷线路板：包括印刷线路板、民用或工业用基板以及对厚膜集成线路板的印刷。

（8）印染：包括对旗帜、布匹、毛巾、手帕、衬衫、背心、鞋、号码布以及箱包等针织品的印刷。

（9）印刷皮革制品。

有关丝网印刷的更多内容见视频 8-1。

第二节　丝网印刷机的分类及构成

一、按照承印物形状进行分类

按照承印物形状进行分类，丝网印刷机分为平面丝网印刷机和曲面丝网印刷机两类。

平面丝网印刷机主要在平面状承印物上进行印刷，丝网版为平面网版，其工作原理如图 8-3 所示。平面丝网印刷机主要由机架、印版装置、刮墨装置和烘干装置构成。印刷时，承印物支承固定在印版的下方台板上，刮墨刀从印版上方按箭头方向水平运动刮动油墨，油墨在被刮动中透过丝网的空隙漏印到承印物上，构成图文。

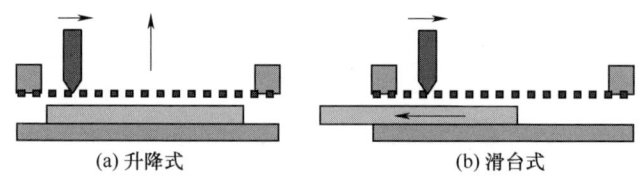

图 8-3　平面丝网印刷原理

平面丝网印刷机印刷工艺过程如图 8-4 所示，首先在丝网版上给料，加入油墨；然后通过刮墨刀刮开，涂满并刮匀整个网版印刷区域，称为匀墨，此时刮刀向下的压力小，网版也没有和承印物接触；接下来网版下移，接近承印物，此时刮墨刀相对于匀墨时的运动方向，反向进行较大压力的刮墨涂墨，此时刮刀压下网版，使网版与承印物接触，图文油墨漏印在承印物上；最后网版上移一个距离，网版剥离承印物，进行收料、换纸，开始下一轮的印刷。收料后的印品，需要进行强迫干燥，然后进行堆叠，等待进一步加工使用。

曲面丝网印刷机的承印物是曲面材料，但丝网版仍然为平面网版。印刷时，刮墨刀固定在印刷机的机架上，曲面承印物和平面丝网印版线接触，曲面承印物做旋转运动，平面丝网印版水平移动，二者接触点处的线速度相等，方向相同，二者相对运动中，通过刮墨刀在网版上刮压油墨，将油墨漏印在曲面承印物上，曲面丝网印刷机印刷原理如图8-5所示，如在瓶子上印刷图案就属于此种类型。

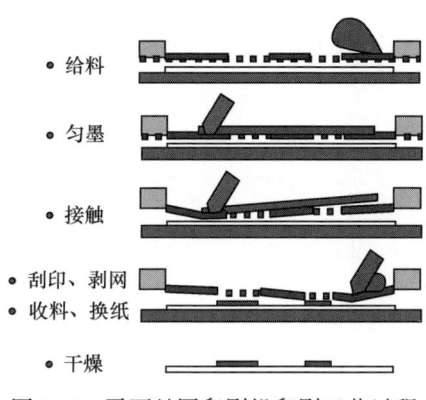

图 8-4　平面丝网印刷机印刷工艺过程

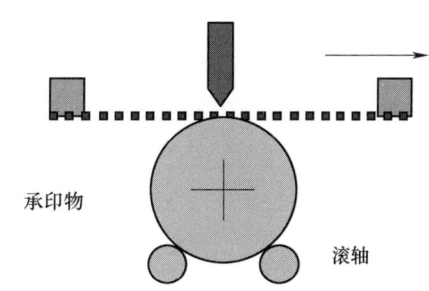

图 8-5　曲面丝网印刷机印刷原理

二、按照自动化程度进行分类

按照自动化程度，丝网印刷机可分为手动式丝网印刷机、半自动式丝网印刷机以及全自动式丝网印刷机三类。

（一）手动式丝网印刷机

手动式丝网印刷机，印刷过程的各种动作如上下工件、刮墨、回墨、网框起落等完全依靠手工作业，一次印刷一种颜色。手动式丝网印刷机是由网框夹持器、网版以及工作台组成的一种简单机械装置。手动式丝网印刷的特点是：承印物的形状和大小可以变化，只要有与之相应的印版和印台，就可以进行各种各样的印刷。但是与机械印刷相比，其印刷速度低、着墨量变化不稳定、印刷品线条不清晰。因此，手动式丝网印刷机在大批量的印刷中很少使用，而在广告、服装（T恤）等数量少、品种多的承印材料印刷中广泛应用。由于手工丝印比较经济、简便易行，至今仍占有一定比重，并逐步由简易型向功能齐全的方向发展。

1. 简易夹网框器

简易夹网框器是最简单的夹网框器，可固定在任意工作台上，夹持丝网框后，可根据承印物情况调整高度。

手动式丝网印刷机大多采用平面平台结构。一些简易的丝网印刷装置可以自做自用，目前在个体手工丝印工作者中还很普遍，如图8-6~图8-9所示。

印刷小幅纸张、织物等，常用这些简单方便的简易丝印装置。其网框多用木材做成，放置承印物的承印台可用木材或其他板材做成，绷网时常用手工绷网。

简易丝网印刷装置还有网版夹（图8-10）和简易手动丝网印刷器（图8-11）。网版夹如同一个铰链，起到网版固定和开合作用。这两种装置均可任意调节印版和台面之间的距离，操作简单方便，用于印刷较小的印件。

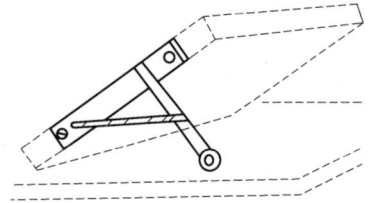
图 8-6 用滚轮升降网框的简易丝网印刷器

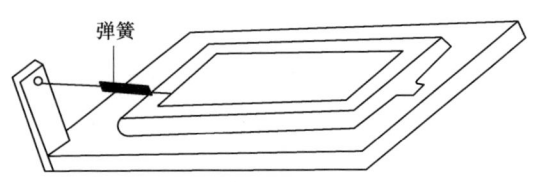
图 8-7 用拉簧升降网框的简易丝网印刷器

图 8-8 网框后端装有平衡物的简易丝网印刷器

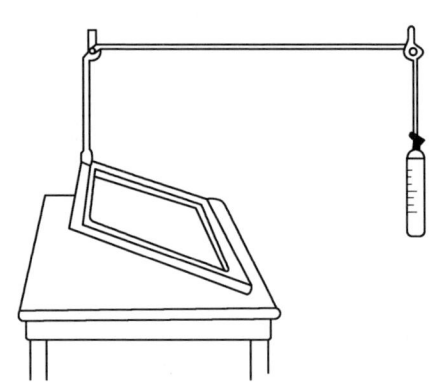
图 8-9 用滑轮及重锤抬升网框的简易丝网印刷台

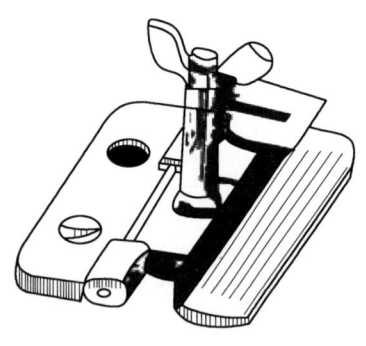
图 8-10 网板夹

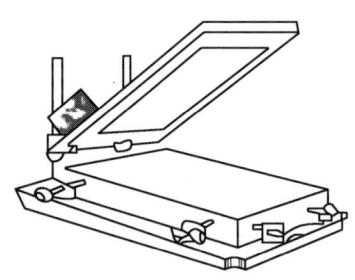
图 8-11 简易手动丝网印刷器

2. 吸气式手动丝网印刷机

图 8-12 所示为吸气式手动丝网印刷机及其真空印台架构。其送料、收料及刮墨均为手工操作。印台上装有穿孔板，印刷时经真空泵抽气，承印物被板孔牢牢吸住，可省去手工固定承印物的步骤。

3. 精密型手动丝网印刷机

国产精密型手动丝网印刷机，实际是一种结构简单、调整功能齐全的手动调版印刷装置。网框夹持器具有四个自由度的调整功能，沿 x 轴、y 轴、z 轴可做移动调整，并可以以 z 轴为旋转轴线做转动角度的调节，以保证精密丝印的定位及网版距离的调整。其中，三个轴向移动自由度的调整是由圆柱套筒和丝杠完成的，在每个自由度上都有结构锁紧

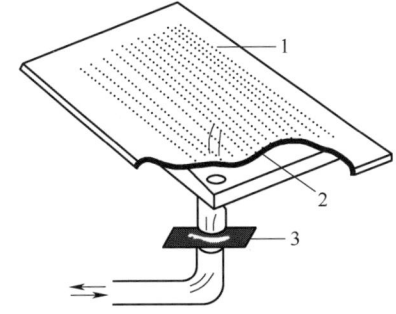

1—穿孔印刷台；2—真空台；3—气阀

图 8-12　吸气式手动丝网印刷机及其真空印台架构

装置。

精密型手动丝网印刷机配备相应的工作台，可对多种承印物进行支承印刷，目前在线路板、标牌行业使用广泛。

在丝印过程中，为了定位方便，对网框夹持器只做上下调整，承印物固定在工作台上做水平方向微量调节，即只要求网框夹持器做 z 向（上下）移动，而 x、y 向移动和 z 向转动三个自由度的调节均在工作台上进行。使用最多的带有真空吸附装置的手动丝网印刷机即属于这种类型，主要用于各类纸张、薄膜承印物的印刷。

4. 多色套印手动丝网印刷机

多色套印手动丝网印刷机用于连续的多色丝网套印，如图 8-13 所示。该机一次可安装四个网框，四个台位绕固定轴转动，转至所需角度后由分度精确的定位销定位，以保证多色套印精度。根据需要可配一个或四个工作台。这种机型常用于印刷吸墨性能好的针织品，如印刷 T 恤衫、手帕等。

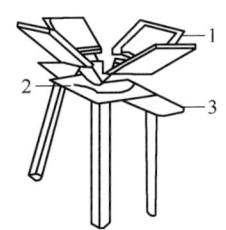

1—印版；2—轮盘；3—印刷台

图 8-13　多色套印手动丝网印刷机及其结构

手工印刷比机械印刷速度低，而且每次印刷时压出的油墨量不一致。由于着墨过多或过少，印刷品容易产生文字或线条不清晰等缺陷。手工印刷需要根据各种印刷材料的印刷适性进行施墨与墨量和压力的控制，技术难度较大。现在手动丝网印刷在绘画艺术领域应用较多。手工印刷的优点是，它适用于各种材料种类、形状、重量的承印物，只要有合适的印版、大小不同的印刷支承平台、熟练的技术和合适的工作场所，就能够对承印材料进行丝网印刷。全自动式丝网印刷机的结构、操作及使用都起源于手工丝网印刷。

手工印刷中的给纸、收纸、版的抬起及落下、印版的使用、印刷物的干燥等均由手工完成。由于手工印刷具有前述的优点，所以很多发达国家目前仍然保留着小批量制作的手工丝网印刷术。但在大批量以及精度要求高的工业制品中，多使用现代的自动化印刷方式。

(二) 半自动式丝网印刷机

在手动式丝网印刷机的基础上,印刷时的各种基本动作,如刮墨与回墨的往复运动、承印装置的升降、网框的起落、印件的吸附与套准、空张控制等,都由一定的机构自动完成,仅上下工件由手工进行,这种丝网印刷机称为半自动式丝网印刷机,如图 8-14 所示。

半自动式丝网印刷机的传动方式一般为电机驱动、机械传动、气动或液动传动、机械-气动或机械-液动结合传动等。

半自动式丝网印刷机的主要特性有:双马达设计,两组马达分别控制网版的上升、下降及刮板行程的自动化;网距、刮墨刀角度和压力及停启时间均可调节;有强力抽气及三向微调的印刷台板;印速为 400~800 印/h;承印物最大厚度通常为 12mm 左右。目前,半自动式丝网印刷机是应用最多的一种。

图 8-14 半自动式丝网印刷机

(三) 全自动式丝网印刷机

全自动式丝网印刷机,具有自动输纸(料)、自动印刷、自动烘干和自动收纸(料)功能,即从送料、印刷到收料,全部自动完成。此类机型结构先进、零部件精密度高、控制系统完善,印速可达 6000 印/h 以上,适合较大批量的印品的印刷,印品质量较稳定,如图 8-15 所示。

全自动式丝网印刷机工作时,承印物由送料器通过传输带送入印刷主机,由印刷主机

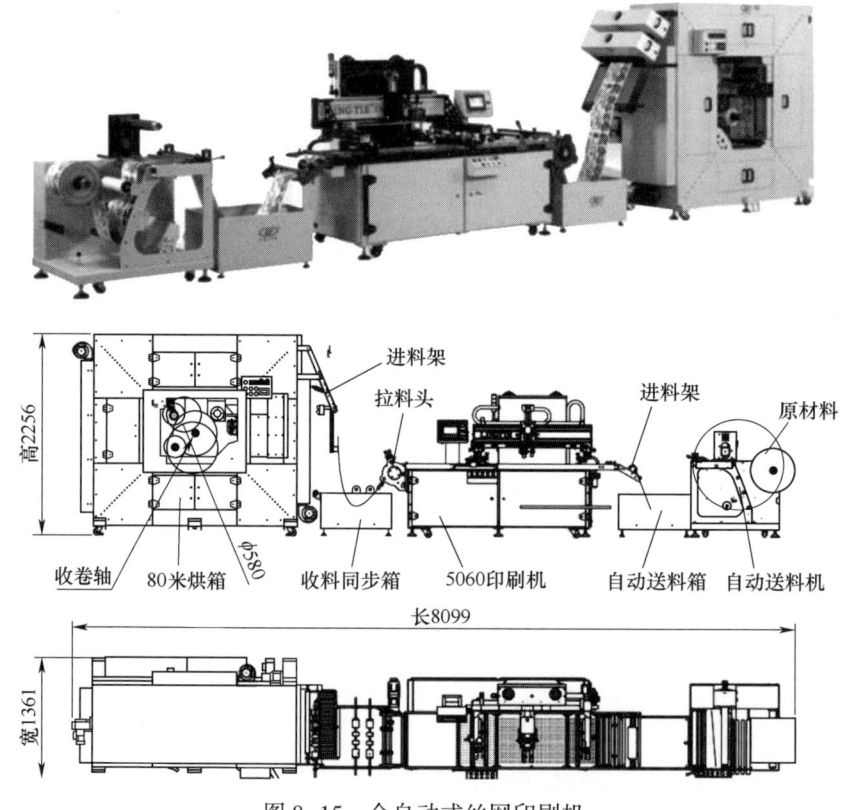

图 8-15 全自动式丝网印刷机

上的滚筒叼牙叼住，随着滚筒的转动和网版的移动，完成印刷。当滚筒旋转至收纸台前，印品逐渐进入传输带，干燥机上的纸夹逐一将印品取走，进入烘箱干燥。干燥后的印品自动堆放在收纸台上。

（四）丝印联动机

丝印联动机是一条自动化的丝网印刷生产线，它由自动送料机构、单色组或多色组丝网印刷装置、烘干装置等组成，各部件按顺序排列而成。生产线还可根据需要配备烫金、压痕、模切、边料剥离收集等装置，在印刷多色丝网印品中，目前是效率最高、功能最全的一条丝网印刷联动生产线。

三、按照不同网版形式进行分类

按不同网版形式，丝网印刷机可分为平网版丝网印刷机和圆网版丝网印刷机两类。

（一）平网版丝网印刷机

平网版丝网印刷机是指网版为平面形印版的丝网印刷机。

平网版印刷方式是一种往复间歇式运动形式，它的结构可以是网版固定、刮刀往复移动［图 8-16（a）］，也可以是刮刀固定、网版往复移动［图 8-16（b）］。这样，供墨和刮印都是间断进行的，因此，印刷速度较慢。平网版丝网印刷机的印速约为 3000 印/h。

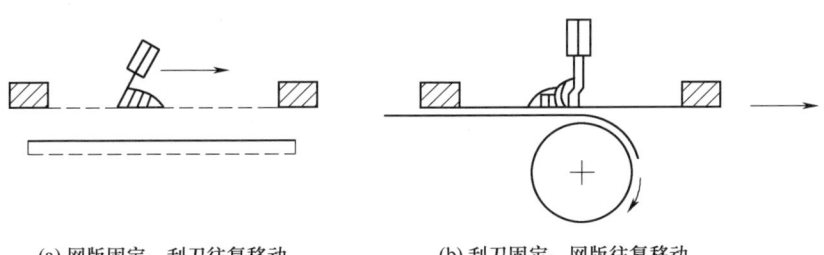

(a) 网版固定、刮刀往复移动　　(b) 刮刀固定、网版往复移动

图 8-16　平网版丝网印刷机的主要运动

平网版丝网印刷机应用广泛。不少丝网印刷机制造企业生产了不同规格和用途的平网版丝网印刷机，如用于电子行业线路板印刷和电子元器件印刷的丝网印刷机、用于瓷用花纸印刷的丝网印刷机、用于工业立体物品印刷的丝网印刷机，还有印染丝网印刷机等。

1. 揭书式平网平台丝网印刷机

图 8-17 所示为揭书式平网平台平面丝网印刷机。它的丝网版是平面形的，承印物是支撑在平台上，平型丝网印版的一边用合页固定在机器的一边，整个印版可绕这个固定边摆动，像揭翻书一样，所以也称揭书式平面丝网印刷机。印刷时，将丝网印版放下，与印刷台平行，然后刮板在印版上做水平刮油墨加压运动，进行丝网印刷。印刷后，将丝网印版抬起，取出印件。这种揭书式平网平台丝网印刷机，是平面丝网印刷机中较为常见的机型。

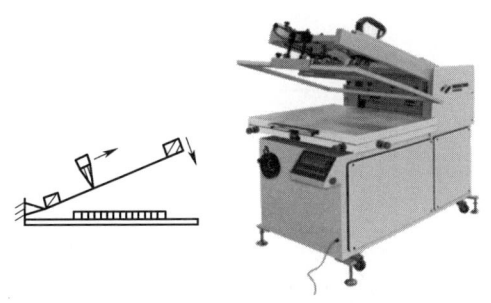

图 8-17　揭书式平网平台平面丝网印刷机

揭书式丝网印刷机主要有手动和半自动两类机型。手动型机器结构简单、价格低廉，但印刷精度与印刷效率低，适用于小批量生产。

半自动型的揭书式丝网印刷机，除印件需要手工上料和下料外，其他工序均由机械完成，因此称为半自动揭书式平网平面丝网印刷机。这种丝网印刷机，印刷速度快，刮板压力、印刷行程等都便于调节，稳定性好，印刷质量优于手动型揭书式平网平面丝网印刷机。这种印刷机的印刷工作平台材料一般用不锈钢，并配备真空吸附装置。上海必达印刷实业有限公司生产的平面丝网印刷机就是这种机型。

2. 印版水平升降式平网平台丝网印刷机

图 8-18 所示为印版水平升降式平网平台丝网印刷机。印刷时，印版固定不动，印刷工作台呈水平态，上下做升降运动；刮板做水平刮印运动。这种机型工作平稳、套印准确，多用于印刷线路板、电子元件以及高精度多色套印印刷。

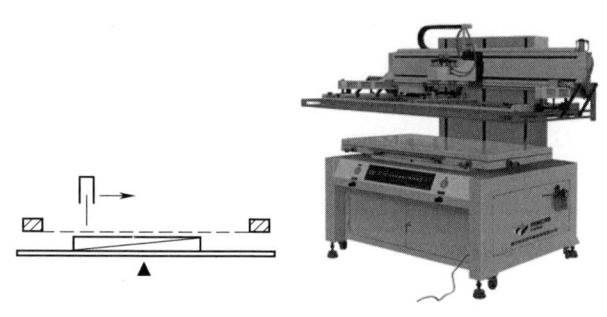

图 8-18　印版水平升降式平网平台丝网印刷机

3. 水平移动式平网平台丝网印刷机

图 8-19 所示为水平移动式平网平台丝网印刷机。印刷时，印版固定不动，印刷工作台做水平移动，刮板做水平刮印运动，也称为滑台式丝网印刷机。

这种水平移动式平网平台丝网印刷机的印件取、放均在印刷工作平台滑出时进行，所以印件的定位、取放都较方便。其具有印刷平稳、套印准确等优点，可用于印刷线路板、电子元器件及其他平面图形的单色及多色套印印刷。

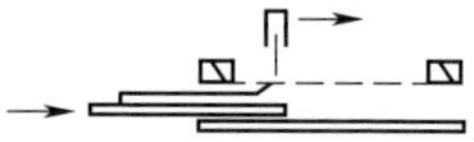

图 8-19　水平移动式平网平台丝网印刷机

4. 印刷台倾斜水平滑动式丝网印刷机

图 8-20 所示为印刷台倾斜水平滑动式丝网印刷机。该机是一种印刷台能向斜上（或下）方水平上升（或下降）的丝网印刷机。

5. 印刷台扇形开合式丝网印刷机

图 8-21 所示为印刷台扇形开合式丝网印刷机。该机的印刷台以里端作支点，可做上

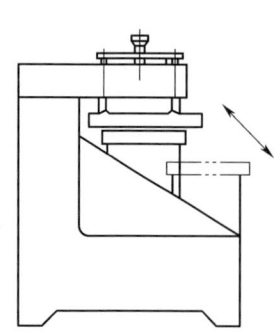

图 8-20　印刷台倾斜水平滑动式丝网印刷机

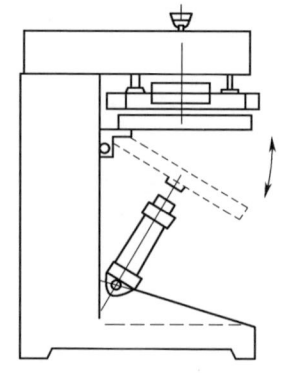

图 8-21　印刷台扇形开合式丝网印刷机

下扇形开合运动，但空间狭窄，在交换承印物时有些不方便。

6. 印刷台旋转式丝网印刷机

图 8-22 所示为印刷台旋转式丝网印刷机。这种丝网印刷机的旋转印刷台上有数个吸盘，可一边旋转一边不断地进行印刷。这种机型的特点是能控制印刷位置的精度。由于该机型在印刷时材料的供给、取出能同步进行，因此印刷效率较高。

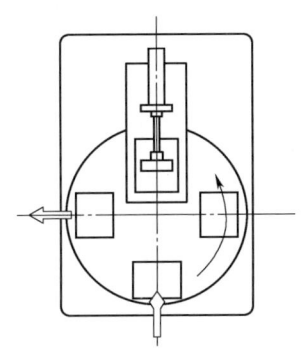

图 8-22 印刷台旋转式丝网印刷机

7. 滚筒印刷台式平网丝网印刷机

滚筒式平网丝网印刷机是指，印版为平面丝网印版，印刷支撑台是圆筒形状。平面形印版和圆筒印刷台通过齿条和齿轮进行啮合传动。刮板固定在滚筒上方，印版左右水平移动，滚筒同时旋转；承印物在印刷前被送到预备位置，然后与滚筒一起旋转；滚筒与丝网接触，印版移动中刮墨板刮墨，完成丝网印刷过程。滚筒的圆周表面上开多个真空孔，通过负压吸附承印物随圆筒印刷台一起转动，实现印刷过程。

滚筒印刷台式平网丝网印刷机如图 8-23 所示，设备的给纸、收纸、干燥传送和码垛等工序都能自动完成。目前，滚筒印刷台式平网丝网印刷机主要用于大型纸类广告的印刷。

该设备对承印物的厚度有一定限制，如小的滚筒只能印刷薄的承印物。对较厚的承印物进行印刷时，机械设计解决的办法主要是适当加大滚筒的直径。

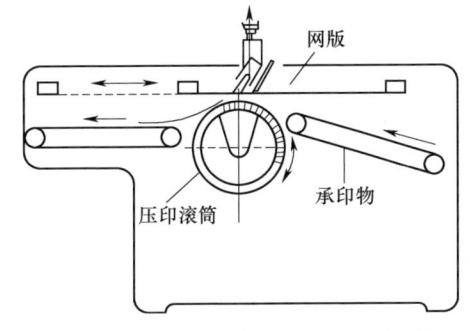

图 8-23 滚筒印刷台式平网丝网印刷机

（二）圆网版丝网印刷机

圆网版丝网印刷机是指印刷过程中圆筒形网版做连续旋转运动的丝网印刷机，如图 8-24 所示。圆网版丝网印刷机可极大地提高印刷速度，适应高速大批量生产，该设备是一种具有很好前景的丝网印刷机机型。

圆筒网版的两端有加固环和支承轮辐，以增加圆筒网版的抗压强度，减小印刷压力下圆筒网版的变形量。圆筒内部，有带喷嘴的加墨管道和刮墨刀。工作时，圆筒网版做连续的旋转运动，刮墨刀不动。其印刷速度通常为 6000 印/h。圆网版丝网印刷机内油墨的均匀性、清洁性和黏度稳定性均优于平网印刷机。

1. 圆网平台平面丝网印刷机

在圆网版丝网印刷机中，比较先进的设备是圆网平台平面丝网印刷机。该设备网版为圆筒网，印刷平台为平面平台，承印物是平面料带形状。这类机型的特点是：丝网印版由金属丝制成圆筒形，无接头，油墨由专用泵自网筒中心的管道注入网筒内，网筒中装有刮墨板，每一个网筒印一种颜色，如图 8-25 所示。印

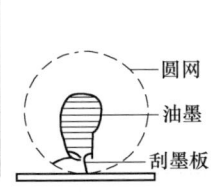

图 8-24 圆网版丝网印刷机

刷时，印刷平台固定不动，圆网印版做旋转运动，直立向下的刮墨刀与圆网内表面呈线接触，将油墨挤压到圆网印版的过墨部分，漏印至做水平移动的承印物上，完成丝网印刷过程。

圆网平台平面丝网印刷机在印染行业应用普遍，适用于印刷成卷的纺织物，如丝绸、布匹、床单等。该设备上设有开卷装置、烘干装置、收卷装置、张力控制和套印系统等。烘干方式有电热方式或蒸汽加热干燥方式。

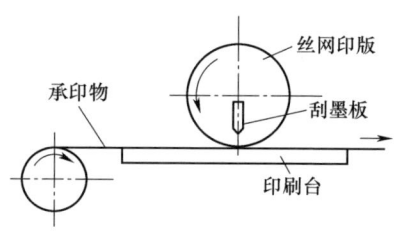

图 8-25 圆网平台平面丝网印刷机

2. 圆网滚筒平面丝网印刷机

圆网滚筒平面丝网印刷机如图 8-26 所示。该设备网版为圆筒网，由空心轴支承的圆筒印台，承印物也是平面料带形状。圆筒印台筒内有气室，通过空心轴与真空泵相连。滚筒印台表面有许多吸气孔，气室吸附承印物的范围约为圆筒圆周的 1/4。滚筒的起印线上还有叼纸牙排，作夹持印件和纵向定位规矩之用。印刷时，墨刀保持不动，圆筒印台圆周的真空区域将承印物吸附在滚筒上，与网版保持等速同步运动。印刷后，通过圆筒印台圆周的非真空区（另外 3/4 区域），使印品与网版迅速剥离。

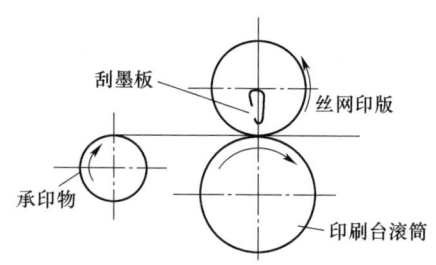

图 8-26 圆网滚筒平面丝网印刷机

滚筒式印台因送料和剥离网台较快，其印速快于圆网平台印刷机。

四、特殊丝网印刷机及其结构

（一）磁辊丝网印刷机

磁辊丝网印刷机也称无刮板丝网印刷机，它是用一根磁性铁辊代替刮板进行印刷的。采用圆网印刷时，磁辊是相对固定的，如图 8-27 所示；采用平网印刷时，磁辊是水平移动的，如图 8-28 所示。

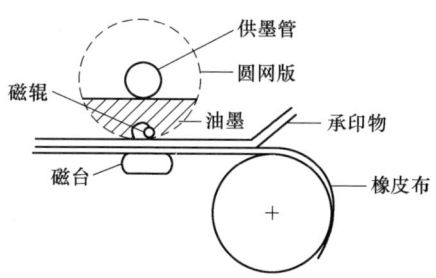

图 8-27 圆网磁辊丝网印刷机原理图

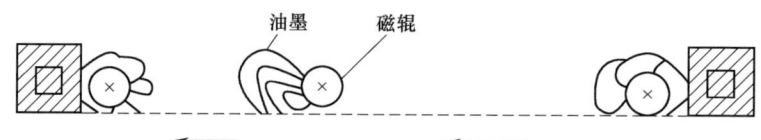

图 8-28 平网磁辊丝网印刷机原理图

磁辊丝网印刷机的优点是，采用圆网印刷时，省去了刮墨板固定装置及刮板修磨设备。印刷墨层均匀，出墨量可调；采用平网印刷时，磁辊可滚压到网框边沿处，扩大了印刷面积，若改变磁场方向，可作往返双向印刷，提高了印刷速度；辊印比刮印对网版磨损小，能延长印版寿命。磁辊丝网印刷的缺点是产品的分辨率不如刮印高，目前主要应用于织物的印刷。

(二) T恤衫丝网印刷机

如图 8-29 所示为专门在 T 恤衫上进行印刷的丝网印刷机。T 恤衫专用印刷机以美国、日本为主,有 20 多家公司在生产该机型设备。T 恤衫丝网印刷机虽然被称为自动型印刷机,但因承印物是 T 恤衫,所以承印物的放入和取出是由人工进行的。印刷时需人工把一件件 T 恤衫固定在印刷台面上(多为木制台面),这种印刷台的安装呈圆周放射状,一般一周设置为 4~12 个,并可旋转,以便进行多色套印。

(三) 静电丝网印刷机

静电丝网印刷机是一种非接触式的丝网印刷机,主要用于在一些不规则形状、不规则几何形体的承印物表面进行印刷,其外形如图 8-30 所示。静电丝网印刷机的印版采用导电性良好的金属丝网板,金属丝网板正极接电源,负极接铜质或铁质金属板,承印物放在正负电极板之间。通电以后,带电油墨滴在静电的驱动下由印

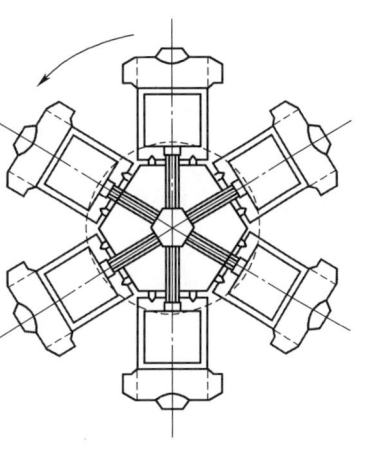

图 8-29 T恤衫丝网印刷机

版转印到承印件的表面,经过高温定影形成固着图像。静电丝网印刷机一般包括承印物输入部分、印刷部分、油墨固着干燥部分和承印物收集部分。其中,印刷部分是该机器的核心部件,主要部件有丝网印版、电极板、高压发生装置等。

静电丝网印刷机采用的油墨为粉状油墨颗粒,如图 8-31 所示。一般状态下,粉状油墨颗粒具有正负相等的电荷,可互相抵消,不显示作为粉状油墨颗粒的正负电荷。当接有正电极的不锈钢丝网接近油墨时,粉状油墨颗粒的表面电荷移动,正负电荷各自集中。不锈钢丝网接受了粉状油墨的负电荷,使粉状油墨呈带正电荷状态。

图 8-32 所示为静电丝网印刷装置的原理。静电丝网印刷机的丝网版与一般印刷用丝

图 8-30 静电丝网印刷机

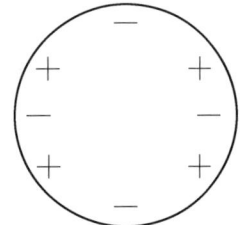

图 8-31 粉状油墨颗粒所带的电荷

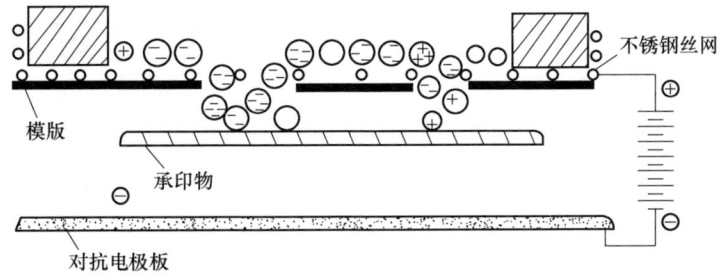

图 8-32 静电丝网印刷装置的原理

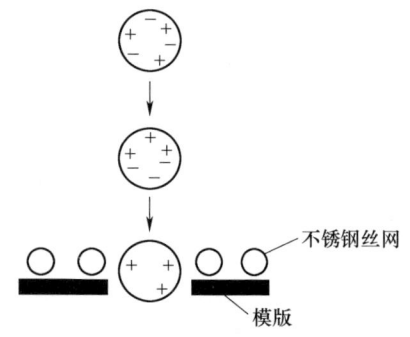

图 8-33　粉状油墨颗粒表面电荷移动

网版差别不大，但所绷丝网一定是导电性能好的不锈钢丝网。在制成版的不锈钢丝网上接上正电极，负电极接到与丝网版相对平行的金属板（又称对抗电极板）上。在丝网版内放置粉状油墨，该油墨是不显正负电荷的粉状油墨颗粒（图 8-31），在与图 8-33 所示的不锈钢丝网接近时，粉状油墨表面电荷移动，正负电荷各自集中。接有正电极的不锈钢丝网接受了粉状油墨的负电荷，使粉状油墨呈带正电荷状态。带有正电荷的粉状油墨受丝网和对抗电极板之间的电场影响，从网版的图像部分也就是丝网开孔处喷出并被喷落附着在承印物表面，然后再通过加热或加入溶剂等方法使喷落附着的油墨固着在承印物上，完成印刷过程。

有关丝网印刷机更多的知识见视频 8-2~视频 8-6。

第三节　丝网印刷机的刮墨刀

丝网印刷机的刮墨刀的作用是，用一定的压力在网版上刮动印刷油墨，将油墨均匀地涂覆在丝网版面上，通过网孔的油墨漏印在承印物上，形成图文。无论是手动丝网印刷还是自动丝网印刷，刮墨刀都是不可缺少的工作部件。

一、刮墨刀的种类及功能

（一）刮墨刀的种类

刮墨刀包括刮墨板和回墨板两部分，通常情况下将刮墨板称为刮板，又称刮刀。

刮墨板是将丝网印版上的油墨刮挤到承印物上的工具。刮板由橡胶条和刮板夹具两部分组成。刮板分为手用刮板和机用刮板两种。回墨板是将刮墨板刮挤到丝网印版一端的油墨送回到刮墨起始位置的工具。回墨板多为铝制品或其他金属制品。手工印刷时，只使用刮墨板，回墨也由刮墨板完成。

在自动化丝网印刷中，常采用两把刮板——刮墨板和回墨板。二者在印刷时交替做往返运动。图 8-34 所示为手动刮墨板，图 8-35 所示为机用刮墨板。

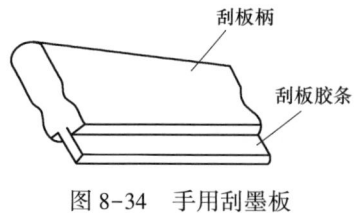

图 8-34　手用刮墨板

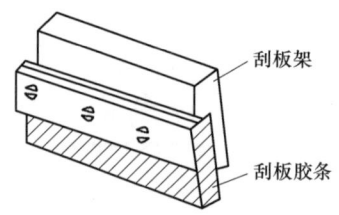

图 8-35　机用刮墨板

在手工印刷时，印刷行程和回墨行程都由刮墨板完成。在机器印刷时，印刷行程和回墨行程分别用两种墨板完成，如图 8-36 所示。回墨板为一块厚约 2mm 的金属板，刃部呈圆边。印刷过程中，两种墨板交错起落，做刮墨和回墨动作。

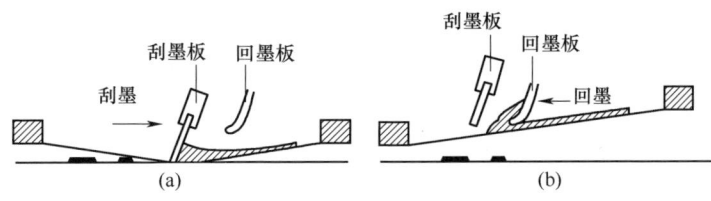

图 8-36 机器印刷的两种刮板

(二) 刮墨刀 (板) 的功能

1. 填墨作用

刮墨板刮墨时，不仅能使油墨漏印至承印物上，同时能将油墨充分地填入网版过墨部分的网孔内，如图 8-37（a）所示。

2. 匀墨作用

印刷时，刮墨板把油墨从网版的一端刮到另一端，挤压油墨透过网孔转移到承印物上形成图文。为了使再次刮印时有足够的油墨，回墨板在回程时也起到了匀墨作用。手工印刷时，用刮墨板把油墨均匀地刮回印刷起点的油墨位置，这也是回墨的过程。在这个过程中油墨进一步堵住图文部分的网孔，起到防止网孔内油墨干燥而糊死网孔的作用以及匀墨的作用，如图 8-37（b）所示。

3. 刮墨作用

刮板运行时能将网版上的油墨尽可能的刮净，使油墨充分地漏印在网版下面的承印物上，如图 8-37（a）所示。

4. 压印作用

刮板在刮墨时给网版一定的压力，使网版与承印物呈线性接触，完成刮印，这就是刮墨板的压印作用，如图 8-37（a）所示。

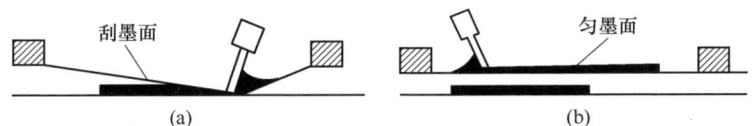

图 8-37 刮板的刮墨和匀墨功能

二、刮板的尺寸和形状

手工用刮板的刮柄一般由木料制成，它的形状要适应手动的要求。在使用中，手工用刮板可起到刮墨和匀墨的双重作用。

机用刮板的刮柄一般由金属制成，它的形状要符合丝网印刷机的安装要求。

(一) 刮板的安装尺寸

刮板胶条从刮柄中伸出量的多少由胶条的硬度、油墨的黏度和其他印刷条件决定。通常丝网印刷使用较软的胶条，其刮板装入部分较多；使用较硬的胶条，其刮板装入部分较少。

1. 刮板安装的注意事项

（1）选择平直无缺陷的胶条的一端作为刃口，较差的一端装入柄中。

（2）安装时不能损伤刃口。

（3）在丝网印刷机上安装刮板时，螺钉不能拧得过紧以免损坏刮板，同时还要做到装夹平、高低平、与网面接触平。

（4）刮板长出板柄的高度可视丝网印刷要求而定，若刮板较软，伸出的高度要大一些（为 25~30mm）；若刮板较硬，则伸出的高度要小一些（为 10~25mm）。

2. 胶条未支承部分高度

胶条未支承部分（露出柄外的部分）的高度是指未嵌入木柄部分的胶条的高度（图 8-38）。这是制作刮板时易忽略的因素之一，胶条未支承部分的高度与胶条硬度有密切关系。胶条未支承部分高度的确定应遵循如下原则：硬度较高（较硬）的刮板的未支承部分可以比硬度较低（较软）的刮板的未支承部分高一些。在针织行业中经常产生误解，认为硬度大的刮板印刷出的产品质量高些。实际上，硬度大的刮板适应性较窄，对印刷平面的平整度、刮板压力和速度的要求较高。通常，较软刮板的未支承部分的高度设定为 2.5~3cm，其适应面较宽；胶条硬度在 50~55 度，未支承部分的高度设定在 15mm 左右时，胶条印刷适性较好，其挠曲性能足以缓冲由于操作或调整不适所造成的误差。

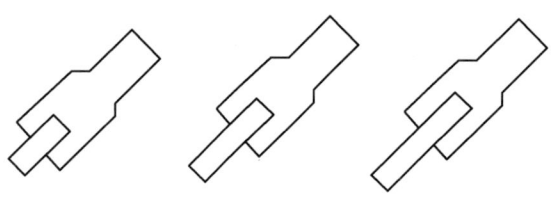

图 8-38 刮板未支撑部分的高度

3. 长度

丝网印刷使用的刮板的长度主要由印刷的图像尺寸与网格尺寸的大小决定，同时还要考虑油墨黏度、刮墨板的硬度等因素。刮墨板的长度原则上要大于所印图像的宽度，一般刮墨板的长度需比图文两端各长 20~100mm。刮墨板的长度要小于网框尺寸，如果刮墨板尺寸过大，刮墨板与网框的间隙过小，印刷时容易损坏丝网。刮板的长度可以由图 8-39 来确定关系式：

$$L = B + (2 \sim 10 \text{cm}) \times 2$$

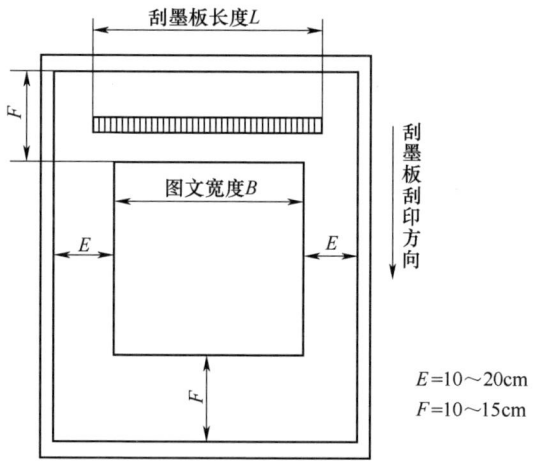

图 8-39 刮墨板、图文与线框的尺寸关系

$E = 10 \sim 20 \text{cm}$
$F = 10 \sim 15 \text{cm}$

（二）刮墨板刃口的形状

刮板的刃口形状通常有方头、尖头和圆头三种，如图 8-40 所示。

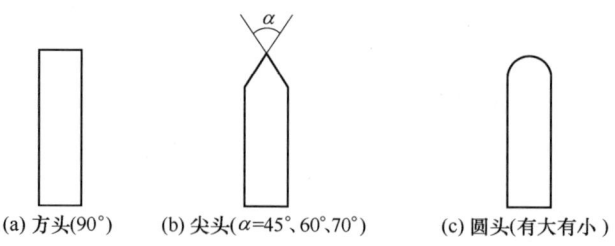

(a) 方头(90°)　　(b) 尖头(α=45°、60°、70°)　　(c) 圆头(有大有小)

图 8-40 刮板的刃口形状

刮板刃口的形状对丝网印刷质量有一定影响。不同的承印物在印刷时应选用不同刃口形状的刮板。印刷平面承印物最常用的是方头刮板，方头刮板的刃口为角度为90°，其横断面的形状为矩形。方头刮板使用最为广泛，手动印刷机、机器印刷机均可使用，磨修方便，其胶条的四条刃口均可使用，应选择平直、无缺陷的刃口进行刮墨。

尖头刮板的刃口角度有45°、60°、70°等，通常用于曲面印刷。在不考虑油墨黏性、黏度的条件下，刮板刃口的角度越小，透过印版的油墨越少，其印迹清晰度越高。但角度越小，其磨修越困难，刮板的使用寿命越短。所以在使用锐角刃口的刮板时，应首选硬度较高且较耐磨的刮板胶条。

圆头刮板的刃口形状为圆弧状，有大圆头和小圆头之分。小圆头刮板一般用于油墨黏度较低、印刷精度要求不太高的印品的印刷；大圆头刮板适用于纺织物的大面积满地印花的印刷。

第九章 数字印刷机原理与结构

第一节 数字印刷概述

本章视频
扫码观看

数字技术和计算机技术的产生和发展给世界科学技术的发展与应用带来了翻天覆地的变化，印刷行业是应用计算机技术和数字技术最为广泛的行业之一。数字技术首先在印前领域得到广泛应用，然后再逐步渗透到印刷的后续工艺过程及管理、质量控制等方面，由此产生了许多印刷新技术、新工艺，数字印刷便是其中之一。有关数字印刷相关内容见视频 9-1 与视频 9-2。

一、数字印刷的定义

数字印刷又称 CTP 技术，是全数字化的印刷技术，指从计算机直接到印版或直接到纸张的印刷技术。CTP 有以下四种含义。

Computer to Plate：脱机的直接制版，它不经过制作软片、晒版等中间工序，直接将印前处理系统编辑、拼排好的版面信息送到计算机的 RIP 中，然后 RIP 把电子文件发送到制版机上，在光敏或热敏版材上成像，经冲洗后就得到了印版，可为不同印刷机生成不同幅面规格的印版。

Computer to Press：在机的直接制版，计算机控制的激光束将图文信息直接输出与之匹配的印刷机印版滚筒的印版上，只为对应的印刷机进行在机制版。

Computer to Proof：直接打样或数字打样，进行印刷前的彩色数字打样。

Computer to Paper/Print：直接印刷或数字印刷，从计算机直接到承印物的输出。

数字印刷经历了数字印前→直接制版→数字直接印刷的发展历程。

数字印前：将原稿的输入、图像文字处理、图像设计与制作、排版、分色、加网、打样输出等一系列印前工艺过程全部结合在一起，采用全数字工作方式。

直接制版：不经过制作软片、晒版等中间工序，直接将印前系统编辑、拼排好的版面信息进行 RIP 处理，然后 RIP 把电子文件发送到制版机上，在光敏或热敏版材上成像，经冲洗后就得到印版。数字印前技术进一步发展并向印刷后工序延伸，便产生了直接制版技术，它缩短了印刷工艺流程，节省了原材料和设备。

数字直接印刷：将在印版上输出页面信息发展为直接将页面信息输出在承印物纸张上，即产生了数字印刷。数字印刷是与传统印刷的概念迥然不同的现代印刷技术。它不用胶片，不经过分色制版，省略了拼版、修版、装版定位、调墨、润版等工艺过程，不存在水墨平衡问题，从而大大简化了印刷工艺，实现短版、快速、实用、精美而经济的印刷工艺。

图 9-1 所示为印刷过程的变迁情况，以及传统印刷、直接制版与数字印刷流程的区

别。数字印刷具有生产流程简化、设备较传统印刷占地面积少、短版订单响应快速以及印品信息数据可变等特点，这些数字印刷明显优于传统印刷的特点，为数字印刷技术的推广和发展带来了强劲的动力。

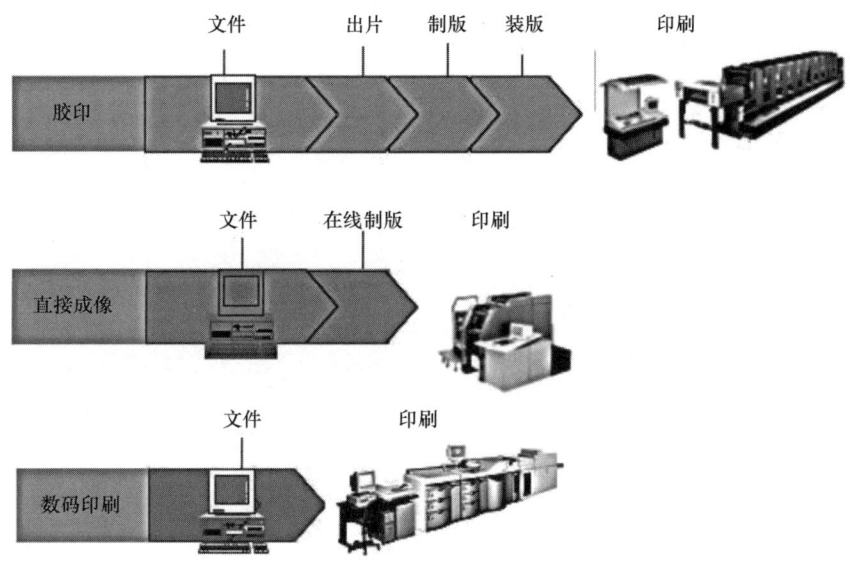

图 9-1　印刷过程的变迁情况

二、数字印刷的分类及其特点

根据成像原理，数字印刷可以分为静电照相数字印刷、喷墨数字印刷、磁成像数字印刷、离子成像数字印刷以及热成像数字印刷等。其中，静电照相数字印刷和喷墨数字印刷得到了广泛应用，是数字印刷的两大主流技术，也是本章讲述的重点。

静电照相数字印刷是利用光导效应和静电效应进行图文复制的一种印刷技术。该印刷技术采用光导材料作为光敏材料，利用光导材料在暗处为绝缘体、在亮处为导体的特性，经过充电、曝光、显影、墨粉转移、熔化定影、清理等步骤，最终图文在印张上进行了印刷再现，完成了印刷过程。其具体内容将在第二节详细介绍。图 9-2 所示为施乐静电照相数字印刷机。

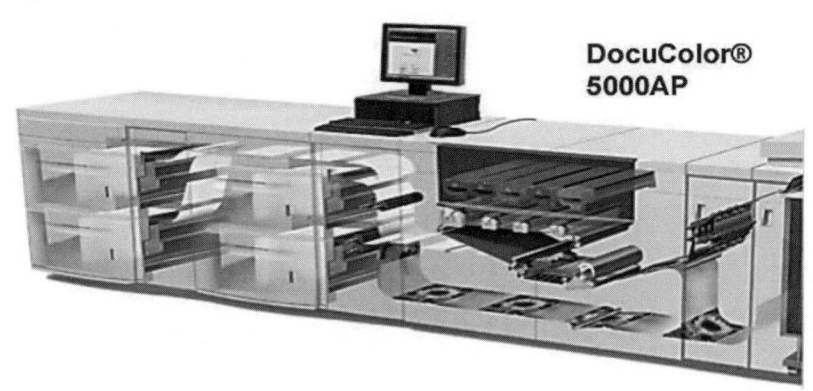

图 9-2　施乐静电照相数字印刷机

喷墨数字印刷是一种非撞击的"点阵"打印技术。墨滴从打印头喷嘴中喷射出来，根据控制条件飞行到印刷介质表面，形成印刷图像。喷墨数字印刷是严格意义上的非接触复制工艺，直接在承印材料表面完成成像，无须借助任何中间载体，无印刷压力，不存在中间转印过程。图 9-3 所示为富士 Jet Press 720S 型喷墨数字印刷机结构。

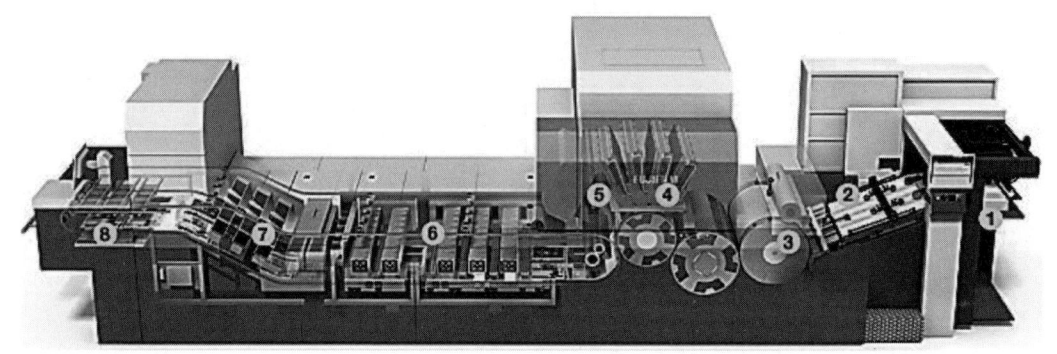

图 9-3　富士 Jet Press 720S 型喷墨数字印刷机结构

喷墨数字印刷具有如下特点：

（1）喷墨数字印刷是一种非撞击的"点阵"打印技术，是严格意义上的非接触复制工艺。

（2）成像结果直接在承印材料表面完成，无须借助任何中间载体，因而不存在中间转印过程。

（3）承印范围广，可以直接在除水和空气以外的柔性、刚性以及平面和非平面的所有材质上成像，不受承印物的限制，完全满足所有高档应用的要求，这些都是其他技术无可比拟的。

（4）应用范围广，除进行数字彩色打样、数字印刷、大幅面数字喷绘外，其原理还可以应用到其他领域，如将喷墨印刷中的墨水换成特殊液体，如聚合物、导电性金属液体或是生物液体等，将会引起相关的各个不同应用领域的重大变革。例如，在电子产品生产或高密度线路制作方面技术已趋于成熟。最新的科技成果表明，喷墨技术在显微注射、平板显示、印刷电子、3D 打印和生物技术领域同样发挥着重要作用。

与传统印刷机相似，数字印刷机还可以按印刷机印刷的色数、纸张的进给方式等进行分类，在此不再赘述。

三、数字印刷的应用

现阶段，我国数字印刷作为传统印刷的有益补充，主要应用在印量较少的短版活件的印刷。此外，根据数字印刷的特性，它还广泛应用于按需印刷、可变数据印刷、个性化印刷等领域。图 9-4 所示为各类印刷方式的市场分布状况。

（一）短版印刷

短版印刷是指印量较少的印刷活件。在传统印刷企业，如以胶印为主的书刊印刷厂，通常将印量在 3000 份以下的活件称为短版活件。但在激烈的市场竞争和设备效率提高的情况下，部分印刷机生产厂和印刷厂将目光瞄准了印量在 1000 份左右的短版印刷市场，从而使短板的含义发生了变化。因此，目前短板印刷通常指印数在 1000 份以下的印刷活

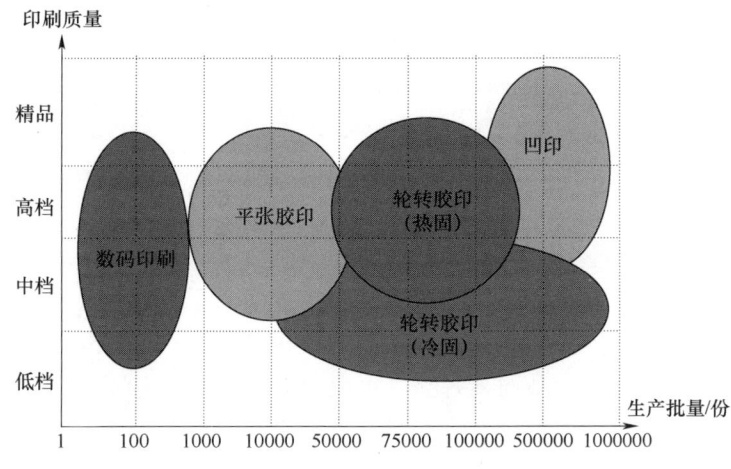

图 9-4 各类印刷方式的市场分布情况

件。相较于传统印刷，数字印刷流程无须制版、装版和复杂的调试过程，因而成本更低，更适合短版印刷。

（二）按需印刷

以按需印刷思想为先导，以按需印刷制度为保障，以按需印刷技术为支撑的现代印刷模式，称为按需印刷。"按需"包括：即时印刷，即按照客户的时间要求随时开机印刷；按地印刷，即可按不同地点印刷，按照客户的地点要求就地或远程印刷；按量印刷，即按照客户的数量要求可以多印也可以少印（一册起印）；快闪印刷，即以非常快的速度完成各环节的印刷任务；记续印刷，即按照客户需求永久保存内容数据以后随时印刷。按需印刷避免了资源浪费，提高了经济效益和工作效率。按需印刷与短版印刷的区别是，短版印刷与传统胶印一样，是活件一次完成的印刷过程，只是数量较少；而按需印刷则是应用数字文档，根据客户的需求，需要多少份印多少份，如可以印刷一份或几份，其他时间若需要印刷，可再次利用数字文档进行重复印刷。

（三）可变数据印刷

可变数据印刷（VDP）又称可变信息印刷（VIP）或可变成像（VI）印刷，其印刷的页面内容由可变部分和固定部分组成，固定部分为静态数据或模板部分，属于是不变量；可变部分通常是一些变量，由数据库提供，随着数据库中记录的不同在印刷的版面上进行自动变化，从而使每份印刷品保持独特性，形成个性化的印刷品。固定内容可以根据印量选择用传统印刷或与可变部分同时印刷，可变数据则应根据其在页面的位置分段印刷。

（四）个性化印刷

个性化印刷是指根据客户的不同需求，通过印刷技术的应用实现印刷品的个体化定制。在如今多样化、多元化的大时代中，个性化印刷有着不可代替的地位。在印刷过程中，所印刷的图像或文字可以按预先设定好的内容及格式不断变化，从而使其第一张到最后一张印刷品都具有不同的图像或文字，每张印刷品都可以针对其特定的发放对象而设计并印刷。由于印刷出来的产品从始至终都有各种变化，满足了需求者对于印刷品的不同要求，做出了符合需求者个性的印刷品，不仅方便可靠，而且成本较低，使得个性化印刷逐渐成为按需印刷的主力军。

(五) 先发行后印刷

传统印刷一般先有订单，然后批量印刷，再通过发行渠道传送到读者手中。数字印刷在网络技术的支持下，利用数字文件可重复多次使用的特点，则可反其道而行之，即先发行后印刷。制作好的出版物得到读者认可后，再在当地的输出单位用数字印刷机印刷，也属于网络出版的范畴。

(六) 传统与数码的混合印刷

这种情况一方面由于可变数据印刷品中有固定数据模板的部分且印刷量较大，此时可先将固定数据模板部分用传统印刷方式印刷，然后再用数字印刷机印刷可变数据的部分；另外一种情况则由于某一印刷品的某些独立页面根据客户要求需要用数字印刷实现，而其他部分则用传统印刷完成，也可以看作按需印刷的一种类型。

第二节　静电照相数字印刷机的原理与结构

静电照相数字印刷是建立在光导效应和静电效应基础上的一种数字印刷技术，是两大主流数字印刷技术之一，它于 1938 年 10 月 22 日由美国人切斯特·卡尔逊（Chester Carlson）发明。图 9-5 所示为切斯特·卡尔逊制作的世界上第一份静电复印件，清晰记录了发明时间和地点。

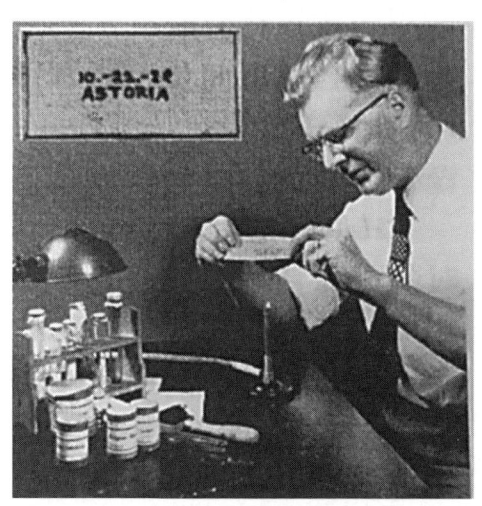

图 9-5　卡尔逊及其制作的世界上第一份静电复印件

1939—1944 年，卡尔逊为推广其技术先后与 20 多家公司（IBM、美国通用电器等）联系，但都未获得认可。1947 年，Haloid 公司（施乐的前身）与卡尔逊合作，开始研制静电照相复制设备；1949 年推出首批 XeroX 复印机（半自动化）；1955 年，全自动化 Copyflo 诞生，可从缩微胶片原稿在卷筒纸上产生放大的复印件，也是以鼓式光导面代替板式光导面的第一代产品；1959 年，914 复印机面世（纸张规格为 9in×14in）；1961 年，Haloid Xerox 正式更名为 Xerox，成为静电照相设备的领导者；1973 年，美国施乐研制出第一台激光打印机；1975 年，IBM 推出 IBM 3800 激光打印机；1976 年，SIEMENS 推出 ND-2 激光打印机；1984 年，惠普推出 Laser Jet；1970—1980 年，日本理光生产出液体显影体系的复印机，日本佳能开发出新的光导体；1980 年以后，由模拟式静电复印机向数字式复印机转化；1985 年以后，日本佳能、东芝、理光、柯尼卡、美国施乐和利盟等相继成功研制出数字彩色复印机；1991 年，Xerox 推出 Docutech 6000 系列单色数字印刷系统，Kadak 公司推出 Nexpress Digimaster 9110；1993 年，Indigo 和 Xeikon 推出彩色数字印刷设备，标志着印刷进入了数字印刷时代。

一、静电照相数字印刷概述

静电照相数字印刷工艺较复杂，它采用光导材料为成像基材，利用光导材料在暗处为绝缘体、在亮处为导体的特性，经充电、曝光、显影、墨粉转移、熔化定影、清理等步骤，最终完成印刷过程。图 9-6 所示为静电照相成像成复制工作原理。

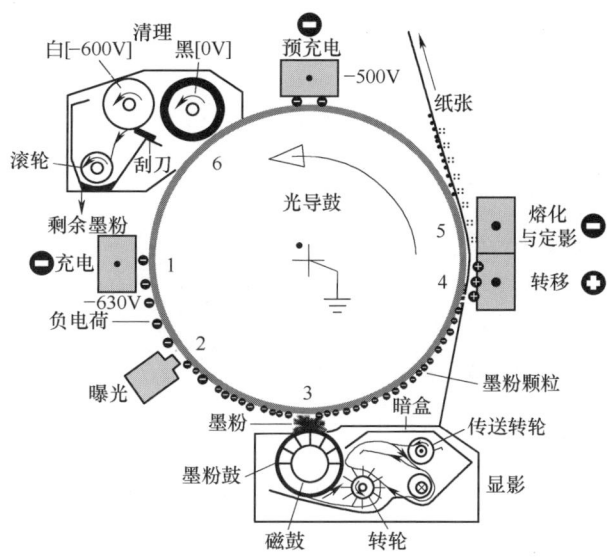

图 9-6　静电照相成像与复制工作原理

二、静电照相的主要工作步骤

（一）充电

充电是指在黑暗环境下在光导体表面形成均匀分布电荷的过程，是静电照相工作循环的第一步。其目的是使光导鼓或光导带表面产生均匀分布的电荷，为成像光源在光导体表面曝光做准备。由于充电过程以绝缘体（黑暗环境下的光导体）为对象，所以需利用特殊的充电机制和充电设备予以实现充电过程，如图 9-7 所示。

图 9-7　光导体表面的充电过程

（二）曝光

曝光是在光导体表面形成静电潜像的过程，又称为放电，如图 9-8 所示。曝光后，光导鼓表面原来均匀分布的电荷变成非均匀分布，曝光结果与被复制的页面内容一一对应。

（三）显影

显影是从静电潜像转换到视觉可见图像的过程。显影过程与胶片摄影类似，其区别在于利用了不同的显影原理。表面涂布卤化银的胶片在光线的作用下发生光化学反应，记录成光潜像，经显影和定影处理后转换成可见图像。静电照相的显影过程需借助于墨粉及显影装置，实现从潜像到墨粉像的转换。由于充电后的墨粉电位与静电潜像的电位存在电位差，在静电力作用下墨粉颗粒吸附到静电潜像的特定区域，形成与页面图文内容对应的墨粉像，如图 9-9 所示。

（四）墨粉转移

转移过程发生在显影过程之后，熔化过程之前。显影过程完成了墨粉颗粒从显影装置到光导鼓或光导带表面的转移。为了形成最终的印刷品，还必须将显影后的墨粉再次转移到纸张上。墨粉转移过程是指将已经显影到光导鼓或光导带上的墨粉转移到承印物上的过程。墨粉转移分为直接转移和间接转移两类。直接转移是指墨粉不经过中间介质，直接从

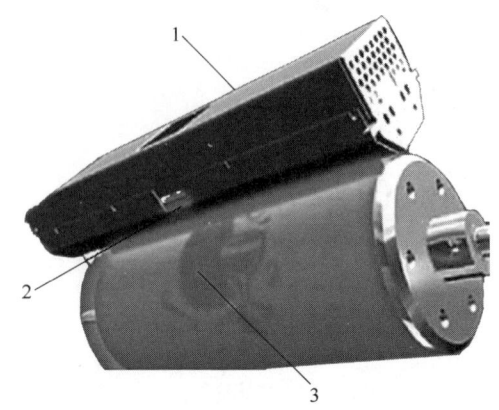

1—曝光装置；2—曝光光源；3—静电潜像
图 9-8　曝光装置与曝光过程

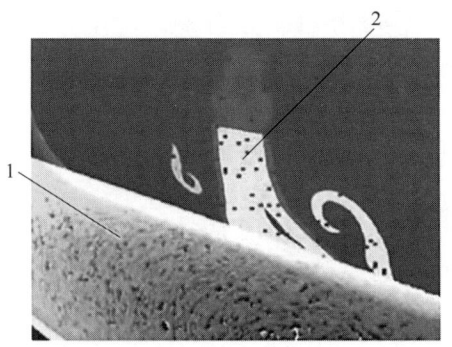

1—显影装置；2—墨粉像
图 9-9　显影过程

光导鼓转移到承印物上，与传统印刷的柔性版印刷类似；间接转移是指墨粉首先从光导鼓转移到中间介质的滚筒上，再由中间介质滚筒转移到纸张上，与传统胶印类似。墨粉间接转移的过程及原理如图 9-10 所示。

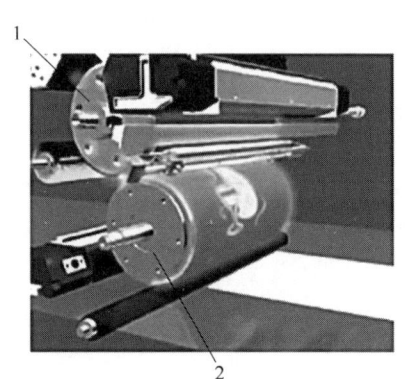
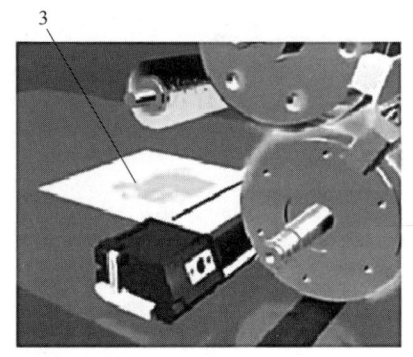

1—光导鼓；2—中间介质滚筒；3—承印物
图 9-10　墨粉间接转移的过程及原理

（五）熔化与定影

静电照相数字印刷中采用的墨粉为固体颗粒。当墨粉转移到纸张后，尚未与纸张牢固地结合，还"浮"在纸张表面。因此，还需对墨粉进行熔化与定影处理。借助于墨粉熔化后树脂与纸张的黏结力，在纸张上建立永久性的图像。

定影的根本目的是使墨粉与承物材料实现牢固结合。在静电照相数字印刷中，定影过程和熔化过程几乎同时完成，某些熔化系统没有明确的定影过程，如滚筒熔化系统；某些熔化系统需要与其他熔化技术配合，如在加热熔化的基础上增加辐射熔化，实现对不光洁的墨粉图像边缘的精细熔化功能，在此辐射熔化主要起定影作用。图 9-11 所示为滚筒熔化系统与定影过程。

（六）清理

熔化定影过程结束后，一份合格的印品就产生了。为了进行下一个工作循环，需要将印刷系统恢复到初始状态，即启动清理过程。清理过程的主要任务有两个：一是设法清除光导鼓或光导带表面残留的墨粉颗粒。墨粉颗粒在转移过程中，很难做到100%转移。为了使残留在光导鼓或光导带上的墨粉不影响下一次复制，通常需要用清理辊或清理刷清除残留的墨粉颗粒，如图9-12（a）所示。二是清除光导鼓上残留的电荷。由前述所知，从曝光过程结束后，光导鼓上的电荷变得不再均匀。电晕消电装置采用交流充电方式实现消电。电晕导线发出正负交替的离子，空气被电离后的正负离子不断地与电晕导线发出的正负离子中和，使电场中介质表面的电位趋于0，实现消电，如图9-12（b）所示。

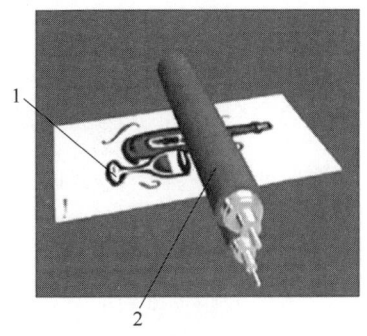

1—印品；2—滚筒熔化系统

图9-11 滚筒熔化系统与定影过程

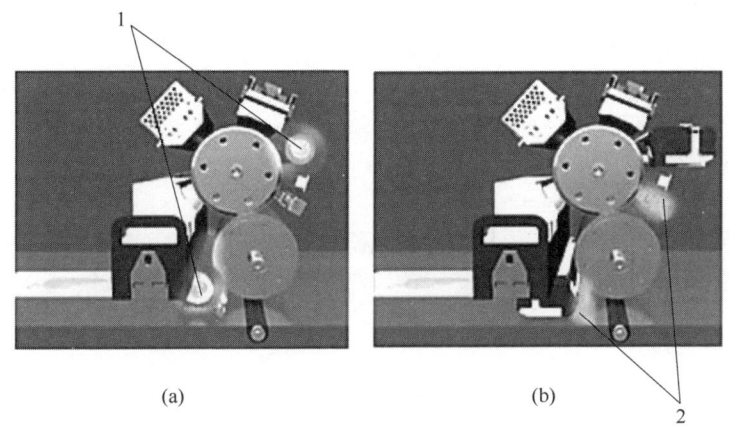

(a)   (b)

1—清理辊；2—电晕消电装置

图9-12 清理过程

清理过程结束后，系统就可以进入到下一个工作循环，进行下一个复制过程。

三、静电照相材料——光导体及墨粉

（一）光导体

1. 光导体的概念及特性

从导电和绝缘的角度看，光导体是一种特殊类型的半导体，它在受到光的照射作用时电阻迅速降低而转换成导体，处于黑暗环境时则为良好的绝缘体。光导体的本质是在光的作用下电阻产生变化，由于光的作用，在黑暗环境下不导电的材料变得导电了。光导体是静电照相设备的关键部件，是静电印刷中成像的"载体"。在静电照相的工作过程中，充电、曝光、显影、转移均是在光导体上进行的，它的性能对最终印刷品的质量有着重要影响。

各种光导体对光的敏感程度不一样，因而光导体的光敏特性是静电照相设备的重要设计参数之一。光导体的电导率与它对光的敏感程度成正比，所以材料的感光性能对光导体的导电性影响很大。此外，对于特定的光导体来说，往往仅对某一光谱区域光辐射作用的光敏感度高，离开了这一光谱区域，则可能丧失感光灵敏度。即光导体在其适用的光辐射波长范围内会对光形成某一吸收峰值，在该峰值范围内光电导的效果最佳。

2. 光导体的分类

（1）根据材料分类原则，光导材料分为无机光导体和有机光导体两大类。

① 无机光导体是以无机材料为主制备的光导体，常见的有非晶碘、硫化镉、非晶硅、非晶硒、硫化铅和铟化锑等，早期静电照相设备大多使用无机光导体。

硒作为一种光导材料，它的应用有力地推动了静电照相技术的发展。早期静电复印机使用以硒为主要材料制备的光导鼓，称为"硒鼓"。但是，今天我们称为"硒鼓"的激光打印机墨粉盒套件已属于有机光导材料的范畴。激光打印机的硒鼓材料从20世纪80年代后就已采用有机光导材料制备。

② 有机光导体（Organic Photoconductor）是指有机光导材料经掺杂处理后组合形成的光导体。目前，静电照相设备上使用的光导体均为有机光导体。1970年，IBM公司发明的由聚乙烯咔唑、三硝基芴酮系列电子迁移混合物组成的有机光导体成为新型有机光导体实用化的开端，它具有生产和使用对环境污染小（无毒），生产成本低，加工性能良好，容易弯曲而可制成光导鼓、光导板或光导带的形式，以及光谱响应范围广、感光能力强且性能稳定的优点。图9-13所示为由有机光导材料制备的光导鼓。

图9-13 有机光导鼓

有机光导体主要由导电基底、电荷产生层、电荷传输层等部分组成，分为单层有机光导体、双层有机光导体、带加强层的有机光导体等。

单层有机光导体：除导电基底层外，电荷产生层、电荷传输层在一起，如图9-14（a）所示。其光导能力较差，大约为非晶硒光导体的1/3，为改善其光导能力，出现了改进的双层光导体。

双层有机光导体：除导电基底层外，电荷产生层、电荷传输层分为独立的两层（很薄的电荷产生层和很厚的电荷传输层），如图9-14（b）所示。采用双层结构后，光导体的成像质量大幅提高。

带加强层的有机光导体：为提高有机光导体的耐磨性能，出现了带加强层的有机光导体。如图9-15所示，在电荷传输层的上方增加填充料加强层，其主要目的在于提高磨损性，以抵御来自静电照相系统

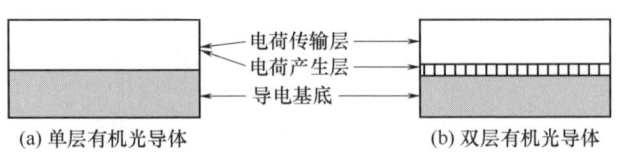

图9-14 单层和双层有机光导体结构

各种结构单元对光导体的磨损，如墨粉、墨粉添加剂和清理刮刀等。

为了实现彩色图像的高分辨率复制，静电照相数字印刷设备使用的光导体必须具有良好的彩色复制特性和阶调复制能力，为此需优化光导体的光感应放电特征。有机光导体的

放电特性很大程度上依赖于电荷传输层的电荷传输性能与光导体结构层之间的载流子注射效率，因而可以通过涂底层、电荷产生层和电荷传输层的组合调节到最佳状态。

（2）根据有机光导体的充电极性，光导材料分为负电型有机光导体与正电型有机光导体两大类。

负电型有机光导体：与常规有机光导体结构相同，是指充电阶段充负电的有机光导体。基于有机光导鼓成像的典型数字

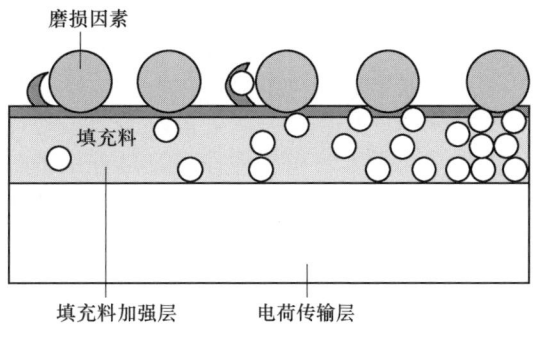

图 9-15 抗磨损保护层结构示意图

静电照相设备中，光导鼓充以负电荷，激光束的放电对象是图像区域。

正电型有机光导体：与负电型有机光导体类似，它要求在充电阶段充正电。其优点是，正电型有机光导体曝光后形成的静电潜像分辨率比典型充负电的有机光导体更高，释放的臭氧量极少，对环境更友好；其缺点是，与充负电的有机光导体相比，充正电的有机光导体材料设计的余地很小，导致很难提高成像灵敏度，这成为目前充正电有机光导体面临的主要技术挑战。

3. 静电照相数字印刷系统对光导体的要求

光导体是静电照相数字印刷系统的关键部件，静电照相对光导部件最重要的技术指标是成像精度和成像结果，这是由光导材料的性能指标来决定，如耐磨性、光导部件在不同工作环境下的稳定性、合理的结构和界面成分、明暗环境下的电荷保持能力等。

（1）耐磨性：耐磨性主要体现在材料的硬度上，它直接决定光导部件的使用寿命。

（2）在不同工作环境（温、湿度）下的稳定性：光导体容易受环境温、湿度影响，由于光导体所处的温、湿度环境未必恒定，在对光导体提出温、湿度稳定性要求的同时，还应注意对环境条件的控制。

（3）光导性：它是光导体最重要的性能指标。要求光导体充电时电位上升快，充电后光导体暗电流小，有足够的电位来形成静电潜像，经曝光后放电速度快，即光衰减能够快速实现。

（4）耐静电效应疲劳性能：光导体在使用过程中必须经历反复且连续的充电和放电过程，因而要求光导体应具有良好的耐疲劳性能以保持充放电性能稳定，否则会使光导体的使用寿命和复制质量下降。

（5）介电特性（又称暗衰特性）：除曝光外，光导体多在暗环境下工作，其电阻率很高，近似于绝缘体，称为光导体的介电特性。不同的光导体适合充以不同极性的电荷。如果光导体的暗衰特性好，充以正确极性的电荷后，在暗环境下要求光导体表层静电电位下降缓慢，以保证在显影时仍持有符合要求的电位。

（6）明衰特性：进入曝光过程时，光导体由暗环境进入明环境，要求其电阻率迅速下降，由近似绝缘体状态变为与光照强弱程度相应电阻值的导体，使在暗环境中充电时形成的静电位变换到与曝光作用强弱相对应的电位（这种性质也称为光导体的明衰减特性）。

(二) 墨粉

墨粉是图文转移到纸张的媒介。曝光过程在光导体表面形成的静电潜像视觉系统无法感受到，只有借助于带电的墨粉颗粒才能转换成视觉可见的墨粉图像。显影过程开始于曝光过程结束后，显影过程必须使用墨粉。与传统印刷不同，静电照相数字印刷使用的油墨多为固体墨粉颗粒。由墨粉在显影过程中的转移机制所决定，显影前必须对墨粉充电。颗粒尺寸和熔点是墨粉的重要参数，与墨粉的配方密切相关。

静电照相使用的墨粉具有如下基本特性：

（1）墨粉不具有互换性。静电照相使用的墨粉与传统印刷的油墨不同，它不具备通用性，通常是特定制造商生产的静电照相设备只能使用特定的墨粉，甚至同一制造商生产的印刷设备型号不同时，也可能使用不同的墨粉。墨粉应用的这种"个性"与静电照相设备的配置和印刷材料未能实现标准化有关。墨粉的"个性"源于静电照相设备的"个性"。

（2）墨粉颗粒的尺寸和形状更均匀。早期采用机械方法制备墨粉，生成的墨粉颗粒尺寸变化较大，且呈锯齿的不规则外形。之后采用化学法制备墨粉，又称为"墨粉颗粒生长技术"，墨粉的尺寸和形状更加均匀，使得图像复制质量得以明显改善。

（3）墨粉可以悬浮在空气中并保持一定的时间。墨粉颗粒极为精细，对人类的呼吸系统会造成一定的伤害。因此，应采取有效措施防止墨粉暴露到生产环境中。

1. 墨粉的分类

墨粉的分类如图 9-16 所示。

（1）按墨粉的可分离的结构成分数量，静电照相系统使用的墨粉分为单组分和双组分两大类别，如图 9-17 所示。

① 单组分墨粉（Monocomponent toner）结构简单，只包含墨粉颗粒而无载体颗粒。

根据墨粉的绝缘性能，分为导电型墨粉和绝缘型墨粉；根据颗粒是否有磁性，分为磁性墨粉和非磁性墨粉；根据其转移工艺，分为接触型墨粉和"跳跃"型墨粉，跳跃型墨粉采用非接触方式跨越显影装置和转移间隙。综合起来，理想的单组分墨粉应当是绝缘、带磁性的"跳跃"转移型墨粉。

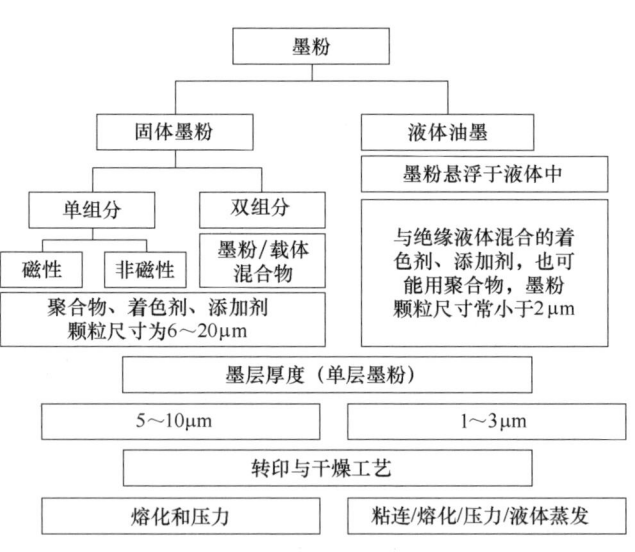

图 9-16 墨粉的分类

单组分墨粉的充电方法主要有感应充电、注射充电、接触充电和电晕充电，均需要特定的充电装置完成墨粉的充电过程，在此不再详述。

② 双组分墨粉（Two component toner）由墨粉与载体颗粒组成。载体颗粒的直径大约为 80μm，用于承载直径为 8μm 的墨粉颗粒。在显影、转移和熔化过程中，墨粉颗粒将被消耗掉，而载体颗粒可通过显影装置或其他途径回收再次利用。

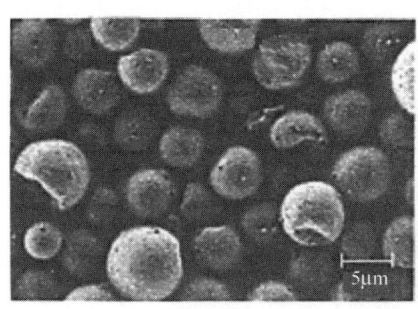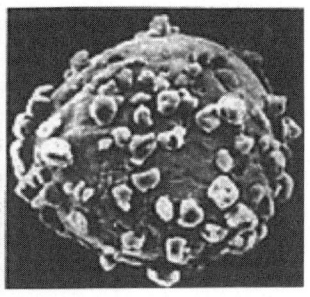

图 9-17 单组分墨粉与双组分墨粉

双组分墨粉通常用于高速静电照相成像复制系统,其充电常借助于显影系统的附加装置自我实现。显影时,充电的墨粉颗粒附着在载体颗粒的表面,通过载体颗粒的运动转移到光导鼓或光导带表面的静电潜像区域,然后再通过熔化工艺固结在纸张表面。

使用载体颗粒的目的一是通过载体颗粒与墨粉颗粒的摩擦作用实现对墨粉的充电,二是帮助静电照相系统将墨粉颗粒传送到静电潜像的邻近区域。

(2)按载体的物理形态区别(液体也视为载体),墨粉可分为固体和液体两大类。液体墨粉仍需要固体颗粒,与固体墨粉的区别在于颗粒与液体配制成悬浮液。

静电照相数字印刷系统中使用的墨粉多为固体墨粉。在液体墨粉系统中,液体作为载体使用,墨粉颗粒保持其固体状态存在于绝缘的液体中,颗粒尺寸仅 $1\sim3\mu m$,显影时,通过具有特殊功能的挤压(蒸发)装置去除液体,将墨粉颗粒在显影区域转换成高度浓缩状态,最终转移到承印物上。

HP Indigo 推出的彩色数字胶印技术就是基于液体墨粉显影的静电照相数字印刷。所谓的电子油墨就是液体墨粉。它由触手状的墨粉颗粒和高度绝缘的图像油组成,如图 9-18 所示。基于电子油墨的数字印刷系统复制效果与胶印相当,它使用数字橡皮布和压印滚筒等传统胶印工艺手段,通过加热橡皮布使热量传递到墨粉颗粒并使之熔化,通过橡皮布与承印物接触从而实现图文信息的转移。

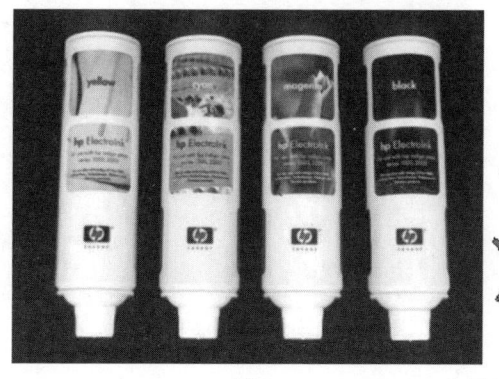

图 9-18 HP Indigo 电子油墨及其固体颗粒

2. 墨粉的制备方法

(1)墨粉的物理法制备。传统墨粉制备工艺建立在机械研磨、破碎和筛选的基础上,统称为墨粉的物理法制备,又称机械法制备。图 9-19 所示的工艺流程代表了传统墨粉制备的典型工艺。其具体过程如下：

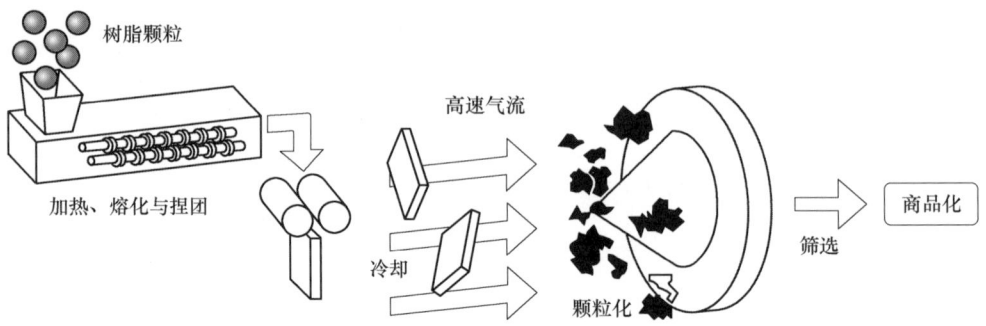

图 9-19 基于研磨的传统墨粉制备工艺

颗粒状树脂等原材料进入研磨机顶部的给料斗后，首先经加热处理，使树脂颗粒熔化成糊状，研磨机由一对螺杆组成，加热熔化的树脂和其他材料经螺杆的反复搅动和相互挤压，各种材料充分混合。之后，糊状混合物进入由一对滚筒组成的碾压机，形成平面状的中间产品。然后，碾压形成的墨粉薄片冷却到固体状态，冷却的同时，高速气流将墨粉薄片吹送至高速旋转的粉碎机进行粉碎，形成颗粒状的墨粉。撞击过程形成的墨粉颗粒大小极不均匀，需经过筛选处理，过滤出颗粒尺寸合格的墨粉，完成墨粉制备的整个过程。其主要缺点是能耗高、效率低、墨粉形状随机、大小不一致。

（2）墨粉的化学法制备。墨粉化学法制备主要包括悬浮聚合（Suspension Polymerization）、乳胶凝聚（Emulsion Aggregation）和溶剂弥散（Solvent Dispersion）三种。乳胶凝聚墨粉制备技术是常用的化学制备法，其制备的墨粉扫描电镜照片如图 9-20 所示。

目前，静电照相使用的墨粉大约 12% 使用化学法制备，传统物理法仅用于单色（墨色）墨粉的生产。化学法制备的墨粉颗粒尺寸小，可生产出各种宽度方向的形状、分散度均匀、成分均匀性好，其表面的化学特性可控，但其主要缺点是回收利用难。

3. 墨粉的充电

在静电照相数字印刷中，为了实现墨粉显影到静电潜像区域，必须首先对墨粉进行充电。墨粉充电是实现显影过程的前提，否则光导体无法吸附墨粉。如果仅考虑充电原理，墨粉充电与光导体充电并不存在原则性的区别，但若考虑到墨粉结构

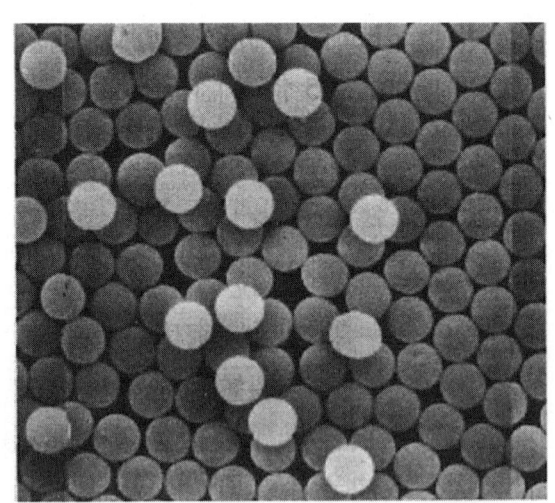

图 9-20 乳胶凝聚墨粉的扫描电镜照片

组分的差异，则充电方法就不同了。对双组分墨粉和单组分墨粉，不能采用完全相同的充电方法。对单组分墨粉来说，常用的充电方法有感应充电、注射充电、接触充电和电晕充电；对双组分墨粉来说，墨粉的充电通常是在载体颗粒与墨粉颗粒的混合搅拌过程中实现的，不需要特殊的装置。在此，墨粉的具体充电过程和方法不再赘述。

四、充电装置及其工作原理

充电是指在黑暗环境下在光导体表面形成均匀分布电荷的过程。由于暗环境下的光导体为绝缘体，即充电过程是在绝缘体表面进行的，所以需要特殊的充电机制和充电设备来实现充电过程。

光导体充电的本质是电晕放电，即在离光导体一定距离的电极丝上加高电压，使电极丝产生电晕放电现象，电晕放电使光导体表面带上需要数量的静电荷。

电晕是指高电压作用下邻近导电体表面的微弱电荷流动，这种电荷流动源于电击穿导致的周围空气电离。电晕现象是指带电体在气体介质中局部放电的物理现象，如图 9-21 所示。

（一）电晕充电

1. 电晕充电装置及工作原理

电晕充电属于间接充电法，也称非接触充电。它的本质是利用电晕放电对光导体表面均匀充电，为后面的曝光过程做好准备。电晕充电装置主要由电晕充电器（电晕管）、高压发生器、屏蔽罩和控制电路等基本结构组成，如图 9-22 所示。

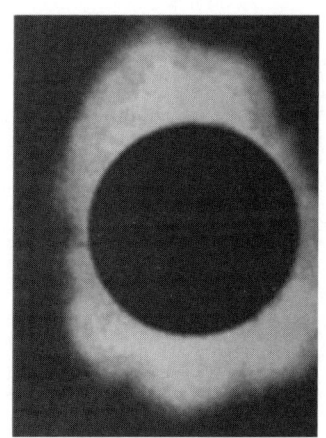

图 9-21 电晕现象

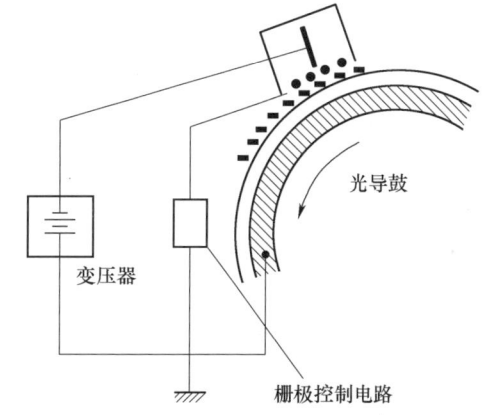

图 9-22 电晕充电装置

电晕充电的原理如下：利用光导体的导电基层为电极之一，电晕导线作为另一个电极。充电时，电晕导线的一端加上高电压，由此在电晕导线的周围空间形成很强的电场，其强度足以使原来绝缘的空气电离，产生大量的正负离子。在电场作用下，与电晕导线同极性的离子将流向光导部件的表面，受到光导层或表面绝缘层的阻挡，电离子沉积在光导体表面而形成静电荷分布。同时，在光导层下表面的对应位置上感应出等量的极性相反电荷，两者相互吸引，形成稳定状态。随着电荷在光导体表面的不断沉积，导体的表面电位随之升高，当电位上升到光导体表面的最高可接受电位时，充电过程结束。

2. 电晕管组成及分类

电晕管俗称"电极"，是电晕充电装置的核心组件。它主要由电晕导线和外壳（屏蔽罩）组成。多个电晕管组合即形成电晕充电装置。电晕导线常采用不易氧化的金属材料制成，以不锈钢丝或钨丝最为典型。电晕导线的直径通常较小，电晕导线直径越小，电晕管的起晕电压越低，直径越粗，则起晕电压越高。电晕充电装置的导线直径大约 $50\mu m$，通常用钨丝材料制成。典型电晕装置的电晕管由 3~8 根彼此独立的电晕导线，在 6kV 电压的作用下建立 5~10kV 的电位。充电时，电晕导线放置在离光导体表面大约 0.5cm 的位置。

屏蔽罩的作用是将电晕导线电场控制在一定范围内，同时还兼作导轨使用，支承和固定住整个电晕充电装置。屏蔽罩通常加工成半封闭形状，根据需要也可采用圆筒形等其他形状。为确保安全性，屏蔽罩必须可靠接地。

电晕管分为单线电晕管和双线电晕管两类，以单线结构最为常见。

单线电晕管的电晕导线由屏蔽罩包围，导线一端固定，另一端用弹簧钩住，以保持电晕导线有适当的张力。屏蔽罩的两端安装绝缘块，使电晕导线与屏蔽罩绝缘，如图 9-23 所示。出于安全考虑，绝缘块上还覆盖有保护罩，以避免电晕放电时产生电弧。充电电晕管、转移电晕管和消电用电晕管均采用单线结构。

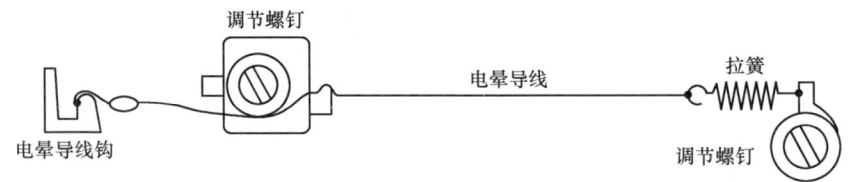

图 9-23 单线电晕管

双线电晕管包含两根电晕导线，称为改进型电晕管，结构如图 9-24 所示。它的放电效果更好，能防止放电不均匀，同时可缩短充电时间，多用于充电和转移过程。

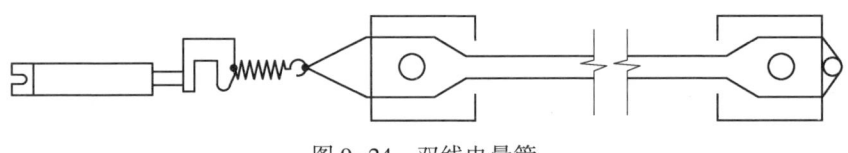

图 9-24 双线电晕管

3. 栅极网及其控制电路

为使光导体表面电荷层的分布更加均匀，通常在电晕充电装置的光导部件表面与电极丝之间安装很薄的不锈钢网片，称为栅极网。光导体（鼓）的表面电位由栅极电位决定。为控制光导体的充电程度，在接地极和栅极之间设置栅极控制电路，通过该电路将电压控制到特定的数值。

4. 直流与交流电晕充电

根据电压发生器性质的不同，电晕充电分为直流电晕充电和交流电晕充电。

直流电晕充电一般用于对光导部件光敏层的表面充电，以及后面转移过程墨粉从光导体或中间载体到记录介质、对记录介质背面的充电。充电的极性根据光导层的材料特性确定。如非晶硒光导体属 P 型半导体，必须充正电；氧化锌光导体为 N 型半导体，必须充负电；硫化镉虽为 N 型半导体，但其表面涂布有绝缘材料薄膜层，需充正电。

交流电晕充电一般用于消电和纸张与熔化滚筒的剥离过程。交流电充电时从电晕导线发出正负交替的离子，空气被电离后的正负离子不断地与电晕导线发出的正负离子相中和，使处在电场中的某种介质的表面电位趋于 0。由于空气中负离子的迁移率比正离子大，所有负极性充电比正极性充电来得更容易些。因此，交流电晕充电后处于电场中的介质表面电位略显负电性。

(二) 充电滚筒充电

采用电晕装置充电时，电晕放电不可避免地产生臭氧，不仅气味难闻，且会对皮肤造成伤害。为尽可能避免充电时臭氧的发生，通常采用在充电系统中附加臭氧过滤器的措施。此外，若能避免电晕管的电晕导线对光导体表面直接放电，则可降低甚至避免臭氧的产生，由此产生了滚筒充电法。

图 9-25 所示为充电滚筒充电与电晕导线充电作用原理的区别。滚筒充电使臭氧量降为电晕导线充电的 1/1000，电压降为 1/5 左右。因此这既利于环保又节约能源。但其制造成本较高，如何降低制造成本是技术推广的主要问题。

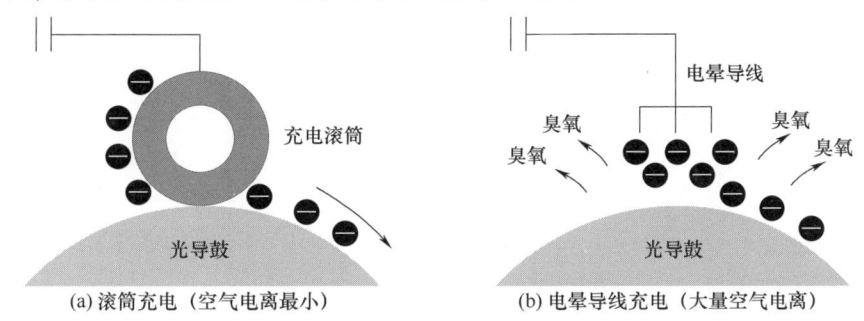

图 9-25 充电滚筒充电与电晕导线充电作用原理比较

滚筒充电最初仅用于高速输出设备，现已普及到台式激光打印机上。接触式滚筒充电与非接触充电（单纯的电晕管充电）的主要区别在于前者在电晕装置和光导体表面间增加充电滚筒，电晕管仍然是基本的充电单元。

充电滚筒充电是通过放电在主充电滚筒表面堆积电荷，再通过充电滚筒与光导表面接触实现对光导体的充电，如图 9-26 所示。

充电滚筒表面的电阻对充电效果有重要影响。接触充电结构对有机光导体的充电可理解为充电滚筒和有机光导体所构成的间隙空气的离子化。充电滚筒的表面电阻过

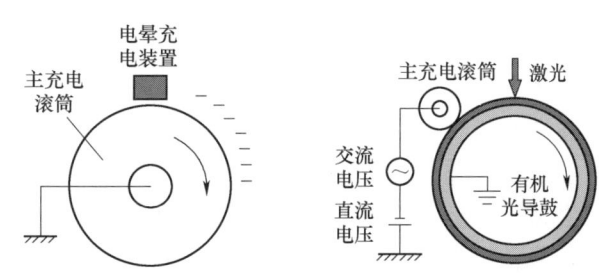

图 9-26 基于电晕装置的接触充电示意图

低，通过充电滚筒和气隙的最大电流不受限制，有可能引起对光导体的破坏性电弧；而充电滚筒表面的电阻过高，则容易造成对光导体的充电不够充分，甚至在光导体表面产生不均匀的电荷分布。此外，由于充电滚筒的表面电阻强烈地影响充电效率，也影响印刷质量，因而必须控制充电滚筒的表面电阻，为此需要在充电滚筒的制造阶段测量和确定充电滚筒的电阻值。

五、曝光装置及其工作原理

曝光是指来自原稿图像表面的反射光（模拟复印机），或激光器、发光二极管发出的

光束（静电照相数字印刷机、打印机和多功能一体机）对暗环境下为绝缘体的光导体放电，曝光后被复制的内容被区分为放电和不放电区域，产生静电潜像。静电潜像是一种产生于光导部件表面涂布层的电荷图案，反映被转移成实际图像的信息。

曝光的最终结果是形成静电潜像，又称为放电。与其他形式的放电不同，由于光导体在黑暗和光照条件下特殊的导电性能变化机理，需要光子作用下的电荷流失过程改变电荷分布。图 9-27 所示为有机光导体的双层结构曝光过程中电荷的传输过程。即，曝光是光源"改写"光导体表面电荷分布的过程，建立在光子撞击光导材料发射出电子，从而改变光导体表面电荷分布的过程。光导体在曝光光源的作用下，原来的表面电荷分布将发生变化，受到光线照射的局部区域电阻率明显降低，未受到光线作用的区域保持原状，曝光和未曝光区域的电位差组成静电潜像，改变的结果与被复制的页面图文内容对应。

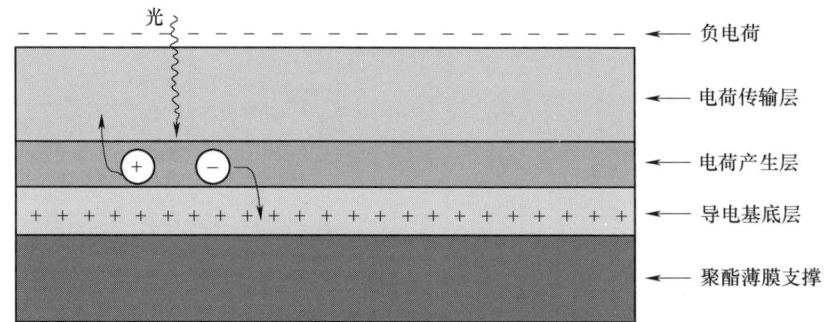

图 9-27　有机光导体的双层结构曝光过程中电荷的传输过程

根据其对象不同，曝光光源可分为两大类：一类为应用于模拟静电照相设备的白炽灯泡光源；另一类为应用于数字印刷设备的激光和发光二极管光源。

模拟复印机、数字复印机、静电照相打印机和数字印刷机都需要曝光过程，但模拟设备（老式静电复印机）和数字设备（数字复印机、激光打印机和发光二极管打印机等）的曝光过程有所不同。

在模拟复印机中，灯泡发出的光线照射到文档表面并反射，再利用反射光线在已均匀充电的光导体表面曝光，形成相应的静电潜像。数字印刷机以数字文件为工作对象，因而激光束等光源不能直接投射到光导体表面，必须先经过调制，转换为控制光束打开或关闭的控制信息，才能对光导材料曝光，形成表面电位不等的静电潜像。

模拟复印机对曝光用光源没有特殊要求，只要光线足够明亮即可。数字印刷设备以数字文件为工作对象，应该采用与页面内容信息的数字表示方式一致的成像光源，必须与计算机以 0 和 1 描述信息的方式一致。在这样的限制条件下，目前能够选择的只有激光和发光二极管两种光源。

曝光对光源的基本要求有以下四点：
（1）光束直径不能太大，否则静电照相设备的分辨率无法提高。
（2）所发出光束的能量高度集中。
（3）光源具有稳定性。
（4）光源的波长必须与光导材料性能匹配。

在静电照相数字印刷中，常用的曝光光源有激光曝光光源和发光二极管曝光光源。这两种光源的特点、系统组成及工作原理分别如下。

（一）激光曝光光源及其系统

激光打印机是最早出现的数字静电照相设备，由于采用激光曝光光源，故得名激光打印机。它并非直接用激光打印，而是用激光写入，即利用激光束对光导体曝光。由于静电潜像对整个静电照相过程和最终的印刷质量都十分关键，因此被称为激光打印，且延用至今。

激光是一种理想的曝光光源，具有单色性好、能量高度集中、激光光束的直径极细且便于调制的优点，广泛应用于早期数字静电照相设备。

图9-28所示为激光曝光系统，它主要由激光器、压束器、声光调制器、扩束器、柱面镜、螺管镜、多边形反射棱镜、缩径球面镜以及光导体组成。

（1）激光器：是产生及控制激光源的部件。它的基本结构包括激光工作物质、激励能源和光学谐振腔三部分。激光器发出具备足够能量的光束，对安装在可旋转鼓形零件上的光导体表面做曝光处理。

（2）压束器：用来缩小激光束的直径，旨在使声光调制器的脉冲前沿时间最小化。

（3）扩束器：将激光束直径调整到需要的尺寸，以便在光导体表面产生期望中的接近衍射极限的聚焦光斑尺寸。

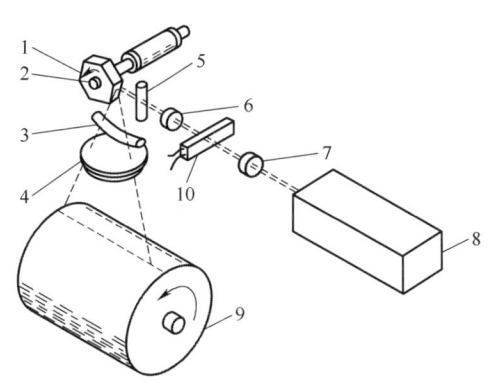

1—多边形反射棱镜；2—旋转轴；3—螺管镜；
4—缩径球面镜；5—柱面镜；6—扩束器；7—压束器；8—激光器；9—光导鼓；10—声光调制器

图9-28 激光曝光系统的组成

（4）柱面镜和螺管镜：二者的作用是对激光束重新做校直处理，消除因旋转镜面倾斜而导致的激光束在光导体表面的定位误差。

（5）多边形反射棱镜：它由步进电机驱动，为激光束扫描曝光提供一维偏转功能。

（6）缩径球面镜：用于聚焦激光束，在光导体表面形成记录光点。

（7）声光调制器：将图文点阵数据表示的信息进行调制，转换为控制激光束开关信号。

图9-29所示为一种简单的激光曝光系统。它由多个激光二极管组成成像头，可以覆盖页面的一定宽度（典型页面宽度大约为15mm）。有限数量激光二极管组合成的激光二极管阵列先沿页面宽度方向扫描，完成页面宽度方向的扫描曝光后，步进电机驱动光导体前进一小段距离，再次从页面的开始位置对光导体曝光。

高速和高分辨率激光打印机倾向于采用多束激光并行记录的曝光技术，以克服单束激

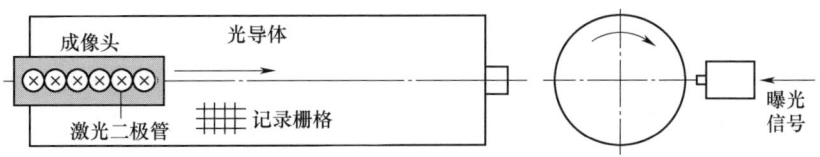

图9-29 简单的激光曝光系统

光对光导体曝光的速度限制。图9-30所示为日本理光公司采用的光纤阵列与紫激光二极管耦合形成的多束激光并行曝光技术光学元件配置，它在提高激光打印输出速度的同时，也提高了记录分辨率。

由图9-30可知，由光纤阵列和激光二极管组成的曝光系统输出5束间距为150μm的激光，每束激光形成的光斑直径为4.2μm。激光二极管所产生的光束波长约为405nm，激光束的最大波长差异设置为小于±1nm，因而扫描镜头的侧向色度失真可以控制的相当小。图9-30所示的光学组件中，来自光纤阵列装置的成组激光束借助于准直镜转换成平行光束，并通过带有望远镜排列性质的镜头组扩展光束宽度，使得多束激光在多边形反射镜表面集聚，以缩小多边形棱镜的尺寸。多边形反射镜的前面布置有圆柱镜，目的在于实现镜面偏斜校正，多边形棱镜旋转时多束激光可对光导鼓同时扫描曝光。

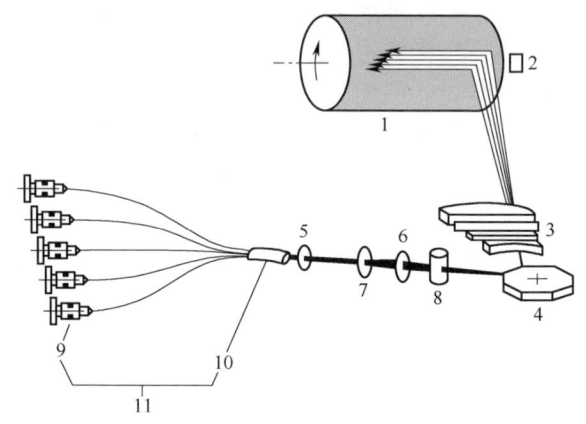

1—光导鼓；2—光束探测器；3—扫描镜头组；4—多边形棱镜；5—准直镜；6—镜头二；7—镜头一；8—圆柱镜；9—激光二极管模块；10—光纤阵列部分；11—光纤阵列装置

图9-30　多束激光并行曝光技术光学元件配置示意图

要特别注意，在进行曝光时，激光信号需要调制。版式文件是静电照相设备的输出对象，它由多个页面组成，每一个页面包含图像、图形和文字三种典型页面对象。印刷图像以点阵的形式描述，在传递到激光扫描曝光装置前需经过RIP的处理，从像素的多值描述转换成二值表示；图形和文字以矢量数据描述，曝光前同样应该经过RIP的解释，从矢量数据转换成二值的栅格化数据。页面图文对象解释完成后，再作进一步的调制。激光打印机/印刷机的控制系统接收来自RIP的图文对象点阵数据，加载到激光器射出的激光束上，经过调制后才能控制曝光。以点阵表示的信息需转换成控制激光束的开关信号，为此需要声光调制器的处理，信号转换过程类似于电视信号的调制和传递过程，即利用声光调制器完成从数据到曝光信号的转换。

激光曝光系统的光路复杂、光学元件较多，在激光信号的传输控制过程中易产生较大的累积误差。此外，在激光曝光系统中，曝光分辨率的提高需同时调整激光器调制频率及多边形反射镜的旋转速度，匹配难度较大，限制了图文输出精度的提升。因此，需要寻找更加合适的曝光光源。

（二）发光二极管曝光光源及其曝光系统

作为新型光源标志之一的半导体光源，发光二极管在照明领域的使用越来越普遍。同时，发光二极管在其他需要光源的领域也得到了快速发展。以发光二极管为曝光光源的静电照相数字印刷机和打印机纷纷出现，成为了数字印刷静电照相设备的重要曝光光源。发光二极管曝光系统具有光学结构简单、光路短、尺寸紧凑、发光效率高、耗电省、使用寿命长的优点，因此得到了越来越广泛的应用。

发光二极管通过半导体的P-N结将电能转换成光能，具有发光效率高、耗电省和使用寿命长的优点。现代发光二极管制造技术快速发展，可以在单位距离内集成更多的发光二极管，为各种要求高分辨率显示和其他应用提供了基础保障，受到静电照相数字印刷机制造商的青睐。

1. 发光二极管的工作原理

雪崩现象是发光二极管发射光线的基础。所谓的雪崩现象是电子流以乘法规律增加的一种形式，这种现象使材料内部产生很大的电流。二极管由 N 型材料截面和 P 型材料截面组成时，如果使 N 型截面与 P 型截面相互粘连在一起，且二极管的两个端面上均带有电极，则构成了 P-N 型半导体二极管。由 N 型和 P 型截面黏结起来组成二极管时，这种相互连接的排列方式说明这种半导体器件只能沿一个方向导电。没有电压加到二极管的两个电极间时，来自 N 型材料的电子将会填充到来自 P 型材料的空穴，组成损耗区域。这种区域内半导体材料返回其初始绝缘状态，意味着所有的空穴被填充，也就不再存在自由电子或者供电子填充的空位，因而电荷无法流动。

光是能量的一种表现形式，可以由原子释放。根据光的微粒说，光由许多小颗粒组成，具有能量和动量，但没有质量。组成光的颗粒称为光子，是光的最基本的单位。光子的释放是电子运动的结果。在原子的内部，原子核是电子运动的中心，每一个电子绕原子核沿着特定的轨道运动，不同轨道上的电子具有不同的能量。一般来说，电子的能量越高，电子所在的运动轨道越远离原子核。电子从低能级轨道跃迁到高能级轨道时，必须有某种因素推动能级。相反，电子从高能级轨道下降到低能级轨道时，电子将释放能量，这种释放出的能量组成光。能量下降越大，则释放能量更高的光子，以更高的频率为特征。

当电流通过二极管时，负电性的电子以一种方式运动，而具有正电性的空穴则以另一种方式运动。与自由电子相比，空穴以更低的能量水平（即能级）存在于制备成二极管的半导体材料中。由于自由电子与空穴间的能量差，必然导致自由电子掉入空穴内，或者说自由电子为空穴所捕获，自由电子也因此而损失了能量。电子损失的能量转换成另一种形式，这就是向外发射光子。电子掉入空穴数量的多少决定从二极管发射出的光子的能量水平，而光子的能级则决定光的颜色，光子的能级越高，则发射光的频率也越高。图 9-31 所示为发光二极管由于电子-空穴对在正向偏置上结合而产生的光发射。

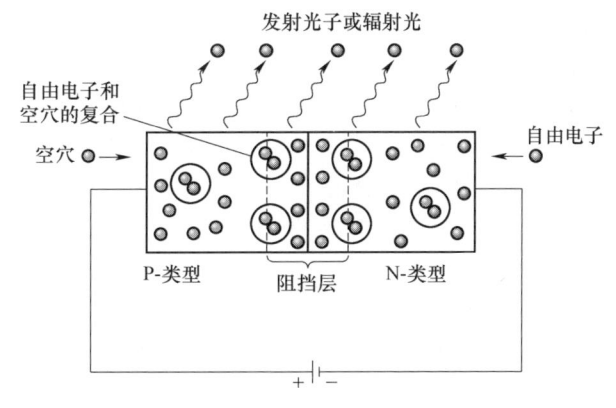

图 9-31　发光二极管发光原理

2. 发光二极管曝光系统的工作原理及组成

图 9-32 所示为基于发光二极管阵列静电照相设备曝光的工作原理示意图。只要制造成本允许，发光二极管阵列的排列宽度（即曝光宽度）可以与页面宽度相等，这种曝光系统的发光二极管阵列固定不动，依靠光导体的旋转运动沿页面垂直方向产生记录点。

图 9-33 所示为发光二极管曝光系统的结构组成，它包含布线基底层，发光二极管阵列、驱动集成电路和导管镜头阵列等。发光二极管阵列由半导体芯片组成，上面集成了大量的发光二极管元件；驱动集成电路也加工成芯片，上面集成了用于控制发光二极管阵列

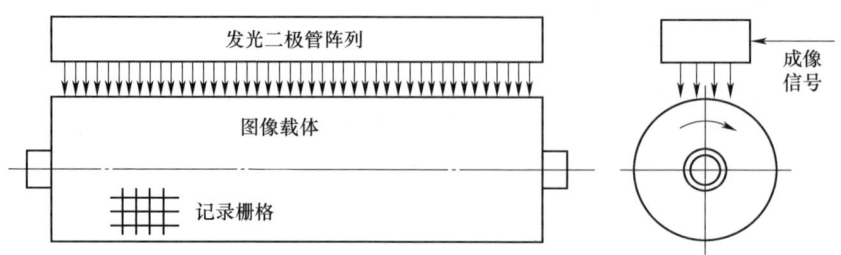

图 9-32 发光二极管阵列曝光系统工作原理示意图

中各独立发光二极管开关操作的驱动单元；导管镜头阵列是分级索引纤维组成的镜子，索引纤维形成阵列结构，用于产生与导管镜头阵列垂直的 1∶1 实际图像。由于发光二极管阵列组成的曝光系统通过芯片在布线基底上沿直线方向安装了大量的发光二极管阵列，因而曝光宽度可以与承印材料的宽度一致。

发光二极管的曝光过程如下：

每一"节"发光二极管通过金属导线与驱动集成电路的驱动单元连接，按曝光信号产生光束打开和关闭的切换动作，实现发光二极管光束的调制。发光二极管输出的光束借助于导管镜头聚焦

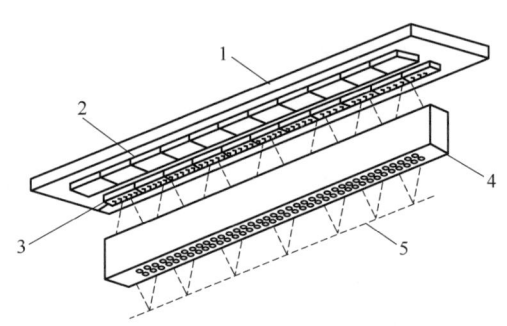

1—布线基底；2—驱动集成电路；3—LED 阵列；
4—导管镜头阵列；5—LED 阵列图像

图 9-33 发光二极管曝光系统的结构组成

到光导体表面。在曝光阶段静电潜像形成的过程中，安排在布线基底层上的发光二极管阵列中的光发射器发出的光束投射到光导体表面，形成 1∶1 的放大系数，因而曝光宽度与纸张宽度一致，同时墨粉转移等也与页面宽度一致。

发光二极管曝光时，成像精度取决于单位距离内排列的发光二极管的数量，同时还要保证尺寸较小的发光二极管能够发出强度足够的光。目前，采用固相扩散工艺生产出的超高密度发光二极管，在 2004 年其成像精度已达 1200dpi，能够满足数字印刷曝光精度的要求。

3. 影响发光二极管曝光的因素

发光二极管曝光系统由大量独立发光的二极管构成，发光二极管的工作稳定性是影响曝光效果的重要因素。

（1）热稳定性。发光二极管阵列曝光系统中各发光二极管元件可以独立地打开和关闭，因此可以作为高速运转设备的理想光源。每个发光二极管元件的驱动电流仅为几毫安，但由于阵列中发光二极管数量巨大，因而整个曝光系统的驱动电流可达几安。由于上述原因，发光二极管阵列曝光系统的发热可能成为提高速度的障碍，尤其是彩色发光二极管打印机因发热引起的热膨胀将影响最终印刷质量。

（2）驱动电流与使用寿命。由于发光二极管系统的每个二极管独立发光，造成了其曝光系统具有光输出非均匀性的固有缺点。针对这个问题，出现了发光量修正技术。它通过控制作用于每个发光二极管元件的驱动电流的大小，即如果加载到每个发光二极管上的

驱动电流能够一致，则 LED 的发光量就可实现控制，通过镜头的光量也可以控制。图 9-34 所示为富士施乐研发的自扫描发光二极管（Self-scanning Light Emitting Device，SLED）与普通二极管曝光质量对比图，SLED 对曝光量采用高精度调整的数码优化光照控制图像处理技术（DELCIS）实现曝光光束的高精度统一输出。

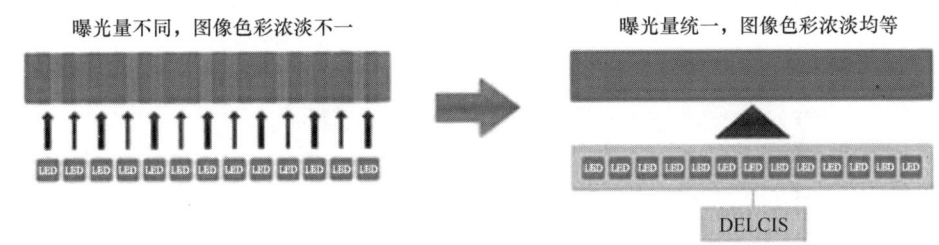

图 9-34　自扫描发光二极管与普通二极管曝光质量对比

发光二极管使用的耐久性主要表现在发光二极管的发光强度随着时间的推移会逐渐减弱。研究证明，发光二极管的预期使用寿命正比于所施加电流的平方，即加到发光二极管上的电流越大，则光输出性能退化的越快。因此，通过技术手段有效降低驱动电流，能够延长发光二极管的使用寿命。

（三）激光曝光系统与发光二极管曝光系统的比较

激光栅格输出扫描装置的分辨率受激光器调制频率、准直镜（多束成像系统中由光束转换成平等光束）、f-θ 镜头组合（扩展光束宽度）等光学元件特性的影响。在同样的印刷速度下，若将分辨率增加一倍，则只能采用多边形反射镜旋转速度提高一倍的方法，而激光的调制比例则必须提高到原来的四倍，这意味着激光栅格输出扫描曝光系统在提高静电照相设备分辨率的同时，不得不提高多边形反射镜的旋转速度，两种因素的关联性导致速度提高相当困难。

发光二极管曝光系统使用的镜头产生相同尺寸的与成像面正交的实际图像，写入分辨率由发光二极管阵列中的发光元件排列密度决定。开发高密度排列发光二极管阵列是获得高分辨率设备的关键。同时，应注意发光二极管电热导致的质量降低与寿命减小，应以更小的驱动电流实现发光二极管的驱动工作。二者综合比较，发光二极管的能耗更低。

六、显影装置及其工作原理

显影过程发生在曝光过程结束后，墨粉转移到承印物之前，它实现了墨粉颗粒从墨粉容器到光导体的转移，是从静电潜像转换到视觉可见图像的过程。

在潜像到墨粉图像的转换过程中，实地区域和线条复制的黑色程度以及线条边缘的平滑程度取决于显影到静电潜像墨粉的数量和均匀性，非成像区域（背景）的白色程度则由显影到光导体非图像区域的墨粉数量决定。几乎所有的静电照相印刷品都存在底灰现象，造成这种结果的原因就是墨粉显影到了背景区域。

显影技术的发展经历了喷流式显影、绝缘磁刷显影及导电磁刷显影三个过程，其显影质量不断提高，如图 9-35 所示。

最早出现的显影技术是喷流式显影技术，应用在 Xerox 914 复印机上，它对实地的填充只能成功地复制边缘部分，中心区域的密度很低。

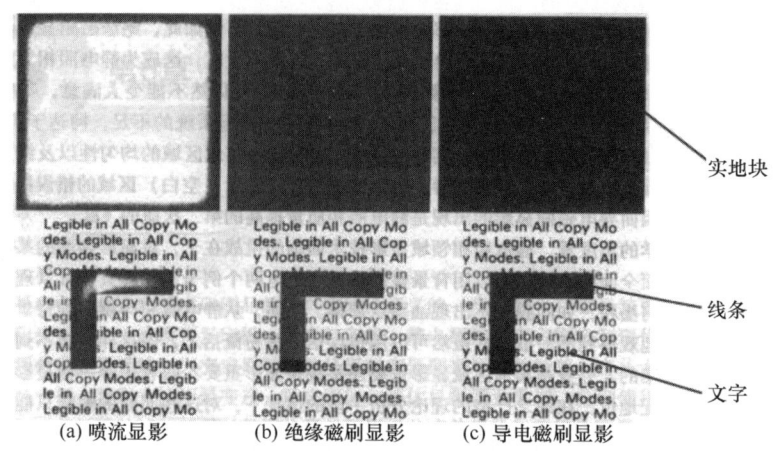

图 9-35 三种显影方式的显影质量对比

绝缘磁刷显影技术代替喷流式显影后，实地填充的复制质量明显提高，中心区域的光学密度与边缘部分接近，中心部位不再出现空白。同时，它也改善了页面背景区域的显影质量，提高了复印机的输出速度，成为静电照相复制质量的第一次飞跃。

绝缘磁刷显影的线条质量密度低、均匀性也较差，为改进上述不足，柯达于 1975 年发明了导电磁刷显影系统。通过该显影系统，线条和实地区域的黑色程度、实地区域的均匀性以及线条和实地区域黑色程度的等同性均明显改善，页面背景区域墨粉数量明显减少，成为静电照相质量提高的第二次飞跃。

（一）喷流式显影

喷流式显影发明于 1952 年，由 Haloid（施乐的前身）和 Battelle 合作，用于首批静电照相复印机，是双组分显影系统之一。在显影过程中，墨粉由高处喷洒至光导体表面实现显影，因此称为"喷流式显影"。该显影系统的载体颗粒是表面涂布聚合物的玻璃珠，直径为几百微米。载体颗粒与墨粉的表面接触导致两者通过静电作用的电荷交换，这种带电墨粉（电荷量相等，电荷极性与充电装置放电极性相反）与载体颗粒自然混合沿侧向通过重力作用向下喷流到光感受器表面，如图 9-36 所示。喷流式显影的出现开启了自动化的显影工艺。

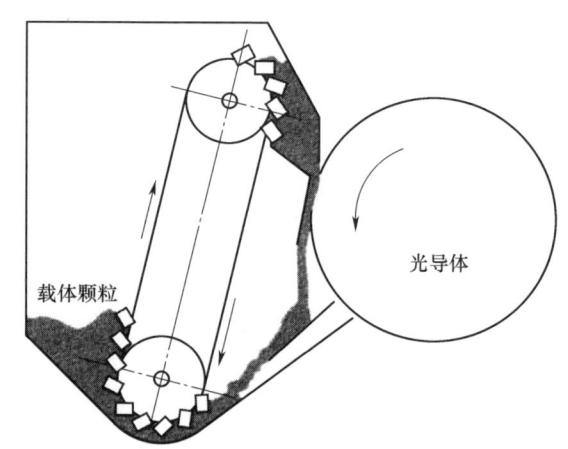

图 9-36 喷流式显影示意图

在喷流式显影系统中，由于载体颗粒和墨粉的运动依靠重力控制，在结构设计上必须满足重力的要求。在该系统中，由于反向电极与光导体输出电场的电容性偶联距离较远而导致静电复印机（即 Haloid 和 Battelle 合作开发的第一代复印机）实地区域似乎经过冲洗一样，仅边缘部位才产生真正的显影效果，显影质量较差。在显影过程中，墨粉颗粒的运动类似于灰尘，可降到任何区域，喷流式显影解决了墨粉的充电与传输问题。载体颗粒作为墨粉搬运的载体并不会消耗而是被重复利用，仅有墨粉传递到光导体的显影区域。因此，需要时时探测并及时为系统补充墨粉。

喷流式显影工艺主要应用于施乐公司早期生产的复印机中，包括手工操作的D型复印机、著名的914复印机和2400系列复印机。由于复印机的物理尺寸、工作速度和成像质量等多方面的原因，喷流式显影工艺在20世纪70年代初期为磁刷显影系统所取代。

（二）磁刷显影

20世纪50年代，美国无线电公司发明磁刷显影，80年代初已完全取代了喷流式显影系统。现在，磁刷显影仍然是静电照相设备使用的主流显影技术。

1. 磁刷显影的一般形式

任何磁刷显影系统都必须包含通过磁性力和其他作用力实现显影的基本构件。如安装于显影滚筒（有时也称套筒）内部的静止或旋转磁铁组合，起传送墨粉颗粒作用的显影滚筒、混合墨粉和载体颗粒的装置、控制显影滚筒表面墨粉和载体组合颗粒数量的计量刮刀和电源等。图9-37所示为双组分墨粉磁刷显影系统。

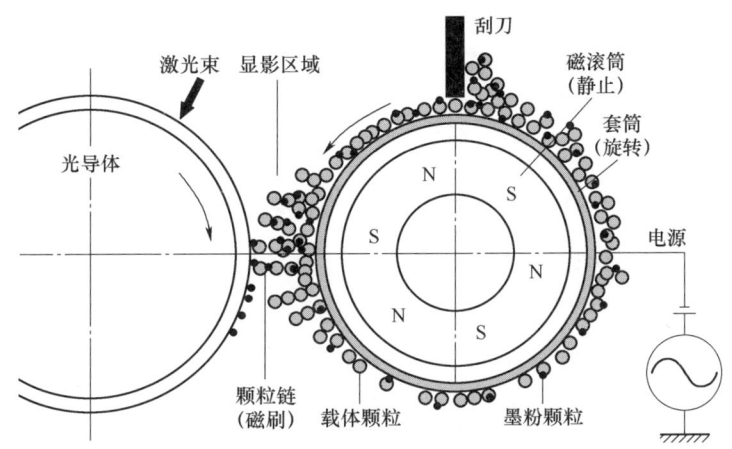

图9-37 双组分墨粉磁刷显影系统

在图9-37中，磁滚筒静止，显影滚筒沿逆时针方向旋转，由此产生磁滚筒与显影滚筒的相对运动，这种组合运动为形成墨粉和载体组合颗粒链提供基础保障。为了将墨粉输送到光导体表面的静电潜像附近，磁滚筒和显影滚筒形成的相对运动方向应该与光导体的运动方向相反。

其显影过程为：在墨粉颗粒和载体颗粒的混合过程中，两者的摩擦完成对墨粉的充电，带磁性的载体颗粒上黏结着带电荷的墨粉颗粒，依靠磁性力和磁滚筒及显影滚筒的相对运动形成螺旋状的墨粉和载体颗粒链，通过显影滚筒和光导体的相对运动传递到静电潜像附近区域。墨粉颗粒的直径大约为10μm，有的甚至小到6μm。在显影套筒内磁场的作用下，载体颗粒被磁化而与墨粉颗粒组成临时性的螺旋状链簇，螺旋方向与显影滚筒运动方向相反。由载体和墨粉颗粒组成的链簇的顶部在显影间隙区域内依次与光导体表面接触，向光导体表面的潜像移动，形成可见的墨粉图像。图9-38所示为由显微照相机拍摄的墨粉转移过程。

所谓的磁刷可以理解为墨粉与载体颗粒组成的组合颗粒链如同刷子擦过光导体，完成

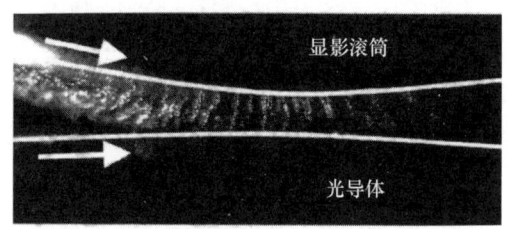

图 9-38 由显微照相机拍摄的墨粉转移过程

静电潜像显影。同时，为获得满意的图像密度，避免质量缺陷，要求载体颗粒链有足够的分布密度和恰当的磁刷作用力。

2. 绝缘磁刷显影

图 9-39 所示为绝缘磁刷显影系统的工作原理。载体颗粒由软磁性材料构成，如果显影系统提供磁场，则载体颗粒将沿磁场的作用方向移动。

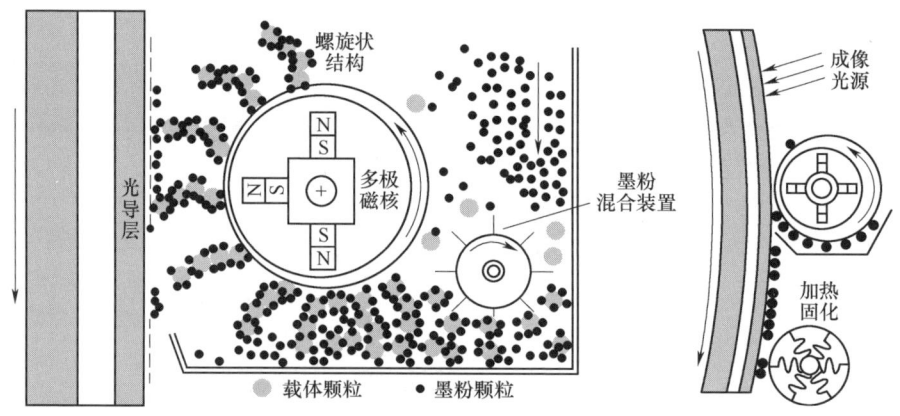

图 9-39 绝缘磁刷显影系统工作原理

图 9-39 所示为墨粉混合装置用于将墨粉颗粒与载体颗粒混合产生双组分墨粉。载体颗粒有磁性，墨粉颗粒在与载体颗粒混合的过程中完成充电，并附着于载体颗粒的表面。该磁刷显影系统为多极磁核旋转，外层的滚筒与多极磁核形成偏心关系。磁刷结构包括静止的显影滚筒和旋转的内置多极磁核，由该多极磁核形成的磁场使墨粉和载体组合颗粒吸引到外层的显影滚筒表面，在内磁场和磁滚筒旋转组合作用下，墨粉和载体组合颗粒链表现出特殊的运动特征，形成动态的螺旋状结构，且呈滑动波的形式。光导体和显影滚筒组成显影间隙，光导体表面的静电潜像与墨粉间存在电位差，墨粉颗粒转移到光导体表面。

绝缘磁刷显影系统除完成基本的显影功能外，还需要具备相应的控制功能，如判断墨粉是否耗尽，如何添加新的墨粉，以及如何混合新墨粉等。此外，在显影系统设计时，应考虑墨粉沿显影滚筒周向的流动特征，计算需要的磁场强度和加到载体颗粒上的磁性力、载体颗粒对磁场强度的影响，以及预测墨粉的流动方向和密度等。

3. 导电磁刷显影

采用球形载体颗粒时形成的墨粉与载体组合颗粒链是绝缘型的。若使用海绵状的载体颗粒，则可形成导电的墨粉和载体组合颗粒链，如图 9-40 所示。所谓的绝缘和导电，本质上指墨粉颗粒链在显影时能否形成导电路径，

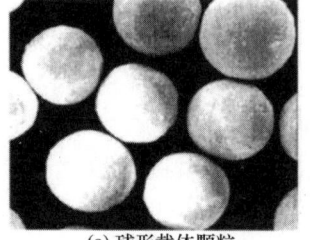
(a) 球形载体颗粒

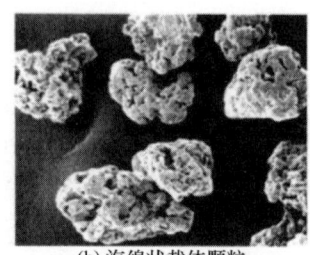
(b) 海绵状载体颗粒

图 9-40 导电磁刷显影

而不是指墨粉本身是否导电。

导电磁刷显影与绝缘磁刷显影的主要区别是载体颗粒的形状，这种显影工艺在磁刷结构上是没有区别的。导电磁刷显影采用的载体颗粒为海绵载体，由于其颗粒外观的不平整特性，使载体颗粒形成链状结构时只能附在下凹处，凸起部分不能附着，因而海绵状载体颗粒的链状结构提供了导电路径。球形载体颗粒形成的链状结构由于绝缘而不能形成导电路径，致使在靠近光导体的部位产生电荷堆积，限制了绝缘磁刷显影系统的复制质量。从墨粉与载体颗粒相互结合的有效性，墨粉"黏结"到载体颗粒的密度，以及双组分墨粉颗粒能否与光导体表面产生有效的结合力等多方面考虑，粗糙形状比规则圆形更加合理，对提高复制质量十分必要。

导电磁刷显影系统的优点：
（1）线条稿边缘更清晰。
（2）实地填充区域的边缘清晰度和光学反射密度均得到提高。
（3）实地填充区域的线条稿的光学反射密度相等。

4. 磁滚筒结构类型

磁滚筒是磁刷显影的核心部件，其结构与性能与显影质量密切相关。

旋转套筒加静止磁核结构的磁刷显影系统主要用于超高速数字印刷机。它分为单旋转滚筒套筒显影系统、双旋转滚筒套筒显影系统（旋转方向相同的多个滚筒、旋转方向不同的多个滚筒）及供体滚筒显影系统。

单旋转套筒显影系统与双旋转滚筒套筒显影系统的结构及显影性能如图 9-41 和图 9-43 所示。其显影性能如图 9-42 和图 9-44 所示，其工作原理如前所述。其中与光导体形成反向旋转关系的双旋转滚筒套筒显影系统的工作效率比同向旋转更高，但两条曲线的形态相似（图 9-44）。

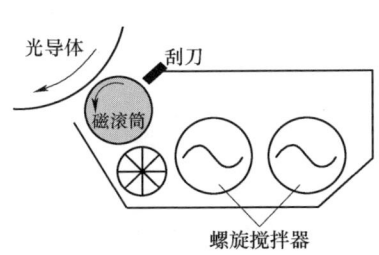

图 9-41 单旋转套筒显影系统

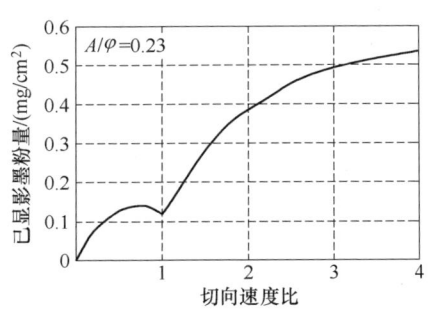

图 9-42 单旋转套筒显影系统的典型显影性能

图 9-45 所示为典型供体滚筒双组分显影系统结构。供体滚筒置于磁滚筒与光导体之间，两个供体滚筒相对于光导体作对称排列。供体滚筒可视为接受墨粉的中间载体，起传递墨粉到光导体静电潜像区域的作用。这种结构利用了供体滚筒的中介地位，四色墨粉颗粒有可能直接堆积到光导体表面后再转移到纸张表面，性能优于传统集中转移一次通过系统。

供体滚筒显影系统与双旋转滚筒显影系统的最大区别表现在墨粉层通过磁滚筒附近建立的磁刷显影到供体滚筒，再从供体滚筒转移到光导体表面。

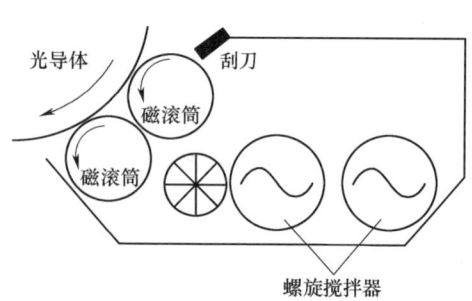

图 9-43　双旋转滚筒套筒显影
系统（同向旋转）

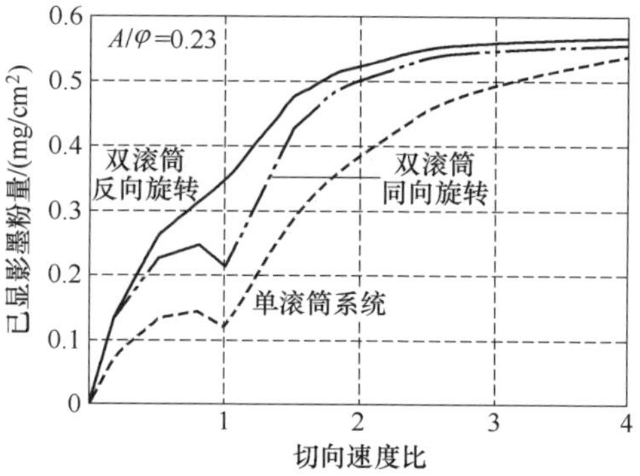

图 9-44　双旋转滚筒套筒显影
系统的典型显影性能

（三）现代双组分显影技术

迄今为止，双组分显影技术变革均以提高墨粉供应能力为基本目标，只有提高了墨粉供应能力，才能构造成高速静电照相数字印刷系统。复合无清理显影技术是施乐 iGen3 采用的现代双组分显影新技术，又称间隙墨粉云显影系统，简称 HSD 系统。全称为基于粉末云的无清理复合非交互显影技术。图 9-46 所示为复合无清理显影装置工作原理示意图，显影过程没有载体颗粒的参与，来自螺旋搅拌器的墨粉由磁刷传递给供

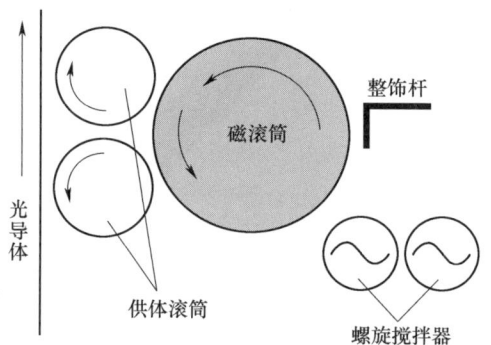

图 9-45　供体滚筒双组分显影系统

体滚筒，以墨粉云的形式"喷射"到光导带的表面。它的优点是有利于避免实地和平网填充区域出现鬼影，墨粉可以更均匀地转移。

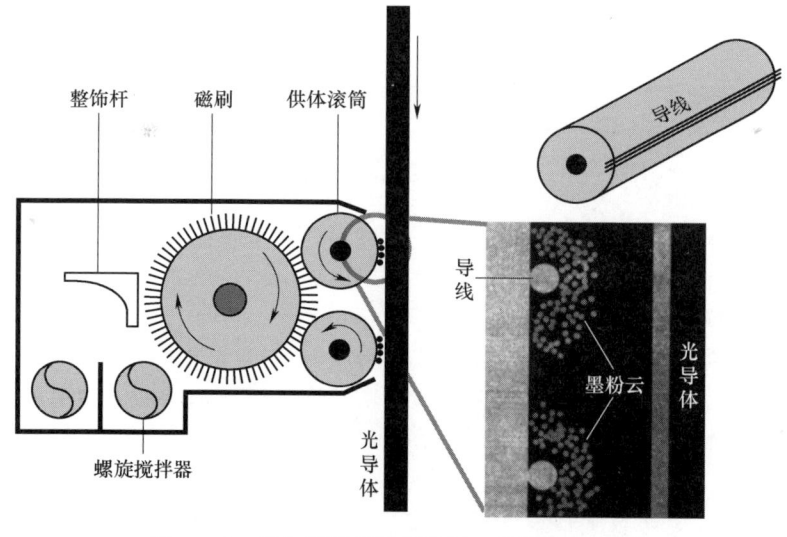

图 9-46　复合无清理显影装置工作原理示意图

该系统由双组分显影槽、磁刷、两个供体滚筒和显影导线集合组合而成。其中，显影导线集合与供体滚筒保持在常接触状态，位置处于供体滚筒靠近光导体的一侧。施加到导线集合的交流电场建立均匀的"浓缩"墨粉云，墨粉云集聚在每一根非交互显影导线的周围。

显影时，墨粉首先通过与显影槽内的软质磁性载体颗粒的交互作用而实现摩擦充电，再借助于磁刷将均匀的墨粉颗粒层显影到供体滚筒表面，只要在磁刷滚筒和供体滚筒间加有合适的直流显影电压，就可以控制墨粉层的墨粉数量。带式光导体排列在供体滚筒的另一侧，离供体滚筒一定距离，在靠近光导体的区域有高交流电场加到导线和供体滚筒间，交替地吸引和排斥带电的墨粉颗粒，在显影导线的邻近区域组成墨粉云。墨粉云中的墨粉颗粒在电场的作用下显影到光导体的表面，显影电场来自在光导体上建立的静电潜像。复合无清理交互显影系统非接触的本质可确保前面显影的墨粉图像质量不会退化，提供质量优异的线条保真度和实地密度。

七、转移装置及其工作原理

静电照相的转移过程发生在显影过程后，熔化过程前，其核心任务是将显影到光导体的墨粉直接或间接转移到承印物表面。在转移过程中，静电照相数字印刷的三大要素——光导体、墨粉和纸张，相互作用，必须建立良好的工艺控制、纸张和墨粉三要素之间的关系，才能获得良好的印品质量。

图9-47将静电照相过程划分为成像过程和复制过程两大类，而转移步骤正是联系成像过程与复制过程的纽带。成像过程主要包含主充电、曝光和显影过程，根据需要，有的设备还包括预充电过程。此外，清理过程发生在一轮完整的复制过程之后，但也可以视为新一轮静电照相过程的开始，因此，也属于成像过程中。复制过程主要包括转移和熔化定影。图中的"墨粉保持"和"继续转移"是针对彩色静电照相的一般转移方法，如多次通过彩色静电照相系统。"墨粉保持"和"继续转移"是指一色墨粉转移完成后，必须保持在纸张表面，等待下一色墨粉的继续转移叠加，直至全部色序印刷完成。

（一）静电转移

光导体上的墨粉在发生转移的过程中，有两种形式：一是直接转移到纸张上的直接转移，二是先转移至中间接受介质（通常为转移滚筒或转移带），然后再转移至纸张上的间接转移。无论采用哪种转移方式，墨粉图像从光导体到纸张的转移以静电转移方式最为普遍。

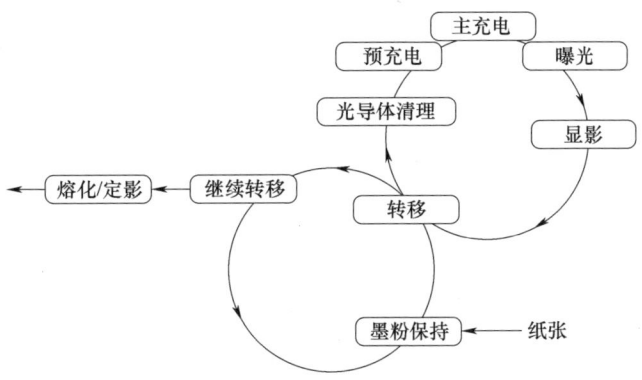

图9-47 转移过程的工艺地位

静电转移法可通过不同的技术实现，例如，以转移滚筒和光导体组成转移间隙，转移带和光导体组成转移间隙，墨粉图像先集中转移到中间接受介质（滚筒或转移带）后再转移到纸张，以转移电晕装置帮助墨粉图像转移等。如前所述，某些技术需要两个步骤完成墨粉从光导体到纸张的转移：第一步，墨粉图像从光导体转移到中间接受介质，如转移带或转移滚筒；第二步，从中间接受介质转移到纸张。分两步走的转移方法借助于静电力，可能有压力的帮助，也可以不加压力。若墨粉图像转移到中间接受介质时在没有压力参与的条件下完成，则墨粉图像需要通过狭窄的气隙，在静电吸引力的作用下，墨粉颗粒以跳跃的方式越过气隙。这种转移类型有时也称为跳跃转移，其含义是没有压力参与。事实上，所有的转移技术都存在气隙，即使某些技术力图避免气隙，但事实上气隙总是客观存在着，原因有许多，包括纸张的粗糙度、墨粉颗粒形状和尺寸的非均匀性、墨粉颗粒结块、墨粉图像堆积的高度差异等，都存在或要求有气隙。为了在研究静电墨粉转移机制时避免与纸张接触，可以选择基于跳跃转移的静电照相硬件技术。

所有使用静电转移技术的墨粉图像从光导体到纸张或中间接受介质的静电照相系统都利用基于电场的基本原理，形成"影响力"足以跨越气隙、抵达纸张或中间接受介质的电场，使纸张能吸引带电的墨粉颗粒，完成显影（墨粉）图像从光导体到纸张的转移。此外，所有的静电"标记"技术通过两种方式产生电场，其中之一从电晕充电装置发射离子，直接抵达纸张，或离子跨越纸张的承载单元，例如转移带或转移滚筒。另一种方式是通过转移带或转移滚筒应用直流电压，可以直接加到纸张或加到中间接受介质。

（二）墨粉的直接转移

显影结束后吸附于光导体表面的墨粉图像由电晕装置充电转移到纸张，属于直接转移方式。

静电照相设备转移过程的充电通常在纸张的反面进行，目的在于使纸张带有与墨粉颗粒极性相反的电荷。图9-48所示为直接转移示意图。图9-49所示为采用直接转移方式的静电照相系统。

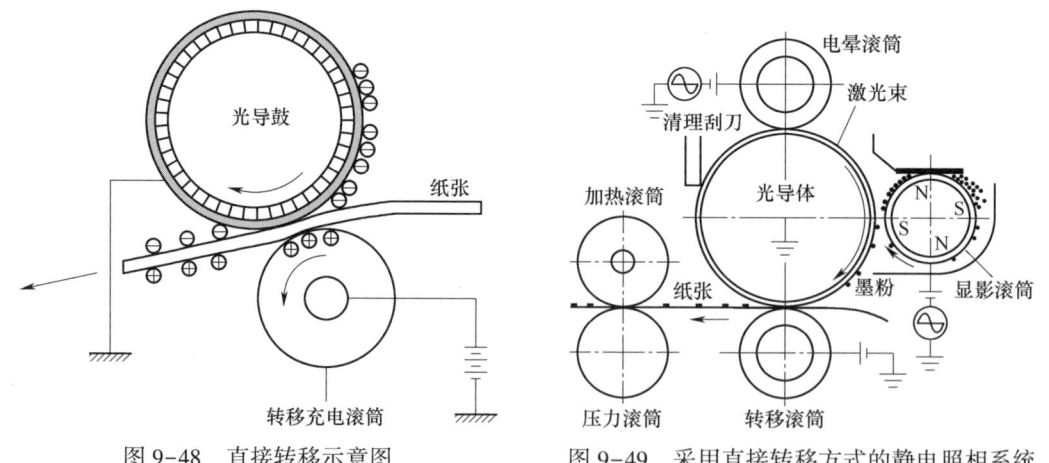

图9-48 直接转移示意图　　　图9-49 采用直接转移方式的静电照相系统

直接转移方式的优点是设备结构简单、成本低、不需要其他记录介质的参与。直接转移方式的缺点是黑白静电复印机或激光打印机墨粉图像从光导体到纸张的转移过程只需一次，采用直接转移问题不大；对彩色复制来说，无论多次通过系统还是一次通过转移的重复定位精度难以确保。

静电照相过程必须完成墨粉的两次转移，第一次转移（从墨粉容器到光导体）仅使静电潜像转换成墨粉像，要真正固定到承印材料表面必须完成第二次转移并加热墨粉，因为墨粉内的黏结性材料只有在加热后才能熔化。虽然加热对象是墨粉而非纸张，但由于加热装置很难放置在熔化间隙内，只能设在纸张的背面对墨粉间接加热，这样就造成了必须先加热纸张再加热墨粉，这就要求纸张要经得住使墨粉熔化的加热温度，这对纸张的特性就提出了更高的要求。

（三）墨粉的间接转移

在转移过程中，将光导体上的显影墨粉首先转移到中间接受介质（转移滚筒或转移带）上，并将加热对象换成中间接受介质，让墨粉在中间介质上熔化，然后再转移到纸张上，这种转移方式称为间接转移。图 9-50 所示为直接转移方式与间接转移方式的对比。

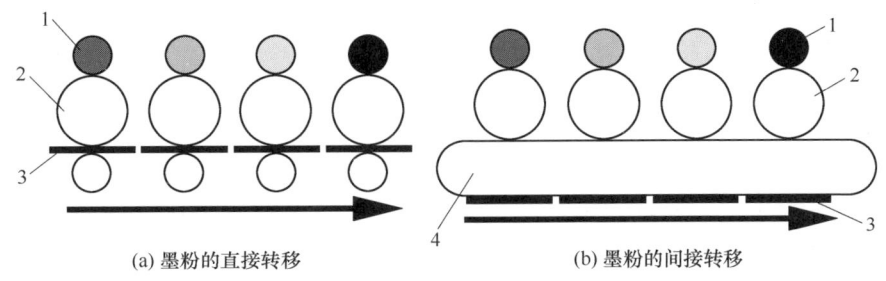

(a) 墨粉的直接转移　　(b) 墨粉的间接转移

1—墨粉颗粒；2—光导鼓；3—承印物；4—中间介质滚筒

图 9-50　墨粉的转移方式对比

在采用间接转移方式的彩色静电照相系统中，墨粉的转移采用二次转移方式。首先将光导体表面已经显影的图像（墨粉图像）转移到中间接受介质，每次转移一种颜色的墨粉图像，称为一次转移；完成多次转移步骤后，在中间接受介质表面形成多层多墨图像的堆积，此后中间接受介质表面的多层粉墨图像再集中一次转移到记录介质上，该过程称为二次转移。一次转移步骤始于光导层，厚度约为 20μm 的黑暗环境下的绝缘光导材料；二次转移始于中间接受介质，具有良好的介电松弛效应，厚度约为 100μm；二次转移的墨粉层厚度大约是一次转移墨粉层厚度的 4 倍。

间接转移的优点：一是对纸张耐热等性能的要求降低，比直接转移更合理；二是多色墨粉在中间介质上叠加后一次转印到纸张上，套印精度高。

1. 转移间隙

在间接转移过程中，墨粉图像的一次转移间隙由光导体和中间接受介质组成，如图 9-51 所示。为表达方便，通常用 PCIT 来表示"光导体到中间接受介质"转移。以光导体与转移滚筒的接触点为界，对滚前的区域称为前转移间隙，对滚后的间隙称为后转移间隙。光导体与转移滚筒的接触点称为转移中心。不同转移区域对电场强度有不同的要求。

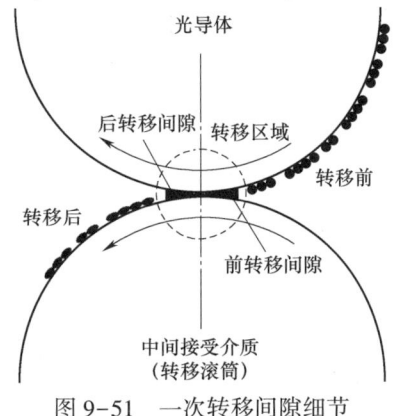

图 9-51　一次转移间隙细节

前转移间隙：如果电场强度达到了击穿电场极限，则会导致前转移间隙空气的电离，明显降低墨粉从光导体到中间接受介质的转移效率，从而影响图像质量。此外，即使电场强度未达到击穿电场极限，由于高电场而造成的墨粉颗粒从光导体过早地转移到中间接受介质，这种过早的转移也称为前转移间隙转移，由于前转移间隙覆盖相对大的气隙，墨粉颗粒将跨越更大的距离，墨粉在转移过程中会在跨越气隙时扩散，导致图像清晰度降低。

转移中心：墨粉颗粒到达转移间隙的中心地带时，光导体与中间接受介质处于接触状态，空气电离改变墨粉电荷，使转移效率与图像质量下降，其效应等同于前转移间隙。

后转移间隙：墨粉转移到中间接受介质后进入后转移间隙，这时气隙再次扩大，击穿电场极限降低。后转移间隙空气的电离增加被转移墨粉颗粒的带电量，由于墨粉图像已转移到中间，因而后转移间隙的空气电离现象对图像质量没有太大影响。

总之，转移间隙电场应该足够大，但以不引起转移间隙击穿为限，前转移间隙的电场需保持得足够小，以尽可能降低前转移间隙前端转移的可能性，防止前转移间隙的空气电离。此外，选择电阻率合适的中间接受介质有助于抑制前转移间隙电场。中间接受介质的电阻率可以控制 PCIT 转移间隙及其附近区域的电场变化。

2. 墨粉转移的基本动力

推动墨粉转移的基本动力来自横跨墨粉层的电场。墨粉转移的驱动电场由净电压决定，它等于系统施加的转移电压 V 与除墨粉层以外其他绝缘层电压降低的差。提高净电压将影响墨粉层电场，从而能更好地转移墨粉。为此需尽可能减少其他层的电压降。

纸张是其他层之一，减少纸张的电压降低可以从控制纸张的电气特性入手，如纸张的表面电阻率和体积电阻率、绝缘常数和介电常数等。某些电气特性波动的增加源于纸张的基础特性，某些则与纸张本身的含水量和纸张所处环境温湿度条件的变化有关。纸张内的含水量不同时会产生不同的电气特性，引起静电照相系统墨粉转移性能的变化。

另一种减小其他层电压降的重要措施是使用高电阻率和具有稳定电气特性的转移滚筒或转移带，但这种方法伴随的是高的能量消耗。

3. 转移率与理想转移曲线

墨粉转移率是指转移到纸张的墨粉数量与显影到光导体上的墨粉数量之比，也定义为显影到光导体上图像的光学密度。墨粉从光导体表面转移到中间，接受介质的理想转移曲线如图 9-52 所示，表示转移电压与墨粉层厚度（间接反映印刷品的反射密度）间的关系。该曲线表征了两个独立的转移过程。第一段斜线（称为线性剥离段），它表示只有当转移电压达到一定水平时，墨粉从中间载体上剥离下来；当转移电压超过剥离电压后，即进入理想转移曲线（直线表示）。

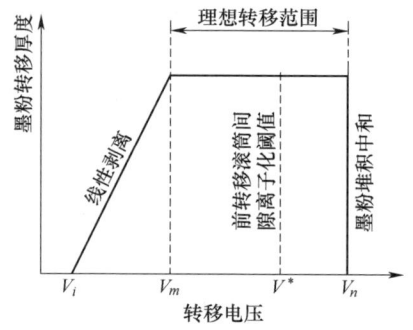

图 9-52 墨粉的理想转移曲线

图 9-53 所示为不同定量及类型的纸张的墨粉转移量与转移电压的关系。可以看出，克重（厚度）越大的纸张的墨粉转移量越高，则获得的表面电荷密度也应该更高，意味着纸张类型对墨粉转移效率有显著的影响。原因是纸张体积和电阻率决定了更有利于墨粉转移的电气特性。

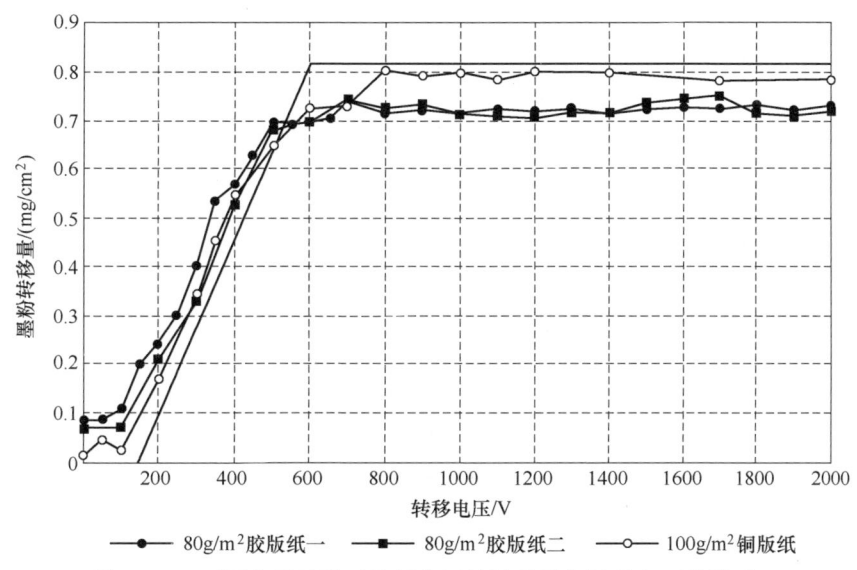

图 9-53　不同定量及类型的纸张墨粉转移量与转移电压的关系

（四）图像压图像转移技术

图像压图像转移方法的基础是复合无清理显影技术，图 9-54 所示为复合无清理显影系统的结构配置，该结构是图像压图像转移技术的基础保障。

在静电照相数字印刷机的发展历程中，出现了各种不同的直通连接结构，其目的都是不断提高印刷速度，以满足高速输出的市场需求。直通连接结构（Tandem Architecture）指输出速度可随时与商业印刷市场速度需求同步提高的系统配置，发展至今共出现过三种主要结构类型，按分色墨粉图像堆积的方式分类，包括堆积到纸张、堆积到中间接受介质和堆积到光导体，它们分别对应于施乐的 DocuColor40、DocuColor2060 和 iGen3 系列产品。

图 9-55 所示的三种直通连接结构以不同的方式转移墨粉图像，每一次技术变革都致力于减少墨粉转移次数。直通连接结构一和直通

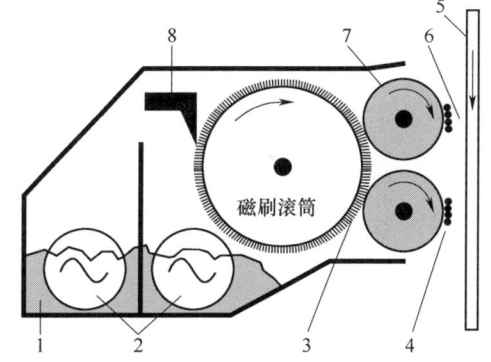

1—显影槽；2—螺旋搅拌器；3—墨粉加载间隙；4—导线电极；5—光导鼓；6—显影间隙；7—供体滚筒；8—整饰杆

图 9-54　复合无清理显影系统结构配置

连接结构二都采用交互的方式先将墨粉图像转移到光导体，再将墨粉图像转移到纸张或中间接受面；直通连接结构三（即图像压图像转移）一次将四色墨粉图像直接从显影装置转移到光导体表面再转移到纸张，导致墨粉图像发生了革命性的变化。其中，在图像压图像技术中，光导体相当于直通连接结构二的中间接受介质，交互式的显影方式显然不能适应图像压图像转移技术的要求，必须改成非交互式的显影技术。

直通连接结构一采用交互式显影技术，称为印刷单元顺序排列依次通过彩色静电照相数字印刷系统，四色墨粉图像按预定的印刷色序依次转移到纸张表面，纸张走过相同的转

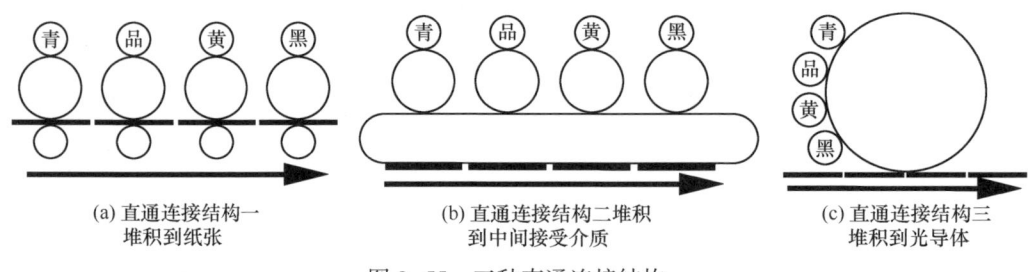

(a) 直通连接结构一 堆积到纸张　　(b) 直通连接结构二 堆积到中间接受介质　　(c) 直通连接结构三 堆积到光导体

图 9-55　三种直通连接结构

移间隙仅一次,属于直接转移技术,它的印刷速度不超过 50 份/min(A4 印张)。

直通连接结构二采用交互式显影技术,称为印刷单元顺序排列集中转移一次通过彩色静电照相数字印刷系统,四色墨粉按预定的印刷色序先依次转移到中间接受介质,再集中转移到纸张上,属于间接转移技术,它的印刷速度不超过 75 份/min(A4 印张)。

直通连接结构三与结构一、二完全不同,采用非交互式显影技术,从显影装置"喷射"出的墨粉到光导体的表面,再转移到纸张,性质上仍属于间接转移技术,但光导体作为中间接受介质使用,它的印刷速度达到 100 份/min(A4 印张)。

八、熔化定影装置及其工作原理

墨粉颗粒转移到纸张后尚未与纸张牢固地结合,还"浮"在纸张表面,需对墨粉进行熔化(Fusion)处理。定影(Fixing)与熔化几乎同时完成,借助于墨粉内树脂与纸张的黏结力建立永久性图像。根据采用的熔化方式不同,有的系统没有定影过程,如滚筒熔化系统。图 9-56 所示为墨粉颗粒的熔化黏结过程。

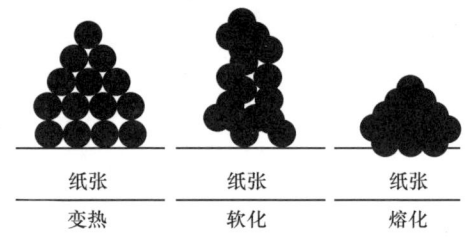

图 9-56　墨粉颗粒的熔化黏结过程

(一) 墨粉熔化技术的分类及熔化机制

目前,最常见的墨粉熔化技术是加热熔化,热能通过接触加热或辐射加热转移到纸张,进而传递给墨粉。加热熔化又分为接触加热熔化和辐射加热熔化。

接触加热最典型的为热熔化滚筒加热。滚筒熔化是墨粉颗粒受到压力滚筒压力和加热滚筒热量的组合作用,由于滚筒熔化系统能够快速提高熔化间隙的温度,且温度分布均匀,因此定影过程与熔化过程同时完成。

辐射加热(非接触加热)以闪光加热和红外加热最为典型,它由电磁辐射装置提供辐射源,墨粉颗粒吸收能量之后软化,通常作为辅助加热方式。在安全方面,纸张因辐射热的作用而有燃烧的危险;从环保角度考虑,辐射热会发射出臭氧,闪光熔化也可能导致墨粉分解。

图 9-57 所示为墨粉受热熔化的各个阶段。墨粉由热塑材料构成,其热特性通常以材料的玻璃渐变阈值温度 T_g 描述。T_g 并不是一个固定的数值,往往是温度的范围,它表征了材料从固态转变为玻璃态的分界线。墨粉熔化是为了得到永久性的图像,熔化过程的结束应该使墨粉返回固体状态,即纸张与墨粉紧密结合的固体状态。因此,熔化过程经历先

加热再冷却的合理循环。

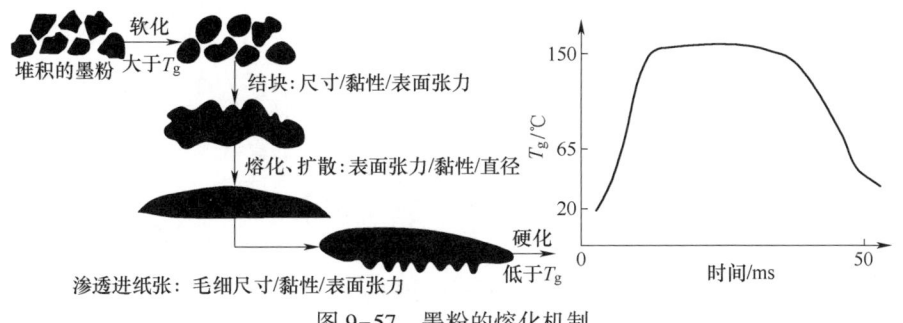

图 9-57 墨粉的熔化机制

多层墨粉叠加是形成彩色印刷品的必要条件，但墨粉与纸张的黏结能力与墨粉所在的位置有关。处于最底部的墨粉层最容易实现与纸张的黏结，墨粉层与纸张的距离越远，黏结越困难，为此需要解决墨粉与纸张以及墨粉与墨粉如何均匀地黏结的问题。此外，有效的墨粉黏结与纸张温度的关系极大，处于冷状态的纸张会导致墨粉"熄火"。因此，纸张的表面温度必须与墨粉温度处在相同的范围内，才能保证墨粉与纸张的有效黏结。

为了确保熔化时的加热温度不至于熔化纸张表面上的涂布层，必须降低墨粉的熔化温度。从图 9-58 可以看到，墨粉黏性与温度变化有关。在熔化过程的开始阶段，随着热量的增加，墨粉温度同步上升，墨粉从固体状态的几乎没有黏性逐步发展出黏性；温度进一步上升导致墨粉软化，黏性也相应地快速增加；温度继续提高使墨粉黏性达到最大值后，黏性不再增加；之后，随着温度的增加，墨粉变成流体形态，随着流动性的增加黏性逐步降低，以至于黏性全失。

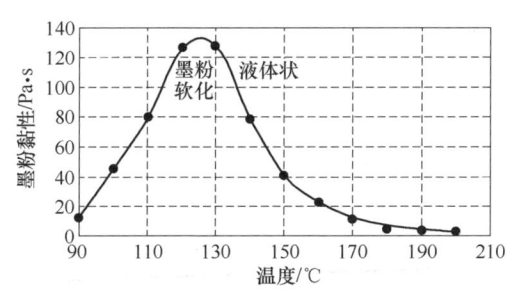

图 9-58 墨粉典型黏性曲线

（二）热接触熔化

墨粉材料的选择与熔化技术有关，往往因采用接触或非接触的熔化和定影方法而有区别。

热接触熔化又称滚筒熔化，是墨粉颗粒受到压力和热量的组合作用，在热熔化间隙内将热量和压力传递给墨粉和纸张。由于滚筒熔化系统能够快速提高熔化间隙的温度，且温度分布均匀，因此定影过程与熔化过程同时完成。

一般来说，熔化能量应该是驻留时间的函数，由工艺速度和熔化间隙宽度决定。熔化工艺参数与纸张和墨粉特性的交互作用将影响定影质量。墨粉的流变特性是影响定影质量的主要因素，应该按熔化工艺参数设计，因而有时也将墨粉特性作为工艺参数的一部分。墨粉特性在控制熔化工艺和图像定影质量方面扮演重要角色，对接触熔化尤其如此。熔化过程中的绝大多数热能为纸张所吸收，与需要固定到纸张的图像尺寸和参与熔化的墨粉数量并无多大关系。纸张的含水量越高，吸收的热量越多，会导致墨粉因热量不足无法彻底熔化而停留在纸张表面，定影质量会受到严重影响。

热熔化过程中存在"争夺"热能数量和热传导比例的竞争关系，与纸张和墨粉的材料配方有一定关系。换言之，在材料滞留在熔化间隙期间，吸收热能快的材料将获得更多的热量。熔化系统的设计原则为在纸张限制条件下使墨粉获得足够的热能，到达墨粉材料的熔化点时尽管黏性降低，但处于熔化间隙的墨粉仍然可借助压力实现良好的渗透，与纸张的黏结强度高，图像与纸张有足够的黏结牢度。涂布颜色作为附加的熔化参与者将改变争夺热能的竞争关系，也会引起纸张多孔结构的变化，影响熔融墨粉的扩散、渗透和黏结。涂布纸（铜版纸）表面的施胶化学成分以及纸张的粗糙度等因素也与熔化效果有关，往往能改善黏结特性。

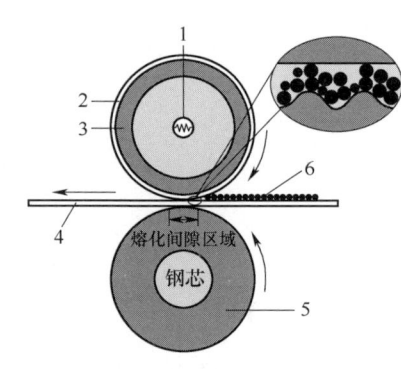

1—加热器；2—涂布层；3—铝芯；
4—纸张；5—弹性橡胶；6—墨粉
图 9-59　滚筒熔化系统（1）

图 9-59 所示为滚筒熔化系统，它主要由加热滚筒和压力滚筒（也称支承滚筒）两大关键部件构成。加热滚筒由加热器、铝质基底滚筒及涂布层组成，安排在墨粉图像正面，主要用于对墨粉颗粒进行加热熔化。为防止熔化后的墨粉黏连到其表面，加热滚筒表面需要涂布表面能低的聚合物层和隔离剂，如熔化硅油。压力滚筒又称支承滚筒，由不锈钢芯和弹性橡胶组成，位于图像的背面。工作时，加热滚筒和压力滚筒彼此对压，纸张从二者形成的熔化间隙通过，完成墨粉的熔化与定影过程。熔化间隙区域内存在一定数量的空气，主要原因是墨粉层的多孔性特征和纸张表面结构的粗糙不平。空气的热导率为 0.030W/(m·K)，与墨粉材料的 0.151W/(m·K) 和典型纸张的 0.080W/(m·K) 相比要小得多。因此，为了准确估计熔化间隙区域的温度场，应该合理地评价熔化区域内存在的空气对热转移的影响。

为清除在加热熔化过程中转移到加热滚筒表面的墨粉颗粒，熔化系统中还增加了清理器，如图 9-60 所示。

接触熔化结束后需要剥离过程。由于熔化间隙由加热滚筒和压力滚筒构成，已经转移有墨粉层一侧的纸张必须与加热滚筒面对面，才能使纸张表面的墨粉在热量的作用下熔化，滚筒熔化系统的压力滚筒位置在黏结有墨粉纸张的相反侧，因此，纸张剥离的含义是黏结了墨粉层的纸张面与加热滚筒表面分离，而与压力滚筒接触的纸张面则无须剥离。

1—表面层；2—铝质滚筒；3—指形剥离器；
4—橡胶层；5—金属芯；6—承印物；7—墨粉；
8—弹簧；9—加热器；10—加热滚筒；11—清理器
图 9-60　滚筒熔化系统（2）

滚筒熔化系统的剥离性能主要由墨粉对加热滚筒的黏性决定。对卷筒供纸的印刷机而言，剥离操作的实现相对容易。因为纸张离开熔化间隙后，剥离器和滚筒的组合使用使纸张处于紧绷状态，从加热滚筒表面剥离下纸张很容易。对单张纸印刷机而言，必须从熔化滚筒表面剥离每一印张。在纸张有足够刚性的前提下，有可能实现自我剥离。否则应采用包含起剥离作用的指形剥离装置（图 9-60）。通常，软质加热滚筒可实现自我剥离，它利用了纸张离开熔化间隙区域时不能紧贴于加热滚筒这一事实。此外,纸张在加热过程中有卷曲的特性,且纸张朝向被加热的一侧,因而纸张微侧卷曲将对自我剥离产生负面影响。

在熔化系统的两个滚筒中,总有一个滚筒的表面硬度弱些,与另一滚筒对滚时产生变形,从而组成熔化间隙。热滚筒熔化系统可以取三种不同的形式之一,区别在于如何形成熔化间隙。

1. 加热滚筒熔化间隙与硬质压力滚筒熔化系统

在该系统(图 9-61)中,加热滚筒表面覆盖着一层厚厚的回弹性良好的涂布层,在加热作用下,其产生的变量形大于压力滚筒,即熔化间隙的主要贡献来自加热滚筒,因而可简称为加热滚筒熔化间隙系统。该系统得到的印刷图像有外凸感,呈现某种程度的光泽,但由于加热滚筒覆盖的涂布层较厚,导致涂布层内的温差大,因此通常更适合于输出速度在 0.25m/s 以下的低端静电输出设备。

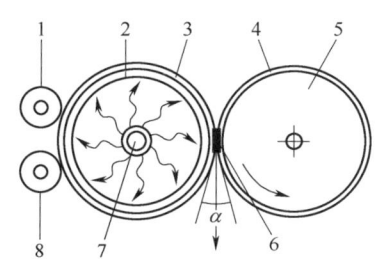

1—缓释剂应用器;2—加热滚筒芯;3—弹性涂布层;4—涂布层;5—压力滚筒芯;6—熔化间隙;7—加热装置;8—清理器

图 9-61 加热滚筒熔化间隙与硬质压力滚筒熔化系统

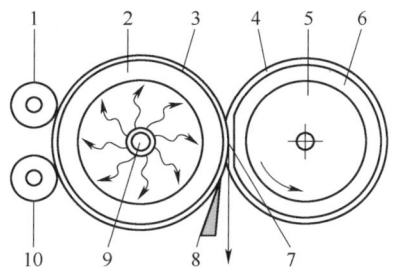

1—缓释剂应用器;2—加热滚筒芯;3—硬质涂布层;4—涂布层;5—压力滚筒芯;6—弹性层;7—熔化间隙;8—指形剥离器;9—加热装置;10—清理器

图 9-62 压力滚筒熔化间隙与硬质加热滚筒系统

2. 压力滚筒熔化间隙与硬质加热滚筒系统

在该系统(图 9-62)中,加热滚筒表面相较于压力滚筒更硬,因而熔化间隙主要由压力滚筒表面覆盖的人造橡胶层产生。加热熔化过程中,墨粉层为加热滚筒的硬质表面和压力滚筒的软质表面组成的结构所压平。由于纸张的多孔性结构特点和墨粉层密度的可变性,会导致转移到纸张表面的墨粉图像受到不均匀地挤压,最终得到的图像外凸感较差。与其他系统相比,这种熔化系统的印刷质量较差,但由于其制造成本低,在低速和高速静电照相设备中都有应用。

3. 压力滚筒熔化间隙与软质加热滚筒系统

在该系统(图 9-63)中,主要由压力滚筒组成熔化间隙。加热滚筒表面的硬度虽然比压力滚筒低,但由于其涂布层很薄,变形量非常有限,所以该系统的变形量主要由压力滚筒形成。该系统的印品质

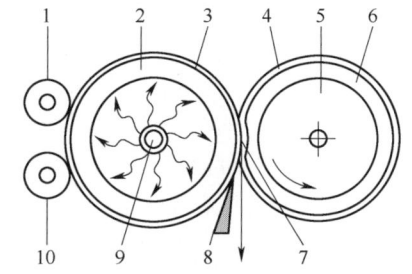

1—缓释剂应用器;2—加热滚筒芯;3—弹性涂布层;4—涂布层;5—压力滚筒芯;6—弹性层;7—熔化间隙;8—指形剥离器;9—加热装置;10—清理器

图 9-63 压力滚筒熔化间隙与软质加热滚筒系统

量较好,且适合更高的输出速度。

(三) 非接触熔化

非接触熔化又称为辐射熔化,它是一种更节能的熔化方式,其本质上仍基于加热原理。与滚筒熔化技术不同,它由电磁辐射装置提供辐射源,墨粉从这种装置发出的电磁辐射吸收能量,导致墨粉颗粒软化;墨粉进一步吸收辐射能将引起物理相的改变,熔融墨粉进入低黏度状态。当墨粉颗粒的物理相进入低黏状态时,将沿纸张表面浸润,并渗透进纸张纤维,导致墨粉和纸张牢固地约束在一起。

非接触熔化往往需要经过墨粉固化的补充处理,静电照相的复制过程才算全部结束,这种过程称为定影。辐射熔化往往需要额外的定影过程,这就有可能影响静电照相设备的输出速度。此外,由于大功率辐射加热装置的制造成本高于滚筒熔化系统,且温度提升速度和热量分布的均匀性需要许多附加技术予以保证,完全依靠辐射热量熔化墨粉的静电照相设备并不多见。

图 9-64 所示为非接触辐射熔化的基本工作原理示意图。特定波长的光线入射到已堆积在纸张表面的墨粉层,辐射能为墨粉和纸张吸收后转换成热能。

目前,辐射能主要有闪光和红外两种形式。基于闪光辐射的熔化技术称为闪光熔化。闪光熔化在卷筒纸静电照相数字印刷机上应用较多。

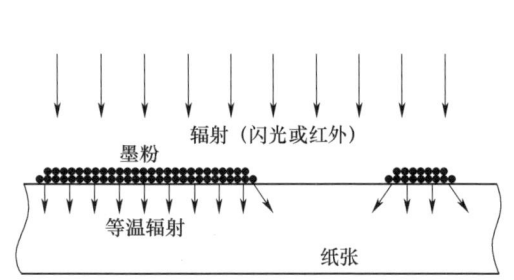

图 9-64 非接触辐射熔化基本工作原理示意图

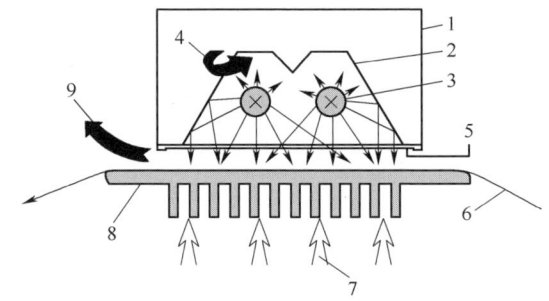

1—灯箱;2—反射器;3—闪光灯;4—冷却空气;
5—玻璃板;6—卷筒纸;7—冷却空气;8—鞍座;9—废气

图 9-65 闪光熔化系统的结构

图 9-65 所示为闪光熔化系统的结构。工作时闪光灯发出热量,反射腔内的温度因热量堆积而升高,为确保系统可靠运转,必须降低反射腔内的温度,如吸收掉灯光与反射器之间的热空气,从反射腔外部补充冷空气等;由于纸张和墨粉产生的气体不利于环保,也应加以吸收,经过滤处理后才能向外排放。

在设计闪光熔化装置或选择辐射光源时,必须注意墨粉和纸张的吸收光谱曲线差异,注意不同颜色墨粉的吸收光谱差异。图 9-66 所示为典型纸张和四色墨粉的吸收光谱曲线。从图中可以看出,黑色墨粉在图示的色谱范围内吸收率达到 95% 以上,且无波动,说明黑色墨粉的吸收能力与波长无关;纸张对不同频率成分的吸收能力有所差异,呈两端高、中间低的特点,其平均吸收率在 25% 左右;青、品、黄三色墨粉的吸收率明显低于黑色墨粉,其中品色和黄色呈现先低后高的趋势,青色墨粉对超过 600nm 波长的光线的吸收能力良好。

九、清理装置及其工作原理

经过前述充电、曝光、显影、转移、熔化定影五个步骤后，一份完整的印品已经印刷完成。但印刷是一个重复复制的过程，为了顺利进入下一个工作循环，需要将印刷系统恢复到初始状态，即启动清理（Clear）过程。清理过程的主要任务有两个：一是设法清除光导鼓或光导带表面残留的墨粉颗粒。墨粉颗粒在转移过程中，

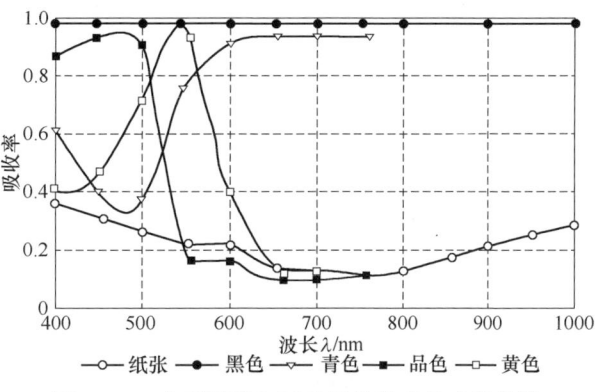

图 9-66 典型纸张和四色墨粉的吸收光谱曲线

很难做到100%的转移。为了使残留在光导鼓或光导带上的墨粉不影响下一次复制，通常需要用清理辊或清理刷清除残留的墨粉颗粒，这个过程通常采用清理辊实现，清理的对象主要是光导鼓和中间转移滚筒。二是清除光导鼓上残留的电荷。由前述所知，从曝光过程结束后，光导鼓上的电荷变得不再均匀。电晕消电装置采用交流充电方式实现消电。电晕导线发出正负交替的离子，空气被电离后的正负离子不断地与电晕导线发出的正负离子中和，使电场中介质表面的电位趋于0，实现消电，其过程与电晕充电过程相似。清理过程示意图如图 9-67 所示。

图 9-68 所示为 KODAK Digimaster 的静电照相印刷系统。其中，清洁单元 1 实现残余电荷的清理工作，清洁单元 2 和 3 实现墨粉颗粒的清洁工作。在该静电照相印刷系统中，虽然清理装置的结构形式不同，但最终实现的功能是一样的，都是为了清理系统里残余的墨粉颗粒和残余电荷，使系统恢复到初始状态，以便进行下一次印刷过程。

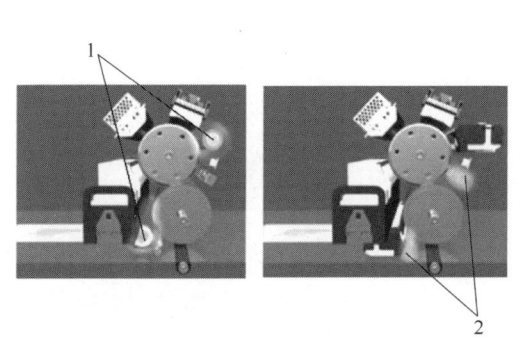

1—清理辊；2—电晕消电装置

图 9-67 清理过程示意图

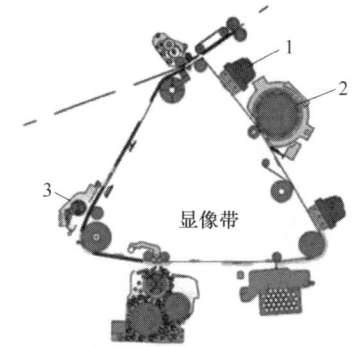

1—电荷清理装置；2，3—墨粉清理装置

图 9-68 KODAK Digimaster 静电照相印刷系统

第三节 喷墨数字印刷机的原理与结构

一、喷墨印刷概述

将液体自小喷孔喷出在承印物上的技术，称为喷墨技术。喷墨印刷是一种非撞击的

"点阵"打印技术,墨滴从小型器械中喷射而出,根据控制条件飞行到记录介质表面,直接在规定位置建立印刷图像,如图9-69所示。喷墨印刷是严格意义上的非接触复制工艺,成像结果直接在承印材料表面完成,无须借助任何中间载体,因而不存在中间转印过程。

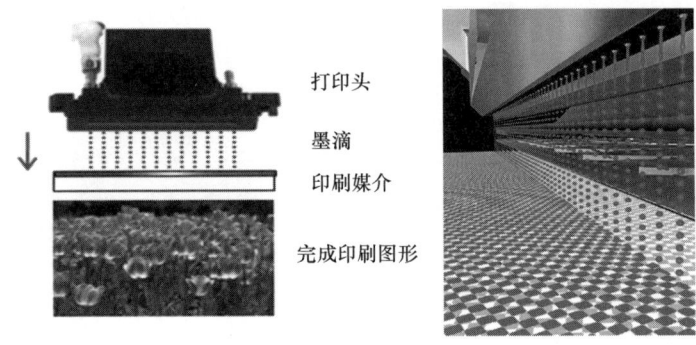

图9-69 喷墨印刷示意图

喷墨印刷(视频9-3~视频9-8)已成为当前两大主流数字印刷技术之一,从1873年世界上第一台基于墨水喷射原理的图形花样(图案)输出设备付诸使用开始算起,已经有100多年的发展历史,比人们想象中的喷墨印刷更古老;如果上溯到1858年出现的类似于喷墨印刷的Siphon记录装置,则喷墨印刷的发展历史更悠久。喷墨印刷既不同于传统印刷方法,也不同于其他数字印刷技术,液态油墨既要求喷墨印刷解决许多困难问题,但也带给喷墨印刷许多"先天"的优势。从20世纪80年代开始,喷墨印刷以超乎人们想象的速度发展,应用领域十分广泛,例如,工业标记、办公室和家庭文档输出、数字打样、大幅面广告和纺织品印刷等。

(一)喷墨印刷的特点

喷墨成像技术可实现非常高的分辨率,并且可以直接成像在除水和空气以外的柔性、刚性以及平面和非平面的所有材质上,不受承印物的限制,完全满足所有高档应用的要求,这些都是其他技术无可比拟的。墨滴生成和喷射控制是喷墨印刷的关键技术,也正是墨滴无须转印,直接喷射到纸张的优势所在。喷墨印刷具有如下所述的特点。

1. 非撞击优点

为了使印版上的油墨转移到承印材料表面,传统印刷方法必须在印版滚筒和压印滚筒间施加压力,才能实现油墨的转移,就使得两者的撞击不可避免地发出噪声。而喷墨印刷属于非撞击印刷技术,所有喷墨方法,只要墨滴有足够的初始动能就可以直接喷射到纸张,甚至连静电照相数字印刷极其微小的转印压力都不需要,因此工作环境安静,不可能也没有机会产生噪声。

2. 质量控制

传统印刷工艺从原稿数字化开始到形成最终产品,需经历分色片输出、晒版(或计算机直接制版)和印刷等工艺步骤,由于质量控制环节多,质量下降的可能性增加。而喷墨印刷不需要上述工艺步骤,甚至连静电照相数字印刷必须在光导体表面形成静电潜像的中间过程也不需要,墨滴生成和喷射装置集成在打印头内,可以认为,只要控制好打印头制造质量和相应的控制,就能实现最终印刷质量的控制。

3. 控制方式

传统印刷只能在模拟控制方式下工作，即使按 JDF 标准建立了数字工作流程，印刷机本身的控制方式仍然是模拟的。尽管喷墨印刷和其他数字印刷方法都按数字控制机制工作，但喷墨印刷的数字控制表现得更直接和简单，只需控制墨滴生成和喷射即可。

4. 照片质量输出

传统印刷有漫长的发展历史，积累了丰富的工程经验，然而仍无法实现照片复制效果。喷墨印刷使用专用的喷墨打印纸，能生产与摄影照片媲美的印刷品。工业生产实践表明，任何高质量的产品必然以提高生产成本为代价，只要产品符合质量要求，则允许牺牲一定的成本。

5. 色域

喷墨印刷实现彩色复制相较于传统印刷而言更简单，只需在喷墨打印头上组合几种墨水或通过管道将几种彩色墨水输送到喷墨打印头即可。现代彩色按需喷墨印刷技术已发展到可以使用四种以上颜色的墨水，扩展了彩色印刷品的色域范围，但设备价格并不贵，从而使喷墨打印机有条件成为廉价的彩色记录设备，色彩表现能力更强。

6. 曲面印刷

除丝网印刷外，几乎所有的传统印刷方法都不能在弯曲的非平面表面进行印刷，其他数字印刷技术到目前为止也无法做到。然而，喷墨印刷只要调整其印刷系统的墨滴生成和喷射结构，就能实现在具有一定弯曲度的曲面上印刷。

7. 厚度限制问题

除丝网印刷外，几乎所有的传统印刷工艺都受到转印间隙尺寸的限制，只有厚度较小的承印材料才能通过。其他数字印刷方法尽管只需以很小的压力就能转移油墨，但由于同样存在转印间隙，也对承印材料的厚度提出限制。就喷墨印刷的工作原理而言，原则上对承印材料厚度没有限制，可以在相当厚的承印材料上印刷，如木板、塑料板和金属板等，甚至连木门都可以印刷。

8. 承印材料结构

传统印刷方法虽然无须借助加热等物理作用转移油墨，但压力不可缺少，机件之间的撞击不可避免，必然导致对承印材料的结构性限制，例如，不能在纺织品和皮革等结构松散的材料表面印刷。虽然通过墨粉转移图文信息的数字印刷方法需要的转印压力几乎可忽略不计，但必须借助加热才能完成印刷过程，也会造成对承印材料的结构性限制。喷墨印刷以直接喷射墨滴的方法完成油墨转移，压力和加热都不需要，结构限制几乎不存在。

（二）喷墨印刷的分类

喷墨印刷因墨水喷射和墨滴生成方式的不同而分为连续喷墨和按需喷墨两大类，且还可继续按墨滴控制方式或生成并喷射墨滴使用的物理原理将连续喷墨和按需喷墨细分为不同的喷墨印刷技术，如图 9-70 所示。

由图 9-70 可以看到，喷墨印刷按墨水喷射是否连续进行分为连续喷墨和按需喷墨（又称为随机喷墨或脉冲喷墨）两大类。连续喷墨可分为 Sweet 喷墨、Hertz 喷墨及微滴喷墨。其中，Sweet 喷墨可按喷射到纸张的墨滴是否偏转分成偏转喷射和不偏转喷射两类，墨滴偏转后喷射到纸张时还可按偏转状态的多少进一步分为二值偏转控制和多值偏转控制两种类型。

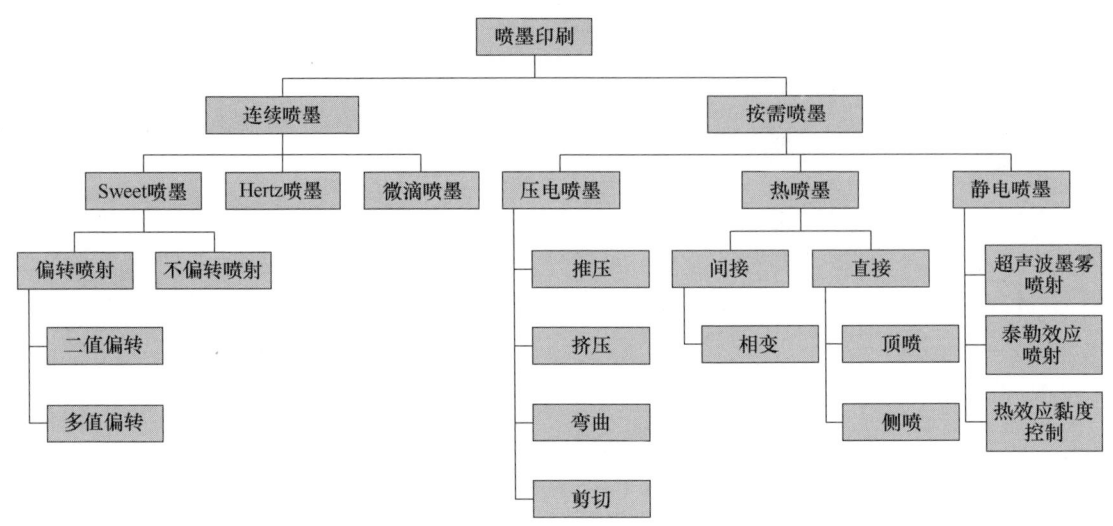

图 9-70　喷墨印刷技术分类与总结

按需喷墨的主流技术主要有热喷墨、压电喷墨、静电喷墨等。热喷墨又称为气泡喷墨，根据加热器作用方向与墨滴喷射方向的位置关系，又可细分为顶喷和侧喷两大类型；相变喷墨属油墨间接转移型，根据墨滴生成方法可归类到热喷墨技术中。压电喷墨按压电材料变形方式的不同可分为推压模式、挤压模式、弯曲模式和剪切模式四大类型，其中以弯曲模式和剪切模式最为常见。按目前已经出现的技术，静电喷墨分为泰勒效应喷射、热效应黏度控制喷射和超声波墨雾喷射三类，其中以泰勒效应静电喷射最为典型。

（三）墨滴大小的衡量及打印头结构

在喷墨印刷中，喷墨系统产生的墨滴的大小直接影响喷墨印刷的质量，是衡量印品质量的重要指标。在喷墨印刷领域，通常以体积或质量作为墨滴尺寸大小的衡量指标，因为墨滴体积或质量比尺寸更能反映墨滴几何尺度的本质。以体积描述墨滴的尺寸时，因为墨滴体积极其微小，以至于升和毫升这样的单位显得太大，只有用皮升（pL）L 才恰当，$1pL=10^{-12}L$；以质量描述墨滴尺寸时通常采用比毫克更小的单位纳克，ng，与克的换算关系为 $1ng=10^{-9}g$。

印刷分辨率的提高往往伴随着墨滴体积的降低。随着喷墨技术的不断改进与发展，墨滴尺寸从 1997 年的 32pL 减少至 2002 年的 2~6pL。在追求摄影图像质量竞争压力的推动下，墨滴体积逐步减少，截至 2002 年，其发展趋势如图 9-71 所示。

理论上体积为 2pL 的墨滴虽然可以做到，但已接近喷墨印刷实践可接受的极限，原因在于空气动力效应限制了细小墨滴的精确定位。由如此之小的墨滴产生的记录点事实上几乎看不清，但为了精细地控制阶调复制曲线，网目调和边缘增强算法需要使用这些细小的墨滴，以实现原稿高光和平滑边缘部分的高精度输出。

墨滴体积越小时通过喷射转换过程得到的记录点尺寸也越小，从而要求每秒钟从打印头喷射出更多数量的墨滴，才能够在给定的时间内覆盖相同的面积。考虑到待复制图像或页面内容打印的时间是关键竞争要素，各喷墨打印机制造商的兴趣转移到更高的墨滴喷射速率，以及在每一个打印头中包含数量更多的喷嘴。

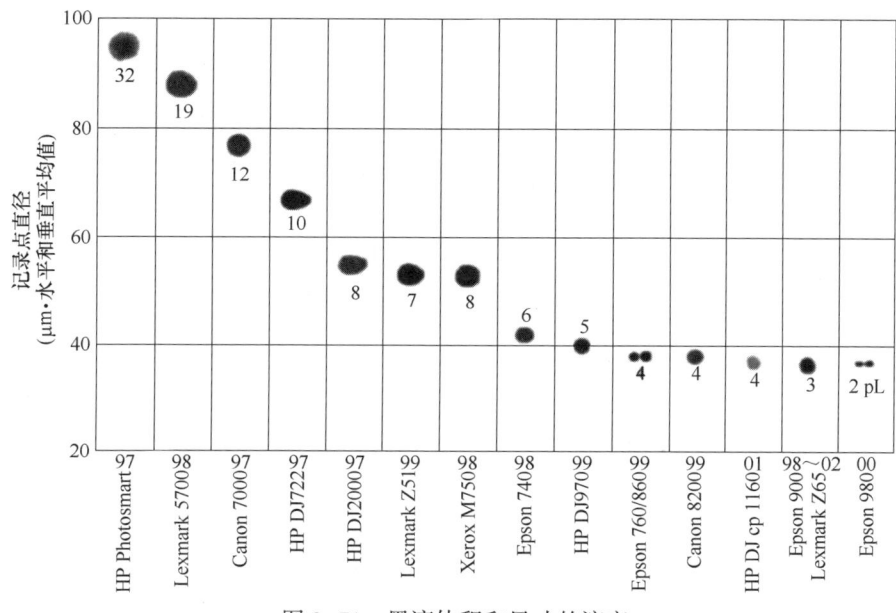

图 9-71 墨滴体积和尺寸的演变

打印头是喷墨印刷的核心部件，其发展经历了往复式到全宽式的过渡。家庭和办公用小型喷墨设备多采用往复式结构，由拖板带动打印头套件工作，成本较低，如图 9-72（a）所示；商业用喷墨设备采用全宽结构，打印头覆盖页面宽度，无须来回扫描，印刷速度明显提高，如图 9-72（b）所示。

(a) 往复式打印头　　　　　　　　　　(b) 全宽式打印头

图 9-72 打印头的结构形式

喷墨设备的打印头套件主要包括墨滴发生器、喷嘴阵列、墨水容器和连接电缆线等。在小型的喷墨打印头中，墨水容器与其他部件连为一体；在大中型的喷墨打印头中，墨水容器与其他部件分离，单独供墨。

（四）喷墨印刷技术的发展及应用

随着喷墨技术的不断革新，其不再局限于作为办公与家庭彩色输出系统以及数字彩色打样、数字印刷、大幅面数字喷绘等方面。将喷墨印刷中的墨水换成特殊液体如聚合物、导电性金属液体或生物液体等功能材料，将会引起相关各个不同应用领域的重大变革。例如，这种应用在电子产品生产或高密度线路制作方面的技术已趋于成熟。最新的科技成果表明，喷墨技术在显微注射、平板显示和生物技术领域同样发挥着重要作用。

1. 印刷电子

传统电子线路的制作，是将导线物质镀在电路基板上，经过曝光蚀刻去除非电路的地方，而导线则为未蚀刻的部分。曝光蚀刻法制作的导线的宽度最小为 30μm 左右，这一制作精度已不能满足产品日益小型化、微型化的需求，人们开始控制新的制作工艺。印刷电子（图 9-73）是指基于印刷方法制造电子器件与系统的科学技术，它具有可大面积生产、柔性化、易于批量化、低成本、绿色环保等优点，与传统硅基微电子产品形成强烈对比。采用微液珠喷射技术的印刷电子制备，将电路基板上设计有导线的地方，通过直接喷射的方法成型，宽度可达 10μm 左右。应用印刷的方式制备高精密柔性电子产品，可实现绿色化、低成本和批量化生产，解决了微电子产品在传统的硅基制造工艺中，存在成本昂贵、环境污染高等问题。

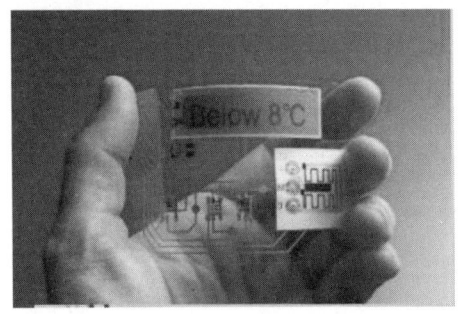 

图 9-73 印刷电子产品

2. 彩色滤光片

彩色滤光片为光电领域中新近蓬勃发展的 LCD 平面成像技术中的必要组件，如图 9-74 所示。彩色滤光片为 RGB 三原色细密排列分布而成的微米级矩阵图样。传统的彩色滤光片制备采用旋转涂布法，而以微珠液喷射技术来制造，可以解决旋转涂布法无法三色同时制造且大量浪费颜料光阻等问题。

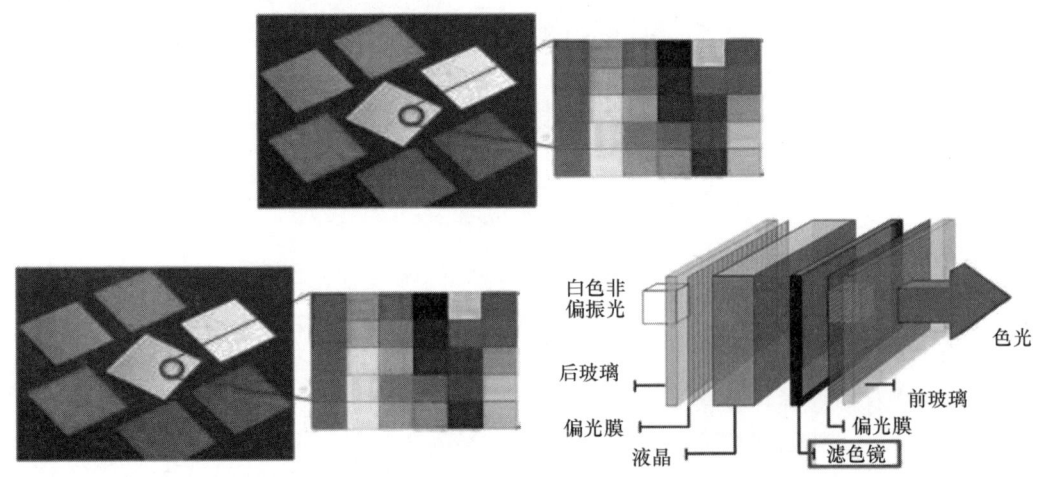

图 9-74 彩色滤光片及其结构

3. OLED 有机发光二极管

目前，主流的 OLED 制作一般都采用真空蒸镀工艺。这一技术主要面临着良品率和成本的问题。采用喷墨印刷方式生产 OLED 显示屏制造成本更低，在原材料使用上，印刷 OLED 比蒸镀技术节省 90% 左右。图 9-75 所示为 OLED 有机发光二极管。

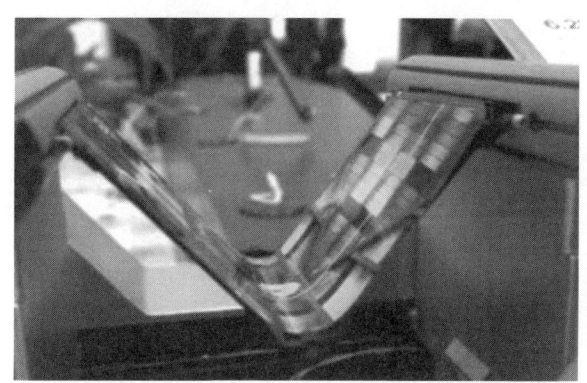

图 9-75　OLED 有机发光二极管

4. 微泵燃油喷射

微泵燃油喷射是利用微液滴喷射技术将燃油化为微小的燃油雾，分别对汽油引擎系统的各适当位置进行喷射。配合层状供油控制系统将所需燃油形成层状分布，供给汽油引擎系统进行燃烧，提升汽油引擎系统的燃烧效率，降低内燃机燃烧的污染排放，如图 9-76 所示。

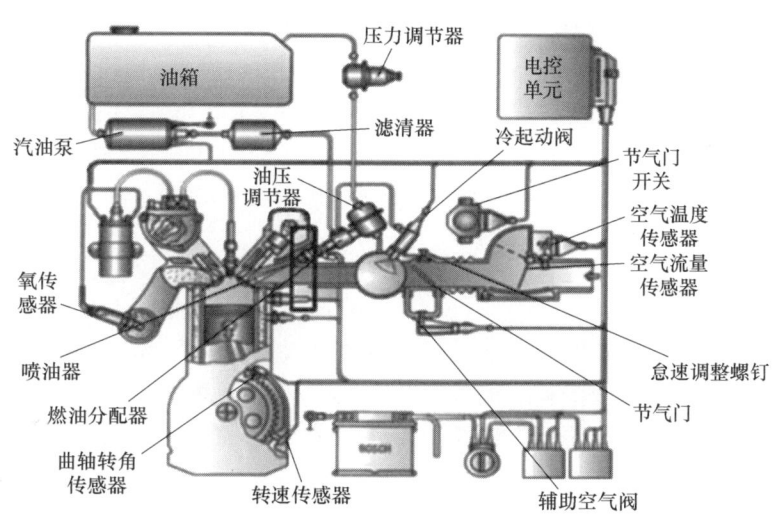

图 9-76　微泵燃油喷射系统

5. 3D 打印技术

3D 打印（3DP）为快速成型技术的一种，又称增材制造，它是一种以数字模型文件为基础，将粉末状金属或塑料等可黏合材料进行高温熔化，然后从喷头挤出高黏液体，通过逐层打印的方式来构造物体的技术。图 9-77 所示为利用 3D 打印技术"打印"的房子和汽车。

6. 生物应用

微液滴喷射技术在生物化学分析和药物施放、DNA 的沉积与合成、组织工程、蛋白

图 9-77　3D 打印技术

质酵素等方面也有重要应用。1988 年，日本已经采用此项技术生成 ISFET 生物感测器中的酵素薄膜，并有相关研究成果出现。图 9-78 所示为微液滴喷射技术在生物方面的应用。

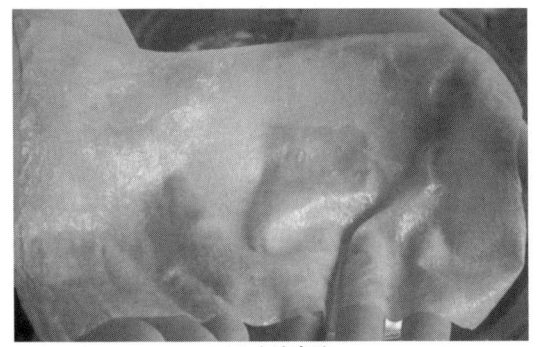 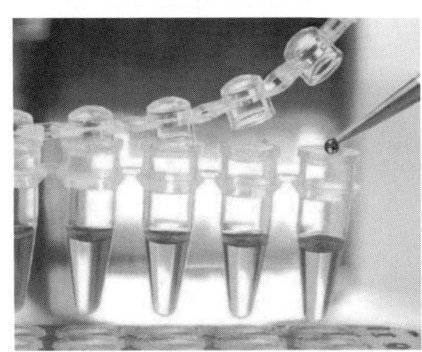

(a) 人造皮肤　　　　　　　　　　　　　　(b) 药物筛选

图 9-78　微液滴喷射技术在生物方面的应用

二、Sweet 连续喷墨

受到自然界连续的水流会断裂成小水滴的启发，产生了连续喷墨印刷技术。连续喷墨印刷是借助于某种设备对墨水加压，通过小尺寸喷嘴强制性地从喷口产生连续不断的墨水射流，连续的射流通过自发断裂或扰动断裂的方式生成墨滴，墨滴喷射后的飞行方向以充电或其他方法控制，最终实现墨滴的记录或回收利用。连续喷墨技术是最早发展起来的喷墨印刷技术，并逐渐形成了 Sweet 喷墨和 Hertz 喷墨两大主流技术，更多内容见视频 9-9～视频 9-12。

（一）Sweet 连续喷墨的结构组成与工作原理

Sweet 连续喷墨技术于 1964 年由美国斯坦福大学的 Sweet 提出，因其在连续喷墨技术的突出贡献，因而以他的名字命名了该项喷墨技术。Sweet 提出的喷墨方法中，墨水到纸张表面形成记录点的过程如下：首先在墨滴形成位置对墨滴充电，根据页面信息产生控制信号，由偏转电场控制墨滴是否喷射到纸张表面，从而完成连续喷射的墨水射流记录电子信号的过程。Lewis 和 Brown 扩充了 Sweet 的连续喷墨概念，并应用到字母和数字打印上，图 9-79 所示为 Sweet 连续喷墨印刷的结构组成与工作原理。

如图 9-79 所示，Sweet 连续喷墨系统主要由压电换能器、控制电极、偏转电极、拦截器等部分组成。其工作原理如下：Sweet 连续喷墨印刷系统利用墨水泵产生高压，强制

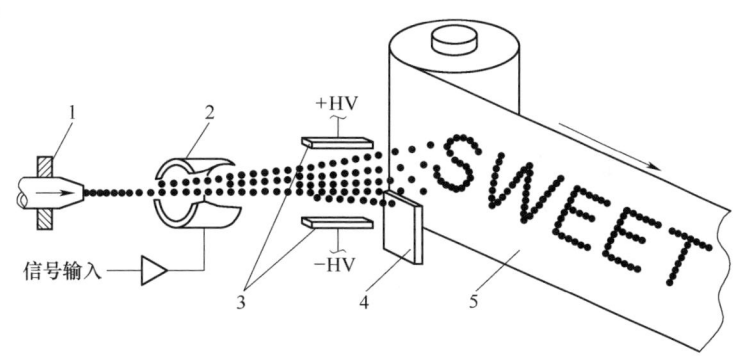

1—压电换能器；2—控制电极；3—偏转电极；4—拦截器；5—承印物

图 9-79　Sweet 连续喷墨印刷的结构组成与工作原理

墨水从喷嘴口处挤出，形成高速墨水射流。墨水离开喷嘴孔后在靠近控制电极处分裂成墨滴；墨水通道上方安装有压电晶体（换能器），它将机械振动施加到墨水射流上，使得连续的墨水射流断裂成为等大的墨滴；断裂后的墨滴向前飞行，经过控制电极，控制电极安装在墨滴的生成位置，所加的电压对墨滴起充电作用。根据页面信息控制信号，在此完成对墨滴的充电或不充电。充电墨滴被充电后的带电量大体上正比于加到控制电极上的电压，但符号相反；墨滴离开控制电极后，将经过一对偏转电极产生的电场。加到两偏转电极上的电压符号相反，数量达几千伏。墨滴穿过偏转电场时产生的偏转量正比于墨滴的带电量，造成墨滴抵达纸张表面时垂直方向的位置差异，在纸张表面产生一个记录列。墨滴的垂直位置差异反映了信号电压通过控制电极加到墨滴上的电压差异。在墨水射流喷射过程中，需要解决无须喷射到纸张表面的墨滴回收问题。为此，在偏转电极和纸张间加一拦截器，使未被充电不发生偏转的墨滴被拦截器拦截，进行回收再利用。

图 9-80 所示为一个完整的 Sweet 连续喷墨系统构成。

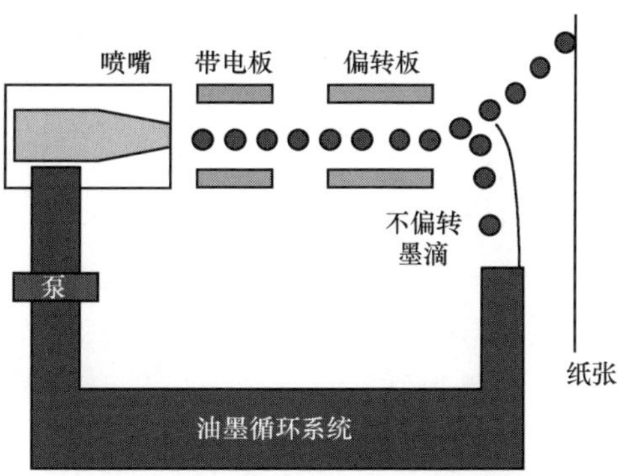

图 9-80　Sweet 连续喷墨系统构成

（二）Sweet 连续喷墨技术分类

Sweet 连续喷墨按选择参与打印墨滴的方法分成多值偏转和二值偏转两类，后者又称为二值阵列墨滴偏转法，描述墨滴分离后所形成飞行轨迹的多少。两种墨滴偏转技术如图 9-81 所示。

多值偏转与二值偏转方式中，虽然墨滴的飞行轨迹数量不同，但其基本工作原理和墨滴偏转控制方法无原则差异，两者包含相同的基本技术单元，如墨滴生成（发生）装置、充电子系统、偏转子系统、墨滴拦截子系统和墨水回收子系统。

多值偏转实现连续喷墨时，墨滴从射流母体分离出来后立即充电，其后的偏转子系统使充电墨滴发生偏转。由于偏转量取决于墨滴的带电量，因而只要对墨滴充以不同数量的电荷，就能够按各种带电等级偏转成多种飞行轨迹。

在二值偏转系统中，墨滴的状态也分为偏转和不偏转两种，以不偏转墨滴参与记录的系统居多。相较于多值偏转系统，它的主要优点在于实现简单，易于控制。在多值偏转系统中，需要复杂的充电补偿措施，以抵消充电墨滴间的静电和空气动力交互作用，这对二值偏转来说是不需要的，它只需控制回收的墨滴进入到可回收的区域范围即可。其缺点是每一个垂直记录点位置都需要单股射流，因而墨水射流的利用率不高。

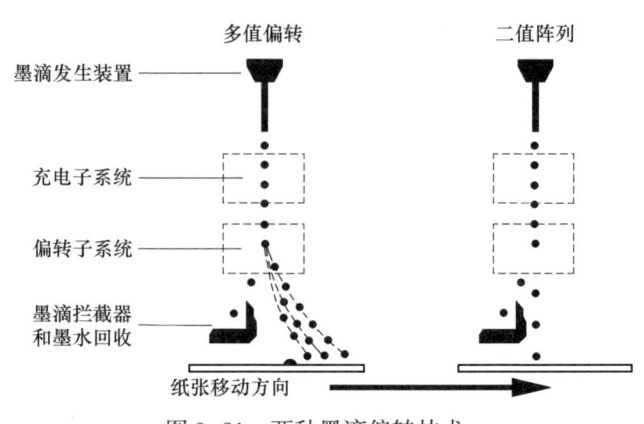

图 9-81　两种墨滴偏转技术

多值偏转系统与二值偏转系统的主要区别如下：

（1）墨滴飞行轨迹的数量不同，适合于不同的应用。

（2）多值偏转的控制精度要高于二值偏转。多值偏转墨滴飞行轨迹由墨滴带电量的多少控制，影响因素多。

（3）多值偏转中，参加记录的墨滴充电；二值偏转中，参加记录的墨滴不充电。

（4）二值偏转系统的充电方法简单，但每一次喷射墨水射流只能打印一个像素行。图像的构成方式借助于纸张运动与墨滴喷射位置变动的组合实现。

（5）多值偏转系统由于一次喷射可打印多个记录点，生产效率高；二值偏转系统每次只能打印一个像素，效率较低。

（三）Sweet 连续喷墨工艺

Sweet 连续喷墨是建立在静电偏转墨滴控制基础上的，因此，通过静电偏转控制墨滴的飞行转变时，首先要对墨滴进行充电，之后的墨滴偏转与众多因素有关。基于墨滴静电偏转控制的 Sweet 连续喷墨工艺，主要涉及墨水流与墨滴断裂激励、卫星墨滴、墨滴充电、墨滴静电偏转、空气阻力、相位控制、防止墨滴合并的措施等内容。

1. 墨水流与墨滴断裂激励

Sweet 连续喷墨系统首先要生成连续的墨水流，墨水在压力作用下强制性地从喷嘴小孔向外喷射。墨水的射流应具有丝一样的表面，就像稍微打开水龙头流出的水流，两者的区别在于墨水射流要细得多，直径大约是头发丝的 1/3。墨滴从生成到喷射到承印物的时间约为 1ms，因此，在分析过程中，墨滴的重力可忽略不计。

法国人 Savart 指出，处于层流喷射条件下的流体可以在某一特定位置发生射流断裂而分解成液滴链，射流发生断裂源于其不稳定的固有本质，其根本原因在于液体表面张力的作用。从能量的原理分析，由于射流力图保持最小的自由能表面，如果除表面张力外，没有其他外力作用于射流自由能表面，则自由射流以准随机的方式断裂成尺寸和速度可变的墨滴。球状液体的表面能小于具有相容积的圆柱状液体的表面能，而射流在飞行过程中总是要取表面能最小的形状，因此，圆柱状射流最终必将转换为球状液滴。图 9-82 所示为直径为 10μm 的圆柱状墨水射流的自发断裂过程，墨滴从圆柱状射流母体分离出来时大体上按指数规律颈缩。

在 Sweet 喷墨中，连续的墨水流从喷嘴射出后，需尽快断裂为等大的墨滴，以实现墨滴的充电过程。墨滴的断裂不能依靠自然断裂（自发断裂的墨滴大小随机），需要有激励源的扰动作用。图 9-83 所示为施加频率为 1.08MHz 左右的扰动时，运动速度为 39m/s 时墨滴的形成过程。

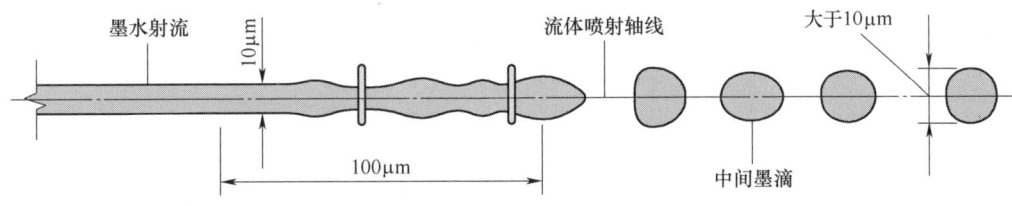

图 9-82　墨滴自发断裂形成示意图

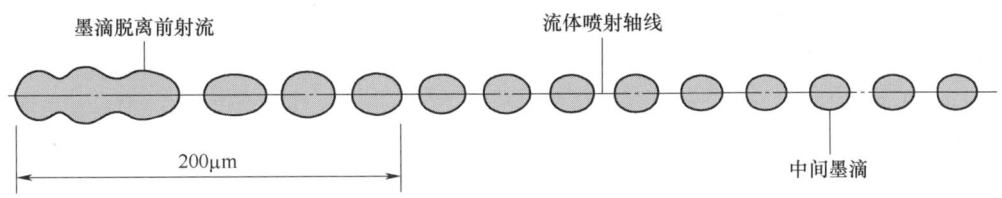

图 9-83　机械振动控制下的墨滴生成过程

2. 卫星墨滴

墨滴即将从射流母体分离出来时，在射流不稳定性过程中会存在细小的连接射流与墨滴的"墨丝"，也称为墨带。由于速度、表面张力、空气阻力和墨水黏性等因素的影响，这些"墨丝"的两端会从射流线体中断裂出来，形成"卫星墨滴"。研究表明，卫星墨滴倾向于获取更高的电荷/质量比，这也就意味着它们对外加电场的反应更强烈，更易坠落到电极内，严重威胁系统的可靠性。因此，在喷墨印刷中，避免或减少卫星墨滴的产生一直是系统设计追求的目标。图 9-84 所示为墨滴喷射过程中产生的卫星墨滴。

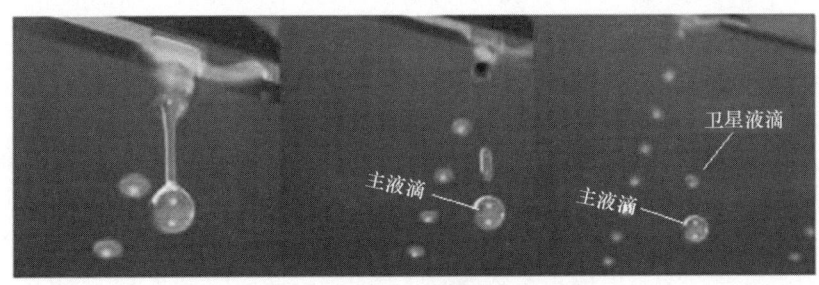

图 9-84　卫星墨滴

3. 墨滴充电

为使墨滴在偏转电场中获得更大的偏转量，墨滴应充以尽可能多的电荷。高带电量意味着高偏转量，而偏转量大则意味着更容易区分参与和不参与打印的墨滴，对多值偏转系统则可以在垂直方向喷射更多的墨滴。影响墨滴携带电荷量多少的因素有两个：一是墨滴表面电荷产生的静电力可能为墨滴的表面张力所抵消，从而导致尽管墨滴锥形的带电量较高，但墨滴却无法从墨水射流线体分离出来；二是充电限制，源于充电墨滴产生的静电排斥力相互作用。静电排斥力导致对墨滴链线性结构的干扰，在充电电压作用下使墨水散溅。产生静电排斥现象需要的电压比墨滴从线体分离所需的电压低，由于这一原因，应该限制充电电压的量值，通常要求其保持在低于150V 的水平。

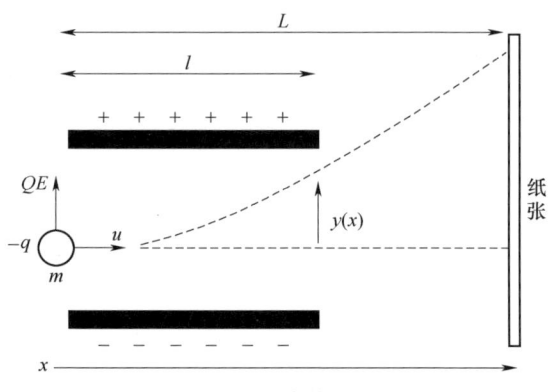

图 9-85　墨滴偏转系统

4. 墨滴静电偏转

Sweet 喷墨的静电偏转系统可简化为如图 9-85 所示的模型。一对长度相等的偏转电极板建立电场，在偏转范围内的电场均匀分布且其作用范围仅局限于偏转电极板组成的区域。忽略墨滴飞行轨迹上的空气动力效应，即墨滴偏转不受空气阻力的影响。图像电荷效应忽略不计，基于以上设定，则偏转距离 Y 表示为：

$$Y = \frac{QEL}{2mu^2} \times (2L-l) \tag{9-1}$$

式中　u——墨滴飞行速度；
　　　m——墨滴质量；
　　　Q——墨滴带电量；
　　　E——偏转电极板产生的电场强度；
　　　l——偏转电极板的长度；
　　　L——偏转板靠喷嘴侧到纸张的距离。

由式（9-1）可以看出，在理想状况下，墨滴的带电量、偏转电场强度、偏转板长度以及偏转板靠喷嘴侧到纸张的距离与偏转量成正比，墨滴的飞行动量与偏转距离成反比。这些参数与偏转距离之间的关系为我们进行偏转系统的设计提供了理论依据。

5. 空气阻力

在 Sweet 连续喷墨中，墨滴一旦成形将以很高的速度在空气中飞行，墨滴不仅受空气阻力的影响，当墨滴之间距离比较近时，还将产生静电交互作用。通常情况下，空气阻力会降低墨滴的飞行速度，而静电斥力的作用会使墨滴的运动变得更为复杂。如图 9-86 所示，带电的墨滴在经过偏转电极时由于受电场力的作用而发生偏转，此后将沿不同的轨迹运动。墨滴因受到空气阻力（以粗箭头表示）和静电斥力（以细箭头表示）的组合作用，其运动状态更为复杂。图中，墨滴 3 的带点量较大，因此偏转量较大，静电斥力的作用使其独立飞行，而墨滴 1 和 2 开始也独立飞行，但因其偏转变量差异不大，在空气阻力和静电的组合作用下彼此靠近，当空气阻力延缓墨滴飞行占主导地位时，静电排斥力不再能保持两个墨滴的独立飞行，最终合并为一个墨滴。这种墨滴合并将影响印品质量，因此需要一定的控制手段尽量避免。

6. 相位控制

从前述可知，墨滴最终在承印物上的位置是由充电过程决定的。即，充电过程决定了

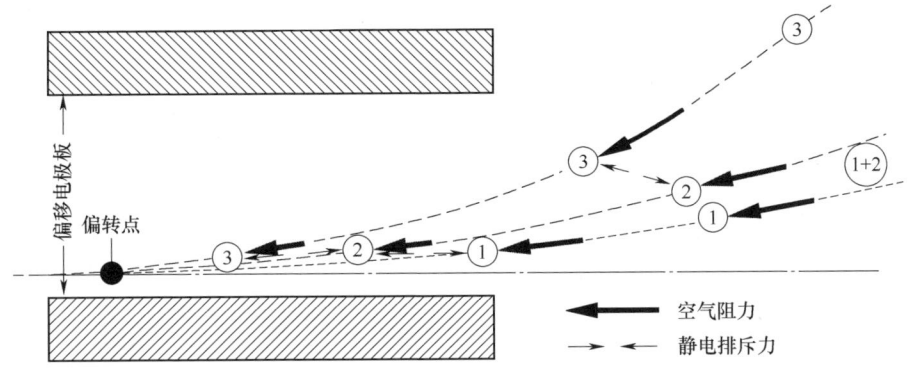

图 9-86　墨滴偏转后的运动特征

墨滴是否充电，以及充电量的多少，墨滴进入偏转电极板后，由于墨滴带电量的不同将产生不同程度的偏转，从而实现喷射到纸张时垂直位置的差异。墨滴通过偏转控制喷射到承印物上形成记录点，因此墨滴的生成位置必须做到精确控制。

从理论上来讲，对墨滴充电的要求，一是充电信号必须与连续喷墨系统对充电数值的要求准确一致；二是充电信号必须准确地作用在墨滴形成的瞬间。即，充电信号取得理想值并作用于墨水射流过程应该与墨滴形成过程同步进行。但在墨滴的实际飞行过程中，充电水平、墨水射流的运动速度、墨水表面张力、黏度和温度等因素很难保持恒定，使得墨滴的生成位置与理论上存在差距。通常情况下，由于墨滴形成受多种因素的制约而要求充电信号作用时间和控制墨滴形成的喷嘴机械振动的作用时间有一定程度的差异，称为相位控制，即调整充电信号与墨滴生成激励信号之间的相位差，使之与系统参数匹配。

7. 防止墨滴合并的措施

由图 9-86 可知，相邻的墨滴必须保持合理的距离，才能避免墨滴合并现象的产生。目前，避免墨滴合并的方法有墨滴交叉排列法、保护墨滴技术和真空法。

墨滴交叉排列法是指墨滴形成时根据将要打印的字符类型产生合理的墨滴序列，使墨滴两两相随并以交叉排列的方式飞行到字符点阵，彼此定位在字符点阵相距较远的位置上，可有效地防止墨滴合并。

保护墨滴技术如图 9-87 所示，该方法的核心是加入所谓的"保护墨滴"。保护墨滴

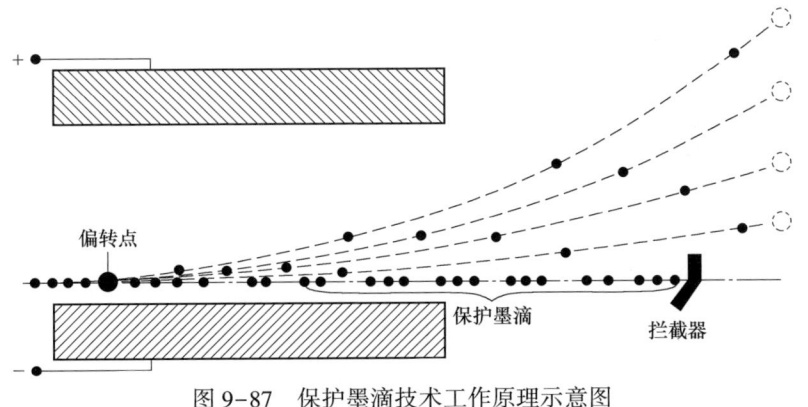

图 9-87　保护墨滴技术工作原理示意图

是指不充电从而也不发生偏转的墨滴。其本质是拉开参与记录的墨滴间的距离，即在相邻的参与记录的墨滴间增加不参与记录的墨滴数量。

墨滴在飞行过程中的合并与空气阻力的作用密切相关，Hendricks 提出了建立局部真空区域的方法，以此消除空气阻力对飞行墨滴的影响，称为真空法。

（四）Sweet 连续喷墨技术改进

连续喷墨印刷具有成本低、生产速度高及可靠性强等优点，满足了迅速增长的商业数字印刷市场的需求。但是，由于其图像复制质量较低、承印材料的选择有限，不能做到墨水和承印材料的自由配对使用。因此，迫切需要开发新一代 Sweet 连续喷墨技术。新一代 Sweet 连续喷墨技术的基本任务是探索新的墨水喷射驱动、墨滴生成激励源和偏转控制方法。由于静电墨滴偏转技术中，充电参与记录的墨滴间存在静电斥力的作用，从而使墨滴的记录轨迹受到影响。为改善这种状况，人们从墨滴发生器、气流偏转控制两方面对传统的 Sweet 喷墨技术进行了改进。

图 9-88 所示为柯达新一代 KODAK Stream Technology 连续喷墨印刷系统。其主要特点概括为：墨滴发生器采用硅材料，以微电子机械系统 MEMS 加工，利用集成 CMOS 驱动器和相关电路技术制造；采用半导体加热器对墨流表层加热，加热器产生的热量为墨水喷射提供驱动力，可产生 1.8pL 和 7.2pL 两种尺寸的墨滴，生成速度高达 400kHz；采用气流偏转机制，对两种不同尺寸的墨滴，借助于层流运动的气体使墨滴发生偏转。

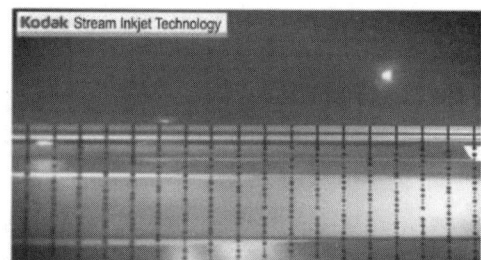

图 9-88　KODAK Stream Technology 连续喷墨印刷系统

1. 墨滴发生器

墨滴发生装置是打印头的核心部件，以集成电路最基本的硅材料通过微机械加工形成，利用热激励产生的压力驱动墨水连续地向外喷射，墨滴则在连续喷射的墨水射流基础上形成。这种基于偏转控制的连续喷墨打印头及单个喷嘴的横截面示意图如图 9-89 所示。

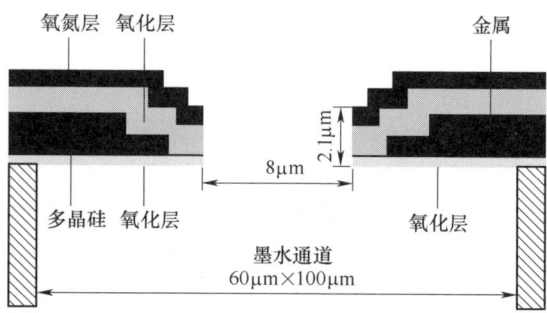

图 9-89　KODAK 连续喷墨打印头及墨滴发生器横截面

墨滴发生器由厚度为 300μm 的基础硅片构成，表面覆盖绝缘薄膜层，厚度为 2.1μm，用作喷嘴薄板。喷嘴板上开有直径为 8.0μm 的小圆孔作为喷嘴孔。墨水通道在硅薄片上蚀刻而成，与墨水通道同轴的电阻加热器嵌入墨水通道内，加热器单元的内外直径分别为 10μm 和 14μm，加热器本身的厚度约为 0.19μm，理论计算电阻值为 830Ω，用于激励喷嘴从喷嘴孔喷射墨水流。该墨滴发生器可以产生 1.8pL 和 7.2pL 两种尺寸的墨滴，二者之比为 4，当产生 1.8pL 的墨滴时，对应的扰动波长与墨滴直径比 $\lambda/D=4.5$，其中 λ 和 D 分别表示对应于墨滴生成的扰动波长和喷嘴孔直径。当射流速度为 20m/s 时，容积为 1.8pL 小墨滴的生成速率约为 555kHz，容积为 7.2pL 大墨滴的墨滴生成速率约 138kHz，对应于最大打印频率。

2. 热激励墨滴生成

集成电路制造技术的发展，使喷墨打印头的体积越来越小型化。传统的 Sweet 连续喷墨采用压电换能器作为激励源使用，压电元件必须产生足够的变形量，其振动幅度才能与激励墨水射流稳定地分裂成墨滴所要求的能量匹配。因此，Sweet 连续喷墨的小型化需放弃压电换能器，改用其他更合理的墨水射流激励技术。

热激励为扰动的墨滴产生控制方法是以半径为关键参数的激励控制方法。加热器产生的热量为墨水喷射提供驱动力，低能量的脉冲扰动信号作用于连续喷射的墨水射流，通过墨滴发生器控制墨滴从射流线体断裂，此后再设法生成尺寸不同的墨滴。为了在控制条件下连续地形成墨滴，低能量的脉冲应周期性地加到每一个喷嘴附近的加热器。加热器使墨水的温度升高，导致墨水的表面张力下降，从而使该区域的流体动压力下降，在喷墨系统内部形成压力差，推动墨水向压力更低的区域移动，形成以半径表示的扰动。

3. 气流偏转控制

由于新型的 Sweet 连续喷墨方式不再采用是否充电的方式区分记录与不记录的墨滴，而是采用不同大小的墨滴进行区分，因此，经典 Sweet 连续喷墨采用的静电偏转控制墨滴飞行轨迹的方法也不再适用于新型 Sweet 连续喷墨技术。根据新型 Sweet 喷墨技术中，记录与不记录墨滴尺寸大小不同的特点，采用了气流偏转控制的方法来控制墨滴的飞行轨迹。采用气流偏转机制时，借助于层流运动的气体使墨滴发生偏转，如图 9-90 所示。由于墨滴的尺寸不同，在相同的横向气流作用下，大尺寸墨滴的偏转程度明显小于小尺寸墨滴。以气流偏转代替静电偏转有利于 Sweet 连续喷墨印刷系统的小型化，也有避免墨滴充电历史效应影响的考虑。它可以更合理地控制墨滴的飞行轨迹，更能确保墨滴飞行的稳定性。

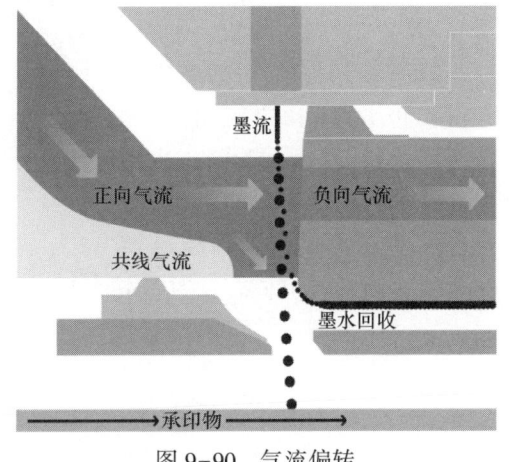

图 9-90 气流偏转

柯达的 Prosper（鼎盛）系列连续喷墨印刷机和万印（VERSAMARK）系列连续喷墨印刷机均采用了新型的 Sweet 连续喷墨技术，如图 9-91 所示。

图 9-92 所示为柯达 Stream 连续喷墨印刷机的系统组成。除核心的喷墨系统外，还装

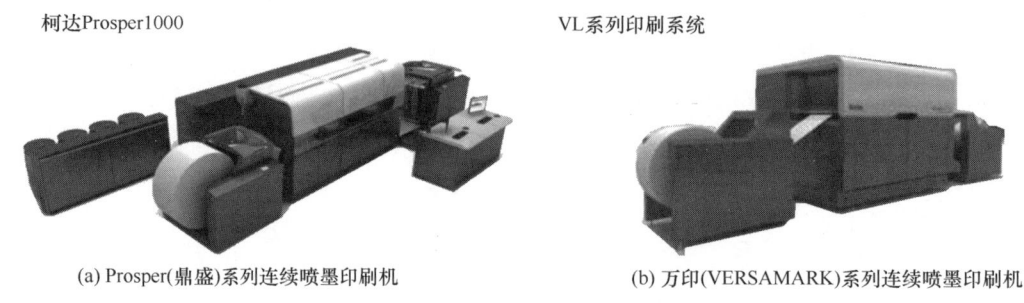

(a) Prosper(鼎盛)系列连续喷墨印刷机　　(b) 万印(VERSAMARK)系列连续喷墨印刷机

图 9-91　柯达连续喷墨印刷机

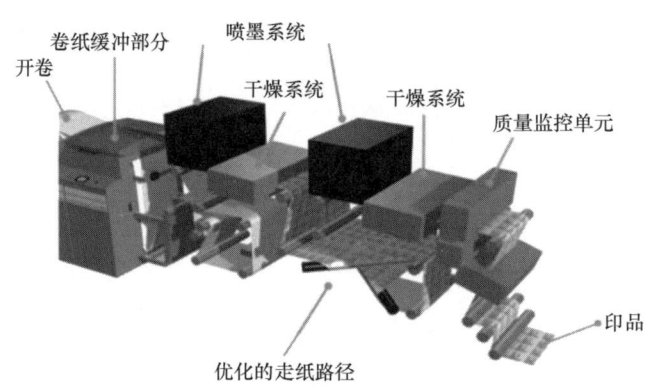

图 9-92　柯达 Stream 连续喷墨印刷机的系统组成

配有干燥系统和质量控制单元。

近年来，在柯达 Stream 喷墨技术的基础上，柯达又创新发展出了柯达 Ultra Stream 喷墨技术。Ultra Stream 与 Stream 技术的主要不同体现在墨滴的偏转方式上：前者采用的是静电偏转，后者采用的是气流偏转。UltraStream 喷墨技术能产生更小的液滴，可实现 600×1800dpi 的印刷分辨率。图 9-93 所示为两款采用该最新技术的连续喷墨印刷机。

图 9-93　柯达 Ultra Stream 印刷机

该技术的核心是采用静电偏转替代了之前的气流偏转，其偏转过程如图 9-94 所示。

三、热 喷 墨

在连续喷墨系统中，需要对生成的连续不断的墨滴施加控制，以区分参与记录与不参与记录的墨滴，使得参与记录的墨滴最终按控制信号的要求在承印物上生成记录点，而不参与记录的墨滴经拦截器拦截后进行循环利用。由于需要区分参与记录与不参与记录的墨滴，因而其结构相对复杂，且难以实现墨滴位置的精准控制。因此，人们进一步探索新的墨滴记录方式，于是产生了按需喷墨方式。按需喷墨（Drop-on-Demand）根据控制信号

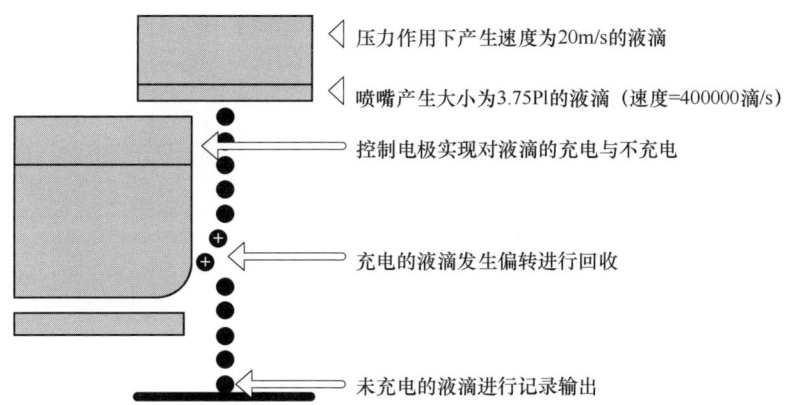

图 9-94 柯达 Ultra Stream Inkjet Technology 静电偏转控制

只需在产生记录点的时候喷射油墨，不存在不需要记录的墨滴。图 9-95 所示为连续喷墨系统与按需喷墨系统的对比。按需喷墨的主要方式有热喷墨、压电喷墨、相变喷墨及静电喷墨等，其中以热喷墨和压电喷墨最为典型。

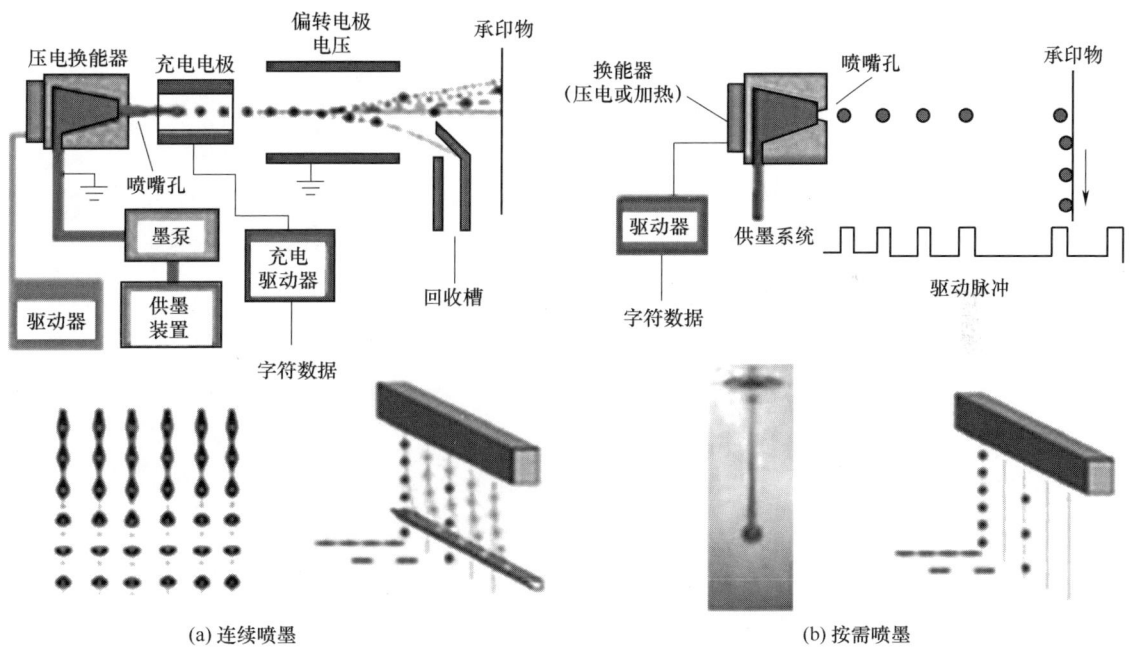

图 9-95 连续喷墨系统与按需喷墨系统的对比

（一）热喷墨的工作原理及其发展

热喷墨（Thermal Ink-Jet）是指通过加热使墨水汽化，形成的气泡导致墨水腔内压力增大，从而推动墨水从喷嘴口喷射出来的印刷技术，又称为气泡喷墨（Bubble Ink-Jet），如图 9-96 所示。

图 9-97 所示为热喷墨工作原理：在正常情况下喷墨头内部的墨水在表面张力的作用下与外界大气压达成相对的平衡，处于稳定状态。工作时，通过喷墨打印头（喷墨室的

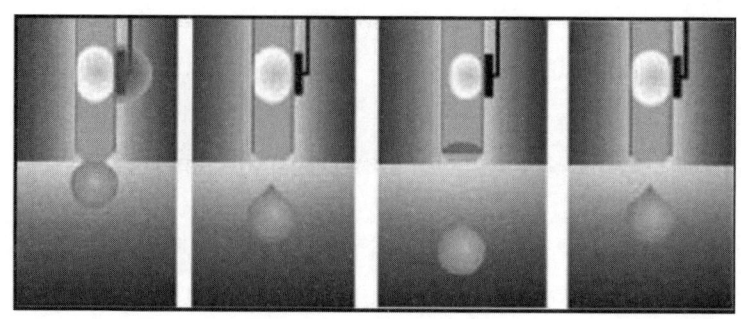

图 9-96 热喷墨技术

硅基底）上的电加热元件（通常是热电阻），在 3μs 内急速加热到 300℃，使喷嘴底部的液态油墨汽化并形成气泡，小气泡逐渐变大，形成蒸汽膜。该蒸汽膜将墨水和加热元件隔离，避免将喷嘴内全部墨水加热。加热信号消失后，加热陶瓷表面开始降温，但残留余热仍促使气泡在 8μs 内迅速膨胀到最大，由此产生的压力压迫一定量的墨滴克服表面张力快速挤压出喷嘴。随着温度继续下降，气泡和墨水分界处开始冷却，气泡开始呈收缩状态。喷嘴前端的墨滴因挤压而喷出，后端因墨水的收缩使墨滴开始分离，气泡消失后墨水滴与喷嘴内的墨水就完全分开，喷嘴处产生负压再将墨水吸回到喷头内，喷头回到初始平衡状态，完成一个喷墨的过程。

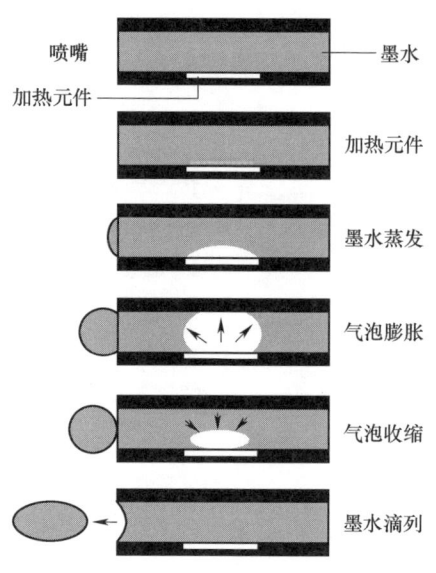

热喷墨技术起源于 1962 年，当时称为"突发性蒸汽打印技术"，后来演变成今天的热喷墨或气泡喷墨。突发性蒸汽打印使用大规模的喷嘴阵列，传送到容器中的墨水与喷嘴出口连接，喷嘴两侧分别设置与墨水接触的电极。墨水容器内的加热器对墨水起预热作用，传输到靠近喷嘴口的墨水已提高到一定的温度。加到喷嘴出口两侧电极上的电压脉冲对墨水快速加热，使喷嘴出口处的墨水在突发性

图 9-97 热喷墨工作原理

热量的作用下迅速蒸发，导致墨水突然向外喷射，如图 9-98 所示。随着热喷墨技术以及印刷技术的快速进步，目前上市销售的喷墨打印机中，大约 75% 采用了热喷墨原理。图 9-99 所示为两款常见的喷墨打印机。

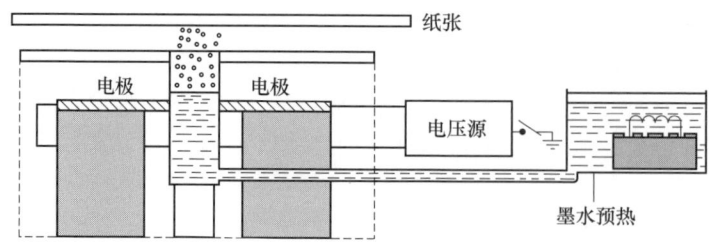

图 9-98 突发性蒸汽打印工作原理示意图

(a) HP Smart Tank 538

(b) HP惊艳系列照片打印机

图 9-99　两款常见的喷墨打印机

热喷墨具有以下优点：

（1）打印头集成度高，体积小，以热传感器代替压电元件，小型化的瓶颈问题得到解决。

（2）热喷墨打印头利用集成电路制造，易实现大规模生产。

（3）制造成本低，尤其是喷嘴成本较压电喷墨低得多。

（4）采用可抛弃打印头概念解决了可靠性问题。

（二）气泡动力与热转移特性

在热喷墨中，推动墨水流体的压力来自气泡的体积膨胀，如果流体没有压力的推动，就不可能在喷嘴出口位置产生墨滴。因此，气泡成形对热喷墨系统的连续工作至关重要。气泡的成形又与热量的作用有关，因而加热控制对气泡成形的影响是关键因素。在微观上，墨滴的喷射会经过气泡成核、气泡生长、气泡破灭和墨水重灌四个主要步骤，如图 9-100 所示。

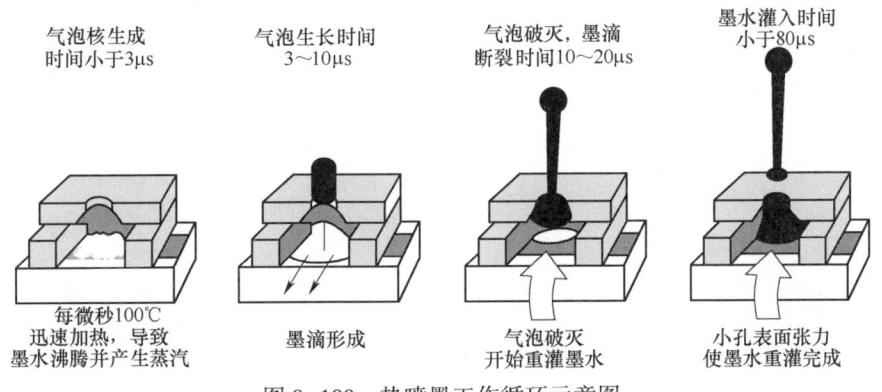

图 9-100　热喷墨工作循环示意图

1. 气泡成核

电压脉冲作用于加热器对加热器周围的墨水进行加热，其速率大约为 $100℃/\mu s$，使得墨水温度急剧上升。墨水达到临界温度时，由于墨水的过热而形成稳定的薄膜沸腾状态，于是产生覆盖于加热器面上的薄层气泡，加热器位于下方。

2. 气泡生长

处于气体和液体界面间的过热墨水持续汽化，正在成长的气泡逐步移动扩散并渗透到墨水中。由于墨水的热膨胀系数与气泡体积长大速率相比很小，因而可视为不可压缩流体，在气泡的推挤作用下墨水向更自由的空间移动。当压力大到一定程度时将无法保持与大气的平衡，墨水只能从喷嘴孔挤出，于是墨滴基本成形。

3. 气泡破灭

电压脉冲适时地停止作用于加热器，过热的墨水开始冷却。气泡体积长大失去热量支撑，引起气泡体积逐步缩小，气泡体积缩小导致推挤墨水的压力逐步变小。在墨水黏性阻力和表面张力等因素的共同作用下，已经挤出喷嘴孔的墨水柱尾部出现颈缩效应。连续的墨水柱颈缩使墨水射流线体不再能保持住前缘部分，造成墨滴从母体分离出来，最终形成墨滴并向纸张喷射。

4. 墨水重灌

墨滴喷射的同时，墨水重灌过程开始启动。气泡的彻底破灭导致墨水腔体积突然缩小，大气压力作用于喷嘴口的墨水，使弯月面受负压作用而内凹。当喷嘴口附近的墨水无法与外压力保持平衡时，这部分墨水便回撤到喷嘴孔内，完成墨水重灌过程。

在标准大气压下，水的沸腾温度为100℃。在热喷墨中，墨水的沸点上升至300℃左右，在该温度下，气泡开始产生，并不断长大形成液滴喷射的驱动力。主要是因为这期间发生了"快速加热"。所谓快速加热或快速沸腾是指，加热速度高于10^7K/s，或者水从0℃升至100℃的时间少于10μs。墨水在极高热流脉冲加热条件下沸腾时，气泡生成主要是由于液体分子的热运动而产生的自发成核。图9-101所示为在快速加热下，墨水在不同时间内气泡的变化情况。

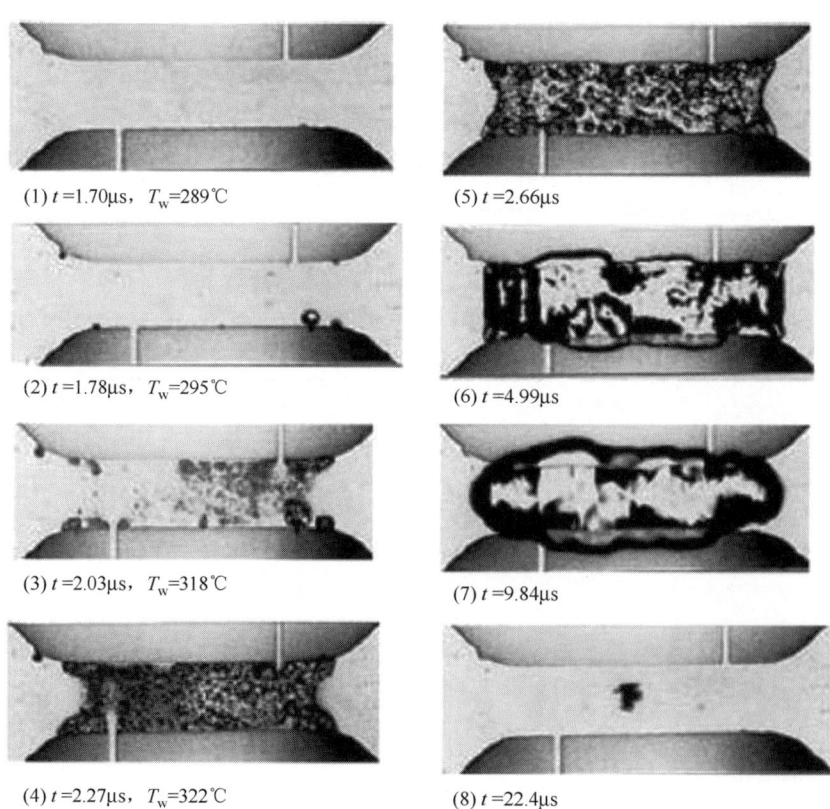

(1) $t=1.70$μs，$T_w=289$℃ 　　(5) $t=2.66$μs

(2) $t=1.78$μs，$T_w=295$℃ 　　(6) $t=4.99$μs

(3) $t=2.03$μs，$T_w=318$℃ 　　(7) $t=9.84$μs

(4) $t=2.27$μs，$T_w=322$℃ 　　(8) $t=22.4$μs

图9-101　气泡的变化过程

(三) 加热器

打印头是热喷墨设备的核心部件，而加热器则是打印头的核心。从 1962 年的突发性蒸汽打印技术开始，热喷墨装置的加热器经历了深刻的变化过程。从最普通的电加热元件发展到今天的新型加热器（薄膜加热器），气泡成核和墨滴喷射变得更加稳定，为提高热喷墨印刷质量提供了基本保障。图 9-102 所示为一款 BenQ 热喷墨打印头结构。

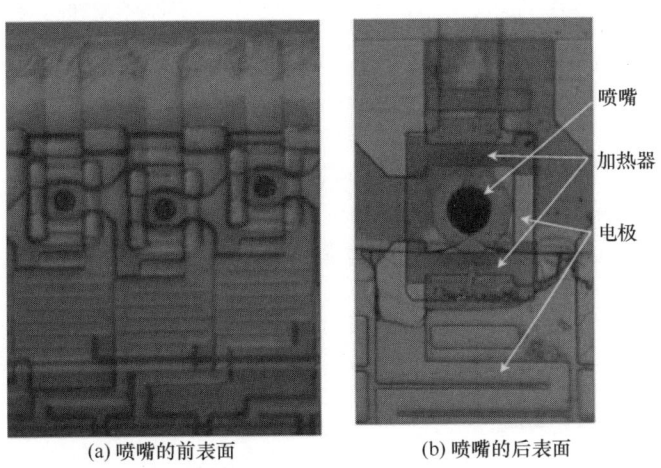

图 9-102 BenQ 热喷墨打印头结构

图 9-103 所示为 HP 典型的热喷墨打印头外观及原理图。

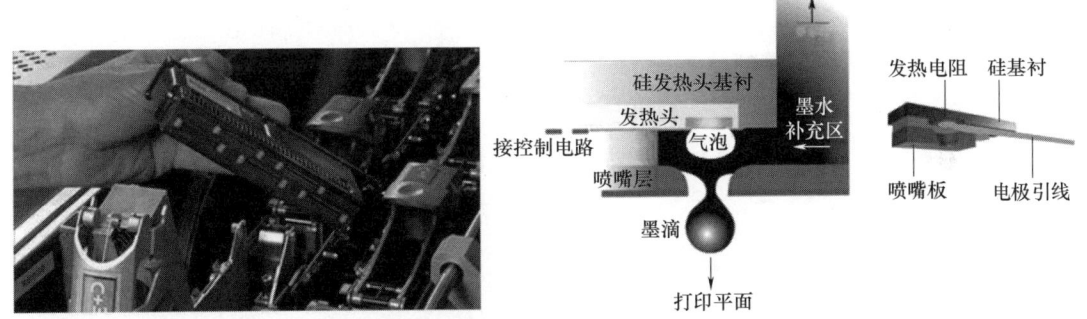

图 9-103 HP 热喷墨打印头外观及原理图

1. 电加热器

突发性蒸汽打印技术中使用的是电加热器，在该技术中，墨水加热器必须制备成很小的尺寸，且离开墨水腔的距离要短。电加热器由一系列的线圈构成，其产生的热辐射范围为 3~5μm，这正是形成墨水中的水分子提供动能并产生汽化的最佳范围。电加热器是一种高耗能的装置，由于靠电极丝直接对墨水加热，其作用原理类似于烧水用的"热得快"，因此只能应用于低速热喷墨打印领域。

2. 薄膜加热器

传统薄膜加热器的结构如图 9-104（b）所示。随着技术的发展，又出现了新型薄膜加热器，如图 9-104（a）所示。与传统多层薄膜结构加热器相比，新型薄膜加热器的顶部凹陷处增加了自我抗氧化能力涂布层。该涂布层不仅能避免电阻薄膜层氧化，也有助于

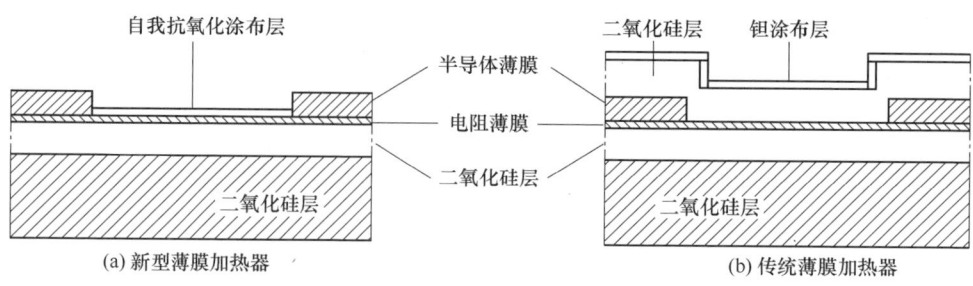

图 9-104　两种薄膜加热器对比

防止该涂布层受电解作用而被腐蚀。新型薄膜加热器的优点是传统薄膜加热器需要厚保护层，但新型薄膜加热器不需要；打印头结构简单，喷射出的墨滴更加均匀。正是由于使用了薄膜加热器，热喷墨打印头结构发展到大规模集成的喷嘴阵列，打印系统的干燥速度极快，记录结构边缘很少出现羽毛状的扩散现象。

新型薄膜加热器由电阻薄膜和半导体薄膜构成。加热器在工作中要求有良好的抗氧化性能、抗电解腐蚀、有能力避免气穴现象等。传统薄膜加热器的多层结构，覆盖有较厚的钝化层以及防止氧化、电解腐蚀和气穴的产生而附加的钽金属保护层，增加了打印头的复杂性，降低了加热器的热效率，也增加了墨水喷射所需要的能量，其后果是必须使用昂贵的铋型互补金属氧化技术，才能驱动大规模喷嘴阵列。此外，多层结构也会降低墨水加热速度，并引起墨滴喷射速度的波动。因此，传统薄膜加热器逐渐被新型薄膜加热器所替代。

（四）加热器表面的焦化现象

热喷墨是基于过热墨水的蒸发形成气泡而产生的墨滴喷射效应。为了生成气泡，加热器表面的墨水暴露在超过300℃的温度环境下，作用时间极其短暂。对于以脉冲宽度仅几微秒驱动的电阻加热器，温度骤增至300℃的时间周期往往小于脉冲宽度，这种温度骤增对化学反应来说也非常短暂。这种由于电阻器重复升温导致电阻加热器表面产生沉积残渣物的现象就称为焦化现象，如图9-105所示。

加热器表面的沉积物主要源于墨水成分在高温作用下引起的热分解。据报道，含氮染料温度达到250~300℃时会发生分解，若墨水中含有氮染料，就会因墨水焦化产生不可溶解的沉积物。由此可见，产生焦化的根本原因在于油墨中残渣物的沉积，它与墨水的成分有直接关系。

图 9-105　焦化现象

焦化现象会影响气泡成形，继而影响墨滴喷射。可以通过测量喷射墨滴的重量来监测加热器表面的焦化现象。通常，焦化的形成导致墨滴重量减轻，极端焦化条件下，墨滴的重量将迅速降低到0，意味着不再喷射任何墨滴。为了防止焦化现象的产生，可以在墨水中加入一定比例的添加剂。其中以添加酮阴离子添加剂较为常见。磷酸盐也是良好的阴离子物质，添加到墨水中可以防止焦化现象的产生，得到稳定的墨滴质量。

（五）墨滴发生器的结构与密度调制

热喷墨打印头喷射的墨滴依赖于热量对墨水的突然作用，与气泡成核、生长和破灭存在密切的关系。因此，墨滴喷射是气泡变化过程及气泡与周围墨水能量交换的结果，其后的飞行稳定性与喷射位置的准确性都与气泡有密切的相关性。热喷墨打印系统的加热元件常设计成板式结构，为了提高加热效率，需要在装配时使板式加热元件一面紧贴墨水腔。热喷墨打印头的加热元件由成像信号控制，要求在极短的时间内对墨水迅速加热，一个工作循环经历的时间极其短暂。

1. 墨滴发生器的结构

热喷墨打印机墨滴发生装置的结构分为顶喷结构和侧喷结构两种，如图9-106所示。惠普、利盟及佳能的部分产品采用顶喷墨配置，侧喷结构多用于佳能打印机。

顶喷结构的特点是，加热元件轴线与喷嘴口轴线一致，即加热元件发出热量的作用方向与墨滴飞行方向一致。顶喷打印头通常放置在加热元件的顶部，这种配置比侧喷方式更紧凑。

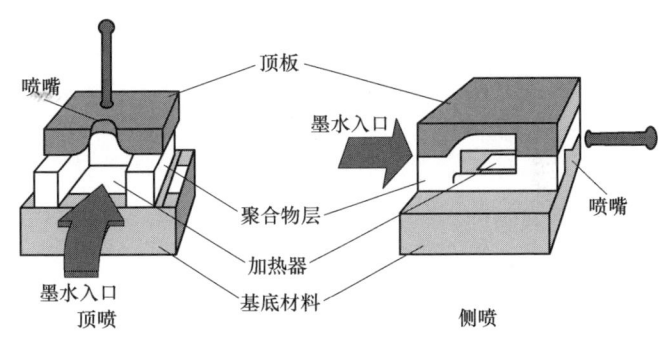

图9-106 墨滴发生装置的顶喷结构与侧喷结构

侧喷结构的特点是，打印系统的加热元件与喷嘴口轴线成90°放置，即热量作用方向与墨滴飞行方向垂直。两者最终产生的墨滴的喷射方向都与纸张形成垂直关系。

无论是顶喷结构还是侧喷结构，其工作过程都需要经历气泡成核、墨滴成形、气泡破灭及墨滴重灌过程，不存在孰优孰劣问题。

2. 密度调制

热喷墨工艺产生的每一个记录点的尺寸与纸张上的墨滴体积有关，也取决于纸张的吸收特性。通过不同的墨滴生成方法可建立不同的墨滴体积，热喷墨系统允许有选择地控制墨水喷射通道，使喷出的墨水量不同。为此可采用控制电流脉冲强度和作用时间等方法，通过高频信号重叠对一个被复制像素产生几个连续覆盖的墨滴。在下一个待印刷像素信息到来前，为了产生同一主色、色调深浅不同的像素建立几个色调值，可使用的方法是控制几个墨滴在极短的时间间隔内相继飞行并喷射到纸张上，这样，几个墨滴在承印材料上的组合就能产生不同的色调值，如图9-107所示。

图9-107也给出了气泡生成并黏结到承印材料上的过程。每一个像素在复制时可能由多个气泡共同作用，在纸张上堆积为多个墨滴。而多个墨滴的堆积则使记录像素有不同的色调值。例如，加热器对墨水加热后使气泡成核并长大，热量继续作用时由小气泡合并为大气泡，气泡产生的瞬时压力导致在喷口处产生墨滴。如果电流脉冲以短暂的时间间隔相继作用于大气泡，则一个大气泡可能形成图中所示的三个分离墨滴，如果这三个墨滴按连续的序列堆积在纸张表面，则得到的色调值较低（颜色深）。但小气泡也许只能产生一个墨滴，那么复制出来的色调值会高（颜色浅）。

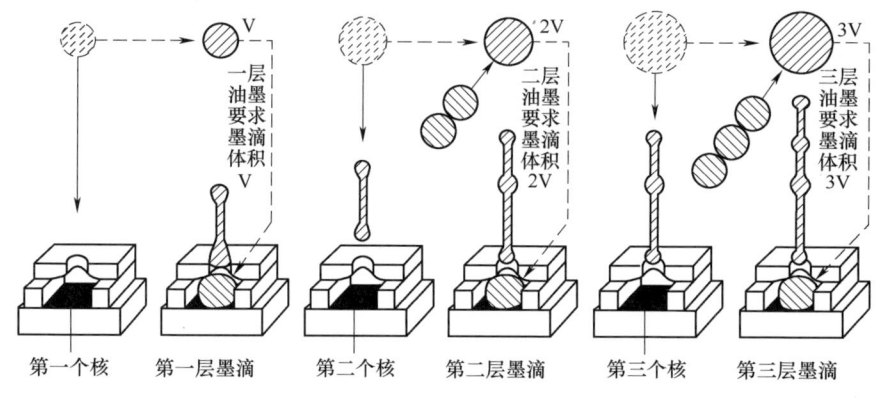

图 9-107 墨滴合成

四、压电喷墨

压电喷墨是依靠电压脉冲驱动压电陶瓷器件使之产生变形，使墨水通道壁体积变化，生成和喷射墨滴的一种喷墨技术。与热喷墨技术不同，墨水不再处于高温状态，而是在常温状态下喷出，墨水特性不会发生化学变化，降低了对墨水的要求。此外，压电喷墨反应快，能通过电场实现墨滴运动的良好控制，达到较高的打印精度，因此在工业应用领域压电喷墨得到了更广泛的应用。

（一）压电效应

压电现象是 100 多年前居里兄弟研究石英时发现的，此后被广泛应用于生产和生活中。例如，我们生活中常见的燃气灶，其压电点火装置内藏着一块压电陶瓷，当按下点火装置的弹簧时，传动装置就把压力施加在压电陶瓷上，使它产生很高的电压，进而将电能引向燃气的出口放电，燃气就被电火花点燃了。燃气热水器的点火装置与燃气灶类似，不过，它点火的压力来自自来水的水压。我们知道，当水压不够的时候，燃气热水器是不能正常工作的，原因就是压力不足时，压电材料无法产生电能并将燃气点燃。

压电效应是一种在电介质材料中机械能与电能互换的现象。压电效应分为正压电效应和逆压电效应。

正压电效应：对压电材料施加压力时，材料体内的电偶极矩因压缩而变短，压电材料为抵抗这种变化，会在材料相对的表面上产生等量正负电荷，以保持原状，如图 9-108（a）所示。这种由于形变而产生电极化的现象称为"正压电效应"。正压电效应实质上是机械能转化为电能的过程。

逆压电效应：在压电材料表面施加电场（电压）时，因电场作用，材料体内电偶极矩被拉长，压电材料为抵抗这种变化，会沿电场方向伸长。这种通过电场作用而产生机械形变的过程称为"逆压电效应"，如图 9-108（b）所示。逆压电效应实质上是电能转化为机械能的过程。

压电效应的产生原理如下：设压电晶体中的质点在某一方向上的投影如图 9-109（a）所示。晶体不受外力时，正电荷中心与负电荷中心重合，整个晶体总的电偶极矩等于 0，压电晶体表面不带电。沿某一确定方向（图中为水平方向）在压电晶体上施加压缩机械

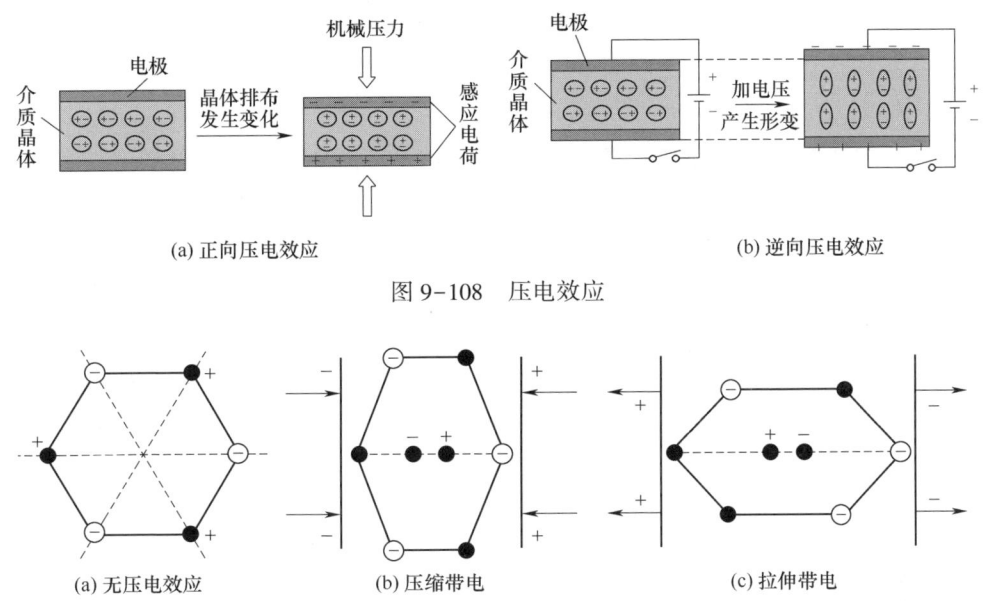

(a) 正向压电效应　　　　　　　　　　(b) 逆向压电效应

图 9-108　压电效应

(a) 无压电效应　　　　(b) 压缩带电　　　　(c) 拉伸带电

图 9-109　压电效应产生机理示意图

力［图 9-109（b）］，晶体由于形变导致正、负电荷重心不再重合，电偶极矩发生变化，导致晶体表面带电。当沿某一方向拉伸晶体时［图 9-109（c）］，同样会使其表面带电，但电性与压缩时的带电性相反。

由压电材料制成的元件常称为压电换能器，用于实现从电能到机械能的转换，或反之。压电喷墨的工作原理是基于逆向压电效应的，用于喷墨印刷的压电元件类似于超声波探伤用换能器，是从输入电能转换得到的机械能引起墨水腔的变形，墨水腔的体积变形对墨水产生压力，当墨水为不可压缩流体时只能从喷嘴口喷射出去。

（二）压电材料

压电材料是在受到压力作用时会在两端面间出现电压的材料。晶体和陶瓷是压电材料的两个主要分支。

石英晶体是一种天然矿物质，其化学成分为 SiO_2，具有性能稳定、机械强度高、价格昂贵、压电系数比压电陶瓷低的特点，多用于标准仪器和要求较高的传感器中，如图 9-110 所示。

图 9-110　石英晶体材料

压电陶瓷与石英晶体不同，它是人工制造的多晶体压电材料。它比石英晶体的压电灵敏度高很多，制造成本更低。常见的压电陶瓷材料有锆钛酸铅系列（PZT）压电陶瓷及非铅系压电陶瓷（$BaTiO_3$ 等）。图 9-111 所示为压电陶瓷元件。

柔性材料是压电材料的另一个重要分支，属于高分子聚合物的范畴。它的特点是柔软，可根据需要制成薄膜、电缆套管等形状，如图 9-112 所示。

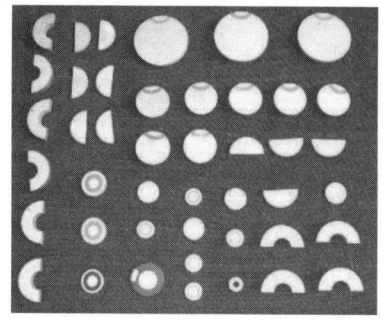
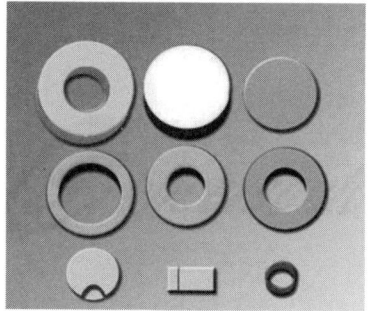

图 9-111 压电陶瓷元件

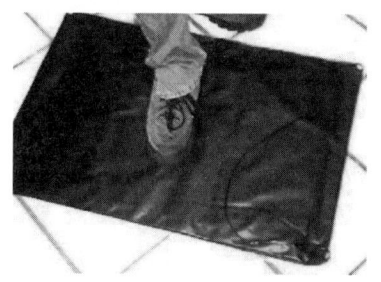

图 9-112 柔性压电材料

（三）压电材料的变形模式

压电喷墨模式取决于压电材料的变形模式，但两者不能完全等价，因为任何材料只能产生拉伸和剪切两种基本变形，而压电喷墨模式却有四种。按外加电场的作用方向与压电陶瓷材料极化方向的关系，以及压电晶体产生的不同变形类别，压电喷墨的工作方式分为挤压、弯曲、推压和剪切四种模式。其中，推压模式、弯曲模式和挤压模式的电场作用方向与压电晶体的极化方向平行，而剪切模式的电场作用方向与压电晶体的极化方向垂直。

1. 挤压模式

采用逆压电效应的挤压模式如图 9-113 所示，压电材料制成空心管的形式（灰色部分），当驱动喷嘴的电压脉冲作用于空心压电管时，空心管受压产生径向变形，腔体内的墨水受到挤压从喷嘴喷射而出。

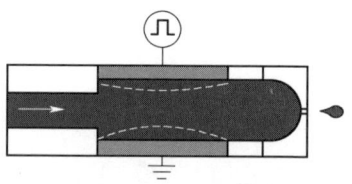

图 9-113 挤压模式

2. 弯曲模式

采用逆压电效应的弯曲模式如图 9-114 所示，压电材料被加工成板状，紧贴墨水腔或作为墨水腔结构的一部分。当电压脉冲作用于压电材料时，逆压电效应引起压电材料的弯曲变形传递给墨水腔壁，使腔壁也产生弯曲变形，从而成为墨水喷射和墨滴飞行的动力。

3. 推压模式

采用逆压电效应的推压模式如图 9-115 所示，压电材料制成棒状，当驱动喷嘴的电

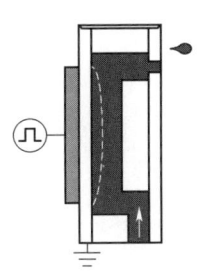
图 9-114 弯曲模式

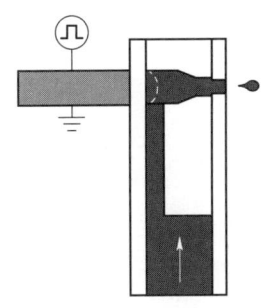
图 9-115 推压模式

压脉冲作用于棒状压电材料时,压电棒产生变形向右侧推动,产生腔体内的墨水受到挤压从喷嘴喷射而出。推压模式下的压电元件驱动运动沿着压电材料的极化方向,并且沿着压电元件的高度方向变形。

4. 剪切模式

采用逆压电效应的剪切模式如图 9-116 所示,压电材料被加工成墨水腔的一部分。当电压脉冲作用于压电材料时,逆压电效应引起压电材料的弯曲变形传递给墨水腔壁,使腔壁也产生交替变形,从而成为墨水喷射和墨滴飞行的动力。

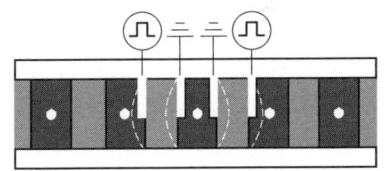
图 9-116 剪切模式

(四)压电喷墨技术

压电按需喷墨最早由美国无线电公司 RCA 的 Hansell 于 20 世纪 40 年代完成,他发明了世界上第一台按需喷墨设备,并于 1950 年取得美国专利。该技术本打算作为美国无线电公司传真机概念基础上的书写器械使用,但最终仅停留在发明阶段,并未形成商业产品。

1. 早期弯曲模式的压电喷墨系统

早期弯曲模式的压电喷墨系统由压电材料、金属板、内部液体系统和外部液体系统等组成。右侧两块板上各开有小孔,分别称为内孔和外孔,内孔使内部液体系统与外部液体层相连,如图 9-117 所示。

当电压脉冲作用到压电材料上时,由于压电效应而导致压电元件变形,产生的变形传递到右边的金属板上,从而进一步作用到内部液体系统中。液体压力增加时,液体射流经内孔和液体层进入毛细管;随着射流压力的进一步提高,液体将克服毛细作用力,从毛细孔喷射出去。

图 9-118 所示为在不同时刻,压电喷墨系统内部液体的流动状态。其中,图 9-118 (a) 为液体在压力作用下经液体层进入毛细

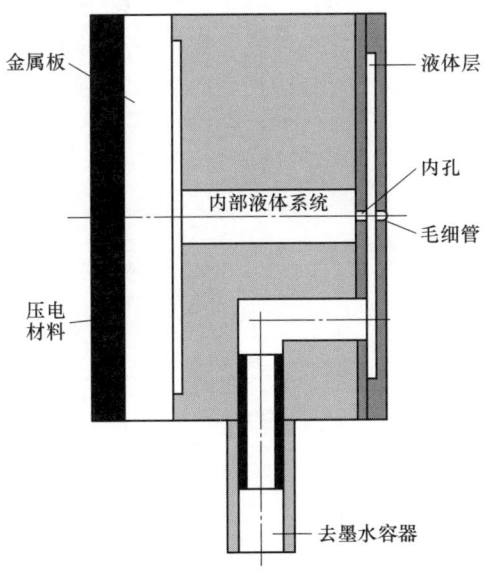
图 9-117 早期弯曲模式压电喷墨装置结构示意图

管，并形成内凹弯月面；图 9-118（b）表示液柱向外喷射。墨水喷射出去后内部压力降低，液体流速同时降低，喷射出液柱的黏结力导致液柱突然断裂；图 9-118（c）表示内孔及周围部分压力的降低将使液体反向流动，实现墨水重灌。

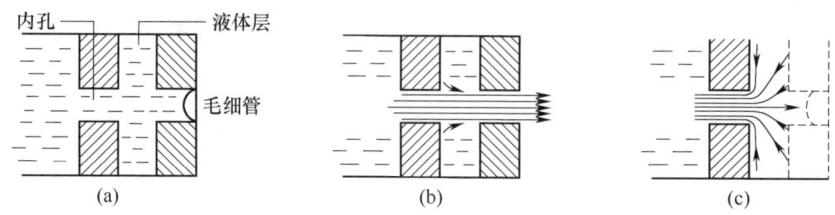

图 9-118 压电喷墨系统内部液体流动的不同状态

2. 现代压电喷墨技术

经过几十年的发展，压电喷墨技术已发展到微机械电子时代。压电喷墨打印头的墨滴喷射功能层与集成电路控制部分结合，应用、渗透到各种领域，大到宽幅喷墨印刷，小到商业零售行业的 POS 机打印装置。输出精度不断提高，可模拟胶印的效果，用作商业印刷领域的彩色数字打印设备。目前，压电喷墨打印头普遍采用静电驱动器驱动。

图 9-119 所示为现代压电喷墨系统的基本构成。它主要由压电元件、上下电极、振动板等组成。压电元件与电极相连，当加载电压时，产生逆向压电效应，产生变形，振动板与压电元件和墨水腔通道相连，将产生的机械变形传递至墨水腔。

图 9-120 所示为压电陶瓷在电压脉冲作用下，墨水腔内部液体的变化情况。左图中，在压电陶瓷上施加电压，PZT 伸长，并保持在非喷射位置；中间图中，撤销电压，电压下降，PZT 收缩，墨水腔膨胀将油墨吸入墨水腔内；右图中，需喷射墨滴时，电压恢复到初始值，即加载电压，PZT 伸长，腔体被压缩，墨水喷射出来。

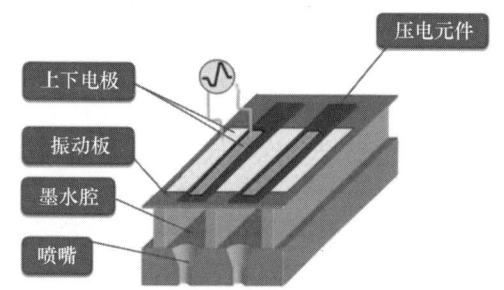

图 9-119 现代压电喷墨系统的基本构成

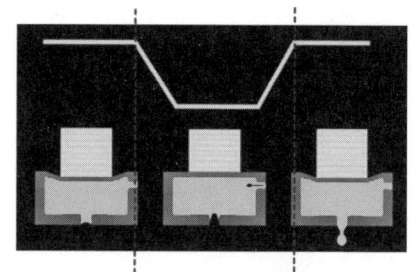

图 9-120 压电脉冲作用下腔体内部液体变化情况

（五）压电喷墨打印头

将前述压电材料的四种变形模式应用于压电喷墨打印系统，即会产生基于不同变形模式的打印头。

1. 弯曲模式压电喷墨打印头

如图 9-121 所示，在弯曲模式压电喷墨打印头中，压电陶瓷材料被加工成薄板状，使之更易弯曲，压电板与其变形传递使用的膜片紧密相连，组成双层结构的电子机械换能器阵列，简称压电换能器。在压电板上施加电压时，两端固定的压电换能器在外电场作用下由于拉伸或压缩效应而只能产生弯曲变形，并压迫膜片变形，墨水腔内的墨水受膜片挤压后在喷口处形成墨滴。

2. 推压模式压电喷墨打印头

图 9-122 所示为推压模式压电喷墨打印头的工作原理。推压模式的压电元件被加工成棒状，压电棒的一端固定，另一端是装有换能器底座的自由端。当在压电棒上施加电压时，外电场使压电棒产生伸长变形，在保持体积不变的前提下，压电棒因长度增加而推动换能器底座，推力传递给膜片后挤压墨水腔内的墨水，在喷嘴处形成墨滴。

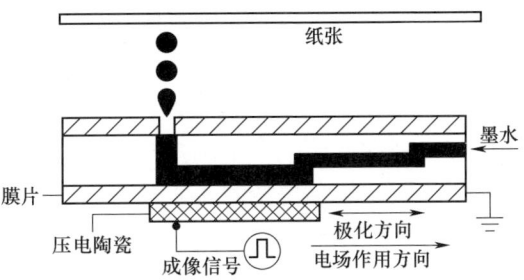

图 9-121 弯曲模式压电喷墨打印头的工作原理

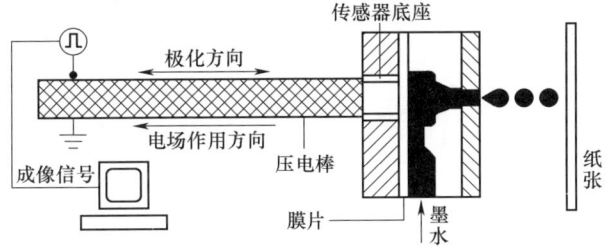

图 9-122 推压模式压电喷墨打印头的工作原理

3. 剪切模式压电喷墨打印头

图 9-123 所示为剪切模式压电喷墨打印头的工作原理。在该图中，压电板设计成为墨水腔壁的一部分，墨水腔的功能类似于隔膜泵。由于压电材料的极化方向与电场作用垂直，特殊的结构使压电板产生近似于纯剪切的变形，形成对墨水的正压力。当墨水腔体变小时将克服墨水在喷孔处的表面张力，迫使墨水从喷孔中挤出，并在喷嘴出口处形成墨滴。

图 9-124 所示为利用剪切模式使通道壁产生双向变形的特殊结构。压电材料变形时，由于通道壁高度方向尺寸小、弯曲刚度大且两端受刚性约束，不能自由弯曲而只能产生剪切变形。一个墨水通道的剪切变形导致墨水通道的抽吸效应，引起相邻通道的墨水喷射。因为一个墨水通道的体积膨胀必然导致另一个墨水通道体积缩小，墨水

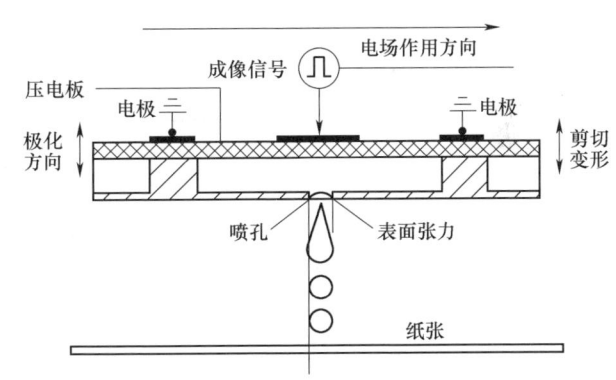

图 9-123 剪切模式压电喷墨打印头的工作原理

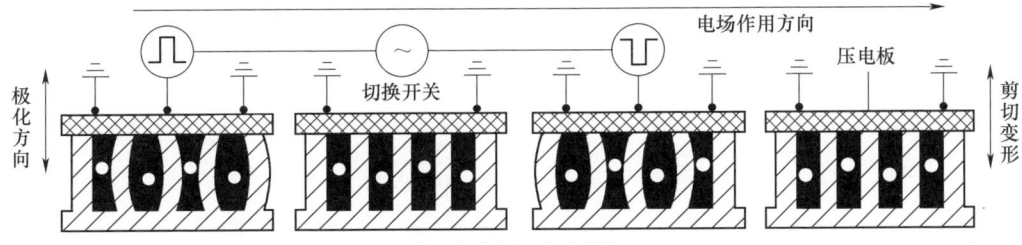

图 9-124 剪切模式的共享壁技术

受挤压作用后因不可压缩效应只能从喷嘴口喷出。

由于相邻墨水通道的体积变化刚好相反，以交互方式增加和缩小体积，因而又称为"交叉对话"。这种通道的排列方式又称为"共享壁技术"。共享壁操作由墨水通道自身喷射墨滴，无须与复杂的墨水流动路径配合，工作效率高。同一墨水通道的两个侧壁的变形方向相反。由于压电材料加工成墨水通道壁，压电元件变形覆盖整个通道壁面积，压电材料变形全部传递给墨水。

当相邻的墨水通道共享同一墨水腔壁时，打印头必须以多个"工作组"协同喷射墨滴，按成对形式间隔地喷射或不喷射。为了补偿相邻喷嘴在墨滴喷射期间不可避免的时间延时，某些剪切共享型压电喷墨打印头制造商采用喷嘴交叉排列的方案。

如图9-125所示，相邻喷嘴错开的距离很小。76μm表示两倍的喷孔直径，喷嘴1和喷嘴2错开的距离大约是喷孔直径的1/4，喷嘴2和喷嘴3错开的距离为喷孔直径的1/8。这时，打印头的运动速度、喷嘴交叉距离和墨滴多重喷射时间构成一组相关联的因素，必须调整它们之间的关系，使之与纸张的运动速度相适应，否则就会导致记录点位置的偏移。

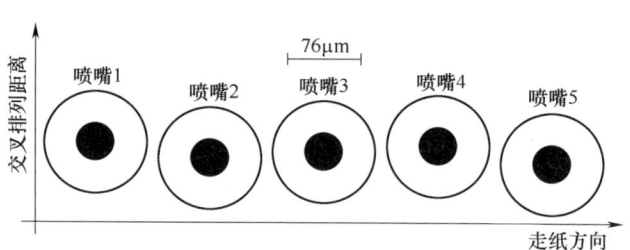

图9-125 喷嘴的交叉排列

（六）压电喷墨质量的影响因素

在压电喷墨中，影响墨滴喷射效果及印品质量的因素主要有三大类：一是外部激励，即加载到压电材料上的电压幅值、频率、波形等直接影响墨液的大小及飞行速度；二是印刷材料特性，主要是墨水的物理特性（如黏度、表层张力、密度等）和承印材料的物理特性（如纸张的粗糙度、渗透性、吸收性等）对生成墨滴的大小、墨滴在承印材料上的铺展特性都有重要影响；三是喷墨系统的结构（如墨水腔结构参数长度、宽度、高度等）、设备的运行速度等，也是影响墨滴生成质量的重要因素。喷墨印刷质量与墨滴尺寸（体积）存在密切关系，但它并不是影响印品质量的唯一因素。例如，墨滴成形后飞行的稳定性、墨滴与纸张撞击后的扩展与渗透、墨滴的定位精度也对印品质量有着重要影响。

1. 墨水通道腔室高度对墨滴速度的影响

在弯曲式压电打印头中，墨水腔室的长度和宽度与压电驱动器的长度和宽度密切相关。通常情况下，压力腔室的长度与压电驱动器等长，宽度比驱动器略宽一点。在压力腔室长宽不变的情况下，高度越高体积越大，相应的储存墨水越多，但较高的腔室高度会增加能量的损耗，使腔室内的流体流速降低。图9-126所示为墨水腔室高度与喷孔处流体速度关系。由

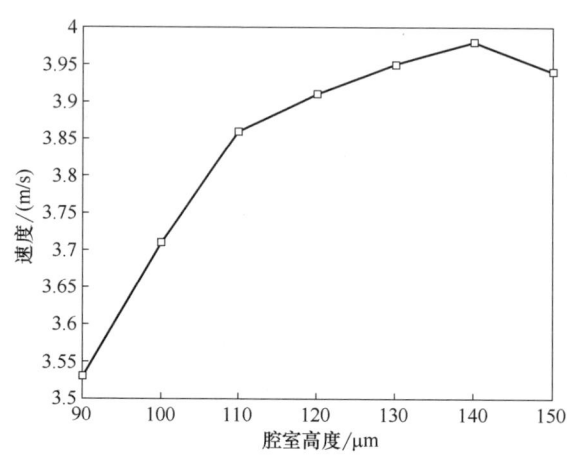

图9-126 腔室高度与喷孔处流体速度关系

图可知，随着腔室高度的增加，喷孔处的流体速度具有先增大后减小趋势。

2. 喷嘴的几何条件对墨滴喷射性能的影响

喷嘴直径、长度、喷嘴板厚度和喷嘴孔形状等都是影响打印头喷射性能的重要参数。喷嘴孔多加工成锥形段和平直段连接的喇叭口形式（图9-127），其中锥形段对墨水流动起导向作用，锥形段与平直段各自的长度会影响墨滴的喷射效果。作用于喷嘴出口端面的浸润条件也决定墨滴的喷射效果，因为射流的颈缩条件与浸润条件密切相关。

喷嘴孔直径是墨滴尺寸和喷射速度的决定因素。流体在流经喷嘴孔时，易受流体黏滞力和喷嘴孔内壁摩擦力的影响，其大小与喷孔结构密切相关。图9-128所示为喷嘴孔结构图，其中，喷嘴孔直径为等效直径，其长度＝喷孔周长/π。图9-129所示为喷嘴孔直径与喷孔处流体速度关系。从图中可以看出，在相同驱动电压下，随着喷嘴孔直径的增加，喷嘴孔处的流体流速逐渐减小。此外，研究表明，当喷嘴孔直径增加时，喷射的墨滴直径也会增加。

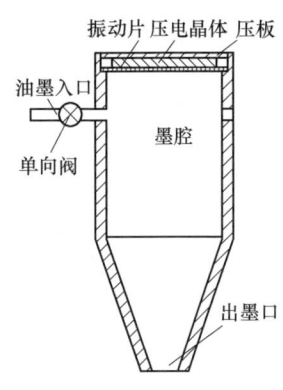

图9-127　锥形喷嘴结构

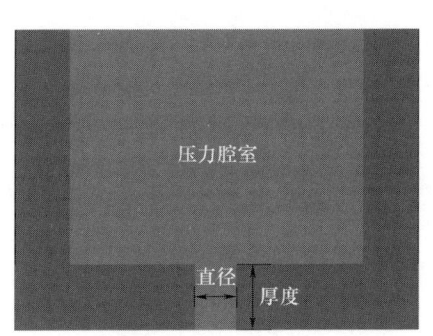

图9-128　喷嘴孔结构

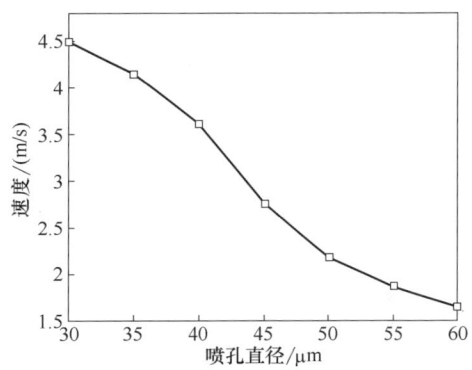

图9-129　喷嘴孔直径与喷嘴孔处流体速度的关系

在墨滴喷射过程中，墨水在喷孔处受到的阻力主要是黏滞力和喷孔摩擦力，它们的大小与喷孔结构密切相关。图9-130所示为喷孔直径分别为30μm、40μm、50μm和60μm时墨滴的成形过程。从图中可以看出，随着喷孔直径的增加，液柱的长度逐渐缩短，液柱颈缩断裂时间逐渐延长。这意味着喷孔直径越大，液柱越不容易断裂，最终墨滴成形时间越晚。同时，也可以看到，随着喷孔直径的逐渐增加，墨滴的飞行速度逐渐减小，墨滴的体积逐渐增大。

3. 驱动电压幅值/频率对墨滴喷射特性的影响

在压电喷墨中，加载到喷墨系统的驱动电压幅值直接决定了墨水喷射时获得的能量大小，它对墨水喷射时的速度和流量会产生重要影响，进而会影响到卫星墨滴的产生，如图9-131所示。左图的电压驱动信号幅值较低，生成了稳定的墨滴；右图的电压驱动信号幅值较高，墨滴形成过程中拖尾更长，且生成了卫星墨滴。

图9-132和图9-133所示为油墨黏度为5mPa·s，表面张力为50mN/m时，驱动电压

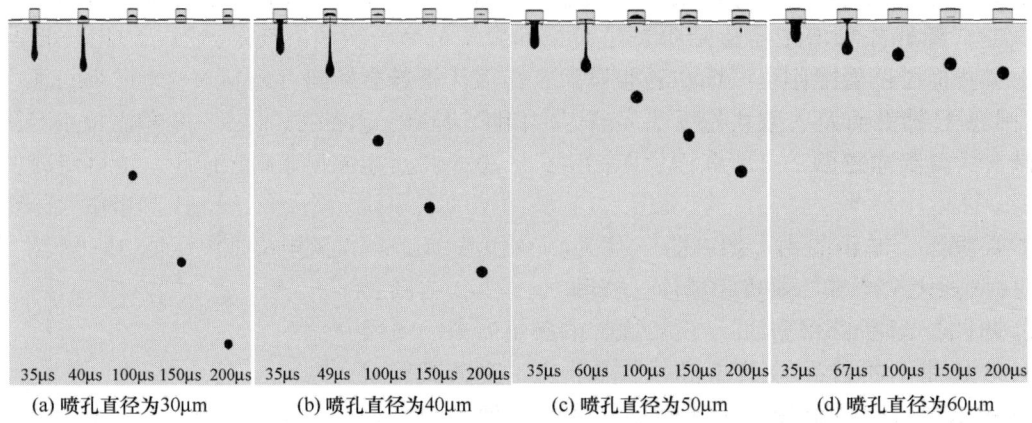

图 9-130　喷孔直径对墨滴喷射效果的影响

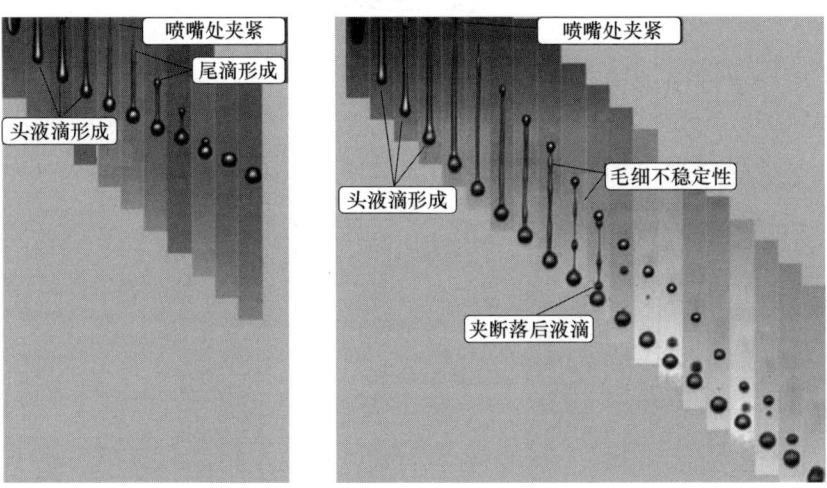

图 9-131　不同驱动电压下墨滴的成形过程对比

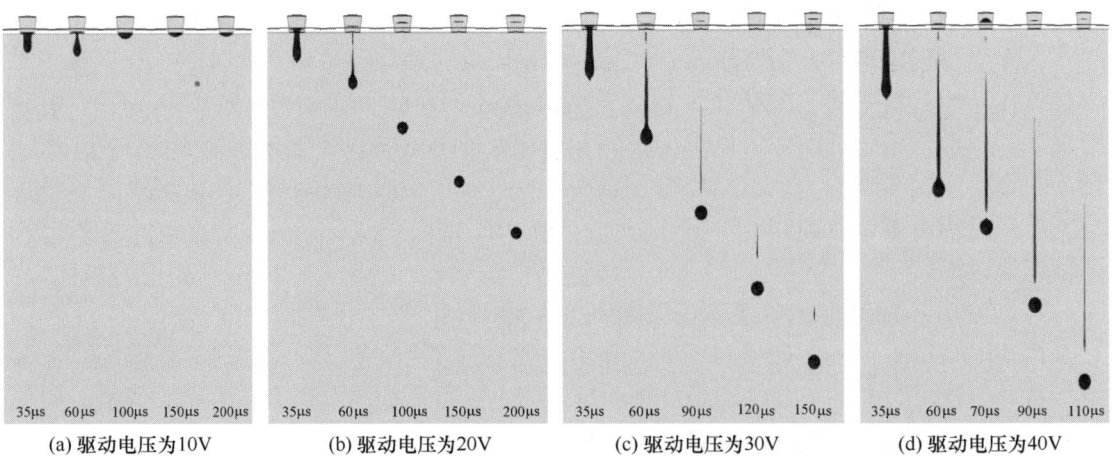

图 9-132　驱动电压幅值对喷射效果的影响

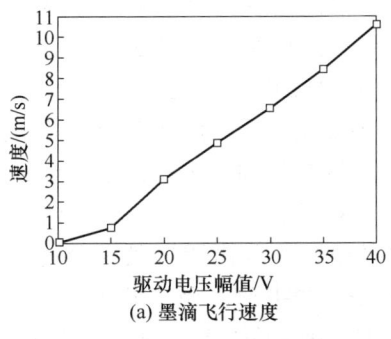
(a) 墨滴飞行速度

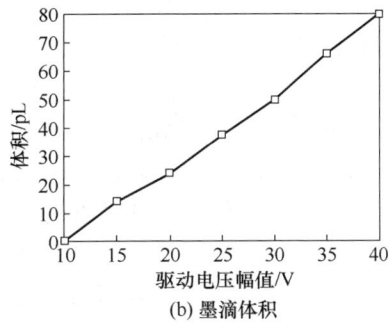
(b) 墨滴体积

图 9-133　驱动电压与墨滴飞行速度和体积的关系

分别为 10V、20V、30V、40V 时墨滴的成形过程及驱动电压与墨滴体积和墨滴飞行速度的关系。从图中可以看出，随着驱动电压幅值的增大，从喷嘴孔喷出的液柱长度增加，墨滴的飞行速度和体积也随之增大。这是因为当驱动电压增大时，压电驱动器位移也随之增大，造成压力腔室体积变化加大产生较大的压力将油墨从喷嘴处挤出。在系统结构不变的情况下，压力越大，喷嘴孔处流体流速和流量越大。当驱动电压为 40V 时，驱动电压较大，液柱较长，液柱断裂后墨滴会存在较长的拖尾，且拖尾越长破碎形成的卫星墨滴数量和体积越大；当驱动电压为 10V 时，没有墨滴喷射出来，这是因为驱动电压过小，腔室内的流体不能获得足够的能量克服黏度和表面张力等因素产生的阻力，因而无法被喷出喷嘴形成墨滴。因此，在保证能够喷射墨滴的情况下，较小的驱动电压有利于提高墨滴成形质量和喷射稳定性。

4. 驱动频率对喷射特性的影响

墨滴喷射的驱动频率对墨滴的喷射特性也有重要影响，它不仅关系到墨滴产生的速度进而影响印刷效率，还对卫星墨滴的产生有重要影响。

图 9-134 所示为某打印头在不同驱动频率下墨滴的喷射效果。当驱动频率分别为 5kHz 和 10kHz 时，墨滴均有效喷出，且无卫星墨滴。但当输入电压频率逐渐增大时，墨滴喷射速度明显增大，且卫星墨滴数目也逐渐增多。即若频率处于较低的水平，墨滴就不会喷出较多数量，但喷射时间会被延长，喷射速率下降。若频率处于较高的水平，墨滴生成速度增加，提高了喷射效率，但卫星墨滴数量也会随之增加，影响打印质量。

5. 油墨特性对墨滴喷射特性的影响

在喷墨印刷中，理想情况下的墨滴喷射应呈现单液滴状态，墨水的黏度及表面张力是影响其成形过程的重要因素。

喷墨印刷多采用水基墨水，其表面张力为 20～50mN/m，图 9-135 所示为不同表面张力下，墨水

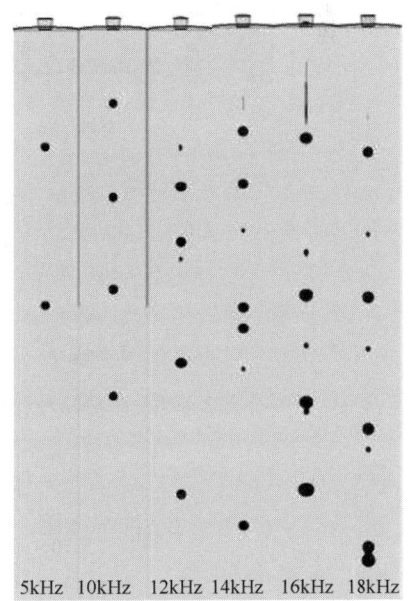

图 9-134　不同驱动频率下墨滴的喷射效果

在相同喷射条件下墨滴的成形过程。由图可知，表面张力越小，液体形成的液柱越长，液柱断裂的时间越晚，卫星墨滴相应地会随之增加。表面张力增加后，液柱颈缩半径缩小，此种状态可以有效加快液滴成形速度。

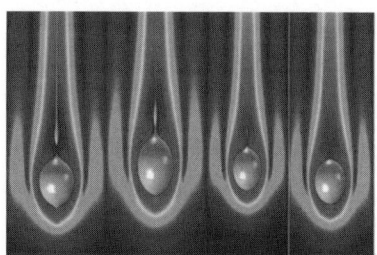

图 9-135　不同表面张力下墨滴成形过程

水基型墨水的黏度为 2~8Pa·s。在相同条件下，黏度越大的液体运动产生的内摩擦力越大，喷射速度越慢，但所产生的卫星墨滴更少。而黏度过大会产生回流现象，导致喷射失败。图 9-136 所示为不同黏度墨水的液滴成形过程。从图中可以看出，墨水黏度从 2~4Pa·s 的增大过程中，卫星液滴数量逐渐减少，液滴尾部液柱逐渐减少，速度也越来越慢；在 7~9Pa·s 期间形成了完整的单液滴喷射；在黏度为 10Pa·s 时，由于黏滞阻力过大，液滴没有喷射出来。

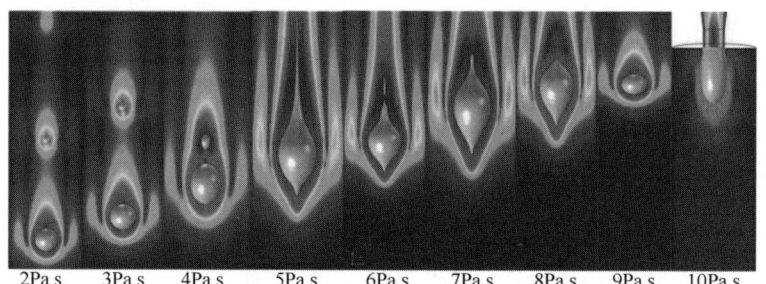

图 9-136　不同黏度墨水的液滴成形过程

第十章　印刷机械自动控制系统

印刷机械控制系统主要包括单张纸输纸控制系统、卷筒纸张力控制系统、多色胶印机运行过程控制系统以及印刷质量在线检测等，这些控制系统极大地提高了设备的可靠性及运行效率，保证了印品质量。

第一节　输纸过程自动控制

本节将结合典型印刷机械，阐述典型输纸控制系统控制电路的结构与控制原理。

一、单张纸输纸控制结构与原理

图 10-1 所示为 SZ206 型对开连续重叠式输纸部件的主电路。由图可知，SZ206 型对开输纸装置主电路包括对主纸堆升降电机、副纸堆升降电机以及给纸气泵电机的控制三大部分。其控制电路图如图 10-2 所示。从图中可以看出，输纸装置控制电路包括电源保护、主副纸堆转换、主纸堆快速上升及快速下降、印刷过程中主纸堆自动上升、副纸堆上升及副纸堆下降、纸堆正常工作高度控制、给纸各吸嘴用气泵控制、双张控制以及给纸部件离合器控制等。

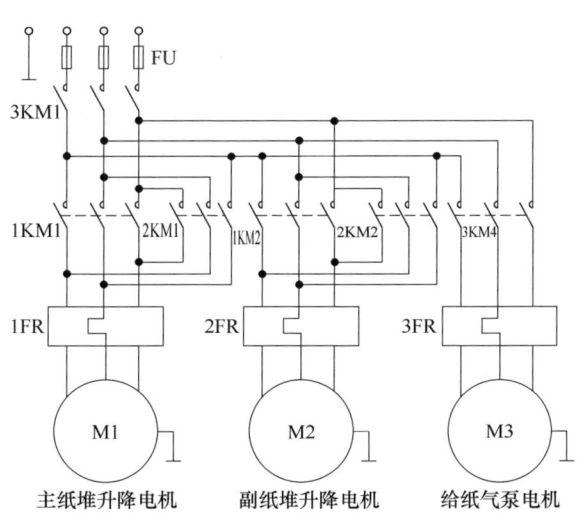

图 10-1　SZ206 型对开连续重叠式输纸器主电路

（一）输纸装置的运转控制

输纸装置又称输纸机或输纸器，输纸器的工作动力是来自定位牙嵌式电磁离合器（YC）、齿轮传动（或传动链条传动）。定位牙嵌式电磁离合器的结构如图 10-3 所示，此电磁离合器主要由主动与从动两部分构成。主动部分由链轮 4 及吸盘等组成，并套装在离合器轴上。从动部分由从动离合体内的励磁线圈 1 和外圆的滑环 2 组成，它们与离合器轴

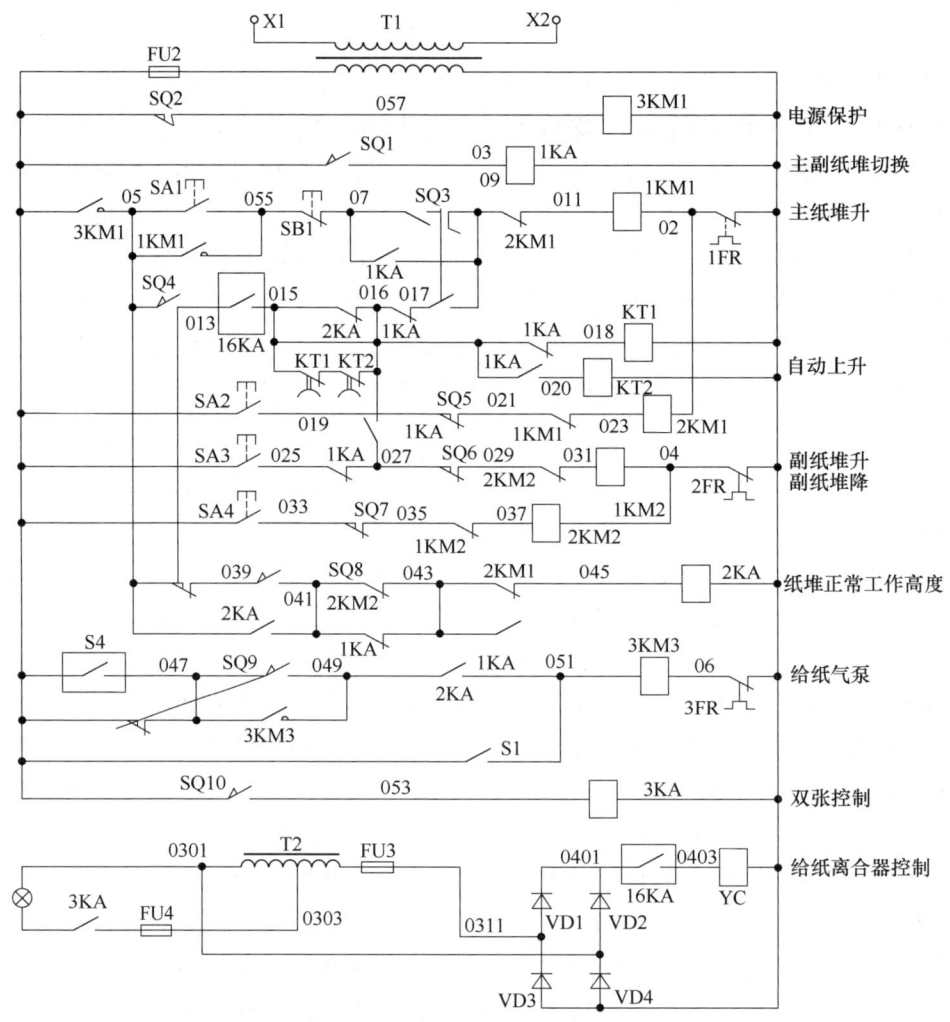

图 10-2 SZ206 型对开连续重叠式输纸器控制电路

固装为一体。

输纸器控制电路如图 10-2 所示。按下"给纸开"按钮时,中间继电器 16KA 得电吸合,其常开触点闭合。交流低压电源经桥式整流后,直流 24V 电压输入电磁离合器 YC 的励磁线圈。在励磁线圈电磁力的作用下,吸盘沿轴向左移动,与从动离合体端面接触,吸盘与从动离合体吸合端面上都加工有梯形齿,当吸盘转动到从动离合体端面相应的齿间时,离合器合上,齿轮啮合或链条机构工作,主机动力传输给输纸器,使输纸器运转起来。按下"给纸停"按钮,则停止输纸。当产生双张的输纸故障时,继电器 16KA 释放,切断电磁离合器 YC 的直流工作电源,此时在弹簧恢复力作用下,吸盘与从动体端面脱离啮合,即电磁离合器脱开,输纸器停止运转,停止工作。

(二)主、副输纸堆台的升降

SZ206 型对开输纸器的主、副纸堆台升降由锥形转子制动电机 M1、M2 驱动。该电机具有启动力矩大、制动可靠、结构紧凑、体积小以及可频繁启动的特点,并且还可对纸堆台的自动上升量进行微量调节以及采用副输纸装置，换新纸堆时不需要停机，工作效率高。

1. 主纸堆台升降控制

如图10-2所示，主纸堆台的升降由交流接触器1KM1、2KM1向电机M1提供三相交流电源进行控制。热继电器1FR作过载保护。按下主纸堆台上升按钮"SA1"时，支流接触器1KM1吸合并自锁，电机M1运转并驱动纸堆台上升。在挡纸板上部中间位置，安装有最高限位微动开关SQ3。当纸堆不断上升，纸堆上平面触压到最高限位微动开关SQ3时，其常闭触头断开（07与09），交流接触器1KM1释放，电机M1停止旋转并迅速制动，主纸堆台停止上升动作。

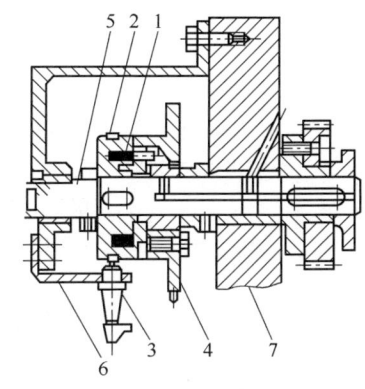

1—励磁线圈；2—滑环；3—电刷；
4—链轮；5—机轴；6—电刷架；7—机板

图10-3　定位牙嵌式
电磁离合器装置

当按下主纸堆台下降按钮"SA"后，交流接触器2KM1吸合电机M1反转并驱动纸堆下降。机板下部装有台架最低限位开关（SQ5），当纸堆台下降到最低位置时触压到最低限位开关（SQ5），其常闭触头（019与021）断开，使交流接触器2KM1释放，电机M1停转，主纸堆台停止下降。

2. 副纸堆台升降控制

如图10-2所示，按下副纸堆台上升按钮"SA3"，交流接触器1KM2得电吸合，电机M2驱动纸堆上升。当上升限位开关SQ6被触压时，使1KM2释放，电机M2停转，副纸堆台停止上升。当按下副纸堆台下降按钮"SA4"时，交流接触器2KM2吸合，电机M2反转并驱动纸堆下降。当纸堆下降触压到下限位开关SQ7时，2KM2释放，M2停转，副纸堆便停止下降。

3. 纸堆自动上升

正常生产过程中，纸堆是间歇式自动上升的。纸堆的自动上升是由压纸吹嘴进行纸堆高度检测控制的。当压纸吹嘴检测到纸堆下降到一定位置，触碰到限位开关SQ4时，产生自动上升信号，控制电机M1、M2驱动纸堆上升。

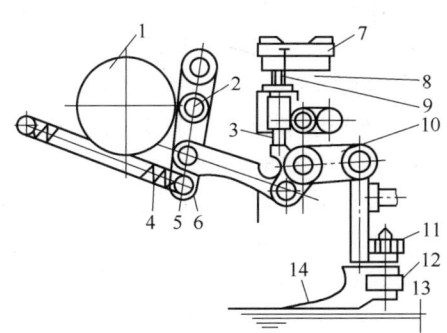

1—凸轮；2—滚子；3—顶杆；4—拉簧；
5—摆杆；6—横向连杆；7—限位开关SQ4；
8—自动上升量；9—顶丝；10—摆臂；
11—锁紧螺母；12—调节螺母；
13—自动上升量；14—压纸吹嘴

图10-4　纸堆自动上升信号的产生

（1）自动上升信号的产生。纸堆自动上升信号的产生装置，如图10-4所示。凸轮1装在纸张分离头的凸轮轴上，拉簧4使滚子2始终紧靠凸轮1。凸轮1通过滚子2推动摆杆5摆动。再通过横向连杆6带动四连杆动作，由四连杆机构带动压纸吹嘴14不断地进行纸堆检测。与横向连杆6相铰接的摆臂10上有一凸面顶住顶杆。纸张分离头每分离向输纸板输送一张纸，压纸吹嘴14就下压检测一次。当纸堆下降到一定高度时，压纸脚下压，使摆

315

臂 10 上的凸面向上运动，推动了顶杆 3 和顶丝 9，最后触压 SQ4，其常开触头接通 05 与 013 号控制线路，产生纸堆自动上升信号。

(2) 自动上升动作过程。纸堆的自动上升包括主纸堆的自动上升和副纸堆的自动上升。主纸堆的自动上升由电动机带动，当上升至上限位开关 SQ3 时，电机 M1 停止运动，纸堆不再上升。副纸堆的自动上升是将主、副纸堆切换限位开关 SQ1 后，进行和主纸堆类似的动作控制。工作时的操作顺序如下：

将主纸堆台上纸后，纸堆由电动机（快速）带动上升至上限位开关 SQ3 处自动停止，此时将输纸器启动运转。由于纸堆还未到达印刷工作的正常高度，经压纸吹嘴检测，使限位开关 SQ4 接通 05 与 013 号线路，产生自动上升信号。又由于限位开关 SQ3 的常开触头已经闭合（接通 09 与 017 号线路），因而使交流接触器 1KM1 得电吸合，电机 M1 正方向运转，主纸堆则完成一次自动上升动作。此时，因纸堆上升量相对较大，所以也叫快速自动上升阶段。随着输纸器的运转，压纸吹嘴一次次下压检测产生信号，主纸堆就一次次地向上抬升。当升至某一高度时，限位开关 SQ4 不被触压，自动上升信号消失，主纸堆即停止上升。与此同时，磁开关 SQ8 接通，使中间继电器 2KA 吸合并自锁，其常闭触点断开（015 与 016），切断主纸堆快速自动上升回路，此时纸堆已到达正常工作高度。另外，中间继电器 2KA 的常开触点闭合（049 与 051），在磁开关 SQ9 接通时，给纸气泵电机的交流接触器 3KM3 吸合并自锁，气泵启动，输纸器中的四大吸嘴开始配合进行输纸动作。

随着印刷的进行，当纸堆的高度降低到一定程度时，压纸吹嘴下压检测，又使限位开关 SQ4 受到触压（05 与 013 又被接通）。此时，自动上升信号经时间继电器 KT1 与 KT2 的常闭触点构成回路，使接触器 1KM1 吸合，主纸堆上升。由于 KT1 的控制作用，主纸堆的上升时间很短，即上升量微小，约 20mm，所以称此上升为微量自动上升。当输纸器继续工作消耗纸张，纸堆再次下降时，主纸堆便重复进行微量自动上升的过程。

(3) 不停机上纸。当主纸堆的厚度减少，到了需要上新纸时，可采用副纸台辅助工作，如图 10-5 所示。将插棍 9 插入纸台槽，然后按下副纸堆上升按钮"SA3"，使副纸台前台架 5 与后台架 6 托起插棍 9，并承受主纸堆剩余纸张的重量。前台架 5 上限位开关 7（SQ1）受到触压，其常开触点闭合（01 与 03 接通），中间继电器 1KA 吸合，主、副纸堆实现了切换。中间继电器 1KA 的常闭触点断开（016 与 017），常开触点闭合（016 与 027 接通），使微量上升信号输入给接触器 1KM2。由于中间继电器 1KA 的常开触点接触了时间继电器 KT2 的工作电路（015 与 020），在 KT2 作用下，副纸堆将进行微量自动上升控制，以维持纸堆正常高度，保证输纸工作继续正常进行。此时，采用电动下降将主纸堆台降于地面进行上纸。上纸后再采用电动上升将主纸堆快速升起。当主纸堆上升至上平面与插棍接触，即可以托起副纸堆剩余纸张时，副纸台架上的弹簧压力消失，切换开关 SQ1 恢复常开状态，继电器 1KA 释放，接触器 1KM2 释放，副纸堆微量自动上升停止。由于中间继电器 1KA 的常闭触点（016 与 017）复位，微量自动上升信号将使接触器 1KM1 吸合，使主纸堆又恢复微量自动上升，输纸工作得以不间断地进行。此时，要将副纸台架上的插棍自中间向两边依次抽出，使剩余纸张落在主纸堆上，至此完成主、副纸堆切换使用的过程。应当注意，副纸堆没有快速上升，只有微量自动上升。

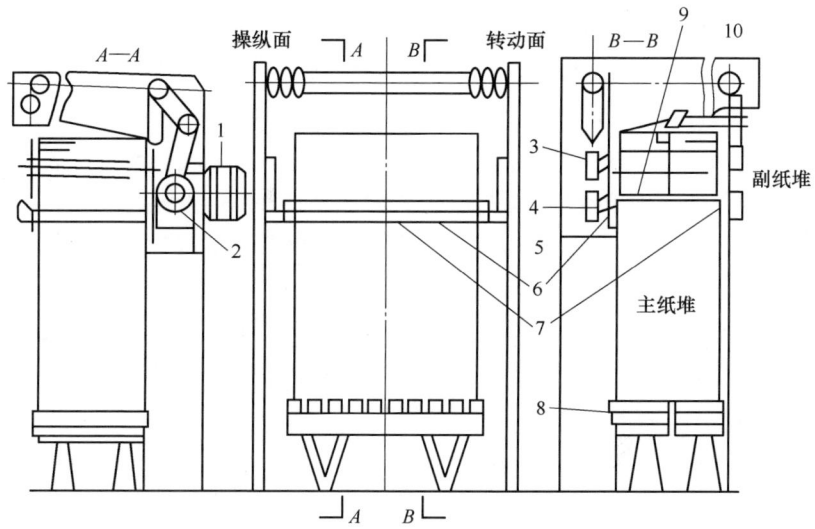

1—纸堆升降电机；2—减速器；3—台架最高限位开关SQ6；4—台架最低限位开关SQ7；
5—前台架；6—后台架；7—上限位开关；8—主纸堆；9—插棍；10—插棍架

图10-5 副纸堆台结构示意图

(三) 双张检测与控制电路

1. 双张检测

SZ206型输纸器的双张检测是机械式检测装置，如图10-6所示。

图中检测滚轮8由杠杆支承并压在输纸线带辊13上，随线带和运动的纸张滚动。通常先在检测滚轮8下面塞入两张纸，调节滚轮压力，使纸张输送时能带动检测滚轮8转动。然后，通过调节螺丝，调节控制滚轮6与检测滚轮8的距离，使其小于一张所用纸张的厚度。当出现双张或多张时，检测滚轮8被抬高，将控制滚轮6顶起一定的角度并带动它一起转动。此时，控制滚轮6侧面的锁轴3将开关SQ10的金属长板2顶起，使SQ10动作，其常开触点闭合（01与053接通）。中间继电器3KA吸合，双张指示灯4（即HL）发光指示。中间继电器3KA的常闭触点断开，使输纸继电器16KA释放，输纸电磁离合器YC失电切断，输纸器停止运转。待双张故障排除后，输纸器可重新启动工作。

2. 控制电路

SZ206型输纸器的输纸气泵主电路及控制电路如图10-1和图10-2所示。输纸气泵电机M3的启动有两种操作方式。在

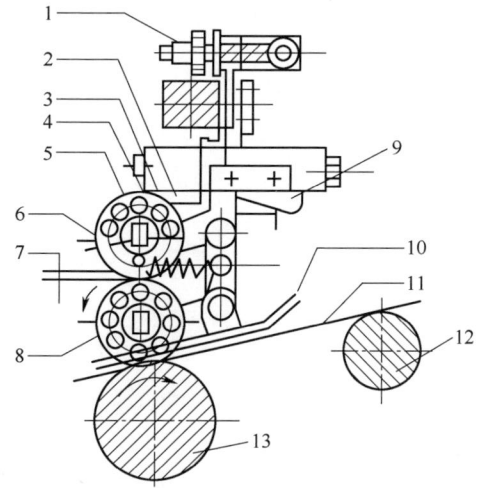

1—调节螺钉；2—金属长板；3—锁轴；4—双张指示灯；
5—滚轮对纸张的压力调节机构；6—控制滚轮；
7—调节间隙；8—检测滚轮；9—微动开关SQ10；
10—挡纸板；11—纸张；12—接线辊；13—线带辊

图10-6 双张检测装置

更换调试而需要单独启动时，可将按钮盒面板上的开关 S1 置"单动"位（01 与 051 接通），交流接触器 3KM3 吸合，输纸气泵电机 M3 运转。

另一种操作方式是在输纸器运转情况下进行，但必须满足两个条件：一是将按钮盒面板上的气泵开关 S4 置"通"位（01 与 047 接通）；二是纸堆自动上升到正常高度使中间继电器 2KA 吸合并使其常开触点闭合（049 与 051 接通）。在以上两个条件具备后，当吸纸嘴运动到一定位置时，旋转的金属铁板进入磁行程开关 SQ9 的缝隙中，SQ9 工作。其常开触点闭合（047 与 049 接通），3KM2 得电吸合，输纸气泵电机 M3 运转工作。需要气泵停止工作时，将开关 S4 置"断"位，但由于磁行程开关 SQ9 常闭触点的自锁作用，交流接触器 3KM3 还没有释放，即气泵仍在工作，待递纸吸嘴将最后一张纸递出以后，磁行程开关 SQ9 由于铁板旋入缝隙而动作，其常闭触点断开（01 与 047），交流接触器 3KM3 释放，气泵电机 M3 停止运转，输纸器停止输纸。

二、卷筒纸印刷机纸带张力控制系统

卷筒纸印刷机在印刷过程中，纸带必须具有一定的张力向前传输。张力太小，纸带会产生横向皱褶、套印不准的问题；张力过大会造成纸张拉伸变形，出现套印不准、纸带断裂等现象；张力不稳，纸带会发生跳动，出现纵向皱褶、重影及套印不准等问题。印刷中影响纸带张力的因素很多，主要有纸卷的形状、印刷速度波动等。

（一）纸带张力控制装置

纸带张力大小取决于纸带牵引力及纸带所受的制动力。前面已经讲过，卷筒纸印刷机按照施加制动力的不同，纸卷的制动有圆周制动和轴制动两种方式。本节主要讲述系统结构与控制原理。

卷筒纸印刷机张力控制系统的作用是：在印刷过程中，控制纸卷制动力能够根据张力波动进行调整，以保证纸带张力的恒定。

张力自动控制系统有开环控制和闭环控制两大类。开环控制中没有检测和反馈装置，只适合长期使用同一品种和规格的卷筒纸；闭环控制具有检测和反馈功能，控制精度高，是目前卷筒纸印刷机采用的形式。如图 10-7 所示是一种用磁粉制动器控制的张力闭环系统。

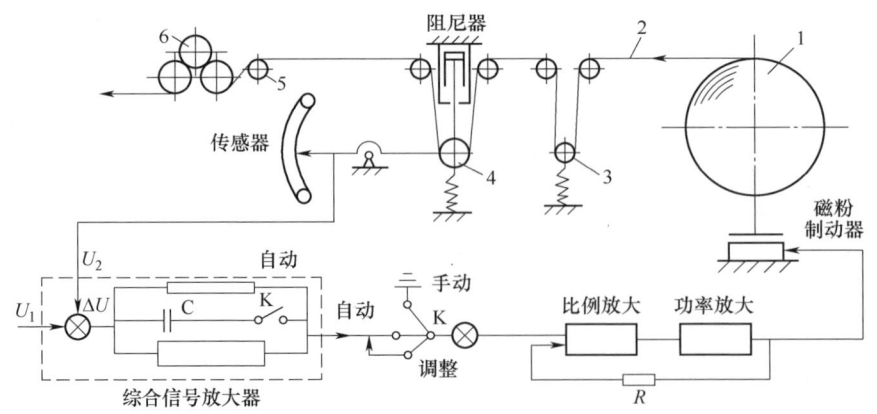

1—纸卷；2—纸带；3—浮动辊；4—张力感应辊；5—调整辊；6—送纸辊

图 10-7 磁粉制动张力自动控制系统

图 10-7 中，纸卷 1 开卷后，纸带 2 经浮动辊 3、张力感应辊 4、调整辊 5，再由送纸辊 6 送入印刷部件。电压信号 U_1 是根据比较合适的印刷张力预先给定的。在印刷过程中，如果由于机器速度的变化、纸卷的偏心、纸卷直径的减小或其他原因，使纸带张力发生变化时，就会使张力感应辊 4 产生位移离开平衡位置，绕其支点偏转一个角度。而传感器是一组绕线滑动电阻，张力感应辊 4 位移时，滑动触点的电压发生变化，并发出改变后的电压信号 U_2。将 U_2 送至综合信号放大器，与给定的电压信号 U_1 相比较，存在电压差 $\Delta U = U_1 - U_2$，ΔU 经电压放大、功率放大后，引起通入磁粉制动器的励磁电流发生变化，从而使磁粉制动器作用在纸卷轴上的制动力矩发生变化，纸带的张力恢复到给定值。此时，张力感应辊 4 也恢复到原来的平衡位置，从而保证走纸作用力的稳定。控制磁粉制动器的电流有一部分要做反馈，这种反馈电流经电阻 R 的作用，变成电压信号进入比例放大器，可加强电路系统的稳定性和控制精度。

图 10-8 中，有"手动""调整""自动"三个位置，当开关 K 放在"手动"位置时，传感器和综合放大器不起作用，此时张力不能自动调节，就靠手动调节 U_1 的大小来改变

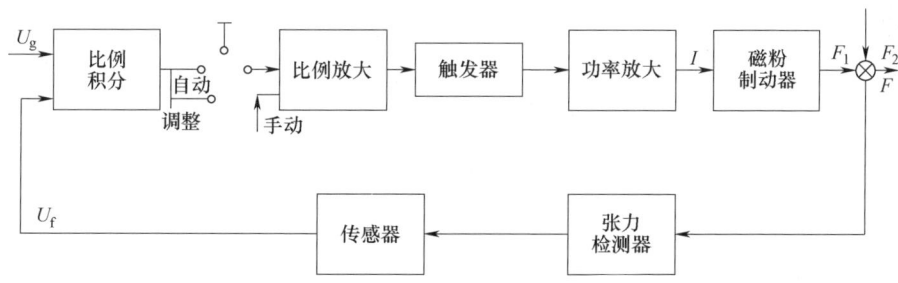

图 10-8 张力自动调节系统方框图

张力。调节时根据不同纸张参数，选定合适张力，通过电流表指示出来，作为磁粉制动器控制电流的标准值。当把 K 放在调整位置时，可以检查传感器是否起作用、自动调节系统是否正常。正常印刷时，随着纸卷直径减小，电流表指针向减小方向移动，说明自动调整系统工作正常。当把开关 K 放在"自动"位置时，张力自动控制系统起作用。

图 10-8 所示为张力自动调节系统方框图。系统控制原理为：

张力 $F \uparrow \to U_f \uparrow \to U_入 (U_g - U_f) \downarrow \to$ 励磁电流 $I \downarrow \to$ 制动力矩 $M \downarrow \to F \downarrow \to F$ 回到预选给定值。

（二）电气控制系统

1. 磁粉制动器

磁粉制动器是一种电磁离合器，在卷筒纸胶印机的纸张张力控制系统中用来对纸卷进行制动控制。

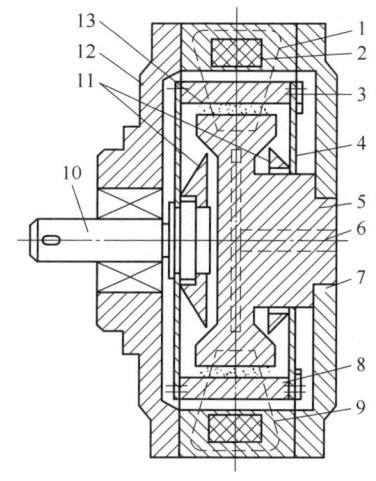

1—外定子；2—励磁线圈；3—转子；4—密封环；5—内定子；6—冷却水路；7—后端盖；8—风扇叶片；9—磁力线；10—轴；11—迷宫环；12—前端盖；13—磁粉

图 10-9 磁粉制动器结构

磁粉制动器结构如图 10-9 所示，主要由外定子 1、线圈 2、转子 3、内定子 5 和磁粉 13 等部分组成。磁粉填充在内定子和转子之间。为了减少制动器工作时的升温，在内定子中通过冷却水路 6 降温，同时在转子上还设有风扇进行冷却。当励磁线圈 2 通电时线圈周围产生磁力线 9，磁粉 13 磁化，在转子和内定子间有了磁力矩，从而使转子被制动，达到纸卷制动。可通过调节励磁电流的大小，改变制动力矩的大小。励磁电流越大，制动器转子力矩也越大。

图 10-10 所示为励磁电流 I_f 与制动力矩 M 的关系特性曲线。由图可知，当励磁电流控制在 I_1 与 I_2 之间时，曲线为直线，M 与 I 为线性关系。因此，改变励磁电流的大小，可使磁粉制动器的制动力矩得到改变。在印刷中，随着纸卷半径的不断减小，纸卷阻力会变小，为了使纸带张力保持恒定，要求磁粉制动器的制动力矩 M 的大小做相应的减小，利用励磁电流 I 实现自动跟踪控制。

2. 张力传感器

多数卷筒纸胶印机都采用电位器为传感器，进行纸带张力的自动控制。图 10-11 所示为电位器传感器结构。图中滑动臂由张力摆动辊、阻尼机构等驱动。正常印刷时，摆动辊所受张力与弹簧力平衡，张力发生的变化与摆动辊位移相对应。于是，若使该机构中的扇形齿轮偏转一定角度，与扇形齿轮啮合的小齿轮也随之转动，并带动传感器的滑臂转动。滑动臂带动电刷在电阻丝上滑动，即在电阻丝上调节取得一电压数值，该电压值即作为张力反馈信号。该信号与给定信号综合比较后，其差值输入比例积分控制电路。由于张力反馈信号为负反馈，从而使磁粉制动器的励磁电流、制动力矩发生变化，实现纸卷张力的稳定调节。

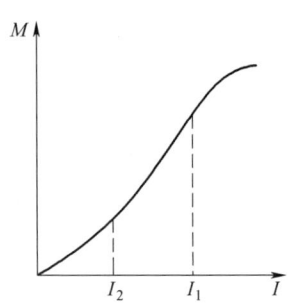

图 10-10　磁粉制动器励磁电流与制动力矩的关系特性曲线

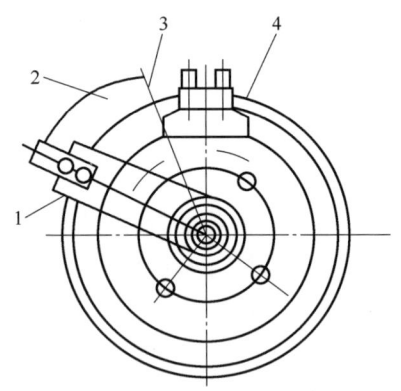

1—滑动臂；2—弹性金属片；
3—电刷；4—电阻丝

图 10-11　电位器传感器结构

（三）电路工作原理

1. 直流稳压电源

如图 10-12 所示，电源变压器 T 的副边有 5 组线圈，由 3、4 端输出交流电压 60V，该电压经二极管 VD1～VD4 桥式整流，为触发电路提供直流电源；由 5、6 端输出交流电压 30V，为功率放大级的二极管 VD9、VD10 与晶闸管 VT11、VT12 组成的可控整流电路提供电源；由 7、8 端输出交流电压 6.3V，为电源指示灯供电；9、10 与 11、12 端输出两组交流电压 20V，为两组串联型直流稳压电源提供交流电源。

串联型直流稳压电源的电路，由两组完全相同的电路串联组成。现以一组为例分析其电路工作原理。其中，二极管 VD15～VD18 作桥式整流，电容 C_8 进行滤波。三极管 V4 与 V5 组成复合调整管，以提高放大倍数与减小基极控制电流。V6 和 VZ19 提供基准电压，

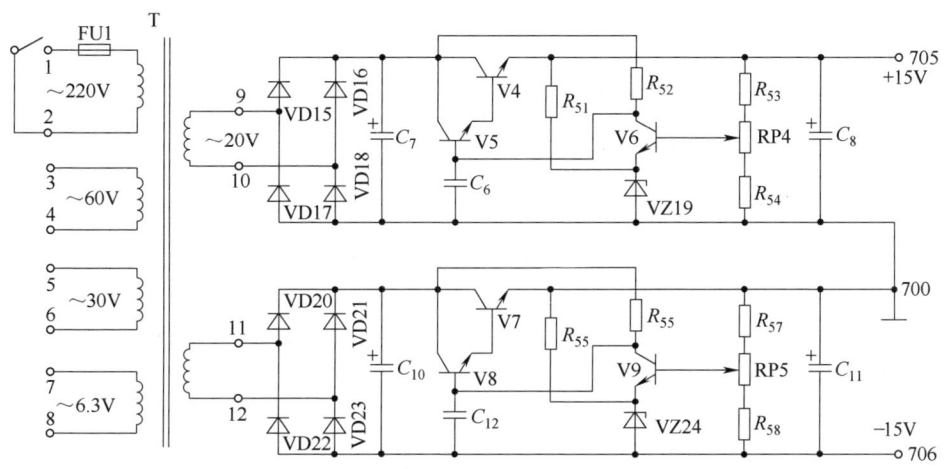

图 10-12 直流稳压电源

R_{52} 为 V6 的集电极电阻。电阻 R_{53}、R_{54} 与电位器 RP4 组成取样电路。当电网电压降低，负载电流增加时，C_8 两端的输出电压下降，经电阻 R_{53}、R_{54} 与 RP4 的分压后，使 V6 的基极电位下降。由于 VZ19 的稳压作用，V6 的发射极电位保持不变，故 Ube_6 下降，Ic_6 下降，Uc_6 上升，Ub_5 随之上升，V4 的集电极电流增加，使稳压电源输出电压恢复原值，即为 15V 直流稳定电压。另一组稳压电源以 700 端为公共点连接，由 705 与 706 端输出 ±15V 直流稳定电压，向控制电路供电。

2. 给定、比例积分、比例放大与反馈电路

张力控制系统电路原理图如图 10-13 所示。

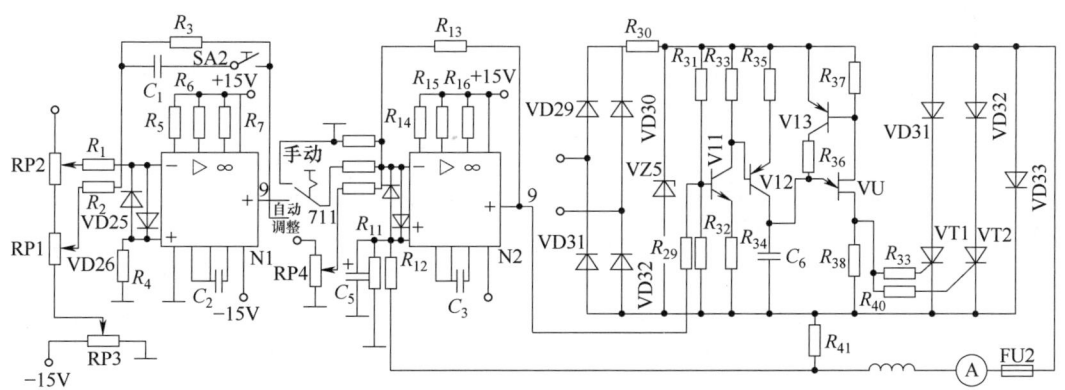

图 10-13 张力控制系统电路原理

此系统分开环与闭环两种工作状态。通常按钮在"手动"位置时电路处于开环状态，在"自动"位置时电路处在闭环状态。根据不同纸张张力有不同的要求，调试时先用"手动"进行张力预选。具体过程是将琴键开关 SA1 置于"手动"位置，开关触点将 N1 的输出端 9 与 711 端断开，将 711 端接于公共点 700。此时，运算放大器 N1 与反馈回路不起作用，系统为开环状态。调整时一般可根据操作者的工作经验用手摸试纸张张力大小，同时，手动顺时针调整电位器 RP4，将负电压信号通过电阻 R10 输入到运算放大器

N2 的反向输入端 1。经 N2 的比例放大作用，其输出端 9 获得正极性电压 U_{02}，U_{02} 输入触发电路 V11 的基极。晶闸管 VT1、VT2 被触发导通，磁粉制动器励磁线圈获得直流控制电流，并由电流表显示出来。调整到张力合适为止，记下此时制动器电流表数值，此值即预选张力值。

张力预选后，将电位器 RP4 旋回零位，将琴键开关选择按在"调整"位置。由于 709 与 711 端接通反馈回路，N1 及 N2 都投入工作（但积分电路并未起作用）。调整"给定"电位器 RP2 正电压经 R1 送至 N1 反向输入端 1，由于 SA2 开关断开，积分电容 C1 此时不作用，N1 只作比例放大而无积分作用。N1 对"给定"电压信号作比例放大后输出负电压 U_{01}，U_{01} 经 R_9 输入 N2，经 N2 作比例放大后输出正电压 U_{02}，U_{02} 输入 V11 基极，又经功放电路使磁粉制动器励磁线圈得到电流。调整 RP2 使电流表指向预选值，"给定"信号就调整好了。调整工作状态虽是闭环系统，并具有自动调节作用，但由于 N1 没有积分作用，因此，系统控制精度较低，但已能对纸卷由大变小或其他原因所造成的张力不稳定做出自动调整。只有将选择开关置于"自动"档，积分电路通过开关 SA2 闭合，将 C_1 接入 N1 电路，使 N1 成为比例积分调节器，系统将成为比例积分自动控制系统。其自动控制作用如下：机器运转输纸后，将选择开关置"自动"档，调节"给定"与"放大"电位器 RP2、RP1，使张力为预选值。该电位器调好后，在整个印刷过程中不用再调动，调节原理如图 10-14 所示。

由图 10-14 可知，当"给定"电位器与"放大"电位器已调整好时，A、B 点将固定不动。因电位器 RP3 的 C 点基本不动，反馈电压 U_f 不变，给定电压 U_g 一定，所以，差值电压 $\Delta U = U_g - U_f$ 也为定值。D 点电位将确定。但此状态是瞬时的，当各种干扰引起张力变化时，将通过摆动辊、扇形齿轮及小齿轮作用，推动传感器上电刷移动，C 点产生位移，U_g 产生变化，导致 D 点电位改变，N1 随

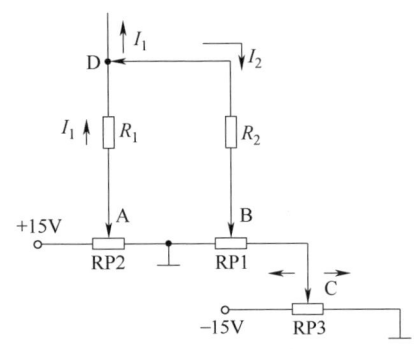

图 10-14 张力控制系统调节原理

即进行比例积分运算，经电路控制作用，使励磁电流改变，即制动力矩变化，使张力稳定。

例如，当干扰使张力减小时，传感器 RP3 上的 C 向右移动，反馈电压 U_f 增加，ΔU 下降，D 点电位也随之下降，励磁电流 I 减小，制动力矩 M 减小，使张力恢复原值，并维持恒定。

3. 触发与功率放大电路

触发与功率放大电路如图 10-13 所示，触发电路主要由晶体三极管 V11、V12、V13 和单结晶体管 VU 及偏置电阻组成。

当给定电压 U_z 与反馈电压 U_f 比较综合后的差值电压 ΔU 小于零时，N1 的输出 U_{01} 为正值，N2 的输出 U_{02} 为负值。U_{02} 输入触发电路 V 的基极，触发电路无触发脉冲产生，功放电路不工作，磁粉制动器因无励磁电流而不能产生制动力矩。当 U_g 与 U_f 比较综合后的差值电压 ΔU 大于零时，U_{01} 为负值，U_{02} 为正值，V11 获得正偏置电压而导通，其集电极电位 U_c11 下降变负，V12 的基极电位 U_b12 也随之下降。由于 V12 为 PNP 型

三极管，V12 的 U_{be} 为正偏置，于是 V12 导通，其集电极电流 I_c12 向电容 C_6 充电。当 C_6 上的电压 U_c6 充至单结晶体管 VU 的峰点电压 UP 时，VU 导通，在 R_{38} 上产生脉冲电压。

在一般的单结晶体管触发电路中，导通后将会很快关断，因此，脉冲输出为窄脉冲。若在此触发电路中增加 PNP 三极管 V13，当单结晶体管 VU 导通，其 e、b1 之间的内阻及 b1、b2 之间的内阻都瞬间减小，流过 b1、b2 之间的电流增大，电阻 R_{37} 上产生的压降使 V13 和 U_{be} 为正偏置，于是 V12 偏置，V13 由截止变为导通，从而使 VU 的发射极电流增大并大于谷点电流，以维持 VU 继续导通。这样，使 R_{38} 上产生的电压脉冲增宽，此宽脉冲输入功放电路对晶闸管进行触发。

功率放大器主要由二极管 VD31、VD32 和晶闸管 VT1、VT2 组成的单相桥式半控晶闸管整流电路。VD33 为续流二极管，电流表与磁粉制动器励磁线圈串联，用于控制电流指示，熔断器 FU2 起短路保护作用。电阻 R_{38} 上的宽脉冲信号，经电阻 R_{39}、R_{40} 分别触发晶闸管 VT1、VT2 并使其导通。整流输出电流经电阻 R_{41} 通入励磁线圈，使制动器产生制动力矩。

第二节　多色印刷自动控制

多色印刷机控制系统是以可编程控制器（PLC），各种光电检测、限位开关、控制按钮等产生的控制信号接入 PLC 输入端，通过 PLC 内部电路及程序指令的运行，使 PLC 输出端发出信号，通过继电器、接触器、电磁铁等电器驱动装置，达到预定的控制目的。

对用户来讲，由于用户程序已固化到 PLC 内，说明书中给出继电器系统图，一般不涉及程序和指令，所以最重要的是理解这种继电器系统的梯形图。本节结合典型机型的部分电路及梯形图，介绍多色印刷过程的自动控制。

一、主机驱动电路

以 PZ4880-01A 型四色胶印机为例，它有低速电机和主电机驱动两种模式，主电路如图 10-15 所示。低速电机 M4 为 Y90S 型三相异步电机。它由交流接触器 KM5、KM6 进行正、反转控制，熔断器 FU2 与热继电器 FR4 分别作短路与过载保护。M4 旋转后，经减速器、电磁离合器 YC2 驱动电机进行正、反点车或低速转动。电磁离合器 YC2 同时也用于对机器进行制动。

主电机为 YCTD200-4B 型电磁调速异步电动机，其额定转矩是 137N/min，调速范围为 1375~3000r/min。它的拖动电机 M1 为 22kW 三相异步电机（Y180-L 型）。M1 由交流接触器 KM1 提供交流电源，由交流接触器 KM2、KM3 提供星-三角启动。熔断器 FU1 和热继电器 FR1 分别作短路与过载保护。电流表 A1 用于监视 M1 的工作电流。

主电机的调速由 ZLK-13 型调速控制器 E1 进行。此调速装置与 ZLK-10 控制系统基本相同。主电机的转速为 1000~2500 张/h，担负着驱动主机的主要任务。

此外，如图 10-16 所示，还有给纸升降电动机 M13 和 M14，收纸升降电动机 M15，气泵电动机 M10、M11、M12，水泵电动机 M6、M7、M8、M9，调版直流电动机等。全机总功率为 40kVA，使用三相四线或三相三线制电源。

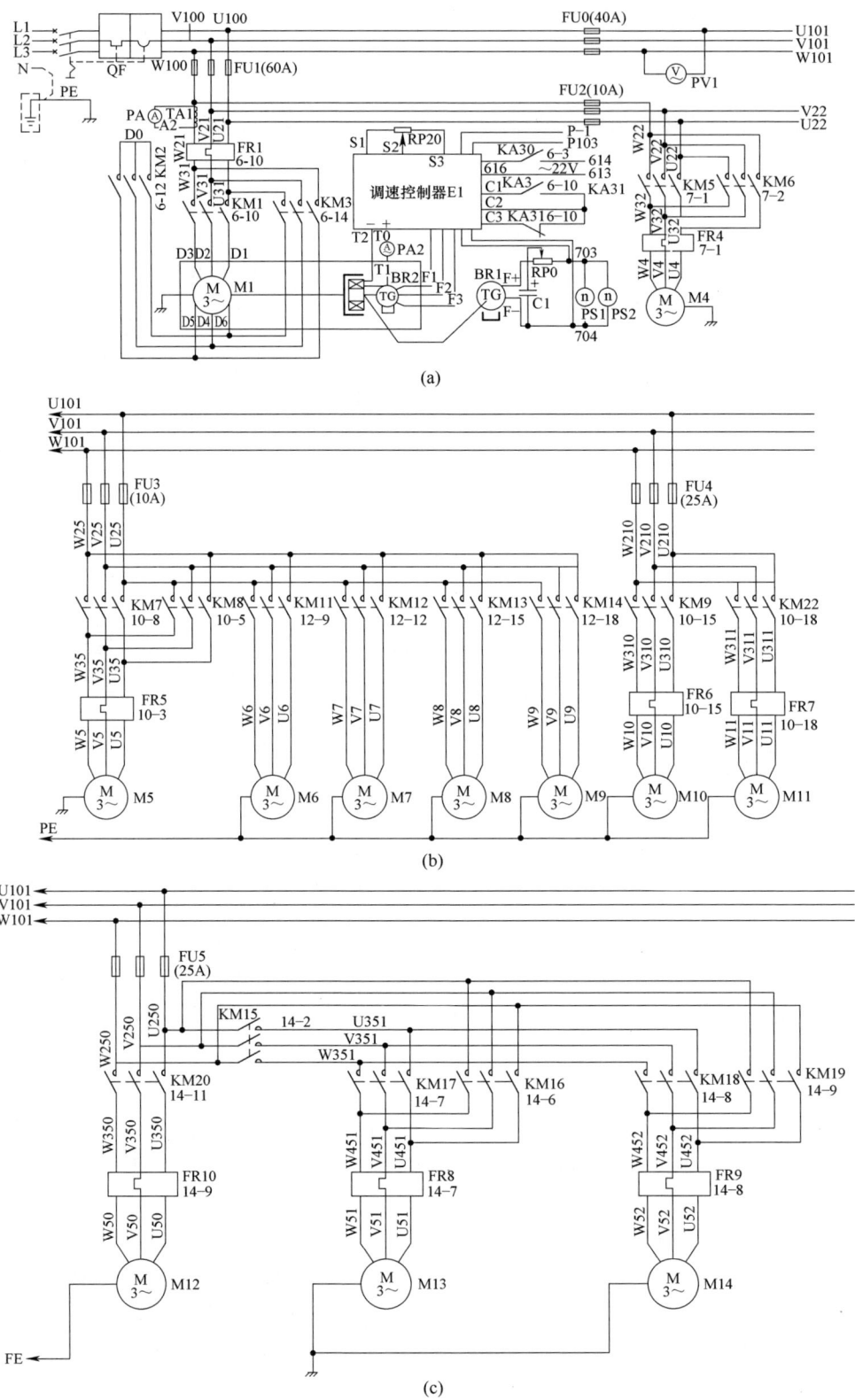

图 10-15　PZ4880-01A 型四色胶印机主电路

对于印刷过程中的纸张运行，由 QGK-5 型前规光电控制器通过各检测头对大张纸或小张纸在输送过程中的空张、过头、双张故障信号送入 PLC 输入点，在 PLC 内部综合分析后发出停止压印、声光显示、机器运行转慢车及停水、停墨、停送纸等一系列自动控制动作，待故障排除后重新输纸时又恢复正常。

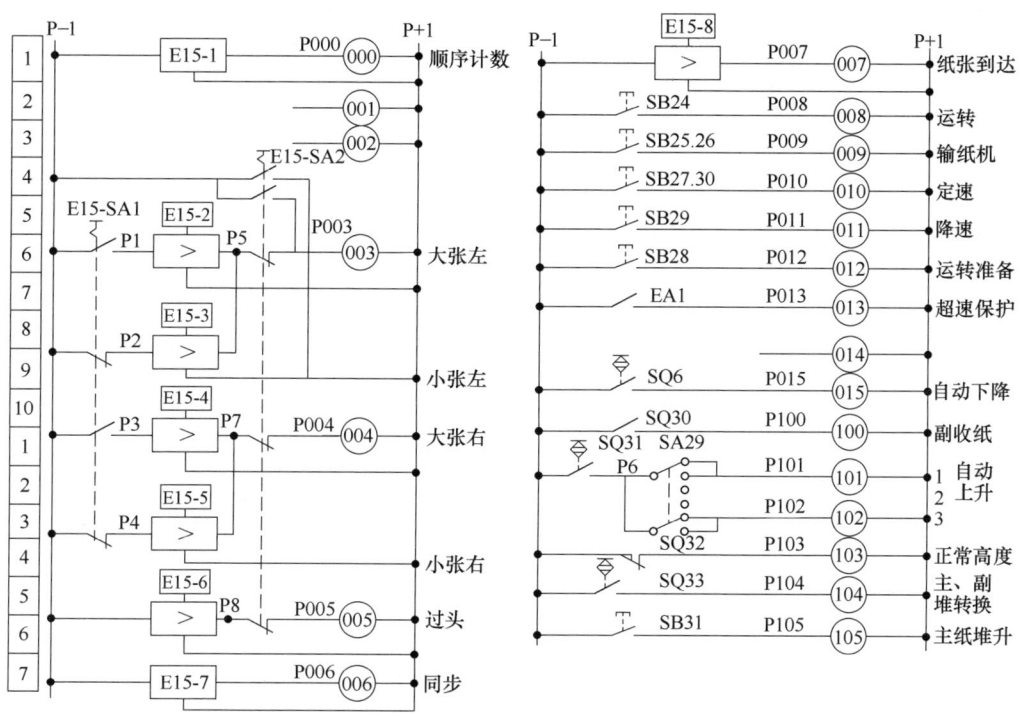

图 10-16　PLC 输入连接图

二、控制电路原理与操作

采用 PLC 控制后，印刷机的操作控制程序固化存储在 PLC 的存储器中。按照控制功能，其控制过程大致包括以下模块：

① 安全控制与停锁控制。
② 准备（低速准备）。
③ 低速运转。
④ 运转准备和启动。
⑤ 运转。
⑥ 定速。
⑦ 输纸机控制。
⑧ 给纸堆升降。
⑨ 输纸气泵控制。
⑩ Ⅰ色组印刷。
⑪ Ⅱ、Ⅲ、Ⅳ色组印刷及收纸、计数。
⑫ 前规纸张故障控制。

⑬ 双张故障控制。
⑭ 水泵控制。
⑮ 收纸堆升降。
⑯ 停印和停机。
⑰ 出水量的控制。

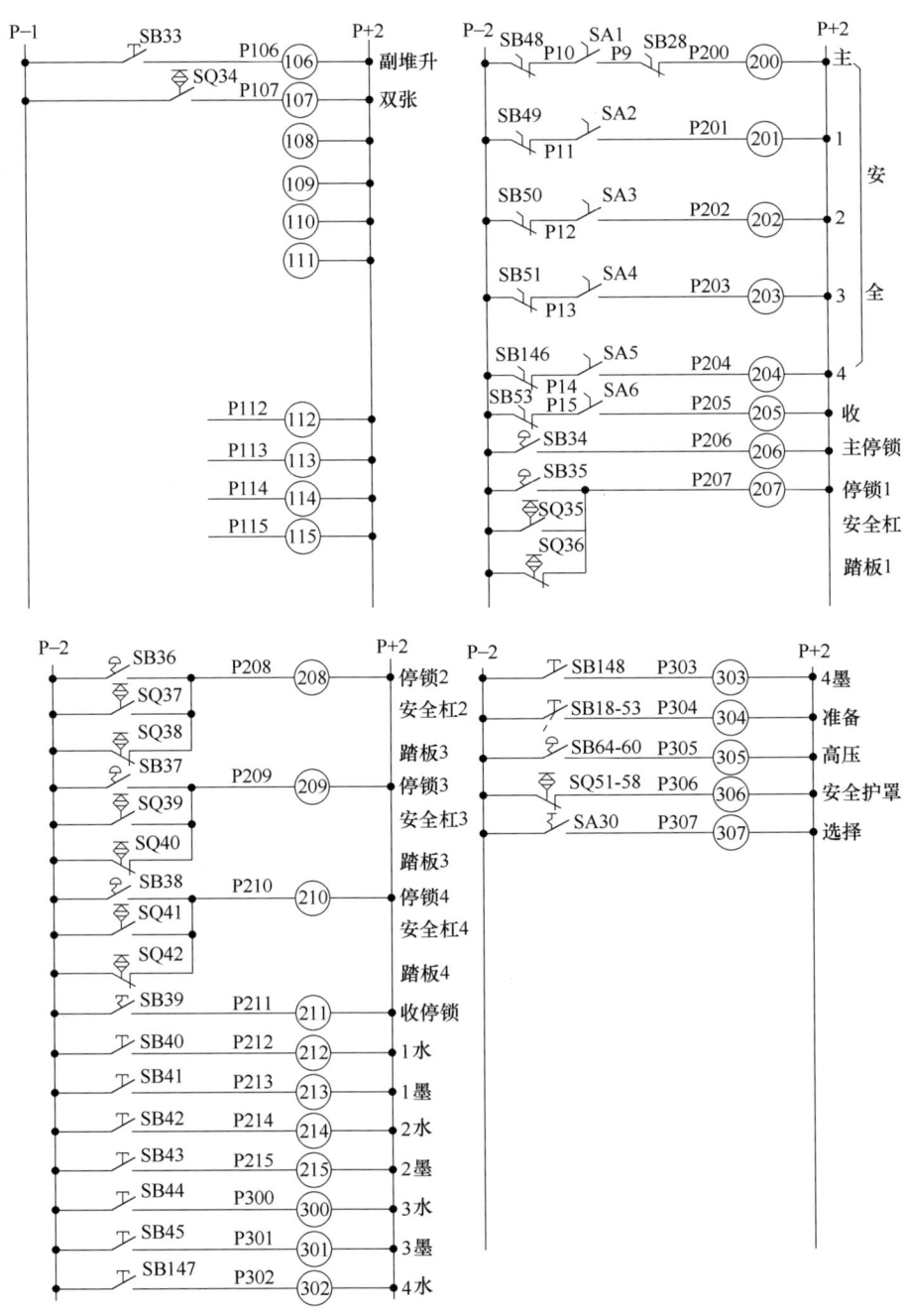

图 10-17　PLC 安全控制与停锁控制输入连接图

⑱ 印刷速度的控制与显示。
⑲ 调版控制。
⑳ 压纸风扇控制电路。

下面选取几项主要控制功能，分析其控制过程。

（一）安全控制与停锁控制

1. 安全控制

多色印刷机由于机身大，故操作地点比较多，除主操作台及收纸部分的操作按钮外，各个色组也都有操作按钮。为了保证操作安全，在印刷机的每个操作部位都设有安全开关，其作用是在某一部位操作时，只许接通该处对应的安全开关进行正常运行，如果同时有两处以上的安全开关闭合，则任何一个部位的操作都不能使机器运行。

如图10-17所示，在6个安全控制开关（SA1~SA6）中，主操作板上的SA1与P200号输入点连接，Ⅰ色操作板上的SA2与P201号输入点连接，Ⅱ色操作板上的SA3与P202号输入点连接，Ⅲ色操作板上的SA4与P203号输入点连接，Ⅳ色操作板上的SA5与P204号输入点连接，收纸部分操作板上的SA6与P205号输入点连接。

各输入点之间的联锁关系如图10-10所示。如果同时接通两个以上PLC输入点，则PLC内部1200号继电器即处于ON状态，因此1201号继电器OFF。通过它再去控制504号继电器[图10-13（a）]，可使KA1无法吸合，因此KM1、KM5、KM6等也无法吸合（图10-14、图10-15），即主机无法启动。

2. 停锁控制

如图10-9所示，主操作部位的主停锁按钮SB34与P206号输入点连接，Ⅰ色组停锁按钮SB35、安全杠开关SQ35和踏板开关SQ36与P207输入点连接，Ⅱ色组停锁按钮SB36、安全杠开关SQ37和踏板开关SQ38与P208号输入点连接，Ⅲ色组停锁按钮SB38、安全杠开关SQ41和踏板开关SQ42与P210号输入点连接，收纸部分停锁按钮SB39与P211号输入点连接。

由图10-18可知，在任何一个操作部位，如果有一个停锁按钮、安全杠开关或踏板开关没关断，则PLC内部1201号断电器处于OFF状态，进一步影响P504号输入点的状态[图10-21（a）]，机器则不能开动。

3. 非安全或停锁部位的诊断

非安全或停锁部位是利用巡回检测的方法进行诊断的。在图10-19中，移位寄

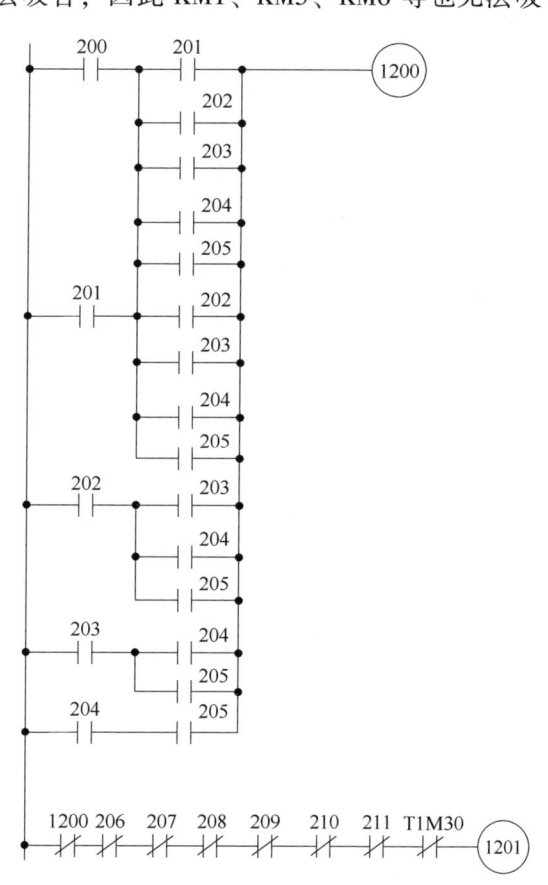

图10-18 各输入点之间的联锁关系

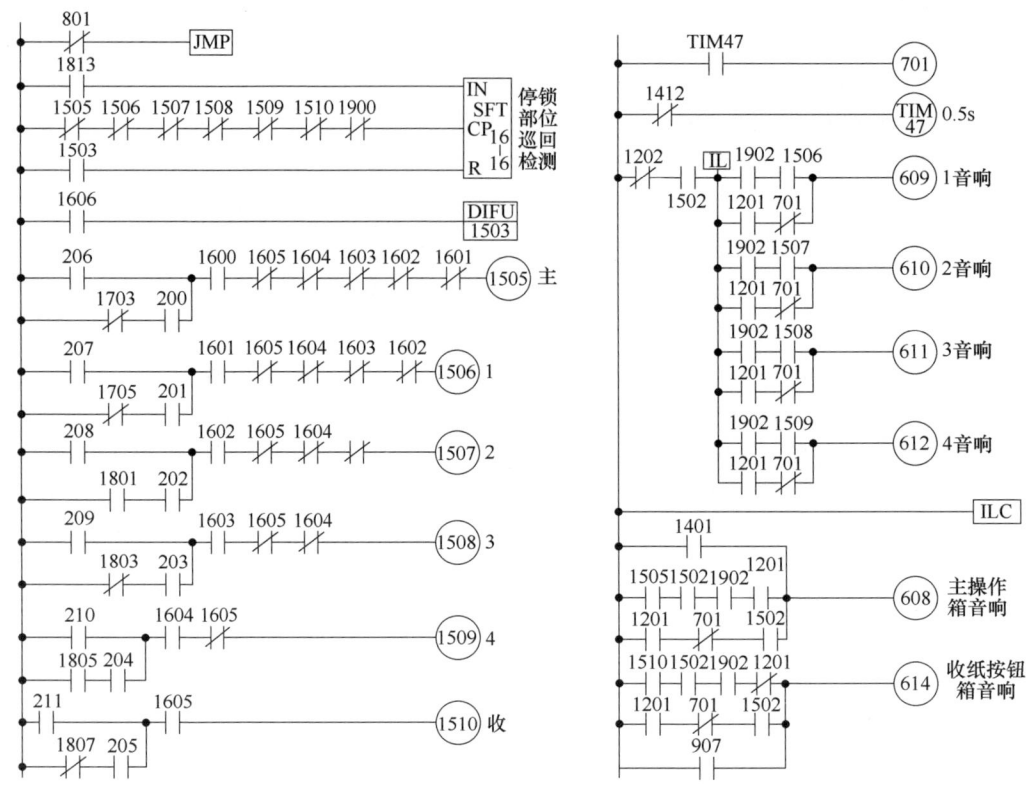

图 10-19 PLC 非安全或停锁诊断梯形图（1）

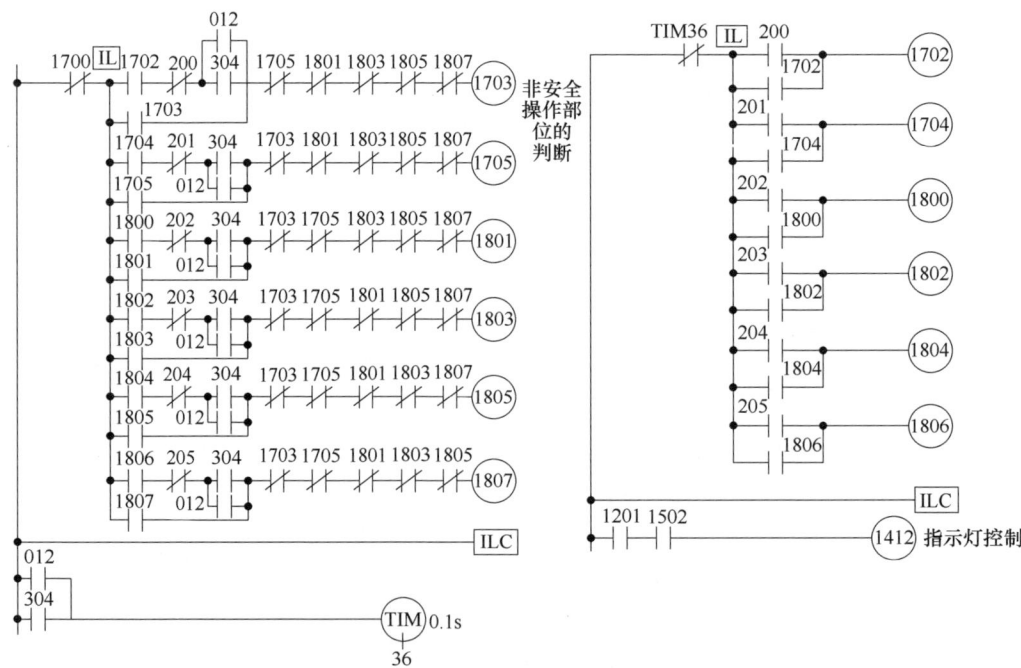

图 10-20 PLC 非安全或停锁诊断梯形图（2）

存器 SFT16 可在 1600~1605 的范围内循环移位，每位对应于一个操作部位。6 个操作部位的状况利用 1505~1510 这 6 个部位继电器反映，一旦某个部位出现不安全或停锁的情况，相应的部位继电器便 ON，并使 SFT16 停止移位。

部位继电器所得的停锁信号，由 206~211 号输入点直接提供（图 10-18）。

至于非安全信号的提供，除了要利用到 200~205 号输入点（图 10-18），另需 1703 号等 6 个继电器（图 10-20）。它们也对应于 6 个操作部位，其作用是将正在操作的部位排除在非安全部位之外。因当某个部位的准备按钮按下后，保持与该部位相应的继电器 ON（图 10-20），因此在前面所讲的 1505~1510 号继电器中，与该部位对应的就不可能 ON。1702 等 6 个继电器用于表征在按钮按下前 200~205 号输入点的状态（图 10-20）。

4. 非安全或停锁部位的告示

非安全或停锁部位的告示主要是通过图 10-19 所示的梯形图实现的。图中使用了 608~612 号和 614 号共 6 个输出继电器，它们可分别驱动 6 个操作部位的蜂鸣器（HA1~HA6）和主操作台上 6 个指示灯（HL150~HL154 和 HL156），如图 10-21（c）所示。

与 1505 等触点串联的 1902 号触点属于时钟脉冲继电器，因而它能交替通断。当某个

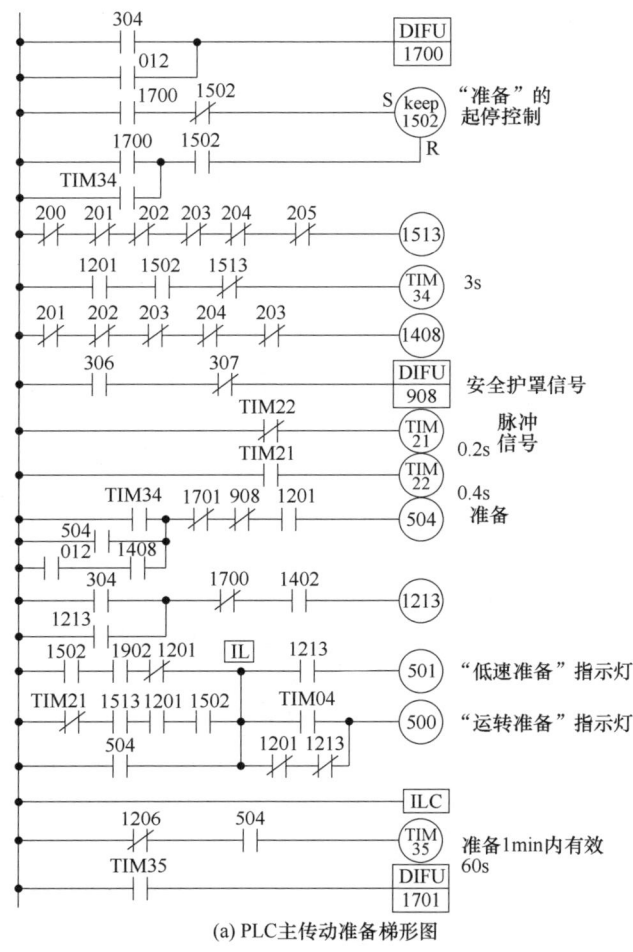

(a) PLC 主传动准备梯形图

图 10-21　PLC 主传动准备梯形图及 PLC 输出连接

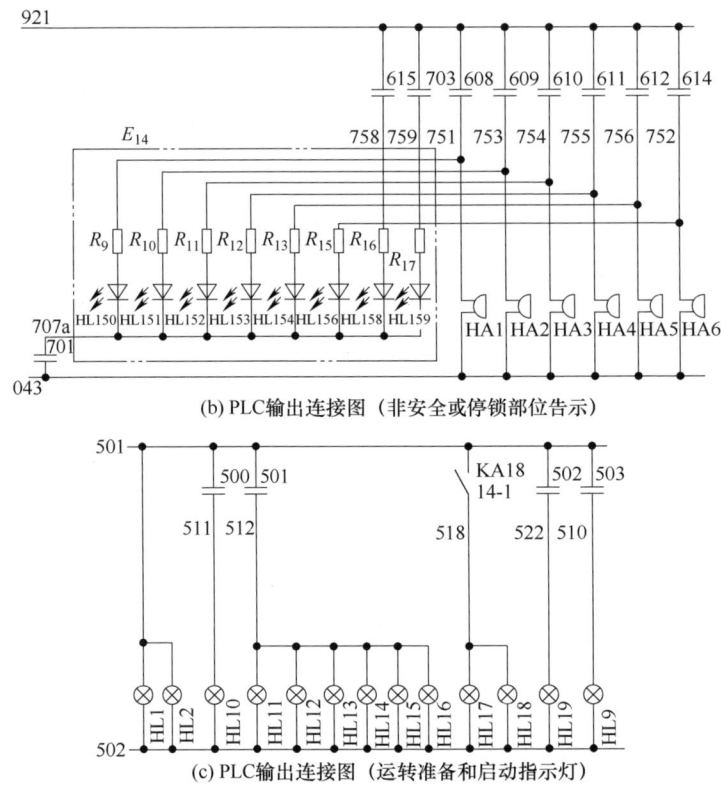

图 10-21 PLC 主传动准备梯形图及 PLC 输出连接（续）

操作部位有问题时，该部位的蜂鸣器便间断地发声，主操作台上的指示灯也闪烁发光，操作人员便能迅速找出这个部位。非安全或停锁部位的诊断和告示，只是为适应主机启动阶段的需要而设置的。

（二）运转准备和启动

若打印机上的各安全开关停锁按钮、安全杠及踏板开关均处于正常状态，则在按下运转准备按钮后，控制信号通过 012 号输入点进入 PLC 内部，最后由 P504 号输出点控制 KA1 通电工作，电路进入运转准备的第一阶段。该阶段的控制过程与低速准备时过程大致相同。这个阶段中继电器 1213 被关断，如图 10-21（a）所示。

启动过程如图 10-22、图 10-23 所示。由 P012 输入点和 1408 号继电器控制 P700 号输出点 ON，使 KM1 得电，将主电机 M1 的电源接通，并将低速电源切断，同时水、墨、合压控制的电源也被接通。随后 700 号触点将 P604 号输出点接通，KM2 得电，M1 做 Y 型启动。2s 后，604 号点 OFF，KM2 释放。2.2s 后，605 号输出点接通，使接触器 KM3 通电工作，主电动机转为 △ 形运转。在这个过程中由于 1213 号内部继电器已被 1402 号触点隔断，故接通 304 号（低速准备）输入点不会对本控制过程产生影响。

经定时器 TIM04 再延时 0.8s 后，其触点接通 602 号继电器控制电路的一处，为主机运转做准备。同时由 P500 号输出点使指示灯 HL10 发亮，表示运转准备已完毕。

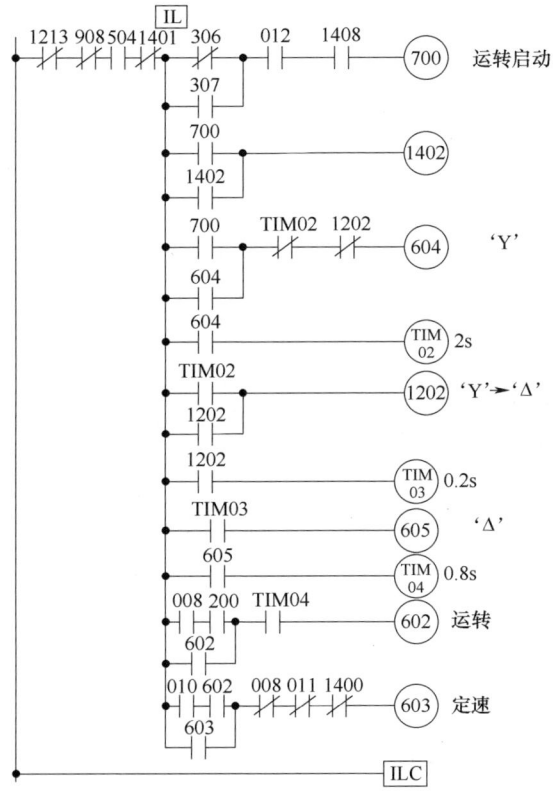

图 10-22 PLC 运行梯形图

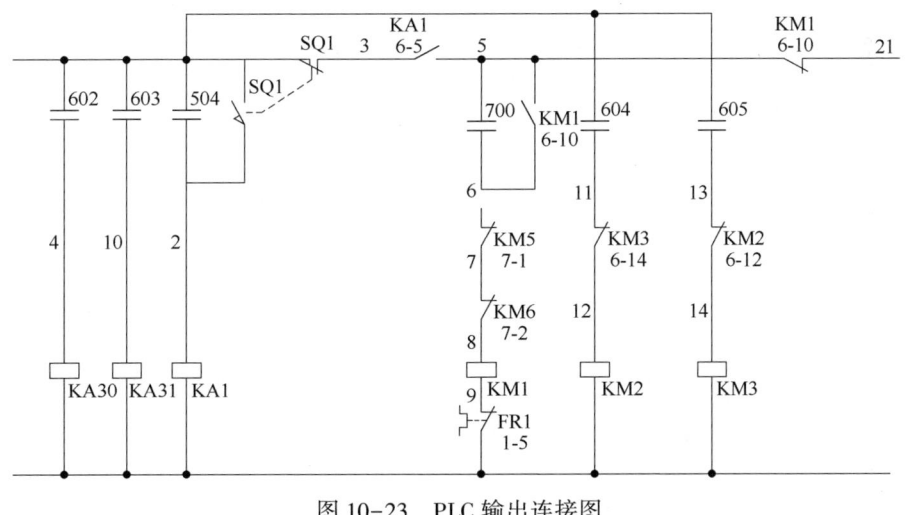

图 10-23 PLC 输出连接图

第三节 印刷机自动控制系统

印刷机的数字化技术使印刷与印前、印后等全部生产过程结合起来，一起进入了基于网络通信和数字信息技术的时代。经过几十年的发展，印刷机的自动控制技术经历了由最初的仅对油墨及套准的控制，发展到全数字化的对整个印刷机工作状态的全面控制，以及通过网络技术的应用，实现了对印前、印刷和印后全部工作过程乃至印刷厂的全部工作，如物流、计价、印件跟踪、发票、采购等所有环节的整体控制。目前印刷设备市场中，90%以上的多色平版印刷机都配备了自动控制系统，如海德堡公司的 CPC 系统、CP-Tronic 系统，罗兰公司的 RCI 系统、CCI 系统和 PECOM 系统，高宝公司的 Colortronic 系统、Scantronic 系统和 Opera 系统，三菱公司的 APIS2 系统和 Maxnet 系统，小森公司的 PAI 系统等。印刷机自动控制技术还在继续发展，各制造商不断提高印刷机自动化程度，其目的在于进一步缩短印刷机印前准备时间，提高生产效率。

海德堡公司的计算机印刷控制系统（Computer Printing Control，CPC）是海德堡应用于平版印刷机上，用来预调给墨量、遥控给墨、遥控套准以及监控印刷质量的一种可扩展式的控制系统。该系统由墨量和套准控制装置（CPC1）、印刷质量控制装置（CPC2）、印版图像阅读装置（CPC3）、套准控制装置（CPC4）、数据管理系统（CPC5）和自动检测与控制系统（CP-Tronic，CP 窗）等组成，如图 10-24 所示。

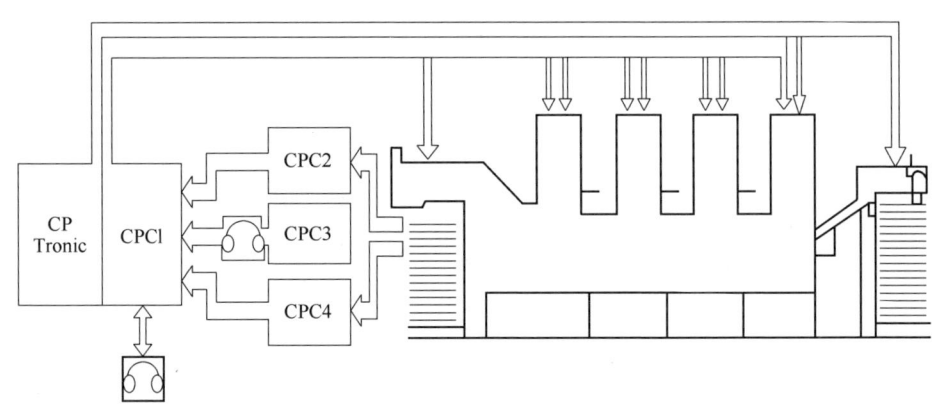

图 10-24 海德堡印刷机的 CPC 系统组成

一、墨量和套准控制装置（CPC1）

海德堡 CPC1 墨量和套准控制装置由遥控给墨装置和遥控套准装置组成，它具有三种不同的型号，代表三个不同的扩展级。

（一）CPC1-01

这是基本的给墨和套准遥控装置。该装置通过控制台上的按键对墨斗电机进行控制，实现墨量的调节，并对套准电机进行控制实现多色印刷的套准。

（二）CPC1-02

CPC1-02 除具有 CPC1-01 的所有功能以外，还增加了盒式磁带装置、光笔、墨膜厚度分布存储器和处理机等。使用光笔在墨量显示器上划过，就可以把当前的墨膜厚度分布情况以数据形式记录并存储到存储器当中，需要时只需调出就可直接使用。

CPC1-02 的盒式磁带装置可以调用由 CPC3 印版阅读装置提供的预调数据，因此可以将给墨量迅速地调整到设定的数值，从而缩短准备工作时间，提高生产效率。

(三) CPC1-03

这是 CPC1 装置的又一扩展形式,它提供了手动控制、随动控制和自动随动控制等多种方式,可以通过数据线与 CPC2 印刷质量控制装置相连,将 CPC2 装置测得的印品上各墨区的墨层厚度转换成墨量调整值,并将其与设定的数值进行比较,再根据偏差值进行校正,从而更快、更准确地达到预定的数值。

(四) CPC1-04

CPC1-04 为海德堡印刷机的另一种新型墨量及套准遥控系统,可以完全取代原先的 CPC1-02 和 CPC1-03 装置,并兼容其所有功能。这种新型的控制系统的信息显示采用海德堡公司 CP-Tronic 相同的等离子显示器,而且操作和显示方式也与 CP-Tronic 类似,因而使 CPC 与 CP-Tronic 的系统联动控制更加简便。

CPC1-04 系统的功能进一步丰富多样,信息以图像表示,与 CP-Tronic 系统相似,使印刷控制与故障诊断等操作更趋简捷,提高了工作效率。CPC1-04 系统整机套准遥控由一组单独控制键操作,程序更加合理。

CPC1-04 墨区遥控伺服电机和印版滚筒套准电机的控制比以前有了重大改进。印刷墨量分布值一经调定,CPC1-04 系统可以同时控制 120 个墨区电机进行墨量控制,使印刷机上墨和水墨平衡所需的时间比以前缩短 50% 以上。与此同时,CPC1-04 也比原先能同时控制更多的套准用伺服电机,从而更大地减少换版和印刷工作准备时间。与海德堡印版阅读器 CPC31 或海德堡印刷数据管理系统 CPC51 联用,CPC1-04 系统还可以对海德堡印刷机的上光单元进行精确的套准控制。

二、印刷质量控制装置 (CPC2)

CPC2 印刷质量控制装置是一种利用印刷质量控制条来确定印刷品质量标准的测量装置。印刷质量控制条可以放置在印刷品的前口或拖梢处,也可以放置在两侧。CPC2 可以和多台印刷机或 CPC1-03 相连,测量值可以用数据传输线输送到多达 7 台 CPC1-03 控制台或 CPC 终端设备。若配备有打印终端,就可以将资料打印出来;若与 CPC1-03 联机,则可以直接将测量数据传输到 CPC1-03 上进行控制,从而缩短更换印刷作业所需要的时间,并减少调机时的废品。在印刷过程中,CPC2 通过计算机把测量所得光密度值转换成控制给墨量的输入数据,来保证高度稳定的印刷质量。

CPC2-S 用色度测量代替原 CPC2 的密度测量。CPC2-S 能进行光谱测量和分光光度鉴定,而且能够根据 CPC 测量条的灰色、实地、网目和重叠区计算出 CPC1 装置的油墨控制值。印刷前可测量样张或原稿的测量条,在印刷过程中可测量印品的质量控制条,并可将从原稿所测量的颜色直接转为专色。CPC2-S 与 CPC1 结合使用,指导印刷,能够最大限度地使印张与样张接近。它也可以测量油墨光密度。

CPC2 系统在印刷机运行时对印张进行实测比较,从而使随机印刷品色彩控制成为可能。同时也使对印刷图像的瑕疵区域、墨皮蹭脏或套印误差等进行精确检测成为可能。

三、印版图像阅读装置 (CPC3)

CPC3 印版图像阅读装置是一种通过测量印版上网点区域所占的百分比从而确定给墨

量的装置。与 CPC1 对应，CPC3 也是将图像分为若干个区域，测量时单独计算每个墨区的墨量。CPC3 印版图像阅读装置可逐个在给墨区上感测印版上亲墨层所占面积的百分率。感测孔宽度为 32.5mm，相当于计量墨辊有效宽度或海德堡印刷机墨斗螺钉之间的距离。对最大图像部分，采用两个前后排列成一行的传感器，同时测量一个给墨区，每组传感器的测量面积为 32.5mm×32.5mm，每组传感器安装在一根测量杆上。根据需要，测量杆上的传感器可以同时工作，也可以让其中一部分工作。

CPC3 专为海德堡各种尺寸规格的印版设计，能够阅读所有标准商品型的印版（包括多层金属平版），印版表面质量好坏直接影响测量的结果。印版的基本材料、涂层材料的涂胶越均匀，测量结果就越准确。CPC3 印版图像阅读装置如图 10-25 所示。

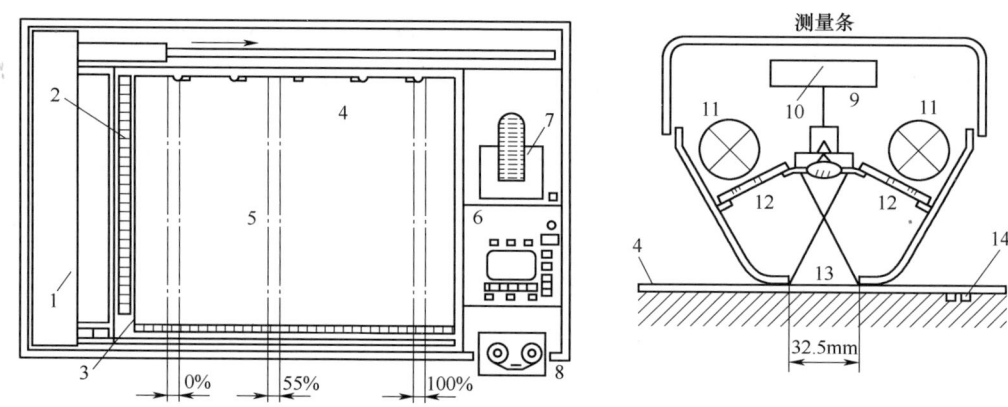

1—测量条；2—标准条；3—校准区；4—印版；5—图像；6—操作台；7—打印机录；8—盒式磁带；
9—传感器；10—电子装置；11—光源；12—扩散的荧光屏；13—测量限制器；14—吸气槽
图 10-25 CPC3 印版图像阅读装置

四、套准控制装置（CPC4）

CPC4 是一个无电缆的红外遥控装置，是专门用来测量套准的控制器，可以用来测量纵、横两个方向的套准误差值，并能显示和存储测定结果。测量时把 CPC4 放在印品上，可以测出十字线套准误差并进行记录，然后再把 CPC4 装置置于 CPC1 控制台的控制板上方，按动按钮就可以通过红外传输方式将数据传送给 CPC1，而通过 CPC1 的遥控装置驱动步进电动机调整印版位置，完成必要的校正。

CPC42 是 CPC4 的升级和改进。在印刷准备工作期间或正式印刷过程中，CPC42 系统对每一印张的套准进行自动监测和控制，这样便极大地缩短了印刷准备工作时间，印刷工人则可以在生产过程中集中精力于质量管理。与 CPC42 系统配套使用的是新推出的新型印刷套准标记。这种新型标记的横向宽度仅为以前普通标记的一半，这样便增加了印张的有效印刷面积。CPC42 能对海德堡平版印刷机进行全自动套准检测和修正，其套准控制精度达±0.01m。

CPC4 除可以对印张的纵向和横向套准进行检测之外，还可以对斜向即对角线方向的套准进行检测。当检测到对角线套准误差后，可以通过 CPC1-04 系统对印刷装置执行套准操作任务。

五、数据管理系统（CPC5）

海德堡 CPC5 把数据控制与管理、印前、印刷和印后运作联系在一起。这个管理系统是以数据网络为基础，它对高效生产计划、自动机器预置以及有效生产数据的获取等进行最佳化和自动化处理。CPC5 加快了作业准备时间和生产时间，同时加速了定单信息数据处理。

六、自动检测与控制系统（CP-Tronic）

CP 窗（CP-Tronic）是海德堡印刷机在 CPC 控制系统的基础上配备的模块化的集中控制、监测和诊断印刷机用的全数字化电子显示系统。

CP 窗使印刷机的所有功能全部数字化，如预选值和实际值用数字输入，并能重新存储或重新显示。CP 窗的核心是一组高容量的计算机，它运用密集的传感器和脉冲发生器网络提供信息和传输指令。在中央控制台等显示器上显示出全部与作业有关的信息，并在屏幕上显示错误信息，便于操作者进行修正。几台高性能的计算机全部集中在一个开关柜内，彼此之间以尽可能直接的方式相互通信，控制系统与印刷机中传感器、制动器和电机网络密集地交互。

海德堡公司改进控制以及编入附加调定值的输墨、润版及涂布的顺序，实现了 CPC 和 CP 窗之间的在线连接。通过这种连接，操作人员可以通过 CP 窗控制台的操作完成由 CPC 和 CP 窗控制的涂布套准、各印刷机组油墨分布的自动传送、通过 CPC1 设定润版液量、程控油墨的输入等功能。

第四节　计算机集成印刷系统

随着信息技术的不断发展，印刷生产中间产物更多地以数字化的方式存在，传递和流通中的实物形态不断在减少。当前，生产控制信息流的数字化已逐步实现，计算机网络的应用也使图文信息流和生产控制信息流的"一体化整合"越发明显。数字化工作流程作为一种先进的手段，使得印刷生产过程更加自动化、集成化。

一、数字化工作流程

（一）数字化工作流程

数字化工作流程是指通过计算机、网络技术，把印刷生产的各个工序与环节集成在同一个系统中，包括印前、印刷、印后加工、过程控制等各个功能。传统印刷流程中相互分离的模块利用数字信息技术连接在一起，形成一个相辅相成、不可分割的整体。

在数字化工作流程中，传统的作业单被数字工艺作业表取代，生产过程中的信息传递、过程控制、数码打样、直接制版、数字印刷等均通过数字信息技术完成，不仅有效地提高了图文信息的完整性与准确性，而且减少了工艺环节，缩短了处理时间，实现了高效、高质的印刷过程。

数字化工作流程的作用主要体现在以下几个方面：

（1）应用数字作业工具替代模拟作业工具。依托计算机，采用软件操作来替代实物操作。如拼大版用软件设计来实现；色彩管理等采用数字控制替代经验控制来实现；利用CIP3/CIP4 技术实现远程遥控替代现场操作等。

（2）应用数字信息流替代物流。在所建立的数字化工作流程上，将原来的物化信息转变为数字信息，通过数字信息的传递替代物流的传递，从而简化作业环节、加快作业进程。如纸质物理页面可以用数字页面取代、模拟原稿可以转变为数字原稿、采用电子校对而无须人工校对等。

（3）应用数字信息分析拓展印刷产品流。在数字化工作流程的平台上，将印刷内容视为一种资源，将印刷产品视为一种媒介，整合行业资源来归纳产品属性、产品共性以及产品的拓展性，在新的高度上拓展印刷产品流的范围，建立真实印刷产品和虚拟数字产品之间的信息共享与关联，使得同一内容数据能够演变为多种媒介产品，从而使印刷企业成为文化产业链和媒体产业链的关键一环。

（二）数字化印刷工作流程的应用及发展

目前，数字化印刷工作流程应用范围已由印前扩展到印刷和印后工作环节，逐渐进入普及阶段。一些厂商企业都推出了各自的数字化流程解决方案，如柯达公司的印能捷、网屏公司的汇智、海德堡公司的印通工作流程等。这些数字化工作流程的采用有助于推进印刷企业生产控制系统和管理信息系统的数字化和集成化进程。

数字化印刷工作流程的应用及发展目前聚焦在三个方面：一是应用数字化工作流程实现印刷产品的高品质，包括应用 CTP 技术确保印刷品质的提升；二是应用数字化工作流程实现印刷产品的高效率，包括提升"数据流、控制流、管理流、增值流"四方面的效率；三是应用数字化工作流程实现印刷产品的高可靠性，包括通过数字网络关联实现与优化客户间的可靠性，依托色彩管理系统提升产品品质的可靠性，应用数字化和标准化提升时间与成本的可靠性。推广数字化工作流程的目的是将印前、印刷、印后工艺过程中的多种控制信息纳入计算机管理，用数字化控制信息流将整个印刷生产过程整合成一个紧密的系统，从而消除人为因素的影响，达到生产与管理的有机结合。

（三）数字化工作流程的实现

1. 实施数字化工作流程中需要解决的关键问题

（1）网络化运行环境的搭建。网络化运行环境为数字化工作流程的实施提供了基础平台。利用网络化运行环境实现各流程间、各设备间信息流的高速传递。数据通信技术有效地保证了整个印刷过程中信息流的流畅与高速传递。

（2）设备间和流程间的数据交换格式的设计。数字化工作流程中用一个包含所有内容数据的数字文件来进行数据记录和交换，因此为了更好地实现印刷流程中各流程和各设备间的数据交换，需要建立一种标准化业务数据交换格式。目前印刷企业常用的标准数据交换格式主要有 Adobe 公司开发的 PJTF（Portable Job Ticket Format）、CIP3/CIP4 分别推出的 PPF（Print Production Format）和 JDF（Job Definition Format）。其中，JDF 比 PJTF、PPF 等标准的覆盖范围更广，它涵盖了印刷作业从开始策划到最终成品交付之间的整个周期内所有过程使用的指令和参数。

（3）数字化生产环境的构建。数字化工作流程是一套系统工程，是和每个生产环节以及生产设备密切相关的,必须调整原来的生产工艺流程以适应和服从于数字化工作流程的要求。因此,企业应根据自身的技术基础、业务范围等综合因素来考虑,明确数字化实施的范围,合理购置设备和流程,构建合适的数字化生产流程。

(4) 标准化规范的制定。要实施真正的数字化工作流程,就必须改变作业人员对经验的依赖,要用数据化的方式进行生产控制和流程管理。因此,制定标准化的规范关系到整个印刷作业的过程控制,也关系到最后产品的质量。通常标准化规范数据应该包括显示设备的标准化信息,扫描和输入设备的校正信息,纸张、油墨、印版等耗材的标准化测试,计算机直接制版设备的标准化信息,数码打样设备的标准化信息,印刷机印刷适性的周期性标准化测试,制版数据的标准化补偿,样品质量的标准化控制等。

2. 实现数字化工作流程的方法

从技术角度以及整个印刷生产过程来讲,印刷工业中的信息主要包括图文信息和生产控制信息。

图文信息流是印刷所要复制传播的对象,其质量的好坏直接关系到印刷复制的效果。图文信息的数字化包括文字、图形、图像的数字化。印刷时,图文信息大多以页面、版面的形式组织起来,所以数字化的页面描述是印前处理不可缺少的内容,页面描述语言的作用是对图文信息进行"集成"。PDF 格式以 PostScript 成像描述模型为基础,能够将文字、图形、图像、音频、视频信息集成为一体,可以根据不同需要形成不同类型的出版物,正逐渐成为主要的数字化页面描述格式,特别是在集成化数字流程相关的系统中已得到广泛应用。

控制信息流是使印刷产品正确生产加工所需要的必要控制信息。例如,印刷成品规格信息(版式、尺寸、加工方式、造型数据)、印刷加工所需要的质量控制信息(印刷机油墨控制数据、印后加工的控制数据等)、印刷任务的设备安排信息等。控制信息的数字化是伴随着数控技术的出现和发展而实现的。随着信息数字化程度的不断加深,生产控制信息流的数字化也在逐步发展。

由于印前、印刷和印后设备的种类较多、特征各异,其控制方式和指令各不相同,因此需要有一种与设备无关的文件格式。在这种格式的文件中,对印前、印刷、印后过程所涉及的各种相关生产信息进行描述,以便于各种设备的利用。CIP3/CIP4 组织建立的 PPF 和 JDF 就是满足上述要求的文件格式。目前印刷企业应用的数字化工作流程大多是基于 JDF 的流程。

JDF 格式文件使生产过程有序,信息管理和回馈自动完成,实现远程控制,从而保证印前、印刷和印后真正做到数字流程一体化,也使整个印刷工作管理更加科学化。客户提供图文原稿、版式和制作要求,印刷单位接收任务后,根据印刷产品的基本特点和客户要求确定适宜的工艺路线和印刷、印后加工设备。印前处理阶段的进行与 PDF 工艺大致相同,整版拼大版后,有关印刷品折手、裁切装订、套准线等信息已经确定下来,这些信息将直接用于印后设备调控时使用,经过 RIP 解释处理后得到每一张印版的记录信息。除了用于在胶片和印版上记录,还可以统计印刷机各油墨区的基础数据,从而省去了印版扫描的步骤。印后加工的数据在印前处理过程中确定,只需将相关数据输入相应的印后设备的控制系统中,预调的过程将大大缩短,使印后设备很快进入工作状态,得到最终的成品。

二、基于 CIP3/CIP4 的油墨预置

随着 CIP3/CIP4 相关标准及数字化工作流程的推广,国内外著名厂商纷纷推出数字化工作流程解决方案,油墨预置(Ink Presetting)系统是其中一项典型的应用功能。

(一) CIP3/CIP4 相关标准

CIP3/CIP4 是一个由数十家国际著名的印前、印刷、印后厂家组成的国际合作组织,CIP3 现已改变为 CIP4,更明确地将"集成"的范围扩大到印前、印刷和印后的各个过程。

1. CIP3/PPF

CIP3(International Cooperation for Integration of Prepress,Press and Post press)作为一个制定印刷业通用指令、规范或规格的组织,其制定的标准已在印刷业广泛应用。CIP3 意即计算机集成印前、印刷、印后,可将印前设备(如电脑、扫描仪、数字相机、照排机、直接制版机、数码打样机等)与印刷机及切纸机和折页机等,通过网络、软盘、Smart 卡或手工输入数据等方式连接起来,以数据代替原有的经验,以数据管理印刷过程,使机器在正常的线性化标准下,实现数据化、规范化管理,达到优质、高产、低成本。

CIP3 把整个印刷过程流程化、自动化,以 PostScript 语言为基础,以数字化方式建立工作指令,生成印刷生产格式文件 PPF,来携带和传递工作指令。采用 CIP3 制定的工作规范和指令,可以避免不同设备商、不同产品在印刷过程中各自为政、无法兼容的状况。

PPF 文件格式涉及和处理的数据对整个印刷生产过程中使用到的技术参数的设定、计划安排以及相关的生产管理是非常必要的。通过采用统一的、与设备制造商无关的格式来组织数据,数据可以从一个工艺步骤传送到下一个工艺步骤,各工艺步骤各取所需,这就是 PPF 文件格式的优势所在。在数字化工作流程中,对于一个具体印件,PPF 利用印前系统生成的各种数据,生成后面工序所需的加工信息来进行统一管理,也就是说从印前系统将印后的所有数据都拿过来,并用它指导其他工序中的设备进行加工,利用 PPF 文件携带的信息(表 10-1),可以对印刷生产的过程进行控制。

表 10-1　　　　　　　　PPF 文件内容

印前	印刷	印后
色彩管理描述信息 补漏白参数 文字、图像的管理 版面描述 拼大版 数码打样信息 ……	纸张构成 油墨量的控制 颜色质量控制 套准控制 允许的误差 ……	裁切参数 折叠参数 装订信息 ……

CIP3 的工艺流程如图 10-26 所示。在印前,CIP3 可实现文件的色彩管理、补漏白、字体、文稿、图像的管理、拼大版及生成 ICC 特性文件,以及用数码打样机打样。在印刷中,CIP3 在印刷机上实现油墨量的控制(油墨扩大和转换曲线)、套准控制、颜色质量控制(颜色色彩和密度测量)。在印后,通过传送裁切和装订的参数和信息,实现对印刷品

的裁切控制和装订控制。

2. CIP4/JDF

PPF 文件格式能将印前的生产信息传送到印刷和印后各工序中，但也存在一定局限性，即印刷和印后设备虽然能得到生产信息，却得不到设备生产信息的反馈。基于该局限性，CIP3 联盟和 JDF 联盟合并组建了 CIP4 组织，并发布了 JDF 文件格式，该格式在 PPF 文件信息的基础上增加了过程信息、管理信息和远程控制信息。

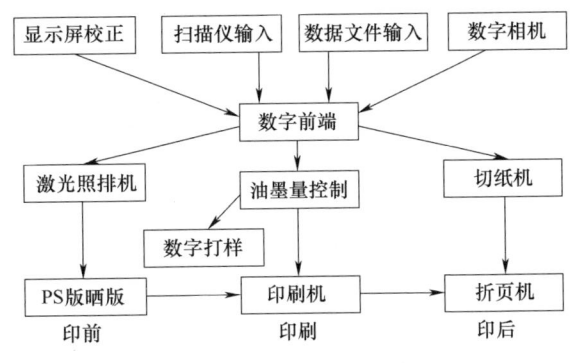

图 10-26　CIP3 的工艺流程

CIP4（International Cooperation for Integration of Processes in Prepress, Press and Postpress）更明确地将"集成"的范围扩大到印前、印刷和印后的各个过程，是在 CIP3 的基础上由 Prepress、Press、Postpress 等，再加上 Data Processing（资料处理），成为 CIP4。CIP4 组织基本上只提供规范，本身不是软件、硬件的生产者，而 CIP4 把工作单改成 JDF 文档方式，把工件客户、名称规格、需求及特殊要求、注意事项，甚至 Lab 色彩值浓度要求以及印后加工参数也写进来。如果各个墨区网点面积率完成后，也可以一并储存入 JDF 工作文档。JDF 文档改用 XML 可扩充性语言，比 CIP3 使用的 PostScript 语言能描述更多的新工作指示及规定，而且 XML 语言也是同样可以跨多平台使用的语言之一。

数字化工作流程的关键在于建立一种贯穿整个流程的国际标准的作业描述格式，从而实现将印刷全流程的所有设备连接成一个整体来协调运作，实现图文信息流、生产控制信息流和非技术性管理信息流的整合。CIP4/JDF 的优点在于，JDF 以一种数字化工作传票的形式记录印刷生产任务、各个工作过程的信息，为生产过程中各设备控制提供信息，如图 10-27 所示。

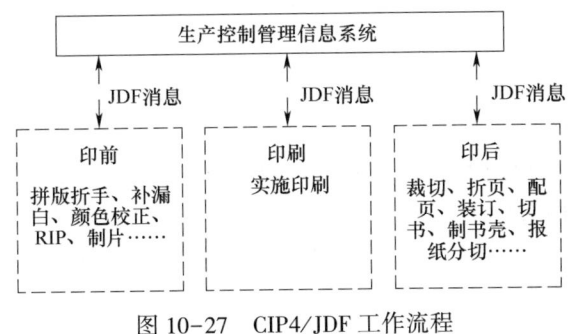

图 10-27　CIP4/JDF 工作流程

JDF 文件格式实现了信息的双向性、可跟踪性，以及生产数据对工艺流程和设备的数字化控制，从而使生产过程更加有序、信息管理和反馈更加自动化，但同时也对相关各单位内部、单位之间的网络化提出了每个节点信息可跟踪的要求。JDF 是可把印刷任务当成一个要经过许多生产过程的活件，而 JDF 提供按生产过程去描述这种活件的一种格式。JDF 作业工单在水平方向上控制 JDF 印刷工作流程。在生产中，从一个系统到另一个系统都有印刷作业和工艺过程的描述。JDF 的作业通信格式 JMF（Job Messaging Format）作用于垂直方向，各种状态数据和财务数据在管理信息系统和生产系统之间移动，如图 10-28 所示。

JDF 文件中描述的主要内容包括：

（1）印前：处理信息图像色彩管理文件、补漏白、数码打样、拼大版、网点扩大补

图 10-28 JDF 的工作范围

偿等。

（2）印刷：印刷油墨预设、图像颜色控制、套准控制以及印张（单双面印刷、单张或卷筒纸）信息等。

（3）印后：加工工艺模切、压痕、折页、装订方式等工艺参数信息。

（4）电子商务系统与客户实时联系，客户对印刷产品的意见可以及时反馈到印刷生产中，方便客户对产品质量监督。

（5）信息管理系统对印刷活件进行管理和流程安排，保证印刷生产的高效实施。另外，JDF 作业还包括印刷成本核算和各活件之间的网络传输等，是一个数字化印刷生产过程的综合解决方案。

建立 JDF 格式文件的目标有两点，一是用 JDF 作为一种数字化的标准工作传票，从一个印刷任务诞生、执行直至终结的各个阶段上，随时跟踪记录它的状况，为正确控制系统和设备提供信息；二是用 JDF 将客户、印刷商务机构、管理信息系统、印前、印刷、印后生产部门紧密而有机地联系起来。

（二）基于 CIP3/CIP4 的油墨预置技术

数字化工作流程可将印前生成的 CIP3/CIP4 数据传输到印刷机台上，实现印刷版面在印刷机墨区的墨量预置。

油墨预置技术是印前和印刷数字化的产物，伴随着印刷数字化的推进，其技术也在不断地演进中。传统方式的油墨预置，通常是由印刷机台操作人员通过观察印版和色稿，根据经验对印刷机墨键和转速进行控制，由此控制放墨量，以达到跟色的目的。开机前，根据印版或样张的图文分布状况，估计各个墨区的大致油墨量，作为墨量的预先设定值，开机后再根据印刷品的具体变化作进一步调整。显然，这种放墨方式比较粗略，精度因人的操作经验和主观认识不同而形成较大的差异。这种预放墨方式从开机到正式印刷时，纸张消耗量多，调整费时，机器操作人员的工作强度也相应加大。

基于 CIP3/CIP4 标准的油墨预置技术，利用 PPF 或 JDF 文件数据对印刷图文油墨量预先运算和修正，将数据置入印刷机生成相对比较准确的墨键值来指导印刷生产这两个过程，即所谓的"预"与"置"两个部分。而油墨量预先调整的"预"的运算及数据的修正是发挥油墨预置技术的关键所在，因为油墨预置的主要目的就是保证在印刷开机之前已经对其墨量进行了准确设置。通过将印前文件转换成墨键信息，直接发送到印刷机，印刷机读取转换后的对应墨键信息，完成自动放墨。这样就使印前与印刷直接相联构成完整的数据链和信息流，使印刷流程一体化。油墨预置系统整合了印前与印刷，使复制过程更加准确，同时提升了印刷色彩的稳定性和一致性，提高了效率，降低了浪费。

1. 油墨预置系统

油墨预置是印刷机控制系统的重要组成部分，但又不全是印刷机的控制系统所能包含的。整个油墨预置系统由版面数据导出系统、墨钉数据运算和修正系统、墨钉执行系统三部分组成。其中，印前数据导出系统由用户的印前输出系统生成，其格式需服从和服务于墨钉数据运算和修正系统的要求。墨钉数据运算和修正系统一般是印刷机控制部分的一个子模块，多数与生产方式相关联，也有单独的软件，如华彩、华光系统等，用于将版面信息根据墨钉的间距和版面布局，计算出各个墨钉对应的油墨覆盖率，再通过修正系统得出墨钉的实际预置值，形成相应的墨钉执行系统所需要的格式文件。墨钉执行系统实际上就是具有数据接收能力的数字化油墨遥控系统，接收数据后对墨钉进行预先的调整。

2. 油墨预置系统的配置

(1) 文件转换模块（Ink-setter Converter）。该模块通过计算，从 RIP 产生的文件中得到油墨覆盖率信息。输入的文件格式可以是标准的 CIP3/CIP4 格式，也可以是标准的 1-bitTiff 格式，甚至也可以是各个 RIP 自己特殊的格式。Ink-setter Converter 所能接收的格式包括 CIP3/CIP4.1-bit Tiff，Agfa Apogee PDF RIP，Nexus Artwork，Heidelberg Delta RIP，Kodak Prinergy，Screen True flow 等。

(2) 油墨预置模块（Ink-setter Preset）。该模块接收来自 Converter 模块的信息，把墨键放墨量信息发送到印刷机机台，完成油墨预置的动作。该模块的另外一项重要功能就是优化学习功能。因为墨键放墨信息来自电子文件，是标准的和理想的。而实际印刷机的状态可能千差万别，不同的材料也会对色彩有影响，因此初始放墨信息并不能反映印刷机当前状态。通过印刷操作人员的手动调节，对初始设置进行修正并保存，Preset 模块可以根据保存的实际墨键设置，学习和了解印刷机当前状态，同时生成一条补偿曲线，并自动应用于下一个活件。这样的补偿曲线以材料类型分类，不同的纸张生成不同的曲线。

(3) 闭环校正模块（Ink-setter Closed-Loop）。印刷机的状态总是在变化中的，同时影响印刷色彩的因素不胜枚举，因此对印刷设备的标准化过程往往效率低下，成本高昂。该模块使用配套的扫描型分光密度计，在生产过程中，对印刷品的控制条进行扫描，计算出当前不同墨键区域墨量的实际密度值，反馈给系统。根据预先设定好的补偿规则，对颜色进行修正，并将修正后的墨键信息自动发送到印刷机台，达到实时控制色彩的效果。该模块是油墨预置的选配模块。

(4) 硬件接口（Ink-setter Connector）。通过硬件接口，才能把墨键信息从预置模块所在的电脑传输到印刷机台。不同品牌的印刷机，所使用的接口也不尽相同。

3. 油墨预置流程

基于 CIP3/CIP4 标准的油墨预置技术通过分析印前输出中经过 RIP 分色加网的 1-bit-TIFF 文件，依据印刷机的结构、墨键数量、色版顺序对该版面信息进行分区，计算出各个区域对应的单色的网点覆盖面积率，再根据网点覆盖面积率和墨刀开度之间的关系得出油墨预置量，由 CIP3/CIP4 解释器解释生成油墨预置数据，经过油墨预置软件修正后，生成油墨预置文件，并通过数据交换机传输到印刷机控制台进行墨量预置，如图 10-29 所示。

三、计算机集成印刷系统

计算机集成印刷系统（CIPPS）是在提高单元制造设备数字化和智能化的基础上，通过网络技术将分散的印刷制造单元互联，并利用智能化技术及计算机软件，使互联后的印刷制造系统、管理系统集成优化，形成适用于小批量、多品种和交货期紧的柔性、敏捷、透明和高效的印刷制造系统。

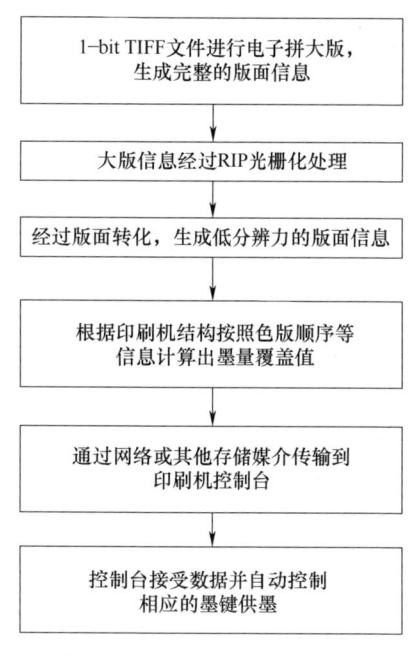

图 10-29　油墨预置实施流程

（一）计算机集成印刷系统的提出

随着印刷品消费的个性化，小批量、多品种的印品生产需求骤增。同时，社会生活和经济活动节奏的加快，使得印刷品交货期越来越短。传统印刷制造系统在降低制造成本、提高生产效率和高效化管理等方面面临巨大挑战。因此，印刷制造系统的柔性、敏捷、透明和高效成为急需解决的关键问题。

（1）柔性：要尽可能地缩短印刷制造系统从一个作业转换到另一个作业的时间。转换时间越短，印刷制造系统越柔性。

（2）敏捷：要尽可能地缩短印刷制造系统响应客户印刷品生产需求的时间。响应时间越短，印刷制造系统越敏捷。

（3）透明：在生产过程中，生产的管理者与操作者能够即时地获得印刷制造系统的生产情况，客户能够即时地获取其委托印品当前所处的生产状态。

（4）高效：在印刷品生产管理过程中，要使物流、信息流和资金流在透明的生产系统中高效协调地运转，使生产和管理成本降低、生产效率提高。

在当前传统印刷制造系统中，技术信息流与管理信息流分别处于生产系统和管理系统中，两者独立分开，形成两大"信息孤岛"。信息孤岛间的信息交流需要信息编码格式转换与多重传递来实现，这导致了信息传递效率低下和信息衰减，降低了生产效率，并提高了生产与管理成本，在小批量的短版印品生产过程中更为凸显。传统印刷制造系统中信息编码格式多样化，是典型的异构系统。为实现信息编码格式的统一，CIP 组织提出基于 XML 的、统一的、与设备无关的、包含生产全过程的数据格式 JDF。由于生产管理信息、商业管理信息和生产控制信息都使用 JDF 数据格式编码，使得印刷制造系统内设备通信接口标准化，部门内部以至部门之间孤立的、局部的"自动化岛"在新的管理模式及 CIM 制造哲学的指导下，综合应用优化理论、信息技术，通过计算机网络及其分布式数据库有机地被"集成"起来，构成一个完整的有机系统，即计算机集成印刷系统，以达到企业的最高目标效益。

计算机集成印刷系统强调生产系统与管理系统的高度集成，体现了计算机集成制造（CIM）中的系统观点和信息观点。

（1）系统观点：一个印刷制造企业的全部生产经营活动，从订单管理、产品设计、工艺规划、印刷加工、经营管理到售后服务是一个不可分割的整体，要全面统一地加以考虑。

（2）信息观点：整个印品加工过程实质上是一个信息的采集、传送和处理决策的过程，最终形成的印刷品可以看作是数据、控制信息和图文信息的物质表现。

（二）计算机集成印刷系统的功能

计算机集成印刷系统是 CIM 理论在印刷制造系统中进一步应用的结果，目前，CIPPS

存在两种类型的集成模式，即以 MIS（管理信息系统）为中心的 CIPPS 和以 JDF 为中心的 CIPPS，功能模型如图 10-30 所示。

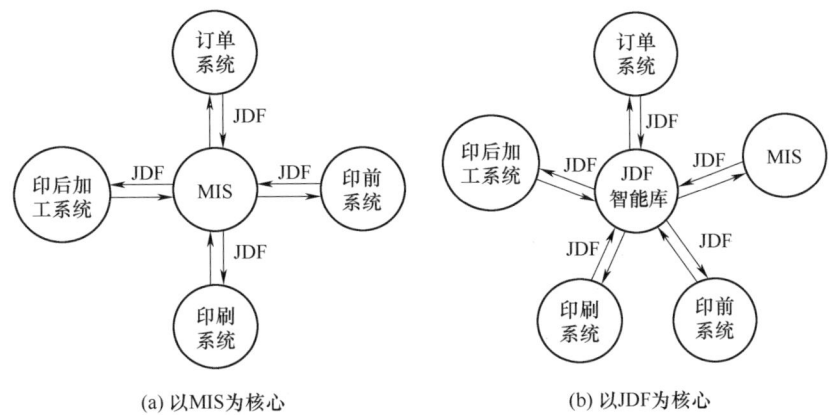

图 10-30 计算机集成印刷系统的功能模型

图 10-31（a）中，CIPPS 是以 MIS 为核心，订单系统、印前系统、印刷系统和印后加工系统在生产过程中根据生产管理与 MIS 进行 JDF 数据通信，在此 CIPPS 中，MIS 扮演管理者角色，其他 4 个子系统扮演操作者角色。

图 10-31（b）中，"JDF 智能库"是一个具有管理 JDF 数据的智能数据库，能够智能分析印刷制造系统中作业的生产状态与设备状态，在合适的时间和合适的设备单元进行 JDF 通信，从而实现印刷制造系统的控制。

CIPPS 描述的是一种未来理想的印刷制造系统，系统实现的过程大致可以分为三个层次（阶段），即信息集成、过程集成和企业集成。

（1）信息集成。各印刷制造单元在实现自动化的基础上具有统一的信息编码格式，借助网络技术、信息技术和应用软件等实现自动化孤岛互联。信息集成是 CIPPS 实现的最低层次，是过程集成和企业集成的基础。

（2）过程集成。印刷制造系统在实现信息集成的基础上，通过优化理论优化传统印刷制造系统中的流程与工艺，并利用智能技术实现系统内数据和资源的高效实时共享，最终实现印刷制造系统内不同过程的高效交互和协同工作。

（3）企业集成。印刷制造系统在实现过程集成的基础上为提高自身市场竞争力，通过企业间信息共享与集成构建"虚拟企业联盟"或"动态企业联盟"，从而实现充分利用全球制造资源，以便更好、更快、更节省地响应市场。过程集成强调企业内部系统的集成，企业集成则强调企业间不同系统的集成。

（三）计算机集成印刷系统的关键使能技术

计算机集成印刷系统集成了印刷生产系统和管理系统，其实现过程不仅面临大量的技术难题，同时还面临管理难题。从技术方面看，在三个不同的集成阶段，需要解决的关键使能技术各有不同。根据当前我国印刷工业的发展现状，目前重点在于信息集成和过程集成阶段。

在信息集成阶段，需要解决的关键使能技术有以下两方面。

（1）信息标准化及其接口实现。目前，印刷设备的信息标准化集中于基于 XML 的

JDF 数据标准。当前 JDF 已逐渐成为行业标准，因此在信息标准化及其接口实现时，需要首先解决基于 JDF 数据标准的设备接口的研发和针对不同设备功能的 JDF 数据编辑器的研发。

（2）JDF 数据库实现与工厂网络化互联。要实现印刷制造系统中各自动化单元的互联和信息高效实时共享，首先需要建立 JDF 数据库。JDF 基于 XML，如何在数据库中实现高效的 JDF 数据管理是基本问题。在实现 JDF 数据库的基础上，可利用网络通信技术，实现具备 JDF 数据传输和 JMF 即时消息通信能力的设备互联网络。

在过程集成阶段，需要解决的关键使能技术有以下两方面。

（1）CIPPS 建模与集成策略。对印刷制造系统内各单元进行集成，首先需要合适的集成策略来指导系统内信息和资源的共享与集成，然后对印刷制造系统进行过程建模，最后进行相应流程控制软件的研发以支持印刷制造系统的集成。

（2）CIPPS 过程优化理论。对印刷制造系统内的单元设备进行集成，一般需要通过对原有的流程进行优化或再造，这样才能够在信息集成的基础上充分发挥设备单元的潜力，使得集成后的印刷制造系统实现最大目标价值。例如，对印刷工艺计划工序进行优化再造，实现计算机辅助印刷工艺规划，从而提高工艺规划的效率，也可提高整个系统的生产效率。

计算机集成印刷系统的实现是一个系统工程，需要设备、技术和管理的协调发展。当前 CIPPS 在印刷数字化技术的推动下开始起步，未来随着科技的不断发展，CIPPS 的具体形态将会逐渐清晰起来。另外，物联网技术在系统运行跟踪与集成方面有着独特优势，其对 CIPPS 的信息集成、过程集成和企业集成都将会有不同程度的推动作用，因此对物联网技术的研究也将是一个值得注意的研究领域。

参 考 文 献

[1] 潘杰. 现代印刷机原理与结构［M］. 北京：化学工业出版社，2003.
[2] 周世生，武吉梅，苏翔宇. 卫星式柔板印刷机原理与结构［M］. 北京：文化发展出版社，2017.
[3] 武吉梅. 单张纸平版胶印印刷机［M］. 北京：化学工业出版社，2005.
[4] 武秋敏，武吉梅. 印刷设备［M］. 北京：中国轻工业出版社，2018.
[5] 齐福斌. 卷筒纸胶印机［M］. 北京：印刷工业出版社，2006.
[6] 刘腾. 高精密涂布悬浮式烘箱的基材干燥特性研究与风嘴结构优化［D］. 西安：西安理工大学，2023.
[7] 美国柔性版技术协会基金会组织. 柔性版印刷原理与实践：principles & practices［M］. 第1卷. 北京：化学工业出版社，2007.
[8] 美国柔性版技术协会基金会组织. 柔性版印刷原理与实践：principles & practices［M］. 第2卷. 北京：化学工业出版社，2007.
[9] 美国柔性版技术协会基金会组织. 柔性版印刷原理与实践：principles & practices［M］. 第3卷. 北京：化学工业出版社，2007.
[10] 美国柔性版技术协会基金会组织. 柔性版印刷原理与实践：principles & practices［M］. 第4卷. 北京：化学工业出版社，2007.
[11] 金银河. 柔性版印刷技术［M］. 北京：化学工业出版社，2004.
[12] 赵秀萍，高晓滨. 柔性版印刷技术［M］. 北京：中国轻工业出版社，2003.
[13] 董明达. 柔性版印刷［M］. 北京：印刷工业出版社，1993.
[14] 冯昌伦. 胶印机的使用与调节［M］. 北京：印刷工业出版社，2002.
[15] 吴中森，张改梅. Drupa 2008柔凹印设备预览［J］. 印刷技术，2008，5：19-20.
[16] 程常现. 包装印刷中料带复卷装置的张力控制原理及需用功率解析［J］. 包装工程，2006，5（26）：62-64.
[17] 马问问，何金龙，王宽. 光电位置传感器在海绵复卷纠偏控制中的应用［J］. 传感器与微系统，2013，7（32）：148-150.
[18] 左光申. 国外卫星式柔印机发展现状［J］. 印刷技术，2000，3：4-7.
[19] 李小鹏. 华阳宽幅高速卫星式柔版印刷机［J］. 印刷世界，2006：150-152.
[20] 林金雷. 柔性版印刷供墨系统的研究［D］. 北京：北京印刷学院，2011.
[21] 许文才，智文广. 现代印刷机械［M］. 北京：印刷工业出版社，1999.
[22] 陈文. 柔性版印刷中的套筒技术［J］. 印刷杂志（增刊），2008，11：14.
[23] 智川，陈正伟. 柔性版印刷油墨转移规律的探讨［J］. 包装工程，2005，（25）5：58-59.
[24] David Lanska. Common sense flexo［J］. Converting Magazine，2009：18-22.
[25] 赵晨飞，吴民祥，王亮. 柔性版水性油墨的性能与印品质量的关系［J］. 包装工程，2007，28（7）：28-30.
[26] 安君. 柔性版印刷过程油墨转移特性的研究——柔性印版对油墨转移的影响［D］. 无锡：江南大学，2008.
[27] 冯瑞乾. 印刷油墨转移原理［M］. 北京：印刷工业出版社，1992.
[28] 许鹏，马秀欠，包能胜. 新型涂布机封闭式刮刀系统的研制［J］. 包装工程，2008，（29）14：15-17.
[29] Nelson R. Eldred. 包装印刷［M］. 上. 北京：印刷工业出版社，2010.

[30] Nelson R. Eldred. 包装印刷 [M]. 下. 北京：印刷工业出版社，2010.
[31] 新闻出版总署印刷发行管理司，环境保护部科技标准司. 绿色印刷手册 [M]. 北京：印刷工业出版社，2012.
[32] 钱军浩. 印后加工技术 [M]. 北京：化学工业出版社，2003.
[33] 潘杰，金文堂. 印刷机结构与调节 [M]. 北京：化学工业出版社，2016.
[34] 潘杰. 现代平版印刷机操作指南 [M]. 北京：化学工业出版社，2005.
[35] 王淑华，朱松林. 现代凹版印刷机使用与调节 [M]. 北京：化学工业出版社，2007.
[36] 陆维强. 轮转机组式凹版印刷机 [M]. 北京：文化发展出版社，2014.
[37] 王淑华，朱松林. 凹版印刷机关键技术 [M]. 北京：化学工业出版社，2007.
[38] 马立项. 雕刻凹印机结构分析与设计 [D]. 南京：南京理工大学，2011.
[39] 黄康生，董明达. 轮转型印刷机的设计与计算 [M]. 北京：印刷工业出版社，1983.
[40] 高柳茂直. 胶印机的理论与操作 [M]. 北京：印刷工业出版社，1998.
[41] 智文广. 印刷机械概论 [M]. 北京：印刷工业出版社，1981.
[42] 王淑华，许鑫编. 印刷机结构与设计 [M]. 北京：印刷工业出版社，1994.
[43] 方振亚. 平版胶印印刷机械 [M]. 北京：印刷工业出版社，1990.
[44] 吴自强，黄东伟. 胶印实践 [M]. 西安：陕西人民教育出版社，1993.
[45] 李永强. 印刷机结构 [M]. 西安：陕西人民教育出版社，1992.
[46] 范群凌. 平版胶印印刷工艺 [M]. 北京：印刷工业出版社，1994.
[47] 高晶，江辽东. 印刷材料 [M]. 北京：印刷工业出版社，1992.
[48] 田如茹，袁金盛. 现代平版印刷设备手册 [M]. 北京：印刷工业出版社，1995.
[49] 唐万有，荀军平，刘瑞芳，等. 印刷设备与工艺 [M]. 北京：印刷工业出版社，2007.
[50] 张含笑. 基于卷积神经网络的柔印压力预测系统研究 [D]. 西安：西安理工大学，2018.
[51] 李玉鑑，张婷，单传辉. 深度学习：卷积神经网络从入门到精通 [M]. 北京：机械工业出版社，2018.
[52] 张东泉. 层叠式柔性版印刷机的应用技术 [J]. 印刷杂志，2000（6）：16-19.
[53] 肖志坚. 瓦楞纸板柔印最佳压力调节的研究 [J]. 中国印刷与包装研究，2012，4（1）：30-34，61.
[54] 陈文革，蒋文燕，黄学林. 柔印基础知识 [M]. 北京：印刷工业出版社，2008.
[55] 李子燊. 印刷压力变化对印刷质量的影响及补偿措施的研究 [D]. 广东：华南理工大学，2015.
[56] 孙刘杰. 印刷图像处理 [M]. 北京：印刷工业出版社，2013.
[57] 赵东柏. 丝网印刷工艺 [M]. 湖南：湖南科学技术出版社，2010.
[58] 郑德海. 丝网印刷工艺 第2版 [M]. 北京：印刷工业出版社，2006.
[59] 潘杰. 实用丝网印刷技术 [M]. 北京：化学工业出版社，2015.
[60] 武吉梅，申宪文，刘琳琳. 凹版印刷机YF93烘箱流体分析及参数优化 [J]. 振动与冲击，2013，32（22）：63-67.
[61] 武吉梅，徐宗磊，陈允春. 凹版印刷机干燥箱流体动态分析及参数优化 [J]. 振动与冲击，2012，31（6）：53-57.
[62] 姚海根，孔玲君. 数字印刷 [M]. 北京：中国轻工业出版社，2023.
[63] 姚海根，孔玲君. 静电照相数字印刷 [M]. 北京：印刷工业出版社，2012.
[64] 姚海根，孔玲君. 喷墨印刷 [M]. 北京：印刷工业出版社，2011.
[65] Stephen D. Hoath. Fundamentals of Inkjet Printing：The Science of Inkjet and Droplets [M]. WILEY-VCH Verlag GmbH &KGaA，2016.
[66] 徐磊. 压电喷墨喷射特性及残余振荡抑制研究 [D]. 西安：西安理工大学，2021.

[67] 郭文龙. 压电喷墨打印头喷射及串扰特性研究 [D]. 西安：西安理工大学，2020.
[68] 李莉. 均匀液滴喷射过程的理论建模与数值模拟 [D]. 西安：西北工业大学，2006.
[69] 徐林峰. 均匀液滴喷射微制造技术基础研究 [D]. 西安：西北工业大学，2005.
[70] 许立宁. 基于MEMS技术的压电微喷的研制 [D]. 北京：中国科学院研究生院（电子学研究所），2005.
[71] 刘华敏. 粘性液滴的形成与沉积扩散的数值模拟 [D]. 北京：北京工业大学，2007.
[72] 周诗贵. 压电驱动膜片式微滴喷射技术仿真分析与实验研究 [D]. 上海：上海交通大学，2013.
[73] 占红武，胥芳，郭维锋. 压电喷墨过程动力学建模与供墨方法 [J]. 机械工程学报，2017，53（1）：140-149.